Klausurentrainer Technische Mechanik

Andreas Jahr · Joachim Berger

Klausurentrainer Technische Mechanik

Aufgaben und ausführliche Lösungen zu Statik, Festigkeitslehre und Dynamik

4., überarbeitete Auflage

Andreas Jahr
FB 4 Maschinenbau
Hochschule Düsseldorf
Düsseldorf, Deutschland

Joachim Berger
Mettmann, Deutschland

ISBN 978-3-658-14782-2
DOI 10.1007/978-3-658-14783-9

ISBN 978-3-658-14783-9 (eBook)

Die Deutsche Nationalbibliothek verzeichnet diese Publikation in der Deutschen Nationalbibliografie;
detaillierte bibliografische Daten sind im Internet über http://dnb.d-nb.de abrufbar.

Springer Vieweg
© Springer Fachmedien Wiesbaden GmbH 2005, 2008, 2013, 2017

Lektorat: Thomas Zipsner

Gedruckt auf säurefreiem und chlorfrei gebleichtem Papier

Springer Vieweg ist Teil von Springer Nature
Die eingetragene Gesellschaft ist Springer Fachmedien Wiesbaden GmbH
Die Anschrift der Gesellschaft ist: Abraham-Lincoln-Strasse 46, 65189 Wiesbaden, Germany

Vorwort

Als ich von meinem Lehrer und Freund, Joachim Berger, und dem Verlag gefragt wurde, ob ich Interesse hätte, das Buch Klausurtrainer Technische Mechanik in der nächsten Auflage weiterzuführen, empfand ich dies als Ehre, der ich gern nachkommen wollte. Joachim Berger fühlte sich, gezeichnet durch Krankheit, nicht mehr in der Lage, sein Lieblingswerk weiterzuführen. Einige Diskussionen und Abstimmungen konnte ich noch mit ihm vornehmen, bevor er im Juni 2012 verstarb. Ich bleibe ihm in Dankbarkeit und Zuneigung für immer verbunden.

Hinweise und Tipps

Wie in den vorherigen Auflagen werden insbesondere in der Statik zeichnerische Lösungen der Klausuraufgaben angegeben, aber die rechnerischen Wege vorgezogen. Auch wenn die Zeichnerischen Lösungen für das Verständnis und die Schnelligkeit häufig Vorteile aufweisen, so ist ihre Allgemeingültigkeit eingeschränkt. Heutige leistungsfähige Computer-Programme helfen richtig aufgestellte Gleichungen sicher zu lösen.

Das wesentliche Augenmerk ist daher auf die richtigen Gleichungen und Gleichungssysteme zu richten. Hierzu ist in der Regel eine Skizze notwendig, in der alle bekannten und unbekannten Größen, wie Kräfte, Momente, Geschwindigkeiten und Beschleunigungen eingetragen werden sollen. Ihre Richtungen werden am besten durch eine vektorielle Darstellung festgelegt.

Die Skizzen sind zur besseren Übersicht und Platzeinteilung meist nicht maßstäblich, sondern nur qualitativ und teilweise auch plakativ dargestellt, damit die wesentlichen Merkmale möglichst deutlich erkennbar sind. Braucht man konkrete zeichnerische Ergebnisse, so muss eine eigene maßstäbliche Zeichnung angefertigt werden.

Ohne Skizze und die darin festgelegten Richtungen und Vorzeichen ist eine Rechnung wertlos, da die mechanischen Größen im Wesentlichen vorzeichen- sowie richtungsbehaftet oder wirkungsliniengebunden (Kräfte) sind. Besonders wichtig sind die Skizzen der von der Umgebung freigemachten Systeme (Freikörperbild), die zum Aufstellen der Gleichgewichtsbedingungen oder der Bewegungsgleichungen mit Hilfe von d'Alembert notwendig sind.

Eine zeichnerische Lösung kann auch zur Kontrolle und zur Verbesserung der Vorstellung dienen.

Die rechnerische Lösung hat weiterhin den wesentlichen Vorteil, dass sie koordinatenbehaftete Werte liefert, die wiederum an weitere Programme, wie z. B. FEM-Programme übergeben werden können.

In den Klausuren werden teilweise noch Aufgaben gestellt, deren rechnerische Auflösung relativ aufwendig ist. Meist wird dann in einer Klausur nur die Aufstellung der notwendigen Ansätze und Gleichungen für die Unbekannten ohne deren Ausrechnung verlangt.

Aufschlussreich und anschaulich ist es, am Ende einer Rechnung nochmals alle Einzelteile eines Systems in Form einer „Explosionsskizze" mit sämtlichen wirksamen Kräften und Momenten von Hand herauszuzeichnen. Dann kann man die Funktion der Konstruktion besser erkennen, die Beanspruchung der Bauteile leichter erfassen und die Anschauung kann zur Plausibilitätsprüfung herangezogen werden. Dabei muss jedes einzelne Bauteil für sich im Gleichgewicht sein. Durch das nochmalige Überdenken der Problematik möglichst in Begleitung mit Handskizzen und durch den Vergleich mit ähnlichen technischen Erfahrungen wird das ingenieurmäßige Denken geschult und auch das so wichtige Skizzieren geübt.

Wenn man mit vektoriellen Größen arbeitet, achte man darauf, strikt zu trennen zwischen der symbolischen Rechnung, bei der z. B. die Summe aller Vektoren mit positiven Vorzeichnen gleich Null ist (Kräfte und Momente in der Statik) oder gleich der Summe der Trägheitsgrößen (Masse mal Beschleunigung, Massenträgheitsmoment mal Winkelbeschleunigung in der Dynamik). Sobald man die koordinatenbehafteten Werte (Komponenten) einsetzt, müssen diese mit den Vorzeichen versehen werden, die die Vektorkomponenten im gewählten Koordinatensystem besitzen. Die vorzeichenbehafteten Ergebnisse zeigen dann, ob die unbekannten Vektoren in die skizzierte Richtung zeigen oder entgegengesetzt. Wenn nicht anders angegeben, soll bei ebenen Problemen ein rechtshändiges, kartesisches Koordinatensystem angenommen werden, bei dem die positive y-Achse horizontal nach rechts, die positive y-Achse vertikal nach oben und folgerichtig die z-Achse nach vorne zeigt, aus der Papierebene hinaus.

Die Zahlenrechnungen werden zur Vereinfachung meist (wenn keine Zweifel bestehen) ohne Einheiten durchgeführt und auf 2 Stellen nach dem Komma beschränkt. Sollen Vergleichsrechnungen weitestgehend übereinstimmen, sind manchmal mehr Stellen zur Vermeidung bzw. Reduzierung von Rundungsfehlern nötig. Erst beim Endergebnis wird die Einheit mit dem Zahlenwert angegeben. Um den Einfluss der einzelnen Größen besser zu erkennen und um aus den Endformeln Schlussfolgerungen für die Praxis ziehen zu können, soll die Rechnung möglichst mit allgemeinen Zahlensymbolen (Buchstaben) durchgeführt werden und konkrete Zahlen erst am Schluss eingesetzt werden.

Gewichtskräfte sind nur bei den Körpern zu berücksichtigen, bei denen eigens ein Gewicht angegeben ist. Alle anderen Körper sind als gewichtslos bzw. als vergleichsweise von vernachlässigbarem Gewicht anzusehen. Mit Reibungs- bzw. Haftungskräften in den Berührungsflächen von Körpern soll nur dann gerechnet werden, wenn die entsprechenden

Koeffizienten angegeben sind. Andernfalls sollen die Flächen als glatt, d. h. reibungslos angenommen werden.

Zur Vorbereitung auf eine Klausur rate ich, früh einen Zeitplan zu erstellen, nach dem man in gemischter Reihenfolge eigene Übungs- und Klausuraufgaben sowie die aus diesem Buch, zunächst alleine, dann mit Kommilitonen und dann wieder alleine, zuletzt auf Schnelligkeit, durcharbeitet. Nutzen Sie ihre Sprechstunden zu Rückfragen, dann werden Sie Erfolg haben.

Die 4. Auflage wurde wieder um drei neue Aufgaben ergänzt, zwei aus dem Bereich Festigkeitslehre und eine aus der Dynamik. Ich bedanke mich für die Anregungen und die Betreuung durch Herrn Dipl.-Ing. Thomas Zipsner und den Verlag Springer Vieweg.

Neuss, im Sommer 2016 Andreas Jahr

Inhaltsverzeichnis

1.1 Freimachen, Gleichgewichtsbedingungen

S 1 Motorplatte

Ein elektrischer Getriebemotor 2 mit Hohlwelle wird auf eine Welle gesteckt, welche in einer Platte 1 gelagert ist (Bild S 1). Auf die Welle und damit auf den Motor wirkt das Reaktionsmoment M. Der Motor ist auf der Platte 1 mit der Wellenachse im Punkt A drehbar gelagert und über die Momentenstütze im Lager B. Aufgrund des vertikalen Langloches in der Momentenstütze können in B nur horizontale Kräfte übertragen werden.

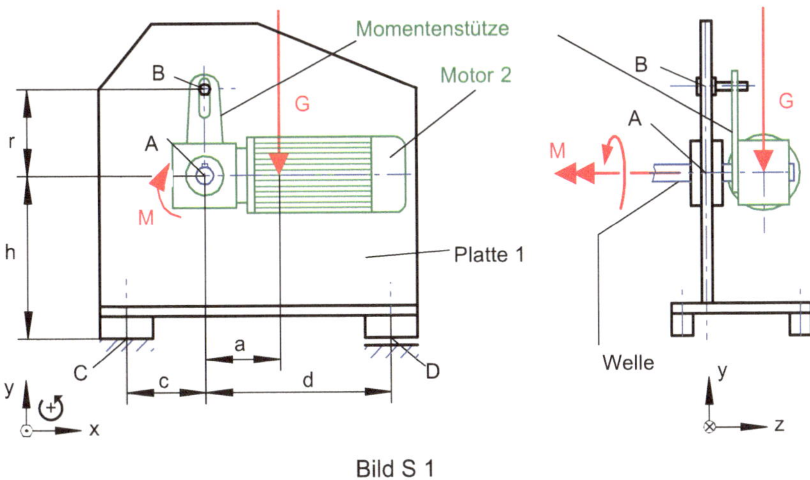

Bild S 1

Gegeben

$G = 150\,\text{N}$; $M = 80\,\text{N\,m}$; $r = 80\,\text{mm}$; $h = 150\,\text{mm}$; $a = 70\,\text{mm}$; $c = 75\,\text{mm}$; $d = 175\,\text{mm}$

© Springer Fachmedien Wiesbaden GmbH 2017

A. Jahr, J. Berger, *Klausurentrainer Technische Mechanik*, DOI 10.1007/978-3-658-14783-9_1

Welche äußeren Kräfte und Momente wirken auf die Platte 1 in der x, y-Ebene, wenn man das Eigengewicht der Platte unberücksichtigt lässt?

Lösung

Zunächst müssen die beiden beteiligten Körper, Platte 1 und Motor 2, voneinander getrennt und mit den äußeren Kräften und Momenten versehen werden (Bilder SL 1a und b). Anschließend werden die Gleichgewichtsbedingungen in der x, y-Ebene aufgeschrieben und nach den unbekannten Kräften und Momenten aufgelöst. Dabei wird zweckmäßigerweise zuerst das Momentengleichgewicht um den Punkt gebildet, in dem die meisten unbekannten Kräfte angreifen, also um den Punkt A.

a) Motor 2 (Bild SL 1a)

$$\sum M^{(A)} = 0 = r F_{B_{21}} - a\,G - M \Rightarrow F_{B_{21}} = \frac{a\,G + M}{r} = 1131{,}3\,\text{N}$$

$$\sum F_x = 0 = F_{A_{21}x} - F_{B_{21}} \Rightarrow F_{A_{21}x} = F_{B_{21}} = 1131{,}3\,\text{N}$$

$$\sum F_y = 0 = F_{A_{21}y} - G \Rightarrow F_{A_{21}y} = G = 150\,\text{N}$$

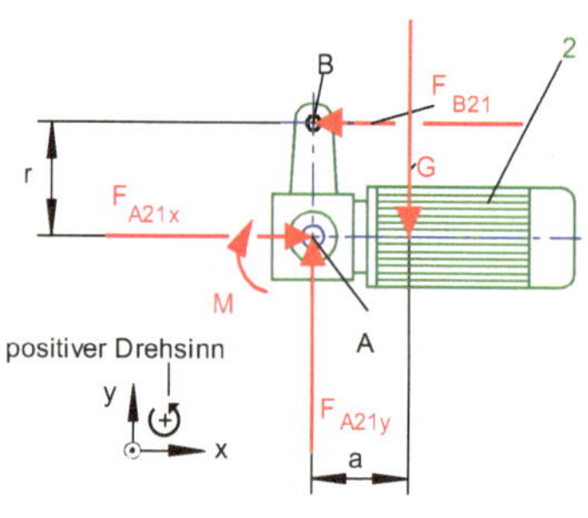

Bild SL 1a

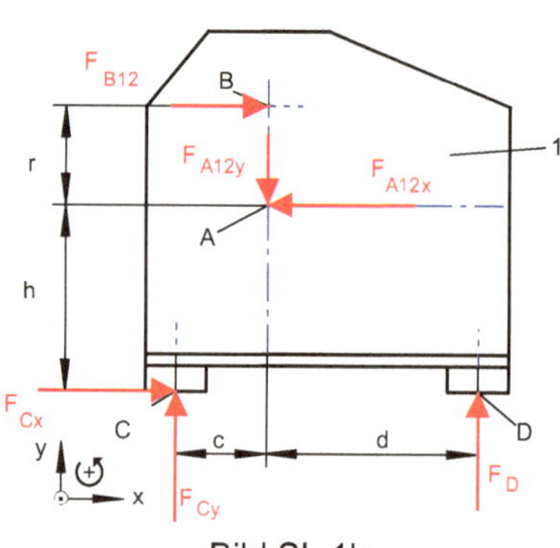

Bild SL 1b

b) Platte 1 (Bild SL 1b)

Die ermittelten Kräfte, die auf den Motor wirken, werden gemäß dem Wechselwirkungsgesetz *acto = reactio* umgedreht:

$F_{B_{21}} = -F_{B_{12}}$, sprich: Die Kraft im Punkt B, die auf Körper 2 von Körper 1 auswirkt, ist negativ der Kraft, die im Punkt B auf den Körper 1 von Körper 2 aus wirkt.

Zusätzlich müssen noch die Kräfte in den Punkten C (Festlager) und D (Loslager) eingetragen werden. Die Gleichgewichtsbedingungen für die Ebene lauten:

$$\sum M^{(C)} = 0 = (c+d)F_\mathrm{D} + hF_{\mathrm{A}_{12}\mathrm{x}} - (r+h)F_{\mathrm{B}_{12}} - cF_{\mathrm{A}_{12}\mathrm{y}}$$

$$= (c+d)F_\mathrm{D} - rF_{\mathrm{B}_{12}} - cG \Rightarrow F_\mathrm{D} = \frac{rF_{\mathrm{B}_{12}} + cG}{c+d} = 407{,}0\,\mathrm{N}$$

$$\sum F_\mathrm{x} = 0 = -F_{\mathrm{A}_{12}\mathrm{x}} + F_{\mathrm{B}_{12}} + F_{\mathrm{Cx}} \Rightarrow F_{\mathrm{Cx}} = F_{\mathrm{A}_{12}\mathrm{x}} - F_{\mathrm{B}_{12}} = 0{,}0\,\mathrm{N}$$

$$\sum F_\mathrm{y} = 0 = -F_{\mathrm{A}_{12}\mathrm{y}} + F_\mathrm{D} + F_{\mathrm{Cy}} \Rightarrow F_{\mathrm{Cy}} = F_{\mathrm{A}_{12}\mathrm{y}} - F_\mathrm{D} = -257{,}0\,\mathrm{N}$$

Ohne Berücksichtigung des Eigengewichtes der Platte wirkt also eine Zugkraft auf die Ankerschraube im Festlager C.

S 2   Flaschenzug

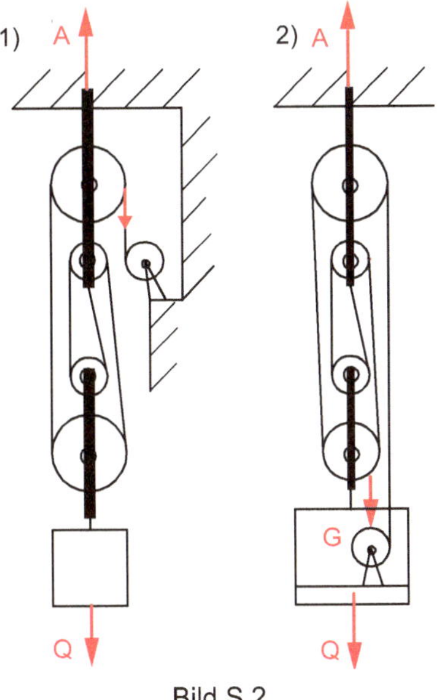

Bild S 2

Mit Hilfe eines Flaschenzugs wird über eine Seilwinde (Gewicht G) eine Last Q gehoben. Die Seile sollen (näherungsweise) parallel sein und reibungsfrei laufen. Im Fall 1 ist die Seilwinde an der Wand befestigt, im Fall 2 im Förderkorb gelagert.

Gesucht für beide Fälle

a) Seilkräfte und Auflagerkraft bei A
b) Man schneide sämtliche Einzelteile frei und zeichne das Freikörperbild mit allen wirksamen Kräften.

Anmerkung Bei der Aufstellung und Auflösung von Gleichungen in Form von Gleichgewichtsbedingungen sind die Bemerkungen unter „Hinweise und Tipps" zu beachten.

Lösung

a) Bild SL 2a
System 1
Unteres abgeschnittenes System (lose Rollen)

$$\sum F_y = 0 = 4S - Q \Rightarrow Q = 4S \Rightarrow S = \frac{1}{4}Q$$

Gesamtsystem (nur das Seil an der Umlenkrolle an der Mauer wird geschnitten)

$$\sum F_y = 0 = A - Q - S \Rightarrow A = Q + S = 4S + S = 5S$$

System 2
Unteres abgeschnittenes System (lose Rollen)

$$\sum F_y = 0 = 5S - G - Q \Rightarrow G + Q = 5S \Rightarrow S = \frac{1}{5} \cdot (G + Q)$$

Gesamtsystem

$$\sum F_y = 0 = A - G - Q \Rightarrow A = G + Q = 5S$$

In beiden Fällen ist die Auflagerkraft A gleich der fünffachen Seilkraft S
b) Freischneiden sämtlicher Einzelkörper
Freimachen oder Freischneiden bedeutet einen Körper von seiner Umgebung bzw. von seinen angrenzenden Nachbarkörpern an allen Stütz-, Verbindungs- und Berührungsstellen zu trennen und ersatzweise die Kräfte anzubringen, die von den weggelassenen Körpern auf den betrachten Körper ausgeübt werden. Dann erhält man das Freikörperbild (engl. free-body diagram) des abgetrennten Körpers.
Im Bild SL 1b sind sämtliche Rollen und Halterungen freigeschnitten. Der Leser kontrolliere das Gleichgewicht jedes einzelnen Körpers.

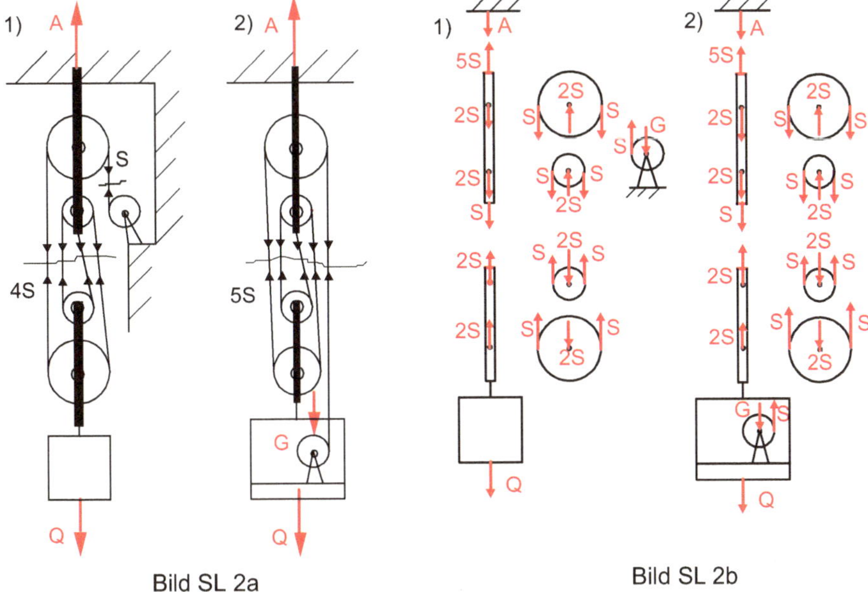

Bild SL 2a   Bild SL 2b

S 3   Differential-Flaschenzug

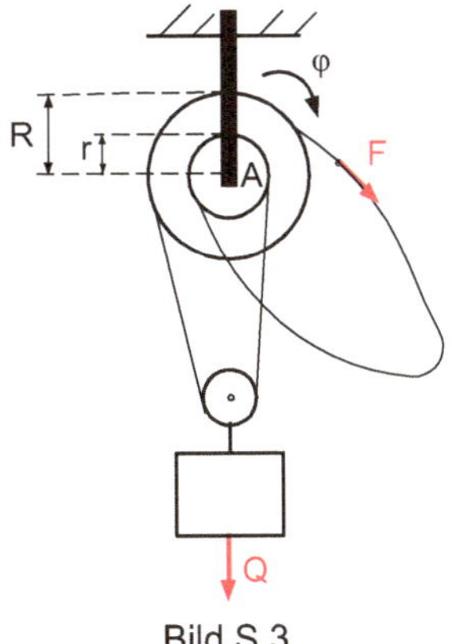

Bild S 3

Für einen Differential-Flaschenzug bestimme man die erforderliche Kraft F, um eine Last Q empor zu heben.

Der Flaschenzug besteht aus einer festen Doppelrolle (die beiden hintereinanderliegenden Scheiben sind fest miteinander verbunden) mit den Radien R und r sowie aus einer losen Rolle, an der die Last Q hängt. Anstelle eines Zugseils S_1 wird in der Praxis meist eine Kette verwendet. Die einzelnen Kettenglieder greifen in warzenförmige Vorsprünge der Rolle ein, um ein Gleiten in der Führung zu verhindern.

Lösung

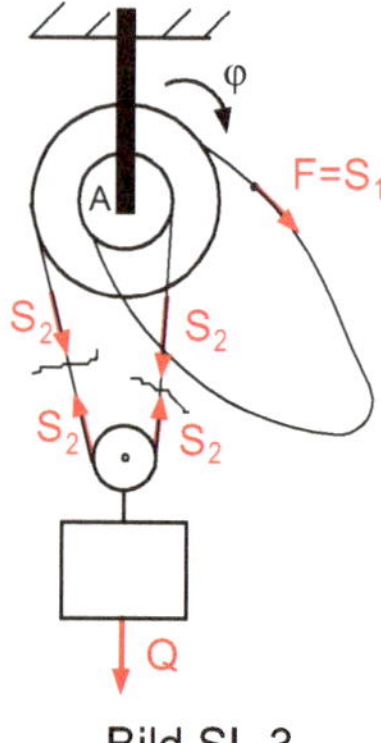

Bild SL 3

Zieht man am rechten Kettenstrang mit der Kraft $F = S_1$, so dreht sich die Doppelrolle um einen Winkel φ.

Die Handkraft zieht dann längs des Kraftweges

$$s_K = R \cdot \varphi \Rightarrow \varphi = \frac{s_K}{R}$$

Gleichzeitig wird der linke Seilstrang der losen Rolle um den Weg $R \cdot \varphi$ nach oben bewegt und der rechte Seilstrang um den kleineren Weg $r \cdot \varphi$ nach unten wieder abgespult.

Die lose Rolle wird also angehoben um den Lastweg (halber Differenzweg).

$$s_L = \frac{1}{2}(R\varphi - r\varphi) = \frac{1}{2}(R - r)\varphi = \frac{R - r}{2R} \cdot s_K \Rightarrow \boxed{\frac{s_L}{s_K} = \frac{R - r}{2R}}$$

Kräftegleichgewicht an der losen Rolle: $\sum F_y = 0 = 2S_2 - Q \Rightarrow S_2 = \frac{1}{2}Q$

Momentengleichgewicht an der Doppelrolle: $\sum M^{(A)} = 0 = S_1 \cdot R + S_2 \cdot r - S_2 \cdot R \Rightarrow$

$$F = S_1 = S_2\frac{R - r}{R} = \frac{1}{2}Q\frac{R - r}{R} \Rightarrow \boxed{\frac{F}{Q} = \frac{R - r}{2R}}$$

Kontrolle: Nach der „goldenen Regel der Mechanik" ist die Arbeit W_K der Kraft (Kraft mal Kraftweg) und die Arbeit W_L der Last (Last mal Lastweg) gleich. Was an Kraft gewonnen wird, geht an Weg verloren (Arbeit kann nicht gespart werden).

$$\left. \begin{array}{l} W_K = F \cdot s_K = \frac{1}{2}Q\frac{R-r}{R} \cdot s_K \\ W_L = Q \cdot s_L = Q \cdot \frac{1}{2}\frac{R-r}{R} \cdot s_K \end{array} \right\} \Rightarrow W_K = W_L$$

Wie aus den eingerahmten Formeln ersichtlich ist, verhalten sich Kraft und Last umgekehrt wie die entsprechenden Wege. Da hier die Differenz der Radien $R - r$ an der Doppelrolle maßgebend ist, wird das System Differential-Flaschenzug genannt.

S 4 Hängebrücke

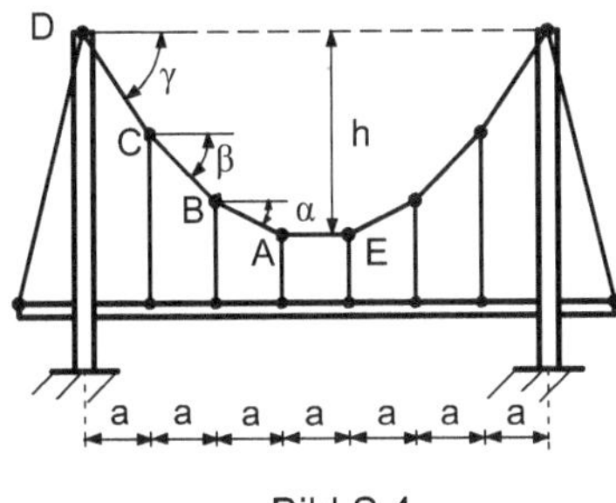

Bild S 4

Bei einer symmetrischen Hängebrücke soll an jedem vertikalen Tragseil die gleiche Kraft F von der Fahrbahn aufgenommen werden. Die Tragseile haben gleichen Abstand a, der Durchhang des Hängewerks ist h.

Gegeben
$F = 150\,\text{kN};\ a = 4\,\text{m};\ h = 10\,\text{m}$

Gesucht

a) Wie sind die Winkel α, β, γ der Seile mit der Horizontalen zu wählen?
b) Wie groß sind die Seilkräfte S_i und der Horizontalzug H in den einzelnen Abschnitten?

Lösung

a) Geometrische Zusammenhänge (Bild SL 4a)

$$\tan\alpha = \frac{y_1}{a};\quad \tan\beta = \frac{y_2}{a};\quad \tan\gamma = \frac{y_3}{a}$$

$$y_1 + y_2 + y_3 = h \mid : a \Rightarrow$$

$$\frac{y_1}{a} + \frac{y_2}{a} + \frac{y_3}{a} = \frac{h}{a}$$

$$\text{I)}\ \tan\alpha + \tan\beta + \tan\gamma = \frac{h}{a}$$

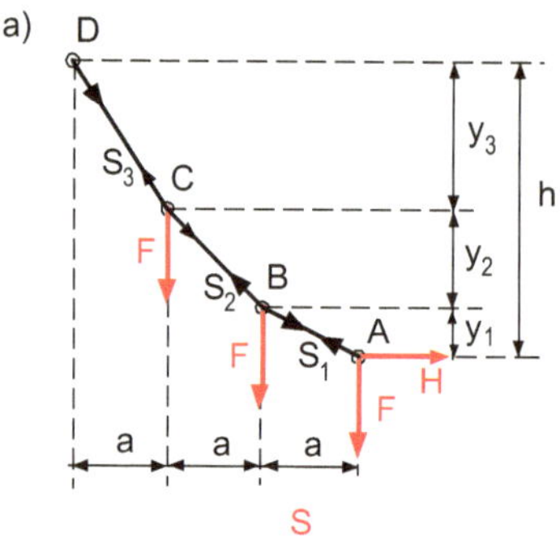

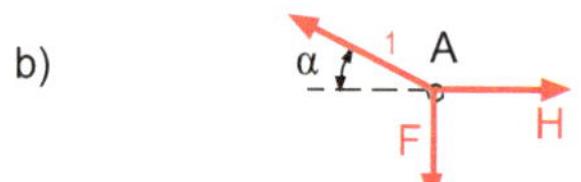

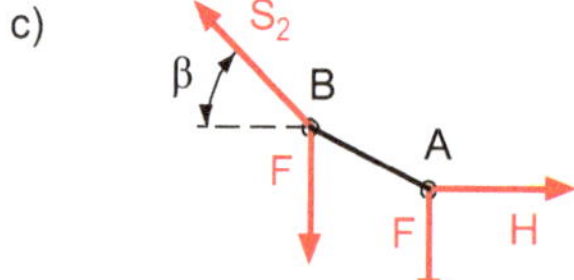

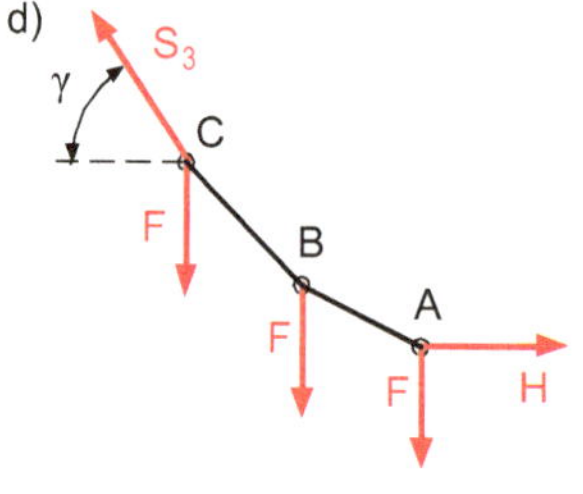

Bild SL 4

Schnitt durch die Seile

$$\text{II) Bild b:} \quad \left| \begin{array}{l} \sum F_y = 0 \Rightarrow S_1 \cdot \sin\alpha = F \\ \sum F_x = 0 \Rightarrow S_1 \cdot \cos\alpha = H \end{array} \right\} \tan\alpha = \frac{F}{H}$$

$$\text{III) Bild c:} \quad \left| \begin{array}{l} \sum F_y = 0 \Rightarrow S_2 \cdot \sin\beta = 2F \\ \sum F_x = 0 \Rightarrow S_2 \cdot \cos\beta = H \end{array} \right\} \tan\beta = \frac{2F}{H}$$

$$\text{IV) Bild d:} \quad \left| \begin{array}{l} \sum F_y = 0 \Rightarrow S_3 \cdot \sin\gamma = 3F \\ \sum F_x = 0 \Rightarrow S_3 \cdot \cos\gamma = H \end{array} \right\} \tan\gamma = \frac{3F}{H}$$

I, III, IV in I:

$$\frac{F}{H} + \frac{2F}{H} + \frac{3F}{H} = \frac{h}{a} \Rightarrow \frac{6F}{H} = \frac{h}{a} \Rightarrow H = 6F \cdot \frac{a}{h} = 6 \cdot 150 \cdot \frac{4}{10} = 360\,\text{kN}$$

aus II: $\tan\alpha = \dfrac{F}{H} = \dfrac{150}{360} = 0{,}417 \Rightarrow \alpha = 22{,}62°$

aus III: $\tan\beta = \dfrac{2F}{H} = \dfrac{2 \cdot 150}{360} = 0{,}833 \Rightarrow \beta = 39{,}81°$

aus VI: $\tan\gamma = \dfrac{3F}{H} = \dfrac{3 \cdot 150}{360} = 1{,}25 \Rightarrow \gamma = 51{,}34°$

b) Seilkräfte

$$\text{aus II:}\quad S_1 = \frac{F}{\sin\alpha} = \frac{150}{\sin 22{,}62°} = 390{,}0\,\text{kN}$$

$$\text{aus III:}\quad S_2 = \frac{2F}{\sin\beta} = \frac{2 \cdot 150}{\sin 39{,}81°} = 468{,}57\,\text{kN}$$

$$\text{aus IV:}\quad S_3 = \frac{3F}{\sin\gamma} = \frac{3 \cdot 150}{\sin 51{,}34°} = 576{,}28\,\text{kN}$$

S 5   Brückenwaage

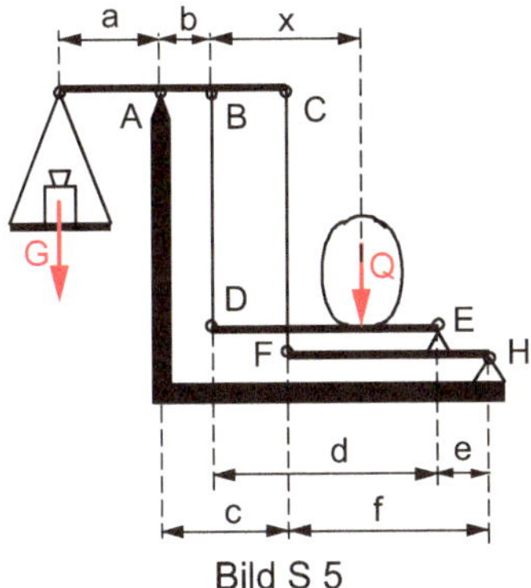

Bild S 5

Das Hebelsystem einer Brückenwaage ist so gebaut, dass das erforderliche Austarierungs-gewicht G unabhängig von der Lage x der aufgebrachten Last Q ist.

Gesucht

a) Man bestimme die Gelenkkräfte an den Balken DE, FH und AC sowie die erforderliche Ausgleichskraft G bei Aufbringung der Last Q in Abhängigkeit von x und den gegebenen Abmessungen.

b) Welche Beziehung muss zwischen den Strecken b, c, e, f bestehen, damit G unabhängig vom Abstand x wird?

c) Welches Ausgleichsgewicht G ist dann erforderlich, um die Last Q auszutarieren? Bei welchem Hebelverhältnis $\frac{b}{a}$ ergibt sich eine Dezimalwaage mit $\frac{G}{Q} = \frac{1}{10}$?

Lösung

Bild SL 5a

$$\sum M^{(D)} = 0 = E \cdot d - Q \cdot x \Rightarrow E = Q \cdot \frac{x}{d}$$

$$\sum F_y = 0 \Rightarrow D = Q - E = Q \cdot \left(1 - \frac{x}{d}\right)$$

Bild b

$$\sum M^{(H)} = 0 = E \cdot e - F \cdot f \Rightarrow F = E \cdot \frac{e}{f} = Q \cdot \frac{x}{d} \cdot \frac{e}{f}$$

$$\sum F_y = 0 \Rightarrow H = E - F = Q \cdot \frac{x}{d} \cdot \left(1 - \frac{e}{f}\right)$$

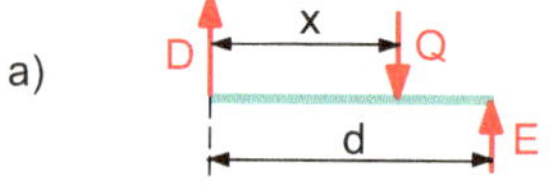

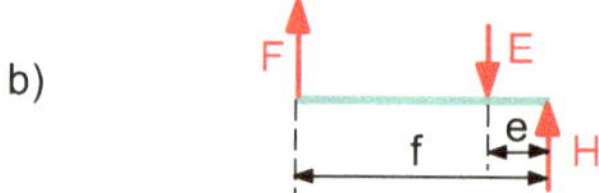

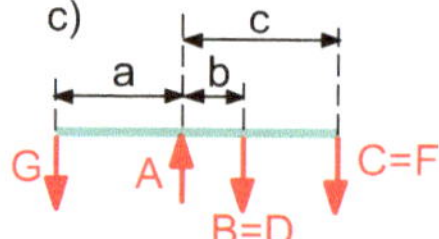

Bild SL 5

Bild c BD und CF sind Pendelstützen (Zweikräftekörper)

$$\sum M^{(A)} = 0 = G \cdot a - D \cdot b - F \cdot c \Rightarrow G = D \cdot \frac{b}{a} + F \cdot \frac{c}{a}$$

$$G = Q \cdot \left(1 - \frac{x}{d}\right) \cdot \frac{b}{a} + Q \cdot \frac{x}{d}\frac{e}{f} \cdot \frac{c}{a} = \frac{Q}{a} \cdot \left(b - \frac{x}{d} \cdot b + \frac{x}{d} \cdot \frac{e \cdot c}{f}\right)$$

$$= \frac{Q}{a} \cdot \left[b - \frac{x}{d} \cdot \left(b - \frac{e \cdot c}{f}\right)\right]$$

$$\sum F_y = 0 \Rightarrow A = G + B + C = G + Q \cdot \left(1 - \frac{x}{d}\right) + Q \cdot \frac{x}{d} \cdot \frac{e}{f}$$

$$A = G + Q \cdot \left[1 - \frac{x}{d} \cdot \left(1 - \frac{e}{f}\right)\right]$$

b) G ist unabhängig von x, wenn in der Gleichung von G der Koeffizient von x verschwindet, d. h.

$$b - \frac{e \cdot c}{f} = 0 \Rightarrow \frac{b}{c} = \frac{e}{f}$$

c)   Dann ist $G = \frac{b}{a} \cdot Q$ Bei einer Dezimalwaage ist: $\frac{b}{a} = \frac{G}{Q} = \frac{1}{10}$

S 6 Sägebock

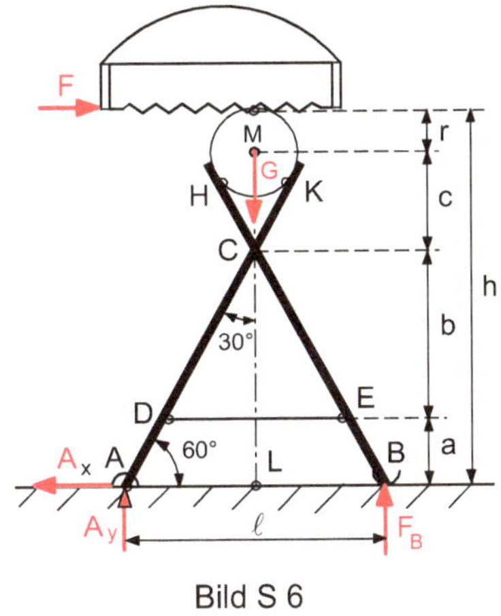

Bild S 6

Ein glatter, zylindrischer Baumstamm (Radius r, Gewicht G) liegt zwischen den Holmen eines Sägebocks. Der Sägebock ist bei A fest gelenkig gelagert und liegt bei B am glatten

Boden auf. Die Holmen sind in C gelenkig miteinander verbunden und werden durch ein Seil DE in ihrer Lage gehalten. Am Baumstamm wirkt eine horizontale Sägekraft F.

Gegeben

$F = 90\,\text{N}; G = 300\,\text{N}; r = 10\,\text{cm}; a = 25\,\text{cm}; b = 60\,\text{cm}$

Gesucht

a) Kräfte in den Auflagern A und B, im Seil und im Gelenk C
b) Bei welcher Zugkraft im Rückwärtshub der Säge hebt der Bock bei B vom Boden ab?

Lösung

a) Auflagerkräfte (Gesamtsystem)

$$\overline{AL} = (a + b) \cdot \tan 30° = (25 + 60) \cdot \tan 30° = 49{,}07\,\text{cm}$$

$$\ell = 2\overline{AL} = 98{,}14\,\text{cm}$$

$$\overline{MC} = c = \frac{r}{\sin 30°} = \frac{10}{\sin 30°} = 20\,\text{cm}$$

$$h = a + b + c + r = 25 + 60 + 20 + 10 = 115\,\text{cm}$$

I) $\sum M^{(A)} = 0 = F_\text{B} \cdot \ell - F \cdot h - G \cdot \frac{\ell}{2} \Rightarrow F_\text{B} = F\frac{h}{\ell} + \frac{1}{2}G$
     $F_\text{B} = 90 \cdot \frac{115}{98{,}14} + \frac{1}{2}300 = 255{,}46\,\text{N}$

II) $\sum F_\text{x} = 0 \Rightarrow A_\text{x} = F = 90\,\text{N}$

III)$\sum F_\text{y} = 0 \Rightarrow A_\text{y} = G - F_\text{B} = 300 - 255{,}46 = 44{,}54\,\text{N}$

Gelenk- und Seilkraft

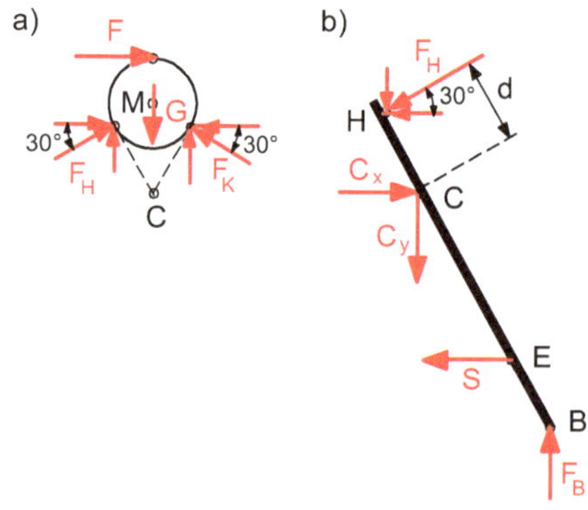

Bild SL 6

Bild SL 6a: Baumstamm

$$\text{IV)} \;\; \sum F_\text{x} = 0 = F_\text{H} \cos 30° - F_\text{K} \cos 30° + F$$

$$\text{V)} \;\; \sum F_\text{y} = 0 = F_\text{H} \sin 30° + F_\text{K} \sin 30° - G$$

$$\text{IV} \cdot \sin 30° + \text{V} \cdot \cos 30°:$$

$$2F_\text{H} \sin 30° \cdot \cos 30° + F \sin 30° - G \cos 30° = 0 \Rightarrow$$

$$F_\text{H} = \frac{G \cdot \cos 30° - F \cdot \sin 30°}{2 \sin 30° \cdot \cos 30°} = 248{,}04\,\text{N}$$

$$\text{aus IV: } F_\text{K} = F_\text{H} + \frac{F}{\cos 30°}$$

$$F_\text{K} = 248{,}04 + \frac{90}{\cos 30°} = 351{,}96\,\text{N}$$

Bild SL 6b: rechter Holmen (Schnitt durch Gelenk und Seil)

$$\overline{HC} = d = \frac{r}{\tan 30°} = \frac{10}{\tan 30°} = 17{,}32\,\text{cm}$$

$$\text{VI) } \sum M^{(C)} = 0 = F_\text{H} \cdot d - S \cdot b + F_\text{B} \cdot \frac{\ell}{2} \Rightarrow S = F_\text{H} \cdot \frac{d}{b} + F_\text{B} \cdot \frac{\ell}{2b}$$

$$S = 248{,}04 \cdot \frac{17{,}32}{60} + 255{,}46 \cdot \frac{49{,}07}{60} = 280{,}52\,\text{N}$$

$$\text{VII) } \sum F_\text{x} = 0 \Rightarrow C_\text{x} = F_\text{H} \cos 30° + S = 248{,}04 \cdot \cos 30° + 280{,}52 = 495{,}33\,\text{N}$$

$$\text{VIII) } \sum F_\text{y} = 0 \Rightarrow C_\text{y} = F_\text{B} - F_\text{H} \sin 30° = 255{,}46 - 248{,}04 \cdot \sin 30° = 131{,}44\,\text{N}$$

b) Abheben des Sägebocks: Bodenkraft $F_\text{B} = 0$

$$\text{aus I: } F\frac{h}{\ell} + \frac{1}{2}G = 0 \Rightarrow F = -\frac{\ell}{2h}G = -\frac{49{,}07}{115} \cdot 300 = -128{,}01\,\text{N}$$

Das Minuszeichen bedeutet: Abheben kann nur beim Rückwärtshub auftreten.
Daher ist es besser, von der rechten Seite d. h. vom Loslager aus zu sägen und beim
Verhaken der Säge im Vorwärtshub den Bock mit einem Fuß zu fixieren.

S 7   Anheben einer Walze

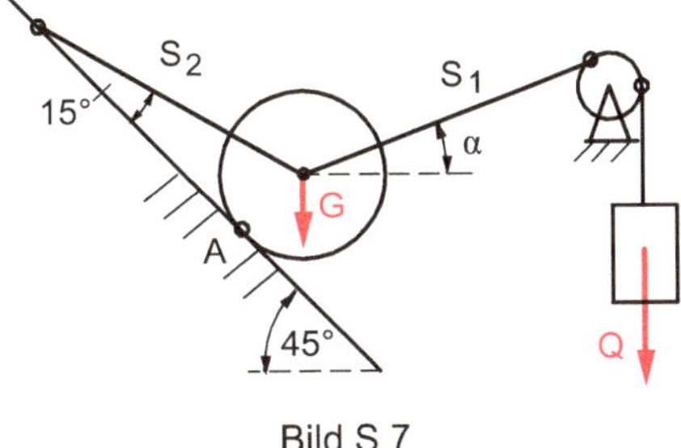

Bild S 7

Eine schwere Walze (Gewicht G) wird durch zwei Seile S_1, S_2 gehalten und liegt bei A
auf einer schiefen Ebene auf. Am Seil S_1 zieht über eine Umlenkrolle das Gewicht Q.

Gegeben

$G = 80\,\mathrm{N};\ Q = 40\,\mathrm{N};\ \alpha = 20°$

Gesucht

a) Seilkräfte S_1, S_2 und die Auflagerkraft A

b) Welches Gewicht Q' muss angehängt werden, damit die Walze von der schiefen Ebene gerade abhebt?

c) Durch Veränderung des Winkels α (Versetzen der Umlenkrolle) soll die Walze mit einer minimalen Kraft $S_1^* = Q^*$ angehoben werden. Unter welchem Winkel α^* muss gezogen werden und wie groß sind dann die entsprechenden Seilkräfte?

1.) Zeichnerische Lösung

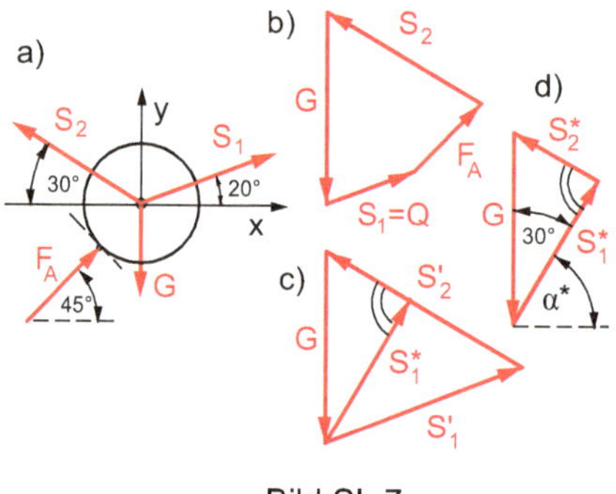

Bild SL 7

Die abzulesenden Ergebnisse werden durch die nachfolgende Rechnung bestätigt.

Beim Anheben der Walze ist $F_A = 0$ (Bild c). Das Lot hat den kürzesten Abstand eines Punktes von einer Geraden. Daher ist im Bild c das Lot S_1^* gefällt von der Spitze von G auf S_2' die kleinste erforderliche Seilkraft, um die Walze anzuheben.

Aus dem rechtwinkligen Dreieck G, S_1^*, S_2^* (Bild d) liest man ab:

$$S_1^* = G \cdot \cos 30° = 80 \cdot \cos 30° = 69{,}28\,\mathrm{N}; \quad S_2^* = G \cdot \sin 30° = 80 \cdot \sin 30° = 40\,\mathrm{N}$$

2.) Rechnerische Lösung

a) Seilkräfte, Auflagerkraft (Bild a)

Gleichgewicht der Walze (zentrales Kräftesystem liefert zwei Gleichgewichtsbedingungen)

Da $S_1 = Q$ ist, verbleiben noch die beiden Unbekannten S_2 und F_A

I) $\sum F_x = 0 = S_1 \cos 20° - S_2 \cos 30° + F_A \sin 45°$

II) $\sum F_y = 0 = S_1 \sin 20° + S_2 \sin 30° + F_A \cos 45° - G$

Weil $\sin 45° = \cos 45° = 1/\sqrt{2}$ ist, kann man die Gleichungen direkt (ohne Multiplikationsausgleich) voneinander abziehen, um F_A zu eliminieren:

$$\text{I} - \text{II:}\quad S_1(\cos 20° - \sin 20°) - S_2(\cos 30° + \sin 30°) + G = 0 \Rightarrow$$

Mit $S_1 = Q$ wird

$$S_2 = \frac{G + Q \cdot (\cos 20° - \sin 20°)}{\cos 30° + \sin 30°} = 76{,}07\,\text{N}$$

$$\text{aus I:}\ F_A = \frac{S_2 \cos 30° - Q \cos 20°}{\sin 45°} = \frac{76{,}07 \cos 30° - 40 \cos 20°}{\sin 45°} = 40\,\text{N}$$

b) Anheben der Walze: $F_A = 0$

$$\text{I')}\ \sum F_x = 0 = S_1' \cos 20° - S_2' \cos 30° \Rightarrow S_2' = S_1' \frac{\cos 20°}{\cos 30°}$$

$$\text{II')}\ \sum F_y = 0 = S_1' \sin 20° + S_2' \sin 30° - G$$

$$\text{I' in II':}\ S_1' \cdot \sin 20° + S_1' \cdot \frac{\cos 20°}{\cos 30°} \sin 30° = G \Rightarrow$$

$$S_1' = \frac{G}{\sin 20° + \cos 20° \cdot \tan 30°} = 90{,}44\,\text{N}$$

c) Erforderliche Mindestlast Q^*
Schreibt man die letzte Gleichung allgemein mit dem Winkel α anstatt $20°$, so wird

$$S_1' = \frac{G}{\sin \alpha + \cos \alpha \cdot \tan 30°}$$

S_1' wird ein Minimum, wenn der Nenner N maximal wird (leichter zu differenzieren).

$$N = \sin \alpha + \cos \alpha \cdot \tan 30°$$

$$\frac{dN}{d\alpha} = \cos \alpha^* - \sin \alpha^* \tan 30° = 0 \Rightarrow \tan \alpha^* = \frac{1}{\tan 30°} = \frac{1}{\sqrt{3}} \Rightarrow \alpha^* = 60°$$

$$S_1^* = \frac{G}{\sin 60° + \cos 60° \cdot \tan 30°} = 69{,}28\,\text{N}$$

$$S_2^* = S_1^* \cdot \frac{\cos \alpha^*}{\cos 30°} = 69{,}28 \cdot \frac{\cos 60°}{\cos 30°} = 40\,\text{N}$$

S 8   Ziehen eines Wagens über eine Stufe

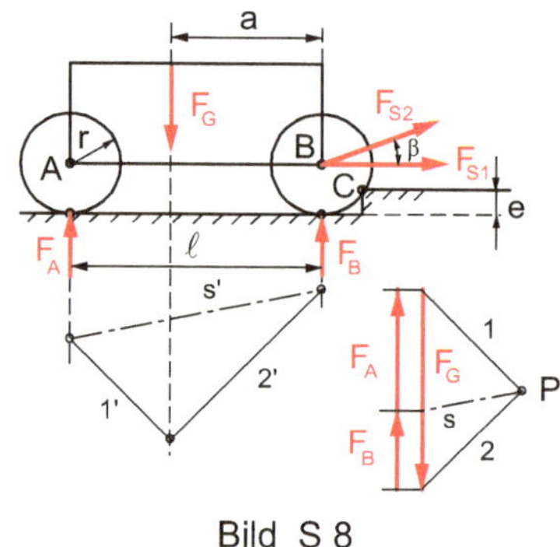

Bild S 8

Gegeben

$F_G = 9000\,\text{N}; \ell = 150\,\text{cm}; a = 90\,\text{cm}; r = 30\,\text{cm}; e = 15\,\text{cm}$

Ein Wagen (Gewicht F_G, Radius der Räder r) steht auf einer ebenen Fahrbahn.

Gesucht (zeichnerisch und rechnerisch)

a) Wie groß sind die Achslasten (Auflagerkräfte) in A und B?

b) Der Wagen soll durch einen horizontalen Seilzug F_{S1} an der Achse B über eine Stufe der Höhe e geschleppt werden. Wie groß sind im Augenblick, in dem sich die Vorderräder vom Boden abheben, der Seilzug und die Kräfte auf die Räder?

c) Welche Kräfte ergeben sich für eine schräge Seilkraft unter einem Winkel $\beta = 20°$?

d) Unter welchem Winkel β^* muss eine minimale Seilkraft F_S^* angreifen und wie groß ist diese? Welche Kräfte wirken dann auf die Räder?

1.) Zeichnerische Lösung

$$P_1 = F_{C1} \cap F_G; \quad P_2 = F_{S1} \cap F_A$$

Das Zeichen $\cap$ steht für „geschnitten mit" (Schnittmenge)

$$h = P_1 P_2$$

Bild S 8:   Auflagerkräfte F_A, F_B im Stand mit Pol- und Seileck

Bild SL 8a, b: Seilkraft F_{S1} und Radkräfte F_A, F_C mit dem Culmann-Verfahren

Der Leser ermittle für einen Seilzug unter dem Winkel $\beta = 20°$ mit dem Seileck- oder dem Culmann-Verfahren die entsprechenden Werte. Beim Seileckverfahren ist zu beachten, dass der erste Seilstrahl durch den Schnittpunkt zweier unbekannter Kräfte gelegt werden muss.

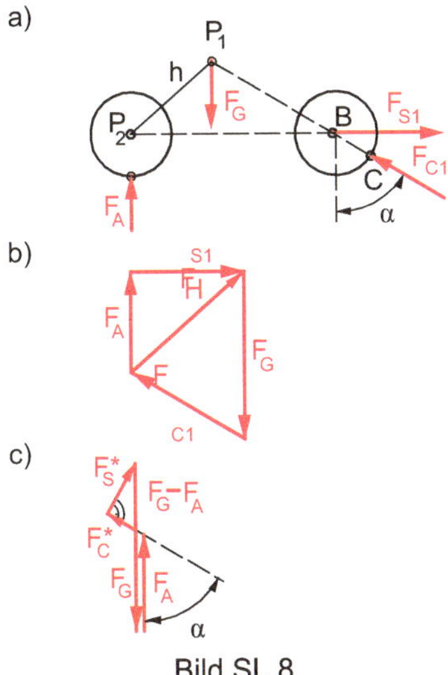

Bild SL 8

Bild SL 8c: minimale Seilkraft F_S^* und Räderkräfte F_A, F_C^*. Das Lot (als kürzester Abstand eines Punktes von einer Geraden) gefällt von der Feder (Anfangspunkt) des Vektors F_G auf die Wirklinie von F_C ergibt die minimale Seilkraft F_S^*. Dem rechtwinkligen Dreieck entnimmt man die Beziehung

$$F_S = (F_G - F_A) \cdot \sin\alpha$$

Die abzulesenden Zahlenwerte stimmen mit der nachfolgenden Rechnung überein und sind dort aufzusuchen.

2.) Rechnerische Lösung

a) Wagen steht auf der Fahrbahn (Bild S 8)

$$\sum M^{(B)} = 0 = F_G a - F_A \ell \Rightarrow F_A = F_G \frac{a}{\ell} = 9000 \cdot \frac{90}{150} = 5400\,\text{N}$$

$$\sum F_y = 0 \Rightarrow F_B = F_G - F_A = 9000 - 5400 = 3600\,\text{N}$$

b) Horizontale Seilkraft F_{S1} (Bild SL 8a)
Da F_C und F_{S1} (bzw. F_{S2}) durch den Momentenbezugspunkt B hindurchgehen, ist F_A wie unter a) nur von F_G und vom Hebelverhältnis a/ℓ abhängig, also ebenfalls

$F_A = 5400\,\text{N}$. Das gleiche gilt für eine schräge Seilkraft unter c) und d).

$$\cos\alpha = \frac{r-e}{r} = \frac{30-15}{30} = 0{,}5 \Rightarrow \alpha = 60°$$

$$\sum F_y = 0 = F_A + F_{C1}\cos\alpha - F_G \Rightarrow F_{C1} = \frac{F_G - F_A}{\cos\alpha} = \frac{9000 - 5400}{0{,}5} = 7200\,\text{N}$$

$$\sum F_x = 0 \Rightarrow F_{S1} = F_{C1}\sin\alpha = 7200 \cdot \sin 60° = 6235{,}38\,\text{N}$$

c)   Schräge Seilkraft F_{S2} (Bild S 8)

$$F_A = 6000\,\text{N} \text{ wie unter a)}$$

$$\text{I)} \quad \sum F_x = 0 = F_{S2}\cos\beta - F_{C2}\sin\alpha \Rightarrow F_{C2} = F_{S2}\frac{\cos\beta}{\sin\alpha}$$

$$\text{II)} \quad \sum F_y = 0 = F_A + F_{C2}\cos\alpha - F_G + F_{S2}\sin\beta$$

$$\text{I in II:} \quad F_A + F_{S2}\frac{\cos\beta}{\sin\alpha} - F_G + F_{S2}\sin\beta = 0 \Rightarrow$$

$$F_{S2} = \frac{F_G - F_A}{\sin\beta + \frac{\cos\beta}{\tan\alpha}} = \frac{3600}{\sin 20° + \frac{\cos 20°}{\tan 60°}} = 4069{,}86\,\text{N}$$

$$\text{aus I:} \quad F_{C2} = 4069{,}86 \cdot \frac{\cos 20°}{\sin 60°} = 4416{,}07\,\text{N}$$

d) F_{S2} wird minimal, wenn der Nenner N maximal wird.

$$N = \sin\beta + \frac{\cos\beta}{\tan\alpha}$$

$$\frac{dN}{d\beta} = \cos\beta^* - \frac{\sin\beta^*}{\tan\alpha} = 0 \Rightarrow \tan\beta^* = \tan\alpha \Rightarrow \beta^* = \alpha = 60°$$

d. h. der optimale Seilzug muss senkrecht zu BC erfolgen. Dann ist

$$F_S^* = \frac{F_G - F_A}{\sin\alpha + \frac{\cos\alpha}{\tan\alpha}} = \frac{F_G - F_A}{\sin^2\alpha + \cos^2\alpha}\sin\alpha = (F_G - F_A)\sin\alpha$$

$$F_S^* = 3600 \cdot \sin 60° = 3117{,}69\,\text{N}$$

$$F_C^* = F_S^* \cdot \frac{\cos\alpha}{\sin\alpha} = \frac{F_S^*}{\tan\alpha} = \frac{3117{,}69}{\tan 60°} = 1800\,\text{N}$$

S 9 Schubkarren in einer Rinne

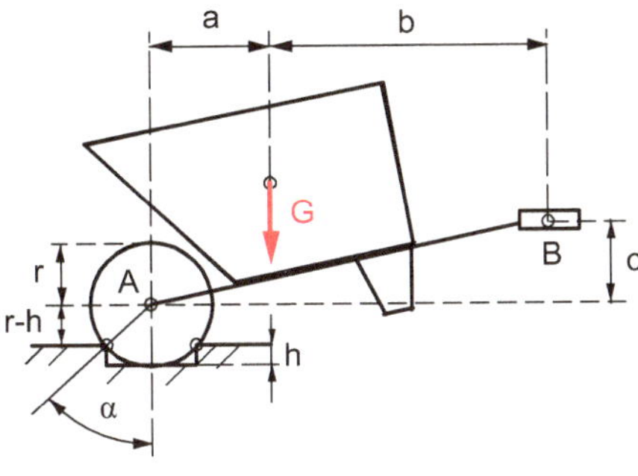

Bild S 9

Ein Schubkarren (Gewicht G) muss aus einer Rinne (Höhe h) herausgebracht werden, wobei es zwei Möglichkeiten gibt:

1) Er wird über die Stufe nach rechts gezogen.
2) Er wird über die Stufe nach links geschoben.

Gegeben
$G = 600\,\text{N}$; $r = 15\,\text{cm}$; $h = 5\,\text{cm}$; $a = 30\,\text{cm}$; $b = 70\,\text{cm}$; $c = 20\,\text{cm}$

Gesucht

a) Welche Handkräfte am Griff B sind jeweils erforderlich und welche Lagerkräfte entstehen dabei am Bolzen A? (zeichnerische und rechnerische Lösung).
b) An welchen Stellen P_1 bzw. P_2 der Haltestange müsste die Hand angreifen, damit der Kraftaufwand minimal wird und wie groß sind diese Kräfte (zeichnerische Lösung)?

Zeichnerische Lösung
Den Winkel α am Rad des Schubkarrens entnimmt man einer maßstäblichen Skizze oder bestimmt ihn genauer aus dem entsprechenden rechtwinkligen Dreieck mit der Winkelfunktion

$$\cos\alpha = \frac{r - h}{r} = \frac{15 - 5}{15} = 0,\overline{6} \Rightarrow \alpha = 48,19°$$

a) Dreikräfte-Verfahren

Durch den Schnittpunkt S_1 (S_2) von A_1 (A_2) und G muss auch B_1 (B_2) hindurchgehen. Die zeichnerische Methode bietet eine einfache Möglichkeit für eine Optimierung.

Errichtet man in den Kraftecken jeweils die Lote von den Endpunkten der Kraft G auf die Kräfte A_1 (A_2), so erhält man die kleinstmöglichen Kräfte B_1^* (B_2^*), um den Schubkarren aus der Rinne zu bringen.

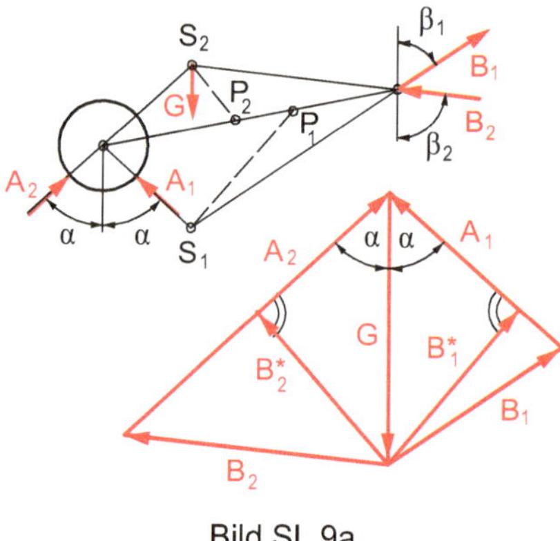

Bild SL 9a

Aus den rechtwinkligen Dreiecken im Bild SL 9a bestimmt man durch ablesen oder rechnen

$$B_1^* = B_2^* = G \cdot \sin\alpha$$

$$B_1^* = B_2^* = 600 \cdot \sin 48{,}19° = 447{,}22\,\text{N}$$

Die erforderlichen Angriffspunkte P_1 (P_2) der Handkraft findet man durch Parallelverschiebung der Wirklinien von B_1^* (B_2^*) durch S_1 (S_2). Die Schnittpunkte der Parallelen mit der Verbindungslinie AB sind die gesuchten Angriffspunkte P_1 (P_2).

Prinzipiell lässt sich auch alles rechnen, was man zeichnen kann, aber nicht umgekehrt. Eine rechnerische Bestimmung von B_1^* (B_2^*) bzw. P_1 (P_2) mittels Extremwertbildung wäre hier jedoch erheblich aufwendiger.

Rechnerische Lösung

Der gleiche Kraftaufwand wie beim Herausbringen aus der Rinne ist nötig, um den Schubkarren kurzzeitig auf einer schiefen Ebene mit dem Steigungswinkel α senkrecht zu den Kräften A_1 bzw. A_2 zu ziehen bzw. zu schieben.

Fall 1

$$A_{1x} = A_1 \sin\alpha; \quad A_{1y} = A_1 \cos\alpha$$

$$\sum M^{(B)} = 0 = -A_1 \cdot \sin\alpha \cdot c - A_1 \cdot \cos\alpha \cdot (a + b) + G \cdot b \Rightarrow$$

$$A_1 = \frac{G \cdot b}{(a+b)\cdot \cos\alpha + c \cdot \sin\alpha} = \frac{600 \cdot 70}{100 \cdot \cos 48{,}19° + 20 \cdot \sin 48{,}19°} = 514{,}87\,\text{N}$$

$$\sum F_x = 0 \Rightarrow B_{1x} = A_1 \cdot \sin\alpha = 514{,}87 \cdot \sin 48{,}19° = 383{,}76\,\text{N}$$

$$\sum F_y = 0 \Rightarrow B_{1y} = G - A_1 \cdot \cos\alpha = 600 - 514{,}87 \cdot \cos 48{,}19° = 256{,}76\,\text{N}$$

$$B_1 = \sqrt{B_{1x}^2 + B_{1y}^2} = \sqrt{383{,}76^2 + 256{,}76^2} = 461{,}73\,\text{N}$$

$$\tan\beta_1 = \frac{B_{1x}}{B_{1y}} = \frac{383{,}76}{256{,}76} = 1{,}495 \Rightarrow \beta_1 = 56{,}21°$$

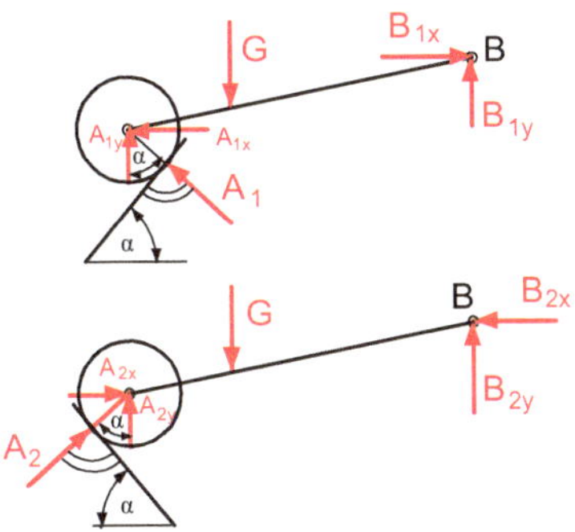

Bild SL 9b

Fall 2

$$A_{2x} = A_2 \sin\alpha; \quad A_{2y} = A_2 \cos\alpha$$

$$\sum M^{(B)} = 0$$

$$A_2 \sin\alpha \cdot c - A_2 \cos\alpha \cdot (a+b) + G \cdot b = 0 \Rightarrow$$

$$A_2 = \frac{G \cdot b}{(a+b)\cos\alpha - c \sin\alpha}$$

$$A_2 = \frac{600 \cdot 70}{100 \cos 48{,}19° - 20 \sin 48{,}19°} = 514{,}87\,\text{N}$$

$$\sum F_x = 0 \Rightarrow B_{2x} = A_2 \sin\alpha = 604{,}82\,\text{N}$$

$$\sum F_y = 0 \Rightarrow B_{2y} = G - A_2 \cos\alpha = 59{,}04\,\text{N}$$

$$B_2 = \sqrt{B_{2x}^2 + B_{2y}^2} = 607{,}69\,\text{N} > B_1 = 461{,}73\,\text{N}$$

$$\tan\beta_2 = \frac{B_{2x}}{B_{2y}} = 10{,}244 \Rightarrow \beta_2 = 84{,}42°$$

Es ist also einfacher, den Schubkarren nach rechts aus der Rinne zu ziehen.

S 10   Kraftmessung an einem Drehstahl

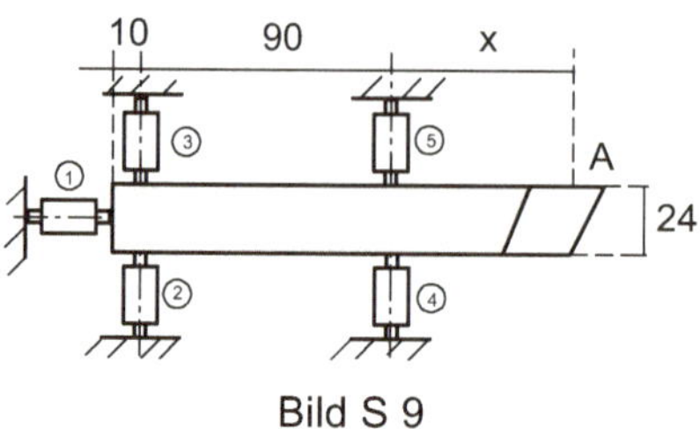

Bild S 9

Die Belastung eines Drehstahls soll mit elektrischen Kraftmessdosen ermittelt werden, zwischen denen der Meißelschaft gelagert ist. Jede Messdose zeigt elektronisch die in ihrer Längsrichtung wirkende Druckkraft an. Zu einem bestimmten Zeitpunkt werden in den 5 Messdosen folgende Druckkräfte festgestellt:

Gegeben

$F_1 = 500\,\text{N}$; $F_2 = 0$; $F_3 = 800\,\text{N}$; $F_4 = 2000\,\text{N}$; $F_5 = 0$

Es kann angenommen werden, dass die Meißelkraft F und die Lagerkräfte der Messdosen in einer Ebene liegen.

Gesucht (zeichnerisch und rechnerisch)

Die auf den Meißel wirkende Zerspanungskraft F und der Abstand x ihres Angriffspunktes A an der Oberseite des Meißels von den rechten Messdosen.

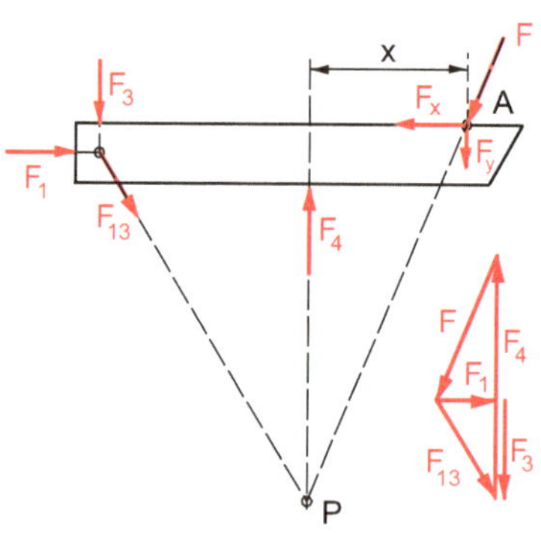

Bild SL 10

1.) Zeichnerische Lösung

Die Zerspanungskraft F ist die Gleichgewichtskraft (Schlusslinie) im Krafteck mit den Lagerkräften.

Die gegebenen Lagerkräfte F_1 und F_3 werden zu einer Resultierenden F_{13} zusammengefasst, die sich mit F_4 im Punkt P schneidet. Nach dem 3-Kräfte-Verfahren muss die dritte Kraft F als Parallele aus dem Krafteck durch diesen Punkt P als gemeinsamen

Schnittpunkt gehen. Diese Parallele schneidet an der Oberseite des Meißels den gesuchten Angriffspunkt A aus.

2.) Rechnerische Lösung

$$\sum F_x = 0 \Rightarrow F_x = F_1 = 500\,\text{N}$$

$$\sum F_y = 0 \Rightarrow F_y = F_4 - F_3 = 2000 - 800 = 1200\,\text{N}$$

$$F = \sqrt{F_x^2 + F_y^2} = \sqrt{500^2 + 1200^2} = 1300\,\text{N}$$

$$\sum M^{(A)} = 0 = F_1 \cdot 12 + F_3 \cdot (x + 90) - F_4 \cdot x \Rightarrow$$

$$x = \frac{F_1 \cdot 12 + F_3 \cdot 90}{F_4 - F_3} = \frac{500 \cdot 12 + 800 \cdot 90}{2000 - 800} = 65\,\text{mm}$$

S 11   Belastung einer gelagerten Scheibe durch ein Moment

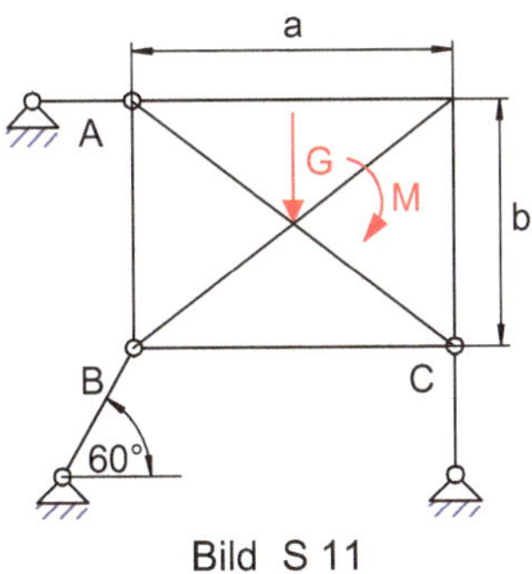

Bild S 11

Eine rechteckige Scheibe (z. B. ein Motorgehäuse) ist durch 3 starre Stäbe A, B, C abgestützt. Auf die Scheibe wirkt durch Anziehen einer Schraube (oder durch Bohren eines Lochs) in *beliebiger* Lage ein Moment M.

Gegeben

$M = 60\,\text{N}\,\text{m}$; $a = 40\,\text{cm}$; $b = 30\,\text{cm}$

Man bestimme die Stabkräfte zeichnerisch und rechnerisch

a) für eine Scheibe mit dem Gewicht $G = 100\,\text{N}$

Was ergibt die Zusammenfassung von G und M

b) wenn man das Gewicht der Scheibe ($G = 0$) vernachlässigen kann?

1.) Zeichnerische Lösung

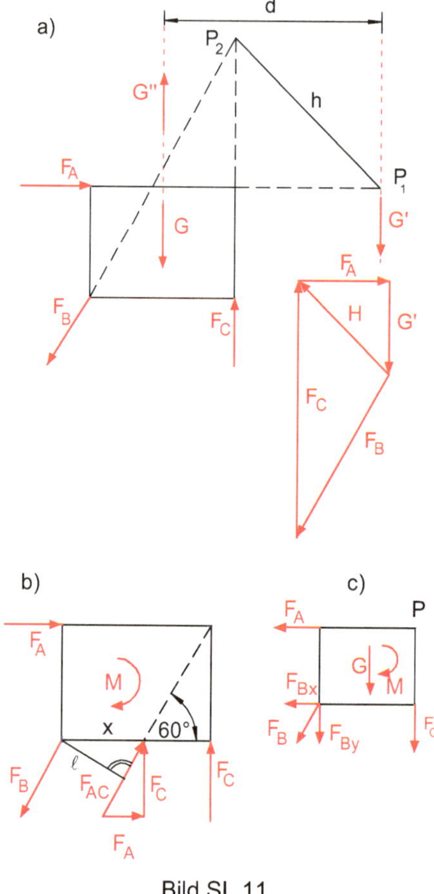

Bild SL 11

a) Belastung durch G und M (Bild SL 11a)

Das Moment M wird durch ein Kräftepaar G', G'' ersetzt, mit $G' = G'' = G = 100\,\text{N}$. G'' ist entgegen G und G' gleich G orientiert.

Hierdurch kann man auf zwei zusätzliche Kräfte im Kräfteplan verzichten, da sich G'' und G wegheben.

Da das Ersatzkräftepaar die gleiche Drehwirkung haben muss wie das gegebene Moment, hat das Kräftepaar die Distanz

$$G \cdot d = M \Rightarrow d = \frac{M}{G} = \frac{60\,\text{N}\,\text{m}}{100\,\text{N}} = 0{,}6\,\text{m}$$

Das Moment M bewirkt also eine Parallelverschiebung der Kraft G bzw. wirkt gleichwertig (äquivalent) einer solchen.

Die Stabkräfte F_A, F_B, F_C infolge der Belastung durch G' werden nach dem Culmann-
Verfahren bestimmt, wobei die Wirkungslinien von F_A und G' sowie die von F_B und
F_C paarweise zum Schnitt gebracht werden, um die Culmannsche Hilfsgerade h bzw.
die Richtung der Hilfskraft H zu ermitteln.

b) Belastung nur durch M (Bild SL 11b)

Ein Moment (Kräftepaar) kann nur durch ein gleichwertiges Gegenkräftepaar ausgeglichen werden. Die drei Stabkräfte F_A, F_B, F_C müssen also ein Kräftepaar ergeben,
d. h. die Resultierende z. B. $\vec{F}_{AC} = \vec{F}_A + \vec{F}_C$ muss parallel zur dritten Stabkraft z. B.
$\vec{F}_B$ sein.

Das Kräftepaar hat den Abstand, ℓ der abgemessen oder berechnet wird:

$$x = a - \frac{b}{\tan 60°} = 40 - \frac{30}{\tan 60°} = 22{,}68 \,\text{cm}$$

$$\ell = x \cdot \sin 60° = 22{,}68 \cdot \sin 60° = 19{,}64 \,\text{cm}$$

$$F_B = F_{AC} = \frac{M}{\ell} = \frac{6000 \,\text{N cm}}{19{,}64 \,\text{cm}} = 305{,}5 \,\text{N}$$

F_{AC} wird noch in die Komponenten F_A und F_C zerlegt:

$$F_A = F_{AC} \cdot \cos 60° = 152{,}75 \,\text{N}; \quad F_C = F_{AC} \cdot \sin 60° = 264{,}57 \,\text{N}$$

Sonderfälle

Sind zwei Stäbe parallel, dann ist der dritte nichtparallele Stab ein Nullstab.

Sind dagegen alle drei Stäbe parallel (bzw. schneiden sich die drei Stabachsen in einem endlich oder unendlich weit entfernten Punkt), dann ist das (sog. entartete) System
wackelig (in Kleinem beweglich) und somit kinematisch und statisch unbestimmt.

2.) Rechnerische Lösung (Bild c)

a) Scheibe mit Gewicht

Alle Stäbe werden (wie bei der Bestimmung von Stabkräften bei Fachwerken nach
dem Ritterschen Schnitt) zunächst als Zugstäbe angenommen. Die Vorzeichen der Re-
chenergebnisse bestimmen die endgültige Kraftwirkung:

$$\textit{Ergebnis positiv: Zugstab;} \quad \textit{Ergebnis negativ: Druckstab}$$

$$F_{Bx} = F_B \cdot \cos 60°; \quad F_{By} = F_B \cdot \sin 60°$$

Wir wählen den Schnittpunkt zweier Stabachsen als Momentenbezugspunkt P, dann bleibt die dritte Stabkraft als einzige Unbekannte in der Momentengleichung übrig.

$$\sum M^{(P)} = 0 = F_B \sin 60° \cdot a - F_B \cos 60° \cdot b - M + G \cdot \frac{a}{2}$$

$$F_B = \frac{M - G\frac{a}{2}}{a \cdot \sin 60° - b \cdot \cos 60°} = \frac{60 - 100 \cdot 0{,}2}{0{,}4 \cdot \sin 60° - 0{,}3 \cdot \cos 60°}$$

$$= 203{,}66\,\text{N (Zugstab)}$$

$$\sum F_x = 0 \Rightarrow F_A = -F_{Bx} = -203{,}66 \cdot \cos 60° = -101{,}83\,\text{N (Druckstab)}$$

$$\sum F_y = 0 \Rightarrow F_C = -G - F_{By} = -100 - 203{,}66 \cdot \sin 60°$$

$$= -276{,}37\,\text{N (Druckstab)}$$

b) Scheibe ohne Gewicht ($G = 0$)

$$F_B = 152{,}75\,\text{N (Zugstab)}; \quad F_A = -76{,}38\,\text{N (Druckstab)};$$

$$F_C = -132{,}29\,\text{N (Druckstab)}$$

S 12   Unterschiedliche Angriffspunkte einer äußeren Kraft am Gelenk

Oft bestehen Zweifel über den Kraftfluss, wenn bei einem Gelenksystem (z. B. Gerberträger, Dreigelenkbogen oder Fachwerk) eine äußere Kraft F direkt an einem Gelenkpunkt angreift. Meist findet man unterschiedliche Angaben über die innere Gelenkkraft ohne nähere Begründung. Daher soll die Frage nach den inneren Gelenkkräften am Beispiel eines einfachen Gerberträgers einmal geklärt werden.

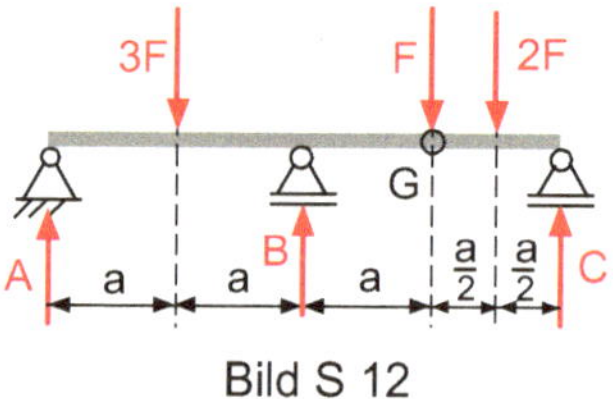

Bild S 12

Gegeben ist ein Gerberträger nach Bild S12.
Gesucht sind die Auflagerkräfte A, B, C und die Gelenkkraft G.

Lösung

a) Auflagerkräfte

Im Gelenk ist das Moment Null. Momentengleichgewicht des rechten, abgeschnittenen Balkenteils GC liefert

$$\sum_{GC} M^{(G)} = 0 = C \cdot a - 2F \cdot \frac{a}{2} \Rightarrow C = F$$

Gesamtsystem:

$$\sum_{AC} M^{(A)} = 0 = -3F \cdot a + B \cdot 2a - F \cdot 3a - 2F \cdot \frac{7}{2}a + C \cdot 4a \Rightarrow$$

mit $C = F$ wird $B = \frac{F}{2}(3 + 3 + 7 - 4) = \frac{9}{2}F$

$$\sum_{AC} F_y = 0 \Rightarrow A = 6F - B - C = 6F - F - \frac{9}{2}F = \frac{1}{2}F$$

b) Gelenkkraft

Nur wenn eine genaue Angabe über den Angriffspunkt der äußeren Belastungskraft F
am Gelenk gemacht wird, ist eine Aussage über die innere Gelenkkraft möglich.
Generell gibt es drei Möglichkeiten:

1.) Angriffspunkt von F etwas rechts vom Gelenk (Bild SL12a)
Gleichgewicht des rechten Balkenteils GC:

$$\sum_{GC} F_y = 0 \Rightarrow G = F + 2F - C = 2F$$

Links und rechts wirkt die gleiche Gelenkkraft $G = 2F$.
Zur Kontrolle der Auflagerkräfte A und B betrachten wir das Gleichgewicht des
linken Balkenteils AG:

$$\sum_{AG} M^{(A)} = 0 = -3F \cdot a + B \cdot 2a - G \cdot 3a$$

mit $G = 2F$ wird $B = \frac{F}{2} \cdot (3 + G) = \frac{9}{2}F$

$$\sum_{AG} F_y = 0 \Rightarrow A = 3F - B + G = 3F - \frac{9}{2}F + 2F = \frac{1}{2}F$$

2.) Angriffspunkt etwas links vom Gelenk (Bild b)
Gleichgewicht des rechten Balkenteils GC

$$\sum_{GC} F_y = 0 \Rightarrow G = 2F - C = F$$

Links und rechts vom Gelenk wirkt die gleiche Gelenkkraft $G = F$. Analog ergeben sich die Auflagerkräfte A und B am linken Trägerteil AG.

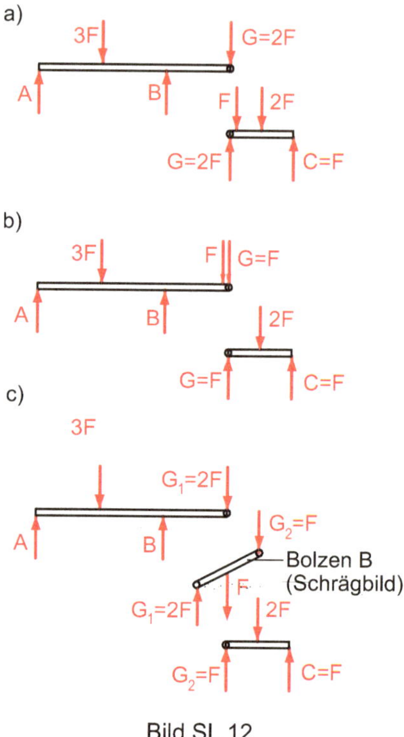

Bild SL 12

3.) Angriffspunkt direkt am Gelenkbolzen (Bild c)
Gleichgewicht am rechten Balkenteil GC

$$\sum_{GC} F_y = 0 \Rightarrow G_2 = 2F - C = F$$

Gleichgewicht am Bolzen G (Schrägbild)

$$\sum_{G} F_y = 0 \Rightarrow G_1 = F + G_2 = 2F$$

Die Gelenkkräfte sind jetzt links und rechts unterschiedlich $G_1 \neq G_2$.
Auch hier ergeben sich die gleichen Auflagerkräfte A und B bei der Betrachtung
des Gleichgewichts am linken Trägerteil AG.
In allen drei Fällen wirkt am linken Balkenteil AG bei G eine resultierende Gesamt-
kraft $2F$ Fach unten. Die Auflagerkräfte A, B, C sind bei allen Systemen immer gleich.
Die unterschiedlichen Angriffspunkte der äußeren Belastungskraft am Gelenk haben
nur unmittelbar auf die Gelenkkraft selbst einen Einfluss, nicht aber auf die Auflagerkräfte.

1.2 Dreigelenkbogen

S 13   Hubwerk

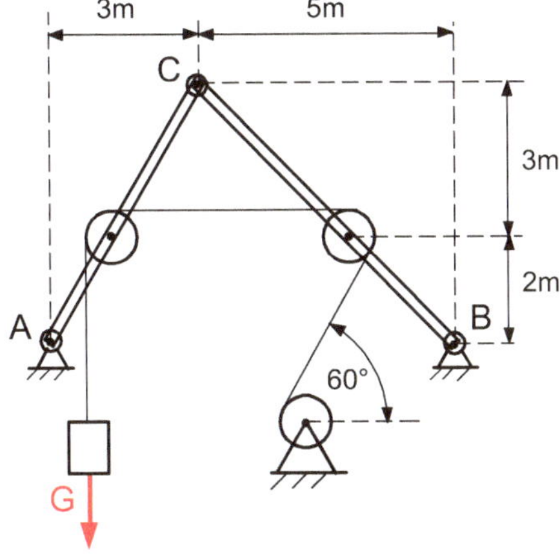

Bild S 13

Durch eine Seilwinde wird eine Last mit dem Gewicht G über zwei Rollen (Rollenradius kann beliebig klein angenommen werden) hochgezogen.

Gegeben
$G = 4\,\text{kN}$

Gesucht
Man bestimme zeichnerisch und rechnerisch die Gelenkkräfte bei A, B, C.

Zusätzliche Aufgabe zum Selbststudium:

Wie groß sind die Seilkräfte und die Gelenkkräfte, wenn die beiden Rollen blockieren und der Reibungskoeffizient zwischen Seil und Rolle jeweils $\mu = 0{,}3$ beträgt beim Anheben und Absenken der Last?

1.) Zeichnerische Lösung (Bild SL 13a)
Die Auflagerkräfte F_A und F_B sowie die Gelenkkraft F_C werden mit dem Superpositions-Verfahren bestimmt. Jeweils nur eine Seite des Dreigelenkbogens wird als belastet angenommen, so dass die andere unbelastete Seite als Pendelstütze aufzufassen ist. Eine Pendelstütze hat wie ein Loslager nur eine Unbekannte. Das bedeutet, der Dreigelenkbogen bei Teilbelastung ist zeichnerisch lösbar. Die Wirkungslinie der Kraft auf die Pendelstütze geht dann durch die Gelenkpunkte des entsprechenden Lagers und des Zwischengelenks.

Mit dem Dreikräfte-Verfahren bzw. mit dem Seileck-Verfahren findet man die Gelenkkräfte am belasteten Bogen. Die gefundenen Teilreaktionen werden dann zu den resultierenden Gelenkkräften überlagert.

Die Wirkungslinien F_1, a_1, b_1 laufen parallel zueinander (unter 45°), daher wird zur Bestimmung der Teilreaktionen A_1, B_1 das Seileck-Verfahren angewandt (der Schnittpunkt der 3 Kräfte F_1, A_1, B_1 liegt im Unendlichen).

Da die Kräfte auf die Balken von den Rollenbolzen ausgehen, können die Rollen als beliebig klein angesehen werden. Das wird noch deutlicher, wenn man die Balken und die Rollen als Einzelteile mit den wirksamen Kräften zeichnet. Der Leser möge am Schluss der Rechnung eine solche „Explosionsskizze" anfertigen.

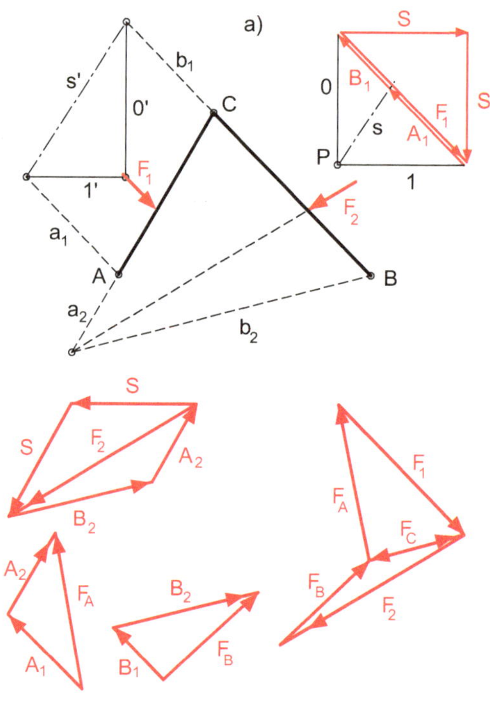

Bild SL 13a

2.) Rechnerische Lösung

Gesamtsystem AB (Bild SL 13b)

$$\tan\alpha = \frac{5}{3} = 1,\overline{6} \Rightarrow \alpha = 59,04°; \quad \tan\beta = \frac{5}{5} = 1 \Rightarrow \beta = 45°$$

$$x = \frac{2\,\text{m}}{\tan\alpha} = \frac{2\,\text{m} \cdot 3}{5} = \frac{6}{5}\,\text{m} = 1,2\,\text{m}$$

$$S = G; \quad S_x = S \cdot \cos 60°; \quad S_y = S \cdot \sin 60°$$

Das horizontale Seilstück bleibt ungeschnitten.

$$\text{I)} \quad \sum_{AB} M^{(A)} = 0 = -S \cdot 1,2\,\text{m} + S \cdot \cos 60° \cdot 2\,\text{m} - S \cdot \sin 60° \cdot 6\,\text{m} + B_y \cdot 8\,\text{m} \Rightarrow$$

$$B_y = \frac{S}{8} \cdot (1,2 - 2 \cdot \cos 60° + 6 \cdot \sin 60°) = 2,7\,\text{kN}$$

$$\text{II)} \quad \sum_{AB} F_y = 0 \Rightarrow A_y = S + S \cdot \sin 60° - B_y = 4 + 4 \cdot \sin 60° - 2,7 = 4,76\,\text{kN}$$

$$\text{III)} \quad \sum_{AB} F_x = 0 \Rightarrow B_x = S \cdot \cos 60° + A_x$$

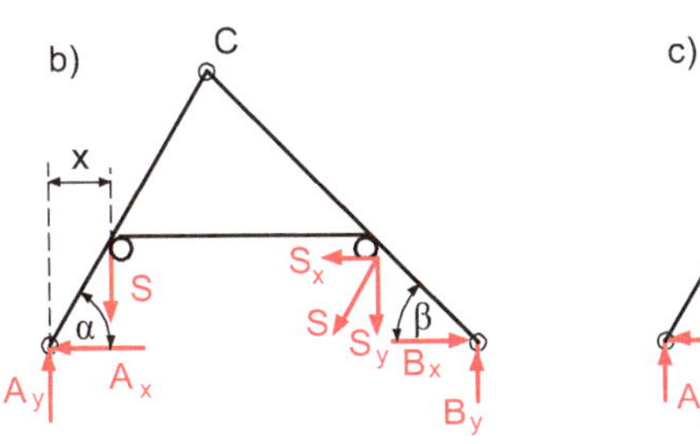
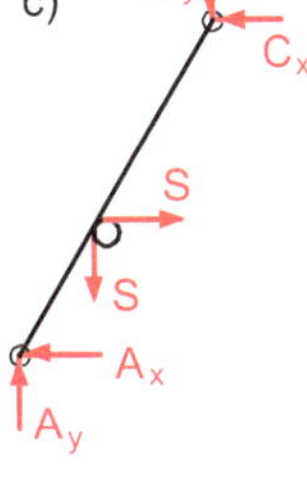

Bild SL 13b

linkes Teilsystem AC (Bild c)

$$\text{IV)} \quad \sum_{AC} M^{(C)} = 0 = -A_x \cdot 5 - A_y \cdot 3 + S \cdot 3 + S \cdot (3 - 1,2) \Rightarrow$$

$$A_x = \frac{1}{5} \cdot (4,8 \cdot S - 3 \cdot A_y) = 0,98\,\text{kN}$$

IV in III: $B_x = 4 \cdot \cos 60° + 0,98 = 2,98\,\text{kN}$

$$\text{V)} \quad \sum_{AC} F_x = 0 \Rightarrow C_x = S - A_x = 4 - 0,98 = 3,02\,\text{kN}$$

$$\text{VI)} \quad \sum_{AC} F_y = 0 \Rightarrow C_y = A_y - S = 4,76 - 4 = 0,76\,\text{kN}$$

Zur Überprüfung der zeichnerischen Lösung werden die resultierenden Gelenkkräfte bestimmt

$$F_A = \sqrt{A_x^2 + A_y^2} = \sqrt{0,98^2 + 4,76^2} = 4,86\,\text{kN}$$

$$F_B = \sqrt{B_x^2 + B_y^2} = \sqrt{2,98^2 + 2,7^2} = 4,02\,\text{kN}$$

$$F_C = \sqrt{C_x^2 + C_y^2} = \sqrt{3,02^2 + 0,76^2} = 3,11\,\text{kN}$$

Der Leser kontrolliere die Ergebnisse durch Betrachtung des Kräftegleichgewichts am rechten Teilsystem.

S 14   Kranausleger

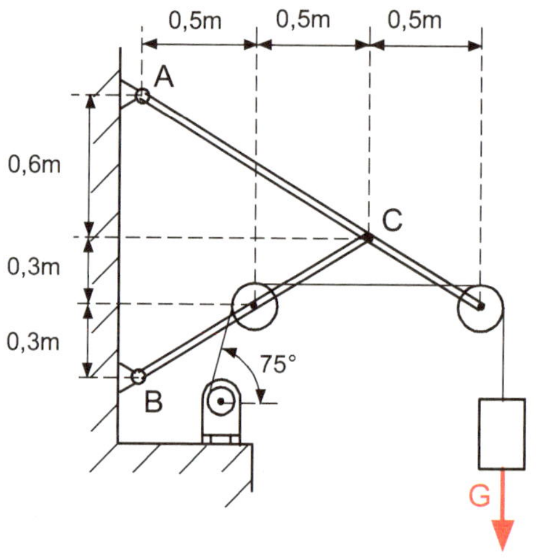

Bild S 14

Mit dem Kranausleger wird eine Last G gehoben. Die Umlenkrollen sind auf gleicher Höhe angeordnet und können beliebig klein angenommen werden (da ja nur die Bolzenkräfte auf das Kranstativ wirken).

Gegeben
$G = 5\,\mathrm{kN}$

Gesucht
Wie groß sind die Gelenkkräfte bei A, B, C, wenn alle Bauteile gewichtslos anzunehmen sind?

Lösung

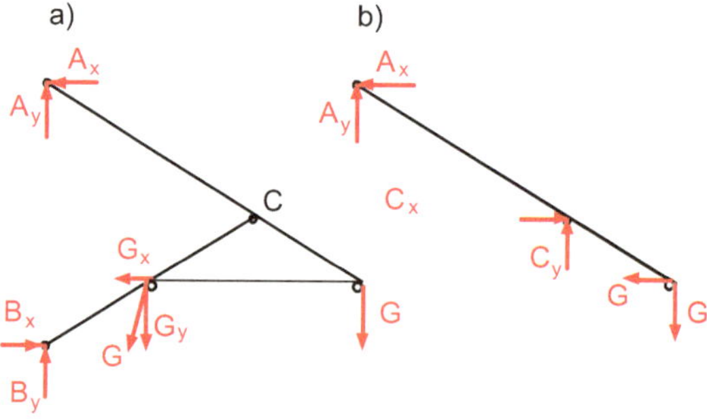

Bild SL 14

Gesamtsystem (Bild SL14a)

Das horizontale Seilstück wird nicht geschnitten

$$G_x = G \cdot \cos 75°; \quad G_y = G \cdot \sin 75°$$

Die Gelenkpunkte A und B liegen senkrecht übereinander, so dass die Auflagerkomponenten A_y und B_y auf einer Wirkungslinie liegen. Wählt man z. B. als Momentenbezugspunkt den Gelenkpunkt B, so tritt nur eine Unbekannte A_x auf, da die Komponente A_y durch B hindurchgeht.

I) $\displaystyle\sum_{AB} M^{(B)} = 0 = A_x \cdot 1{,}2\,\text{m} - G \cdot 1{,}5\,\text{m} + G \cdot \cos 75° \cdot 0{,}3\,\text{m} - G \cdot \sin 75° \cdot 0{,}5\,\text{m} \Rightarrow$

$$A_x = \frac{G}{1{,}2} \cdot (1{,}5 + 0{,}5 \cdot \sin 75° - 0{,}3 \cdot \cos 75°) = 7{,}94\,\text{kN}$$

II) $\displaystyle\sum_{AB} F_x = 0 \Rightarrow B_x = A_x + G \cdot \cos 75° = 7{,}94 + 5 \cdot \cos 75° = 9{,}23\,\text{kN}$

III) $\displaystyle\sum_{AB} F_y = 0 \Rightarrow B_y = G \cdot \sin 75° + G - A_y$

Balken AC (Bild SL 14b)

IV) $\displaystyle\sum_{AC} M^{(C)} = 0 = A_x \cdot 0{,}6\,\text{m} - A_y \cdot 1\,\text{m} - G \cdot 0{,}3\,\text{m} - G \cdot 0{,}5\,\text{m} \Rightarrow$

$$A_y = 0{,}6 \cdot A_x - 0{,}8 \cdot G = 0{,}6 \cdot 7{,}94 - 0{,}8 \cdot 5 = 0{,}76\,\text{kN}$$

IV in III: $B_y = 5 \cdot (1 + \sin 75°) - 0{,}76 = 9{,}07\,\text{kN}$

V) $\displaystyle\sum_{AC} F_x = 0 \Rightarrow C_x = A_x + G = 7{,}94 + 5 = 12{,}94\,\text{kN}$

VI) $\displaystyle\sum_{AC} F_y = 0 \Rightarrow C_y = G - A_y = 5 - 0{,}76 = 4{,}24\,\text{kN}$

S 15 Walze zwischen zwei Balken

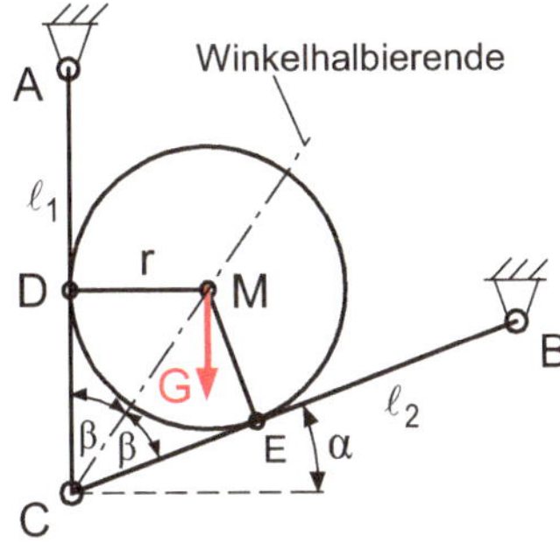

Bild S 15

Gegeben

$G = 500\,\mathrm{N};\; \ell_1 = \overline{AC} = 60\,\mathrm{cm};\; \ell_2 = \overline{BC} = 70\,\mathrm{cm};\; r = 20\,\mathrm{cm};\; \alpha = 20°$

Eine Walze (Radius r, Gewicht G) stützt sich an zwei Balken der Länge ℓ_1 und ℓ_2 ab. Die Balken sind bei A und B gelenkig gelagert und bei C gelenkig miteinander verbunden. Gesucht sind sämtliche Berührungs- und Gelenkkräfte.

Lösung

Bild S 15

$$MC = \text{Winkelhalbierende:}\; \beta = \frac{1}{2} \cdot (90° - \alpha) = 35°$$

$$\text{aus } \Delta CDM: \; \overline{CD} = \overline{CE} = \frac{r}{\tan\beta} = \frac{20}{\tan 35°} = 28{,}56\,\mathrm{cm}$$

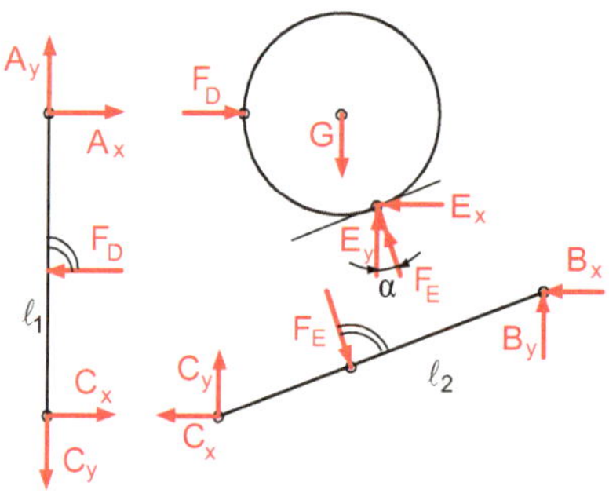

Bild SL 15

Bild SL 15
Walze

$$E_x = F_E \cdot \sin\alpha; \quad E_y = F_E \cdot \cos\alpha$$

$$\sum F_y = 0 = F_E \cdot \cos\alpha - G \Rightarrow$$

$$F_E = \frac{G}{\cos\alpha} = \frac{500}{\cos 20°} = 532{,}09\,\mathrm{N}$$

$$\sum F_x = 0 \Rightarrow F_D = F_E \cdot \sin\alpha$$

$$F_D = 532{,}09 \cdot \sin 20° = 181{,}99\,\mathrm{N}$$

Nach Wegnahme der Walze bleibt ein Dreigelenkbogen übrig, der durch die Berührungskräfte mit der Walze belastet ist.

Balken AC

$$\sum_{AC} M^{(A)} = 0 = C_x \cdot \ell_1 - F_D \cdot (\ell_1 - \overline{CD}) \Rightarrow C_x = \frac{\ell_1 - \overline{CD}}{\ell_1} \cdot F_D = 95{,}36\,\text{N}$$

$$\sum_{AC} F_x = 0 \Rightarrow A_x = F_D - C_x = 181{,}99 - 95{,}36 = 86{,}63\,\text{N}$$

$$\sum_{AC} F_y = 0 \Rightarrow A_y = C_y$$

Balken BC

$$\sum_{BC} M^{(B)} = 0 = -C_y \cdot \ell_2 \cos\alpha - C_x \cdot \ell_2 \sin\alpha + F_E \cdot (\ell_2 - \overline{CE}) \Rightarrow$$

$$C_y = F_E \cdot \frac{\ell_2 - \overline{CE}}{\ell_2 \cos\alpha} - C_x \cdot \tan\alpha = 300{,}5\,\text{N} = A_y$$

$$\sum_{BC} F_x = 0 \Rightarrow B_x = F_E \cdot \sin\alpha - C_x = 532{,}09 \cdot \sin 20° - 95{,}36 = 86{,}63\,\text{N}$$

$$\sum_{BC} F_y = 0 \Rightarrow B_y = F_E \cdot \cos\alpha - C_y = 532{,}09 \cdot \cos 20° - 300{,}5 = 199{,}5\,\text{N}$$

Es fällt auf, dass $A_x = B_x$ ist. Das ist jedoch kein Zufall, wie man erkennt, wenn man das horizontale Gleichgewicht des Gesamtsystems betrachtet. Da nur eine vertikale Belastungskraft wirkt, müssen die horizontalen Lagerkomponenten sich gegenseitig aufheben, also betragsmäßig gleich sein (Rechenkontrolle).

S 16 Greifzange

Gegeben

$G = 1000\,\text{N}; \alpha = 30°$

$a = 200\,\text{mm}; b = 500\,\text{mm}; c = 250\,\text{mm}; d = 450\,\text{mm}$

Mit der Greifzange nach Bild S 16 ist ein schwerer Stein (oder ein Tiegel) vom Gewicht G zu halten.

Gesucht

a) Wie groß muss der Haftungskoeffizient μ_0 zwischen dem Stein und der Zange mindestens sein, damit der Stein nicht rutschen kann?

b) Sämtliche Gelenkkräfte

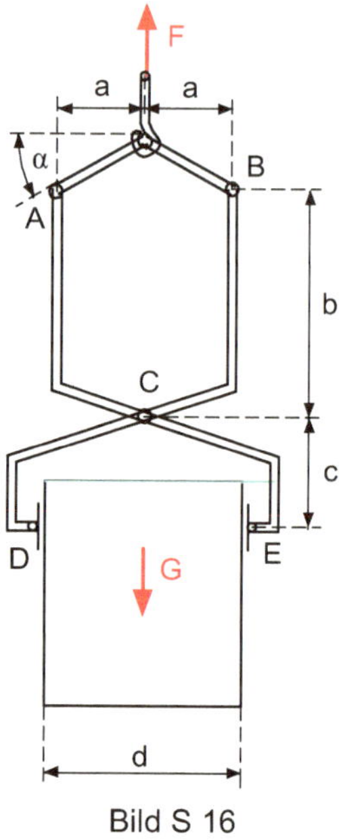

Bild S 16

Lösung (Bild SL 16)

$$A_x = F_A \cos\alpha; \quad A_y = F_A \sin\alpha; \quad B_x = F_B \cos\alpha; \quad B_y = F_B \sin\alpha$$

Aus Symmetriegründen ist im Gelenk C nur eine horizontale Kraft möglich:

$$C_y = 0; \quad C_x = F_C$$

Zwei vertikale (allgemein parallel zur Symmetrieachse wirkende) Komponenten an den beiden aufgetrennten Zangenhälften können nämlich nicht gleichzeitig Gegenkräfte (gegensinnig) und achsensymmetrische Kräfte (gleichsinnig) sein (Widerspruch).

Gesamtsystem:

$$\sum F_y = 0 \Rightarrow F = G = 1000\,\mathrm{N}$$

System 1 (Oberteil)

Die Teile AF und BF sind Zweigelenkstäbe. Die Gelenkkräfte bei A und B wirken daher in Richtung der Stabachsen.

$$\sum F_x = 0 = F_B \cos\alpha - F_A \cos\alpha \Rightarrow F_A = F_B \;(\text{Symmetrie})$$

$$\sum F_y = 0 \Rightarrow F = 2F_B \cdot \sin\alpha \Rightarrow$$

$$F_B = \frac{F}{2\sin\alpha} = \frac{1000}{2\sin 30°} = 1000\,\mathrm{N} = F_A$$

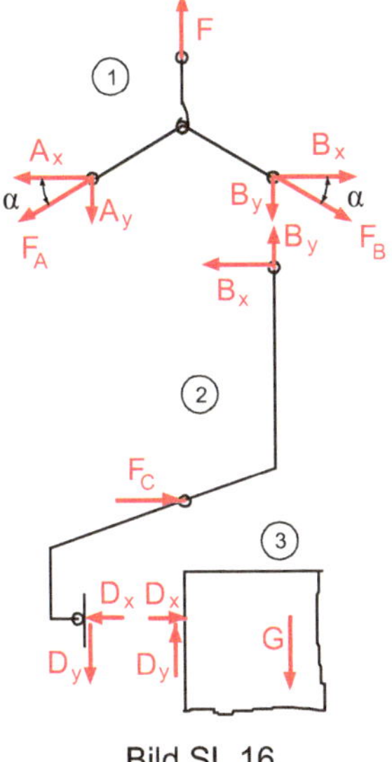

Bild SL 16

System 2 (rechte Zangenhälfte)

$$\sum M^{(D)} = 0 = F_B \cos\alpha \cdot (b + c) + F_B \sin\alpha \cdot \left(a + \frac{d}{2}\right) - F_C \cdot c \Rightarrow$$

$$F_C = \frac{F_B}{c} \cdot \left(a + \frac{d}{2}\right) \cdot \sin\alpha + (b + c) \cdot \cos\alpha = 3448\,\mathrm{N}$$

$$\sum F_x = 0 \Rightarrow D_x = F_C - F_B \cos\alpha = \frac{F_B}{c} \cdot \left[\left(a + \frac{d}{2}\right) \cdot \sin\alpha + b \cdot \cos\alpha\right]$$

$$D_x = \frac{G}{2c \cdot \sin\alpha}\left[\left(a + \frac{d}{2}\right) \cdot \sin\alpha + b\cos\alpha\right] = \frac{G}{2c}\left(a + \frac{b}{\tan\alpha} + \frac{d}{2}\right) = 2582\,\mathrm{N}$$

System 3 (Tiegel)

$$D_y = \frac{G}{2} = 500\,\mathrm{N}$$

Haftbedingung (erforderlicher Mindesthaftungskoeffizient)

$$D_y \leq \mu_0 \cdot D_x \Rightarrow \mu_0 \geq \frac{D_y}{D_x} = \frac{c}{a + \frac{b}{\tan\alpha} + \frac{d}{2}} = 0{,}194$$

Damit der Stein (oder der Tiegel) nicht aus der Zange rutscht, muss an der gemeinsamen Berührungsstelle eine möglichst große Klemmkraft wirken.

Wie bei einer Werkzeugzange sind die Griffe (Krafthebelarme) daher lang, die Schneiden (Lasthebelarme) kurz auszuführen.

Der erforderliche Haftungskoeffizient μ_0 wird dann klein, wenn die Maße a, b, d im Nenner groß, das Maß c im Zähler dagegen möglichst klein ausfällt. Ein kleiner Winkel α verbessert ebenfalls die Klemmwirkung.

S 17   Nürnberger Korkenzieher

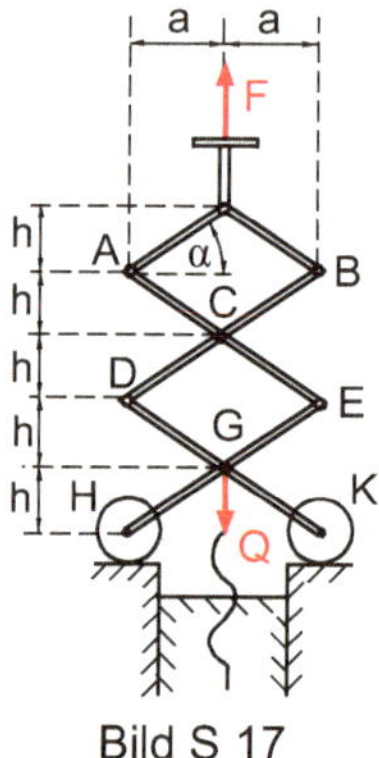

Bild S 17

Der Nürnberger Korkenzieher ist ein Scherensystem, bei dem durch mehrfache Hebelübersetzung eine Handkraft F vergrößert wird. Dann kann mit verstärkter Lastkraft Q leichter ein Korken aus einer Flasche gezogen werden.

Welche Kraft Q wird beim (reibungsfrei angenommenen) Korkenzieher nach Bild S17 auf den Korken ausgeübt, wenn man am oberen Ende mit der Handkraft F zieht und welche Gelenkkräfte sind dann wirksam?

Gegeben

F, a, α

Weitere technische Anwendungen des Scherensystems z. B. bei Scherenhubtischen zur Stapelung von Waren in Lagerhäusern, Hebebühnen in Autowerkstätten, Greifzangen im Labor zum Bewegen von radioaktiven Substanzen hinter Schutzwänden, Ladesysteme bei der Beschickung von Hochöfen, bewegliche Telefonstützen im Büro usw.

Lösung

Die Teile AF und BF sind Zweigelenkstäbe. Die Gelenkkräfte bei A und B wirken daher in Richtung der Stabachsen.

$$A_x = F_A \cos\alpha; \quad A_y = F_A \sin\alpha; \quad B_x = F_B \cos\alpha; \quad B_y = F_B \sin\alpha$$

$$h = a \cdot \tan\alpha$$

$$\sum F_x = 0 = F_A \cdot \cos\alpha - F_B \cdot \cos\alpha \Rightarrow F_A = F_B \text{ (Symmetrie)}$$

$$\sum F_y = 0 = F - 2F_A \cdot \sin\alpha \Rightarrow F_A = \frac{F}{2\sin\alpha}$$

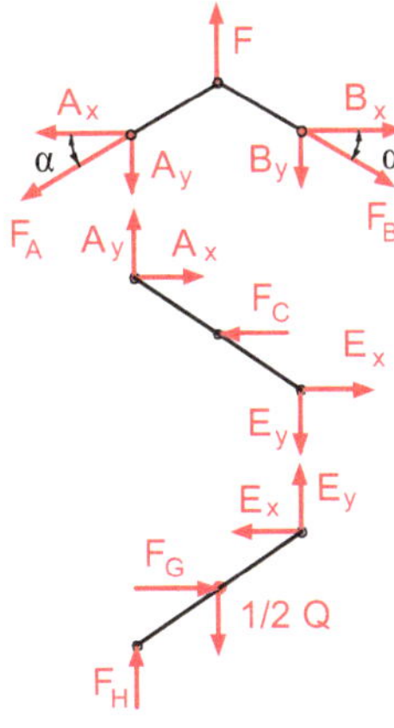

Bild SL 17

Balken ACE

Bei einem symmetrischen Dreigelenkbogen wirkt die Kraft im Zwischengelenk senkrecht zur Symmetrieachse, hier also horizontal (siehe Aufgabe S16).

$$\sum M^{(E)} = 0 = F_C \cdot h - F_A \cos\alpha \cdot 2h - F_A \sin\alpha \cdot 2a \mid : h \Rightarrow$$

$$F_C = 2F_A \cdot \left(\cos\alpha + \frac{a}{h}\sin\alpha\right) = 2F_A \cdot \left(\cos\alpha + \frac{\sin\alpha}{\tan\alpha}\right) = 4F_A \cos\alpha$$

$$F_C = 4\frac{F}{2\sin\alpha} \cdot \cos\alpha = \frac{2F}{\tan\alpha}$$

$$\sum F_x = 0 \Rightarrow E_x = F_C - F_A \cdot \cos\alpha = 3F_A \cdot \cos\alpha = 3\frac{F}{2\sin\alpha} \cdot \cos\alpha = \frac{3F}{2\tan\alpha}$$

$$\sum F_y = 0 \Rightarrow E_y = F_A \cdot \sin\alpha = \frac{1}{2}F$$

Die am Gelenkbolzen G wirkende äußere Kraft Q wird je zur Hälfte auf die beiden Träger DGK und EGH verteilt.

Bei Reibungsfreiheit geht die Kraft F_H vom Flaschenhals auf die Rolle durch den Mittelpunkt der Rolle, d. h. sie steht senkrecht zum Flaschenhals.

Balken EGH

$$\sum M^{(G)} = 0 = E_x \cdot h + E_y \cdot a - F_H \cdot a \mid : a \Rightarrow$$

$$F_H = E_x \cdot \frac{h}{a} + E_y = \frac{3F}{2\tan\alpha} \cdot \tan\alpha + \frac{1}{2}F = 2F$$

$$\sum F_x = 0 \Rightarrow F_G = E_x = \frac{3F}{2\tan\alpha}$$

$$\sum F_y = 0 \Rightarrow \frac{1}{2}Q = F_H + E_y = 2F + \frac{1}{2}F = \frac{5}{2}F \Rightarrow Q = 5F$$

Beispiel: $F = 10\,\mathrm{N}$; $Q = 5 \cdot 10 = 50\,\mathrm{N}$

Der Korken wird mit einer Kraft $Q = 50\,\text{N}$ aus der Flasche gezogen.

Die Korkenkraft Q ist nur abhängig von der Anzahl der Dreieckshöhen h. Sie ist dagegen unabhängig von dem Maß a bzw. h und dem Winkel α. Diese Werte ändern sich ständig während des Zugvorgangs, haben jedoch keinen Einfluss auf die Lastkraft Q.

Probe mit dem Arbeitssatz

Um die Korkenkraft Q um Δh nach oben zu bewegen, muss die Handkraft F bei einem Korkenzieher mit 5 Dreieckshöhen h um $5\Delta h$ verschoben werden.

Die Arbeiten der Kräfte F und Q müssen gleich sein:

$$W_1 = F \cdot 5\Delta h; \quad W_2 = Q \cdot \Delta h$$
$$W_1 = W_2\!: \ F \cdot 5\Delta h = Q \cdot \Delta h \Rightarrow Q = 5F$$

S 18   Dreigelenkbogen als Fachwerk

Ein Dreigelenkbogen in der Ausführung als Fachwerk nach Bild S17 ist in A und B fest gelenkig gelagert und mit den Kräften F_1, F_2, F_3 belastet.

Gegeben
$F_1 = 40\,\text{kN}$; $F_2 = 20\,\text{kN}$; $F_3 = 30\,\text{kN}$

Gesucht

a) Man bestimme die Auflager- und die Stabkräfte zeichnerisch und rechnerisch.
b) Welchen Einfluss hat eine unterschiedliche Verteilung der Kraft F_2 am Zwischengelenk C auf die vertikale Kraftkomponente im Zwischengelenk und auf die Stabkräfte des Fachwerks für die Fälle:
   1) Angriffspunkt von F_2 unmittelbar links neben dem Gelenk C
   2) Angriffspunkt von F_2 unmittelbar rechts neben dem Gelenk C
   3) F_2 je zur Hälfte links und rechts neben dem Gelenk C verteilt
   4) Angriffspunkt von F_2 direkt am Gelenkbolzen

Cremonaplan
Zuerst zeichnet man das geschlossene Krafteck der äußeren Kräfte in der Reihenfolge, wie sie beim Umfahren des Fachwerks im gewählten Umfahrungssinn US (hier im Uhrzeigersinn) angetroffen werden.

Reihenfolge der äußeren Kräfte:

$$F_1, A_x, A_y, F_2, F_3, B_x, B_y$$

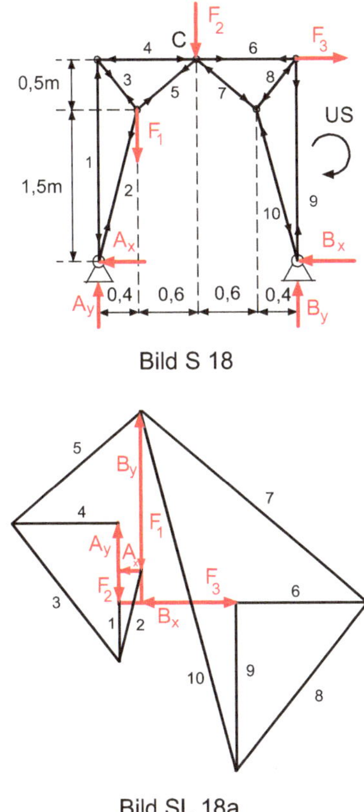

Bild S 18

Bild SL 18a

Dann werden die einzelnen Knotenkraftecke gezeichnet, wobei jeweils nur 2 unbekannte Stabkräfte vorkommen dürfen. Die Kräfte werden ebenfalls in der Reihenfolge angeordnet, wie sie beim Umfahren des betrachteten Knotens im gewählten Umfahrungssinn angetroffen werden.

Die zeichnerischen Ergebnisse des Cremonaplans sind der rechnerischen Lösung zu entnehmen. Sie werden hier deshalb nicht nochmals angegeben. Da einige Kräfte überlappen, ist beim Ablesen der Kräfte Lageplan und Kräfteplan immer kombiniert zu betrachten.

Die Auflagerkräfte könnten zeichnerisch z. B. mit dem Seileck-Schlusslinienverfahren ermittelt werden, worauf hier jedoch verzichtet wird.

Rechnerische Lösung

Auflagerkräfte (Gesamtsystem AB gemäß Bild S18)

Da die Kraft A_x durch den Gelenkpunkt B hindurchgeht, enthält die Momenten-Gleichgewichtsbedingung um B nur eine Unbekannte, nämlich A_y.

$$\sum_{AB} M^{(B)} = 0 = -A_y \cdot 2\,\text{m} + F_1 \cdot 1{,}6\,\text{m} + F_2 \cdot 1\,\text{m} - F_3 \cdot 2\,\text{m} \Rightarrow$$

$$A_y = 0{,}8F_1 + \frac{1}{2}F_2 - F_3 = 0{,}8 \cdot 40 + \frac{1}{2} \cdot 20 - 30 = 12\,\text{kN}$$

$$\sum_{AB} F_y = 0 \Rightarrow B_y = F_1 + F_2 - A_y = 40 + 20 - 12 = 48\,\text{kN}$$

$$\sum_{AB} F_x = 0 \Rightarrow A_x + B_x = F_3$$

rechter Bogen BC (Bild SL 18b/1)

$$\sum_{BC} F_y = 0 \Rightarrow C_y = B_y = 48\,\text{kN}$$

$$\sum_{BC} M^{(B)} = 0 = C_y \cdot 1\,\text{m} + C_x \cdot 2\,\text{m} - F_3 \cdot 2\,\text{m} \Rightarrow C_x = F_3 - \frac{1}{2}C_y = 30 - 24 = 6\,\text{kN}$$

$$\sum_{BC} F_x = 0 \Rightarrow B_x = F_3 - C_x = 30 - 6 = 24\,\text{kN}$$

linker Bogen AC

$$\sum_{AC} F_x = 0 \Rightarrow A_x = C_x = 6\,\text{kN}$$

Rechnerische Kontrolle mittels Ritterschen Schnitts:

Zunächst werden alle Stäbe als Zugstäbe angenommen. Durch das Vorzeichen der Kräfte beim Rechenergebnis wird zwischen Zugstab (positives Ergebnis) und Druckstab (negatives Ergebnis) unterschieden.

Folgende Winkel werden gebraucht:

$$\tan\alpha = \frac{1{,}5}{0{,}4} = 3{,}75 \Rightarrow \alpha = 75{,}07°$$

$$\tan\beta = \frac{0{,}5}{0{,}4} = 1{,}25 \Rightarrow \beta = 51{,}34°$$

$$\tan\gamma = \frac{0{,}5}{0{,}6} = 0{,}83 \Rightarrow \gamma = 39{,}81°$$

1.) Angriffspunkt von F_2 links vom Bolzen C (Bild SL 18b/1)

Am freigeschnittenen Zwischengelenk C wirkt links insgesamt eine vertikale Kraft

$$C_y - F_2 = 48 - 20 = 28\,\text{kN nach oben}$$

und rechts eine vertikale Kraft $C_y = 48\,\text{kN}$ nach unten.

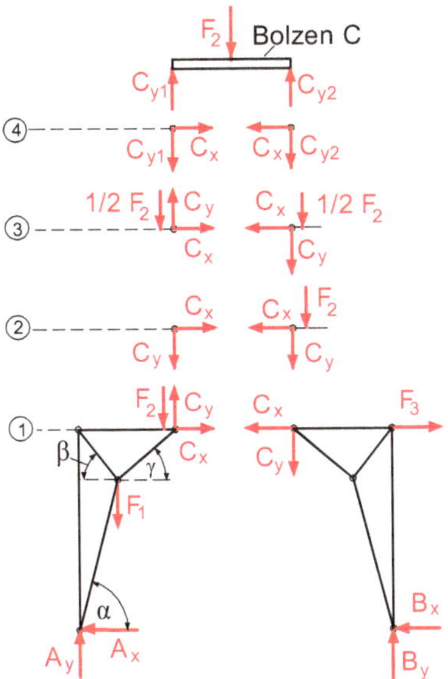

Bild SL 18b

Der Leser skizziere die passenden Befreiungsbilder für folgende Gleichungen:
linke Fachwerkseite

$$S_2 \cos\alpha - A_x = 0 \Rightarrow S_2 = \frac{A_x}{\cos\alpha} = \frac{6}{\cos 75{,}07°} = 23{,}29\,\text{kN}$$

$$S_1 + S_2 \sin\alpha + A_y = 0 \Rightarrow S_1 = -S_2 \sin\alpha - A_y = -23{,}29 \sin 75{,}07° - 12 = -39{,}5\,\text{kN}$$

$$S_5 \sin\gamma + A_y - F_1 = 0 \Rightarrow S_5 = \frac{F_1 - A_y}{\sin\gamma} = \frac{40 - 12}{\sin 39{,}81°} = 43{,}73\,\text{kN}$$

$$S_4 + S_5 \cos\gamma - A_x = 0 \Rightarrow S_4 = A_x - S_5 \cos\gamma = 6 - 43{,}73 \cos 39{,}81° = -27{,}59\,\text{kN}$$

$$S_4 + S_3 \cos\beta = 0 \Rightarrow S_3 = -\frac{S_4}{\cos\beta} = \frac{27{,}59}{\cos 51{,}34°} = 44{,}17\,\text{kN}$$

rechte Fachwerkseite

$$-S_{10} \cos\alpha - B_x = 0 \Rightarrow S_{10} = -\frac{B_x}{\cos\alpha} = -\frac{24}{\cos 75{,}07°} = -93{,}15\,\text{kN}$$

$$S_9 + S_{10} \sin\alpha + B_y = 0 \Rightarrow S_9 = -S_{10} \sin\alpha - B_y = 93{,}15 \sin 75{,}07° - 48 = 42{,}01\,\text{kN}$$

$$S_7 \sin\gamma + B_y = 0 \Rightarrow S_7 = -\frac{B_y}{\sin\gamma} = -\frac{48}{\sin 39{,}81°} = -74{,}97\,\text{kN}$$

$$-S_6 - S_7 \cos\gamma - B_x + F_3 = 0 \Rightarrow S_6 = -S_7 \cos\gamma - B_x + F_3$$

$$S_6 = 74{,}97 \cos 39{,}81^\circ - 24 + 30 = 63{,}59 \,\mathrm{kN}$$

$$-S_6 - S_8 \cos \beta + F_3 = 0 \Rightarrow S_8 = \frac{F_3 - S_6}{\cos \beta} = \frac{30 - 63{,}59}{\cos 51{,}34^\circ} = -53{,}77 \,\mathrm{kN}$$

2.) Angriffspunkt von F_2 rechts vom Bolzen C (Bild SL 18b/2)

$$A_\mathrm{y} = 12 \,\mathrm{kN}; \quad B_\mathrm{y} = 48 \,\mathrm{kN} \text{ aus Gesamtsystem wie vorher}$$

Rechter Bogen BC

$$\sum_{BC} F_\mathrm{y} = 0 \Rightarrow C_\mathrm{y} = B_\mathrm{y} - F_2 = 48 - 20 = 28 \,\mathrm{kN}$$

$$\sum_{BC} M^{(B)} = 0 = C_\mathrm{y} \cdot 1 \,\mathrm{m} + C_\mathrm{x} \cdot 2 \,\mathrm{m} + F_2 \cdot 1 \,\mathrm{m} - F_3 \cdot 2 \,\mathrm{m} \Rightarrow$$

$$C_\mathrm{x} = F_3 - \frac{1}{2} C_\mathrm{y} - \frac{1}{2} F_2 = 30 - 14 - 10 = 6 \,\mathrm{kN}$$

$$\sum_{BC} F_\mathrm{x} = 0 \Rightarrow B_\mathrm{x} = F_3 - C_\mathrm{x} = 30 - 6 = 24 \,\mathrm{kN}$$

linker Bogen AC

$$\sum_{AC} F_\mathrm{x} = 0 \Rightarrow A_\mathrm{x} = C_\mathrm{x} = 6 \,\mathrm{kN}$$

Gegenüber Fall 1 weicht nur die Gelenkkomponente C_y ab.

Nach wie vor wirken aber am freigeschnittenen Gelenk C insgesamt die gleichen vertikalen Kräfte, nämlich links $C_\mathrm{y} = 28 \,\mathrm{kN}$ nach oben,

$$\text{rechts } C_\mathrm{y} + F_2 = 28 + 20 = 48 \,\mathrm{kN} \text{ nach unten.}$$

Für die Stabkräfte ergibt sich somit kein Unterschied. Man kann also bei der Ermittlung der Stabkräfte eines Fachwerks eine äußere Kraft am Zwischengelenk beliebig dem linken oder rechten Fachwerkteil zuordnen, ohne dass sich die Stabkräfte ändern.

3.) Belastungskraft am Zwischengelenk je zur Hälfte links und rechts aufgeteilt (Bild SL 18b/3)

$$A_\mathrm{y} = 12 \,\mathrm{kN}; \quad B_\mathrm{y} = 48 \,\mathrm{kN} \text{ aus Gesamtsystem wie vorher}$$

Rechter Bogen BC

$$\sum_{BC} F_\mathrm{y} = 0 \Rightarrow C_\mathrm{y} = B_\mathrm{y} - \frac{1}{2} F_2 = 48 - 10 = 38 \,\mathrm{kN}$$

$$\sum_{BC} M^{(B)} = 0 = C_\mathrm{x} \cdot 2 \,\mathrm{m} + C_\mathrm{y} \cdot 1 \cdot \mathrm{m} + \frac{1}{2} F_2 \cdot 1 \,\mathrm{m} - F_3 \cdot 2 \,\mathrm{m} \Rightarrow$$

$$C_x = F_3 - \frac{1}{2}C_y - \frac{1}{4}F_2 = 30 - 19 - 5 = 6\,\text{kN} = A_x$$

$$\sum_{BC} F_x = 0 \Rightarrow B_x = F_3 - C_x = 30 - 6 = 24\,\text{kN}$$

Zwar weicht die vertikale Komponente C_y der Gelenkkraft gegenüber vorher ab. Am freigeschnittenen Gelenk wirken aber wieder

- links insgesamt $C_y - \frac{1}{2}F_2 = 38 - 10 = 28\,\text{kN}$ nach oben und
- rechts insgesamt $C_y + \frac{1}{2}F_2 = 38 + 10 = 48\,\text{kN}$ nach unten,

daher ergeben sich die gleichen Stabkräfte für das Fachwerk.

4.) Angriffspunkt der Kraft am Zwischengelenk direkt am Bolzen C (Bild SL 18b/4)
Annahme: F_2 greift direkt am Gelenkbolzen an (z. B. wenn am Bolzen des Zwischengelenks eine Seilrolle angebracht ist).

Die vertikalen Komponenten der Gelenkkraft sind jetzt an beiden Fachwerkteilen unterschiedlich.

$$A_y = 12\,\text{kN}; \quad B_y = 48\,\text{kN} \text{ aus Gesamtsystem wie vorher}$$

Rechter Bogen BC

$$\sum_{BC} F_y = 0 \Rightarrow C_{y2} = B_y = 48\,\text{kN}$$

$$\sum_{BC} M^{(B)} = 0 = C_x \cdot 2\,\text{m} + C_{y2} \cdot 1\,\text{m} - F_3 \cdot 2\,\text{m} \Rightarrow$$

$$C_x = F_3 - \frac{1}{2}C_{y2} = 30 - 24 = 6\,\text{kN} = A_x$$

$$\sum F_x = 0 \Rightarrow B_x = F_3 - C_x = 30 - 6 = 24\,\text{kN}$$

Gelenkbolzen C

$$\sum_{C} F_y = 0 = C_{y1} + C_{y2} - F_2 \Rightarrow C_{y1} = F_2 - C_{y2} = 20 - 48 = -28\,\text{kN}$$

Das Minuszeichen besagt, der Richtungssinn der Kraft C_{y1} ist umgekehrt wie in der Skizze angenommen wurde.

Wie in den Fällen vorher wirkt wieder am Zwischengelenk C

- links eine Kraft $-C_{y1} = 28\,\text{kN}$ nach oben,
- rechts eine Kraft $C_{y2} = 48\,\text{kN}$ nach unten.

Daher erhält man wieder die gleichen Stabkräfte im Fachwerk.

Zusatzaufgabe

Welche Stabkräfte ergeben sich für eine Ausführung des Fachwerks als sogenannter *Wieg-mannträger*, der entsteht, wenn man die unteren Knotenpunkte der Stäbe 5 und 7 durch einen zusätzlichen Stab verbindet und dafür ein Festlager (entweder *A* oder *B*) durch ein Loslager ersetzt.

1.3 Fachwerke

S 19 Fachwerk belastet mit einem Kräftepaar

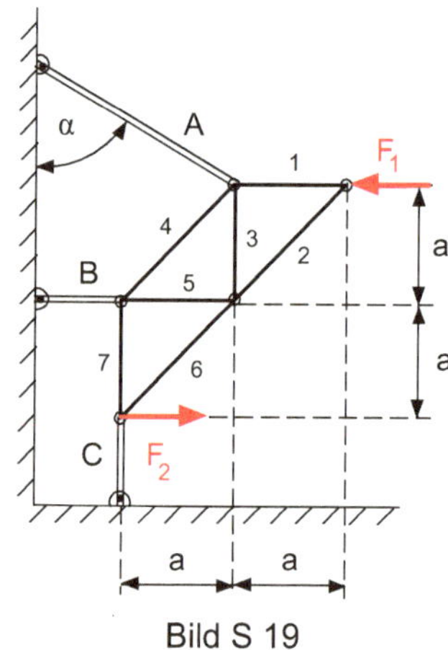

Bild S 19

Ein Fachwerk ist auf den Stäben A, B, C gelagert und durch ein Kräftepaar F_1, F_2 belastet.

Gegeben

$F_1 = F_2 = 10\,\text{kN}; a = 2\,\text{m}; \alpha = 60°$

Gesucht

a) Auflagerkräfte

b) Stabkräfte

1.) Zeichnerische Lösung

Das linksdrehende Kräftepaar (F_1, F_2) wird durch ein gleich großes rechtsdrehendes Kräftepaar (F_A, F_{BC}) im Gleichgewicht gehalten. Die Resultierende F_{BC} von F_B und F_C ist parallel zu F_A und bildet mit F_A ein im Uhrzeigersinn drehendes Kräftepaar.

Das Produkt aus Abstand und Kraftbetrag muss bei beiden Kräftepaaren gleich sein.

Damit lassen sich zeichnerisch die Auflagerkräfte bestimmen (bzw. auch mit dem Schlusslinien-Seileckverfahren).

$$F_1 \cdot 2a = F_A \cdot b \Rightarrow F_A = \frac{F_1 \cdot 2a}{b} = \frac{10 \cdot 2 \cdot 2}{2{,}73} = 14{,}65 \, \text{kN} = F_{BC}$$

Der Abstand b des Kräftepaares (F_A, F_{BC}) wird aus Bild SL 18 entnommen bzw. durch geometrische Berechnung aus dem entsprechenden rechtwinkligen Dreieck bestimmt

$$\frac{b}{a \cdot \sqrt{2}} = \cos(60° - 45°) = \cos 15° \Rightarrow b = a \cdot \sqrt{2} \cdot \cos 15° = 2\sqrt{2} \cdot \cos 15° = 2{,}73 \, \text{m}$$

F_{BC} wird dann in Komponenten zerlegt

$$\vec{F}_{BC} = \vec{F}_B + \vec{F}_C; \quad F_B = 12{,}68 \, \text{kN}; \quad F_C = 7{,}32 \, \text{kN}$$

Cremonaplan

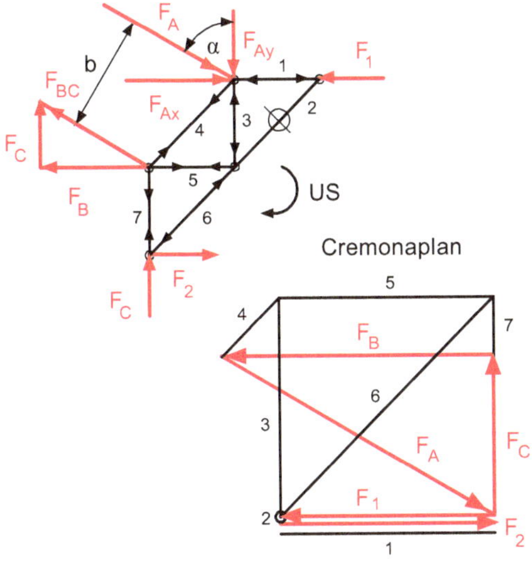

Bild SL 19

Zuerst werden die äußeren Kräfte in der Reihenfolge angetragen, wie man sie beim Umfahren des Fachwerks im gewählten Umfahrungssinn US (hier im Uhrzeigersinn) antrifft, also in der Reihenfolge F_1, F_2, F_C, F_B, F_A.

Dann werden die Stabkräfte an den einzelnen Knoten ergänzt, wobei auch wieder jeder Knoten im gewählten Umfahrungssinn umlaufen wird, zur Ermittlung der Reihenfolge der Kräfte.

Man erkennt aus dem Aufbau des Fachwerks sofort $S_2 = 0$.

(Über Nullstäbe siehe auch die Aufgaben S 19, S 22)
Wenn an einem belasteten Knoten mit zwei Stäben die äußere Kraft in die Richtung eines Stabes wirkt, dann ist der andere ein Nullstab.
Die Stabkraft eines Nullstabs bildet sich im Cremonaplan als Punkt ab.
Die Ergebnisse des Cremonaplans entnehme man aus der folgenden Berechnung.

2.) Rechnerische Lösung

a) Auflagerkräfte
Im Punkt B schneiden sich die beiden unbekannten Auflagerkräfte F_B und F_C. Das Momentengleichgewicht um B liefert daher direkt die gesuchte Auflagerkraft F_A.

$$F_{Ax} = F_A \cdot \sin\alpha; \quad F_{Ay} = F_A \cdot \sin\alpha$$

$$\sum M^{(B)} = 0 = -F_A \sin\alpha \cdot a - F_A \cos\alpha \cdot a + F_1 \cdot a + F_2 \cdot a \mid : a \Rightarrow$$

$$F_A = \frac{F_1 + F_2}{\sin\alpha + \cos\alpha} = \frac{10 + 10}{\sin 60° + \cos 60°} = 14{,}64\,\text{kN}$$

$$\sum F_x = 0 \Rightarrow F_B = F_A \sin\alpha + F_2 - F_1 = F_A \sin\alpha = 14{,}64 \cdot \sin 60° = 12{,}68\,\text{kN}$$

$$\sum F_y = 0 \Rightarrow F_C = F_A \cos\alpha = 14{,}64 \cdot \cos 60° = 7{,}32\,\text{kN}$$

b) Stabkräfte
Durch Freischneiden einzelner Knoten in günstiger Reihenfolge erhält man die folgenden Gleichungen (der Leser zeichne die entsprechenden Befreiungsskizzen).
Die Stäbe werden dabei zunächst als Zugstäbe angenommen. Erst durch das Vorzeichen im Ergebnis wird zwischen Zugstab (positives Ergebnis) und Druckstab (negatives Ergebnis) unterschieden.

$$S_1 + F_1 = 0 \Rightarrow S_1 = -F_1 = -10\,\text{kN}$$

$$\frac{S_6}{\sqrt{2}} + F_2 = 0 \Rightarrow S_6 = -F_2\sqrt{2} = -10\sqrt{2} = -14{,}14\,\text{kN}$$

$$S_7 + \frac{S_6}{\sqrt{2}} + F_C = 0 \Rightarrow S_7 = -F_C - \frac{S_6}{\sqrt{2}} = -7{,}32 + 10 = 2{,}68\,\text{kN}$$

$$S_3 - \frac{S_6}{\sqrt{2}} = 0 \Rightarrow S_3 = \frac{S_6}{\sqrt{2}} = -10\,\text{kN}$$

$$-S_5 - \frac{S_6}{\sqrt{2}} = 0 \Rightarrow S_5 = -\frac{S_6}{\sqrt{2}} = 10\,\text{kN}$$

$$\frac{S_4}{\sqrt{2}} - S_7 = 0 \Rightarrow S_4 = S_7\sqrt{2} = 2{,}68 \cdot \sqrt{2} = 3{,}79\,\text{kN}$$

S 20   Fachwerk belastet mit zwei Kräften

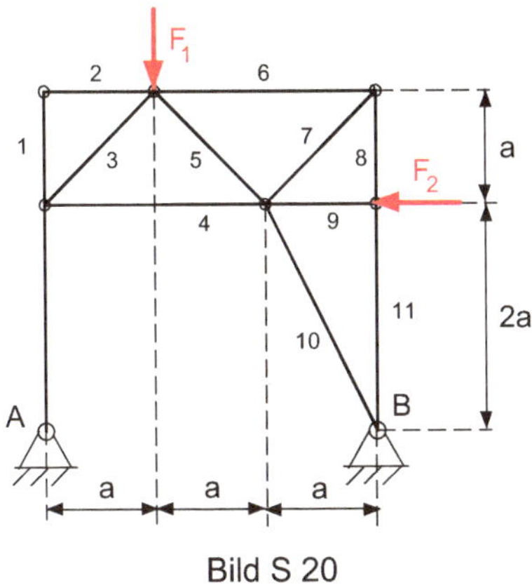

Bild S 20

Das Fachwerk nach Bild S20 ist bei A und B gelenkig gelagert und mit den Kräften F_1 und F_2 belastet.

Gegeben
$F_1 = F = 5\,\text{kN};\ F_2 = 2F = 10\,\text{kN};\ a = 1\,\text{m}$

Gesucht
Man bestimme zeichnerisch und rechnerisch

a) Auflagerkräfte
b) Stabkräfte

Insbesondere sind die Stabkräfte 4,5,6 sowie 10,11 durch einen Ritterschen Schnitt zu berechnen.

1.) Zeichnerische Lösung
a) Auflagerkräfte (Bild SL 20b/1)
Da an das linke Lager A nur ein einzelner Stab anschließt, nimmt es (wie ein einwertiges Lager) nur eine Kraft in Richtung des Stabes auf.
Die Auflagerkräfte werden mit dem Dreikräfte-Verfahren bestimmt. Drei Kräfte sind im Gleichgewicht, wenn sie sich in einem Punkt schneiden und das Krafteck sich schließt.

Die Resultierende R von F_1 und F_2 wird mit der Wirklinie von F_A geschnitten. Durch diesen Schnittpunkt P muss auch die Auflagerkraft F_B als dritte Kraft hindurchgehen, so dass mit der Verbindungslinie BP deren Wirklinie gefunden ist.

Parallelverschiebung der Wirklinien in den Kräfteplan ergibt die Auflagerkräfte F_A und F_B. Dann wird F_B zum Vergleich mit der Rechnung noch in die Komponenten F_{Bx} und F_{By} zerlegt.

b) Stabkräfte (Bild SL 20a)

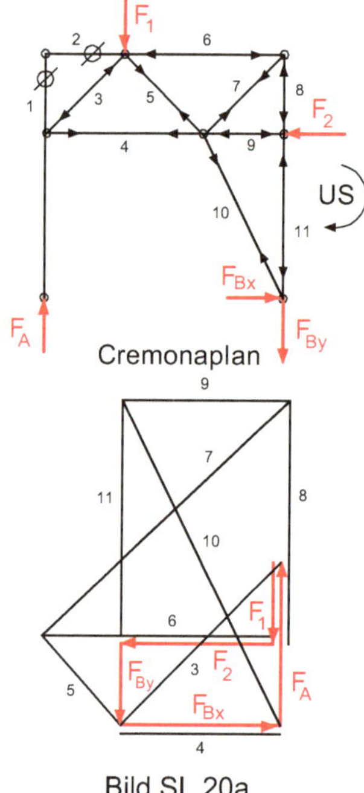

Bild SL 20a

Stäbe, die bei der gegebenen Belastung keine Kräfte aufnehmen, nennt man Nullstäbe. Hat man einen Nullstab erkannt, so wird er im Plan zweckmäßig zur besseren Orientierung für die weitere Berechnung des restlichen Fachwerks mit einer Null und einem Strich versehen.

$$\text{Nullstäbe: } S_1 = 0; \; S_2 = 0$$

Bei einem unbelasteten Knoten mit zwei Stäben handelt es sich um Nullstäbe, wenn die Stäbe nicht auf einer Linie liegen.

Cremonaplan

Gemäß dem gewählten Umfahrungssinn US (im Uhrzeigersinn) werden die äußeren Kräfte in der Reihenfolge F_1, F_2, B_x, B_y, F_A angeordnet.

Der Leser zeichne zum Vergleich auch den (spiegelbildlichen) Cremonaplan für einen US entgegen dem Uhrzeigersinn.

Da sich die Kräfte teilweise überlappen, ist es zweckmäßig, die Ergebnisse für jeden Knoten sofort in eine Liste einzutragen. Ein Ablesen erst am Schluss beim fertigen Cremonaplan führt leicht zu Verwechslungen.

Die Pfeilspitzen der Stabkräfte werden im Lageplan an die Enden der Stäbe in dem Pfeilsinn angetragen, wie sie im Cremonaplan beim Umfahren des jeweiligen Kraftecks aufeinanderfolgen.

i	1	2	3	4	5	6	7	8	9	10	11
$\frac{S_i}{F}$	0	0	$-2\sqrt{2}$	$+2$	$+\sqrt{2}$	-3	$+3\sqrt{2}$	-3	-2	$+2\sqrt{5}$	-3

2.) Rechnerische Lösung

a) Auflagerkräfte (Bild SL 20a)

$$\sum M^{(B)} = 0 = F_1 \cdot 2a + F_2 \cdot 2a - F_A \cdot 3a \Rightarrow$$

$$F_A = \frac{2}{3} \cdot (F_1 + F_2) = \frac{2}{3} \cdot 3F = 2F = 10\,\text{kN}$$

$$\sum F_x = 0 \Rightarrow B_x = F_2 = 2F = 10\,\text{kN}$$

$$\sum F_y = 0 \Rightarrow B_y = F_A - F_1 = 2F - F = F = 5\,\text{kN}$$

b) Stabkräfte
   Die Stabkräfte werden zunächst als Zugkräfte angenommen. Die Vorzeichen im Ergebnis unterscheiden zwischen Zug- und Druckstäben.

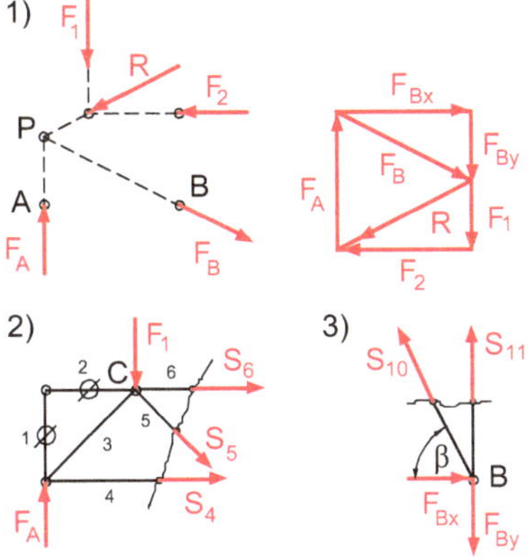

Bild SL 20b

Ritterscher Schnitt durch die Stäbe 4, 5, 6 (Bild SL 20b/2)

$$\sum M^{(C)} = 0 = S_4 \cdot a - F_A \cdot a \Rightarrow$$

$$S_4 = F_A = 2F \quad \sum F_y = 0 = F_A - F_1 - \frac{S_5}{\sqrt{2}} \Rightarrow$$

$$S_5 = (F_A - F_1)\sqrt{2} = (2F - F)\sqrt{2} = F\sqrt{2}$$

$$\sum F_x = 0 = S_4 + \frac{S_5}{\sqrt{2}} + S_6 \Rightarrow$$

$$S_6 = -S_4 - \frac{S_5}{\sqrt{2}} = -2F - F = -3F$$

Ritterscher Schnitt durch die Stäbe 10, 11 (Bild SL 20b/3)

$$\sin\beta = \frac{2}{\sqrt{5}}; \quad \cos\beta = \frac{1}{\sqrt{5}} = 0{,}447 \Rightarrow \beta = 63{,}43°$$

$$\sum F_x = 0 = B_x - S_{10} \cdot \cos\beta \Rightarrow S_{10} = \frac{B_x}{\cos\beta} = 2\sqrt{5} \cdot F$$

$$\sum F_y = 0 = S_{11} + S_{10} \cdot \sin\beta - B_y \Rightarrow S_{11} = B_y - S_{10} \cdot \sin\beta$$

$$S_{11} = F - 2\sqrt{5}F \cdot \frac{2}{\sqrt{5}} = -3F$$

Die restlichen Stabkräfte des Fachwerks ergeben sich durch geometrischen Vergleich oder durch weitere Rittersche Schnitte.

S 21   Gerberträger mit Fachwerksunterbau

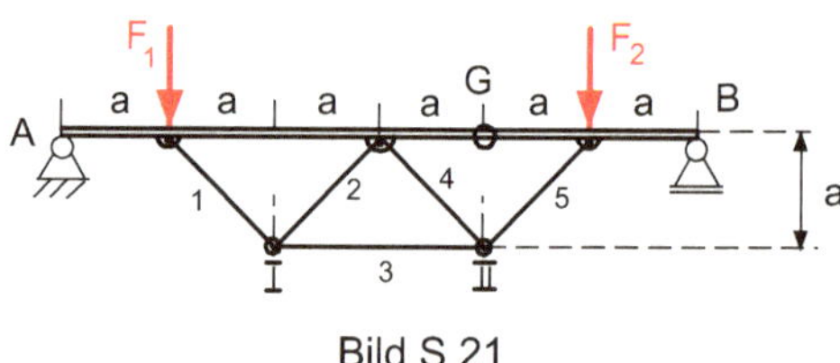

Bild S 21

Ein Gerberträger mit einer Fachwerks-Unterkonstruktion ist bei A fest, bei B lose gelenkig gelagert und bei G mit einem Zwischengelenk versehen. Die Belastung erfolgt durch zwei vertikale Kräfte F_1 und F_2.

Gegeben
$F_1 = F$; $F_2 = 2F$

Gesucht

Man bestimme rechnerisch die Auflager-, Gelenk- und Stabkräfte.

Lösung (Bild SL21)

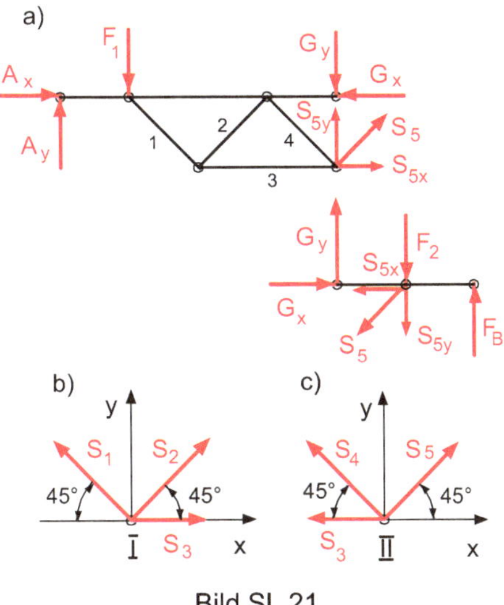

Bild SL 21

$$S_{5x} = S_{5y} = \frac{S_5}{\sqrt{2}} = \frac{1}{2}\sqrt{2} \cdot S_5$$

$$\text{I)} \sum_{AG} M^{(A)} = 0 = S_{5y} \cdot 4a + S_{5x} \cdot a - G_y \cdot 4a - F_1 \cdot a \,|: a$$

$$\text{II)} \sum_{GB} M^{(B)} = 0 = S_{5y} \cdot a + F_2 \cdot a - G_y \cdot 2a \,|: a$$

Elimination von G_y

$$\text{I} - 2 \cdot \text{II}: 2S_{5y} + S_{5x} - F_1 - 2F_2 = 0 \Rightarrow$$

$$3\frac{S_5}{\sqrt{2}} = F_1 + 2F_2 = 5F \Rightarrow S_5 = \frac{5}{3}\sqrt{2} \cdot F$$

$$\text{aus II: } G_y = \frac{1}{2}S_{5y} + \frac{1}{2}F_2 = \frac{5}{6}F + F = \frac{11}{6}F$$

$$\sum_{AG} F_y = 0 \Rightarrow A_y = F_1 + G_y - S_{5y} = F + \frac{11}{6}F - \frac{5}{3}F = \frac{7}{6}F$$

$$\sum_{GB} F_y = 0 \Rightarrow F_B = F_2 + S_{5y} - G_y = 2F + \frac{5}{3}F - \frac{11}{6}F = \frac{11}{6}F$$

$$\sum_{GB} F_{\mathrm{x}} = 0 \Rightarrow G_{\mathrm{x}} = S_{5\mathrm{x}} = \frac{5}{3}F$$

$$\sum_{AG} F_{\mathrm{x}} = 0 \Rightarrow A_{\mathrm{x}} = G_{\mathrm{x}} - S_{5\mathrm{x}} = \frac{5}{3}F - \frac{5}{3}F = 0$$

Kontrolle am Gesamtsystem

$$\sum_{AB} M^{(A)} = 0 = F_{\mathrm{B}} \cdot 6a - F_1 \cdot a - F_2 \cdot 5a \mid : a \Rightarrow$$

$$F_{\mathrm{B}} = \frac{1}{6}(F_1 + 5F_2) = \frac{1}{6}(F + 10F) = \frac{11}{6}F$$

$$\sum_{AB} F_{\mathrm{x}} = 0 \Rightarrow A_{\mathrm{x}} = 0$$

$$\sum_{AB} F_{y} = 0 \Rightarrow A_{y} = F_1 + F_2 - F_{\mathrm{B}} = F + 2F - \frac{11}{6}F = \frac{7}{6}F$$

Knoten II

$$\sum_{II} F_{y} = 0 = \frac{S_4}{\sqrt{2}} + \frac{S_5}{\sqrt{2}} \Rightarrow S_4 = -S_5 = -\frac{5}{3}\sqrt{2} \cdot F$$

$$\sum_{II} F_{\mathrm{x}} = 0 = \frac{S_5}{\sqrt{2}} - S_3 - \frac{S_4}{\sqrt{2}} \Rightarrow S_3 = \frac{1}{\sqrt{2}}(S_5 - S_4) = \frac{2}{\sqrt{2}}S_5 = \frac{10}{3}F$$

Knoten I

$$\sum_{I} F_{y} = 0 = \frac{S_1}{\sqrt{2}} + \frac{S_2}{\sqrt{2}} \Rightarrow S_2 = -S_1$$

$$\sum_{I} F_{\mathrm{x}} = 0 = \frac{S_2}{\sqrt{2}} + S_3 - \frac{S_1}{\sqrt{2}}$$

$$-\frac{S_1}{\sqrt{2}} + S_3 - \frac{S_1}{\sqrt{2}} = 0 \Rightarrow \frac{2}{\sqrt{2}}S_1 = S_3 \Rightarrow S_1 = \frac{S_3}{\sqrt{2}} = \frac{10}{3\sqrt{2}}F = \frac{5}{3}\sqrt{2} \cdot F$$

$$S_2 = -S_1 = -\frac{5}{3}\sqrt{2} \cdot F$$

S 22 K-Fachwerk

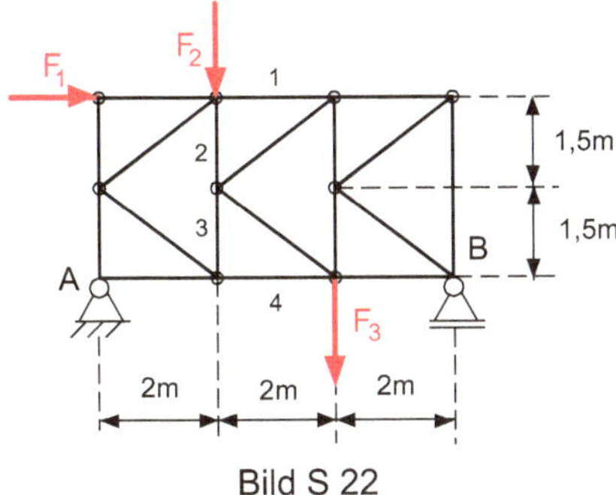

Bild S 22

Ein K-Fachwerk (nach seiner Form benannt) gemäß Bild S 22 ist in A fest und in B lose gelenkig gelagert.

Es ist durch die Kräfte F_1, F_2, F_3 belastet.

Gegeben

$F_1 = 10\,\text{kN}$; $F_2 = 15\,\text{kN}$; $F_3 = 20\,\text{kN}$

Gesucht sind die Auflagerkräfte und die Stabkräfte S_1 bis S_4.

Lösung

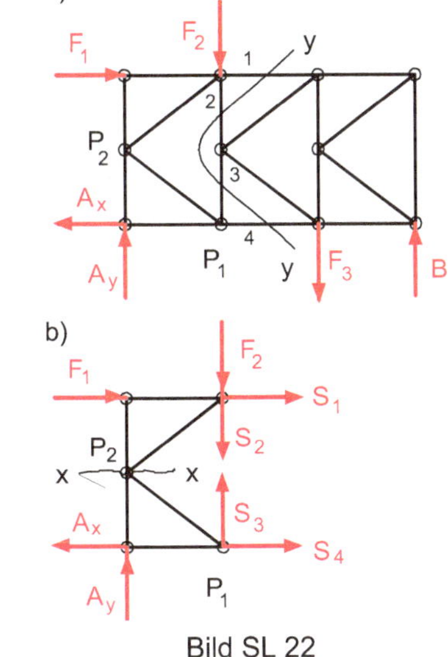

Bild SL 22

a) Auflagerkräfte (Gesamtsystem, Bild SL 22a)

$$\sum_{AB} M^{(A)} = 0 = B \cdot 6\,\mathrm{m} - F_1 \cdot 3\,\mathrm{m} - F_2 \cdot 2\,\mathrm{m} - F_3 \cdot 4\,\mathrm{m} \Rightarrow$$

$$B = \frac{1}{6}(3F_1 + 2F_2 + 4F_3) = \frac{1}{6}(3 \cdot 10 + 2 \cdot 15 + 4 \cdot 20)$$

$$B = 23{,}33\,\mathrm{kN}$$

$$\sum_{AB} F_x = 0 \Rightarrow A_x = F_1 = 10\,\mathrm{kN}$$

$$\sum_{AB} F_y = 0 \Rightarrow A_y = F_2 + F_3 - B$$

$$A_y = 15 + 20 - 23{,}33 = 11{,}67\,\mathrm{kN}$$

b) Stabkräfte

Die Stabkräfte werden zunächst als Zugkräfte eingeführt.

Im Punkt P_1 treffen sich die Stabachsen 2, 3, 4 so dass in der Momentengleichung um P_1 nur die unbekannte Stabkraft S_1 übrig bleibt.

Vertikaler Schnitt $y \cdots y$ (Bild SL 22a, b)

System AP_1

$$\sum M^{(P_1)} = 0 = -A_y \cdot 2\,\mathrm{m} - F_1 \cdot 3\,\mathrm{m} - S_1 \cdot 3\,\mathrm{m} \Rightarrow$$

$$S_1 = -\left(F_1 + \frac{2}{3}A_y\right) = -\left(10 + \frac{2}{3} \cdot 11{,}67\right) = -17{,}78\,\mathrm{kN}\ \text{(Druckstab)}$$

$$\sum F_x = 0 \Rightarrow S_4 = A_x - F_1 - S_1 = 10 - 10 + 17{,}78 = 17{,}78\,\mathrm{kN}\ \text{(Zugstab)}$$

Horizontaler Schnitt $x \cdots x$ (Bild SL 22b)

Schneidet man das System nach Bild SL 22b nochmals horizontal durch P_2 (Schnitt $x-x$), so kann man an der oberen Hälfte die Stabkraft S_2 und an der unteren Hälfte die Stabkraft S_3 bestimmen.

Das Moment im (geschnittenen) Gelenk P_2 ist Null.

Obere Hälfte:

$$\sum M^{(P_2)} = 0 = -F_1 \cdot 1{,}5\,\mathrm{m} - S_1 \cdot 1{,}5\,\mathrm{m} - F_2 \cdot 2\,\mathrm{m} - S_2 \cdot 2\,\mathrm{m} \Rightarrow$$

$$S_2 = -\frac{1}{2}(1{,}5F_1 + 1{,}5S_1 + 2F_2) = -\frac{1}{2}(1{,}5 \cdot 10 - 1{,}5 \cdot 17{,}78 + 2 \cdot 15)$$

$$= -9{,}17\,\mathrm{kN}\ \text{(Druckstab)}$$

Untere Hälfte:

$$\sum M^{(P_2)} = 0 = -A_x \cdot 1{,}5\,\mathrm{m} + S_3 \cdot 2\,\mathrm{m} + S_4 \cdot 1{,}5\,\mathrm{m} \Rightarrow S_3 = \frac{1{,}5}{2}(A_x - S_4)$$

$$S_3 = 0{,}75 \cdot (10 - 17{,}78) = -5{,}84\,\mathrm{kN}\ \text{(Druckstab)}$$

Kontrolle im Schnitt $y \cdots y$

$$\sum F_y = 0 \Rightarrow S_3 = F_2 + S_2 - A_y = 15 - 9{,}17 - 11{,}67 = -5{,}84\,\text{kN}$$

Der Leser bestimme die restlichen Stabkräfte durch weitere Rittersche Schnitte und kontrolliere sie zeichnerisch durch je einen Cremonaplan für die linke und für die rechte abgeschnittene Fachwerkshälfte.

S 23 Förderanlage als Fachwerk-Konstruktion

Bei einer als Fachwerk ausgebildeten Förderanlage wird mit einem Seil ein Eimer mit Füllgut (Gesamtgewicht G) eine Böschung unter dem Steigungswinkel α hochgezogen.

Der Reibungskoeffizient zwischen Böschung und Eimer ist μ.

Das Seil läuft momentan unter dem Winkel β zur Horizontalen über eine Seilrolle und wird von einer Winde aufgespult Die Radien der Rollen können beliebig klein angenommen werden.

Gegeben
$G = 1500\,\text{N}; \alpha = 60°; \beta = 80°; \gamma = 50°$

Gesucht

a) Seilkraft
b) Auflagerkräfte und Stabkräfte des Fachwerks zeichnerisch und rechnerisch

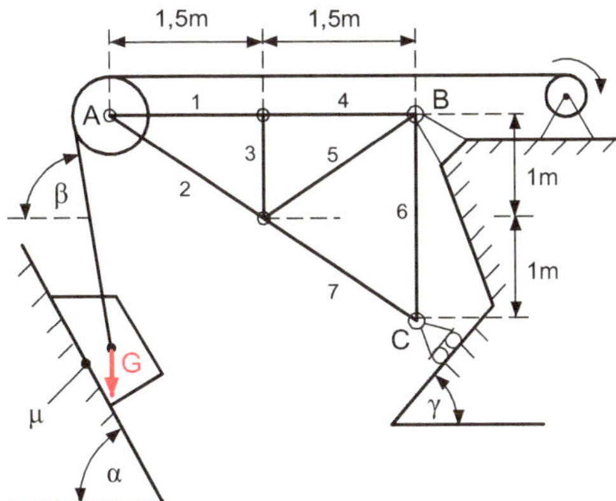

Bild S 23

Lösung

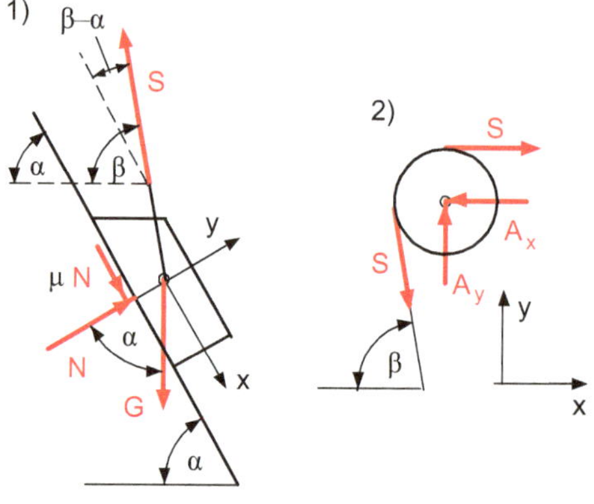

Bild SL 23a

Seilkraft (Eimer, Bild SL 23a/1)

I) $\sum F_x = 0 = \mu N + G \cdot \sin\alpha - S \cdot \cos(\beta - \alpha)$

II) $\sum F_y = 0 = N - G \cdot \cos\alpha + S \cdot \sin(\beta - \alpha) \Rightarrow N = G \cdot \cos\alpha - S \cdot \sin(\beta - \alpha)$

Elimination von N

II in I: $\mu \cdot G \cos\alpha - \mu \cdot S \sin(\beta - \alpha) + G \sin\alpha - S \cos(\beta - \alpha) = 0 \Rightarrow$

$$S = \frac{\sin\alpha + \mu \cdot \cos\alpha}{\cos(\beta - \alpha) + \mu \cdot \sin(\beta - \alpha)} \cdot G = \frac{\sin 60° + 0{,}4 \cdot \cos 60°}{\cos 20° + 0{,}4 \cdot \sin 20°} \cdot 1500 = 1485{,}4\,\text{N}$$

Auflagerkräfte (Seilrolle, Bild SL 23a/2)

$$\sum F_x = 0 \Rightarrow A_x = S + S \cdot \cos\beta = S \cdot (1 + \cos\beta) = 1485{,}37 \cdot (1 + \cos 80°)$$
$$= 1743{,}3\,\text{N}$$

$$\sum F_y = 0 \Rightarrow A_y = S \cdot \sin\beta = 1485{,}37 \cdot \sin 80° = 1462{,}8\,\text{N}$$

Fachwerk (Bild SL 23b)

   Die äußeren Kräfte werden entsprechend dem gewählten Umfahrungssinn US (hier im Uhrzeigersinn) in der Reihenfolge

$$A_x, A_y, B_y, B_x, C_x, C_y \text{ angeordnet.}$$

Nullstäbe

Wenn an einem unbelasteten Knoten mit drei Stäben davon zwei Stabachsen in eine Richtung fallen, dann ist der dritte ein Nullstab.

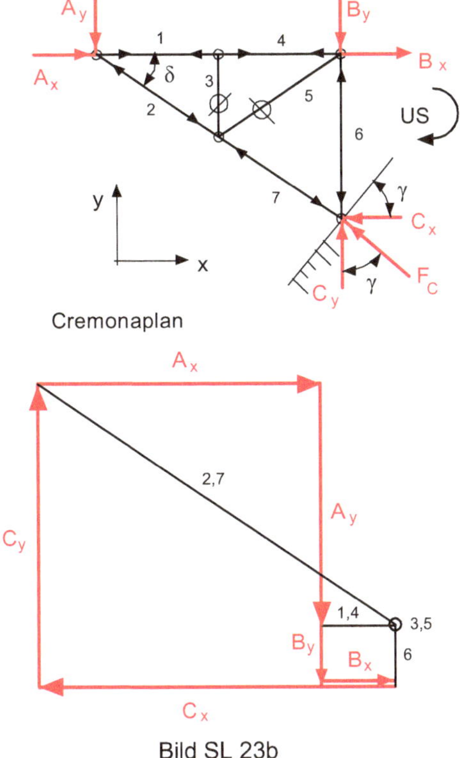

Cremonaplan

Bild SL 23b

Somit $S_3 = 0$ und damit auch $S_5 = 0$.

Die Nullstäbe 3 und 5 werden im Cremonaplan als Punkte abgebildet.

Die zeichnerischen Ergebnisse des Cremonaplans sind der Rechnung zu entnehmen.

Fachwerk (Bild SL 23b)

$$C_\mathrm{x} = F_C \cdot \sin\gamma; \quad C_\mathrm{y} = F_C \cdot \cos\gamma$$

$$\sum M^{(B)} = 0 = C_\mathrm{x} \cdot 2\,\mathrm{m} - A_\mathrm{y} \cdot 3\,\mathrm{m} \Rightarrow C_\mathrm{x} = \frac{3}{2} \cdot A_\mathrm{y} = \frac{3}{2} \cdot 1462{,}8 = 2194{,}2\,\mathrm{N}$$

$$\frac{C_\mathrm{x}}{C_\mathrm{y}} = \tan\gamma \Rightarrow C_\mathrm{y} = \frac{C_\mathrm{x}}{\tan\gamma} = \frac{2194{,}2}{\tan 50°} = 1841{,}15\,\mathrm{N}$$

$$\sum F_\mathrm{x} = 0 \Rightarrow B_\mathrm{x} = C_\mathrm{x} - A_\mathrm{x} = 2194{,}2 - 1743{,}3 = 450{,}9\,\mathrm{N}$$

$$\sum F_\mathrm{y} = 0 \Rightarrow B_\mathrm{y} = C_\mathrm{y} - A_\mathrm{y} = 1841{,}15 - 1462{,}8 = 378{,}35\,\mathrm{N}$$

Ritterscher Schnitt

Alle Stabkräfte werden zunächst als Zugkräfte angenommen.

Knoten A

$$\tan\delta = \frac{1}{1,5} = 0,\overline{6} \Rightarrow \delta = 33,69°$$

$$\sum F_y = 0 = -A_y - S_2 \cdot \sin\delta \Rightarrow$$

$$S_2 = -\frac{A_y}{\sin\delta} = -\frac{1462,8}{\sin 33,69°} = -2637,1\,\mathrm{N} = S_7$$

$$\sum F_x = 0 = A_x + S_1 + S_2 \cdot \cos\delta \Rightarrow S_1 = -A_x - S_2 \cdot \cos\delta$$

$$S_1 = -1743,3 + 2637,1 \cdot \cos 33,69° = 450,9\,\mathrm{N} = S_4$$

Knoten B

$$\sum F_x = 0 = B_x - S_4 \Rightarrow S_4 = B_x = 450,9\,\mathrm{N} = S_1 \;(\text{Kontrolle})$$

$$\sum F_y = 0 = -B_y - S_6 \Rightarrow S_6 = -B_y = -378,35\,\mathrm{N}$$

1.4 Schwerpunkt

S 24 Trapezscheibe an 3 Stäben

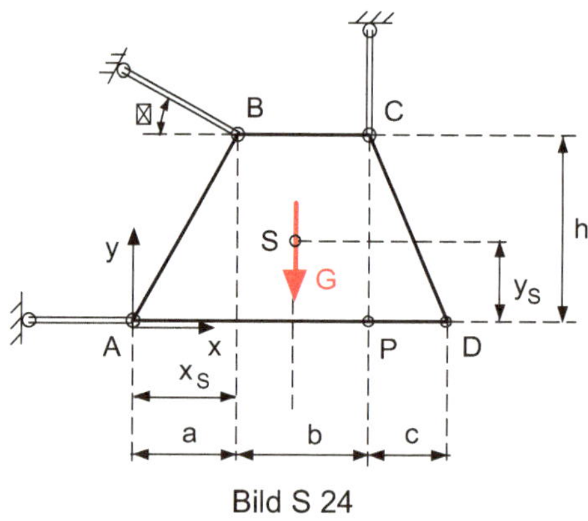

Bild S 24

Eine homogene, trapezförmige Scheibe (Dicke t, Gewicht G) hängt an den Stäben A, B, C.

Die Materialdichte ist ρ, die Erdbeschleunigung g.

Gegeben

$a = 20\,\mathrm{cm}; b = 25\,\mathrm{cm}; c = 15\,\mathrm{cm}; h = 35\,\mathrm{cm}; t = 2\,\mathrm{cm}; \beta = 30°; \rho = 7,85 \cdot 10^{-3}\,\dfrac{\mathrm{kg}}{\mathrm{cm}^3};$

$g = 9,81\,\dfrac{\mathrm{m}}{\mathrm{s}^2}$

Gesucht

a) Koordinaten x_S, y_S des Schwerpunkts S
b) Stabkräfte bei vorgegebener Lage
c) Stabkräfte, wenn das System um 90° im Uhrzeigersinn gedreht wird.

Lösung

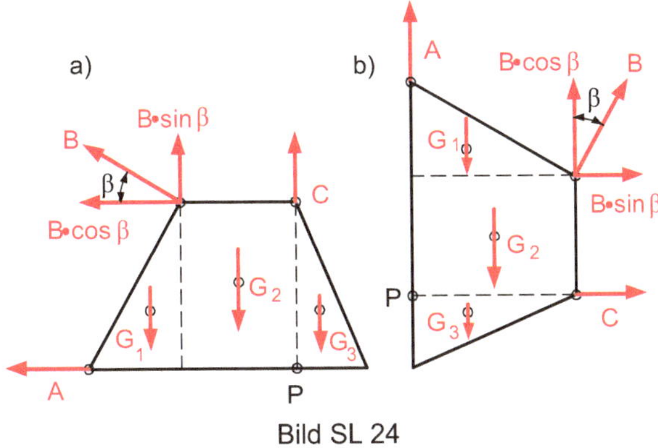

Bild SL 24

Das Trapez wird in ein Rechteck und in zwei Dreiecke zerlegt.
   Gewichtskräfte der einzelnen Teile

$$G = m \cdot g = \rho \cdot V \cdot g = \rho \cdot A \cdot t \cdot g = k \cdot A$$

$$m = \text{Masse}, \quad V = A \cdot t = \text{Volumen}, \quad \rho = \frac{m}{V} = \text{Dichte}$$

gemeinsamer Faktor

$$k = \rho \cdot g \cdot t = 7{,}85 \cdot 10^{-3}\,\frac{\text{kg}}{\text{cm}^3} \cdot 9{,}81\,\frac{\text{m}}{\text{s}^2} \cdot 2\,\text{cm} = 0{,}154\,\frac{\text{N}}{\text{cm}^2}$$

Teilflächen

$$A_1 = \frac{1}{2} a \cdot h = \frac{1}{2} \cdot 20 \cdot 35 = 350\,\text{cm}^2$$

$$A_2 = b \cdot h = 25 \cdot 35 = 875\,\text{cm}^2$$

$$A_3 = \frac{1}{2} c \cdot h = \frac{1}{2} \cdot 15 \cdot 35 = 262{,}5\,\text{cm}^2$$

$$A_{\text{ges}} = \sum A_i = A_1 + A_2 + A_3 = 1487{,}5\,\text{cm}^2$$

Gewichtskräfte
Die Gewichtskräfte sind in den Teilschwerpunkten zusammengefasste Einzelkräfte.

$$G_1 = k \cdot A_1 = 0{,}154 \cdot 350 = 53{,}9\,\text{N}$$

$$G_2 = k \cdot A_2 = 0{,}154 \cdot 875 = 134{,}75\,\text{N}$$

$$G_3 = k \cdot A_3 = 0{,}154 \cdot 262{,}5 = 40{,}43\,\text{N}$$

Resultierende Gewichtskraft

$$G = k \cdot A_{\text{ges}} = G_1 + G_2 + G_3 = 229{,}08\,\text{N}$$

Das Moment der Resultierenden um einen beliebigen Drehpunkt muss gleich dem Moment der Teilkräfte um diesen Punkt sein.

a) Vorgegebene Lage (Bild SL24a)
   Bezogen auf den Drehpunkt A gilt

$$G \cdot x_{\text{S}} = G_1 \cdot x_1 + G_2 \cdot x_2 + G_3 \cdot x_3 \,|\, : k \Rightarrow$$

$$A_{\text{ges}} \cdot x_{\text{S}} = A_1 \cdot x_1 + A_2 \cdot x_2 + A_3 \cdot x_3 = \sum A_i \cdot x_i \Rightarrow x_{\text{S}} = \frac{\sum A_i \cdot x_i}{\sum A_i}$$

Wegen der konstanten Dicke der homogenen Scheibe ist der Körperschwerpunkt gleich dem Flächenschwerpunkt der Mittenebene (im Abstand der halben Dicke). Die Koordinaten x_i bzw. y_i (in der gedrehten Lage) der Teilschwerpunkte im x, y-Koordinaten-system sind gleich den Loten gefällt vom Drehpunkt auf die Wirklinien der einzelnen Gewichtskräfte.

$$x_1 = \frac{2}{3}a = \frac{2}{3} \cdot 20 = \frac{40}{3}\,\text{cm}$$

$$x_2 = a + \frac{b}{2} = 20 + \frac{25}{2} = \frac{65}{2}\,\text{cm}$$

$$x_3 = a + b + \frac{c}{3} = 20 + 25 + \frac{15}{3} = 50\,\text{cm}$$

$$x_{\text{S}} = \frac{1}{1487{,}5} \cdot \left(\frac{40}{3} \cdot 350 + \frac{65}{2} \cdot 875 + 50 \cdot 262{,}5 \right) = 31{,}08\,\text{cm}$$

Stabkräfte
Als Momentenbezugspunkt wird der Schnittpunkt P zweier unbekannter Stabkräfte (hier A und C) gewählt, dann bleibt nur die Unbekannte B in der Momentengleichung

übrig.

$$\sum M^{(P)} = 0 = G \cdot (a + b - x_S) + B \cdot \cos\beta \cdot h - B \cdot \sin\beta \cdot b \Rightarrow$$

$$B = \frac{a + b - x_S}{b \cdot \sin\beta - h \cdot \cos\beta} \cdot G = \frac{20 + 25 - 31{,}08}{25 \cdot \sin 30° - 35 \cdot \cos 30°} \cdot 229{,}08$$

$$= -179{,}04 \,\text{N (Druckstab)}$$

$$\sum F_x = 0 \Rightarrow A = -B \cdot \cos\beta = 179{,}04 \cdot \cos 30° = 155{,}05 \,\text{N (Zugstab)}$$

$$\sum F_y = 0 \Rightarrow C = G - B \cdot \sin\beta = 229{,}08 + 179{,}04 \cdot \sin 30°$$

$$= 318{,}6 \,\text{N (Zugstab)}$$

b) Um 90° gedrehte Lage (Bild SL 24b)
Bezogen auf den Drehpunkt A gilt

$$G \cdot y_S = G_1 \cdot y_1 + G_2 \cdot y_2 + G_3 \cdot y_3 \,|\, :k \Rightarrow$$

$$A_{ges} \cdot y_S = A_1 \cdot y_1 + A_2 \cdot y_2 + A_3 \cdot y_3 = \sum A_i \cdot y_i \Rightarrow y_S = \frac{\sum A_i \cdot y_i}{\sum A_i}$$

$$y_1 = \frac{h}{3} = \frac{35}{3}\,\text{cm}; \quad y_2 = \frac{h}{2} = \frac{35}{2}\,\text{cm}; \quad y_3 = \frac{h}{3} = \frac{35}{3}\,\text{cm}$$

$$y_S = \frac{1}{1487{,}5} \cdot \left(\frac{35}{3} \cdot 350 + \frac{35}{2} \cdot 875 + \frac{35}{3} \cdot 262{,}5 \right) = 15{,}1\,\text{cm}$$

bzw. nach der Formel für den Trapezschwerpunkt

$$y_S = \frac{h}{3} \cdot \frac{\overline{AD} + 2\overline{BC}}{\overline{AD} + \overline{BC}} = \frac{35}{3} \cdot \frac{60 + 2 \cdot 25}{60 + 25} = 15{,}1\,\text{cm}$$

In der gedrehten Lage ändern sich die Stabkräfte.
Schnittpunkt der Kräfte A und C als Momentenbezugspunkt P

$$\sum M^{(P)} = 0 = -G \cdot y_S + B \cdot \cos\beta \cdot h - B \cdot \sin\beta \cdot b \Rightarrow$$

$$B = \frac{y_S}{h \cdot \cos\beta - b \cdot \sin\beta} \cdot G = \frac{15{,}1}{35 \cdot \cos 30° - 25 \cdot \sin 30°} \cdot 229{,}08$$

$$= 194{,}21 \,\text{N (Zugstab)}$$

$$\sum F_x = 0 \Rightarrow C = -B \cdot \sin\beta = -194{,}21 \cdot \sin 30° = -97{,}11 \,\text{N (Druckstab)}$$

$$\sum F_y = 0 \Rightarrow A = G - B \cdot \cos\beta = 229{,}08 - 194{,}21 \cdot \cos 30°$$

$$= 60{,}89 \,\text{N (Zugstab)}$$

Zur Kontrolle löse man die Aufgabe mit den Einzelkräften G_1, G_2, G_3 auch zeichnerisch mit dem Seileck-Schlusslinienverfahren. Der erste Seilstrahl muss dann durch den Schnittpunkt zweier unbekannter Kräfte gelegt werden, also z. B. durch P als Schnittpunkt der Stabkräfte A und C.

Auch mit dem Culmannschen Verfahren ist unter Verwendung der resultierenden Gewichtskraft G eine schnelle zeichnerische Lösung möglich.

S 25   Halbkreisscheibe

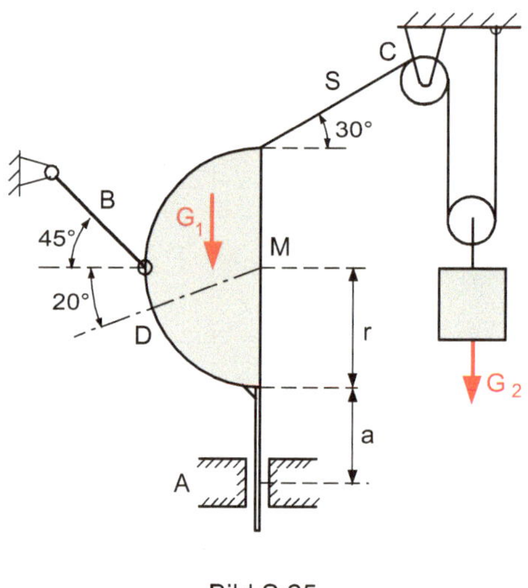

Bild S 25

Eine dünne, schwere Scheibe (Gewicht G_1) hat nach Bild S 25 die Form eines Halbkreissektors vom Radius r. Eine angeschweißte stabförmige Erweiterung ist in einer Schiebehülse bei A gelagert. Die Scheibe wird außerdem durch einen Stab B gehalten. Die Belastung der Scheibe erfolgt durch einen Seilzug, der ein Gewicht G_2 trägt.

Gesucht

a) Seilkraft und Auflagerreaktionen bei A und B
b) Schnittgrößen in einem Schnitt MD durch die Halbkreisscheibe unter einem Winkel von 20° zur Horizontalen.

Gegeben

$G_1 = 120\,\text{N}; G_2 = 160\,\text{N}; r = 50\,\text{cm}; a = 40\,\text{cm}$

Lösung

a) Seilkraft und Auflagerreaktionen
   Lose Rolle (Bild SL 25b)

$$\sum F_\mathrm{y} = 0 = 2S - G_2 \Rightarrow S = \frac{1}{2}G_2 = 80\,\mathrm{N}$$

Feste Rolle (Bild SL 25b)

$$S_\mathrm{x} = S \cdot \cos 30°; \quad S_\mathrm{y} = S \cdot \sin 30°$$

$$\sum F_\mathrm{x} = 0 \Rightarrow C_\mathrm{x} = S \cdot \cos 30° = 80 \cdot \cos 30° = 69{,}28\,\mathrm{N}$$

$$\sum F_\mathrm{y} = 0 \Rightarrow C_\mathrm{y} = S + S \cdot \sin 30° = S(1 + \sin 30°) = 80 \cdot (1 + \sin 30°) = 120\,\mathrm{N}$$

Schwerpunkt S_1 des Halbkreissektors (Bild SL 25a)

$$x_\mathrm{S} = \frac{2}{3}r \cdot \frac{\sin \alpha}{\alpha} = \frac{2}{3}r \cdot \frac{\sin \frac{\pi}{2}}{\frac{\pi}{2}} = \frac{4r}{3\pi} = \frac{4 \cdot 50}{3\pi} = 21{,}22\,\mathrm{cm}$$

wobei $\alpha = \frac{\pi}{2} =$ halber Mittelpunktswinkel.

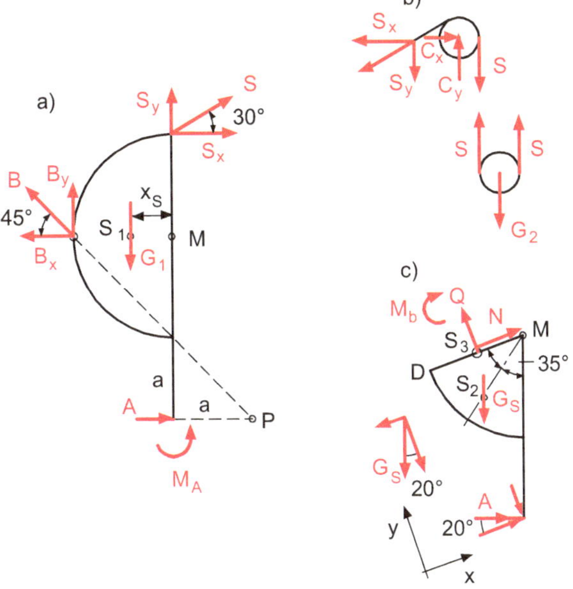

Bild SL 25

$$B_x = B_y = \frac{1}{\sqrt{2}} B$$

$$\sum F_y = 0 \Rightarrow \frac{B}{\sqrt{2}} = G_1 - S \cdot \sin 30° \Rightarrow B = \sqrt{2} \cdot (G_1 - S \cdot \sin 30°)$$

$$B = \sqrt{2} \cdot (120 - 80 \cdot \sin 30°) = 80\sqrt{2} = 113{,}14\,\text{N}$$

Eine Schiebehülse kann eine senkrecht zur Führungsebene gerichtete Kraft K und ein Moment M aufnehmen bzw. übertragen. Daher wird eine Schiebehülse auch als (zweiwertiges) K, M-Lager bezeichnet.

$$\sum F_x = 0 \Rightarrow A = \frac{B}{\sqrt{2}} - S \cdot \cos 30° = 80 - 80 \cdot \cos 30° = 10{,}72\,\text{N}$$

Der gewählte Momentenbezugspunkt P ist der Schnittpunkt der Kräfte A und B.

$$\sum M^{(P)} = 0 \Rightarrow M_A = S \sin 30° \cdot a + S \cos 30° \cdot (2r + a) - G_1 \cdot (x_S + a)$$

$$M_A = 80 \cdot (40 \cdot \sin 30° + 140 \cdot \cos 30°) - 120 \cdot (21{,}22 + 40) = 3953{,}08\,\text{N cm}$$

b) Schnittgrößen im Schnitt MD (Bild SL 25c)

Anteilige Gewichtskraft der Kreissektorscheibe (Dreisatz)

$$G_S = \frac{70°}{180°} \cdot G_1 = \frac{7}{18} \cdot 120 = 46{,}67\,\text{N}$$

S_2 = Schwerpunkt des Kreissektors
S_3 = Schwerpunkt der Schnittfläche unter 20° $(\overline{MS}_3 = \frac{1}{2}r)$

Abstand des Kreissektor-Schwerpunkts S_2 vom Mittelpunkt M

$$\overline{MS}_2 = \frac{2}{3}r \cdot \frac{\sin \varphi}{\varphi} = \frac{2}{3} \cdot 50 \cdot \frac{\sin 35° \cdot 36}{7\pi} = 31{,}3\,\text{cm}$$

wobei $\varphi = 35° = \frac{35}{180} \cdot \pi\,\text{rad} = \frac{7}{36}\pi\,\text{rad} = $ halber Mittelpunktswinkel
Die äußeren Kräfte G_S und A werden in Richtung der gesuchten Schnittgrößenkräfte N und Q in Komponenten zerlegt.

$$\sum F_x = 0 \Rightarrow N = G_S \cdot \sin 20° - A \cdot \cos 20°$$

$$N = 46{,}67 \cdot \sin 20° - 10{,}72 \cdot \cos 20° = 5{,}89\,\text{N}$$

$$\sum F_y = 0 \Rightarrow Q = G_S \cdot \cos 20° + A \cdot \sin 20°$$

$$Q = 46{,}67 \cdot \cos 20° + 10{,}72 \cdot \sin 20° = 47{,}52\,\text{N}$$

$$\sum M^{(P_3)} = 0 \Rightarrow M_{\rm b} = M_{\rm A} + A \cdot \left(a + r - \frac{1}{2}r \cdot \cos 70°\right)$$

$$+ G_{\rm S}\left(\overline{MS}_2 \cdot \cos 35° - \frac{1}{2}r \cdot \sin 70°\right)$$

$$M_{\rm b} = 3953{,}08 + 10{,}72 \cdot (40 + 50 - 25 \cdot \cos 70°)$$

$$+ 46{,}67 \cdot (31{,}3 \cdot \cos 35° - 25 \cdot \sin 70°)$$

$$M_{\rm b} = 4926{,}56\,\text{N\,cm} \approx 49{,}27\,\text{N\,m}$$

S 26 Hochspringer

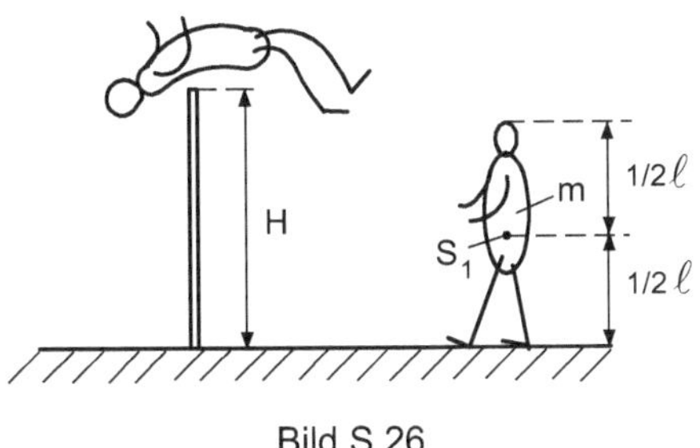

Bild S 26

Ein Hochspringer (Masse m, Körpergröße ℓ) springt über eine Latte der Höhe H. Vor dem Sprung (im Stand) liegt sein Schwerpunkt S_1 in der Höhe $\ell/2$.

Gegeben

$m = 75\,\text{kg}$; $\ell = 1{,}8\,\text{m}$; $H = 2\,\text{m}$

Gesucht ist die Hubarbeit W des Sportlers, um über die Latte zu kommen, wobei

$$W = G \cdot \Delta h = m \cdot g \cdot \Delta h$$

$$G = m \cdot g = \text{Gewicht des Mannes}$$

$$\Delta h = \text{vertikale Verschiebung des Schwerpunkts}$$

Der Sprung soll dabei

a) mit geradem Körper (Straddle)
b) mit halbkreisförmig gebogenen Körper (Flop) erfolgen unter der Annahme, dass sich der Schwerpunkt beim Sprung (wie bei einem schiefen Wurf) auf einer Parabel bewegt.

Der Schwerpunkt S_2 des Mannes fällt beim Sprung im höchsten Punkt mit dem Scheitel der Parabel zusammen und liegt daher unterhalb der Latte.

Lösung

a) Gerader Sprungkörper (ohne Krümmung)

$$\Delta h_1 = H - \frac{\ell}{2} = 2 - \frac{1,8}{2} = 1,1\,\text{m}$$

$$W_1 = m \cdot g \cdot \Delta h_1 = 75 \cdot 9,81 \cdot 1,1 = 809,33\,\text{N\,m}$$

b) Gebogener Sprungkörper

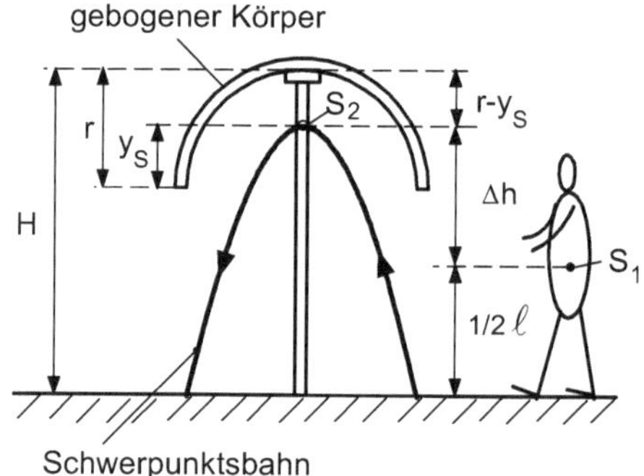

Bild SL 26

Länge des Halbkreisbogens = Körpergröße
$r \cdot \pi = \ell \Rightarrow r = \frac{\ell}{\pi}$
Linienschwerpunkt des Halbkreisbogens

$$y_S = r \cdot \frac{\sin\alpha}{\alpha} = r \cdot \frac{\sin\frac{\pi}{2}}{\frac{\pi}{2}} = \frac{2r}{\pi} = \frac{2\ell}{\pi^2}$$

wobei $\alpha = \frac{\pi}{2}$ = halber Mittelpunktswinkel
Hubweg

$$\Delta h_2 = H - \frac{\ell}{2} - (r - y_S) = H - \frac{\ell}{2} - \frac{\ell}{\pi} + \frac{2\ell}{\pi^2} = 2 - 1,8 \cdot \left(\frac{1}{2} + \frac{1}{\pi} - \frac{2}{\pi^2}\right) = 0,892\,\text{m}$$

Hubarbeit
$$W_2 = m \cdot g \cdot \Delta h_2 = 75 \cdot 9,81 \cdot 0,892 = 656,29\,\text{N\,m}$$

Vergleich: $W_2 < W_1$
Mit der gebogenen Körperform (Flop) kann man also Sprungenergie sparen bzw. mit
der vorhandenen Energie höher springen.

1.5 Haftung und Reibung an ebenen Flächen

S 27   Verschiebbare Stange

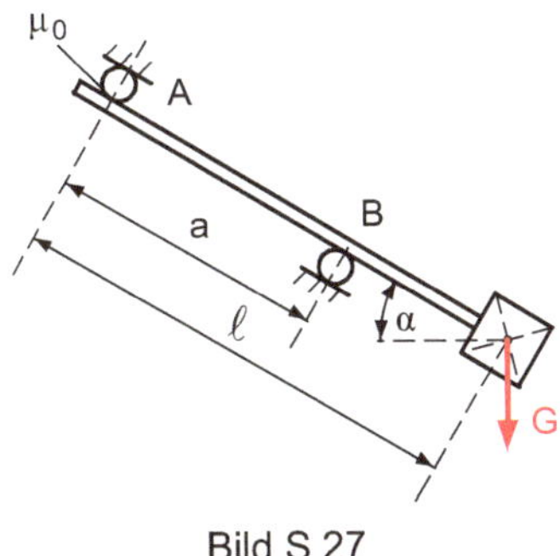

Bild S 27

Am Ende einer als gewichtslos anzunehmenden Stange der Länge ℓ ist ein Quader mit dem Gewicht G befestigt. Die Stange liegt verschiebbar zwischen zwei rauen Führungen A und B (Lagerabstand a), deren Haftungskoeffizient mit der Stange μ_0 beträgt.

Gegeben

G, ℓ, a, μ_0

Gesucht

Unter welchem Winkel α kann das System geneigt werden, ohne dass die Stange herausrutscht?

Lösung (Bild SL 27)

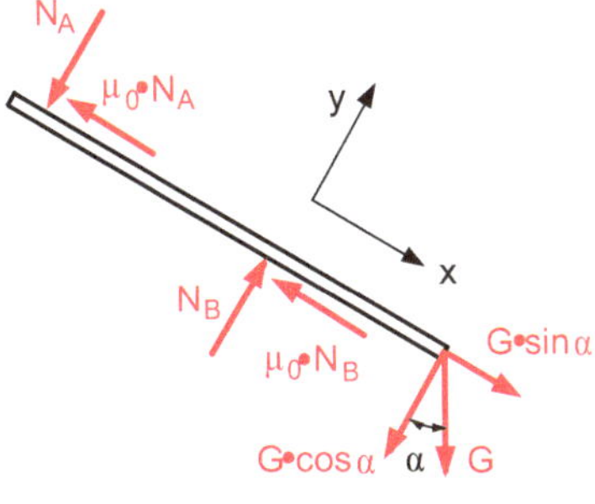

Bild SL 27

$$\sum M^{(B)} = 0 = N_A \cdot a - G \cdot \cos\alpha \cdot (\ell - a) \Rightarrow$$

$$N_A = \frac{\ell - a}{a} \cdot G \cdot \cos\alpha$$

$$\sum F_y = 0 \Rightarrow N_B = N_A + G \cdot \cos\alpha = \frac{\ell}{a} \cdot G \cdot \cos\alpha$$

$$\sum F_x = 0 = G \cdot \sin\alpha - \mu_0 \cdot (N_A + N_B) \Rightarrow$$

$$G \cdot \sin\alpha = \mu_0 \cdot G \cdot \cos \cdot \left(2\frac{\ell}{a} - 1\right) \mid : G \Rightarrow$$

$$\tan\alpha = \mu_0 \cdot \left(2\frac{\ell}{a} - 1\right)$$

Beispiel

$$a = \frac{\ell}{2}; \quad \mu_0 = \frac{1}{3}: \ \tan\alpha = \frac{1}{3} \cdot (2\cdot 2 - 1) = 1 \Rightarrow \alpha = 45°$$

S 28   Monteur auf der Leiter

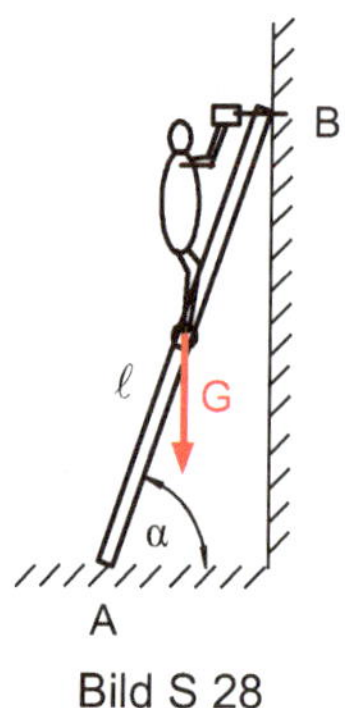

Bild S 28

Eine Aluminiumleiter (zur Vereinfachung gewichtslos angenommen) der Länge ℓ lehnt unter dem Winkel α an einer glatten (reibungsfrei angenommenen) Wand. Der Haftungskoeffizient mit dem Boden beträgt μ_0. Ein Monteur (Gewicht G) besteigt die Leiter bis zur Mitte.

Gegeben
$\alpha = 70°; \ G = 800\,\text{N}; \ \ell = 4\,\text{m}$

Gesucht
Zur Beurteilung der Standfestigkeit bestimme man die erforderlichen Haftungskoeffizienten am Boden sowie die Stützkräfte H_A; N_A; N_B für folgende Fälle:

1) der Monteur steht aufrecht auf den Sprossen in der Mitte der Leiter,
2) der Monteur übt durch sein Gewicht zusammen mit einer Last die senkrechte Kraft $\frac{3}{2}G$ in der Mitte der Leiter aus,
3) der Monteur lehnt sich infolge einer Unsicherheit an die Leiter an, wobei sein Schwerpunkt um $\frac{\ell}{4} \cdot \cos\alpha$ nach rechts rückt,
4) der Monteur steht in der Mitte der Leiter und arbeitet mit einer Bohrmaschine, wobei sich das Bohrloch in der Höhe des oberen Leiterendes befindet und die Bohrkraft $B = 0{,}15 \cdot G = 120\,\text{N}$ beträgt.
5) Bei welcher kritischen Bohrkraft B_{krit} kippt die Leiter um?
6) Wie groß müsste z. B. im Fall 1 die Haftung an der Wand sein, um die Leiter zu halten, wenn der Boden vollkommen glatt wäre?
7) Am Boden und an der Wand soll der gleiche Haftungskoeffizient gelten. Wie groß müsste dieser mindestens sein, um die Leiter im Fall 1 zu halten?

a) Zeichnerische Lösung

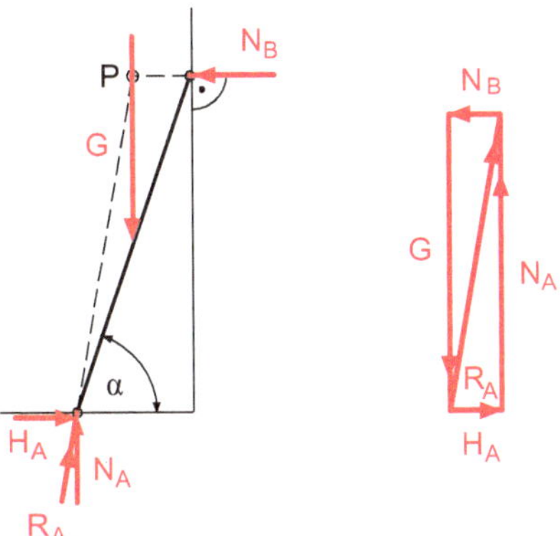

Bild SL 28

Nach dem 3-Kräfte-Verfahren muss die Resultierende R_A aus H_A und N_A durch den Schnittpunkt P von G und N_B gehen.

N_B steht wegen der Reibungsfreiheit ($H_B = 0$) senkrecht zur Wand.

b) Rechnerische Lösung

1) Monteur steht auf der Mitte der Leiter

$$\sum M^{(A)} = 0 = N_B \cdot \ell \sin\alpha - G \cdot \frac{\ell}{2} \cos\alpha \;|: \ell \;\Rightarrow\; N_B = \frac{G}{2 \cdot \tan\alpha}$$

$$\sum F_x = 0 \;\Rightarrow\; H_A = N_B$$

$$\sum F_{\mathrm{y}} = 0 \Rightarrow N_{\mathrm{A}} = G \text{ da } H_{\mathrm{B}} = 0 \text{ ist}$$

$$H_{\mathrm{A}} = \mu_{01} \cdot N_{\mathrm{A}} \Rightarrow \mu_{01} = \frac{H_{\mathrm{A}}}{N_{\mathrm{A}}} = \frac{1}{2 \cdot \tan \alpha} = \frac{1}{2 \cdot \tan 70°} = 0{,}182$$

Da G herausfällt, ist die Rutschgefahr unabhängig vom Körpergewicht des Monteurs. $\tan \alpha$ steht im Nenner, d. h. je steiler die Leiter steht, umso weniger Haftung ist zu ihrem Halten erforderlich.

2) Monteur mit Last auf der Leiter

$$\sum M^{(A)} = 0 = N_{\mathrm{B}} \cdot \ell \sin \alpha - \frac{3}{2} G \cdot \frac{\ell}{2} \cos \alpha \mid : \ell \Rightarrow N_{\mathrm{B}} = \frac{3 \cdot G}{4 \cdot \tan \alpha}$$

$$H_{\mathrm{A}} = N_{\mathrm{B}}; \quad N_{\mathrm{A}} = \frac{3}{2} \cdot G; \quad \mu_{02} = \frac{\frac{3}{4} \cdot G}{\frac{3}{2} \cdot G \cdot \tan \alpha} = \frac{1}{2 \cdot \tan \alpha} = 0{,}182 = \mu_{01}$$

Ein zusätzliches Gewicht ist ohne Einfluss auf das Rutschen.

3) Monteur lehnt sich an die Leiter an

$$\sum M^{(A)} = 0 = N_{\mathrm{B}} \cdot \ell \sin \alpha - G \frac{3}{4} \ell \cos \alpha \mid : \ell \Rightarrow N_{\mathrm{B}} = \frac{3 \cdot G}{4 \cdot \tan \alpha}$$

$$H_{\mathrm{A}} = N_{\mathrm{B}}; \quad N_{\mathrm{A}} = G; \quad \mu_{03} = \frac{H_{\mathrm{A}}}{N_{\mathrm{A}}} = \frac{3}{4 \cdot \tan \alpha} = \frac{3}{4 \cdot \tan 70°} = 0{,}273 > \mu_{01}$$

Ein Anlehnen an die Leiter erhöht die Rutschgefahr.

4) Monteur mit Bohrmaschine

Die Reaktionskraft von der Wand auf den Bohrer wird vom Arbeiter auf die Leiter übertragen, die dadurch zum Kippen neigt (der Arbeiter drückt sich quasi mit der Maschine von der Wand ab). Die Bohrkraft B drückt gegen die Hände des Arbeiters und gleichzeitig die Wandkraft N_{B} gegen die Leiter (der Leser zeichne die entsprechende Befreiungsskizze).

$$\sum M^{(A)} = 0 = (B + N_{\mathrm{B}}) \cdot \ell \sin \alpha - G \frac{\ell}{2} \cos \alpha \mid : \ell \Rightarrow N_{\mathrm{B}} = \frac{G}{2 \cdot \tan \alpha} - B$$

$$\sum F_{\mathrm{x}} = 0 \Rightarrow H_{\mathrm{A}} = B + N_{\mathrm{B}} = \frac{G}{2 \cdot \tan \alpha} \text{ gleiche Haftungskraft wie bei 1)}$$

$$\sum F_{\mathrm{y}} = 0 \Rightarrow N_{\mathrm{A}} = G$$

$$\mu_{04} = \frac{H_{\mathrm{A}}}{N_{\mathrm{A}}} = \frac{1}{2 \cdot \tan \alpha} = 0{,}182 = \mu_{01}$$

Beim Bohren besteht also keine höhere Rutschgefahr, jedoch kann die Leiter jetzt leichter kippen.

5) Kritische Bohrkraft
Der kritische Zustand des Kippens wird erreicht, wenn keine Wandkraft mehr wirkt.

$$N_B = 0; \quad \sum M^{(A)} = 0 = B_{krit} \cdot \ell \cdot \sin\alpha - G \cdot \frac{\ell}{2} \cdot \cos\alpha \mid : \ell \Rightarrow$$

$$B_{krit} = \frac{G}{2 \cdot \tan\alpha} = \frac{800}{2 \cdot \tan 70°} = 145{,}59\,\text{N}$$

Je größer das Gewicht G ist, umso größer wird B_{krit} und umso besser wird die Kippsicherheit.

Da die Wand keine Zugkraft ausüben kann, führt eine geringe Steigerung der Bohrkraft (von $120\,\text{N}$ auf $146\,\text{N}$) bei ausreichender Haftung am Boden zum Kippen der Leiter. Die Resultierende aus B und G wirkt dann in Richtung der Leiter bzw. ist noch etwas flacher.

6) Glatter Boden, Haftung an der Wand

$$H_A = 0; \quad \sum F_x = 0 \Rightarrow N_B = 0$$

$$\sum M^{(A)} = 0 = H_B \cdot \ell \cdot \cos\alpha - G \cdot \frac{\ell}{2} \cdot \cos\alpha \mid : (\ell \cdot \cos\alpha) \Rightarrow H_B = \frac{1}{2}G$$

$$\sum F_y = 0 \Rightarrow N_A = G - H_B = \frac{1}{2}G$$

$$\mu_{0B} = \frac{H_B}{N_B} = \frac{\frac{G}{2}}{0} \to \infty \text{ nicht möglich}$$

Ohne Haftung am Boden kann die Leiter nicht halten, sie kann (mit Eigengewicht) gar nicht aufgestellt werden. Zum Aufstellen der Leiter wäre eine kraftschlüssige Verbindung mit der Wand (z. B. ein Haken) erforderlich.

7) Gleicher Haftungskoeffizient am Boden und an der Wand

$$\mu_{0A} = \mu_{0B} = \mu_0$$

$$H_A = \mu_0 \cdot N_A$$

$$H_B = \mu_0 \cdot N_B \text{ wirkt an der Wand senkrecht nach oben.}$$

Der Leser zeichne das Freikörperbild.
3 Unbekannte: N_A, N_B, μ_0

$$\text{I)} \quad \sum F_x = 0 = \mu_0 \cdot N_A - N_B$$

$$\text{II)} \quad \sum F_y = 0 = N_A + \mu_0 \cdot N_B - G$$

$$\text{III)} \quad \sum M^{(A)} = 0 = N_B \cdot \ell \sin\alpha + \mu_0 N_B \cdot \ell \cos\alpha - G \cdot \frac{\ell}{2} \cos\alpha \mid : (\ell \cos\alpha) \Rightarrow$$

$$N_B = \frac{G}{2 \cdot (\mu_0 + \tan\alpha)}$$

Elimination von N_A aus den ersten beiden Gleichungen:

$$\mu_0 \cdot \text{II} - \text{I} = \text{II}': \quad \mu_0^2 \cdot N_B - \mu_0 \cdot G + N_B = 0 \Rightarrow N_B = \frac{\mu_0 \cdot G}{1 + \mu_0^2}$$

$$\text{II}' \text{ in III:} \quad \frac{\mu_0 \cdot G}{1 + \mu_0^2} = \frac{G}{2 \cdot (\mu_0 + \tan\alpha)} \Big| : G \Rightarrow$$

$$2\mu_0^2 + 2 \cdot \tan\alpha \cdot \mu_0 = 1 + \mu_0^2 \Rightarrow$$

$$\mu_0^2 + 2 \cdot \tan\alpha \cdot \mu_0 - 1 = 0 \text{ quadratische Gleichung für } \mu_0$$

$$\mu_0 = -\tan\alpha \pm \sqrt{\tan^2\alpha + 1}$$

Da μ_0 positiv definiert ist, ist nur das positive Vorzeichen vor der Wurzel sinnvoll.

$$\mu_0 = \sqrt{\tan^2 70° + 1} - \tan 70° = 0{,}176$$

Gegenüber Fall 1 ($\mu_{01} = 0{,}182$) ist geringfügig weniger Haftung erforderlich. Die Haftung am Boden trägt also wesentlich mehr zum Halten der Leiter bei als die Haftung an der Wand.

S 29   Verschieben eines Quaders

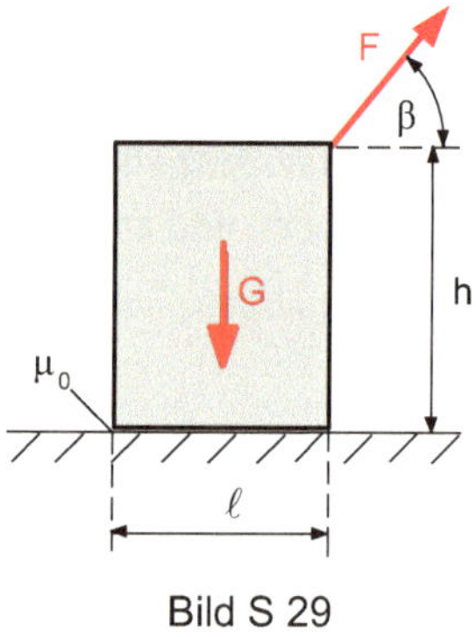

Bild S 29

Ein Quader (Gewicht G, Länge ℓ, Höhe h) soll auf einer rauen Unterlage (Haftungskoeffizient μ_0) durch eine schräge Kraft F verschoben werden.

Gegeben

$G = 100\,\text{N}; \beta = 50°; \ell = 40\,\text{cm}; h = 50\,\text{cm}; \mu_0 = 0{,}3; \mu = 0{,}25$

Gesucht

zeichnerisch und rechnerisch

a) Erforderliche Verschiebekraft
b) In welcher Entfernung a von der rechten unteren Quaderecke A greift die resultierende Bodenkraft R an?
c) Bis zu welcher Höhe h_k darf die Kraft $F_k = F$ an einem angeschweißten Hebel angreifen, ohne dass der Quader kippt?
d) Unter welchem Winkel β_0 wird die Verschiebekraft F_0 minimal und wie groß ist diese?
e) In welcher Höhe h_m muss eine schräge Kraft F_m (Index m = mittig) angreifen, damit bei einem bereits gleichförmig bewegten Quader mit dem Reibungskoeffizienten $\mu = 0{,}25$ eine möglichst verschleißarme Verschiebung erfolgt (d. h. gleichmäßige Flächenpressung mit mittiger resultierender Reibungskraft)?
   Wie groß sind dann F_m, N_m und die Widerstandskraft W_m?

1) Zeichnerische Lösung (Bild SL 29a)

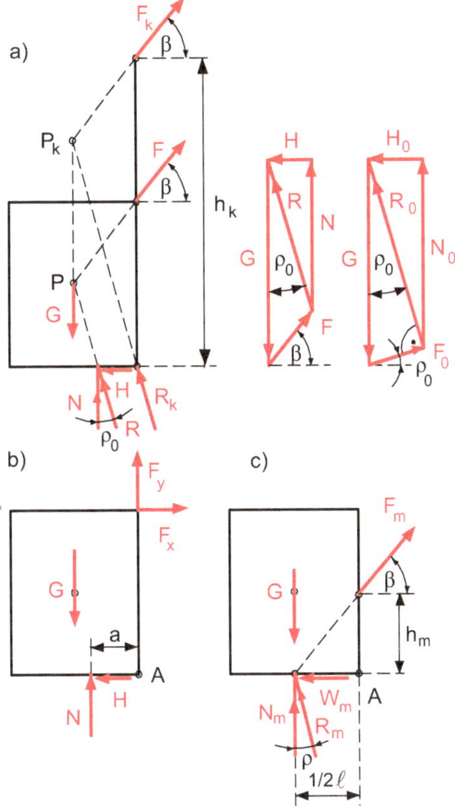

Bild SL 29

Nach dem 3-Kräfte-Verfahren muss die resultierende Bodenkraft R durch den Schnittpunkt P der Kräfte F und G gehen.

Den Öffnungswinkel ρ_0 des Haftungskegels erhält man entsprechend

$$\mu_0 = \tan \rho_0 = \frac{3}{10}$$

wenn man von P aus um 10 Längeneinheiten nach unten und um 3 Einheiten nach rechts geht und diesen Punkt mit P verbindet.

Verschiebt man R bis in die äußerste rechte Ecke A, dann erhält man R_k in der Kipplage. R_k wird mit der Wirklinie von G geschnitten. Durch diesen Schnittpunkt P_k muss auch die Kippkraft F_k gehen. F_k schneidet den angeschweißten Hebel in der Kipphöhe h_k.

Das Lot gefällt von der Spitze von G auf die Wirklinie von R_0 liefert die minimale Verschiebekraft F_0, die unter dem Winkel ρ_0 zur Horizontalen geneigt ist (das Lot ist der kürzeste Abstand eines Punktes von einer Geraden).

2) Rechnerische Lösung

a) Erforderliche Verschiebekraft (Bild SL 29b)

$$F_x = F \cdot \cos \beta; \quad F_y = F \cdot \sin \beta; \quad H = \mu_0 \cdot N$$

3 Unbekannte: F, N, a

I) $\sum F_x = 0 = F \cos \beta - \mu_0 N \Rightarrow N = \dfrac{F \cdot \cos \beta}{\mu_0}$

II) $\sum F_y = 0 = F \sin \beta - G + N$

III) $\sum M^{(A)} = 0 = G \cdot \dfrac{\ell}{2} - N \cdot a - F \cdot \cos \beta \cdot h$

I in II: $F \cdot \sin \beta - G + \dfrac{F \cdot \cos \beta}{\mu_0} = 0 \Rightarrow$

$$F = \frac{G}{\sin \beta + \frac{\cos \beta}{\mu_0}} = \frac{100}{\sin 50° + \frac{\cos 50°}{0{,}3}} = 34{,}38 \, \text{N}$$

aus I: $N = \dfrac{34{,}38 \cdot \cos 50°}{0{,}3} = 73{,}66 \, \text{N}; \quad H = 0{,}3 \cdot 73{,}66 = 22{,}1 \, \text{N}$

b) Abstand der resultierenden Bodenkraft von der Quaderkante A

$$\text{aus III: } a = \frac{G \cdot \frac{\ell}{2} - F \cos \beta \cdot h}{N} = \frac{100 \cdot 20 - 34{,}38 \cdot \cos 50° \cdot 50}{73{,}66} = 12{,}15 \, \text{cm}$$

c) Kippen, wenn $a = 0$ ist

Der Zähler von a wird gleich Null gesetzt

$$G \cdot \frac{\ell}{2} - F \cdot \cos \beta \cdot h_{\mathrm{k}} = 0 \Rightarrow h_{\mathrm{k}} = \frac{G}{F \cdot \cos \beta} \cdot \frac{\ell}{2}$$

$$\text{Kipphöhe } h_{\mathrm{k}} = \frac{100}{34{,}38 \cdot \cos 50°} \cdot 20\,\mathrm{cm} = 90{,}5\,\mathrm{cm}$$

d) Minimale Verschiebekraft F_0

Bei der Verschiebekraft F muss der Nenner $Ne = \sin \beta + \frac{\cos \beta}{\mu_0}$ maximal werden

$$\frac{d\,Ne}{d\beta} = \cos \beta - \frac{\sin \beta}{\mu_0} = 0 \Rightarrow \sin \beta = \mu_0 \cdot \cos \beta \mid : \cos \beta \Rightarrow$$

$$\tan \beta_0 = \mu_0 = \tan \rho_0 = 0{,}3 \Rightarrow \beta_0 = \rho_0 = 16{,}7°$$

$$F_0 = \frac{G}{\sin \beta_0 + \frac{\cos \beta_0}{\mu_0}} = \frac{G}{\sin \rho_0 + \frac{\cos \rho_0}{\tan \rho_0}} = \frac{G \cdot \sin \rho_0}{\sin^2 \rho_0 + \cos^2 \rho_0} = G \cdot \sin \rho_0$$

$$F_0 = 100 \cdot \sin 16{,}7° = 28{,}74\,\mathrm{N}$$

Ersparnis von Kraft gegenüber $F = 34{,}38\,\mathrm{N}$

e) Bewegter Quader, mittige (Index m) Bodenkraft (Bild SL 29c)

Reibungskoeffizient $\mu = \tan \rho = 0{,}25 \Rightarrow \rho = 14{,}04°$

$$F_{\mathrm{m}} = \frac{G}{\sin \beta + \frac{\cos \beta}{\mu}} = \frac{100}{\sin 50° + \frac{\cos 50°}{0{,}25}} = 29{,}97\,\mathrm{N}$$

$$N_{\mathrm{m}} = \frac{F_{\mathrm{m}} \cdot \cos \beta}{\mu} = \frac{29{,}97 \cdot \cos 50°}{0{,}25} = 77{,}06\,\mathrm{N}$$

Widerstandskraft $W_{\mathrm{m}} = \mu \cdot N_{\mathrm{m}} = 0{,}25 \cdot 77{,}06 = 19{,}27\,\mathrm{N}$

$$a_{\mathrm{m}} = \frac{G \cdot \frac{\ell}{2} - F_{\mathrm{m}} \cdot \cos \beta \cdot h_{\mathrm{m}}}{N_{\mathrm{m}}} = \frac{\ell}{2} \Rightarrow G \cdot \frac{\ell}{2} - F_{\mathrm{m}} \cdot \cos \beta \cdot h_{\mathrm{m}} = N_{\mathrm{m}} \cdot \frac{\ell}{2} \Rightarrow$$

$$h_{\mathrm{m}} = \frac{G - N_{\mathrm{m}}}{F_{\mathrm{m}} \cdot \cos \beta} \cdot \frac{\ell}{2} = \frac{100 - 77{,}06}{29{,}97 \cdot \cos 50°} \cdot 20\,\mathrm{cm} = 23{,}82\,\mathrm{cm}$$

Kontrolle: $h_{\mathrm{m}} = \frac{\ell}{2} \cdot \tan \beta = 20 \cdot \tan 50° = 23{,}84\,\mathrm{cm}$ (kleiner Rundungsfehler)

S 30   Rolle in einer Ecke

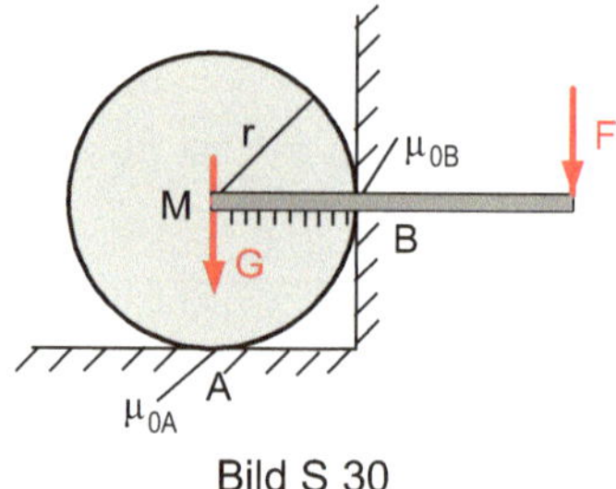

Bild S 30

An eine Rolle (Radius r, Gewicht G) ist ein Hebel von vernachlässigbarem Gewicht angeschweißt. Die Rolle liegt bei A auf einem rauen Boden (Haftungskoeffizient μ_{0A}) auf und berührt bei B eine raue Wand (Haftungskoeffizient μ_{0B}).

Gegeben
$G = 800\,\text{N}$; $F = 300\,\text{N}$; $r = 40\,\text{cm}$; $\mu_{0A} = 0{,}3$; $\mu_{0B} = 0{,}25$

Gesucht
Wie weit kann eine Kraft F von der Mitte der Walze aus nach rechts verschoben werden, ohne dass die Walze rutscht?

Anmerkung Bei einer entsprechenden Verschiebung der Kraft F nach links an einem zur anderen Seite verlängerten Hebel würde sich die Walze bei B von der Wand lösen und nach links wegrollen.

1) Zeichnerische Lösung
Bei A zeichne man die linke, bei B die untere Mantellinie des Haftungskegels und bringe diese Mantellinien zum Schnitt. Durch den Schnittpunkt der Mantellinien geht die Resultierende R von G und F, wobei $R = G + F = 1100\,\text{N}$ ist.

Mit dem Poleck-Seileck-Verfahren kann man die Lage von F bestimmen.

Die Polstrahlen, die im Kräfteplan eine Kraft einschließen, schneiden sich als Seilstrahlen auf der Wirklinie dieser Kraft im Lageplan.

Mit dem 3-Kräfte-Verfahren werden die Auflagerkräfte bei A und B sowie deren Komponenten ermittelt.

2) Rechnerische Lösung
Die Kraft F kann solange nach rechts verschoben werden, (Maß x), bis bei A und B die maximal mögliche Haftungskraft erreicht ist. Dann ist

$$H_A = \mu_{0A} \cdot N_A$$
$$H_B = \mu_{0B} \cdot N_B$$

3 Unbekannte: N_A, N_B, x

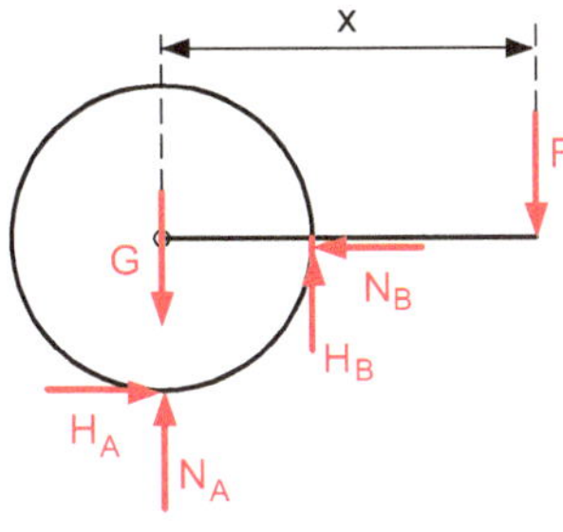

Bild SL 30

I) $\quad \sum F_x = 0 = \mu_{0A} \cdot N_A - N_B \Rightarrow N_B = \mu_{0A} \cdot N_A$

II) $\quad \sum F_y = 0 = N_A + \mu_{0B} N_B - G - F$

III) $\quad \sum M^{(M)} = 0 = \mu_{0A} N_A \cdot r + \mu_{0B} N_B \cdot r - F \cdot x$

I in II: $N_A + \mu_{0A} \cdot \mu_{0B} \cdot N_A = G + F \Rightarrow N_A = \dfrac{G + F}{1 + \mu_{0A} \cdot \mu_{0B}}$

$$N_A = \frac{800 + 300}{1 + 0{,}3 \cdot 0{,}25} = 1025{,}26\,\text{N}; \quad N_B = 0{,}3 \cdot 1025{,}26 = 307{,}58\,\text{N}$$

aus III: $x = \dfrac{r}{F} \cdot (\mu_{0A} \cdot N_A + \mu_{0B} \cdot N_B)$

$$x = \frac{40}{300} \cdot (0{,}3 \cdot 1025{,}26 + 0{,}25 \cdot 307{,}58) = 51{,}26\,\text{cm}$$

$$H_A = 0{,}3 \cdot 1025{,}26 = 307{,}58\,\text{N} = N_B$$

$$H_B = 0{,}25 \cdot 307{,}58 = 76{,}89\,\text{N}$$

S 31 Abrutschen eines Steigeisens

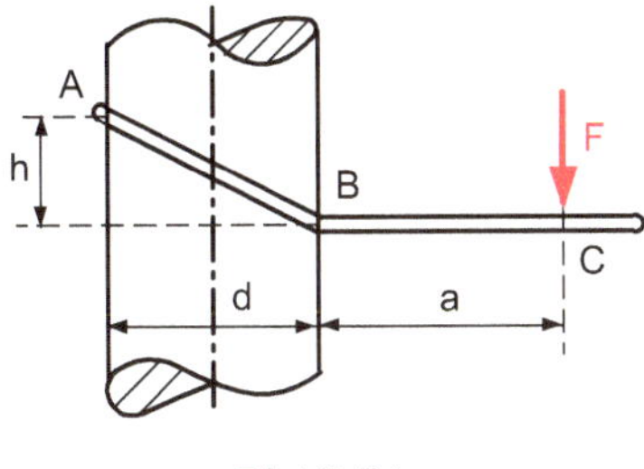

Bild S 31

Um einen senkrecht stehenden Zylinder ist ein Steigeisen *ABC* (Halbkreis mit ange-
schweißtem Kragarm) gelegt, auf das eine vertikale Kraft *F* einwirkt.

Beispiel: ein Arbeiter besteigt einen Mast.
Der Haftungskoeffizient zwischen Zylinder und Ring ist μ_0.

Gegeben

$F = 800\,\text{N}; d = 30\,\text{cm}; h = 15\,\text{cm}; \mu_0 = 0{,}3$

Gesucht

a) Man bestimme zeichnerisch und rechnerisch die mögliche Extremlage (kritischer Abstand a_k) für eine Einzelkraft F, ohne dass der Ring abrutscht.
b) Rutscht der Ring bei Annäherung oder Entfernung der Kraft F an den Zylinder (kurze Begründung)?
c) Wie groß müsste der Haftungskoeffizient an der gegenüberliegenden Seite jeweils mindestens sein, wenn bei einem Kraftabstand von $a = 25\,\text{cm}$ einmal bei A und einmal bei B infolge einer Ölspur keine Haftung wirksam wäre und das Steigeisen nicht abrutschen soll?

Lösung

a) Kritischer Abstand (Bild SL 31a)
Im Extremfall wird bei A und B die maximal mögliche Haftung erreicht, dann ist

$$H_A = \mu_0 \cdot N_A; \quad H_B = \mu_0 \cdot N_B$$

$$\text{I)} \quad \sum F_x = 0 \Rightarrow N_A = N_B$$

$$\text{II)} \quad \sum F_y = 0 \Rightarrow H_A + H_B = F; \quad \mu_0 \cdot (N_A + N_B) = F; \quad 2\mu_0 \cdot N_A = F \Rightarrow$$

$$N_A = N_B = \frac{F}{2\mu_0} = \frac{800}{2 \cdot 0{,}3} = 1333{,}33\,\text{N}$$

$$H_A = H_B = \mu_0 \cdot \frac{F}{2\mu_0} = \frac{F}{2} = 400\,\text{N}$$

$$\text{III)} \quad \sum M^{(B)} = 0 = N_A \cdot h - \mu_0 \cdot N_A \cdot d - F \cdot a_k \Rightarrow$$

$$a_k = \frac{N_A}{F} \cdot (h - \mu_0 \cdot d) = \frac{1}{2\mu_0} \cdot (h - \mu_0 \cdot d) = \frac{1}{2} \cdot \left(\frac{h}{\mu_0} - d\right) = \frac{1}{2} \cdot \left(\frac{15}{0{,}3} - 30\right)$$

$$= 10\,\text{cm}$$

$$\text{Für} \quad \frac{h}{\mu_0} = d \Rightarrow \mu_0 = \frac{h}{d} \text{ wird } a_k = 0$$

Dann geht die Wirklinie von F_A durch den Auflagerpunkt B.

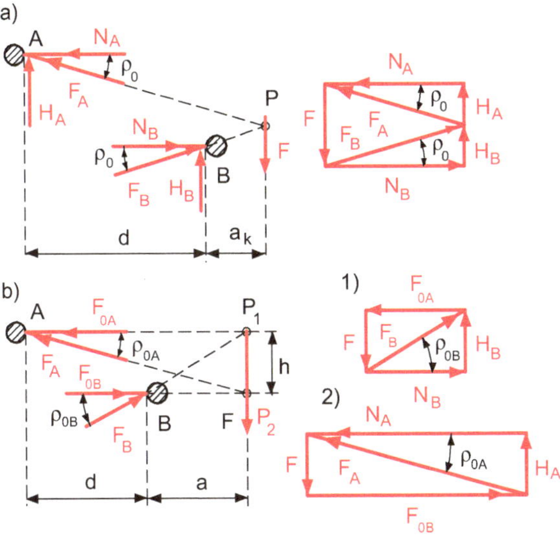

Bild SL 31

b) Wird $a < a_\text{k}$, dann ist für die 3 Kräfte F, F_A, F_B kein gemeinsamer Schnittpunkt möglich, bei dem die Mantellinien bei A und B innerhalb des Haftungskegels liegen, daher rutscht das Steigeisen.

Wird $a > a_\text{k}$, so können flachere Linien innerhalb des Haftungskegels das 3-Kräfte-Prinzip erfüllen. Das System ist somit im Gleichgewicht (kein Rutschen). Da es jedoch unendlich viele Möglichkeiten gibt, ist das System dann statisch unbestimmt.

c) Reibungsfreiheit an einer Seite (Bild SL 31b)

Bei Reibungsfreiheit steht die Kraft senkrecht auf der Berührungsfläche.

$a = 25$ cm vorgegeben

1) $H_\text{A} = 0$; $H_\text{B} = F$

$$\sum M^{(B)} = 0 = N_\text{A} \cdot h - F \cdot a \Rightarrow N_\text{A} = F_{0\text{A}} = F \cdot \frac{a}{h} = N_\text{B}$$

$$H_\text{B} = \mu_{0\text{B}} \cdot N_\text{B} = \mu_{0\text{B}} \cdot F \cdot \frac{a}{h} = F \Rightarrow$$

$$\mu_{0\text{B}} = \tan \rho_{0\text{B}} = \frac{h}{a} = \frac{15}{25} = 0{,}6 \Rightarrow \rho_{0\text{B}} = 30{,}96°$$

2) $H_\text{B} = 0$; $H_\text{A} = F$

$$\sum M^{(A)} = 0 = N_\text{B} \cdot h - F \cdot (a + d) \Rightarrow N_\text{B} = F_{0\text{B}} = F \cdot \frac{a + d}{h} = N_\text{A}$$

$$H_\text{A} = \mu_{0\text{A}} \cdot N_\text{A} = \mu_{0\text{A}} \cdot F \cdot \frac{a + d}{h} = F \Rightarrow$$

$$\mu_{0\text{A}} = \tan \rho_{0\text{A}} = \frac{h}{a + d} = \frac{15}{25 + 30} = 0{,}273 \Rightarrow \rho_{0\text{A}} = 15{,}25°$$

Eine Ölspur an der gegenüberliegenden Seite der Kraft F (bei A) ist also gefährlicher, da dann an der Innenseite (bei B) eine wesentlich größere Haftung für Gleichgewicht erforderlich ist.

S 32   Abrutschen einer Zange

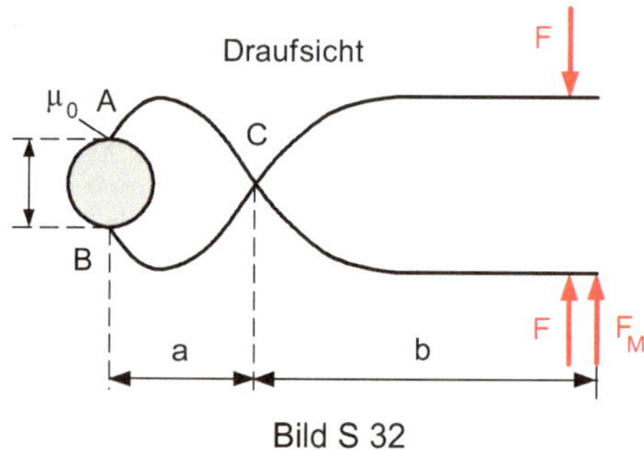

Bild S 32

Ein eingerosteter, zylindrischer Gewindebolzen soll mit einer Zange aus seiner Verankerung gelöst werden. Der Haftungskoeffizient zwischen Zange und Bolzen ist μ_0. Die Zange wird mit der Kraft F an beiden Haltern zusammengedrückt und noch zusätzlich mit einer Kraft F_M, die die Zange zu drehen versucht, an einer Seite belastet.

Gegeben

$F = 80\,\text{N}; a = 5\,\text{cm}; b = 20\,\text{cm}; d = 3\,\text{cm}; \mu_0 = \tan \rho_0 = 0{,}25 \Rightarrow \rho_0 = 14{,}04°$

Gesucht

a) Welches maximale Drehmoment (verursacht durch die Kraft F_M) kann von der Zange auf den Bolzen übertragen werden, ohne dass die Zange abrutscht?
b) Welche Kräfte wirken dann im Gelenk C?

Lösung

Beachte

Bei den Darstellungen im Bild SL 32 handelt es sich um nicht maßstäbliche Prinzipskizzen. Die Haftungswinkel sind z. B. größer und im Lage- und Kräfteplan aus Platzgründen unterschiedlich gezeichnet, um die ungleichmäßig großen Kräfte besser darstellen und erkennen zu können.

Am unteren Bolzenende (in einer tieferen Lage der Zange) ist

$$F_E = F_M = B_N - A_N \text{ Einspannkraft}$$
$$M_E = F_M \cdot (a + b) \text{ Einspannmoment}$$

Die Haftungskräfte A_H und B_H versuchen eine Verschiebung der Zange zu verhindern. Sie sind der Verschiebungstendenz entgegen gerichtet.

Die Presskräfte F heben sich am Gesamtsystem der befreiten Zange gegenseitig auf, so dass nur die Drehkraft F_M und die Berührungskräfte bei A und B übrig bleiben.

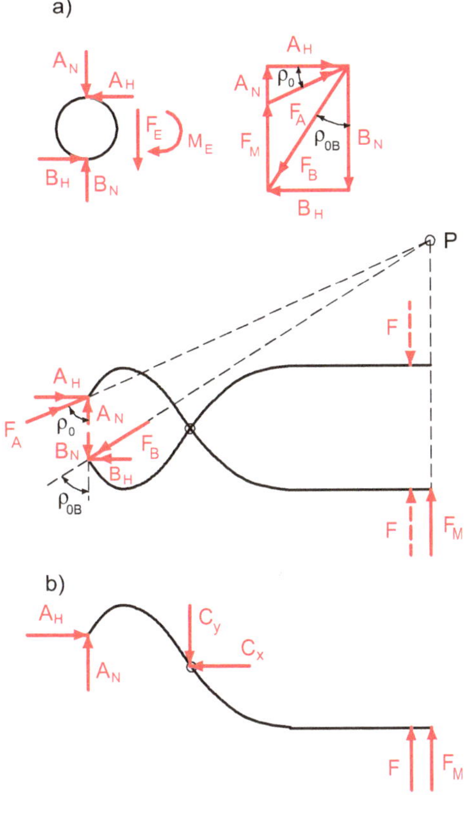

Bild SL 32

a) Maximal übertragbares Drehmoment
   Befreiung von Zange und Bolzen (Bild SL 32a)

$$\text{I)}\quad \sum M^{(B)} = 0 = F_\mathrm{M} \cdot (a+b) - A_\mathrm{H} \cdot d \;\Rightarrow$$

$$F_\mathrm{M} = \frac{d}{a+b} \cdot A_\mathrm{H}$$

$$\text{II)}\quad \sum F_\mathrm{x} = 0 \;\Rightarrow\; A_\mathrm{H} = B_\mathrm{H}$$

$$\text{III)}\quad \sum F_\mathrm{y} = 0 \;\Rightarrow\; B_\mathrm{N} = A_\mathrm{N} + F_\mathrm{M} \;\Rightarrow$$

$$B_\mathrm{N} > A_\mathrm{N}$$

Wegen der geringeren Anpressung rutscht die Zange zuerst bei A. Im Extremfall (kurz vor dem Durchrutschen) wird bei A die volle Haftung erreicht, d. h. es ist

$$A_H = \mu_0 \cdot A_N$$

Dagegen verbleibt bei B noch Haftungsreserve. Die Haftungskraft erreicht bei B nicht ihren Höchstwert. Haftung entsteht immer nur so viel, wie zur Aufrechterhaltung an Ort und Stelle gerade gebraucht wird (Ökonomiegesetz der Natur).

$$B_H < \mu_0 \cdot B_N; \quad B_H = \mu_{0B} \cdot B_N \text{ wobei } \mu_{0B} < \mu_0 \text{ ist}$$

Die Wirklinie von F_A muss daher flacher verlaufen als die Wirklinie von F_B. Der Haftungswinkel liegt zwischen der Resultierenden und der Normalkomponente. Der Winkel ρ_{0A} zwischen F_A und A_N muss daher größer sein als der Winkel ρ_{0B} zwischen F_B und B_N. Im Extremfall (kurz vor dem Durchrutschen der Zange bei A) ist

$$\rho_{0A} = \rho_0 = 14{,}04°; \quad \rho_{0B} < \rho_0$$

An der Zangenhälfte AC (Bild SL 32b) ist somit das Kräftespiel bestimmbar. Deren Gleichgewichtsbetrachtung liefert

$$\text{IV)} \quad \sum M^{(C)} = 0 = -A_N \cdot a - \mu_0 \cdot A_N \cdot \frac{d}{2} + (F + F_M) \cdot b \Rightarrow$$

$$A_N = \frac{b}{a + \frac{1}{2}\mu_0 \cdot d}(F + F_M)$$

$$\text{IV in I: } F_M = \frac{\mu_0 \cdot d}{a + b} \cdot A_N = \frac{\mu_0 \cdot d}{a + b} \cdot \frac{b}{a + \frac{1}{2}\mu_0 \cdot d}(F + F_M) = \frac{1}{c} \cdot (F + F_M)$$

mit der Abkürzung

$$c = \frac{a + b}{\mu_0 \cdot d} \cdot \frac{a + \frac{1}{2}\mu_0 \cdot d}{b} = \frac{5 + 20}{0{,}25 \cdot 3} \cdot \frac{5 + \frac{1}{2} \cdot 0{,}25 \cdot 3}{20} = 8{,}958 \text{ wird}$$

$$c \cdot F_M = F + F_M \Rightarrow F_M = \frac{F}{c - 1} = \frac{80}{8{,}958 - 1} = 10{,}05\,\text{N} = F_E$$

Durch stärkeres Zusammendrücken der Zange an den Griffen mittels der Kraft F kann die Kraft F_M und damit das mögliche Drehmoment M im Bedarfsfall gesteigert werden.

$$M = F_M \cdot (a + b) = 10{,}05 \cdot (5 + 20) = 251{,}31\,\text{N}\,\text{cm} \approx 2{,}51\,\text{N}\,\text{m} = M_E$$

$$\text{aus IV: } A_N = \frac{20}{5 + \frac{1}{2} \cdot 0{,}25 \cdot 3} \cdot (80 + 10{,}05) = 335{,}07\,\text{N}$$

$$A_\text{H} = \mu_0 \cdot A_\text{N} = 0{,}25 \cdot 335{,}07 = 83{,}77\,\text{N} = B_\text{H}$$

aus III: $B_\text{N} = 335{,}07 + 10{,}05 = 345{,}12\,\text{N}$

aus II: $A_\text{H} = \mu_0 \cdot A_\text{N} = B_\text{H} = \mu_{0\text{B}} \cdot B_\text{N} \Rightarrow \mu_{0\text{B}} = \mu_0 \cdot \dfrac{A_\text{N}}{B_\text{N}} < \mu_0$

$$\mu_{0\text{B}} = \tan \rho_{0\text{B}} = 0{,}25 \cdot \frac{335{,}07}{345{,}12} = 0{,}243 \Rightarrow \rho_{0\text{B}} = 13{,}66°$$

b) Gelenkkräfte

$$C_\text{x} = A_\text{H} = B_\text{H} = 83{,}77\,\text{N}$$

$$C_\text{y} = A_\text{N} + F + F_\text{M} = 335{,}07 + 80 + 10{,}05 = 425{,}12\,\text{N}$$

S 33   Brett auf einer Walze

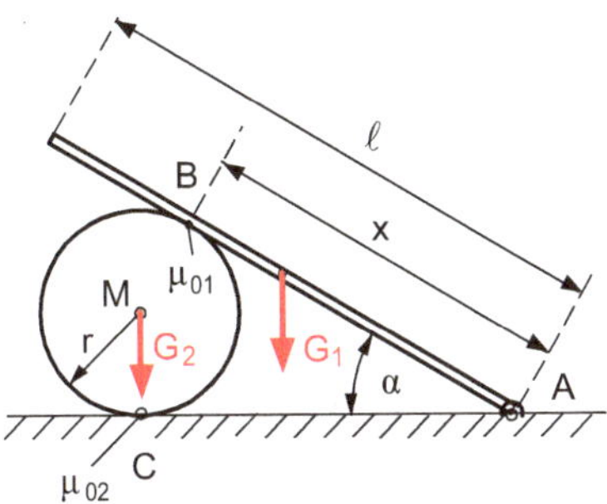

Bild S 33

Ein bei A gelenkig gelagertes, schweres Brett (Gewicht G_1, Länge ℓ) liegt bei B auf einer schweren Walze (Gewicht G_2, Radius r) auf. Das Brett bildet mit dem horizontalen Boden den Winkel α.

Gesucht

a) Wie groß müssen die Haftungszahlen μ_{01} und μ_{02} der Walze bei B und C (Berührpunkte mit dem Brett bzw. mit dem Boden) mindestens sein, damit kein Rutschen auftritt?
b) Wie groß sind die Kräfte in den Punkten A, B, C?

Gegeben
$\alpha = 30°$; $G_1 = 300\,\text{N}$; $G_2 = 200\,\text{N}$; $\ell = 1{,}2\,\text{m}$; $r = 0{,}25\,\text{m}$

Lösung

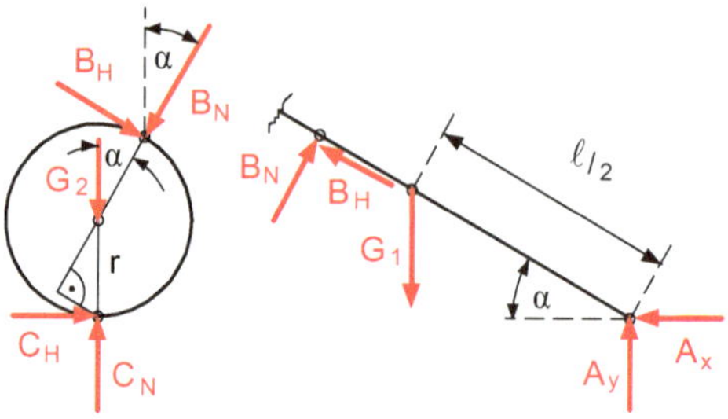

Bild SL 33

AM ist die Winkelhalbierende des Winkels α
  $\triangle ABM$ ist rechtwinklig

$$\frac{r}{x} = \tan\frac{\alpha}{2} \Rightarrow x = \overline{AB} = \frac{r}{\tan\alpha/2} = \frac{0{,}25}{\tan 15°} = 0{,}933\,\text{m}$$

$$B_\text{H} = \mu_{01} \cdot B_\text{N}; \quad C_\text{H} = \mu_{02} \cdot C_\text{N}$$

Es verbleiben 6 Unbekannte: B_N, μ_{01}, A_x, A_y, C_N, μ_{02}
  Brett

$$\text{I)} \sum M^{(A)} = 0 = G_1 \cdot \frac{\ell}{2} \cdot \cos\alpha - B_\text{N} \cdot x \Rightarrow B_\text{N} = G_1 \cdot \frac{\ell}{2x} \cdot \cos\alpha$$

$$B_\text{N} = 300 \cdot \frac{1{,}2}{2 \cdot 0{,}933} \cdot \cos 30° = 167{,}08\,\text{N}$$

Walze

$$\text{II)} \sum M^{(C)} = 0 = B_\text{N} \cdot r \cdot \sin\alpha - \mu_{01} \cdot B_\text{N} \cdot r \cdot (1 + \cos\alpha) \,|\, : (B_\text{N} \cdot r) \Rightarrow$$

$$\mu_{01} = \frac{\sin\alpha}{1 + \cos\alpha} = \frac{\sin 30°}{1 + \cos 30°} = 0{,}268$$

Brett

$$\text{III)} \sum F_\text{x} = 0 \Rightarrow A_\text{x} = B_\text{N}\sin\alpha - \mu_{01} B_\text{N}\cos\alpha = B_\text{N}(\sin\alpha - \mu_{01}\cos\alpha)$$

$$A_\text{x} = 167{,}08 \cdot (\sin 30° - 0{,}268 \cdot \cos 30°) = 44{,}76\,\text{N}$$

$$\text{IV)} \sum F_\text{y} = 0 \Rightarrow A_\text{y} = G_1 - B_\text{N} \cdot \cos\alpha - \mu_{01} \cdot B_\text{N} \cdot \sin\alpha$$

$$A_\text{y} = G_1 - B_\text{N}(\cos\alpha + \mu_{01} \cdot \sin\alpha) = 300 - 167{,}08 \cdot (\cos 30° + 0{,}268 \cdot \sin 30°)$$

$$= 132{,}92\,\text{N}$$

Walze

$$\text{V)} \quad \sum F_y = 0 \Rightarrow C_N = G_2 + B_N \cdot \cos\alpha + \mu_{01} \cdot B_N \cdot \sin\alpha$$

$$C_N = G_2 + B_N \cdot (\cos\alpha + \mu_{01} \cdot \sin\alpha)$$

$$C_N = 200 + 167{,}08 \cdot (\cos 30° + 0{,}268 \cdot \sin 30°) = 367{,}08\,\text{N}$$

$$\text{VI)} \quad \sum F_x = 0 \Rightarrow \mu_{02} \cdot C_N = B_N \cdot \sin\alpha - \mu_{01} \cdot B_N \cdot \cos\alpha \Rightarrow$$

$$\mu_{02} = \frac{B_N}{C_N}(\sin\alpha - \mu_{01} \cdot \cos\alpha) = \frac{167{,}08}{367{,}08}(\sin 30° - 0{,}268 \cdot \cos 30°) = 0{,}122$$

Die effektiv wirksamen Haftungskräfte entsprechen den errechneten Mindestwerten auch dann, wenn die maximal mögliche Haftung noch größer ist. Die Haftungskräfte sind nämlich immer nur so groß, wie sie zur Aufrechterhaltung des Gleichgewichts nötig sind (Ökonomiegesetz der Natur).

Ist μ_{01} kleiner, so wird die Walze nach links weggerollt, ist μ_{02} kleiner, so rutscht die Walze nach links weg.

Zeichnerische Lösung

An der Walze als Dreikräftekörper erkennt man, dass die Gewichtskraft G_2 durch den Angriffspunkt C der Bodenkraft F_C geht. Also muss auch die dritte Kraft F_B durch C als gemeinsamen Schnittpunkt hindurchgehen.

Mit der gefundenen Wirklinie von F_B lassen sich nach dem Dreikräfteverfahren am Brett die Kräfte F_A und F_B bestimmen (F_B, G_1 und F_A schneiden sich in einem Punkt). Zum Schluss ermittelt man an der Walze noch die Kraft F_C.

Beachte: die Kraft F_C verläuft steiler als die Kraft F_B.

S 34   Papierrolle an der Wand

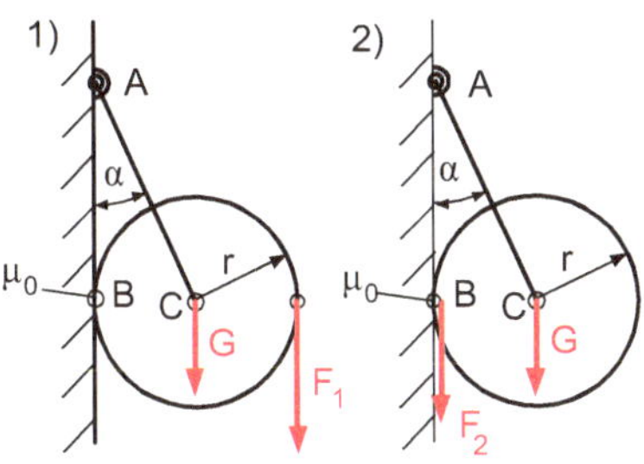

Bild S 34

Eine Papierrolle (Gewicht G, Radius r) wird durch einen Bügel (Stange) an einer vertikalen rauen Wand (Haftungskoeffizient μ_0) gehalten.

Der Bügel schließt mit der Wand den Winkel α ein. Das offene Ende der Papierrolle ist einmal frei nach vorne gerichtet (Fall 1), das andere mal an die Wand gelehnt (Fall 2).

An dem freien Papierende zieht eine Kraft F.

Gegeben

$G = 12\,\text{N}; \alpha = 25°; \mu_0 = 0{,}3$

Gesucht für beide Fälle

a) Für welchen Winkel α^* tritt Selbsthemmung ein (d. h. dass bei beliebig großer Zugkraft F die Rolle sich nicht dreht)?

b) Wie groß darf (ohne Selbsthemmung) die Kraft F z. B. bei $\alpha = 25°$ maximal werden, ohne dass das Papier sich abzuwickeln beginnt?

c) Wie verhalten sich die beiden maximal möglichen Reißkräfte zueinander?
In welchem Fall ist demnach eine größere Reißkraft möglich?

Lösung

$$S_x = S \cdot \sin \alpha; \quad S_y = S \cdot \cos \alpha$$

1) Zugkraft rechts (Bild SL 34/1)

a) Selbsthemmung

   I) $\sum F_x = 0 \Rightarrow N = S \cdot \sin \alpha$

   II) $\sum F_y = 0 \Rightarrow S \cdot \cos \alpha = H + G + F_1$

   III) $\sum M^{(C)} = 0 = H \cdot r - F_1 \cdot r \mid : r \Rightarrow H = F_1$

Haftbedingung: die Rolle rutscht nicht, wenn

$$\text{IV)} \ H \leq \mu_0 \cdot N \Rightarrow N \geq \frac{H}{\mu_0} = \frac{F_1}{\mu_0}$$

$$\text{IV in I} = \text{I}': \ S \cdot \sin \alpha \geq \frac{F_1}{\mu_0}$$

$$\text{III in II} = \text{II}': \ S \cdot \cos \alpha = 2F_1 + G$$

$$\frac{\text{I}'}{\text{II}'}: \ \tan \alpha \geq \frac{F_1}{\mu_0 \cdot (2F_1 + G)} = \frac{1}{\mu_0 \cdot \left(2 + \frac{G}{F_1}\right)}$$

$$\text{für } F_1 \to \infty \text{ wird } \frac{G}{F_1} \to 0 \text{ und } \tan \alpha^* = \frac{1}{2\mu_0} = \frac{1}{2 \cdot 0{,}3} = 1{,}\overline{6} \Rightarrow \alpha^* = 59{,}04°$$

Für Winkel $\alpha > \alpha^*$ tritt Selbsthemmung auf.

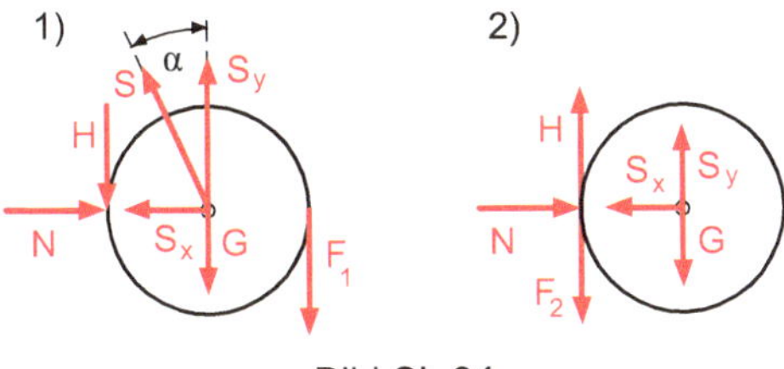

Bild SL 34

b) Maximal mögliche Kraft (ohne Selbsthemmung)

$$\tan\alpha = \frac{F_1}{\mu_0 \cdot (2F_1 + G)} \Rightarrow F_1 = \frac{\mu_0 \cdot \tan\alpha}{1 - 2\mu_0 \cdot \tan\alpha} \cdot G = \frac{0{,}3 \cdot \tan 25°}{1 - 2 \cdot 0{,}3 \cdot \tan 25°} \cdot 12$$
$$= 2{,}33\,\text{N}$$

2) Zugkraft links (Bild SL 34/2)

$$\text{I)} \quad \sum M^{(B)} = 0 = S \cdot \cos\alpha \cdot r - G \cdot r \,|\, : r \Rightarrow S = \frac{G}{\cos\alpha}$$

$$\text{II)} \quad \sum F_x = 0 \Rightarrow N = S \cdot \sin\alpha = \frac{G}{\cos\alpha} \cdot \sin\alpha = G \cdot \tan\alpha$$

$$\text{III)} \quad \sum F_y = 0 \Rightarrow H = F_2 + G - S \cdot \cos\alpha = F_2$$

Kein Rutschen, wenn

$$\text{IV)}\ H \le \mu_0 \cdot N$$

$$\text{II, III in IV:}\ F_2 \le \mu_0 \cdot G \cdot \tan\alpha \Rightarrow \tan\alpha \ge \frac{F_2}{\mu_0 \cdot G}$$

$$F_2 = 0{,}3 \cdot 12 \cdot \tan 25° = 1{,}68\,\text{N}$$

Selbsthemmung: für beliebig große F_2 dreht sich die Rolle nicht.

$$F_2 \to \infty, \text{ dann ist } \tan\alpha^* \to \infty \text{ d. h. } \alpha^* = 90°$$

und somit auch

$$N^* = G \cdot \tan\alpha^* \to \infty; \quad H^* = \mu_0 \cdot N^* \to \infty$$

Haltebügel horizontal (entarteter Sonderfall)

c) Verhältnis der maximal möglichen Reißkräfte

$$\frac{F_1}{F_2} = \frac{1}{1 - 2\mu_0 \cdot \tan\alpha} > 1 \Rightarrow F_1 > F_2$$

Im Fall 1 sind größere Kräfte zum Abwickeln nötig. Wegen des größeren Widerstands sind dann auch größere Reißkräfte zum Abreißen einer Papierrolle möglich.

S 35   Verschiebung zweier Keile

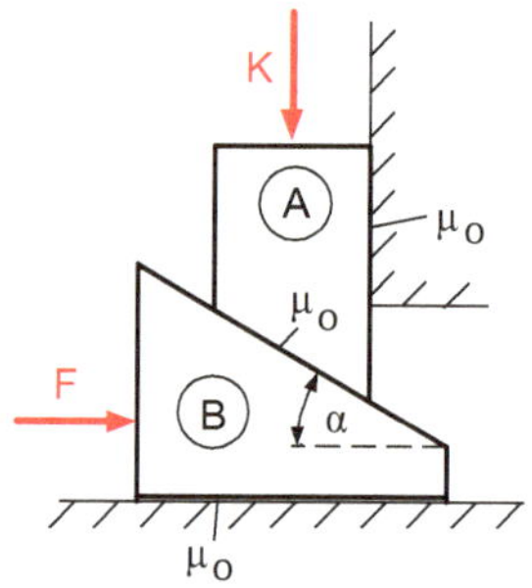

Bild S 35

Zwei als gewichtslos anzunehmende raue Keile A und B mit dem Schrägungswinkel α liegen übereinander und stützen sich gegen raue Wände ab. Für alle Flächenpaarungen ist der Haftungskoeffizient μ_0. Keil A wird durch eine vertikale Kraft K belastet.

Gegeben
$K = 100\,\text{N}; \alpha = 30°; \mu_0 = \tan\rho_0 = 0{,}25 \Rightarrow \rho_0 = 14{,}04°$

Gesucht

a) In welchem Bereich $F_{\min} \leq F \leq F_{\max}$ kann die Kraft F am Keil B variieren, ohne dass die Keile in Bewegung geraten?
b) Bei welchen Winkeln α_1 bzw. α_2 tritt Selbsthemmung ein, d. h. dass bei beliebig großen Kräften K bzw. F keine Bewegung der Keile entsteht?

Lösung
4 Unbekannte: N_1, N_2, N_3, F

$$H_1 = \mu_0 \cdot N_1; \quad H_2 = \mu_0 \cdot N_2; \quad H_3 = \mu_0 \cdot N_3$$

1) Keil B tendiert nach rechts, Keil A nach oben

Keil A

I) $\sum F_\mathrm{x} = 0 = N_1 \sin\alpha + \mu_0 \cdot N_1 \cdot \cos\alpha - N_2$

II) $\sum F_\mathrm{y} = 0 = N_1 \cos\alpha - \mu_0 \cdot N_1 \cdot \sin\alpha - \mu_0 \cdot N_2 - K$

Keil B

III) $\sum F_\mathrm{x} = 0 = F - N_1 \sin\alpha - \mu_0 \cdot N_1 \cdot \cos\alpha - \mu_0 \cdot N_3$

IV) $\sum F_\mathrm{y} = 0 = -N_1 \cdot \cos\alpha + \mu_0 \cdot N_1 \cdot \sin\alpha + N_3$

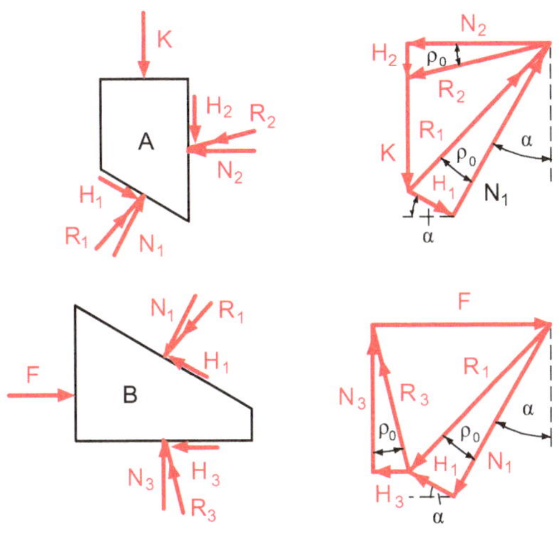

Bild SL 35

Elimination von N_2

$$\mathrm{II} - \mu_0 \cdot \mathrm{I} = \mathrm{II}': \quad N_1 \cdot (\cos\alpha - 2\mu_0 \cdot \sin\alpha - \mu_0^2 \cdot \cos\alpha) = K$$

Elimination von N_3

$$\mathrm{III} + \mu_0 \cdot \mathrm{IV} = \mathrm{III}': \quad F - N_1 \cdot (\sin\alpha + 2\mu_0 \cdot \cos\alpha - \mu_0^2 \cdot \sin\alpha) = 0$$

$$\mathrm{II}' \text{ in } \mathrm{III}': \quad F_{\max} = K \cdot \frac{\sin\alpha + 2\mu_0 \cdot \cos\alpha - \mu_0^2 \cdot \sin\alpha}{\cos\alpha - 2\mu_0 \sin\alpha - \mu_0^2 \cdot \cos\alpha}$$

Nach Division des Bruches im Zähler und Nenner durch $\cos\alpha$ wird

$$F_{\max} = K \cdot \frac{(1 - \mu_0^2) \cdot \tan\alpha + 2\mu_0}{1 - \mu_0^2 - 2\mu_0 \cdot \tan\alpha} = 100 \cdot \frac{(1 - 0{,}25^2) \cdot \tan 30° + 2 \cdot 0{,}25}{1 - 0{,}25^2 - 2 \cdot 0{,}25 \cdot \tan 30°}$$

$$= 160{,}48\,\mathrm{N}$$

Selbsthemmung

Auch eine (unendlich) große Kraft F kann den Keil nicht nach rechts bzw. die Kraft K nach oben drücken.

Der Nenner wird Null gesetzt.

$$F \to \infty: 1 - \mu_0^2 - 2\mu_0 \cdot \tan\alpha_1 = 0 \Rightarrow \tan\alpha_1 = \frac{1 - \mu_0^2}{2\mu_0}$$

$$\tan\alpha_1 = \frac{1 - 0,25^2}{2 \cdot 0,25} = 1,875 \Rightarrow \alpha_1 = 61,92°$$

2) Keil A tendiert nach unten, Keil B nach links:

Die Haftungskräfte kehren ihren Richtungssinn um. Es muss daher μ_0 durch $-\mu_0$ ersetzt werden.

$$F_{\min} = K \cdot \frac{(1 - \mu_0^2) \cdot \tan\alpha - 2\mu_0}{1 - \mu_0^2 + 2\mu_0 \cdot \tan\alpha} = 100 \cdot \frac{(1 - 0,25^2) \cdot \tan 30° - 2 \cdot 0,25}{1 - 0,25^2 + 2 \cdot 0,25 \cdot \tan 30°} = 3,37\,\text{N}$$

Selbsthemmung in der anderen Richtung:

Auch ohne Haltekraft F kann die Kraft K den Keil nicht nach unten drücken. Es ist also keine Haltekraft F nötig, um den oberen Keil zu halten.

$F = 0$: der Zähler wird Null gesetzt

$$(1 - \mu_0^2) \cdot \tan\alpha_2 - 2\mu_0 = 0 \Rightarrow \tan\alpha_2 = \frac{2\mu_0}{1 - \mu_0^2} = \frac{2\tan\rho_0}{1 - \tan^2\rho_0} = \tan 2\rho_0$$

$$\alpha_2 = 2\rho_0 = 2 \cdot 14,04° = 28,08°$$

S 36   Klotz auf schiefer Ebene mit seitlicher Verschiebekraft

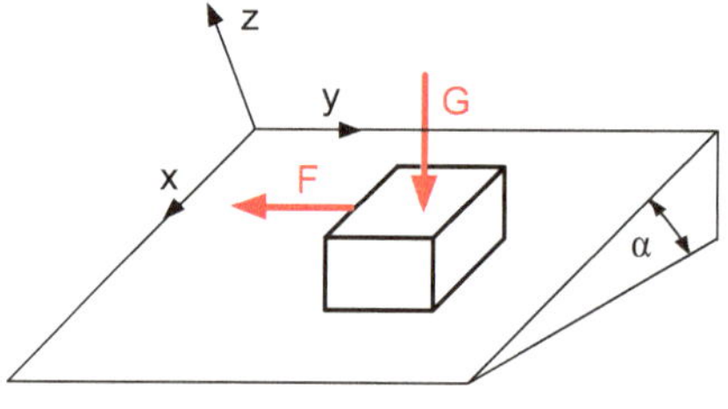

Bild S 36

Auf einer rauen schiefen Ebene (Neigungswinkel α) liegt ein Klotz vom Gewicht G. Die Koeffizienten für Haftung und Reibung zwischen dem Klotz und der schiefen Ebene sind μ_0 bzw. μ. Seitlich zum Klotz wirkt eine horizontale Verschiebekraft F parallel zu einer Höhenlinie der schiefen Ebene.

Gegeben

$G = 50\,\text{N}$; $\alpha = 12°$; $\mu_0 = 0,3$; $\mu = 0,25$

Gesucht

a) Wie groß darf die Verschiebekraft F maximal werden, damit der Klotz gerade noch liegen bleibt ?

b) In welche Richtung erfolgt die Gleitbewegung bei Überschreitung dieser Grenzkraft F_{gr} und welche Verschiebekraft ist zur Aufrechterhaltung der Bewegung erforderlich?

Lösung

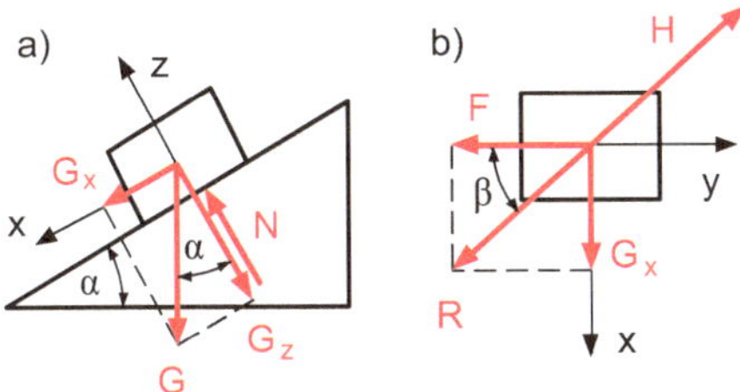

Bild SL 36

$$G_x = G \cdot \sin \alpha; \quad G_z = G \cdot \cos \alpha = N$$

Haftungskraft $H \leq \mu_0 \cdot N = \mu_0 \cdot G \cdot \cos \alpha$

Resultierende Verschiebungskraft

$$R = \sqrt{F^2 + (G \cdot \sin \alpha)^2}$$

Der Klotz bleibt liegen für $R \leq H$

$$\sqrt{F^2 + (G \cdot \sin \alpha)^2} \leq \mu_0 \cdot G \cdot \cos \alpha$$

$$F^2 + G^2 \sin^2 \alpha \leq \mu_0^2 \cdot G^2 \cdot \cos^2 \alpha$$

$$F \leq G \cdot \cos \alpha \cdot \sqrt{\mu_0^2 - \tan^2 \alpha}$$

$$F_{gr} = G \cdot \cos \alpha \cdot \sqrt{\mu_0^2 - \tan^2 \alpha} = \mu_0 \cdot G \cdot \cos \alpha \cdot \sqrt{1 - \left(\frac{\tan \alpha}{\mu_0} \right)^2}$$

$$F_{gr} = 0{,}3 \cdot 50 \cdot \cos 12° \cdot \sqrt{1 - \left(\frac{\tan 12°}{0{,}3} \right)^2} = 10{,}35 \, \text{N}$$

Auf einer horizontalen Ebene mit $\alpha = 0$ ist die erforderliche Verschiebekraft F_h wesentlich größer

$$F_h = \mu_0 \cdot G = 0{,}3 \cdot 50 = 15 \, \text{N}$$

Der Klotz bleibt liegen, wenn die Verschiebekraft F den Grenzwert F_{gr} nicht überschreitet und wenn

$$\mu_0 = \tan \rho_0 > \tan \alpha \text{ d. h. } \rho_0 > \alpha \text{ ist.}$$

Für $\rho_0 < \alpha$ rutscht der Klotz ohne Verschiebekraft in Richtung der x-Achse nach unten.

Überschreitet F den Grenzwert F_{gr}, so bewegt sich der Klotz in Richtung der Resultierenden R unter dem Winkel β zur Wirklinie der Verschiebekraft. Dabei wirkt die Reibungskraft $W = \mu \cdot G \cdot \cos\alpha$ der Bewegung entgegen. Dann ist

$$\sum F_{\text{x}} = 0 = G \cdot \sin\alpha - W \cdot \sin\beta \Rightarrow \sin\beta = \frac{G \cdot \sin\alpha}{\mu \cdot G \cdot \cos\alpha} = \frac{\tan\alpha}{\mu}$$

$$\sin\beta = \frac{\tan 12°}{0{,}25} = 0{,}85 \Rightarrow \beta = 58{,}24°$$

Bei Überschreitung von F_{gr} erfolgt die Bewegung in Richtung des Winkels β.

Für eine gleichförmige Verschiebung reicht eine kleinere Kraft F_{gl} zur Aufrechterhaltung der Bewegung aus:

$$F_{\text{gl}} = \mu \cdot G \cdot \cos\alpha \cdot \sqrt{1 - \left(\frac{\tan\alpha}{\mu}\right)^2} = 0{,}25 \cdot 50 \cdot \cos 12° \cdot \sqrt{1 - \left(\frac{\tan 12°}{0{,}25}\right)^2} = 6{,}44\,\text{N}$$

S 37 Balken auf zwei parallelen Stützen

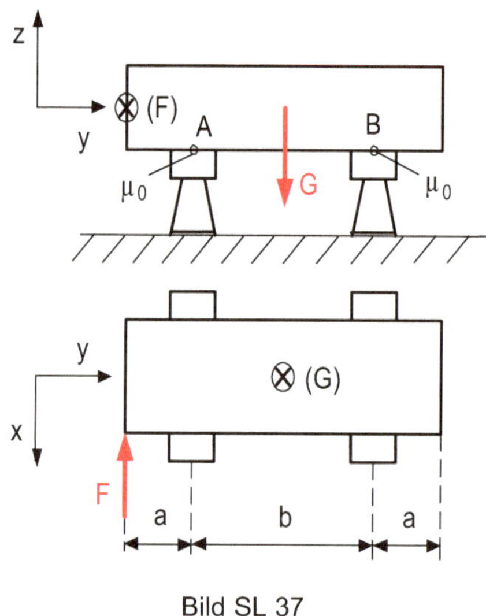

Bild SL 37

Ein homogener Balken vom Gewicht G und der Länge $2a + b$ liegt mittig auf zwei parallelen Sägeböcken auf, die den Abstand b voneinander haben. Der Haftungskoeffizient zwischen den Stützen und dem Balken ist μ_0. An einem der beiden um das Maß a überstehenden Enden des Balkens greift eine horizontale Verschiebekraft F an.

Gegeben
a, b, μ_0, G

Gesucht

a) Bei welcher Grenzkraft F_{gr} beginnt der Balken zu rutschen?
b) Wie groß sind dann die Haftungskräfte bei A und B?

Anmerkung Darstellung von Kräften, die senkrecht zur Zeichenebene wirken:

⊙ Kreis mit einem Punkt bedeutet: die Kraft kommt aus der Zeichenebene heraus
  (man sieht den Vektor von vorne und daher die Pfeilspitze als Punkt).
⊗ Kreis mit einem Kreuz bedeutet: die Kraft geht in die Zeichenebene hinein
  (man sieht den Vektor von hinten und daher die Pfeilfeder als Kreuz)

Die Buchstaben zur Bezeichnung der Kräfte senkrecht zur Zeichenebene werden in Klammern gesetzt, um sie von den Kräften in der Zeichenebene zu unterscheiden.

Lösung

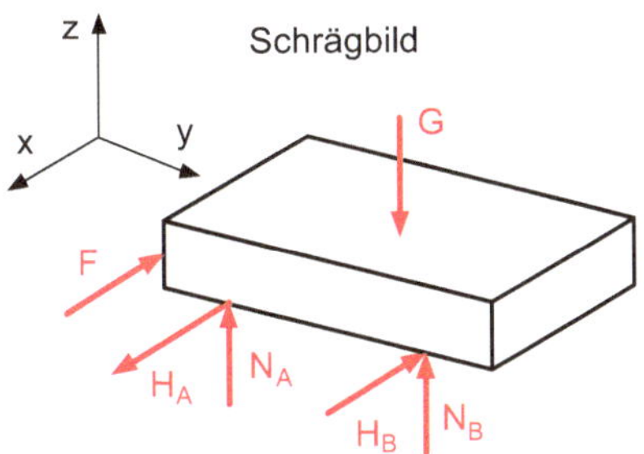

Bild SL 37

I) $\sum M_x^{(A)} = 0 = N_B \cdot b - G \cdot \frac{b}{2} \Rightarrow N_B = \frac{G}{2}$

II) $\sum F_z = 0 \Rightarrow N_A = G - N_B = \frac{G}{2}$

III) $\sum M_z^{(A)} = 0 = F \cdot a - H_B \cdot b \Rightarrow H_B = F \cdot \frac{a}{b}$

IV) $\sum M_z^{(B)} = 0 = F \cdot (a + b) - H_A \cdot b \Rightarrow$
   $H_A = F \cdot \frac{a+b}{b} = F \frac{a}{b} + F = H_B + F$

V) $\sum F_x = 0 \Rightarrow H_A = H_B + F \Rightarrow H_A > H_B$

Der aufgelegte Balken rutscht zuerst bei A, d. h. dort wird zuerst die maximal mögliche Haftkraft erreicht. Im Grenzfall (kurz vor dem Rutschen) ist dann

$$H_A = \mu_0 \cdot N_A = \mu_0 \cdot \frac{G}{2} = F_{gr} \cdot \frac{a+b}{b} \Rightarrow F_{gr} = \frac{b}{2 \cdot (a+b)} \cdot \mu_0 \cdot G$$

$$H_B = \frac{a}{b} \cdot F_{gr} = \frac{a}{2 \cdot (a+b)} \cdot \mu_0 \cdot G$$

S 38   Kraftwagen am Hang

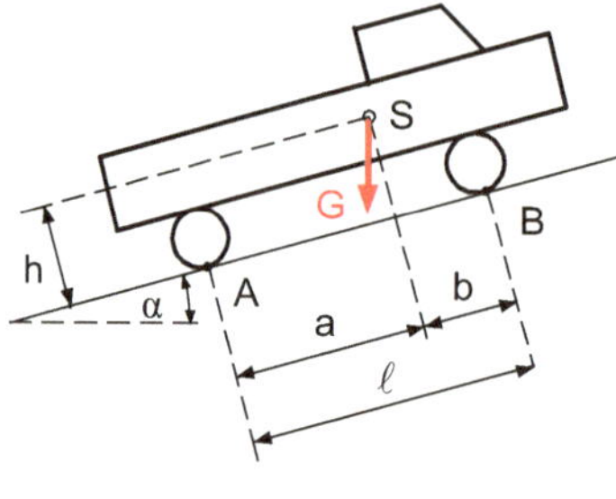

Bild S 38

Ein Kraftwagen fährt mit konstanter Geschwindigkeit auf einer geneigten Straße bergauf. Man bestimme den maximal möglichen Steigungswinkel α der Straße, die der Kraftwagen bei Allrad-, Hinterrad- und Vorderradantrieb noch befahren kann, wenn der Haftungskoeffizient zwischen Straße und Reifen $\mu_0 = 0{,}5$ beträgt. An den nicht angetriebenen Rädern wirkt dabei keine Haftungskraft, da sie nur (wegen der konstanten Geschwindigkeit unbeschleunigt) mitrollen.

Gesucht

a) Mögliche maximale Steigungswinkel in Abhängigkeit der Schwerpunktslage a, b, h.

b) Welche Werte für α ergeben sich speziell für eine mittige Schwerpunktslage $a = b = h = \frac{\ell}{2}$ mit $\ell = 3\,\text{m}$?

c) Welchen Abstand x von der Hinterachse müsste der Schwerpunkt S haben, wenn der maximal mögliche Steigungswinkel für Vorder- und Hinterradantrieb gleich sein soll und wie groß ist dieser?

Lösung

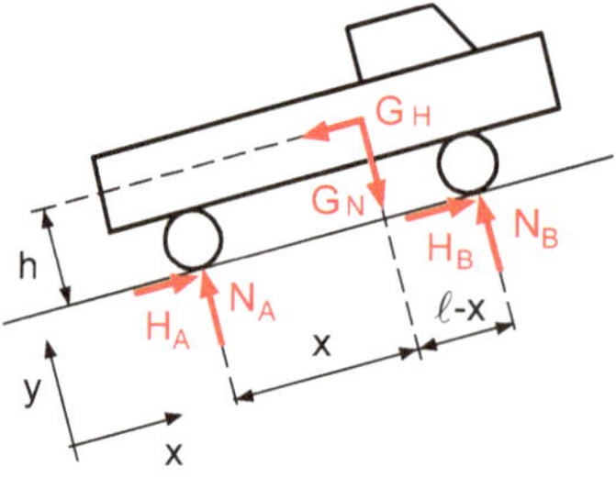

Bild SL 38

$$G_H = G \cdot \sin\alpha; \quad G_N = G \cdot \cos\alpha$$
$$H_A = \mu_0 \cdot N_A; \quad H_B = \mu_0 \cdot N_B$$

a,b) Mögliche maximale Steigungswinkel

$$\text{I)} \quad \sum M^{(B)} = 0 = G_H \cdot h + G_N \cdot b - N_A \cdot \ell \Rightarrow N_A = \frac{G}{\ell} \cdot (b \cdot \cos\alpha + h \cdot \sin\alpha)$$

$$\text{II)} \quad \sum M^{(A)} = 0 = G_H \cdot h - G_N \cdot a + N_B \cdot \ell \Rightarrow N_B = \frac{G}{\ell}(a \cdot \cos\alpha - h \cdot \sin\alpha)$$

$$\text{III)} \quad \sum F_y = 0 \Rightarrow N_A + N_B = G_N = G \cdot \cos\alpha$$

1) Allradantrieb

$$\text{IV)} \quad \sum F_x = 0 \Rightarrow G_H = H_A + H_B = \mu_0 \cdot (N_A + N_B) = \mu_0 \cdot G_N$$

$$G \cdot \sin\alpha = \mu_0 \cdot G \cdot \cos\alpha \Rightarrow \tan\alpha_1 = \mu_0 = \tan\rho_0 = 0{,}5 \Rightarrow \alpha_1 = \rho_0 = 26{,}57°$$

α_1 ist unabhängig von der Schwerpunktslage.

2) Hinterradantrieb: $H_A \neq 0$; $H_B = 0$

$$G_H = G \cdot \sin\alpha = H_A = \mu_0 \cdot N_A = \mu_0 \cdot \frac{G}{\ell} \cdot (b \cdot \cos\alpha + h \cdot \sin\alpha) \,|\, : \cos\alpha \Rightarrow$$

$$\tan\alpha = \mu_0 \cdot \frac{b}{\ell} + \mu_0 \cdot \frac{h}{\ell} \cdot \tan\alpha \Rightarrow$$

$$\tan\alpha_2 = \frac{\mu_0 \cdot \frac{b}{\ell}}{1 - \mu_0 \cdot \frac{h}{\ell}} = \frac{\mu_0 \cdot b}{\ell - \mu_0 \cdot h}$$

$$\tan\alpha_2 = \frac{\mu_0 \cdot \frac{1}{2}}{1 - \mu_0 \cdot \frac{1}{2}} = \frac{\mu_0}{2 - \mu_0} = \frac{0{,}5}{2 - 0{,}5} = 0{,}\overline{3} \Rightarrow \alpha_2 = 18{,}43°$$

3) Vorderradantrieb: $H_A = 0$; $H_B \neq 0$

$$G_H = G \cdot \sin\alpha = H_B = \mu_0 \cdot N_B = \mu_0 \cdot \frac{G}{\ell} \cdot (a \cdot \cos\alpha - h \cdot \sin\alpha) \Rightarrow$$

$$\tan\alpha = \mu_0 \cdot \frac{a}{\ell} - \mu_0 \cdot \frac{h}{\ell} \cdot \tan\alpha \Rightarrow$$

$$\tan\alpha_3 = \frac{\mu_0 \cdot \frac{a}{\ell}}{1 + \mu_0 \cdot \frac{h}{\ell}} = \frac{\mu_0 \cdot a}{\ell + \mu_0 \cdot h}$$

$$\tan\alpha_3 = \frac{\mu_0 \cdot \frac{1}{2}}{1 + \mu_0 \cdot \frac{1}{2}} = \frac{\mu_0}{2 + \mu_0} = \frac{0{,}5}{2 + 0{,}5} = 0{,}2 \Rightarrow \alpha_3 = 11{,}31°$$

Ergebnis: $\alpha_1 > \alpha_2 > \alpha_3$

Allradantrieb ist am günstigsten und von der Schwerpunktslage unabhängig.

Bei mittiger Schwerpunktslage ist Hinterradantrieb besser als Vorderradantrieb.

Der maximal mögliche Steigungswinkel ist für Vorder- und Hinterradantrieb von der Lage des Schwerpunkts abhängig, die sich bei Aufnahme von Last (Frachtgut) ändern kann.

c)   Gleicher maximaler Steigungswinkel bei Vorder- und Hinterradantrieb
Anstelle von a wird x, anstelle von b wird $\ell - x$ gesetzt:

$$N_A = \frac{G}{\ell} \cdot [(\ell - x) \cdot \cos\alpha + h \cdot \sin\alpha]; \quad N_B = \frac{G}{\ell} \cdot (x \cdot \cos\alpha - h \cdot \sin\alpha)$$

$$H_A = H_B \text{ bzw. } N_A = N_B$$

$$(\ell - x) \cdot \cos\alpha + h \cdot \sin\alpha = x \cdot \cos\alpha - h \cdot \sin\alpha$$

$$2x \cdot \cos\alpha = \ell \cdot \cos\alpha + 2h \cdot \sin\alpha \Rightarrow x = \frac{\ell}{2} + h \cdot \tan\alpha$$

$$\sum F_x = 0 \Rightarrow G_H = H_A = H_B = \mu_0 \cdot N_B$$

$$G \cdot \sin\alpha = \mu_0 \cdot \frac{G}{\ell} \cdot (x \cdot \cos\alpha - h \cdot \sin\alpha)$$

$$\sin\alpha = \frac{\mu_0}{\ell} \cdot \left(\frac{\ell}{2} \cdot \cos\alpha + h \cdot \sin\alpha - h \cdot \sin\alpha \right) \Rightarrow$$

$$\tan\alpha_4 = \frac{\mu_0}{2} = 0{,}25 \Rightarrow \alpha_4 = 14{,}04°$$

$$x = \frac{\ell}{2} + h \cdot \frac{\mu_0}{2} = \frac{\ell}{2} \cdot \left(1 + \mu_0 \cdot \frac{h}{\ell} \right)$$

z. B. wird für $\ell = 2h = 3\,\text{m}$: $x = \frac{3}{2} \cdot \left(1 + 0{,}5 \cdot \frac{1}{2} \right) = 1{,}875\,\text{m}$
Liegt in diesem Fall der Schwerpunkt im Abstand $x = 1{,}875\,\text{m}$ von der Hinterrad-
achse, dann sind die Normal- bzw. Haftungskräfte bei Vorder- und Hinterradantrieb
gleich. Liegt der Schwerpunkt von da aus näher an einem Rad, so wird dessen Antrieb stärker.
Meist liegt der Schwerpunkt infolge des Motorgewichts (vor allem ohne Last) nahe
am Vorderrad, so dass dessen Antrieb günstiger wird. Bei Aufnahme von Last kann
sich jedoch die Schwerpunktslage ändern.

S 39   Wagen auf schiefer Ebene mit Rollreibung

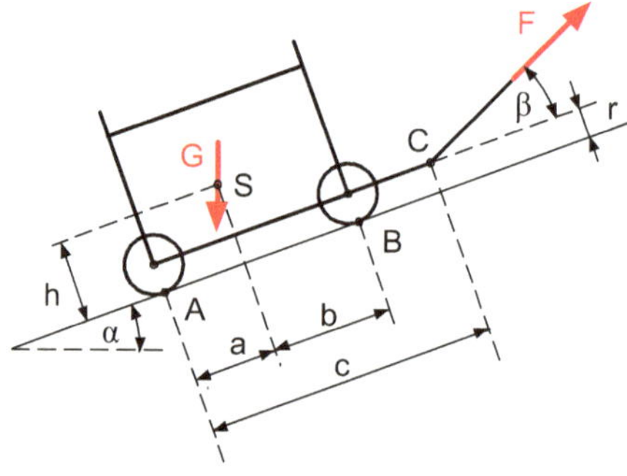

Bild S 39

Ein beladener Wagen (Gesamtgewicht G) wird auf einer schrägen (Steigungswinkel α), holprigen Straße (Rollwiderstandszahl der Räder μ_r) mit konstanter Geschwindigkeit hochgezogen. Die Wagendeichsel ist in der Höhe der Räder (Radius r) angelenkt und unter dem Winkel β zur Fahrbahn geneigt.

Gegeben
$G = 2000\,\text{N}$; $\alpha = 20°$; $\beta = 25°$; $a = 0{,}5\,\text{m}$; $b = 0{,}6\,\text{m}$; $c = 1{,}4\,\text{m}$; $h = 0{,}45\,\text{m}$; $r = 0{,}15\,\text{m}$; $\mu_r = 0{,}08$

Gesucht

a) Erforderliche Zugkraft F an der Deichsel sowie die Auflagerkräfte an den Rädern.
b) Bis zu welcher Höhe h^* darf der Schwerpunkt S des Wagens durch zusätzliches Beladen verschoben werden, ohne dass ein Kippen des Wagens auftreten kann?

Lösung

a) Erforderliche Zugkraft

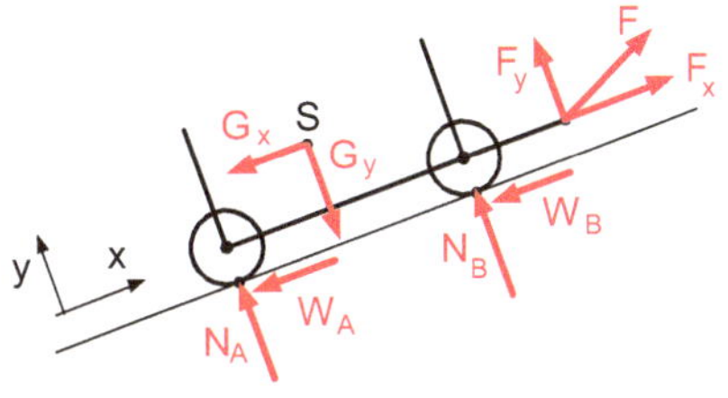

Bild SL 39

$$G_x = G \cdot \sin\alpha; \quad G_y = G \cdot \cos\alpha$$
$$F_x = F \cdot \cos\beta; \quad F_y = F \cdot \sin\beta$$
$$W_A = \mu_r \cdot N_A; \quad W_B = \mu_r \cdot N_B$$

3 Unbekannte: F, N_A, N_B

I) $\sum F_x = 0 = F \cdot \cos\beta - \mu_r \cdot N_A - \mu_r \cdot N_B - G \cdot \sin\alpha$
II) $\sum F_y = 0 = F \cdot \sin\beta + N_A + N_B - G \cdot \cos\alpha$
III) $\sum M^{(A)} = 0 = N_B(a+b) + G\sin\alpha \cdot h - G\cos\alpha \cdot a + F\sin\beta \cdot c - F\cos\beta \cdot r$
Elimination von N_A und N_B

$\text{I} + \mu_r \cdot \text{II:}\ \ F\cos\beta + \mu_r \cdot F\sin\beta - G\sin\alpha - \mu_r \cdot G\cos\alpha = 0 \Rightarrow$

$$F = \frac{\sin\alpha + \mu_r \cdot \cos\alpha}{\cos\beta + \mu_r \cdot \sin\beta} \cdot G = \frac{\sin 20° + 0{,}08 \cdot \cos 20°}{\cos 25° + 0{,}08 \cdot \sin 25°} \cdot 2000 = 887{,}54\,\text{N}$$

aus III: $N_\mathrm{B} = \dfrac{1}{a+b} \cdot [G \cdot (a \cdot \cos\alpha - h \cdot \sin\alpha) - F \cdot (c \cdot \sin\beta - r \cdot \cos\beta)]$

$N_\mathrm{B} = \dfrac{1}{1{,}1} \left[2000 \cdot (0{,}5 \cos 20° - 0{,}45 \sin 20°) - 887{,}54 \cdot (1{,}4 \sin 25° - 0{,}15 \cos 25°) \right]$

$N_\mathrm{B} = 206{,}73\,\mathrm{N}$

aus II: $N_\mathrm{A} = G \cos\alpha - F \sin\beta - N_\mathrm{B}$

$N_\mathrm{A} = 2000 \cdot \cos 20° - 887{,}54 \cdot \sin 25° - 206{,}73 = 1297{,}56\,\mathrm{N}$

b) Kippen um A: aus III mit $N_\mathrm{B} = 0$ und $h = h^*$

$$G \sin\alpha \cdot h^* - G \cos\alpha \cdot a + F \sin\beta \cdot c - F \cos\beta \cdot r = 0 \Rightarrow$$

$$h^* = a \cdot \cot\alpha - \frac{F}{G \cdot \sin\alpha} \cdot (c \cdot \sin\beta - r \cdot \cos\beta)$$

$$h^* = 0{,}5 \cdot \cot 20° - \frac{887{,}54}{2000 \cdot \sin 20°} \cdot (1{,}4 \cdot \sin 25° - 0{,}15 \cdot \cos 25°) = 0{,}782\,\mathrm{m}$$

1.6 Haftung und Reibung an gekrümmten Flächen (Seilreibung)

S 40 Quader auf schiefer Ebene

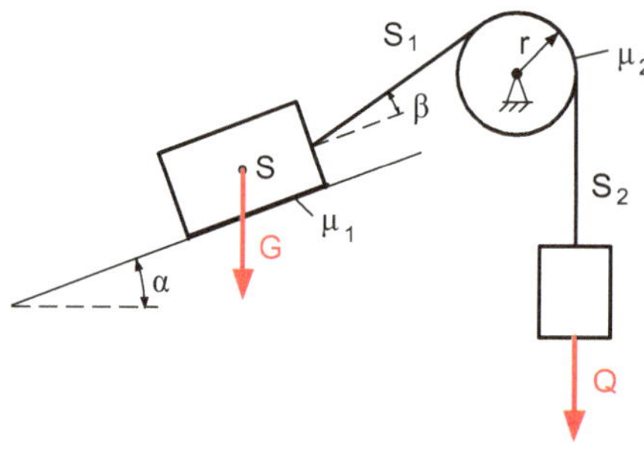

Bild S 40

Gegeben

$G = 500\,\mathrm{N}$; $\alpha = 20°$; $\beta = 15°$; $\mu_1 = 0{,}2$; $\mu_2 = 0{,}25$; $M_\mathrm{R} = 6\,\mathrm{N\,m}$; $r = 0{,}2\,\mathrm{m}$

Ein Quader (Gewicht G) liegt auf einer rauen schiefen Ebene (Steigungswinkel α, Reibungskoeffizient μ_1). Am Quader zieht ein Seil, das momentan den Winkel β mit der schiefen Ebene bildet (β ändert sich während der Bewegung). Das Seil wird über eine Scheibe mit dem Radius r umgelenkt. Am Ende des Seils wirkt eine Kraft in Form eines Gewichts Q.

Gesucht

Wie groß sind die momentanen Seilkräfte S_1 und S_2 bei einer gleichförmigen Auf- bzw. Abwärtsbewegung des Quaders

a) bei einer sich drehenden Scheibe mit einem Reibmoment M_R infolge eines rostigen Lagers
b) bei einer völlig blockierten Scheibe (der Lagerbolzen ist festgefressen), wenn der Reibungskoeffizient zwischen Scheibe und Seil μ_2 beträgt?

Lösung

1) Aufwärtsfahrt (Bild SL 40)
   3 Unbekannte: N, S_1, S_2

$$\text{I)} \quad \sum F_\text{x} = 0 = S_1 \cdot \cos\beta - G \cdot \sin\alpha - \mu_1 \cdot N$$

$$\text{II)} \quad \sum F_\text{y} = 0 \Rightarrow N = G \cdot \cos\alpha - \mu_1 \cdot G \cos\alpha + \mu_1 \cdot S_1 \sin\beta$$

$$\text{I in II:} \quad S_1 \cos\beta - G \sin\alpha - \mu_1 \cdot G \cos\alpha + \mu_1 \cdot S_1 \sin\beta = 0 \Rightarrow$$

$$S_1 = \frac{\sin\alpha + \mu_1 \cdot \cos\alpha}{\cos\beta + \mu_1 \cdot \sin\beta} \cdot G = \frac{\sin 20° + 0{,}2 \cdot \cos 20°}{\cos 15° + 0{,}2 \cdot \sin 15°} \cdot 500 = 260{,}37\,\text{N}$$

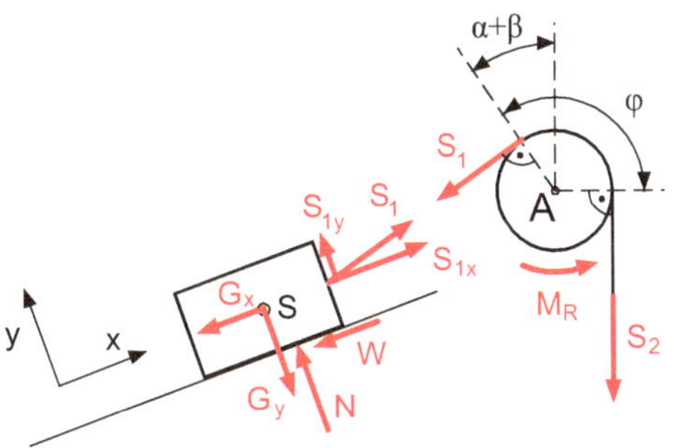

Bild SL 40

Die Seillinie schließt mit der Horizontalen den Winkel $\alpha + \beta$ ein. Der gleiche Winkel liegt zwischen der Vertikalen und der Senkrechten zur Seillinie (Winkel, deren Schenkel paarweise aufeinander senkrecht stehen, sind gleich).

$$G_\text{x} = G \cdot \sin\alpha; \quad G_\text{y} = G \cdot \cos\alpha$$
$$S_\text{1x} = S_1 \cdot \cos\beta; \quad S_\text{1y} = S_1 \cdot \sin\beta$$
$$W = \mu_1 \cdot N$$

a) Drehende Scheibe

$$\text{III) } \sum M^{(A)} = 0 = S_1 \cdot r + M_R - S_2 \cdot r \Rightarrow S_2 = S_1 + \frac{M_R}{r}$$

$$S_2 = 260{,}37 + \frac{6}{0{,}2} = 290{,}37\,\text{N}$$

b) Blockierte Scheibe
Das Seil berührt den Zylinder längs des Umschlingungswinkels

$$\varphi = 90° + \alpha + \beta = 90° + 20° + 15° = 125° = \frac{125°}{180°} \cdot \pi\,\text{rad} = 2{,}182\,\text{rad}$$

Bei der Seil- oder Umschlingungsreibung liefert die „Eytelweinsche Gleichung"
einen Zusammenhang zwischen den Seilkräften:

$$S_{\text{größer}} = S_{\text{kleiner}} \cdot e^{\mu \cdot \varphi} \text{ bzw. } S_{\text{kleiner}} = S_{\text{größer}} \cdot e^{-\mu \cdot \varphi}$$

Vor Anwendung dieser Gleichung muss man erst herausfinden, welche der beiden
Seilkräfte die größere ist. Die kleinere Seilkraft muss dann mit dem Faktor $e^{\mu \cdot \varphi} > 1$
multipliziert werden, damit die Gleichheit in der Formel auf beiden Seiten gewähr-
leistet ist.
Diejenige Seilkraft, die neben der Gegenkraft noch zusätzlich den Reibungswider-
stand zu überwinden hat, ist die größere.
Hier sollen jedoch die kürzeren Indizes 1 und 2 beibehalten werden und die größere
Seilkraft mit S_2 bezeichnet werden.

$$S_2 > S_1: S_2 = S_1 \cdot e^{\mu_2 \cdot \varphi} = 260{,}37 \cdot e^{0{,}25 \cdot 2{,}182} = 449{,}26\,\text{N}$$

2) Abwärtsfahrt
Die Reibungskräfte und das Reibmoment ändern ihren Richtungssinn, d. h. die Glieder
mit μ wechseln ihr Vorzeichen. Das Reibmoment wirkt dann im Uhrzeigersinn.

$$S_1 = \frac{\sin\alpha - \mu_1 \cdot \cos\alpha}{\cos\beta - \mu_1 \cdot \sin\beta} \cdot G = \frac{\sin 20° - 0{,}2 \cdot \cos 20°}{\cos 15° - 0{,}2 \cdot \sin 15°} \cdot 500 = 84{,}27\,\text{N}$$

a) Drehende Scheibe

$$S_2 = S_1 - \frac{M_R}{r} = 84{,}27 - \frac{6}{0{,}2} = 54{,}27\,\text{N}$$

b) Blockierte Scheibe

$$S_1 > S_2: S_2 = S_1 \cdot e^{-\mu_2 \cdot \varphi} = 84{,}27 \cdot e^{-0{,}25 \cdot 2{,}182} = 48{,}84\,\text{N}$$

S 41   Zwei Quader übereinander auf einer schiefen Ebene

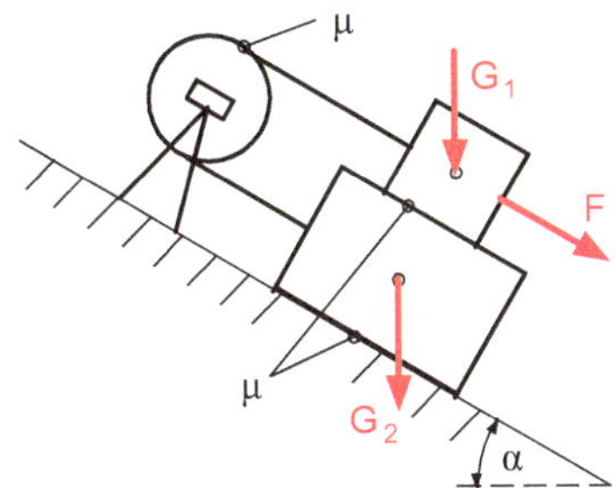

Bild S 41

Zwei schwere Blöcke (Gewicht G_1 und G_2) liegen übereinander auf einer schiefen Ebene (Steigungswinkel α). Die Quader sind mit einem Seil verbunden, das über eine blockierte (nicht drehbare) Rolle umgelenkt wird. Der Reibungskoeffizient zwischen allen Flächen (auch zwischen Seil und Rolle) ist μ.

Gegeben
$G_1 = 150\,\text{N}$; $G_2 = 900\,\text{N}$; $\alpha = 30°$; $\mu = 0{,}2$

Gesucht
Mit welcher Kraft F muss am oberen Quader parallel zur schiefen Ebene gezogen werden, damit der untere Quader mit konstanter Geschwindigkeit

a) aufwärts
b) abwärts bewegt wird?

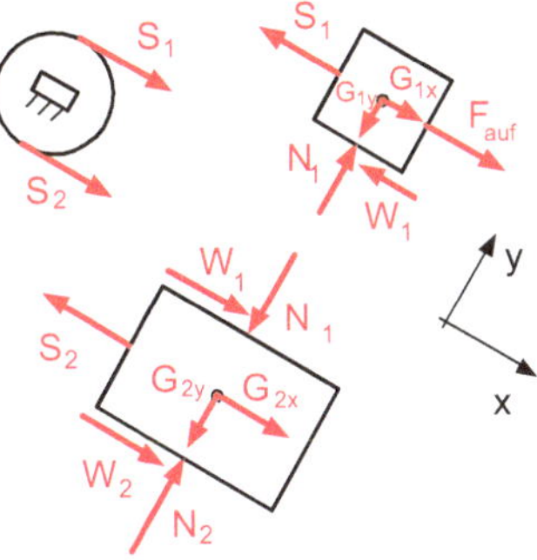

Bild SL 41

Lösung

$$G_{1x} = G_1 \cdot \sin\alpha; \quad G_{1y} = G_1 \cdot \cos\alpha$$
$$G_{2x} = G_2 \cdot \sin\alpha; \quad G_{2y} = G_2 \cdot \cos\alpha$$
$$W_1 = \mu \cdot N_1; W_2 = \mu \cdot N_2$$

3 Unbekannte: F, S_1, S_2

1) Quader 2 wird hochgezogen (Bild SL 41)
   Quader 1

$$\sum F_y = 0 \Rightarrow N_1 = G_1 \cdot \cos\alpha$$

I) $\sum F_x = 0 \Rightarrow F_{auf} = S_1 + \mu \cdot N_1 - G_1 \sin\alpha = S_1 - G_1 \cdot (\sin\alpha - \mu \cdot \cos\alpha)$

Quader 2

$$\sum F_y = 0 \Rightarrow N_2 = N_1 + G_2 \cos\alpha = (G_1 + G_2) \cdot \cos\alpha$$

II) $\sum F_x = 0 \Rightarrow S_2 = G_2 \sin\alpha + \mu \cdot N_1 + \mu \cdot N_2$

$$S_2 = G_2 \sin\alpha + \mu \cdot \cos\alpha \cdot (2G_1 + G_2)$$
$$S_2 = 900 \cdot \sin 30° + 0{,}2 \cdot \cos 30° \cdot (2 \cdot 150 + 900) = 657{,}85\,\text{N}$$

Blockierte Rolle: Umschlingungswinkel $\varphi = \pi$

III) $S_1 > S_2$: $S_1 = S_2 \cdot e^{\mu \cdot \pi} = 657{,}85 \cdot e^{0{,}2 \cdot \pi} = 1233{,}11\,\text{N}$

aus I: $F_{auf} = 1233{,}11 - 150 \cdot (\sin 30° - 0{,}2 \cdot \cos 30°) = 1184{,}09\,\text{N}$

2) Quader 2 wird abgesenkt
   Sämtliche Reibungskräfte drehen ihren Richtungssinn um, d. h. die Glieder mit μ ändern ihr Vorzeichen.

$$S_2 = G_2 \sin\alpha - \mu \cdot \cos\alpha \cdot (2G_1 + G_2)$$
$$S_2 = 900 \cdot \sin 30° - 0{,}2 \cdot \cos 30° \cdot (2 \cdot 150 + 900) = 242{,}15\,\text{N}$$
$$S_1 < S_2: S_1 = S_2 \cdot e^{-\mu \cdot \pi} = 242{,}15 \cdot e^{-0{,}2 \cdot \pi} = 129{,}18\,\text{N}$$
$$F_{ab} = S_1 - G_1 \cdot (\sin\alpha + \mu \cdot \cos\alpha) = 129{,}18 - 150 \cdot (\sin 30° + 0{,}2 \cdot \cos 30°)$$
$$= 28{,}2\,\text{N}$$

S 42   Ladevorrichtung

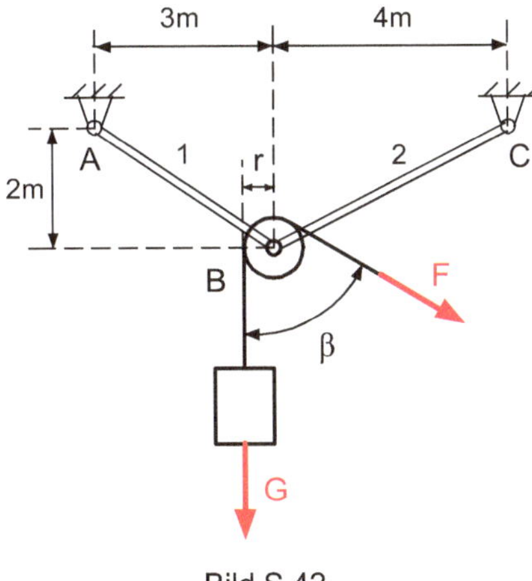

Bild S 42

Über eine Rolle mit dem Radius r, die an 2 Stäben befestigt ist, wird eine Last vom Gewicht G mit einer schrägen Kraft F unter einem Winkel β hochgezogen.

Gegeben
$G = 3\,\text{kN};\ \beta = 60°;\ r = 0{,}25\,\text{m};\ \mu = 0{,}2$

Gesucht

1) Für eine frei drehende Rolle
   a) Stabkräfte S_1, S_2
   b) Stabkraft $S_1 = S$, wenn der rechte Stab 2 entfernt wird. In welche Richtung stellt sich der verbleibende Stab ein?
2) Für eine blockierte Rolle (z. B. durch Festrosten des Bolzens B), die nur am Stab 1 hängt.
   a) Erforderliche Kraft F, um die Last G mit schleifendem Seil hochzuziehen bei einem Reibungskoeffizient μ zwischen Rolle und Seil.
   b) Betrag und Richtung der Lagerkraft bei A.
   c) Um welchen Winkel ε verdreht sich die Achse AB gegenüber Fall 1b, wenn die Kraft F das Gewicht G bei rutschendem Seil hochzieht?

Lösung

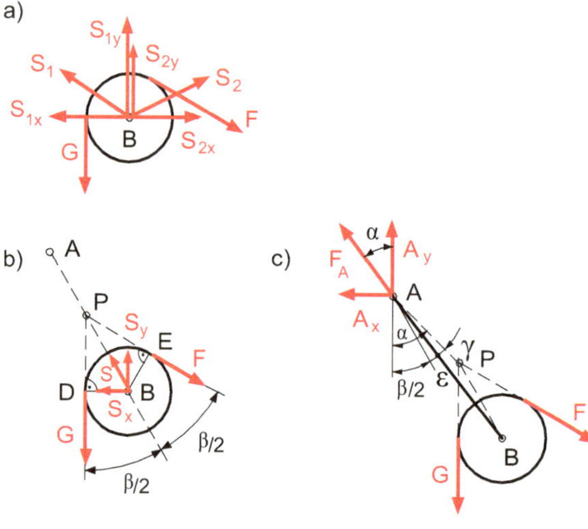

Bild SL 42

1) Frei drehende Rolle
   a) Mit 2 Stäben (Bild SL 42a)

$$\sum M^{(B)} = 0 = G \cdot r - F \cdot r \Rightarrow F = G$$

Die Stabkräfte wirken in Richtung der Stabachsen. Ihre Komponenten verhalten sich
daher wie die entsprechenden Strecken

$$\frac{S_{1y}}{S_{1x}} = \frac{2}{3} \Rightarrow S_{1y} = \frac{2}{3} S_{1x}$$

$$\frac{S_{2y}}{S_{2x}} = \frac{2}{4} = \frac{1}{2} \Rightarrow S_{2y} = \frac{1}{2} S_{2x}$$

Es verbleiben noch 2 Unbekannte: S_{1x}, S_{2x}

I) $\sum F_x = 0 = -S_{1x} + S_{2x} + F \cdot \sin\beta$

II) $\sum F_y = 0 = S_{1y} + S_{2y} - G - F \cdot \cos\beta$

II) $\frac{2}{3} S_{1x} + \frac{1}{2} S_{2x} - G - F \cdot \cos\beta$

Elimination von S_{2x}

$$\text{I} - 2 \cdot \text{II:}\ -S_{1x} + F\sin\beta - \frac{4}{3} S_{1x} + 2 \cdot G + 2 \cdot F\cos\beta = 0 \Rightarrow$$

$$S_{1x} = \frac{3}{7} \cdot [F \cdot (\sin\beta + 2 \cdot \cos\beta) + 2 \cdot G] = \frac{3}{7} \cdot [3 \cdot (\sin 60° + 2 \cdot \cos 60°) + 2 \cdot 3]$$

$$= 4{,}97\,\text{kN}$$

aus I: $S_{2x} = S_{1x} - F \sin \beta = 4{,}97 - 3 \cdot \sin 60° = 2{,}37\,\text{kN}$

$$S_{1y} = \frac{2}{3} \cdot S_{1x} = \frac{2}{3} \cdot 4{,}97 = 3{,}31\,\text{kN}; \quad S_{2y} = \frac{1}{2} \cdot S_{2x} = \frac{1}{2} \cdot 2{,}37 = 1{,}185\,\text{kN}$$

$$S_1 = \sqrt{S_{1x}^2 + S_{1y}^2} = \sqrt{4{,}97^2 + 3{,}31^2} = 5{,}97\,\text{kN}$$

$$S_2 = \sqrt{S_{2x}^2 + S_{2y}^2} = \sqrt{2{,}37^2 + 1{,}185^2} = 2{,}65\,\text{kN}$$

b) Mit einem Stab (Bild SL 42b)

Nach dem 3-Kräfte-Verfahren müssen sich die 3 Kräfte G, F, S in einem Punkt P schneiden, den man erhält, wenn man die Wirklinien der Kräfte G und F zum Schnitt bringt.

Die Stabkraft S muss dann durch den Schnittpunkt P, durch den Lagerpunkt A und durch den Scheibenmittelpunkt B gehen.

$$\Delta BPD \cong \Delta BPE: \text{Winkel } BPD = \text{Winkel } BPE = \frac{\beta}{2} = 30°$$

Stab S stellt sich in Richtung der Winkelhalbierenden PB des Winkels β ein.

$$S_x = S \cdot \sin \frac{\beta}{2}; \quad S_y = S \cdot \cos \frac{\beta}{2}$$

$$\sum F_x = 0 = -S \cdot \sin \frac{\beta}{2} + F \cdot \sin \beta$$

Mit $F = G$ wird

$$S = G \cdot \frac{\sin \beta}{\sin \frac{\beta}{2}} = 3 \cdot \frac{\sin 60°}{\sin 30°} = 5{,}196\,\text{kN} = F_A$$

Die Auflagerkraft F_A ist gleich der Stabkraft S.

2) Blockierte Rolle (Bild SL 42c)

AB ist jetzt keine Pendelstütze mehr, sondern ist mit der Rolle zu einem Körper vereinigt, an dem die 3 Kräfte G, F, F_A wirken, die sich in einem Punkt P schneiden müssen.

Der Umschlingungswinkel des Seils an der Rolle muss in Radiant-Einheiten eingesetzt werden.

$$\varphi = 180° - \beta = 120° = \frac{120°}{180°} \cdot \pi \,\text{rad} = \frac{2}{3}\pi \,\text{rad}$$

Eytelweinsche Gleichung

$$F > G: \quad F = G \cdot e^{\mu \cdot \varphi} = 3 \cdot e^{0{,}2 \cdot \frac{2}{3} \cdot \pi} = 4{,}56\,\text{kN}$$

Auflagerkraft bei A

$$\sum F_x = 0 \Rightarrow A_x = F \cdot \sin\beta = 4{,}56 \cdot \sin 60° = 3{,}95 \,\text{kN}$$

$$\sum F_y = 0 \Rightarrow A_y = G + F \cdot \cos\beta = 3 + 4{,}56 \cdot \cos 60° = 5{,}28 \,\text{kN}$$

$$F_A = \sqrt{A_x^2 + A_y^2} = \sqrt{3{,}95^2 + 5{,}28^2} = 6{,}59 \,\text{kN}$$

$$\tan\alpha = \frac{A_x}{A_y} = \frac{3{,}95}{5{,}28} = 0{,}748 \Rightarrow \alpha = 36{,}79°$$

c) Verdrehung der Achse AB

Die 3 Punkte A, B, P, die im Fall 1 auf einer Geraden lagen, bilden jetzt ein Dreieck. Der Punkt P hat sich gegenüber Fall 1 etwas nach rechts oben verschoben, wobei sich die Achse AB um einen Winkel ε entgegen dem Uhrzeigersinn um den Gelenkpunkt A dreht. Der Scheibenmittelpunkt B wandert dabei auf einem Kreisbogen um A.

$$\Delta APB: \text{Winkel } APB = \delta = 180° - \alpha + \frac{\beta}{2} = 180° - 36{,}79° + 30° = 173{,}21°$$

$$\overline{PB} = \frac{r}{\sin\frac{\beta}{2}} = \frac{0{,}25}{\sin 30°} = 0{,}5 \,\text{m}; \quad \overline{AB} = \sqrt{3^2 + 2^2} = \sqrt{13} = 3{,}61 \,\text{m}$$

$$\text{Sinussatz: } \sin\gamma = \frac{\overline{PB}}{\overline{AB}} \cdot \sin\delta = \frac{0{,}5}{3{,}61} \cdot \sin 173{,}21° = 0{,}0164 \Rightarrow$$

Winkel $BAP = \gamma = 0{,}94°$

$$\varepsilon = \alpha - \frac{\beta}{2} - \gamma = 36{,}79° - 30° - 0{,}94° = 5{,}85°$$

S 43   Riementrieb mit Spannrolle

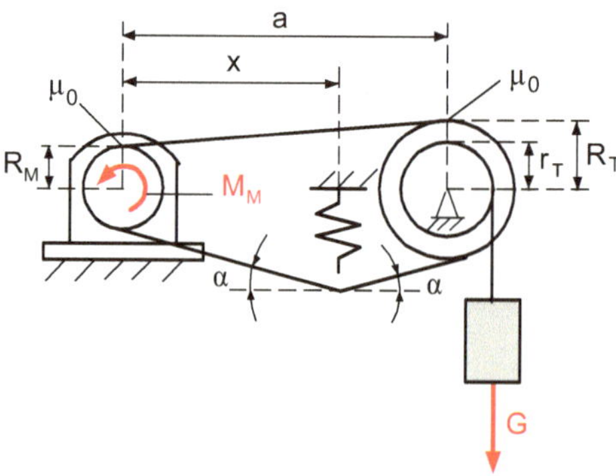

Bild S 43

Ein Motor treibt über einen Riementrieb eine Seiltrommel an, die eine Last vom Gewicht G gleichförmig (mit konstanter Geschwindigkeit) hochzieht. Der Haftungskoeffizient zwischen Riemen und Motor- bzw. äußerer Trommelscheibe ist μ_0.

Für die Anpressung des Riemens an die Scheibe muss zur Zugkraft S_2 im Zugtrum (oberes Seilstück zieht) eine Gegenkraft S_1 im Leertrum (unteres Seilstück wird gezogen) wirksam sein.

Gegeben
$G = 3\,\text{kN}$; $R_\text{M} = 10\,\text{cm}$; $R_\text{T} = 15\,\text{cm}$; $r_\text{T} = 12\,\text{cm}$; $a = 60\,\text{cm}$; $\alpha = 15°$; $\mu_0 = 0{,}4$

Gesucht

a) Wie groß sind die Riemenkräfte S_1, S_2 und die Drehmomente M_T und M_M an der Trommel und am Motor?
b) Wie stark muss der Riemen an der Spannrolle im Leertrum mit der Federkraft F mindestens vorgespannt werden, damit das nötige Drehmoment zur Hebung der Last an der Trommel wirken kann? Dabei sollen die Winkel α zu beiden Seiten der Spannrolle gleich sein.
c) In welchem Abstand x von der Mitte der Motorwelle aus muss die Spannrolle angebracht werden, damit der Seilwinkel α zu beiden Seiten der Rolle gleich groß wird? Die Abrundung des Seils an der Spannrolle soll dabei vernachlässigt werden.

Zusatzfrage
Welche Werte ergeben sich, wenn die Spannrolle aus Platzgründen bei $x = \frac{a}{2} = 30\,\text{cm}$ angebracht wird und der Winkel rechts von der Spannrolle $\alpha = 15°$ beträgt?

Die Rechnung soll zur besseren Übersicht auf ganze Newton (ohne Kommastellen) beschränkt werden.

Lösung

$$x_1 = R_\text{M} \cdot \sin\alpha$$
$$x_2 = R_\text{T} \cdot \sin\alpha$$
$$y_1 = R_\text{M} \cdot \cos\alpha$$
$$y_2 = (x + x_1) \cdot \tan\alpha$$
$$y_3 = R_\text{T} \cdot \cos\alpha$$
$$y_4 = (a - x + x_2) \cdot \tan\alpha$$

a) Riemenkräfte, Drehmomente (Bild SL 43a)

$$\sin\beta = \frac{R_\text{T} - R_\text{M}}{a} = \frac{15 - 10}{60} = 0{,}08\overline{3} \Rightarrow \beta = 4{,}78°$$

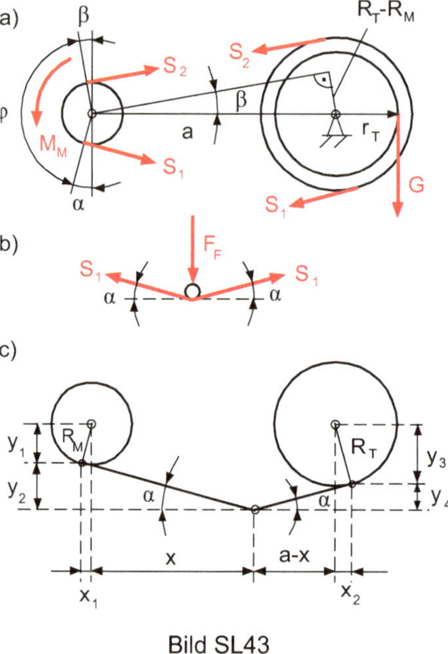

Bild SL43

Durchrutschgefahr besteht zuerst an der Motorscheibe, da sie den kleineren Umschlingungswinkel hat. Dort ist

$$\varphi = 180° - \alpha - \beta = 180° - 15° - 4{,}78° = 160{,}22°$$

$$\varphi = \frac{160{,}22°}{180°} \cdot \pi\,\text{rad} = 2{,}796\,\text{rad}$$

Umschlingungshaftung an der Motorscheibe

$$\text{I)}\ S_2 > S_1:\ S_2 = S_1 \cdot e^{\mu_0 \cdot \varphi}$$

Drehmomente

$$\left.\begin{array}{l} \text{II)}\ M_M = (S_2 - S_1) \cdot R_M \\ \text{III)}\ M_T = (S_2 - S_1) \cdot R_T = G \cdot r_T \end{array}\right) \frac{M_M}{M_T} = \frac{R_M}{R_T} = \frac{10}{15} = \frac{2}{3}$$

Die Drehmomente am Motor und an der Trommel verhalten sich wie die entsprechenden Radien der Riemenscheiben (Übersetzungsverhältnis).

$$\text{I in III:}\ S_1(e^{\mu_0 \cdot \varphi} - 1) \cdot R_T = G \cdot r_T = M_T \Rightarrow$$

$$S_1 = \frac{G}{e^{\mu_0 \cdot \varphi} - 1} \cdot \frac{r_T}{R_T} = \frac{3000}{e^{0{,}4 \cdot 2{,}796} - 1} \cdot \frac{12}{15} = 1165\,\text{N}$$

Für $S_1 = 0$ wird $M_T = 0$ und $M_M = 0$, d. h. ohne Vorspannkraft kann kein Drehmoment übertragen werden.

$$\text{aus I: } S_2 = 1165 \cdot e^{0,4 \cdot 2,796} = 3565\,\text{N}$$

$$\text{aus III): } M_T = G \cdot r_T = 3000\,\text{N} \cdot 0,012\,\text{m} = 36\,\text{N m}$$

$$M_M = \frac{2}{3} \cdot M_T = \frac{2}{3} \cdot 36 = 24\,\text{N m}$$

Kontrolle aus II: $M_M = (3565 - 1165)\,\text{N} \cdot 0,01\,\text{m} = 24\,\text{N m}$
In der Zeit, in der die Motorwelle 3 Umdrehungen durchführt, dreht sich die Trommel nur 2-mal um ihre Achse. Wenn man von Verlusten z. B. durch Lagerreibung oder Luftventilation absieht, ist die Arbeit $W = M \cdot \varphi$ (φ = Drehwinkel) am Motor und an der Trommel gleich. Das gilt auch für die Leistung als Arbeit pro Zeiteinheit, da die Arbeiten am Motor und an der Trommel simultan verrichtet werden.
b) Erforderliche Federkraft an der Spannrolle (Bild SL 43b)

$$\sum F_y = 0 \Rightarrow F_F = 2 \cdot S_1 \cdot \sin \alpha = 2 \cdot 1165 \cdot \sin 15° = 603,05\,\text{N}$$

Abstand der Spannrolle von der Motorwelle (Bild SL 43c)

$$y_1 + y_2 = y_3 + y_4$$
$$R_M \cos \alpha + (x + R_M \sin \alpha) \cdot \tan \alpha = R_T \cos \alpha + (a - x + R_T \sin \alpha) \cdot \tan \alpha \Rightarrow$$

Die Gleichung wird durch $\tan \alpha$ dividiert und nach x aufgelöst

$$x = \frac{1}{2} \left[a + (R_T - R_M) \cdot \left(\sin \alpha + \frac{\cos \alpha}{\tan \alpha} \right) \right]$$
$$x = \frac{1}{2} \left[60 + (15 - 10) \cdot \left(\sin 15° + \frac{\cos 15°}{\tan 15°} \right) \right] = 39,66\,\text{cm}$$

S 44 Selbstspannender Riementrieb

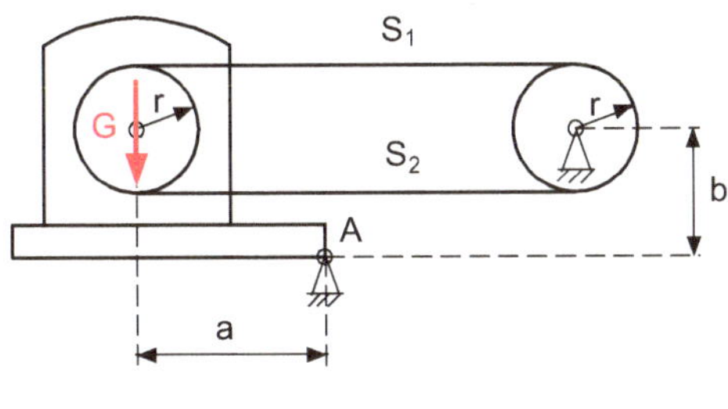

Bild S 44

Ein Elektromotor treibt über einen Riemen eine Walze vom gleichen Radius r an. Der Motor hat das Gewicht G und ist bei A fest gelenkig gelagert, so dass der Riemen durch das Eigengewicht des Motors gespannt wird. Der Haftungskoeffizient zwischen den Scheiben und dem Riemen ist μ_0.

Gegeben
$G = 500\,\text{N}; a = 30\,\text{cm}; b = 20\,\text{cm}; r = 12\,\text{cm}; \mu_0 = 0{,}4$

Gesucht
Das maximal mit dem Riemen übertragbare Drehmoment und die Auflagerkraft bei A

a) bei Rechtslauf
b) bei Linkslauf der Motorwelle

Lösung
Durch die Ankerrückwirkung wird von der Welle auf das Gehäuse ein gleich großes Drehmoment ($M_\text{W} = M_\text{G}$) ausgeübt. Anker- und Gehäusedrehmoment heben sich nach außen hin gegenseitig auf.

Für Rechts und Linkslauf gilt (Bild SL 44a)

$$\text{I)} \quad \sum M^{(A)} = 0 = G \cdot a - S_1 \cdot (b + r) - S_2 \cdot (b - r)$$

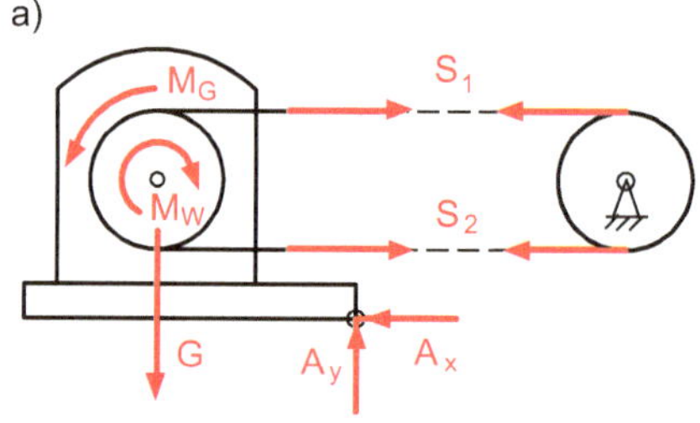

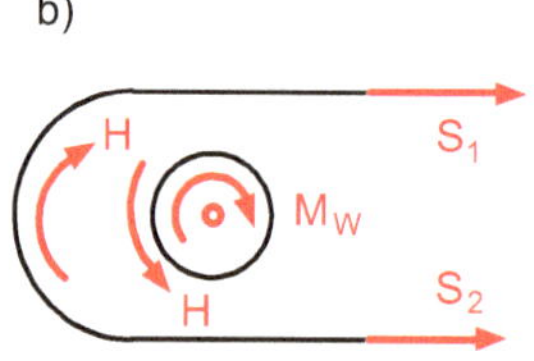

Bild SL 44

Die Haftungskraft H des Seils wirkt dem Wellenmoment M_W entgegen.

Andererseits wird der Riemen durch die entsprechende Gegenkraft von der Motorwelle mitgezogen.

a) Rechtslauf

Welle und Riemen getrennt betrachtet (Bild SL 44b)

Gleichgewicht am Riemen

$S_2 = S_1 + H \Rightarrow S_2 > S_1; H = S_2 - S_1$

Der Umschlingungswinkel über den halben Umfang ist

$\varphi = 180° = \pi\,\text{rad}$

Im Extremfall (kurz vor dem Durchrutschen) ist

$$\text{II)}\ S_2 = S_1 \cdot e^{\mu_0 \cdot \pi}$$

$$\text{II in I:}\ G \cdot a - S_1 \cdot (b + r) - S_1 \cdot e^{\mu_0 \cdot \pi} \cdot (b - r) = 0 \Rightarrow$$

$$S_1 = \frac{a}{b + r + (b - r) \cdot e^{\mu_0 \cdot \pi}} \cdot G = \frac{30 \cdot 500}{32 + 8 \cdot e^{0,4 \cdot \pi}} = 249{,}55\,\text{N}$$

$$\text{aus II:}\ S_2 = 249{,}55 \cdot e^{0,4 \cdot \pi} = 876{,}82\,\text{N}$$

Bild SL 44a oder b

$$M_\text{W} = H \cdot r = (S_2 - S_1) \cdot r = (876{,}82 - 249{,}55) \cdot 0{,}12 = 75{,}27\,\text{N m}$$

$$\sum F_\text{x} = 0 \Rightarrow A_\text{x} = S_1 + S_2 = 249{,}55 + 876{,}82 = 1126{,}37\,\text{N}$$

$$\sum F_\text{y} = 0 \Rightarrow A_\text{y} = G = 500\,\text{N}$$

b) Linkslauf

Die Haftungskraft kehrt ihren Richtungssinn um

$$S_1 = S_2 + H \Rightarrow S_1 > S_2; \quad H = S_1 - S_2$$

$$S_1 = S_2 \cdot e^{\mu_0 \cdot \pi}; \quad S_2 = S_1 \cdot e^{-\mu_0 \cdot \pi}$$

$$\text{aus I:}\ S_1 = \frac{a}{b + r + (b - r) \cdot e^{-\mu_0 \cdot \pi}} \cdot G = \frac{30 \cdot 500}{32 + 8 \cdot e^{-0,4 \cdot \pi}} = 437{,}61\,\text{N}$$

$$S_2 = 437{,}61 \cdot e^{-0,4 \cdot \pi} = 124{,}55\,\text{N}$$

$$M_\text{W} = H \cdot r = (S_1 - S_2) \cdot r = (437{,}61 - 124{,}55) \cdot 0{,}12 = 37{,}57\,\text{N m}$$

$$A_\text{x} = S_1 + S_2 = 437{,}61 + 124{,}55 = 562{,}16\,\text{N}$$

$$A_\text{y} = G = 500\,\text{N}$$

Bei Rechtslauf der Welle ist das übertragbare Drehmoment größer.

S 45   Backenbremse

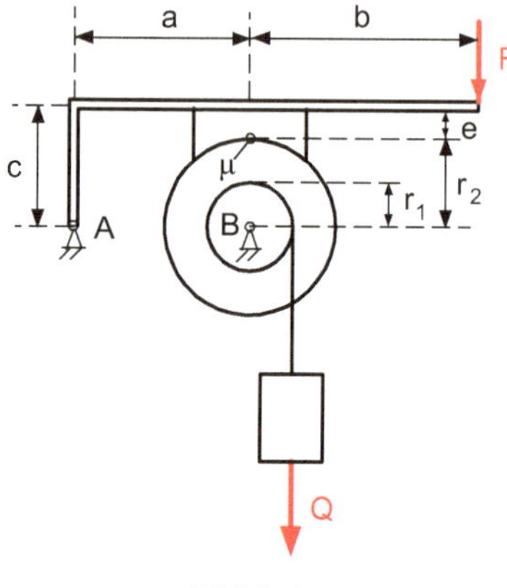

Bild S 45

Mit Hilfe einer Backenbremse soll eine Last Q gleichförmig (d. h. mit konstanter Drehzahl n) abgesenkt werden. Der Reibungskoeffizient zwischen den Bremsbacken und der Trommel ist μ.

Gegeben

$Q = 500\,\text{N}$; $\mu = 0{,}4$; $r_1 = 90\,\text{mm}$; $r_2 = 200\,\text{mm}$; $a = 250\,\text{mm}$; $b = 600\,\text{mm}$; $c = 300\,\text{mm}$; $e = 100\,\text{mm}$

Gesucht

a) Erforderliche Hebelkraft F_1, sowie die Auflagerkräfte bei A und B.

b) Wie groß muss der Lagerabstand c_1^* mindestens werden, wenn Selbsthemmung auftreten soll, d. h. dass ein selbsttätiger Bremseffekt ohne Haltekraft F_1 erreicht wird?

c) Welche Haltekraft F_2 ist erforderlich, wenn das Seil umgekehrt aufgespult wurde (also entgegen dem Uhrzeigersinn), so dass die Last Q links von der Trommel liegt (Linkslauf der Trommel)? Ist dann noch Selbsthemmung möglich?

d) Das Lager A soll bei Linkslauf der Trommel spiegelbildlich nach oben verlegt werden. Wie groß ist dann die erforderliche Hebelkraft F_3 und bei welchem Lagerabstand c_2^* tritt jetzt Selbsthemmung auf?

Lösung

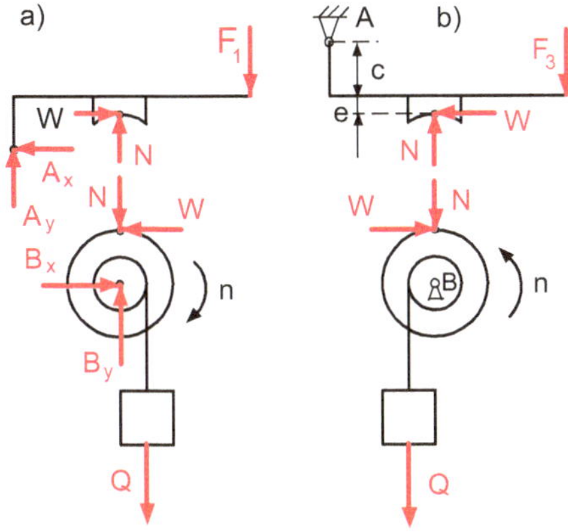

Bild SL 45

1) Rechtslauf der Trommel (Bild SL 45a)
   a) Hebelkraft
      Trommel

$$W = \mu \cdot N$$

$$\sum M^{(B)} = 0 = \mu \cdot N \cdot r_2 - Q \cdot r_1 \Rightarrow$$

$$N = Q \cdot \frac{r_1}{\mu \cdot r_2} = 500 \cdot \frac{90}{0{,}4 \cdot 200} = 562{,}5\,\text{N}$$

$$\sum F_x = 0 \Rightarrow B_x = \mu \cdot N = 0{,}4 \cdot 562{,}5 = 225\,\text{N}$$

$$\sum F_y = 0 \Rightarrow B_y = N + Q = 1062{,}5\,\text{N}$$

      Hebel

$$\sum M^{(A)} = 0 = N \cdot a - \mu \cdot N \cdot (c - e) - F_1 \cdot (a + b) \Rightarrow$$

$$F_1 = N \cdot \frac{a - \mu \cdot (c - e)}{a + b}$$

$$F_1 = 562{,}5 \cdot \frac{250 - 0{,}4 \cdot (300 - 100)}{250 + 600} = 112{,}5\,\text{N}$$

$$\sum F_x = 0 \Rightarrow A_x = \mu \cdot N = 225\,\text{N}$$

$$\sum F_y = 0 \Rightarrow A_y = N - F_1 = 562{,}5 - 112{,}5 = 450\,\text{N}$$

   b) Selbsthemmung

$$F_1 = 0:\ a - \mu \cdot (c_1^* - e) = 0 \Rightarrow c_1^* = \frac{a}{\mu} + e = \frac{250}{0{,}4} + 100 = 725\,\text{mm}$$

2) Linkslauf der Trommel

Die Reibkraft $W = \mu N$ ändert ihren Richtungssinn an der Trommel und am Hebel, was durch Änderung des Vorzeichens von μ berücksichtigt wird.

c) Hebelkraft

Während die Normalkomponente N der Bremskraft gleich bleibt, ändert sich die erforderliche Hebelkraft F_2.

$$F_2 = N \cdot \frac{a + \mu \cdot (c - e)}{a + b} = 562{,}5 \cdot \frac{250 + 0{,}4 \cdot (300 - 100)}{250 + 600} = 218{,}38\,\text{N}$$

Selbsthemmung wäre nur möglich, wenn e ungewöhnlich groß gegenüber a und c wird:

$$a + \mu \cdot (c - e) = 0 \Rightarrow e = \frac{a}{\mu} + c = \frac{250}{0{,}4} + 300 = 925\,\text{mm}$$

d) Spiegelbildliche Anordnung des Lagers A (Bild SL 45b)

$$\sum M^{(A)} = 0 = N \cdot a - \mu \cdot N \cdot (c + e) - F_3 \cdot (a + b) \Rightarrow$$

$$F_3 = N \cdot \frac{a - \mu \cdot (c + e)}{a + b} = 562{,}5 \cdot \frac{250 - 0{,}4 \cdot (300 + 100)}{250 + 600} = 59{,}56\,\text{N}$$

Selbsthemmung

$$F_3 = 0: \ a - \mu \cdot (c_2^* + e) = 0 \Rightarrow c_2^* = \frac{a}{\mu} - e = \frac{250}{0{,}4} - 100 = 525\,\text{mm}$$

Ergebnis: $F_3 < F_1 < F_2$

1.7   Schnittgrößen

S 46   Aufzug

Eine Last Q wird über zwei lose und eine feste Rolle mit einer Kraft F hochgezogen. Alle Rollen haben den gleichen Radius r. Die feste Rolle und die Seilenden B und C sind an einem bei A eingespannten Balken befestigt.

Gegeben

$Q = 4\,\text{kN};\ a = 6r;\ r = 0{,}2\,\text{m}$

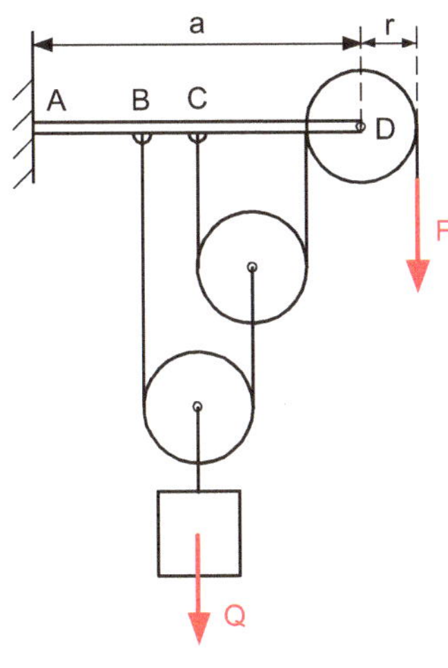

Bild S 46

Gesucht

a) Seilkräfte

b) Einspannreaktionen, die einmal ohne und einmal mit Schnitt durch die Seile bestimmt werden sollen.

c) Schnittgrößen-Verlauf im Balken

Lösung

a) Seilkräfte (Bild SL 46a)
linke lose Rolle

$$\sum F_\text{y} = 0 \Rightarrow 2S_1 = Q \Rightarrow S_1 = \frac{1}{2}Q = 2\,\text{kN}$$

rechte lose Rolle

$$\sum F_\text{y} = 0 \Rightarrow 2S_2 = S_1 \Rightarrow S_2 = \frac{1}{2}S_1 = \frac{1}{4}Q = 1\,\text{kN}$$

feste Rolle (vom Balken losgelöst)

$$\sum M^{(D)} = 0 = S_2 \cdot r - F \cdot r \Rightarrow F = S_2 = \frac{1}{4}Q = 1\,\text{kN}$$

$$\sum F_\text{y} = 0 \Rightarrow F_\text{D} = S_2 + F = 2S_2 = \frac{1}{2}Q = 2\,\text{kN}$$

b)   Auflagerreaktionen

b1) ungeschnittenes System

$$\sum F_y = 0 \Rightarrow F_A = F + Q = \frac{5}{4}Q = 5\,\text{kN}$$

$$\sum M^{(A)} = 0 \Rightarrow M_A = Q \cdot 3r + \underbrace{F}_{\frac{1}{4}Q} \cdot 7r = \frac{19}{4}Q \cdot r = \frac{19}{4} \cdot 4 \cdot 0{,}2 = 3{,}8\,\text{kN\,m}$$

b2) geschnittenes System

$$\sum F_y = 0 \Rightarrow F_A = S_1 + 2S_2 + F = \frac{1}{2}Q + 2 \cdot \frac{1}{4}Q + \frac{1}{4}Q = \frac{5}{4}Q$$

$$\sum M^{(A)} = 0 \Rightarrow M_A = S_1 \cdot 2r + S_2 \cdot 3r + S_2 \cdot 5r + F \cdot 7r = \frac{19}{4}Q \cdot r$$

c)   Schnittgrößenverlauf (Bild SL 46b)

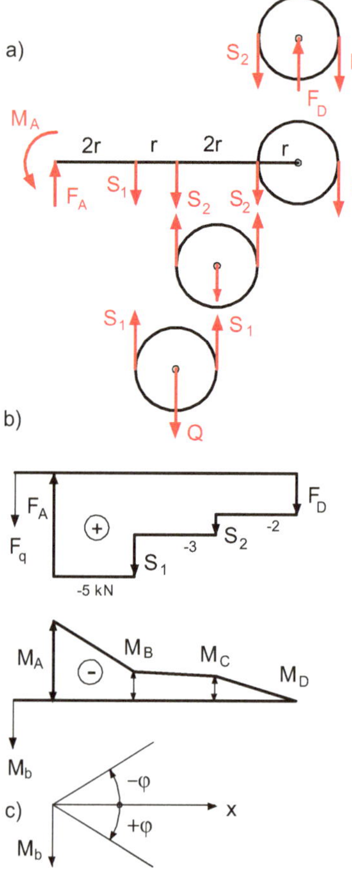

Bild SL 46

Längskräfte treten nicht auf.

Bei der Querkraftkurve werden die Kräfte treppenförmig gemäß ihrem Richtungssinn (von der rechten Seite beginnend) angetragen.

Man beachte den Zusammenhang zwischen dem Biegemoment M_b und der Querkraft F_q

$$\frac{dM_\mathrm{b}}{dx} = F_\mathrm{q}$$

Entsprechend dem Querkraftsprung (Unstetigkeit der Funktion) infolge einer Einzelkraft hat die Biegemomentenkurve an dieser Stelle einen Knick (Unstetigkeit der Steigung).

Die Winkel werden positiv in dem Sinn gezählt, der sich ergibt, wenn man die Abszisse (x-Achse) auf dem kürzesten Weg (hier im Uhrzeigersinn) bis zur Deckung mit der Ordinate (M_b-Achse) dreht entsprechend dem Bild SL 46c.

$$M_\mathrm{bA} = -M_\mathrm{A} = -3{,}8\,\mathrm{kN\,m}$$

$$M_\mathrm{bB} = -F_\mathrm{D} \cdot 4r - S_2 \cdot r = -\frac{1}{2}Q \cdot 4r - \frac{1}{4}Q \cdot r$$

$$M_\mathrm{bB} = -\frac{9}{4}Q \cdot r = -\frac{9}{4} \cdot 4 \cdot 0{,}2 = -1{,}8\,\mathrm{kN\,m}$$

$$M_\mathrm{bC} = -F_\mathrm{D} \cdot 3r = -\frac{1}{2}Q \cdot 3r = -\frac{3}{2}Q \cdot r$$

$$M_\mathrm{bC} = -\frac{3}{2} \cdot 4 \cdot 0{,}2 = -1{,}2\,\mathrm{kN\,m}$$

$$M_\mathrm{bD} = 0$$

S 47 Kragträger mit Streckenlast und Einzelkraft

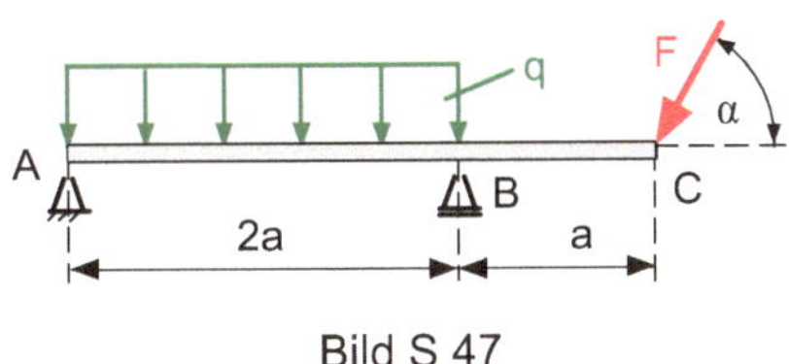

Bild S 47

Ein bei A und B gelenkig gelagerter Kragträger ist im Bereich AB mit einer konstanten Streckenlast q und am überkragenden Ende C mit einer schrägen Einzelkraft F belastet.

Gegeben

$q = 800\,\frac{\mathrm{N}}{\mathrm{m}};\ F = 500\,\mathrm{N};\ \alpha = 60°;\ a = 0{,}8\,\mathrm{m}$

Gesucht

a) Auflagerkräfte
b) Schnittgrößen-Verlauf
c) qualitative Skizze der Biegelinie (Durchbiegungskurve)

Lösung

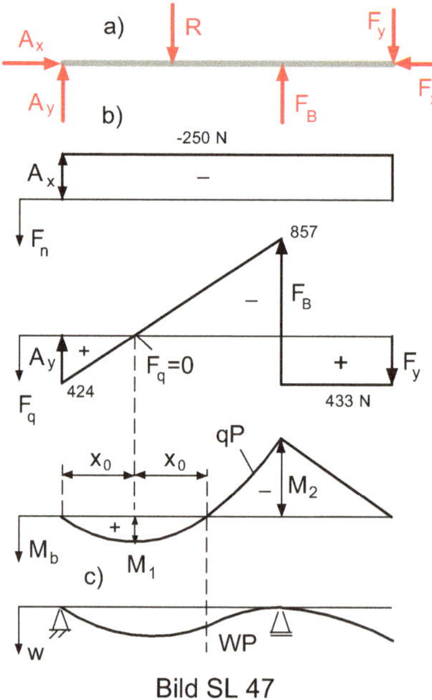

Bild SL 47

Die Querkräfte F_q werden von rechts beginnend als Treppenkurve entsprechend dem Richtungssinn der äußeren Kräfte abgetragen.

Die Querkräfte einer Streckenlast können dabei als Treppenkurve mit unendlich kleinen Stufen aufgefasst werden.

Bei einer konstanten Streckenlast ergibt sich als Querkraftkurve eine schräge Gerade und als Biegemomentenkurve eine quadratische Parabel (Abkürzung qP).

Zusammenhänge der Schnittgrößen

$$\frac{dF_q}{dx} = -q; \quad \frac{dM_b}{dx} = F_q$$

An der Stelle, an der die Querkraft Null ist oder einen Nulldurchgang hat, hat das Biegemoment einen relativen Extremwert. Ein Nulldurchgang der Querkraft bedeutet einen Steigungswechsel der Biegemomentenkurve.

a) Auflagerkräfte (Bild SL 47a)
Resultierende der Streckenlast

$$R = q \cdot 2a = 800\,\frac{\text{N}}{\text{m}} \cdot 2 \cdot 0{,}8\,\text{m} = 1280\,\text{N}$$

Komponenten der Belastungskraft

$$F_\text{x} = F \cdot \cos\alpha = 500 \cdot \cos 60° = 250\,\text{N}$$

$$F_\text{y} = F \cdot \sin\alpha = 500 \cdot \sin 60° = 433\,\text{N}$$

$$\sum F_\text{x} = 0 \Rightarrow A_\text{x} = F_\text{x} = 250\,\text{N}$$

$$\sum M^{(A)} = 0 = -R \cdot a + F_\text{B} \cdot 2a - F_\text{y} \cdot 3a \Rightarrow F_\text{B} = \frac{1}{2}R + \frac{3}{2}F_\text{y} = 1289{,}5\,\text{N}$$

$$\sum F_\text{y} = 0 \Rightarrow A_\text{y} = R + F_\text{y} - F_\text{B} = 1280 + 433 - 1289{,}5 = 423{,}5\,\text{N}$$

b) Schnittgrößen-Verlauf (Bild SL 47b)
An der Nullstelle x_0 der Querkraft liegt der Scheitel der quadratischen Parabel für das
Biegemoment.

$$F_\text{q} = A_\text{y} - q \cdot x_0 = 0 \Rightarrow x_0 = \frac{A_\text{y}}{q} = \frac{423{,}5}{800} = 0{,}53\,\text{m}$$

$$M_1 = A_\text{y} \cdot x_0 - \frac{1}{2}q \cdot x_0^2 = 423{,}5 \cdot 0{,}53 - \frac{1}{2} \cdot 800 \cdot 0{,}53^2 = 112{,}1\,\text{N\,m}$$

$$M_2 = -F_\text{y} \cdot a = -433 \cdot 0{,}8 = -346{,}4\,\text{N\,m}$$

c) Biegelinie (Bild SL 47c)
Wie noch in der Festigkeitslehre gezeigt wird, entspricht einem Nulldurchgang des
Biegemoments ein Wendepunkt (*WP*) der Bieglinie.
Die Durchbiegung w eines Trägers muss durch Integration einer Differentialgleichung
ermittelt werden:

$$w'' = -\frac{M_\text{b}}{E \cdot I}\,\text{wobei } E\,I \text{ die Biegesteifigkeit bedeutet}$$

$$M_\text{b} = 0:\ w'' = 0 \Rightarrow WP \text{ der Biegelinie (Krümmungswechsel konkav/konvex)}$$

An den Lagerstellen ist die Durchbiegung Null (starre Lager vorausgesetzt).

S 48 Gerberträger mit Streckenlasten

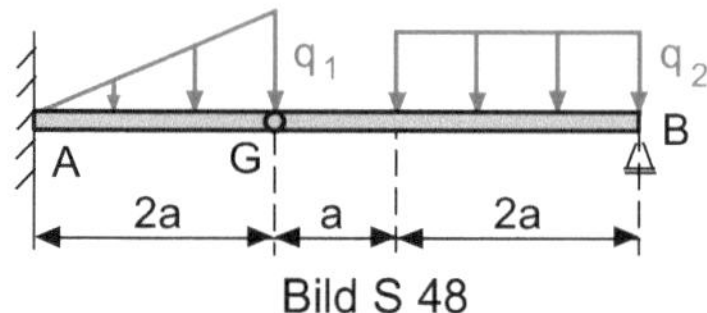

Bild S 48

Ein Gerberträger mit dem Zwischengelenk G ist bei A eingespannt und bei B lose gelenkig gelagert. Er ist mit einer linear veränderlichen Streckenlast (Höchstwert q_1) und mit einer konstanten Streckenlast q_2 belastet.

Gegeben

$q_1 = 5\,\frac{\text{kN}}{\text{m}}$; $q_2 = 4\,\frac{\text{kN}}{\text{m}}$; $a = 0{,}3\,\text{m}$

Gesucht

a) Auflagerreaktionen
b) Schnittgrößen-Verlauf
c) Schnittgrößen allgemein in einem Schnitt $0 \leq x \leq 2a$ vom linken Rand.
 Wie groß sind die Schnittgrößen speziell für $x = a$?
d) qualitative Skizze der Biegelinie

Lösung

b) Schnittgrößen-Verlauf
 Die linear veränderliche Streckenlast bewirkt als Querkraftkurve $Q(x)$ eine quadratische Parabel (qP) und als Biegemomentenkurve $M_\text{b}(x)$ eine kubische Parabel (kP).
 Bei konstanter Streckenlast ist die Querkraftkurve eine schräge Gerade (G) und die Biegemomentenkurve eine quadratische Parabel (siehe Aufgabe S 46).
 Im Bereich der konstanten Streckenlast hat die Querkraft bei x_{r1} einen Nulldurchgang. An dieser Stelle hat die Biegemomentenkurve einen relativen Extremwert (horizontale Tangente).

d) Biegelinie (Bild SL 48c)
 Im Gelenk G ist das Biegemoment Null, d. h. dort ist ein Wendepunkt (WP) der Biegelinie. Im Allgemeinen tritt im Gelenk ein Winkelsprung $\Delta\varphi$ auf (Knick in der Steigung), der noch in der Festigkeitslehre berechnet wird. Die beiden Balkenteile können sich also gegeneinander verdrehen.

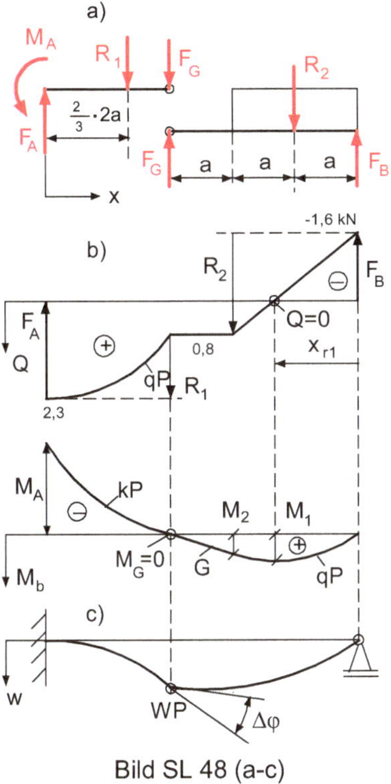

Bild SL 48 (a-c)

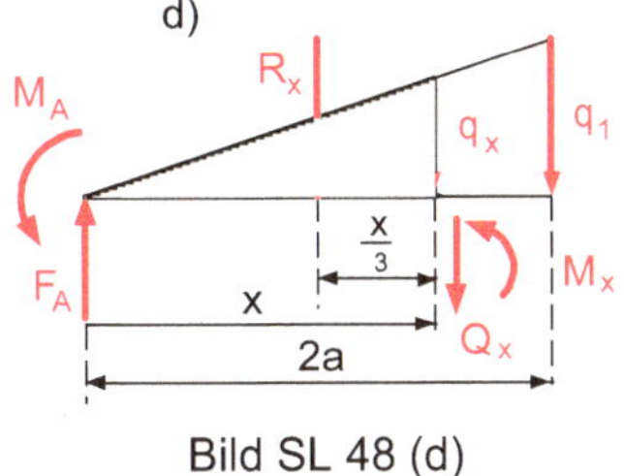

Bild SL 48 (d)

An der Einspannung und im Lager sind die Durchbiegungen Null, wobei an der Einspannung die Biegelinie mit einer horizontalen Tangente an der Wand abschließt.
Der Gerberträger wird durch sein Gelenk statisch bestimmbar. Durch das Gelenk kann sich der Träger bei Verschiebungen der Lager (z. B. durch Absenkung des Bodens oder durch Verformungen des Fundaments) geometrisch so anpassen, dass keine zusätzlichen Belastungen infolge Lageänderung entstehen.

Ein einfach statisch unbestimmter Träger kann durch Einsetzen eines Gelenks an passender Stelle statisch bestimmbar gemacht werden. Solche Träger mit einem oder mehreren Gelenken werden nach dem Ingenieur Heinrich Gerber (1832–1912) benannt, der zuerst diese Träger einführte.

a) Auflagerreaktionen (Bild SL 48a)
Resultierende der Streckenlasten

$$R_1 = \frac{1}{2}q_1 \cdot 2a = q_1 \cdot a = 5 \cdot 0{,}3 = 1{,}5\,\text{kN}$$

$$R_2 = q_2 \cdot 2a = 4 \cdot 2 \cdot 0{,}3 = 2{,}4\,\text{kN}$$

Schnitt durch das (momentenfreie) Gelenk G liefert die beiden Teilsysteme AG und GB:

$$\sum_{GB} M^{(G)} = 0 = F_B \cdot 3a - R_2 \cdot 2a \Rightarrow F_B = \frac{2}{3}R_2 = \frac{4}{3}q_2 \cdot a = \frac{2}{3} \cdot 2{,}4 = 1{,}6\,\text{kN}$$

$$\sum_{GB} F_y = 0 \Rightarrow F_G = R_2 - F_B = 2{,}4 - 1{,}6 = 0{,}8\,\text{kN}$$

$$\sum_{AG} F_y = 0 \Rightarrow F_A = R_1 + F_G = 1{,}5 + 0{,}8 = 2{,}3\,\text{kN}$$

$$\sum_{AG} M^{(A)} = 0 \Rightarrow M_A = R_1 \cdot \frac{4}{3}a + F_G \cdot 2a = 1{,}5 \cdot \frac{4}{3} \cdot 0{,}3 + 0{,}8 \cdot 0{,}6 = 1{,}08\,\text{kN m}$$

b) Schnittgrößen
Ein Schnitt von der rechten Seite des Balkens liefert für eine Koordinate x_r von rechts nach links gezählt

$$0 \le x_r \le 2a$$

$$Q = -F_B + q_2 \cdot x_r \ (\text{Gerade})$$

$$Q = 0: \ x_{r1} = \frac{F_B}{q_2} = \frac{4}{3}a = 0{,}4\,\text{m}$$

Resultierende der Streckenlast im Schnittbereich x_r

$$R_{xr} = q_2 \cdot x_r$$

$$M_b = F_B \cdot x_r - R_{xr} \cdot \frac{1}{2}x_r = F_B \cdot x_r - \frac{1}{2}q_2 \cdot x_r^2 \ (\text{quadratische Parabel})$$

für $x_r = x_{r1}$ wird

$$M_1 = F_B \cdot x_{r1} - \frac{1}{2}q_2 \cdot x_{r1}^2 = 1{,}6 \cdot 0{,}4 - \frac{1}{2} \cdot 4 \cdot 0{,}4^2 = 0{,}32\,\text{kN m}$$

$$M_2 = F_B \cdot 2a - R_2 \cdot a = 1{,}6 \cdot 0{,}6 - 2{,}4 \cdot 0{,}3 = 0{,}24\,\text{kN m}$$

$$M_G = 0$$

c) Schnittgrößen an der Stelle x

$$\text{Strahlensatz } \frac{q_x}{q_1} = \frac{x}{2a} \Rightarrow q_x = \frac{q_1}{2a} \cdot x$$

Resultierende der Streckenlast im Schnittbereich x

$$R_x = \frac{1}{2} q_x \cdot x = \frac{q_1}{4a} \cdot x^2$$

Schnittgrößen

$$Q_x = F_A - R_x = F_A - \frac{q_1}{4a} \cdot x^2 \text{ (quadratische Parabel)}$$

$$M_x = F_A \cdot x - M_A - R_x \cdot \frac{x}{3} = F_A \cdot x - M_A - \frac{q_1}{12a} \cdot x^3 \text{ (kubische Parabel)}$$

für $x = a = 0{,}3\,\text{m}$ wird

$$Q(x = a) = 2{,}3 - \frac{5}{4 \cdot 0{,}3} \cdot 0{,}3^2 = 1{,}925\,\text{kN}$$

$$M(x = a) = 2{,}3 \cdot 0{,}3 - 1{,}08 - \frac{5}{12 \cdot 0{,}3} \cdot 0{,}3^3 = -0{,}428\,\text{kN m}$$

S 49 Tragwerk mit Fachwerkstütze

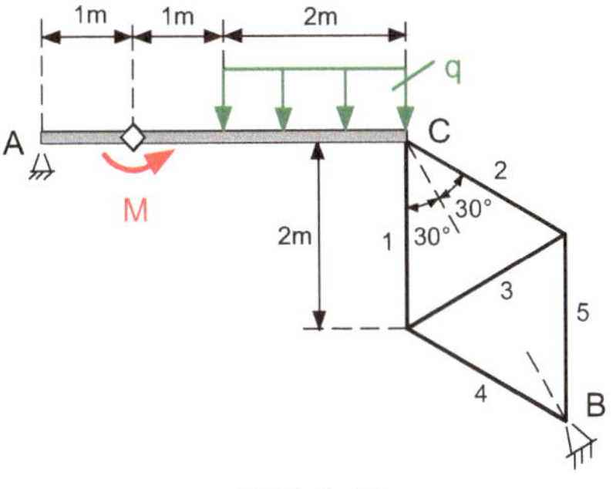

Bild S 49

Das Tragwerk ABC ist bei A und B fest gelenkig gelagert und bei C mit einem Zwischengelenk versehen. Die Belastung erfolgt durch eine Streckenlast q und ein Einzelmoment M (an einem Vierkant angreifend). Die Fachwerkstütze BC besteht aus 5 Stäben, die in der Form zweier gleichseitiger Dreiecke angeordnet sind.

Gegeben
$q = 3\,\frac{\text{kN}}{\text{m}}; M = 5\,\text{kN m}$

Gesucht

a) Auflager- und Gelenkkräfte

b) Schnittgrößen-Verlauf im Balken AC

c) Stabkräfte der Fachwerkstütze BC

Lösung

Das System ABC ist ein Dreigelenkbogen, bei dem nur das Teilstück AC belastet ist. Auf das andere Teilstück BC (Fachwerkstütze) wirken keine äußeren Kräfte, weshalb es als Zweikräftekörper (Pendelstütze) aufgefasst werden kann, d. h. $F_B = F_C$.

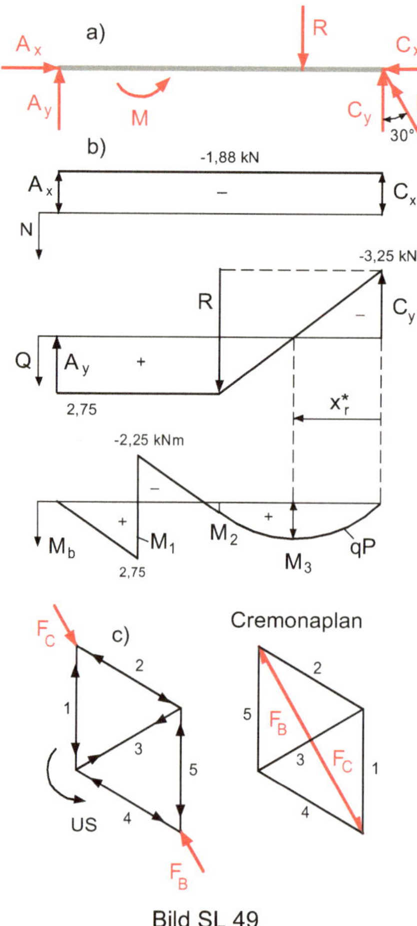

Bild SL 49

a) Auflagerkräfte (Bild SL 49a)

   Resultierende der Streckenlast

$$R = q \cdot 2\,\text{m} = 3\,\frac{\text{kN}}{\text{m}} \cdot 2\,\text{m} = 6\,\text{kN}$$

Komponenten der Gelenkkraft

$$C_x = F_C \cdot \sin 30°; \quad C_y = F_C \cdot \cos 30°$$

$$\sum M^{(A)} = 0 = M - R \cdot 3\text{m} + C_y \cdot 4\,\text{m} \Rightarrow$$

$$C_y = \frac{R \cdot 3\,\text{m} - M}{4\,\text{m}} = \frac{6 \cdot 3 - 5}{4} = 3{,}25\,\text{kN}$$

$$F_C = \frac{C_y}{\cos 30°} = 3{,}75\,\text{kN}$$

$$C_x = 3{,}75 \cdot \sin 30° = 1{,}88\,\text{kN}$$

$$\sum F_x = 0 \Rightarrow A_x = C_x = 1{,}88\,\text{kN}$$

$$\sum F_y = 0 \Rightarrow A_y = R - C_y = 6 - 3{,}25 = 2{,}75\,\text{kN}$$

b) Schnittgrößen-Verlauf (Bild SL 49b)
    Schnitt vom rechten Balkenende aus

$$Q = C_y - q \cdot x_r$$

$$Q = 0: \; x_r^* = \frac{C_y}{q} = \frac{3{,}25\,\text{kN}}{3\,\frac{\text{kN}}{\text{m}}} = 1{,}08\,\text{m}$$

$$M_3 = C_y \cdot x_r^* - \frac{1}{2}q \cdot x_r^{*2}$$

$$M_3 = 3{,}25 \cdot 1{,}08 - \frac{1}{2} \cdot 3 \cdot 1{,}08^2 = 1{,}76\,\text{kN}\,\text{m}$$

$qP =$ quadratische Parabel im Bereich der konstanten Streckenlast

$$M_1 = A_y \cdot 1\,\text{m} = 2{,}75\,\text{kN}\,\text{m}$$

Nach M_1 erfolgt ein Momentensprung in der Höhe des Einzelmoments M (Unstetigkeitsstelle).

$$M_2 = A_y \cdot 2\,\text{m} - M = 2{,}75 \cdot 2 - 5 = 0{,}5\,\text{kN}\,\text{m}$$

c) Fachwerkstütze (Bild SL 49c)
    Dem Cremonaplan entnimmt man die Stabkräfte

$$S_1 = S_2 = S_4 = S_5 = -2{,}17\,\text{kN} \;(\text{Druckstäbe}); \quad S_3 = 2{,}17\,\text{kN} \;(\text{Zugstab})$$

Hier sind Fachwerk und Cremonaplan ähnliche Figuren. Alle Stäbe sind gleich lang, daher haben alle Stabkräfte gleiche Beträge.

S 50   Balken auf 2 Stützen

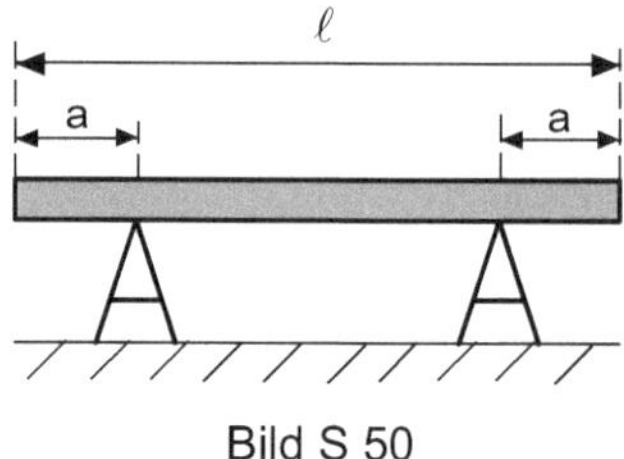

Bild S 50

Ein homogener Balken (Länge ℓ, Gewicht G) soll symmetrisch auf 2 Stützböcken so gelagert werden, dass die Belastung durch Biegung infolge Eigengewichts möglichst klein wird.

Gesucht

a) Wie weit muss der Balken auf beiden Seiten von den Böcken überstehen?
b) Schnittgrößen-Verlauf

Lösung

Das Gewicht wird über den gesamten Balken als konstante Streckenlast $q = \frac{G}{\ell}$ gleichmäßig verteilt. Aus Symmetriegründen sind die Auflagerkräfte gleich groß und gleich dem halben Balkengewicht.

a) Abstand der Stützböcke
   Maximale Biegemomente entstehen an den Stützstellen und in Balkenmitte.

$$M_1 = -q \cdot a \cdot \frac{a}{2} = -\frac{1}{2} q \cdot a^2$$

$$M_2 = \frac{G}{2} \cdot \left(\frac{\ell}{2} - a\right) - q \cdot \frac{\ell}{2} \cdot \frac{\ell}{4} = \frac{q \cdot \ell}{2} \cdot \left(\frac{\ell}{4} - a\right)$$

Die Belastung des Balkens durch Biegung wird möglichst klein, wenn beide Momente betragsmäßig gleich groß sind.
Das Moment M_1 ist immer negativ, das Moment M_2 kann dagegen je nach Größe von a positiv oder negativ sein. Daher ist eine Fallunterscheidung zur Auflösung des Betrags erforderlich.

$$M_1 = -|M_2|$$

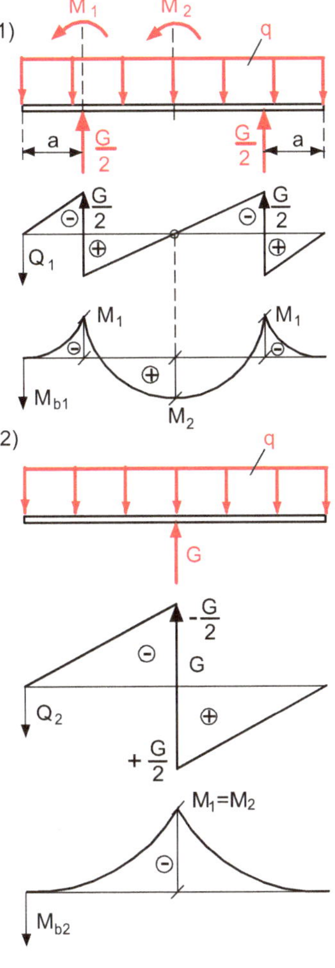

Bild SL 50

1) $M_2 > 0$ (Bild SL 50/1)

$$-\frac{1}{2} q \cdot a^2 = -\left(\frac{1}{8} q \ell^2 - \frac{1}{2} q \cdot \ell \cdot a\right) \left| \cdot \left(-\frac{2}{q}\right) \Rightarrow\right.$$

$$a^2 + \ell \cdot a - \frac{\ell^2}{4} = 0 \Rightarrow a_1 = -\frac{\ell}{2} \pm \sqrt{\frac{\ell^2}{4} + \frac{\ell^2}{4}}$$

Nur das Pluszeichen vor der Wurzel ist hier sinnvoll.

$$a_1 = -\frac{\ell}{2} + \frac{\ell}{2}\sqrt{2} = \frac{\ell}{2}(\sqrt{2} - 1) = 0{,}207\ell \approx \frac{1}{5}\ell$$

2) $M_2 < 0$ (Bild SL 50/2)

$$-\frac{1}{2}q \cdot a^2 = + \left(\frac{1}{8}q \cdot \ell^2 - \frac{1}{2}q \cdot \ell \cdot a\right) \Big| \cdot \frac{2}{q} \Rightarrow$$

$$a^2 - \ell \cdot a + \frac{\ell^2}{4} = 0$$

$$a_2 = \frac{\ell}{2} \pm \sqrt{\frac{\ell^2}{4} - \frac{\ell^2}{4}} = \frac{\ell}{2}$$

In diesem Fall werden die Lagerböcke in der Balkenmitte zusammengeschoben bzw.
nur ein Lagerbock zur Unterstützung verwendet (labiles Gleichgewicht).
Ein gleichwertiger stabiler Gleichgewichtszustand ergibt sich, wenn anstelle der Stütze
eine Einspannung in Balkenmitte angebracht wird.

b) Schnittgrößen

Fall 1

$$M_1 = -\frac{1}{2}q \cdot a_1^2 = -\frac{1}{2}q \cdot \frac{\ell^2}{4}(\sqrt{2}-1)^2 = -\frac{1}{8}q\ell^2(2 - 2\sqrt{2} + 1)$$

$$M_1 = -\frac{1}{8}q\ell^2(3 - 2\sqrt{2}) = -0{,}0214q\ell^2$$

$$M_2 = \frac{1}{2}q\ell\left(\frac{\ell}{4} - a_1\right) = \frac{1}{2}q\ell\left(\frac{\ell}{4} + \frac{\ell}{2} - \frac{\ell}{2}\sqrt{2}\right) = \frac{1}{8}q\ell^2(3 - 2\sqrt{2}) = +0{,}0214q\ell^2$$

Fall 2

$$M_1 = -\frac{1}{2}q \cdot a_2^2 = -\frac{1}{2}q \cdot \frac{\ell^2}{4} = -\frac{1}{8}q\ell^2 = -0{,}125q\ell^2$$

$$M_2 = \frac{1}{2}q\ell \cdot \left(\frac{\ell}{4} - a_2\right) = \frac{1}{2}q\ell \cdot \left(\frac{\ell}{4} - \frac{\ell}{2}\right) = -\frac{1}{8}q\ell^2 = -0{,}125q\ell^2$$

das entspricht einem maximalen Moment.
Das gleiche Moment $M_b = \frac{1}{8}q\ell^2$ mit positivem Vorzeichen ergibt sich für $a = 0$, d. h.
wenn die Lagerböcke ganz außen stehen. Dann ist jedoch der Querkraftverlauf anders
mit $\pm\frac{G}{2}$ an den Rändern und Null in der Mitte.

1.8   Räumliche Systeme

Hinweise und Tipps

Auch in der räumlichen Statik gilt:

Moment = Kraft mal Lot vom Drehpunkt auf die Wirklinie der Kraft

Oder in vektorieller Schreibweise

$$\vec{M} = \vec{r} \times \vec{F} = \begin{bmatrix} M_x \\ M_y \\ M_z \end{bmatrix}$$

Das Ergebnis dieses vektoriellen Produkts ist ein Momentenvektor mit 3 Komponenten M_x, M_y, M_z, die jeweils das Moment um eine durch den Drehpunkt gehende Achse x, y, z darstellt, wobei die Achsen aufeinander senkrecht stehen.

Die Momentengleichungen in der räumlichen Statik geben also die Drehwirkung der Kräfte um drei verschiedene Achsen an.

Kräfte haben um eine Achse kein Moment, wenn sie

1) parallel zu dieser Achse sind
2) durch diese Achse hindurchgehen.

Bei der Wahl des Koordinatensystems ist es daher zweckmäßig, die Achsen so zu legen, dass sie möglichst viele unbekannte Kräfte schneiden. Diese Kräfte erscheinen dann nicht mehr in den Momentenbedingungen.

Kräfte, bei denen der Richtungssinn offensichtlich ist (z. B. Seilkräfte oder Reibungskräfte), werden für die Rechnung gleich richtungsgetreu in die Befreiungsskizze eingetragen.

Geht der Richtungssinn nicht unmittelbar aus dem Zusammenhang hervor, dann nimmt man diese Kräfte zweckmäßig in positiver Koordinatenrichtung an.

Unbekannte Stabkräfte werden zunächst als Zugkräfte ins Befreiungsbild eingeführt. Das Vorzeichen im Ergebnis der Rechnung zeigt, ob die Annahme richtig war (positives Ergebnis) oder ob ein Druckstab vorliegt (negatives Ergebnis).

Vektorrechnung

Für räumliche Probleme eignet sich am besten die Vektorrechnung.

Bei der Finite-Elemente-Methode (FEM) und vor allem in der Rotordynamik wird fast ausschließlich mit Vektoren und Matrizen gerechnet. Daher ist es wichtig, mit Rücksicht auf spätere praktische Anwendungen, sich frühzeitig mit den Grundlagen der Vektorrechnung vertraut zu machen.

Vektorielle Bestimmung von Momenten

Das Moment einer Kraft kann auf einen Punkt oder auf eine Achse bezogen werden.

a) Moment einer Kraft bezogen auf einen Punkt

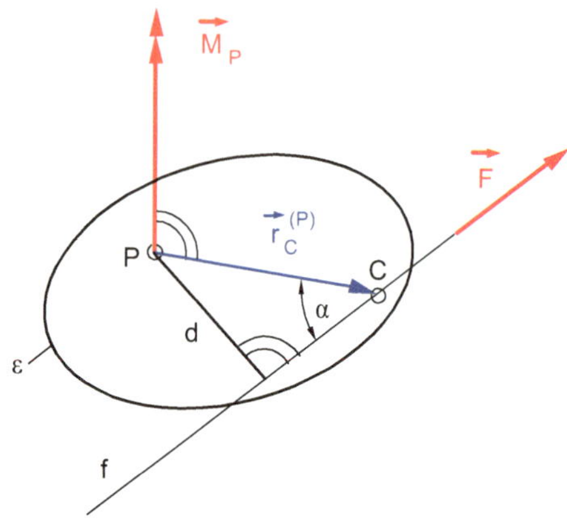

Bild S I

Das Moment $\vec{M}_P$ einer Kraft $\vec{F}$ bezogen auf einen beliebigen Punkt P im Raum ist gleich dem vektoriellen Produkt (Kreuzprodukt) eines Ortsvektors $\vec{r}_C^{(P)}$ (vom Bezugspunkt P zu einem beliebigen Punkt C der Wirklinie f der Kraft) vektoriell multipliziert mit dem Kraftvektor $\vec{F}$ (Bild S I).

$$\boxed{\vec{M}_P = \vec{r}_C^{(P)} \times \vec{F}}$$

Der Betrag des Produktvektors ist gleich dem Produkt aus den beiden skalaren Faktoren und dem Sinus des eingeschlossenen Winkels.

$$M_P = |\vec{M}_P| = |\vec{r}_C^{(P)} \times \vec{F}| = r_C^{(P)} \cdot F \cdot \sin\alpha = F \cdot d$$

Der Produktvektor $\vec{M}_P$ steht senkrecht auf der Ebene ε, die durch die beiden vektoriellen Faktoren $\vec{r}_C^{(P)}$ und $\vec{F}$ aufgespannt wird. Die Ebene ε wird auch bestimmt durch den Momentenbezugspunkt P und den Kraftvektor $\vec{F}$.

Den Richtungssinn des Produktvektors erhält man aus der Rechtsschraubenregel:

Dreht man den ersten Vektor des Produkts auf dem kürzesten Weg in den zweiten, dann zeigt der Produktvektor in die Richtung, in die sich eine Rechtsschraube unter dieser Drehung fortbewegt.

Das Vektorprodukt kann man mit einer dreireihigen Determinante bestimmen. Für das Moment einer Kraft bezogen auf einen Punkt P gilt

$$\vec{r}_C^{(P)} = \begin{bmatrix} x \\ y \\ z \end{bmatrix} ; \quad \vec{F} = \begin{bmatrix} F_x \\ F_y \\ F_z \end{bmatrix}$$

$$\boxed{\begin{aligned} \vec{M}_P = \vec{r}_C^{(P)} \times \vec{F} &= \begin{bmatrix} x \\ y \\ z \end{bmatrix} \times \begin{bmatrix} F_x \\ F_y \\ F_z \end{bmatrix} = \begin{vmatrix} \vec{i} & x & F_x \\ \vec{j} & y & F_y \\ \vec{k} & z & F_z \end{vmatrix} \\ &= \vec{i}(yF_z - zF_y) - \vec{j}(xF_z - zF_x) + \vec{k}(xF_y - yF_x) \end{aligned}}$$

Das Moment einer Kraft bezogen auf einen Punkt im Raum zu bilden ist gleichbedeutend mit der Errichtung eines kartesischen Koordinatensystems in dem Bezugspunkt und der Bestimmung der Momente um die drei Achsen des Koordinatensystems. Die drei Komponenten des Momentenvektors in x, y, z-Richtung sind jeweils die Momente der Kraft um die x, y, z-Achse. Zur Bestimmung dieser Achsenmomente wird die Kraft zweckmäßig in die Komponenten F_x, F_y, F_z zerlegt und jede Komponente mit den entsprechenden Achsabständen x, y, z multipliziert. Die Produkte werden mit den Vorzeichen nach der Rechtsschraubenregel versehen und zusammengefasst.

Speziell gilt für die Vektorprodukte von Einsvektoren

$$\vec{i} \times \vec{j} = -\vec{j} \times \vec{i} = \vec{k}$$
$$\vec{j} \times \vec{k} = -\vec{k} \times \vec{j} = \vec{i}$$
$$\vec{k} \times \vec{i} = -\vec{i} \times \vec{k} = \vec{j}$$

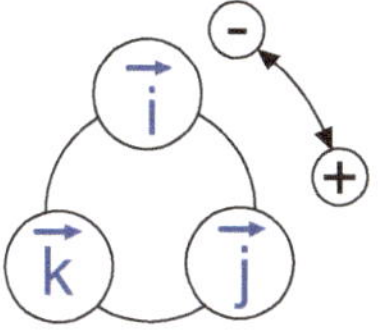

Bild S II

Das Vektorprodukt zweier Einsvektoren ergibt den dritten Einsvektor.

Man erhält diesen Produktvektor aus untenstehender Hilfsfigur Bild S II, wenn man von den beiden vektoriellen Faktoren zyklisch um eine Position weitergeht.

Beim Fortschreiten im Uhrzeigersinn (Einsvektoren in der Reihenfolge des Alphabets) ergibt sich ein positives, beim Fortschreiten entgegen dem Uhrzeigersinn (Einsvektoren in umgekehrter Reihenfolge des Alphabets) ein negatives Vorzeichen des Produkts.

Vertauscht man die Reihenfolge der beiden vektoriellen Faktoren, so ändert das Kreuzprodukt sein Vorzeichen.

Ein Einsvektor schließt mit sich selbst den Winkel Null ein, daher ist

$$|\vec{i} \times \vec{i}| = 1 \cdot 1 \cdot \sin 0° = 0 \text{ und somit auch}$$

$$\vec{i} \times \vec{i} = \vec{j} \times \vec{j} = \vec{k} \times \vec{k} = 0$$

b) Moment einer Kraft bezogen auf eine Achse AB

Neben dem Moment bezogen auf einen Punkt P gibt es noch das Moment bezogen auf eine Achse AB. Das Moment um eine Achse ist ein Maß der Tendenz einer Kraft einen Körper um eine Achse zu drehen.

Die vektorielle Bestimmung dieses Moments ist vor allem dann sehr vorteilhaft, wenn die Achse AB schräg (windschief, also nicht parallel) zu den Koordinatenachsen x, y, z verläuft.

Sucht man gemäß Bild S III das Moment $\vec{M}_{AB}$ einer Kraft $\vec{F}$ bezogen auf eine Achse AB (also quasi das Torsionsmoment einer Welle AB), so bildet man zuerst das Moment $\vec{M}_P$ dieser Kraft bezogen auf einen beliebigen Punkt P der Achse AB (wie unter a angegeben) und bestimmt dann die Komponente des Moments $\vec{M}_P$ parallel zu AB (Projektion von $\vec{M}_P$ auf AB).

Die skalare Komponente M_{AB} des Momentenvektors $\vec{M}_P$ in Richtung der Achse AB erhält man durch skalare Multiplikation von $\vec{M}_P$ mit dem Einsvektor $\vec{e}_{AB}$ in Richtung AB.

Man multipliziert dann definitionsgemäß den Betrag des Momentenvektors mit dem Betrag des Einsvektors (also mit eins) und dem Cosinus des mit der Achse AB eingeschlossenen Winkels β.

$$\boxed{M_{AB} = |\vec{M}_{AB}| = \vec{M}_P \cdot \vec{e}_{AB} = M_P \cdot \cos \beta}$$

Aus dem Skalar M_{AB} wird der Vektor $\vec{M}_{AB}$ in Richtung von A nach B, wenn man den Betrag M_{AB} mit dem Einsvektor

$$\vec{e}_{AB} = \frac{\overrightarrow{AB}}{\overline{AB}} \text{ multipliziert}$$

$$\boxed{\vec{M}_{AB} = M_{AB} \cdot \vec{e}_{AB} = (\vec{M}_P \cdot \vec{e}_{AB}) \cdot \vec{e}_{AB}}$$

Jeder Vektor kann auch geschrieben werden als das Produkt seines Betrages mit dem Einsvektor in Richtung der Wirkungslinie des Vektors.

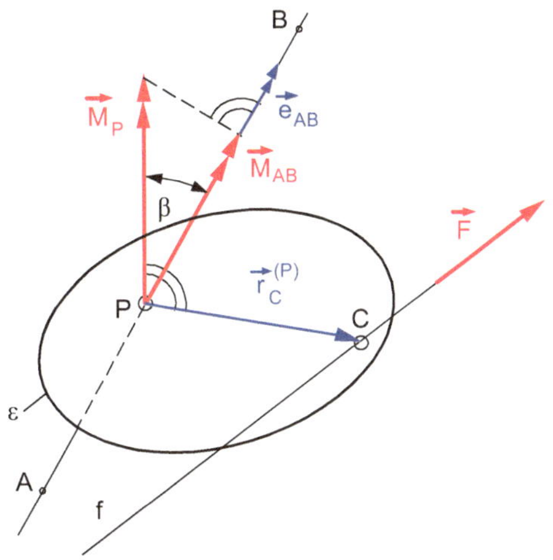

Bild S III

Ist P speziell der Ursprung eines kartesischen Koordinatensystems, so können die Komponenten $M_\mathrm{x}, M_\mathrm{y}, M_\mathrm{z}$ des Momentenvektors um die Achsen x, y, z skalare Multiplikation mit den Einsvektoren $\vec{i}, \vec{j}, \vec{k}$ berechnet werden:

$$M_\mathrm{x} = \vec{M}_\mathrm{P} \cdot \vec{i}; \quad M_\mathrm{y} = \vec{M}_\mathrm{P} \cdot \vec{j}; \quad M_\mathrm{z} = \vec{M}_\mathrm{P} \cdot \vec{k}$$

Beachte

Das Moment einer Kraft bezogen auf einen Punkt ist ein an diesen Punkt gebundener Vektor, da das Moment von der Lage des Punktes abhängig ist. Der Momentenvektor darf dann lediglich längs seiner Wirkungslinie (die durch den Bezugspunkt verläuft) verschoben werden.

Im Gegensatz dazu ist der Momentenvektor eines Kräftepaares ein freier Vektor, der längs seiner Wirkungslinie, aber auch parallel zu sich selbst verschoben werden darf. Ein Kräftepaar hat ja bekanntlich um jeden beliebigen Bezugspunkt das gleiche Moment.

Momente von Kräftepaaren entstehen z. B. als Lagerreaktionen beim eingespannten Balken, als aufgebrachte äußere Belastung und bei der Parallelverschiebung von Kräften eines allgemeinen Kräftesystems, wenn man die Kräfte zu einer Resultierenden zusammenfasst.

Um Verwechslungen zu vermeiden, wird daher in der englischen Literatur häufig das Moment einer Kraft mit $\vec{M}$, das Moment eines Kräftepaars (englisch couple) mit $\vec{C}$ bezeichnet.

Reduktion von Kräftesystemen

Kräftesysteme sind statisch gleichwertig, wenn sie auf einen starren Körper die gleiche Verschiebe- und die gleiche Drehwirkung ausüben, wenn sie also die gleiche resultierende Kraft und das gleiche resultierende Moment haben.

1) Ein ebenes Kräftesystem lässt sich reduzieren auf
   a) eine Einzelkraft $\vec{R}$
   b) ein Kräftepaar $(\vec{F}/-\vec{F})$
   Im Gleichgewichtsfall ist sowohl die resultierende Einzelkraft als auch das resultierende Kräftepaar Null.
2) Ein räumliches Kräftesystem lässt sich reduzieren auf
   a) eine Einzelkraft $\vec{R}$
   b) ein Kräftepaar $(\vec{F}/-\vec{F})$
   c) eine Kraftschraube (englisch: wrench), bestehend aus einer Kraft und einem Kräftepaar, wobei beide Vektoren kollinear sind, d. h. auf einer Wirkungslinie liegen.
   Stehen die Vektoren der resultierenden Kraft und des resultierenden Kräftepaars aufeinander senkrecht, so kann das Kräftesystem auf eine Einzelkraft reduziert werden.
   Im Gleichgewichtsfall ist sowohl die resultierende Kraft als auch das resultierende Kräftepaar Null.

Aufgaben

S 51   Moment einer Kraft im Raum

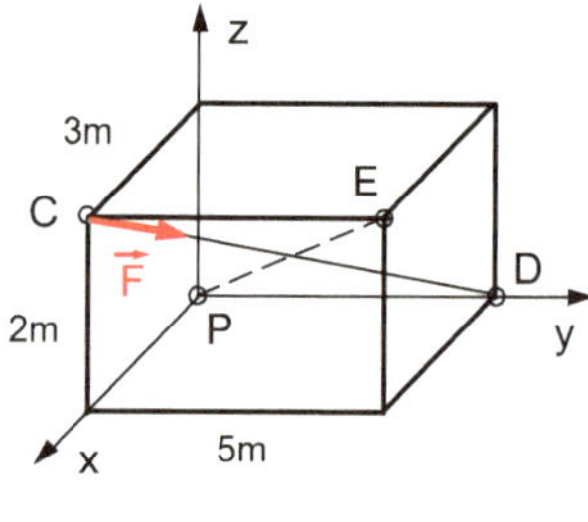

Bild S 51

Eine räumliche Kraft $\vec{F}$ wirkt nach Bild S 51 in Richtung der Diagonalen $\overrightarrow{CD}$ eines Quaders.

Gegeben
$F = 600\,\text{N}$

Gesucht

a) das Moment bezogen auf den Koordinatenursprung P
b) das Moment bezogen auf die Achse $\overrightarrow{PE}$ (die andere Raumdiagonale des Quaders)
c) Wie groß ist der kürzeste Abstand der beiden windschiefen Geraden $\overrightarrow{CD}$ und $\overrightarrow{PE}$?

Lösung

a) Moment bezogen auf den Punkt P

$$\overrightarrow{CD} = -3\vec{i} + 5\vec{j} - 2\vec{k}$$

$$|\overrightarrow{CD}| = \overline{CD} = \sqrt{x^2 + y^2 + z^2} = \sqrt{(-3)^2 + 5^2 + (-2)^2} = \sqrt{38} = 6{,}16\,\text{m}$$

$$\vec{F} = F \cdot \vec{e}_{CD} = F \cdot \frac{\overrightarrow{CD}}{\overline{CD}} = 600 \cdot \frac{-3\vec{i} + 5\vec{j} - 2\vec{k}}{6{,}16} = -292{,}2\vec{i} + 487\vec{j} - 194{,}8\vec{k}$$

$$= \begin{bmatrix} -292{,}2 \\ 487 \\ -194{,}8 \end{bmatrix} \text{N}$$

Der Ortsvektor $\vec{r}$ wird als Verbindung vom Bezugspunkt P zu einem beliebigen Punkt der Wirklinie von $\vec{F}$ (z. B. zu Punkt C oder D) gebildet. Einfacher ist hier der Punkt D.

$$\vec{r}_{D}^{(P)} = \overline{PD} \cdot \vec{j} = 5\vec{j} = \begin{bmatrix} 0 \\ 5 \\ 0 \end{bmatrix} \text{m}$$

Damit wird der Momentenvektor als Kreuzprodukt gebildet

$$\vec{M}_{P} = \vec{r}_{D}^{(P)} \times \vec{F} = \begin{vmatrix} \vec{i} & 0 & -292{,}2 \\ \vec{j} & 5 & 487 \\ \vec{k} & 0 & -194{,}8 \end{vmatrix} = 5 \cdot (-194{,}8)\vec{i} - 5 \cdot (-292{,}2)\vec{k}$$

$$= -974\vec{i} + 1461\vec{k}$$

$$\vec{M}_{P} = M_{x} \cdot \vec{i} + M_{y} \cdot \vec{j} + M_{z} \cdot \vec{k}; \quad M_{x} = -974\,\text{N\,m}; \quad M_{y} = 0; \quad M_{z} = 1461\,\text{N\,m}$$

Die Kraft $\vec{F}$ schneidet die y-Achse, daher ist $M_{y} = 0$.
Der Betrag des Momentenvektors ist

$$M_{P} = |\vec{M}_{P}| = \sqrt{M_{x}^2 + M_{y}^2 + M_{z}^2} = \sqrt{974^2 + 1461^2} = 1755{,}9\,\text{N\,m}$$

b) Moment bezogen auf die Achse $\overrightarrow{PE}$

Wir kennen bereits das Moment $\vec{M}_\mathrm{P}$ der Kraft $\vec{F}$ bezogen auf einen beliebigen Punkt dieser Achse (hier der Punkt P). Daher müssen wir nur noch die Projektion dieses Moments auf die Achse $\overrightarrow{PE}$ durch skalare Multiplikation mit dem Einsvektor dieser Achse bilden.

Einsvektor der Achse

$$\overrightarrow{PE} = 3\vec{i} + 5\vec{j} + 2\vec{k}; \quad \overline{PE} = \sqrt{3^2 + 5^2 + 2^2} = \sqrt{38} = 6{,}16\,\mathrm{m}$$

$$\vec{e}_\mathrm{PE} = \frac{\overrightarrow{PE}}{\overline{PE}} = \frac{1}{6{,}16}\cdot(3\vec{i} + 5\vec{j} + 2\vec{k}) = 0{,}487\vec{i} + 0{,}812\vec{j} + 0{,}325\vec{k}$$

Skalares Produkt zweier Einsvektoren
allgemein ist: $\vec{i}\cdot\vec{i} = \vec{j}\cdot\vec{j} = \vec{k}\cdot\vec{k} = 1$, da $\cos 0° = 1$

$$\vec{i}\cdot\vec{j} = \vec{j}\cdot\vec{i} = \vec{i}\cdot\vec{k} = \vec{k}\cdot\vec{i} = \vec{j}\cdot\vec{k} = \vec{k}\cdot\vec{j} = 0,\ \text{da}\ \cos 90° = 0$$

Die skalaren Produkte zweier gleicher Einsvektoren sind Eins, zweier ungleicher Einsvektoren Null. Damit wird

$$M_\mathrm{PE} = \vec{M}_\mathrm{P}\cdot\vec{e}_\mathrm{PE} = (-974\vec{i} + 1461\vec{k})\cdot(0{,}487\vec{i} + 0{,}812\vec{j} + 0{,}325\vec{k})$$

$$M_\mathrm{PE} = (-974)\cdot 0{,}487 + 1461\cdot 0{,}325 = 88{,}15\,\mathrm{N\,m}$$

In Vektorform lautet das Moment

$$\vec{M}_\mathrm{PE} = M_\mathrm{P}\cdot\vec{e}_\mathrm{PE} = 88{,}15\cdot(0{,}487\vec{i} + 0{,}812\vec{j} + 0{,}325\vec{k}) = 42{,}93\vec{i} + 71{,}58\vec{j} + 28{,}65\vec{k}$$

c) Kürzester Abstand der Geraden $\overrightarrow{CD}$ und $\overrightarrow{PE}$

Der kürzeste Abstand zweier windschiefer Geraden ist die Strecke, die auf beiden Geraden senkrecht steht. Hier ist dieser Abstand d der Hebelarm der Kraft $\vec{F}$ bezogen auf die Achse $\overrightarrow{PE}$.

$$M_\mathrm{PE} = F\cdot d \rightarrow d = \frac{M_\mathrm{PE}}{F} = \frac{88{,}15}{600} = 0{,}148\,\mathrm{m} = 14{,}8\,\mathrm{cm}$$

S 52   Räumlich gebogener Rohrstrang

Ein Rohrstrang $ABCD$ ist nach Bild S 52 bei A eingespannt und bei D mit einer Einzelkraft $\vec{F}$ belastet.

Der Strang ABC liegt in der y, z-Ebene, der Strang CD ist parallel zur x-Achse.
Die Kraft $\vec{F}$ ist parallel zur y, z-Ebene.

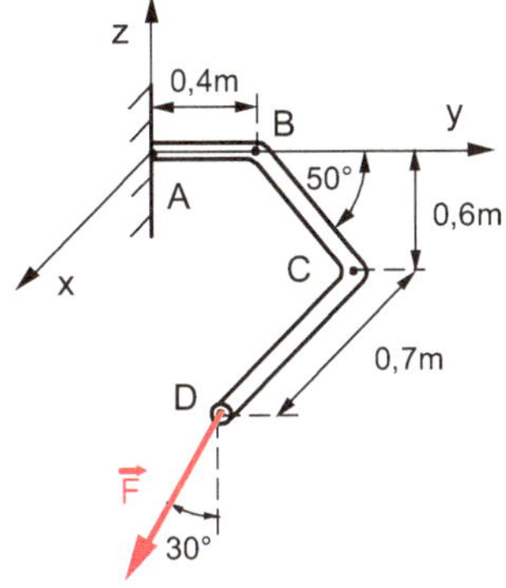

Bild S 52

Gegeben

$F = 3\,\mathrm{kN}$

Gesucht

a) Momente der Kraft bezogen auf die Eckpunkte A, B, C

b) Torsions- und Biegemoment bezogen auf die Achse BC

Lösung

Momente bezogen auf die Eckpunkte A, B, C

Gebraucht werden die Ortsvektoren vom jeweiligen Momentenbezugspunkt (hier die Punkte A, B, C) zu einem beliebigen Punkt der Wirklinie der Kraft (hier der Punkt D).

$$\vec{r}_{\mathrm{D}}^{(A)} = \overrightarrow{AD} = \begin{bmatrix} 0{,}7 \\ 0{,}4 + \frac{0{,}6}{\tan 50°} = 0{,}9 \\ -0{,}6 \end{bmatrix} \mathrm{m} \qquad \vec{r}_{\mathrm{D}}^{(B)} = \overrightarrow{BD} = \begin{bmatrix} 0{,}7 \\ \frac{0{,}6}{\tan 50°} = 0{,}5 \\ -0{,}6 \end{bmatrix} \mathrm{m}$$

$$\vec{r}_{\mathrm{D}}^{(C)} = \overrightarrow{CD} = \begin{bmatrix} 0{,}7 \\ 0 \\ 0 \end{bmatrix} \mathrm{m}; \quad \text{Kraftvektor } \vec{F} = \begin{bmatrix} F_x \\ F_y \\ F_z \end{bmatrix} = \begin{bmatrix} 0 \\ -F \cdot \sin 30° = -1{,}5 \\ -F \cdot \cos 30° = -2{,}6 \end{bmatrix} \mathrm{kN}$$

Moment bezogen auf den Punkt A

$$\vec{M}_{\mathrm{A}} = \vec{r}_{\mathrm{D}}^{(A)} \times \vec{F} = (0{,}7\vec{i} + 0{,}9\vec{j} - 0{,}6\vec{k}) \times (0 - 1{,}5\vec{j} - 2{,}6\vec{k})$$

$$\vec{M}_{\mathrm{A}} = 0{,}7 \cdot (-1{,}5) \underbrace{\vec{i} \times \vec{j}}_{\vec{k}} + 0{,}7 \cdot (-2{,}6) \underbrace{\vec{i} \times \vec{k}}_{-\vec{j}} + 0{,}9 \cdot (-2{,}6) \underbrace{\vec{j} \times \vec{k}}_{\vec{i}}$$

$$+ (-0{,}6) \cdot (-1{,}5) \underbrace{\vec{k} \times \vec{j}}_{-\vec{i}}$$

$$\vec{M}_{\mathrm{A}} = -3{,}24\vec{i} + 1{,}82\vec{j} - 1{,}05\vec{k}$$

bzw. hier einfacher mit einer Determinante

$$\vec{M}_A = \begin{vmatrix} \vec{i} & r_{Dx}^{(A)} & F_x \\ \vec{j} & r_{Dy}^{(A)} & F_y \\ \vec{k} & r_{Dz}^{(A)} & F_z \end{vmatrix} = \begin{vmatrix} \vec{i} & 0,7 & 0 \\ \vec{j} & 0,9 & -1,5 \\ \vec{k} & -0,6 & -2,6 \end{vmatrix}$$

$$\vec{M}_A = \vec{i}(-0,9 \cdot 2,6 - 0,6 \cdot 1,5) - \vec{j}(-0,7 \cdot 2,6) + \vec{k}(-0,7 \cdot 1,5)$$

$$= -3,24\vec{i} + 1,82\vec{j} - 1,05\vec{k}$$

$$M_A = \sqrt{M_{Ax}^2 + M_{Ay}^2 + M_{Az}^2} = \sqrt{3,24^2 + 1,82^2 + 1,05^2} = 3,86\,\text{kN m}$$

analog gilt für die Momente bezogen auf die Punkte B und C

$$\vec{M}_B = \begin{vmatrix} \vec{i} & 0,7 & 0 \\ \vec{j} & 0,5 & -1,5 \\ \vec{k} & -0,6 & -2,6 \end{vmatrix} = \vec{i}(-0,5 \cdot 2,6 - 0,6 \cdot 1,5) - \vec{j}(-0,7 \cdot 2,6) + \vec{k}(-0,7 \cdot 1,5)$$

$$\vec{M}_B = -2,2\vec{i} + 1,82\vec{j} - 1,05\vec{k}; \quad M_B = \sqrt{2,2^2 + 1,82^2 + 1,05^2} = 3,04\,\text{kN m}$$

$$\vec{M}_C = \begin{vmatrix} \vec{i} & 0,7 & 0 \\ \vec{j} & 0 & -1,5 \\ \vec{k} & 0 & -2,6 \end{vmatrix} = \vec{i} \cdot 0 - \vec{j} \cdot 0,7 \cdot (-2,6) + \vec{k} \cdot 0,7 \cdot (-1,5) = 1,82\vec{j} - 1,05\vec{k}$$

$$M_C = \sqrt{1,82^2 + 1,05^2} = 2,1\,\text{kN m}$$

b) Moment bezogen auf die Achse BC

M_{BC} ist die Komponente von $\vec{M}_B$ in Richtung von $\overrightarrow{BC}$, d. h. die Projektion von $\vec{M}_B$ auf $\overrightarrow{BC}$. Der Betrag M_{BC} ergibt sich aus dem skalaren Produkt von $\vec{M}_B$ mit dem Einsvektor $\vec{e}_{BC}$ von $\overrightarrow{BC}$

$$\vec{e}_{BC} = \begin{bmatrix} e_{BCx} \\ e_{BCy} \\ e_{BCz} \end{bmatrix} = \begin{bmatrix} 0 \\ \cos 50° \\ -\sin 50° \end{bmatrix}$$

$$M_{BC} = \vec{M}_B \cdot \vec{e}_{BC} = \begin{bmatrix} -2,2 \\ 1,82 \\ -1,05 \end{bmatrix} \cdot \begin{bmatrix} 0 \\ \cos 50° \\ -\sin 50° \end{bmatrix} = 1,82 \cdot \cos 50° + 1,05 \cdot \sin 50°$$

$$= 1,97\,\text{kN m}$$

M_{BC} kann auch direkt als skalares Tripelprodukt mit einer dreifachen Determinante berechnet werden

$$M_{BC} = \vec{M}_B \cdot \vec{e}_{BC} = (\vec{r}_D^{(A)} \times \vec{F}) \cdot \vec{e}_{BC} = \begin{vmatrix} x_D^{(A)} & F_x & e_{BCx} \\ y_D^{(A)} & F_y & e_{BCy} \\ z_D^{(A)} & F_z & e_{BCz} \end{vmatrix} = \begin{vmatrix} 0,7 & 0 & 0 \\ 0,9 & -1,5 & \cos 50° \\ -0,6 & -2,6 & -\sin 50° \end{vmatrix}$$

$$M_{BC} = 0,7 \cdot (-1,5) \cdot (-\sin 50°) - (-2,6) \cdot \cos 50° \cdot 0,7 = 1,97 \, \text{kN m}$$

Zur besseren Unterscheidung von Biegung und Torsion ergänzen wir noch die hochgestellten Indizes b und t.

Dann ist $M_{BC} = M_{BC}^t =$ Torsionsmoment für die Achse BC.

Torsionsmomentenvektor in Richtung BC

Jeder Vektor ist gleich seinem Betrag mal seinem Einsvektor

$$\vec{M}_{BC}^t = M_{BC}^t \cdot \vec{e}_{BC} = 1,97 \cdot \begin{bmatrix} 0 \\ \cos 50° \\ -\sin 50° \end{bmatrix} = \begin{bmatrix} 0 \\ 1,97 \cdot \cos 50° \\ -1,97 \cdot \sin 50° \end{bmatrix} = \begin{bmatrix} 0 \\ 1,27 \\ -1,51 \end{bmatrix} \, \text{kN m}$$

Biegemoment für die Achse BC

Der Momentenvektor $\vec{M}_B$ liegt im Allgemeinen schief zur Achse $\overrightarrow{BC}$.

Er kann in der Ebene, die durch $\vec{M}_B$ und der Achse $\overrightarrow{BC}$ aufgespannt wird, in zwei Komponenten zerlegt werden:

- eine Komponente $\vec{M}_{BC}^t$ in Richtung der Achse $\overrightarrow{BC}$ (Torsionsmoment) und
- eine Komponente $\vec{M}_{BC}^b$ senkrecht zur Achse $\overrightarrow{BC}$ (Biegemoment).

$$\vec{M}_B = \vec{M}_{BC}^b + \vec{M}_{BC}^t \Rightarrow \vec{M}_{BC}^b = \vec{M}_B - \vec{M}_{BC}^t$$

$$\vec{M}_{BC}^b = \begin{bmatrix} -2,2 \\ 1,82 \\ -1,05 \end{bmatrix} - \begin{bmatrix} 0 \\ 1,27 \\ -1,51 \end{bmatrix} = \begin{bmatrix} -2,2 \\ 0,55 \\ 0,46 \end{bmatrix} \, \text{kN m}$$

$$M_{BC}^b = \sqrt{2,2^2 + 0,55^2 + 0,46^2} = 2,31 \, \text{kN m}$$

bzw. nach dem Satz von Pythagoras

$$M_B^2 = (M_{BC}^b)^2 + (M_{BC}^t)^2 \Rightarrow M_{BC}^b = \sqrt{M_B^2 - (M_{BC}^t)^2}$$

$$M_{BC}^b = \sqrt{3{,}04^2 - 1{,}97^2} = 2{,}31\,\mathrm{kN\,m}$$

Auch bei Einwirkung von mehreren räumlich verteilten Kräften können die Momentenvektoren jeweils einzeln berechnet und am Balken additiv überlagert werden.

Die allgemeine Berechnung von Biege- und Torsionsmomenten zur Spannungsermittlung an Balken in beliebiger Lage und unter beliebiger Belastung wird vor allem in der räumlichen Baustatik und bei komplizierten Maschinenteilen benötigt.

S 53 Fahrrad-Kettentrieb

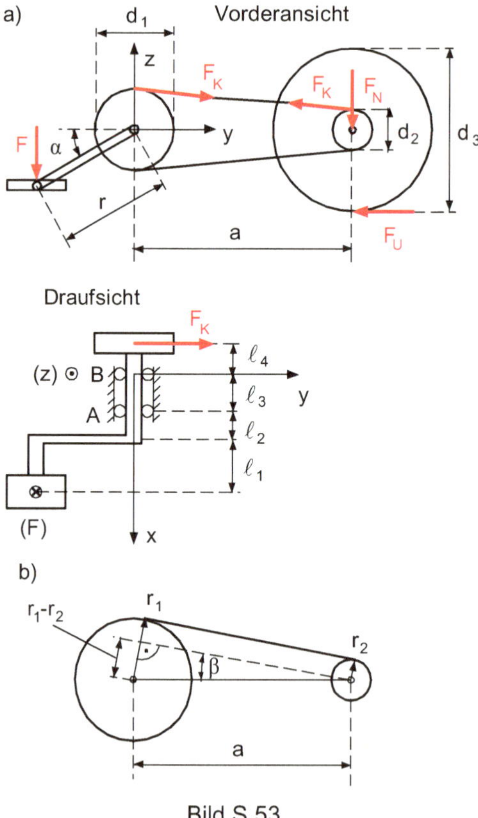

Bild S 53

Gegeben

$F = 500\,\text{N}$; $r = 200\,\text{mm}$; $a = 600\,\text{mm}$; $d_1 = 180\,\text{mm}$; $d_2 = 70\,\text{mm}$; $d_3 = 700\,\text{mm}$;
$\alpha = 30°$; $\ell_1 = 30\,\text{mm}$; $\ell_2 = 20\,\text{mm}$; $\ell_3 = 60\,\text{mm}$; $\ell_4 = 25\,\text{mm}$

Auf das Pedal eines Fahrrads wird eine senkrechte Kraft F ausgeübt. Unter der Annahme, dass das hintere (rechte) Pedal (nicht gezeichnet) unbelastet ist und nur der obere Teil der Kette gespannt ist, bestimme man für die angegebene Kurbelstellung

a) Kettenkraft und Lagerkräfte bei A und B an der Tretkurbel
b) Umfangskraft am Hinterrad, die als Reaktionskraft (Haftungskraft) von der Straße auf das Rad als Antriebskraft wirkt.
c) den erforderlichen Haftungskoeffizient zwischen Straße und Rad, damit die Antriebskraft wirksam werden kann, wenn die Achslast auf das Hinterrad $F_\text{N} = 600\,\text{N}$ beträgt.
d) Schnittmomente im Kurbelarm.

Lösung

a) Kettenkraft und Lagerkräfte (Bild S 53a)
    Die Lagerkräfte A_y, A_z und B_y, B_z (zur besseren Übersicht im Bild S 53 weggelassen) werden in Richtung der Koordinatenachsen y, z positiv angenommen.
    Um möglichst wenige Unbekannte in einer Momentengleichung zu haben (am besten nur eine Unbekannte in jeder Gleichung), wird der Koordinaten-Ursprung in ein Lager gelegt.
    Legt man z. B. hier den Ursprung in das Lager B, so fallen die Unbekannten B_y und B_z aus den Momentengleichungen heraus.
    Winkel der Kette mit der Horizontalen (Bild S 53b)

$$\sin \beta = \frac{r_1 - r_2}{a} = \frac{90 - 35}{600} = 0{,}092 \Rightarrow \beta = 5{,}26°$$

Kettenrad
Komponenten der Kettenkraft (mit Gl. III)

$$K_\text{y} = F_\text{K} \cdot \cos \beta = 962{,}25 \cdot \cos 5{,}26° = 958{,}2\,\text{N}$$
$$K_\text{z} = F_\text{K} \cdot \sin \beta = 962{,}25 \cdot \sin 5{,}26° = 88{,}21\,\text{N}$$

In x-Richtung wirken keine Kräfte

$$\text{I)} \quad \sum F_\text{y} = 0 = A_\text{y} + B_\text{y} + K_\text{y}$$
$$\text{II)} \quad \sum F_\text{z} = 0 = A_\text{z} + B_\text{z} - F - K_\text{z}$$

III) $\sum M_x = 0 = F \cdot r \cos\alpha - F_K \cdot \dfrac{d_1}{2} \Rightarrow F_K = F \cdot \dfrac{2r \cdot \cos\alpha}{d_1}$

$F_K = 500 \cdot \dfrac{2 \cdot 200 \cdot \cos 30°}{180} = 962{,}25\,\text{N}$

IV) $\sum M_y = 0 = F \cdot (\ell_1 + \ell_2 + \ell_3) - K_z \cdot \ell_4 - A_z \cdot \ell_3 \Rightarrow$

$A_z = F \cdot \dfrac{\ell_1 + \ell_2 + \ell_3}{\ell_3} - K_z \cdot \dfrac{\ell_4}{\ell_3} = 500 \cdot \dfrac{110}{60} - 88{,}21 \cdot \dfrac{25}{60} = 879{,}91\,\text{N}$

aus II: $B_z = F + K_z - A_z = 500 + 88{,}21 - 879{,}91 = -291{,}7\,\text{N}$

V) $\sum M_z = 0 = A_y \cdot \ell_3 - K_y \cdot \ell_4 \Rightarrow A_y = K_y \cdot \dfrac{\ell_4}{\ell_3} = 958{,}2 \cdot \dfrac{25}{60} = 399{,}25\,\text{N}$

aus I: $B_y = -K_y - A_y = -958{,}2 - 399{,}25 = -1357{,}45\,\text{N}$

b) Umfangskraft

Verschiebt man die x-Achse parallel zu sich selbst durch die Achse des Hinterrads, so wird

$$\sum M_x = 0 = F_K \cdot \dfrac{d_2}{2} - F_U \cdot \dfrac{d_3}{2} \Rightarrow F_U = F_K \cdot \dfrac{d_2}{d_3} = 962{,}25 \cdot \dfrac{70}{700} = 96{,}23\,\text{N}$$

Die Kraft F_U ist die antreibende Kraft, die das Fahrrad nach vorne schiebt.

c) Erforderlicher Haftungskoeffizient

$$F_U = \mu_0 \cdot F_N \Rightarrow \mu_0 = \dfrac{F_U}{F_N} = \dfrac{96{,}23}{600} = 0{,}16$$

d) Schnittmomente im Kurbelarm

Torsionsmoment $M_t = F \cdot \ell_1 = 500\,\text{N} \cdot 0{,}3\,\text{m} = 15\,\text{N\,m}$

Biegemoment von 0 ansteigend auf das Kettenmoment M_K am Kettenrad

$$M_b = M_K = F \cdot r \cdot \cos\alpha = 500\,\text{N} \cdot 0{,}2\,\text{m} \cdot \cos 30° = 86{,}6\,\text{N\,m}$$

S 54   Quader auf 6 Stützen

Ein homogener schwerer Quader vom Gewicht G ist auf 6 Stäben gelagert. Er wird durch eine schräge Kraft F und durch ein Moment M belastet. Die Kraft schließt mit der x,y-Ebene den Winkel α und mit der x,z-Ebene den Winkel β ein. Der Momentenpfeil wirkt in Richtung der y-Achse.

Gegeben

$M = 5\,\text{kN\,m}; \ G = 3\,\text{kN}; \ F = 4\,\text{kN}; \ \alpha = 40°; \ \beta = 30°; \ a = 2\,\text{m}$

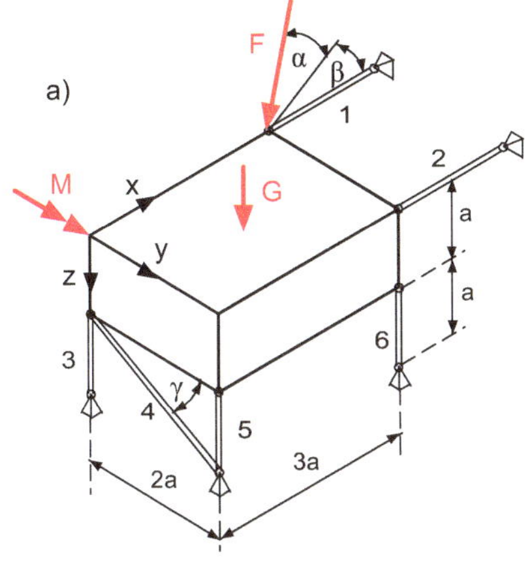

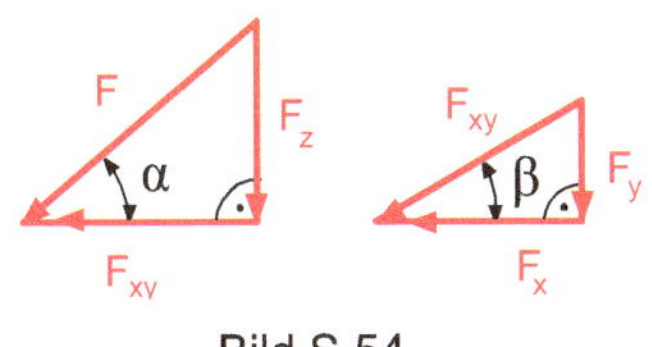

Bild S 54

Gesucht

a) Stabkräfte

b) Schnittgrößen in einem Schnitt durch den Quader bei $x = a$ parallel zur y, z-Ebene.

Die Rechnung soll zur besseren Übersicht auf ganze Newton (ohne Kommastellen) beschränkt bleiben.

Lösung

a) Stabkräfte (Bild SL 54a)

Zerlegung der Kraft F in Komponenten in Richtung der Koordinatenachsen (Bild S 54b)

$$F_{xy} = F \cdot \cos\alpha = 4000\,\text{N} \cdot \cos 40° = 3064\,\text{N}$$

$$F_x = F_{xy} \cdot \cos\beta = 3064\,\text{N} \cdot \cos 30° = 2654\,\text{N}$$

$$F_y = F_{xy} \cdot \sin\beta = 3064\,\text{N} \cdot \sin 30° = 1532\,\text{N}$$

$$F_z = F \cdot \sin\alpha = 4000\,\text{N} \cdot \sin 40° = 2571\,\text{N}$$

$$\tan\gamma = \frac{a}{2a} = 0{,}5 \Rightarrow \gamma = 26{,}57°$$

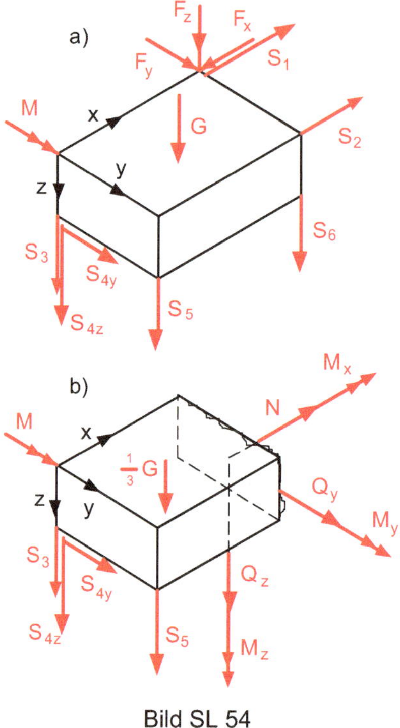

Bild SL 54

Gleichgewichts-Bedingungen

I) $\sum F_x = 0 = S_1 + S_2 - F_x$

II) $\sum F_y = 0 = S_{4y} + F_y \Rightarrow$

$S_{4y} = S_4 \cdot \cos \gamma = -F_y = -1532\,\text{N}$

$S_4 = -\dfrac{F_y}{\cos \gamma} = -\dfrac{1532}{\cos 26{,}57°} = -1713\,\text{N}$

$\dfrac{S_{4z}}{S_{4y}} = \tan \gamma = \dfrac{1}{2} \Rightarrow S_{4z} = \dfrac{1}{2} S_{4y} = -766\,\text{N}$

III) $\sum F_z = 0 = G + F_z + S_3 + S_{4z} + S_5 + S_6$

IV) $\sum M_x = 0$

$G \cdot a - S_{4y} \cdot a + S_5 \cdot 2a + S_6 \cdot 2a = 0$

V) $\sum M_y = 0$

$M - G \cdot \dfrac{3}{2} a - F_z \cdot 3a - S_6 \cdot 3a = 0 \Rightarrow$

$S_6 = \dfrac{1}{3} \dfrac{M}{a} - \dfrac{1}{2} G - F_z = \dfrac{1}{3} \cdot \dfrac{5000}{2} - \dfrac{1}{2} \cdot 3000 - 2571 = -3238\,\text{N}$

$$\text{aus IV: } S_5 = -\frac{1}{2}G + \frac{1}{2}S_{4y} - S_6 = -\frac{1}{2} \cdot 3000 - \frac{1}{2} \cdot 1532 + 3238 = 972\,\text{N}$$

$$\text{VI) } \sum M_z = 0 = F_y \cdot 3a - S_2 \cdot 2a \Rightarrow S_2 = \frac{3}{2} \cdot F_y = \frac{3}{2} \cdot 1532 = 2298\,\text{N}$$

$$\text{aus I: } S_1 = F_x - S_2 = 2654 - 2298 = 356\,\text{N}$$

$$\text{aus III: } S_3 = -(G + F_z + S_{4z} + S_5 + S_6) = -(3000 + 2571 - 766 + 972 - 3238)$$
$$= -2539\,\text{N}$$

b) Schnittgrößen (Bild SL 54b)

$$\sum F_x = 0 = N \Rightarrow N = 0$$

$$\sum F_y = 0 \Rightarrow Q_y = -S_{4y} = 1532\,\text{N}$$

$$\sum F_z = 0 \Rightarrow Q_z = -\frac{1}{3}G - S_3 - S_{4z} - S_5 = -\frac{1}{3} \cdot 3000 + 2539 + 766 - 972$$
$$= 1333\,\text{N}$$

$$\sum M_x = 0 \Rightarrow M_x = S_3 \cdot a + S_{4y} \cdot \frac{a}{2} + S_{4z} \cdot a - S_5 \cdot a$$

$$M_x = \left(-2539 - 1532 \cdot \frac{1}{2} - 766 - 972\right) \cdot 2 = -10.086\,\text{N}\,\text{m}$$

$$\sum M_y = 0 \Rightarrow M_y = -M - \frac{1}{3}G \cdot \frac{1}{2}a - S_3 \cdot a - S_{4z} \cdot a - S_5 \cdot a$$

$$M_y = -M - \left(\frac{1}{6}G + S_3 + S_{4z} + S_5\right) \cdot a$$

$$M_y = -5000 - \left(\frac{1}{6} \cdot 3000 - 2539 - 766 + 972\right) \cdot 2 = -1334\,\text{N}\,\text{m}$$

$$\sum M_z = 0 \Rightarrow M_z = S_{4y} \cdot a = -1532 \cdot 2 = -3064\,\text{N}\,\text{m}$$

S 55   Hebewinde

Mit einer Winde wird über eine Seilscheibe (Radius r, Gewicht G) eine Last Q gleichförmig hochgezogen. Das Seil ist auf die Scheibe aufgewickelt. Das freie Ende des Seils läuft unter einem Winkel α zur Senkrechten über eine feste Umlenkrolle zur Last Q. Die Handkraft F an der Kurbel (Kurbelradius ℓ) wirkt tangential zum Kurbelkreis (senkrecht zur Kurbel). Die Welle ist bei A (Loslager) und bei B (Festlager) gelenkig gelagert.

Gegeben
$G = 200\,\text{N}$; $Q = 700\,\text{N}$; $\alpha = 30°$; $r = 100\,\text{mm}$; $\ell = 2r$; $a = 400\,\text{mm}$

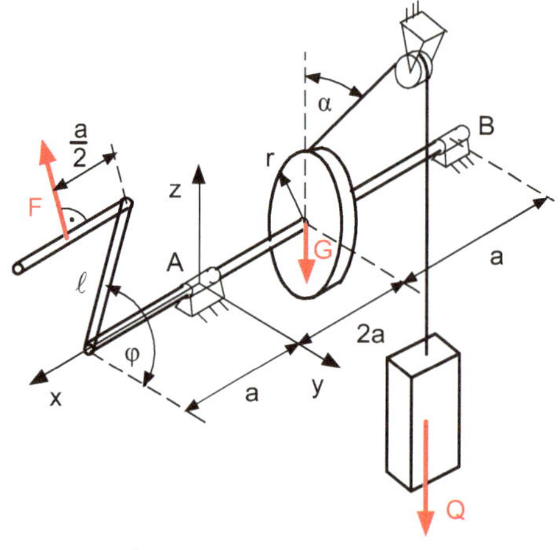

Bild S 55

Gesucht

a) Erforderliche Handkraft F sowie die Auflagerkräfte in Abhängigkeit des Kurbelwinkels φ.

b) Welche Auflagerkräfte ergeben sich bei einem Kurbelwinkel $\varphi = 40°$?

c) Was passiert, wenn die Handkraft F plötzlich wegfällt (z. B. bei einem Bruch der Kurbel)?

d) Schnittgrößen-Verlauf in der Welle (Aufgabe für den Leser).

Lösung

a) Handkraft und Auflagerkräfte (Bild SL 55)

$$F_y = F \cdot \sin\varphi$$
$$F_z = F \cdot \cos\varphi$$
$$S_y = S \cdot \sin\alpha$$
$$S_z = S \cdot \cos\alpha$$

Momentengleichgewicht an der Umlenkrolle liefert

$$S = Q$$

In x-Richtung treten keine Kräfte auf.

$$\sum F_x = 0 = B_x \Rightarrow B_x = 0$$

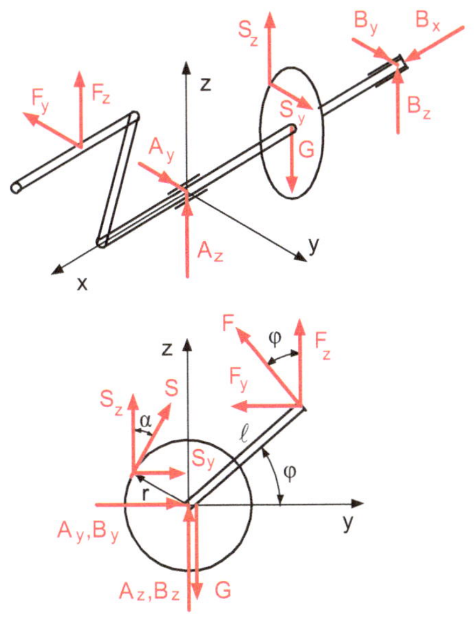

Bild SL 55

I) $\sum F_y = 0 = A_y + B_y + S_y - F_y \Rightarrow A_y = F_y - B_y - S_y$

II) $\sum F_z = 0 = A_z + B_z + S_z + F_z - G \Rightarrow A_z = G - B_z - S_z - F_z$

III) $\sum M_x = 0 = F \cdot \ell - S \cdot r \Rightarrow F = \frac{r}{\ell} \cdot S = \frac{r}{\ell} \cdot Q$

IV) $\sum M_y = 0 = B_z \cdot 3a + S_z \cdot 2a - G \cdot 2a - F_z \cdot \frac{3}{2}a \Rightarrow$

$\quad B_z = \frac{2}{3}G + \frac{1}{2}F_z - \frac{2}{3}S_z = \frac{2}{3}G + \frac{1}{2}F \cdot \cos\varphi - \frac{2}{3}Q \cdot \cos\alpha$

V) $\sum M_z = 0 = -B_y \cdot 3a - S_y \cdot 2a - F_y \cdot \frac{3}{2}a \Rightarrow$

$\quad B_y = -\frac{1}{2}F_y - \frac{2}{3}S_y = -\frac{1}{2}F \cdot \sin\varphi - \frac{2}{3}Q \cdot \sin\alpha$

b) Zahlenwerte für $\varphi = 40°$

III) $F = \frac{1}{2} \cdot 700 = 350\,\text{N}$

IV) $B_z = \frac{2}{3} \cdot 200 + \frac{1}{2} \cdot 350 \cdot \cos 40° - \frac{2}{3} \cdot 700 \cdot \cos 30° = -136{,}75\,\text{N}$

V) $B_y = -\frac{1}{2} \cdot 350 \cdot \sin 40° - \frac{2}{3} \cdot 700 \cdot \sin 30° = -345{,}82\,\text{N}$

I) $A_y = 350 \cdot \sin 40° + 345{,}82 - 700 \cdot \sin 30° = 220{,}8\,\text{N}$

II) $A_z = 200 + 136{,}75 - 700 \cdot \cos 30° - 350 \cdot \cos 40° = -537{,}38\,\text{N}$

c) Wegfall der Handkraft

Die Handkraft F ist eine Stützkraft, denn ohne sie erhält die Welle einen Freiheitsgrad und führt infolge der absinkenden Last eine beschleunigte Drehbewegung um die Achse durch.

S 56   Rechteckige Konsole

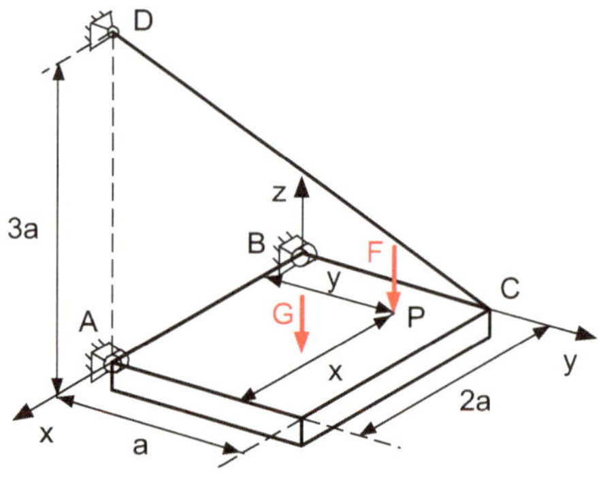

Bild S 56

An einer homogenen schweren Rechteckplatte (Gewicht G) greift im Punkt $P(x;y)$ eine örtlich veränderliche Kraft $F = 2G$ an.

Die Platte ist bei A fest und bei B lose (axial verschieblich) gelenkig gelagert und hängt bei C an einem Seil CD.

Gegeben

$G; a$

Gesucht

a) Auflagerkräfte und Seilkraft als Funktion der Ortskoordinaten des Punktes P.
b) Für welche Koordinaten x und y ergeben sich Maximalwerte für die Kräfte bei A, B, C im Bereich $0 \leq x \leq 2a; 0 \leq y \leq a$; und wie groß sind diese?

Lösung

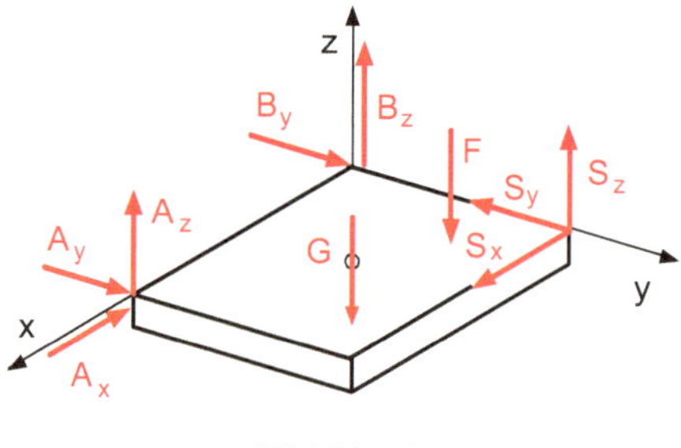

Bild SL 56

Die Komponenten der Seilkraft verhalten sich wie die entsprechenden Streckenkomponenten des Vektors $\overrightarrow{CD}$.

$$S_x : S_y : S_z = 2a : a : 3a = 2 : 1 : 3$$

Eine dreifach fortlaufende Proportion liefert zwei voneinander unabhängige Gleichungen:

$$S_x : S_y = 2 : 1 \Rightarrow S_y = \frac{1}{2} S_x$$

$$S_x : S_z = 2 : 3 \Rightarrow S_z = \frac{3}{2} S_x$$

Die Seilkraftkomponente S_x ist noch unbekannt.

B ist ein Loslager: $B_x = 0$.

Es verbleiben 6 Unbekannte: S_x, A_x, A_y, A_z, B_y, B_z

Gleichgewichts-Bedingungen

I) $\quad \sum F_x = 0 = -A_x + S_x \Rightarrow A_x = S_x$

II) $\quad \sum F_y = 0 = A_y + B_y - S_y \Rightarrow B_y = S_y - A_y$

III) $\quad \sum F_z = 0 = A_z + B_z + S_z - G - F \Rightarrow B_z = G + F - A_z - S_z$

IV) $\quad \sum M_x = 0 = S_z \cdot a - G \cdot \frac{a}{2} - F \cdot y \Rightarrow S_z = \frac{1}{2}G + F\frac{y}{a} = G \cdot \left(\frac{1}{2} + 2\frac{y}{a}\right)$

$\quad\quad S_x = \frac{2}{3}S_z = G \cdot \left(\frac{1}{3} + \frac{4}{3}\frac{y}{a}\right); S_y = \frac{1}{2}S_x = G \cdot \left(\frac{1}{6} + \frac{2}{3}\frac{y}{a}\right)$

V) $\quad \sum M_y = 0 = -A_z \cdot 2a + G \cdot a + F \cdot x \Rightarrow A_z = \frac{1}{2}G + F \cdot \frac{x}{2a} = G \cdot \left(\frac{1}{2} + \frac{x}{a}\right)$

VI) $\quad \sum M_z = 0 = A_y \cdot 2a - S_x \cdot a \Rightarrow A_y = \frac{1}{2}S_x = G \cdot \left(\frac{1}{6} + \frac{2}{3}\frac{y}{a}\right)$

IV in I: $\quad\quad\quad A_x = S_x = G \cdot \left(\frac{1}{3} + \frac{4}{3}\frac{y}{a}\right)$

IV und VI in II: $B_y = S_y - A_y = \frac{1}{2}S_x - \frac{1}{2}S_x = 0$

IV und V in III: $B_z = G + F - G \cdot \left(\frac{1}{2} + \frac{x}{a}\right) - G \cdot \left(\frac{1}{2} + 2\frac{y}{a}\right) = G \cdot \left(2 - \frac{x}{a} - 2\frac{y}{a}\right)$

b) Maximale Kräfte ergeben sich für maximale Klammerwerte.

Lagerkraft A: maximal für $x = 2a$; $y = a$

$$\left. \begin{array}{l} A_x = G \cdot \left(\frac{1}{3} + \frac{4}{3}\right) = \frac{5}{3}G \\[4pt] A_y = G \cdot \left(\frac{1}{6} + \frac{2}{3}\right) = \frac{5}{6}G \\[4pt] A_z = G \cdot \left(\frac{1}{2} + 2\right) = \frac{5}{2}G \end{array} \right\} A = \sqrt{A_x^2 + A_y^2 + A_z^2} = G \cdot \sqrt{\left(\frac{5}{3}\right)^2 + \left(\frac{5}{6}\right)^2 + \left(\frac{5}{2}\right)^2}$$

$$A = \frac{5}{6}\sqrt{14} \cdot G = 3{,}12 \cdot G$$

Lagerkraft B

$$x = 0; \quad y = 0: B = B_z = 2G$$

$$x = 2a; \quad y = a: B = B_z = G \cdot (2 - 2 - 2) = -2G$$

Seilkraft S: maximal für $y = a$; x beliebig, da die Seilkraft nicht von x abhängt

$$\left.\begin{array}{l} S_x = G \cdot \left(\tfrac{1}{3} + \tfrac{4}{3}\right) = \tfrac{5}{3}G \\[4pt] S_y = G \cdot \left(\tfrac{1}{6} + \tfrac{2}{3}\right) = \tfrac{5}{6}G \\[4pt] S_z = G \cdot \left(\tfrac{1}{2} + 2\right) = \tfrac{5}{2}G \end{array}\right\} \; S = \sqrt{S_x^2 + S_y^2 + S_z^2} = S_x \cdot \sqrt{1 + \left(\frac{S_y}{S_x}\right)^2 + \left(\frac{S_z}{S_x}\right)^2}$$

$$S = \frac{5}{3}G \cdot \sqrt{1 + \left(\frac{1}{2}\right)^2 + \left(\frac{3}{2}\right)^2} = \frac{5}{6}\sqrt{14} \cdot G = 3{,}12G$$

S 57　Einstufiges, geradverzahntes Getriebe

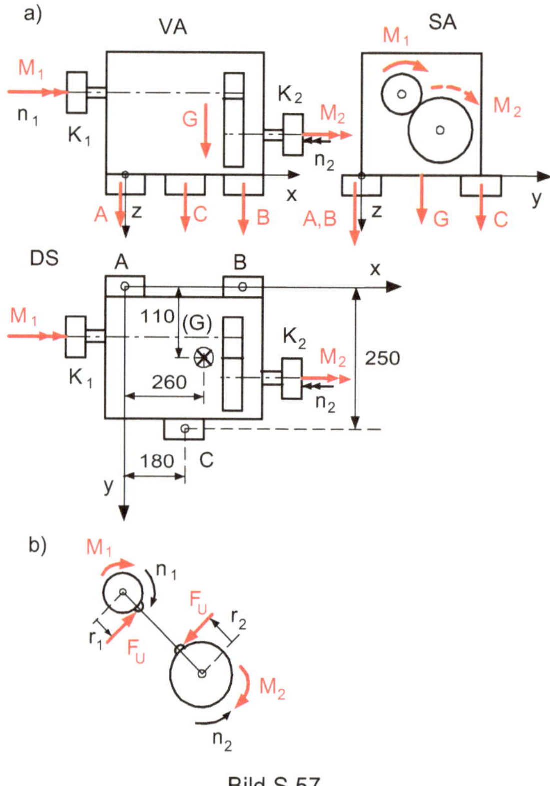

Bild S 57

Über ein einstufiges, geradverzahntes Getriebe (Gewicht G) mit der Übersetzung i wird an der Kupplung K_1 ein Drehmoment M_1 von einem Elektromotor auf eine Arbeitsmaschine übertragen.

Gegeben

$M_1 = 400\,\text{N m}$; $G = 900\,\text{N}$; $i = \dfrac{n_2}{n_1} = \dfrac{1}{3}$

Gesucht

a) das Ausgangsdrehmoment M_2 an der Kupplung K_2,
b) die Fuß- bzw. Schraubenkräfte an den Auflagerstellen A, B, C des Gehäuses.

VA = Vorderansicht (Aufriss)
DS = Draufsicht (Grundriss)
SA = Seitenansicht (Seitenriss)

Lösung

Zur Betrachtung des Gleichgewichts müssen die Drehmomente so in die Befreiungsskizze eingetragen werden, wie sie auf den freigemachten Körper wirken, also hier vom Motor bzw. von der Arbeitsmaschine auf das Getriebe.

An- und Abtriebswelle drehen sich infolge der Zahnradabwälzung gegensinnig zueinander. Der Motor will die Eingangsdrehzahl n_1 der Antriebswelle erhöhen. Der Drehmomentenvektor $\vec{M}_1$ zeigt also in die Richtung des Drehzahlvektors $\vec{n}_1$. Die Arbeitsmaschine dagegen will die Ausgangsdrehzahl n_2 der Abtriebswelle erniedrigen und wirkt wie eine Bremse. Ihr Drehmomentenvektor $\vec{M}_2$ ist also zum Drehzahlvektor $\vec{n}_2$ gegensinnig.

Die Vektoren $\vec{M}_1$ und $\vec{M}_2$ des Antriebs- und Abtriebsmoments sind daher gleichsinnig.

In Bild S 57a sind die Momentenvektoren und die Drehzahlvektoren als Doppelpfeile in den einzelnen Rissen zu sehen.

Bild S 57b zeigt die voneinander getrennten Wellen mit ihren Momenten M_1 vom Motor und M_2 von der Arbeitsmaschine herrührend. Die Umfangskräfte F_U sind an beiden Zahnrädern gleich groß (actio = reactio) und gegensinnig zueinander.

$$M_1 = F_U \cdot r_1 \Rightarrow F_U = \frac{M_1}{r_1}$$

$$M_2 = F_U \cdot r_2 = M_1 \cdot \frac{r_2}{r_1} \Rightarrow \frac{M_1}{M_2} = \frac{r_1}{r_2} = i$$

Die Drehmomente verhalten sich wie die Radien der Teilkreise.

Umfang $\qquad\qquad\quad U = 2r \cdot \pi$
Umfangsgeschwindigkeit $u = U \cdot n = 2\pi n \cdot r = \omega \cdot r$
Winkelgeschwindigkeit $\quad \omega = 2\pi n$

Gibt n die Anzahl der Umdrehungen pro Sekunde an, so wird in einer Sekunde n mal der Umfang der Welle an Weg zurückgelegt.

Gleiche Umfangsgeschwindigkeiten:

an den Zahnflanken müssen die Umfangsgeschwindigkeiten beider Räder gleich sein, sonst würden die Zähne abgeschert.

$$u_1 = u_2: \quad 2\pi r_1 \cdot n_1 = 2\pi r_2 \cdot n_2 \Rightarrow i = \frac{n_2}{n_1} = \frac{r_1}{r_2}$$

Die Drehzahlen verhalten sich umgekehrt wie die Radien.

$$\frac{M_1}{M_2} = i \Rightarrow M_2 = \frac{M_1}{i} = 3 \cdot 400\,\mathrm{N\,m} = 1200\,\mathrm{N\,m}$$

Damit möglichst wenige Unbekannte in den Momentengleichungen vorkommen, werden die Koordinatenachsen durch die Wirklinien der unbekannten Schraubenkräfte A, B, C gelegt.

Die Fußkräfte A, B, C werden senkrecht nach unten (in z-Richtung) positiv angenommen.

Gleichgewichts-Bedingungen

I) $\sum M_x = M_1 + M_2 + C \cdot 0{,}25 + G \cdot 0{,}11 \Rightarrow$

$$C = -\frac{1}{0{,}25} \cdot (M_1 + M_2 + G \cdot 0{,}11) = -\frac{1}{0{,}25} \cdot (400 + 1200 + 900 \cdot 0{,}11) = -6796\,\mathrm{N}$$

da die Kraft C negativ herauskommt, wirkt sie vom Boden auf den Gehäusefuß.

II) $\sum M_y = 0 = -B \cdot 0{,}4 - G \cdot 0{,}26 - C \cdot 0{,}18 \Rightarrow B = -\frac{26}{40}G - \frac{18}{40}C$

$$B = -\frac{13}{20} \cdot 900 + \frac{9}{20} \cdot 6796 = 2473{,}2\,\mathrm{N}\ \text{Zugkraft in der Schraube}$$

III) $\sum F_z = 0 = A + B + C + G \Rightarrow A = -(B + C + G)$

$$A = -(2473{,}2 - 6796 + 900) = 3422{,}8\,\mathrm{N}\ \text{Schraubenkraft}$$

S 58 Getriebewelle

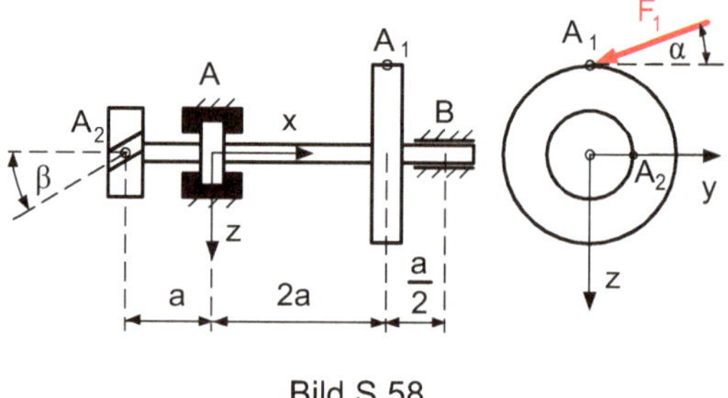

Bild S 58

Mit einer Getriebewelle wird ein Drehmoment M übertragen. Der Antrieb erfolgt an einem geradverzahnten Rad (Teilkreisdurchmesser d_1, Eingriffswinkel α) am Angriffspunkt A_1. Das Drehmoment wird am Verzahnungspunkt A_2 (Eingriffspunkt mit einem anderen Zahnrad) durch ein schrägverzahntes Rad (Teilkreisdurchmesser d_2, Eingriffswinkel α, Schrägungswinkel β) abgenommen. Die Welle hat bei A ein Festlager und bei B ein Loslager.

Gegeben

$M = 90\,\mathrm{N\,m}$; $\alpha = 20°$; $\beta = 30°$; $d_1 = 140\,\mathrm{mm}$; $d_2 = 80\,\mathrm{mm}$; $a = 150\,\mathrm{mm}$

Gesucht

a) Komponenten der Zahnkräfte
b) Auflagerkräfte
c) Schnittgrößen an der Stelle $x = a$

Lösung

a) Zahnkraftkomponenten

$$M = F_{1u} \cdot r_1 = F_{2u} \cdot r_2 \Rightarrow$$

Umfangskomponenten

$$F_{1u} = \frac{M}{r_1} = \frac{90\,\mathrm{N\,m}}{0{,}07\,\mathrm{m}} = 1286\,\mathrm{N}; \quad F_{2u} = \frac{M}{r_2} = \frac{90\,\mathrm{N\,m}}{0{,}04\,\mathrm{m}} = 2250\,\mathrm{N}$$

Radialkomponenten

$$F_{1r} = F_{1u} \cdot \tan\alpha = 1286 \cdot \tan 20° = 468\,\mathrm{N}$$

$$F_{2r} = F_{2u} \cdot \frac{\tan\alpha}{\cos\beta} = 2250 \cdot \frac{\tan 20°}{\cos 30°} = 946\,\mathrm{N}$$

Axialkomponenten

$$F_{1a} = 0; \quad F_{2a} = F_{2u} \cdot \tan\beta = 2250 \cdot \tan 30° = 1299\,\mathrm{N}$$

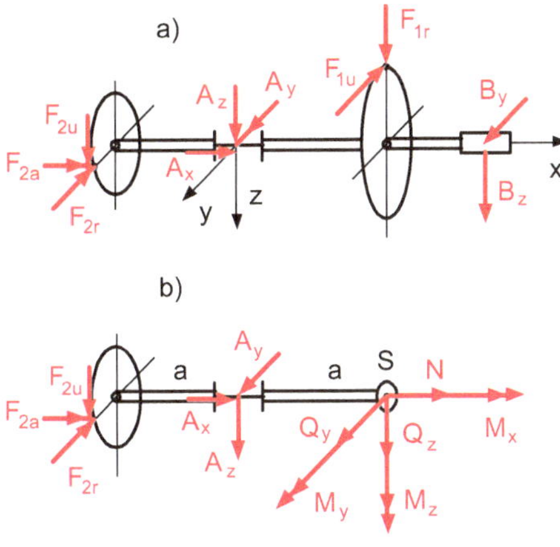

Bild SL 58

Die Zahnkräfte werden so eingezeichnet wie sie tatsächlich wirken.

Die (unbekannten) Auflagerkräfte werden in Richtung positiver Koordinatenachsen angenommen.

Das Koordinatensystem wird in den Festlagerpunkt A gelegt, damit möglichst wenige Unbekannte in den Momentengleichungen um den Ursprung auftreten.

b) Auflagerkräfte (Bild SL 58a)

$\quad$ I)$\quad \sum F_x = 0 = A_x + F_{2a} \Rightarrow A_x = -F_{2a} = -1299\,\mathrm{N}$

$\quad$ II)$\quad \sum F_y = 0 = A_y + B_y - F_{1u} - F_{2r}$

$\quad$ III)$\quad \sum F_z = 0 = A_z + B_z + F_{1r} + F_{2u}$

$\quad$ IV)$\quad \sum M_x = 0 = F_{2u} \cdot r_2 - F_{1u} \cdot r_1 \Rightarrow F_{1u}, F_{2u}$ bereits ausgenutzt

$\quad$ V)$\quad \sum M_y = 0 = -B_z \cdot \frac{5}{2}a - F_{1r} \cdot 2a + F_{2u} \cdot a \Rightarrow B_z = \frac{2}{5} \cdot (F_{2u} - 2F_{1r})$

$\qquad B_z = \frac{2}{5} \cdot (2250 - 2 \cdot 468) = 526\,\mathrm{N}$

$\quad$ VI)$\quad \sum M_z = 0 = B_y \cdot \frac{5}{2}a - F_{1u} \cdot 2a + F_{2r} \cdot a - F_{2a} \cdot r_2 \Rightarrow$

$\qquad B_y = \frac{2}{5} \cdot \left(2F_{1u} - F_{2r} + \frac{r_2}{a} \cdot F_{2a}\right) = \frac{2}{5} \cdot \left(2 \cdot 1286 - 946 + \frac{40}{150} \cdot 1299\right) = 789\,\mathrm{N}$

aus II:$\quad A_y = F_{1u} + F_{2r} - B_y = 1286 + 946 - 789 = 1443\,\mathrm{N}$

aus III:$\quad A_z = -F_{1r} - F_{2u} - B_z = -468 - 2250 - 526 = -3244\,\mathrm{N}$

c) Schnittgrößen an der Stelle S bei $x = a$

$$N = -A_x - F_{2a} = 1299 - 1299 = 0$$

$$Q_y = F_{2r} - A_y = 946 - 1443 = -497\,\mathrm{N}$$

$$Q_z = -A_z - F_{2u} = 3244 - 2250 = 994\,\mathrm{N}$$

$$M_x = -F_{2u} \cdot r_2 = -M = -90\,\mathrm{N\,m}$$

$$M_y = -A_z \cdot a - F_{2u} \cdot 2a = 3244 \cdot 0{,}15 - 2250 \cdot 2 \cdot 0{,}15 = -188\,\mathrm{N\,m}$$

$$M_z = A_y \cdot a - F_{2r} \cdot 2a + F_{2a} \cdot r_2 = 1443 \cdot 0{,}15 - 946 \cdot 2 \cdot 0{,}15 + 1299 \cdot 0{,}04$$

$$\quad = -15\,\mathrm{N\,m}$$

S 59　Vorlegewelle

Bei einem Getriebe mit geradverzahnten Zahnrädern (Eingriffswinkel α) wird an der Kupplung K_1 ein Moment M_1 eingeleitet und an der Kupplung K_2 ein Moment M_2 abgenommen.

Gegeben

$\alpha = 20°$; $M_1 = 50\,\mathrm{N\,m}$; $r_1 = 25\,\mathrm{mm}$; $r_2 = 100\,\mathrm{mm}$; $r_3 = 40\,\mathrm{mm}$; $r_4 = 120\,\mathrm{mm}$

Gesucht

Es sind zwei konstruktive Varianten mit gleichen Abmessungen jedoch mit unterschiedlichen Verzahnungspunkten (gleichseitig und gegenseitig) zu untersuchen.

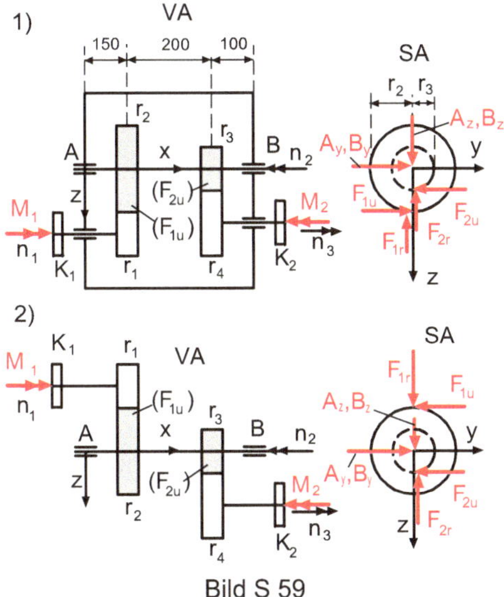

Bild S 59

Für beide Fälle soll bestimmt werden:

a) Zahnkräfte und Gegenmoment M_2
b) Auflagerkräfte A, B der Vorgelegewelle
c) Schnittgrößen-Verlauf der Vorgelegewelle AB für Fall 1.
    (der Leser stelle auch den Schnittgrößen-Verlauf für den Fall 2 dar).

Im Aufriss (Vorderansicht VA) sind Antriebs-, Abtriebs- und Vorgelegewelle gezeichnet.
In der Seitenansicht (SA) ist jeweils nur die Vorgelegewelle dargestellt.

M_1 = Antriebsmoment, vom Motor herrührend
M_2 = Widerstandsmoment, von der Arbeitsmaschine herrührend

Lösung

a) Zahnkräfte und Gegenmoment (Bild S 59)
    Die Zahnkräfte sind in beiden Fällen gleich.

$$M_1 = F_{1u} \cdot r_1 \Rightarrow F_{1u} = \frac{M_1}{r_1} = \frac{50\,\mathrm{N\,m}}{0{,}025\,\mathrm{m}} = 2000\,\mathrm{N}\ \text{(Umfangskomponente)}$$

$$F_{1r} = F_{1u} \cdot \tan\alpha = 2000 \cdot \tan 20° = 728\,\mathrm{N}\ \text{(Radialkomponente)}$$

Das Moment wird durch die Welle weitergeleitet:

$$F_{1u} \cdot r_2 = F_{2u} \cdot r_3 \Rightarrow F_{2u} = F_{1u} \cdot \frac{r_2}{r_3} = 2000 \cdot \frac{100}{40} = 5000\,\text{N}$$

$$F_{2r} = F_{2u} \cdot \tan\alpha = 5000 \cdot \tan 20° = 1820\,\text{N}$$

$$M_2 = F_{2u} \cdot r_4 = 5000\,\text{N} \cdot 0{,}12\,\text{m} = 600\,\text{N}\,\text{m}$$

b) Auflagerkräfte

Die Auflagerkräfte werden in Richtung der positiven y- und z-Achse positiv angenommen. Die Auflagerkräfte sind in beiden Fällen unterschiedlich.

1) Verzahnungspunkte gleichseitig

$$\sum M_y = 0 = F_{1r} \cdot 150 + F_{2r} \cdot 350 - B_z \cdot 450 \Rightarrow$$

$$B_z = \frac{15}{45} \cdot F_{1r} + \frac{35}{45} \cdot F_{2r} = \frac{1}{3} \cdot 728 + \frac{7}{9} \cdot 1820 = 1658\,\text{N}$$

$$\sum F_z = 0 = A_z + B_z - F_{1r} - F_{2r} \Rightarrow A_z = F_{1r} + F_{2r} - B_z$$

$$A_z = 728 + 1820 - 1658 = 890\,\text{N}$$

$$\sum M_z = 0 = F_{1u} \cdot 150 - F_{2u} \cdot 350 + B_y \cdot 450 \Rightarrow$$

$$B_y = \frac{35}{45} \cdot F_{2u} - \frac{15}{45} \cdot F_{1u} = \frac{7}{9} \cdot 5000 - \frac{1}{3} \cdot 2000 = 3222\,\text{N}$$

$$\sum F_y = 0 = A_y + B_y + F_{1u} - F_{2u} \Rightarrow A_y = F_{2u} - F_{1u} - B_y$$

$$A_y = 5000 - 2000 - 3222 = -222\,\text{N} \;(\text{zeigt in die negative } y\text{-Richtung})$$

2) Verzahnungspunkte gegenseitig

$$\sum M_y = 0 = -F_{1r} \cdot 150 - F_{2r} \cdot 350 - B_z \cdot 450 \Rightarrow$$

$$B_z = \frac{35}{45} \cdot F_{2r} - \frac{15}{45} \cdot F_{1r} = \frac{7}{9} \cdot 1820 - \frac{1}{3} \cdot 728 = 1173\,\text{N}$$

$$\sum F_z = 0 = A_z + B_z + F_{1r} - F_{2r} \Rightarrow A_z = F_{2r} - F_{1r} - B_z$$

$$A_z = 1820 - 728 - 1173 = -81\,\text{N} \;(\text{zeigt in die negative } z\text{-Richtung})$$

$$\sum M_z = 0 = -F_{1u} \cdot 150 - F_{2u} \cdot 350 + B_y \cdot 450 \Rightarrow$$

$$B_y = \frac{15}{45} \cdot F_{1u} + \frac{35}{45} \cdot F_{2u} = \frac{1}{3} \cdot 2000 + \frac{7}{9} \cdot 5000 = 4556\,\text{N}$$

$$\sum F_y = 0 = A_y + B_y - F_{1u} - F_{2u} \Rightarrow A_y = F_{1u} + F_{2u} - B_y$$

$$A_y = 2000 + 5000 - 4556 = 2444\,\text{N}$$

Die Auflagerkräfte und damit auch die Schnittgrößen sind in beiden Fällen unterschiedlich.

c) Schnittgrößen-Verlauf für gleichseitige Verzahnung (Bild SL 59)
    Schnittgrößen sind positiv, wenn sie am positiven Schnittufer in die positive Koordi-
    natenrichtung zeigen bzw. wenn sie am negativen Schnittufer in die negative Koordi-
    natenrichtung weisen.

Positives (negatives) Schnittufer
Die äußere Flächennormale und die dazu parallele Koordinatenachse (meist die x-Achse)
haben gleichen (entgegengesetzten) Richtungssinn.

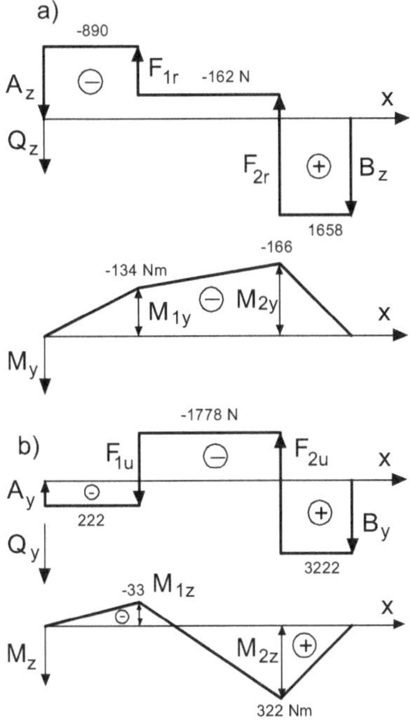

Bild SL 59

a) Biegemomente um die y-Achse

$$M_{1y} = -A_z \cdot 0,15\,\text{m} = -890\,\text{N} \cdot 0,15\,\text{m} = -134\,\text{N}\,\text{m}$$
$$M_{2y} = -B_z \cdot 0,1\,\text{m} = -1658\,\text{N} \cdot 0,1\,\text{m} = -166\,\text{N}\,\text{m}$$

Zusammenhänge der Schnittgrößen

$$\frac{dM_y}{dx} = +Q_z$$

Die Steigungswinkel werden positiv in dem Sinn gezählt, der sich ergibt, wenn man
die positive Abszisse (x-Achse) auf dem kürzesten Weg in die positive Ordinate (M-
Achse) dreht.

b) Biegemomente um die z-Achse

$$M_{1z} = A_y \cdot 0{,}15\,\text{m} = -222\,\text{N} \cdot 0{,}15\,\text{m} = -33\,\text{N}\,\text{m}$$

$$M_{2z} = B_y \cdot 0{,}1\,\text{m} = 3222\,\text{N} \cdot 0{,}1\,\text{m} = 322\,\text{N}\,\text{m}$$

Zusammenhänge der Schnittgrößen

$$\frac{dM_z}{dx} = -Q_y$$

Beachte: Die Steigung der Kurve für die Biegemomente um die z-Achse entspricht der negativen Querkraft in y-Richtung.

S 60   Stabilität eines dreibeinigen Tisches

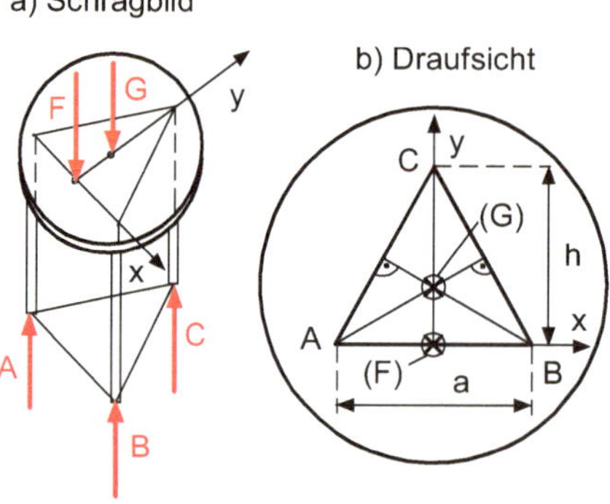

Bild S 60

Eine runde homogene Tischplatte ruht auf 3 Stützen A, B, C, deren Auflagepunkte ein gleichseitiges Dreieck bilden mit der Seitenlänge a. Der Tisch hat das Eigengewicht G.

Zusätzlich zu G greift in der Mitte einer Dreiecksseite eine Kraft F an.

Der Mittelpunkt der Kreisplatte liegt im Schnittpunkt der Schwerlinien (Seitenhalbierenden) des Dreiecks, die im Verhältnis 2:1 geteilt werden. Im gleichseitigen Dreieck sind die Schwerlinien gleichzeitig auch Höhen.

Gegeben

$G = 300\,\text{N};\ F = 500\,\text{N};\ a = 0{,}6\,\text{m}$

Gesucht

a) Auflagerkräfte A, B, C
b) Wie weit (Verschiebungsstrecke v) kann sich die Kraft F senkrecht zur Verbindungslinie AB zum Rand des gleichmäßig überstehenden Tisches hin entfernen, ohne dass der Tisch kippt?
c) In welchem Stabilitätsbereich kann demnach die Kraft F überall angreifen ohne Kippen des Tisches?

Lösung

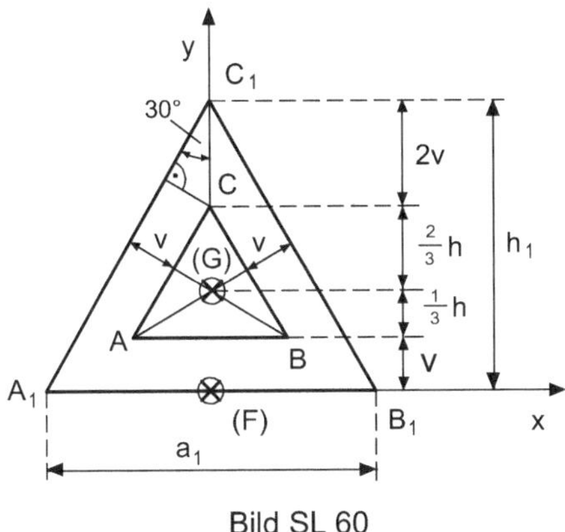

Bild SL 60

a) Auflagerkräfte

   I) $\sum M_y = 0 = A \cdot \frac{a}{2} - B \cdot \frac{a}{2} \Rightarrow A = B$

  II) $\sum M_x = 0 = C \cdot h - G \cdot \frac{h}{3} \Rightarrow$

      $C = \frac{1}{3} \cdot G = 100\,\text{N}$

 III) $\sum F_z = 0 = A + B + C - F - G$

I, II in III: $2A + \frac{1}{3}G - F - G = 0 \Rightarrow$

$A = \frac{1}{3}G + \frac{1}{2}F = 100 + 250 = 350\,\text{N} = B$

b) Verschiebung der Kraft F

Beim Kippen um die x-Achse ist $C = 0$

$$\sum M_x = 0 = G \cdot \frac{h}{3} - F \cdot v \Rightarrow v = \frac{G}{F} \cdot \frac{1}{3}h = \frac{G}{F} \cdot \frac{1}{3} \cdot \frac{a}{2}\sqrt{3} = 0{,}104\,\text{m}$$

c) Kippbereich

Der Tisch kippt nicht, wenn die Kraft F innerhalb eines gleichseitigen Dreiecks liegt mit der Höhe

$$h_1 = h + 3v = 0{,}6 + 3 \cdot 0{,}104 = 0{,}912\,\text{m}$$

und der Seitenlänge

$$h_1 = \frac{a_1}{2}\sqrt{3} \Rightarrow a_1 = \frac{2}{\sqrt{3}} \cdot h_1 = \frac{2}{\sqrt{3}} \cdot 0{,}912 = 1{,}053\,\text{m}$$

1.9 Virtuelle Arbeit

Erläuterungen

Arbeit wird verrichtet, wenn sich der Angriffspunkt einer Kraft verschiebt oder sich ein Momentenvektor um seine Achse dreht.

Die elementare Arbeit dW ist allgemein das skalare Produkt aus den Vektoren der Kraft $\vec{F}$ und ihrer Verschiebung $d\vec{r}$ bzw. aus dem Moment $\vec{M}$ und seiner Verdrehung $d\vec{\varphi}$.

$$dW = \vec{F} \cdot d\vec{r} \ \text{bzw.}\ dW = \vec{M} \cdot d\vec{\varphi}$$

Obwohl in der Statik Bewegungen eigentlich ausgeschlossen sind, verwendet man auch hier sehr vorteilhaft den Arbeitsbegriff, indem man gedankliche (virtuelle) Verschiebungen mit einbezieht. An einem freigeschnittenen Körper z. B. ergeben kleine gedankliche Verschiebungen der Kraftangriffspunkte eine virtuelle Arbeit.

Unter einer virtuellen Arbeit δW versteht man eine infinitesimal kleine Arbeit, die von Kräften oder Momenten geleistet wird, die eine virtuelle Verschiebung $\delta\vec{r}$ oder eine virtuelle Verdrehung $\delta\vec{\varphi}$ erfahren.

Eine virtuelle Verrückung (Sammelbegriff für Verschiebung und Verdrehung) ist eine gedachte, infinitesimal kleine, in Wirklichkeit nicht unbedingt auftretende, jedoch geometrisch mögliche Veränderung einer Ortskoordinate (Strecke oder Winkel).

Diese kleinen Verschiebungen in alle möglichen Richtungen, quasi als eine probeweise Streuung von Bewegungsmöglichkeiten gedacht, dienen z. B. dazu, die Gleichgewichts- und Stabilitätslage eines Systems zu testen und zu erfassen.

Um sie von den wirklich auftretenden infinitesimalen Verschiebungen $d\vec{r}$ zu unterscheiden, werden die virtuellen Verschiebungen mit dem griechischen Buchstaben δ (delta) bezeichnet. Dieses Symbol stammt aus der Variationsrechnung. Größen mit dem Variationszeichen können wie Differentiale behandelt werden.

Eine Kraft $\vec{F}$ leistet bei einer virtuellen Verschiebung $\delta\vec{r}$ ihres Angriffspunktes eine virtuelle Arbeit $\delta W = \vec{F} \cdot \delta\vec{r}$.

Ein Moment $\vec{M}$ leistet bei einer virtuellen Verdrehung $\delta\vec{\varphi}$ um eine Achse senkrecht zur Ebene des Kräftepaares eine virtuelle Arbeit $\delta W = \vec{M} \cdot \delta\vec{\varphi}$.

Das „Prinzip der virtuellen Arbeit" besagt:

Die virtuelle Arbeit der äußeren Kräfte und Momente ist Null, wenn das System eine virtuelle Verrückung aus einer Gleichgewichtslage erfährt.

Dann ist bei einer Anzahl von m Kräften und n Momenten

$$\delta W = \sum_{i=1}^{m} \vec{F}_i \cdot \delta \vec{r}_i + \sum_{i=1}^{n} \vec{M}_i \cdot \delta \vec{\varphi}_i = 0$$

Auch die Umkehrung dieses Satzes zum „Prinzip der virtuellen Verrückungen" ist gültig:

Verschwindet die virtuelle Arbeit für alle beliebigen, kleinen Verrückungen eines beweglichen (freigeschnittenen) Systems, so ist das System im Gleichgewicht.

Das Prinzip der virtuellen Arbeit hat in der ganzen Mechanik große Bedeutung erlangt, so dass man sich ausführlich mit den Zusammenhängen und Rechenmethoden vertraut machen muss.

Mit diesem Prinzip lassen sich in der Statik Auflagerreaktionen und Schnittgrößen anschaulich bestimmen, sowie Gleichgewichts- und Stabilitätsprobleme erfassen.

In der Festigkeitslehre ist das Prinzip ein fester Bestandteil bei den Energiemethoden und bei der Finite Elemente Methode sowohl bei der Anwendung als auch bei der Ableitung der Formeln.

In der Dynamik lassen sich in Verbindung mit dem Prinzip von d'Alembert viele Aufgaben wesentlich einfacher und übersichtlicher lösen. Man erhält dann bei Systemen mit einem Freiheitsgrad nur eine Gleichung mit einer Unbekannten. Dagegen müssen bei der Schnittmethode immer mehrere Gleichungen mit mehreren Unbekannten unter großem Rechenaufwand gelöst werden.

Hat ein System mehrere voneinander unabhängige Bewegungsmöglichkeiten, so kann seine Lage bei f Freiheitsgraden durch f sogenannte generalisierte Koordinaten $q_1, q_2 \ldots q_f$ eindeutig beschrieben werden. Es dürfen dabei nur so viele Koordinaten q_i vorkommen, wie Freiheitsgrade vorhanden sind (Generalisierung).

Die Ortsvektoren zu den einzelnen Kraftangriffspunkten sind dann von den generalisierten Koordinaten abhängig:

$$\vec{r} = \vec{r}(q_1, q_2 \ldots q_f)$$

Die virtuelle Verschiebung eines Kraftangriffspunktes kann wie bei einem totalen Differential berechnet werden:

$$\delta \vec{r} = \frac{\partial \vec{r}}{\partial q_1} \delta q_1 + \frac{\partial \vec{r}}{\partial q_2} \delta q_2 + \ldots + \frac{\partial \vec{r}}{\partial q_f} \delta q_f$$

Bei einfachen Aufgaben mit einem Freiheitsgrad wird die Lage des Systems nur durch eine generalisierte Koordinate q (z. B. durch einen Winkel) beschrieben. Alle Verschiebungen der Kräfte müssen danach durch diese Koordinate ausgedrückt werden.

Dann kann man anstelle der partiellen Differentiale das totale Differential schreiben:

$$\delta\vec{r} = \frac{d\vec{r}}{dq}\delta q$$

S 61   Bestimmung von Auflagerreaktionen und Schnittgrößen

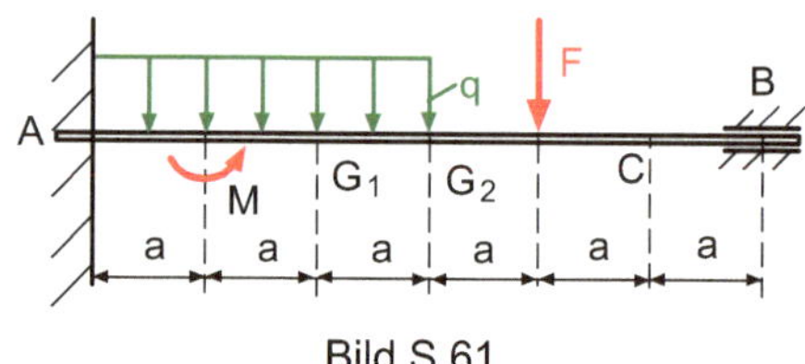

Bild S 61

Ein Gerberträger mit den Gelenken G_1 und G_2 ist bei A eingespannt und bei B in einer Schiebehülse gelagert. Die Belastung des Balkens erfolgt durch ein Einzelmoment M, durch eine Einzelkraft F und durch eine konstante Streckenlast q.

Gegeben
M, F, q, a

Mit dem Prinzip der virtuellen Arbeit bestimme man

a) Auflagerreaktionen
b) Gelenkkräfte und Schnittgrößen an der Stelle C

Dabei sind die geometrischen Verschiebungsfiguren so zu wählen, dass jeweils nur eine Unbekannte auftritt und vorhergehende Ergebnisse nicht verwendet werden.

Lösung
Die gesuchten Größen (Kräfte und Momente) müssen so freigeschnitten werden bzw. durch Wegnahme einer Fessel so freigemacht werden, dass sie beweglich werden und virtuelle Arbeit verrichten können, aus der dann die Unbekannten zu bestimmen sind.

a) Auflagerreaktionen (Bild SL 61a)
Mit Ausnutzung eines geometrischen Zusammenhangs (geometrische Kopplung gK) kann hier eine Variable eliminiert werden, so dass von zweien nur eine Veränderliche übrig bleibt.
Generell dürfen nur so viele Variable auftreten, wie Freiheitsgrade vorhanden sind (Generalisierung der Koordinaten).

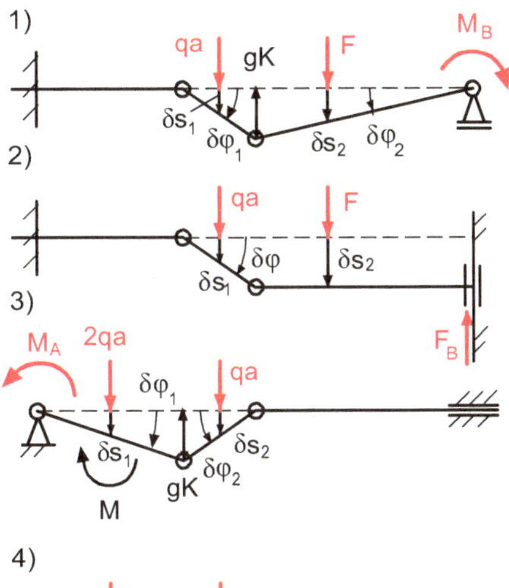

Bild SL 61a

1)

$$gK: a \cdot \delta\varphi_1 = 3a \cdot \delta\varphi_2 \Rightarrow$$

$$\delta\varphi_1 = 3\delta\varphi_2$$

$$\delta s_1 = \frac{a}{2}\delta\varphi_1 = \frac{3}{2}a \cdot \delta\varphi_2$$

$$\delta s_2 = 2a \cdot \delta\varphi_2$$

$$\delta W = -M_{\mathrm{B}} \cdot \delta\varphi_2 + qa \cdot \delta s_1 + F \cdot \delta s_2$$

$$\delta W = -M_{\mathrm{B}} \cdot \delta\varphi_2 + qa \cdot \frac{3}{2}a\delta\varphi_2 + F \cdot 2a\delta\varphi_2 = 0$$

$$\delta\varphi_2 \neq 0: \quad M_{\mathrm{B}} = F \cdot 2a + \frac{3}{2}qa^2$$

2)

$$\delta s_1 = \frac{a}{2}\delta\varphi; \quad \delta s_2 = a\delta\varphi$$

$$\delta W = qa \cdot \delta s_1 + F \cdot \delta s_2 - F_{\mathrm{B}} \cdot \delta s_2 = 0$$

$$\delta W = qa \cdot \frac{a}{2}\delta\varphi + F \cdot a\delta\varphi - F_{\mathrm{B}} \cdot a\delta\varphi = 0$$

$$\delta\varphi \neq 0: \quad F_{\mathrm{B}} = F + \frac{1}{2}qa$$

3)

$$gK:\ 2a\delta\varphi_1 = a\delta\varphi_2 \Rightarrow$$

$$\delta\varphi_2 = 2\delta\varphi_1$$

$$\delta s_1 = a\delta\varphi_1$$

$$\delta s_2 = \frac{a}{2}\delta\varphi_2 = a\delta\varphi_1$$

$$\delta W = -M_A \cdot \delta\varphi_1 + M \cdot \delta\varphi_1 + 2qa \cdot \delta s_1 + qa \cdot \delta s_2 = 0$$

$$\delta W = -M_A \cdot \delta\varphi_1 + M \cdot \delta\varphi_1 + 2qa \cdot a\delta\varphi_1 + qa \cdot a\delta\varphi_1 = 0$$

$$\delta\varphi_1 \neq 0:\ M_A = M + 2qa^2 + qa^2 = M + 3qa^2$$

4)

$$\delta s_1 = a \cdot \delta\varphi; \quad \delta s_2 = \frac{a}{2} \cdot \delta\varphi$$

$$\delta W = -F_A \cdot \delta s_1 + 2qa \cdot \delta s_1 + qa \cdot \delta s_2 = 0$$

$$\delta W = -F_A \cdot a\delta\varphi + 2qa \cdot a\delta\varphi + qa \cdot \frac{a}{2}\delta\varphi = 0$$

$$\delta\varphi \neq 0:\ F_A = 2qa + \frac{1}{2}qa = \frac{5}{2}qa$$

b) Gelenkkräfte und Schnittgrößen (Bild SL 61b)

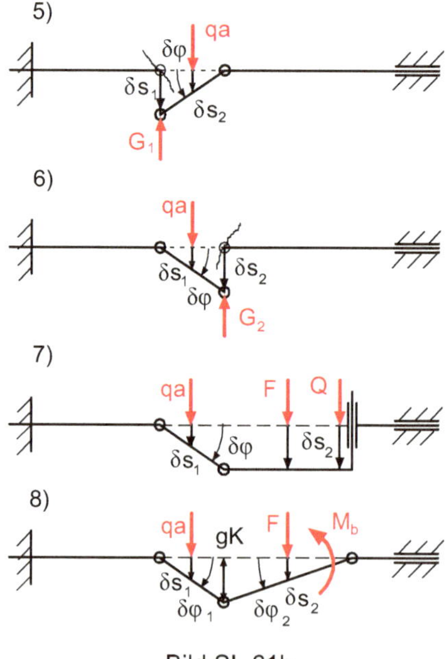

Bild SL 61b

5)

$$\delta s_1 = a\delta\varphi; \quad \delta s_2 = \frac{a}{2}\delta\varphi$$

$$\delta W = -G_1 \cdot \delta s_1 + qa \cdot \delta s_2 = 0$$

$$\delta W = -G_1 \cdot a\delta\varphi + qa \cdot \frac{a}{2}\delta\varphi = 0$$

$$\delta\varphi \neq 0:\ G_1 = \frac{1}{2}qa$$

6)

$$\delta s_1 = \frac{a}{2} \cdot \delta\varphi; \quad \delta s_2 = a \cdot \delta\varphi$$

$$\delta W = qa \cdot \delta s_1 - G_2 \cdot \delta s_2 = 0$$

$$\delta W = qa \cdot \frac{a}{2}\delta\varphi - G_2 \cdot a\delta\varphi = 0$$

$$\delta\varphi \neq 0:\ G_2 = \frac{1}{2}qa$$

Generell müssen die Schnittgrößen zur Arbeitsberechnung an beiden Schnittufern gegensinnig angetragen werden.

Hier findet rechts von C keine Verschiebung und keine Verdrehung statt, so dass dort die rechten Schnittgrößen Q und M_b sowie alle weiteren Kräfte und Momente rechts von C weggelassen werden können. Nur links von C verrichten die Schnittgrößen sowie die entsprechenden äußeren Kräfte und Momente virtuelle Arbeit.

7)

$$\delta s_1 = \frac{a}{2} \cdot \delta\varphi; \quad \delta s_2 = a \cdot \delta\varphi$$

$$\delta W = qa \cdot \delta s_1 + F \cdot \delta s_2 + Q \cdot \delta s_2 = 0$$

$$\delta W = qa \cdot \frac{a}{2}\delta\varphi + F \cdot a\delta\varphi + Q \cdot a\delta\varphi = 0$$

$$\delta\varphi \neq 0:\ Q = -F - \frac{1}{2}qa$$

8)

$$gK:\ a\delta\varphi_1 = 2a\delta\varphi_2 \Rightarrow \delta\varphi_1 = 2\delta\varphi_2$$

$$\delta s_1 = \frac{a}{2}\delta\varphi_1 = a\delta\varphi_2; \quad \delta s_2 = a\delta\varphi_2$$

$$\delta W = qa \cdot \delta s_1 + F \cdot \delta s_2 + M_b \cdot \delta\varphi_2 = qa \cdot a\delta\varphi_2 + F \cdot a\delta\varphi_2 + M_b \cdot \delta\varphi_2 = 0$$

$$\delta\varphi_2 \neq 0:\ M_b = -F \cdot a - q \cdot a^2$$

1.10   Stabilität von Gleichgewichtslagen

S 62   Brief- oder Paketwaage

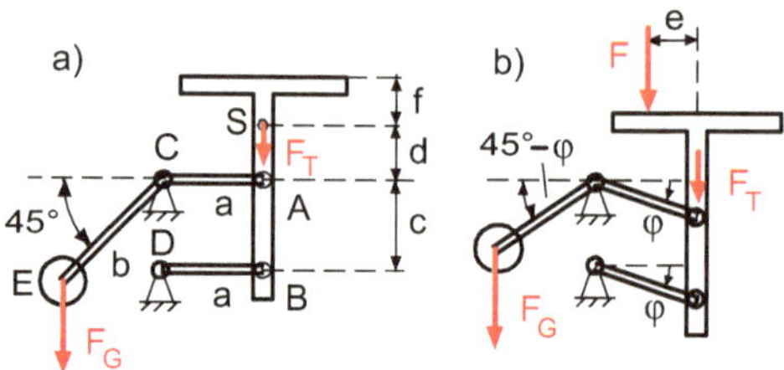

Bild S 62

Gegeben

$F_T = 5\,\text{N}$; $F = 4\,\text{N}$; $e = 5\,\text{cm}$; $\overline{AC} = \overline{BD} = a = 20\,\text{cm}$; $\overline{CE} = b = 30\,\text{cm}$; $\overline{AB} = c = 15\,\text{cm}$

Bei einer Briefwaage (Eigengewicht des Tisches F_T) soll das Gegengewicht F_G so ausgelegt werden, dass die Haltestange BD im unbelastetem Zustand horizontal steht (Bild S 62a).

Um die Waage zu eichen, wird auf den Tisch eine Kraft F aufgebracht und der sich dabei einstellende Winkel φ gemessen (Bild S 62b). Dieser Vorgang wird mit verschiedenen Kräften öfters wiederholt. Umgekehrt kann nach der Eichung von einem beliebigen Ausschlagswinkel φ auf das aufgelegte Gewicht geschlossen werden.

Gesucht

a) Erforderliches Gegengewicht
b) Welcher Winkel φ stellt sich für eine bestimmte Betriebskraft F ein? Ist die Gleichgewichtslage von einer seitlichen Verschiebung (Exzentrizität e) der Last abhängig?
c) Welche Kräfte ergeben sich, wenn die Waage nur durch ein Moment M (z. B. durch ein Kräftepaar) belastet wird?
d) Welcher Art ist das Gleichgewicht?
e) Gelenk- und Auflagerkräfte

Lösung

a) Gegengewicht

Belastung nur durch das Eigengewicht F_T im Schwerpunkt S des Tisches (Bild SL 62a)

Die Haltestange BD ist ein Zweigelenkstab, d. h. die Kraft F_B wirkt in Richtung BD, also nach Voraussetzung horizontal.

$$\sum_{AB} F_x = 0 = F_B \Rightarrow F_B = 0$$

Da keine weiteren horizontalen Kräfte am Tisch auftreten, muss F_B Null sein.

$$\sum_{AB} F_y = 0 \Rightarrow F_A = F_T = 5\,\mathrm{N}$$

Momentengleichgewicht am Gestänge AE liefert das erforderliche Gegengewicht F_G

$$\sum_{AE} M^{(C)} = 0 = F_G \cdot b \cdot \cos 45° - F_A \cdot a \Rightarrow F_G = \frac{a}{b \cdot \cos 45°} \cdot F_A$$

Mit $F_A = F_T$ wird

$$F_G = \sqrt{2} \cdot \frac{a}{b} \cdot F_T = \sqrt{2} \cdot \frac{20}{30} \cdot 5\,\mathrm{N} = 4{,}71\,\mathrm{N}$$

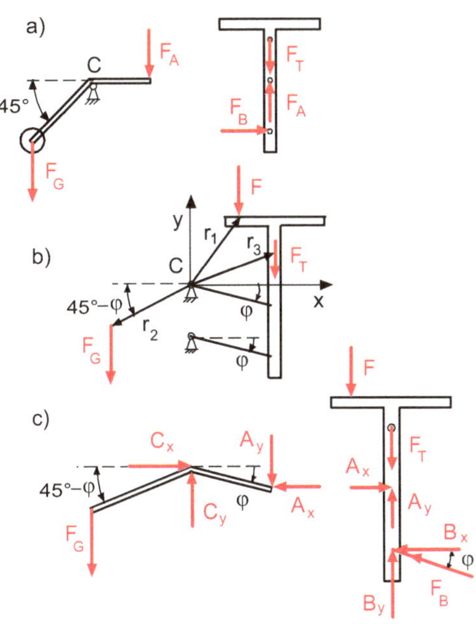

Bild SL 62

b) Gleichgewichtslage
    Belastung durch die äußere Kraft F und durch das Eigengewicht F_T
    Das Koordinatensystem x, y wird durch das Festlager C gelegt.

Die Ortsvektoren $\vec{r}_i$ zeigen vom Koordinatenursprung C zum jeweiligen Kraftangriffspunkt.

$$\vec{r}_1 = \begin{bmatrix} a \cdot \cos\varphi - e \\ f - a \cdot \sin\varphi \end{bmatrix}; \quad \delta\vec{r}_1 = \frac{d\vec{r}_1}{d\varphi}\delta\varphi = \begin{bmatrix} -a \cdot \sin\varphi \\ -a \cdot \cos\varphi \end{bmatrix}\delta\varphi$$

$$\vec{r}_2 = \begin{bmatrix} -b \cdot \cos(45° - \varphi) \\ -b \cdot \sin(45° - \varphi) \end{bmatrix}; \quad \delta\vec{r}_2 = \frac{d\vec{r}_2}{d\varphi}\delta\varphi = \begin{bmatrix} b \cdot \sin(45° - \varphi) \cdot (-1) \\ -b \cdot \cos(45° - \varphi) \cdot (-1) \end{bmatrix}\delta\varphi$$

$$\vec{r}_3 = \begin{bmatrix} a \cdot \cos\varphi \\ d - a \cdot \sin\varphi \end{bmatrix}; \quad \delta\vec{r}_3 = \frac{d\vec{r}_3}{d\varphi}\delta\varphi = \begin{bmatrix} -a \cdot \sin\varphi \\ -a \cdot \cos\varphi \end{bmatrix}\delta\varphi$$

Die Maße d, e, f fallen als Konstante beim Differenzieren heraus und werden für die weitere Rechnung nicht mehr gebraucht.

Kraftvektoren

$$\vec{F} = \begin{bmatrix} 0 \\ -F \end{bmatrix}; \quad \vec{F}_G = \begin{bmatrix} 0 \\ -F_G \end{bmatrix}; \quad \vec{F}_T = \begin{bmatrix} 0 \\ -F_T \end{bmatrix}$$

Die virtuelle Arbeit ist im Gleichgewichtsfall Null (Prinzip der virtuellen Arbeit).

$$\delta W = \vec{F} \cdot \delta\vec{r}_1 + \vec{F}_G \cdot \delta\vec{r}_2 + \vec{F}_T \cdot \delta\vec{r}_3 = 0$$

Da alle x-Komponenten der Kräfte Null sind, bleiben nur die skalaren Produkte mit den y-Komponenten übrig.

$$\delta W = [F \cdot a \cdot \cos\varphi - F_G \cdot b \cdot \cos(45° - \varphi) + F_T \cdot a \cdot \cos\varphi]\,\delta\varphi$$

$$\delta W = \frac{dW}{d\varphi}\delta\varphi = W' \cdot \delta\varphi$$

$$\frac{dW}{d\varphi} = W' = (F + F_T) \cdot a \cdot \cos\varphi - F_G \cdot b \cdot \cos(45° - \varphi)$$

$$\delta\varphi \neq 0: \ (F + F_T) \cdot a \cdot \cos\varphi - F_G \cdot b \cdot \cos(45° - \varphi) = 0$$

Mit dem Additionstheorem

$$\cos(\alpha - \beta) = \cos\alpha \cdot \cos\beta + \sin\alpha \cdot \sin\beta \ \text{wird}$$

$$\frac{F + F_T}{F_G} \cdot \frac{a}{b} \cdot \cos\varphi = \cos 45° \cdot \cos\varphi + \sin 45° \cdot \sin\varphi = \frac{\cos\varphi}{\sqrt{2}} + \frac{\sin\varphi}{\sqrt{2}}$$

Für Werte mit $\cos\varphi \neq 0$ darf die Gleichung durch $\cos\varphi$ dividiert werden

$$\sqrt{2} \cdot \frac{F + F_T}{F_G} \cdot \frac{a}{b} = 1 + \tan\varphi \Rightarrow \tan\varphi = \sqrt{2} \cdot \frac{F + F_T}{F_G} \cdot \frac{a}{b} - 1$$

$$\tan\varphi = \sqrt{2} \cdot \frac{4 + 5}{4,71} \cdot \frac{20}{30} - 1 = 0{,}802 \Rightarrow \varphi = 38{,}71°$$

Die Exzentrizität e der Last F hat keinen Einfluss auf den Ausschlagswinkel φ. Die Waage zeigt also unabhängig von der Auflagestelle des zu wiegenden Körpers immer das gleiche Ergebnis an.

Weitere Lösung: $\cos\varphi = 0$; $\varphi = 90°$; $\tan 90° \to \infty$; $F \to \infty$

Dieser Zustand, bei dem die beiden Stangen AC und BD senkrecht nach unten zeigen, wird näherungsweise bei sehr schweren Paketen erreicht.

c) Belastet man die Waage nur durch ein Moment M z. B. in Form eines Kräftepaares an der Waagschale, so bilden die beiden parallelen Stangen eine Gegenkräftepaar von der Größe

$$F_A = F_B = \frac{M}{c \cdot \cos\varphi}$$

Das Moment $M = F \cdot e$ wird von den beiden Stangenkräften bei A und B aufgenommen und direkt in die Lager C und D abgeleitet. Ein Moment allein, also eine Exzentrizität der Belastungskraft, hat demnach keine Auswirkung auf den Ausschlagswinkel φ.

d) Art des Gleichgewichts

$$\delta^2 W = \frac{d^2 W}{d\varphi^2} \cdot \delta\varphi^2 = W'' \cdot \delta\varphi^2$$

Die Art des Gleichgewichts hängt vom Vorzeichen von W'' ab.

$$W'' \quad \begin{matrix} < 0 \\ = 0 \\ > 0 \end{matrix} \quad \begin{matrix} \text{stabiles} \\ \text{indifferentes} \\ \text{labiles} \end{matrix} \quad \text{Gleichgewicht}$$

$$W' = (F + F_T) \cdot a \cdot \cos\varphi - F_G \cdot b \cdot \cos(45° - \varphi)$$

$$W'' = \frac{dW'}{d\varphi} = -(F + F_T) \cdot a \cdot \sin\varphi - F_G \cdot b \cdot \sin(45° - \varphi)$$

Für Winkel $\varphi < 45°$ ist $\sin(45° - \varphi) > 0$ und damit offensichtlich $W'' < 0 \Rightarrow$ stabiles Gleichgewicht.

Für Winkel $\varphi > 45°$ ist die Art des Gleichgewichts durch Einsetzen von entsprechenden Zahlenwerten noch zu überprüfen.

e) Gelenk- und Auflagerkräfte (Bild SL 62c)

Gleichgewicht am Tisch AB

$$B_x = F_B \cdot \cos\varphi; \quad B_y = F_B \cdot \sin\varphi$$

$$\sum_{AB} M^{(A)} = 0 = F \cdot e - F_B \cdot \cos\varphi \cdot c \Rightarrow F_B = F \cdot \frac{e}{c \cdot \cos\varphi} = F_D$$

$$F_B = 4 \cdot \frac{5}{15 \cdot \cos 38{,}71°} = 1{,}71\,\text{N}$$

$$\sum_{AB} F_{\mathrm{x}} = 0 \Rightarrow A_{\mathrm{x}} = F_{\mathrm{B}} \cdot \cos\varphi = F \cdot \frac{e}{c} = 4 \cdot \frac{5}{15} = 1{,}33\,\mathrm{N}$$

$$\sum_{AB} F_{\mathrm{y}} = 0 \Rightarrow A_{\mathrm{y}} = F + F_{\mathrm{T}} - F_{\mathrm{B}} \cdot \sin\varphi = F + F_{\mathrm{T}} - F\frac{e}{c} \cdot \tan\varphi$$

$$A_{\mathrm{y}} = 4 + 5 - 4 \cdot \frac{5}{15} \cdot \tan 38{,}71^{\circ} = 7{,}93\,\mathrm{N}$$

Gleichgewicht am Gestänge AE

$$\sum_{AE} F_{\mathrm{x}} = 0 \Rightarrow C_{\mathrm{x}} = A_{\mathrm{x}} = F \cdot \frac{e}{c} = 1{,}33\,\mathrm{N}$$

$$\sum_{AE} F_{\mathrm{y}} = 0 \Rightarrow C_{\mathrm{y}} = A_{\mathrm{y}} + F_{\mathrm{G}} = 7{,}93 + 4{,}71 = 12{,}64\,\mathrm{N}$$

Die Auflager- und Gelenkkräfte sind von der Exzentrizität e und vom Ausschlagswinkel φ abhängig.

Hat man den Winkel φ nicht schon vorher nach dem Prinzip der virtuellen Arbeit ermittelt, so lässt sich dafür eine weitere Gleichung gewinnen (kann auch zur Kontrolle dienen).

$$\sum_{AE} M^{(C)} = 0 = F_{\mathrm{G}} \cdot b \cdot \cos(45^{\circ} - \varphi) - A_{\mathrm{x}} \cdot a \cdot \sin\varphi - A_{\mathrm{y}} \cdot a \cdot \cos\varphi$$

Setzt man die vorher berechneten Werte von A_{x} und A_{y} ein, so wird

$$F_{\mathrm{G}} \cdot b \cdot \cos(45^{\circ} - \varphi) = F \cdot \frac{e}{c} \cdot a \cdot \sin\varphi + (F + F_{\mathrm{T}}) \cdot a \cdot \cos\varphi - F \cdot \frac{e}{c} \cdot a \cdot \sin\varphi$$

$$F_{\mathrm{G}} \cdot b \cdot \cos(45^{\circ} - \varphi) = (F + F_{\mathrm{T}}) \cdot a \cdot \cos\varphi \quad \text{weiter wie vorher.}$$

1.11   Aufgaben zur Selbstkontrolle

Hinweise und Tipps

Fragen nach mehreren Einzelheiten mit Angabe der entsprechenden Ergebnisse sollen zur Erleichterung dienen und richtungsweisend für den Gang der Rechnung sein sowie eine ständige Kontrolle oder einen eventuellen Zwischeneinstieg ermöglichen.

Um eine geeignete Strategie beim Lösen von Gleichungssystemen mit mehreren Unbekannten zu finden, ist es zweckmäßig und übersichtlich, die Unbekannten in jeder Gleichung nochmals für sich abgetrennt an den Rand zu schreiben.

Bevor man weiter ins Detail geht prüfe man, ob die Zahl der voneinander unabhängigen Gleichungen mit der Zahl der Unbekannten übereinstimmt.

Am besten eine Gleichung mit nur einer Unbekannten oder anderenfalls zwei Gleichungen mit zwei gleichartigen zusammengehörigen Unbekannten zuerst auswählen und auflösen.

Oftmals ist es günstig, erst einmal das Gesamtsystem zu betrachten, bevor man durch Zerlegen in Einzelteile oder durch Schnitte weitere Gleichungen aufspürt, die meist weitere Unbekannte enthalten.

SA 1-1   Hydraulische Hebebühne

(Schwierigkeitsgrad: leicht)

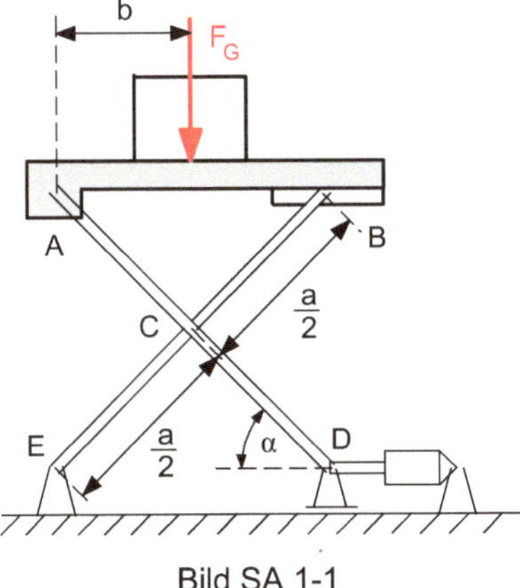

Bild SA 1-1

Eine Hebebühne nach Bild SA 1-1 ist durch ein Gewicht F_G belastet. Durch einen hydraulischen Kolben wird die Arbeitsbühne in ihrer Höhe verstellt.

Gegeben
$F_G = 12\,\text{kN}; a = 4\,\text{m}; b = 0{,}8\,\text{m}; \alpha = 60°$

Gesucht

a) Für die angegebene Winkelstellung bestimme man sämtliche Auflager- und Gelenkkräfte sowie die Hydraulikkraft. Man zeichne alle Einzelteile mit den wirksamen Kräften.
   Hinweis: Man betrachte die Teile *AB, AD, BE* jeweils einzeln für sich in der Art eines Dreigelenkbogens.
b) Schnittgrößenverlauf in der Arbeitsbühne *AB*

Ergebnisse

a) $A_x = 0$; $A_y = 7200\,\text{N}$; $F_B = 4800\,\text{N}$; $C_x = 6928,2\,\text{N}$; $C_y = 2400\,\text{N}$

   $D_x = 6928,2\,\text{N}$; $D_y = 4800\,\text{N}$; $E_x = 6928,2\,\text{N}$; $E_y = 7200\,\text{N}$

b) $M_{max} = 5760\,\text{N\,m}$

   Verlangt wird immer der vollständige Schnittgrößenverlauf mit grafischer Darstellung.
   Zur Kontrolle werden nur einige markante Ergebnisse angegeben.

SA 1-2   Gelenkträger mit Stabwerk-Unterbau

(Schwierigkeitsgrad: mittel)

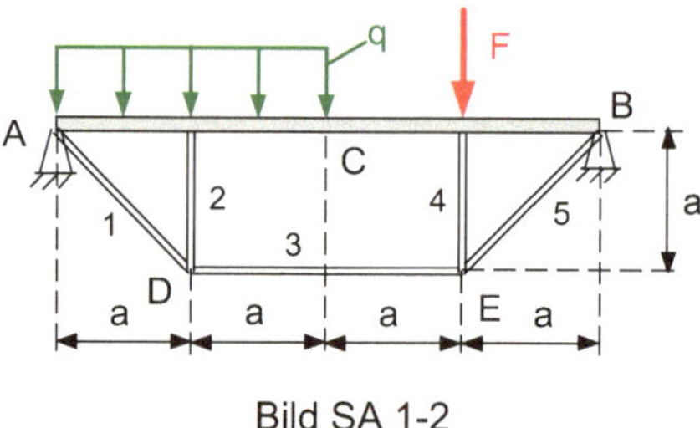

Bild SA 1-2

Das System nach Bild SA 1-2 ist bei A fest und bei B lose gelenkig gelagert. Die Belastung erfolgt durch eine Streckenlast q und eine Einzelkraft F.

Gegeben

$q = 2\,\frac{\text{kN}}{\text{m}}$; $F = 5\,\text{kN}$; $a = 0,8\,\text{m}$

Gesucht

a) Auflagerkräfte, Gelenkkraft, Stabkräfte

b) Schnittgrößenverlauf im Balken AB

Tipp: Schnitt durch das Gelenk C und durch den Stab 3

Ergebnisse

a) $A_x = 0$; $A_y = 3,65$; $B = 4,55$; $C_x = 4,1$; $C_y = 0,45\,\text{kN}$

   $S_1 = 5,8$; $S_2 = -4,1$; $S_3 = 4,1$; $S_4 = -4,1$; $S_5 = 5,8\,\text{kN}$

b) $M_2 = -1,0\,\text{kN\,m}$; $M_4 = 0,36\,\text{kN\,m}$

Maximale Momente am Stab 2 und am Stab 4. Kurvenverlauf: quadratische Parabeln, Gerade.

SA 1-3 Balken über einer Rinne

(Schwierigkeitsgrad: schwer)

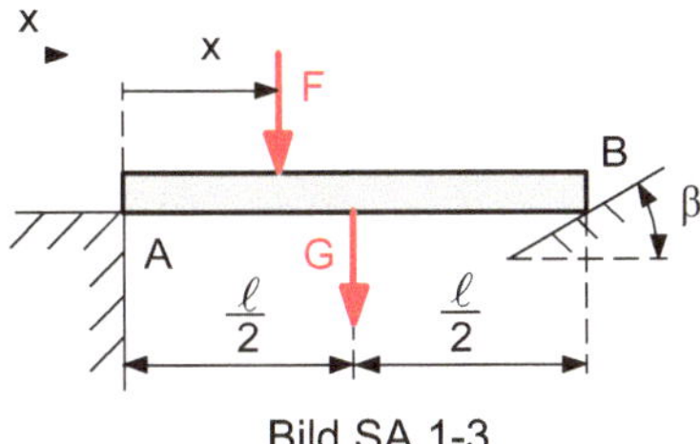

Bild SA 1-3

Über eine Rinne wird ein schwerer Balken (Länge ℓ, Gewicht G) gelegt. Die Haftungskoeffizienten an den Auflagestellen A und B sind μ_A und μ_B.

Gegeben

$F = 800\,\mathrm{N}$; $G = 400\,\mathrm{N}$; $\beta = 30°$; $\mu_\mathrm{A} = 0{,}2$; $\mu_\mathrm{B} = 0{,}3$; $\ell = 4\,\mathrm{m}$

Gesucht

1) Vertikale Verschiebung des Brettes

a) Welche Strecke x kann ein Mann (Gewichtskraft F) von A in Richtung B gehen, ohne dass der Balken rutscht?

b) Welche Auflagerkräfte ergeben sich für diese Grenzlage?

Hinweis

Wird ein starrer Körper (wie hier) an zwei Stützstellen durch Haftreibung im Gleichgewicht gehalten, so muss bei einer unmittelbar bevorstehenden **translatorischen** Verschiebung an beiden Stellen A und B gleichzeitig der Reibungs-Grenzzustand eintreten.

Bei einem starren Körper muss nämlich bei einer translatorischen Verschiebung an der Stelle A und an der Stelle B (wie auch an allen anderen Stellen) dieselbe Verschiebung (Geschwindigkeit, Beschleunigung) auftreten, denn der Abstand zweier Körperpunkte bleibt bei einem starren Körper immer gleich.

Ergebnisse

a) Maximal mögliche Entfernung $x = 1{,}75\,\mathrm{m}$

b) Normalkraft-Komponenten in den Auflagern: $N_\mathrm{A} = 650{,}05\,\mathrm{N}$; $N_\mathrm{B} = 541{,}28\,\mathrm{N}$

2) Horizontale Verschiebung des Brettes

Die vertikale Kraft F soll jetzt kollinear mit dem Gewicht in der Mitte des Brettes angreifen. Die Verschiebung des Brettes erfolgt jetzt durch eine horizontale Kraft senkrecht zur Zeichenebene.

a) Wie groß muss diese Kraft mindestens sein, wenn sie jeweils an den Rändern A bzw. B oder in der Mitte M des Brettes angreift (rotatorische Verschiebung)?
   Wie groß sind die Haftungskräfte F_{AM} und F_{BM} an den Auflageenden A und B bei der mittigen Verschiebekraft F_M?
b) In welchem Abstand von der Auflagerstelle A muss eine horizontale Kraft angreifen, damit das Brett translatorisch senkrecht zur Zeichenebene verschoben wird und wie groß ist diese Kraft F_V?

Hinweis

Bei einer translatorischen Verschiebung tritt an beiden Auflagerstellen gleichzeitig der Reibungs-Grenzzustand auf.

   Bei einer rotatorischen Verschiebung bleibt ein Auflagepunkt in Ruhe und wird zum Drehzentrum, da dort noch Reibungsreserve vorhanden ist. Der andere Auflagepunkt dreht um diesen Ruhepunkt, wenn das Drehmoment der Verschiebekraft groß genug ist, den Widerstand der Grenzreibung zu überwinden.

Ergebnisse

a) $N_A = 600\,\text{N}$; $F_A = 120\,\text{N}$; $N_B = 692{,}82\,\text{N}$; $F_B = 207{,}85\,\text{N}$
   $F_M = 240\,\text{N}$; $F_{AM} = F_{BM} = 120\,\text{N}$
b) $x = 2{,}536\,\text{m}$; $F_V = 327{,}85\,\text{N}$

SA 2-1   Förderanlage als Fachwerk

(Schwierigkeitsgrad: mittel)

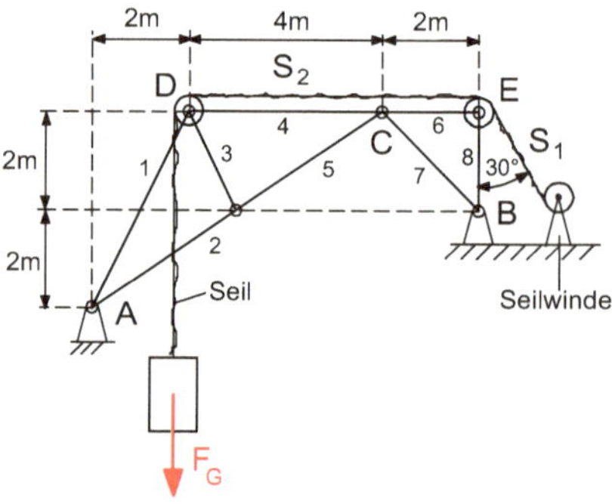

Bild SA 2-1

Durch eine Seilwinde nach Bild SA 2-1 wird eine Last mit dem Gewicht $F_G = 5\,\text{kN}$ über die Rollen D und E (Rollenradius kann beliebig klein angenommen werden) gleichförmig hochgezogen bzw. abgesenkt.

Gesucht

1) Rollen D und E drehbar
   a) Auflager- und Gelenkkräfte
   b) Stabkräfte rechnerisch und zeichnerische Kontrolle mit einem Cremonaplan
2) Rollen D und E blockiert
   Seilkräfte S_1 und S_2, wenn der Reibungskoeffizient zwischen Seil und Rollen $\mu = 0{,}3$ beträgt.
   a) beim Anheben des Gewichts
   b) beim Absenken des Gewichts

Ergebnisse

1) Rollen D und E drehbar
   a) $A_x = 0{,}5\,\text{kN}$; $A_y = 3\,\text{kN}$; $B_x = 2\,\text{kN}$; $B_y = 6{,}33\,\text{kN}$; $C_x = 5{,}5\,\text{kN}$; $C_y = 2\,\text{kN}$
   b) $S_1 = -5{,}59\,\text{kN}$; $S_2 = 3{,}61\,\text{kN}$; $S_3 = 0$; $S_4 = -7{,}50\,\text{kN}$
       $S_5 = 3{,}61\,\text{kN}$; $S_6 = -2{,}5\,\text{kN}$; $S_7 = -2{,}83\,\text{kN}$; $S_8 = -4{,}33\,\text{kN}$
2) Blockierte Rollen
   a) $S_1 = 10{,}97\,\text{kN}$; $S_2 = 8{,}01\,\text{kN}$
   b) $S_1 = 2{,}28\,\text{kN}$; $S_2 = 3{,}12\,\text{kN}$

SA 2-2 Eingespannter Gerberträger

(Schwierigkeitsgrad: mittel)

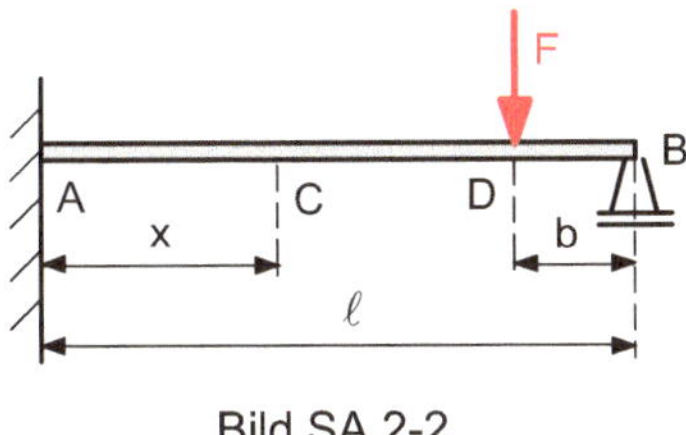

Bild SA 2-2

Ein Gerberträger ist nach Bild SA 2-2 bei A fest eingespannt und bei B durch ein Loslager gestützt. Das Gelenk C soll im Abstand x von der Einspannstelle festigkeitsmäßig günstig angebracht werden. Die Belastung erfolgt durch eine Einzelkraft F.

Gegeben

$F = 600\,\text{N}; \ell = 5\,\text{m}; b = 1\,\text{m}$

Gesucht

1) Der Träger AB sei gewichtslos.
   a) Abstand x des Gelenks so, dass der Betrag des größten Biegemoments minimal wird
      Hinweis: dann sind die Biegemomente bei A und D betragsmäßig gleich $|M_\text{A}| = |M_\text{D}|$.
   b) Auflagerreaktionen und Gelenkkraft
   c) Schnittgrößenverlauf
2) Der Träger hat jetzt das Gewicht $G = 450\,\text{N}$, das als konstante Streckenlast gleichmäßig über den Träger zu verteilen ist. Mit dem unter 1a) ermittelten Abstand des Gelenks bestimme man
   a) Auflagerreaktionen und Gelenkkraft
   b) Schnittgrößen-Verlauf

Ergebnisse

1) Ohne Streckenlast: a) $x = 2\,\text{m}$; b) $F_\text{A} = F_\text{C} = 200\,\text{N}$; $F_\text{B} = 400\,\text{N}$
   c) $M_\text{A} = -400\,\text{N\,m}$; $M_\text{C} = 0$; $M_\text{D} = 400\,\text{N\,m}$
2) Mit Streckenlast: $q = 90\,\frac{\text{N}}{\text{m}}$; a) $F_\text{A} = 515\,\text{N}$; $F_\text{B} = 535\,\text{N}$; $F_\text{C} = 335\,\text{N}$
   b) $M_\text{A} = -850\,\text{N\,m}$; $M_\text{C} = 0$; $M_\text{D} = 490\,\text{N\,m}$
   Biegemomentenkurven sind zwei quadratische Parabeln mit Knick bei D.

SA 2-3   Absetzen eines Trägers

(Schwierigkeitsgrad: mittel)

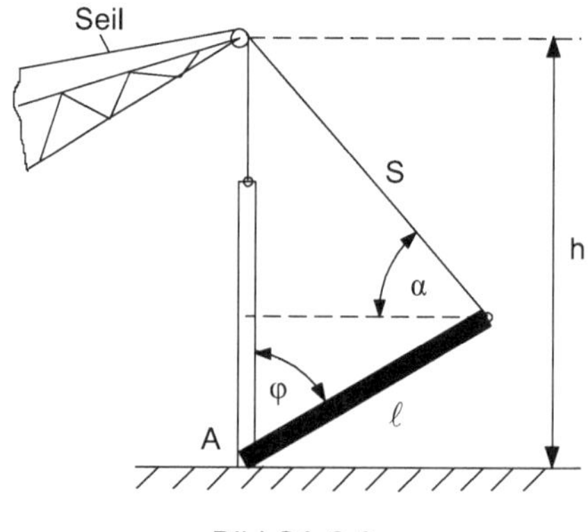

Bild SA 2-3

Mit Hilfe eines Baukrans (Höhe h) wird ein Träger (Länge ℓ, Gewicht G) nach Bild SA 2-3 am Boden senkrecht aufgesetzt und dann durch Nachlassen des Seils langsam abgekippt. Bei einem Neigungswinkel $\varphi = 20°$ gegen die Vertikale beginnt der Träger an zu rutschen.

Gegeben

$h = 5\,\text{m}; \ell = 3{,}5\,\text{m}; G = 4000\,\text{N}; \varphi = 20°$

Gesucht

a) Winkel α zwischen dem Seil S und der Horizontalen
b) Seilkraft
c) Haftungskoeffizient μ_0 zwischen Träger und Boden
d) Wie groß müsste der Haftungskoeffizient μ_0^* mindestens sein, wenn der Träger ohne abzurutschen vollständig bis in die Horizontale abgesenkt werden soll?

Tipp: Träger in einer Gleichgewichtslage unmittelbar vor Erreichen der horizontalen Position betrachten

Ergebnisse

a) $\alpha = 55°$; b) $S = 835\,\text{N}$; c) $\mu_0 = 0{,}144$; d) $\mu_0^* = 0{,}233$

2.1 Spannung und Verformung bei Längsbeanspruchung, Hookesches Gesetz

F 1 Federkräfte

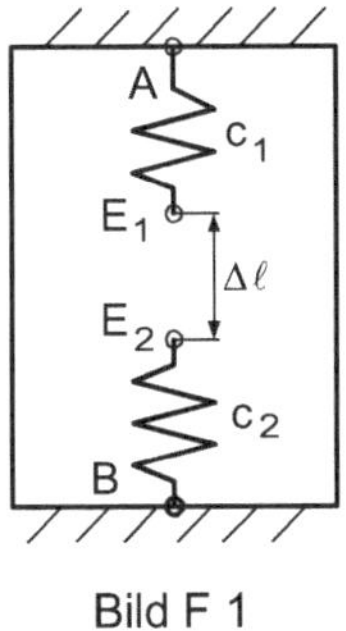

Bild F 1

In einem Rahmen ist oben eine Feder mit der Federsteifigkeit c_1 und unten eine Feder mit der Federsteifigkeit c_2 separat angebracht.

Die gegenüberliegenden freien Federenden E_1 und E_2, die ursprünglich einen Abstand $\Delta\ell$ hatten, werden im Einhängepunkt E miteinander verbunden.

Gegeben

$c_1 = 4\,\frac{\text{N}}{\text{cm}}$; $c_2 = 8\,\frac{\text{N}}{\text{cm}}$; $\Delta\ell = 9\,\text{cm}$; $m = 5\,\text{kg}$

Gesucht

a) Die Verlängerungen der Federn und die Kräfte an den Befestigungspunkten A und B

b) Welche Längenänderungen haben die Federn, wenn im Einhängepunkt E zusätzlich eine Masse m angebracht wird?

© Springer Fachmedien Wiesbaden GmbH 2017 181
A. Jahr, J. Berger, *Klausurentrainer Technische Mechanik*, DOI 10.1007/978-3-658-14783-9_2

Lösung

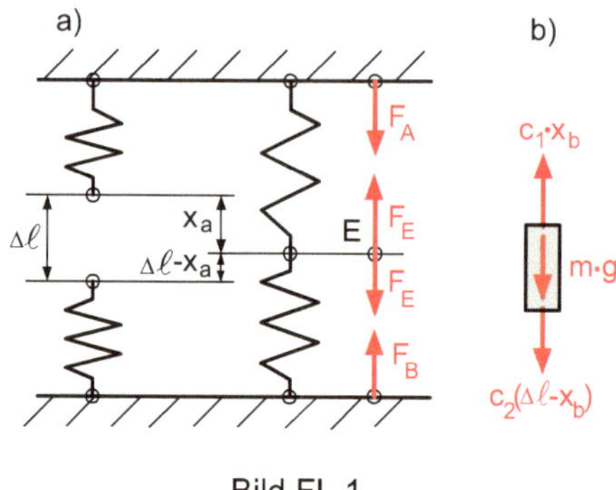

Bild FL 1

Die Federsteifigkeit $c = \frac{F}{x}$ gibt an, welche Kraft F zur Erzeugung einer Verlängerung x der Feder erforderlich ist.

Die Federkraft $F = c \cdot x$ ist proportional zum Federweg, wobei der Federweg x die Verlängerung aus der kraftlosen, ungespannten Lage ist.

a) Einhängung der Federn (Bild FL 1a)

   Die obere Feder dehnt sich um x_a, die untere um $\Delta\ell - x_a$.

   Am Einhängepunkt E sind beide Federkräfte gleich (actio = reactio).

$$c_1 \cdot x_a = c_2 \cdot (\Delta\ell - x_a) \Rightarrow$$

$$c_1 \cdot x_a = c_2 \cdot \Delta\ell - c_2 \cdot x_a \Rightarrow x_a = \frac{c_2}{c_1 + c_2} \cdot \Delta\ell = \frac{8}{4+8} \cdot 9 = 6\,\text{cm}$$

Die weichere (obere) Feder wird mehr, die härtere (untere) Feder weniger gedehnt.

$$F_A = c_1 \cdot x_a = 4 \cdot 6 = 24\,\text{N}$$

$$F_B = c_2 \cdot (\Delta\ell - x_a) = 8 \cdot (9 - 6) = 24\,\text{N}$$

$$F_E = F_A = F_B = 24\,\text{N}$$

Die Kräfte an den Federenden (also an den Wänden und im Einhängepunkt) sind aus Gleichgewichtsgründen gleich.

b) Mit zusätzlichem Gewicht (Bild FL 1b)

$$\sum F_y = 0 = c_1 \cdot x_b - m \cdot g - c_2 \cdot (\Delta\ell - x_b) \Rightarrow$$

$$c_1 \cdot x_b - m \cdot g - c_2 \cdot \Delta\ell + c_2 \cdot x_b = 0 \Rightarrow$$

$$x_b = \frac{m \cdot g + c_2 \cdot \Delta\ell}{c_1 + c_2} = \frac{5 \cdot 9{,}81 + 8 \cdot 9}{4 + 8} = 10{,}09\,\text{cm}$$

$$\Delta\ell - x_b = 9 - 10{,}09 = -1{,}09\,\text{cm}$$

Das Minuszeichen besagt, die untere Feder verschiebt sich nach unten und wird auf Druck beansprucht.

F 2 Lagerung einer starren Platte

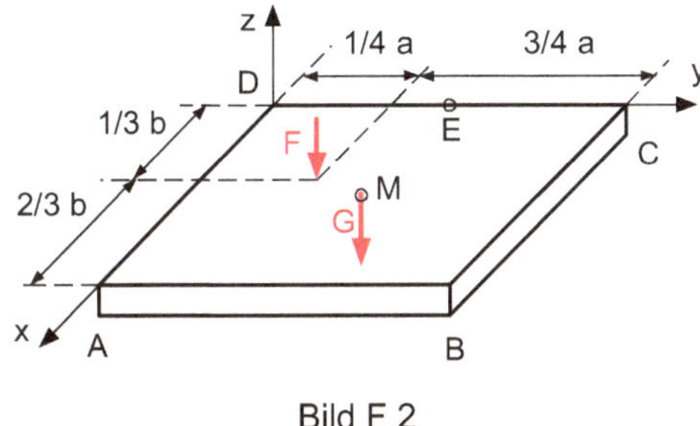

Bild F 2

Eine starre, homogene, rechteckige Tischplatte A, B, C, D (Eigengewicht G) ist durch eine Einzelkraft F belastet.

Gegeben

$G = 500\,\text{N}$; $F = 300\,\text{N}$, $a = 2{,}5\,\text{m}$; $b = 1{,}2\,\text{m}$

Gesucht

Man bestimme die Stützkräfte, wenn die Platte

1) durch 3 starre Stützen A, B, E aufgelagert ist (E ist die Mitte von CD),
2) mit 4 gleichen elastischen Stützen (Federn) A, B, C, D am Boden steht.

Bei dieser Aufgabe wird der Unterschied zwischen den Problemen aus der Statik und der Festigkeitslehre deutlich. In der Statik (Fall 1) genügen die Gleichgewichtsbedingungen zur Lösung, in der Festigkeitslehre (Fall 2) bei statisch unbestimmten Systemen sind zusätzlich noch Verformungsbedingungen nötig.

Lösung

1) 3 starre Stützen A, B, E (Bild FL 2a)

Momente um eine Parallele zur y-Achse durch A und B

I) $\quad \sum M_y^{(AB)} = 0$

$\qquad F_E \cdot b - G \cdot \frac{b}{2} - F \cdot \frac{2}{3} b \mid : b \Rightarrow$

$\qquad F_E = \frac{1}{2} G + \frac{2}{3} F = \frac{1}{2} \cdot 500 + \frac{2}{3} \cdot 300 = 450\,\text{N}$

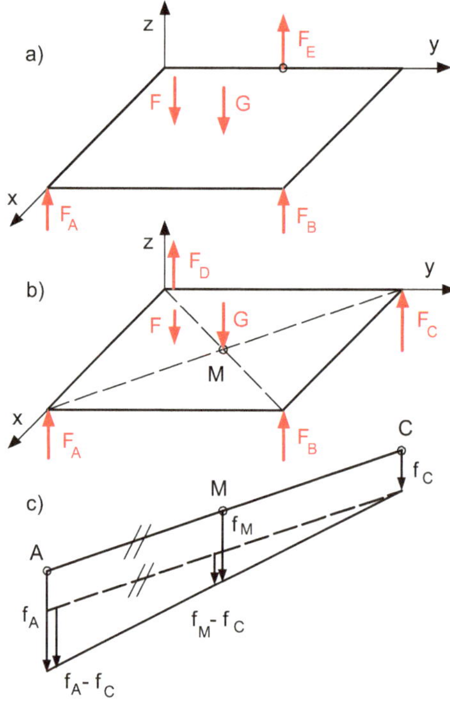

Bild FL 2

II) $\sum M_x = 0$

$F_B \cdot a + F_E \cdot \frac{a}{2} - G \cdot \frac{a}{2} - F \cdot \frac{a}{4} \mid : a \Rightarrow$

$F_B = \frac{1}{2}G + \frac{1}{4}F - \frac{1}{2}F_E$

$F_B = \frac{1}{2} \cdot 500 + \frac{1}{4} \cdot 300 - \frac{1}{2} \cdot 450 = 100\,\text{N}$

III) $\sum F_z = 0 \Rightarrow F_A = G + F - F_B - F_E$

$F_A = 500 + 300 - 100 - 450 = 250\,\text{N}$

2) 4 elastische Stützen A, B, C, D (Bild FL 2b)

I) $\sum M_y = 0 = -F_A \cdot b - F_B \cdot b + G \cdot \frac{b}{2} + F \cdot \frac{b}{3} \mid : b \Rightarrow$

$F_A + F_B = \frac{1}{2}G + \frac{1}{3}F = \frac{1}{2} \cdot 500 + \frac{1}{3} \cdot 300 = 350\,\text{N}$

II) $\sum M_x = 0 = F_B \cdot a + F_C \cdot a - G \cdot \frac{a}{2} - F \cdot \frac{a}{4} \mid : a \Rightarrow$

$F_B + F_C = \frac{1}{2}G + \frac{1}{4}F = \frac{1}{2} \cdot 500 + \frac{1}{4} \cdot 300 = 325\,\text{N}$

III) $\sum F_z = 0 \Rightarrow F_A + F_B + F_C + F_D = G + F = 500 + 300 = 800\,\text{N}$

Zur Bestimmung der 4 unbekannten Stützkräfte stehen nur 3 statische Gleichgewichtsbedingungen zur Verfügung. Das System ist also einfach statisch unbestimmt. Eine vierte Gleichung wird durch eine Verformungsaussage gewonnen.

Da die Platte starr (nicht verformbar) ist, bleibt sie in sich gerade und kann sich insgesamt nur schief stellen. Die Stützen passen sich der Platte an, so dass auch zwischen den

Verschiebungen der Stützen ein linearer Zusammenhang besteht. Die Auflagepunkte A, C und der Plattenmittelpunkt M liegen dann auf einer Geraden, ebenso wie die Punkte B, D, M.

Die Verschiebung f_M der Tischmitte M kann über die Diagonale AC und über die Diagonale BD aus den Absenkungen der Stützen mit dem Strahlensatz bestimmt werden.

Nach Bild FL 2c ist

$$\frac{f_A - f_C}{f_M - f_C} = \frac{\overline{AC}}{\overline{MC}} = \frac{2}{1} \Rightarrow f_A - f_C = 2f_M - 2f_C \Rightarrow f_M = \frac{f_A + f_C}{2}$$

analog ergibt sich über die Diagonale BD: $f_M = \dfrac{f_B + f_D}{2}$

Gleichsetzen: IV) $2f_M = f_A + f_C = f_B + f_D$

Federsteifigkeit $c = \frac{F_S}{f}$, wobei F_S = Stützkraft, f = Federweg (Absenkung der Stütze)

Elastische Tischbeine mit gleicher Federsteifigkeit c (bzw. der Tisch steht auf weichem, nachgiebigem Boden z. B. auf einem dicken Teppich).

Dann sind die Stützkräfte proportional den Federwegen:

$$F_A = c \cdot f_A; \quad F_B = c \cdot f_B; \quad F_C = c \cdot f_C; \quad F_D = c \cdot f_D$$

IV) $\qquad f_A + f_C = f_B + f_D \mid \cdot c \Rightarrow c \cdot f_A + c \cdot f_C = c \cdot f_B + c \cdot f_D$ bzw.

$\qquad\qquad F_A + F_C = F_B + F_D \Rightarrow F_A - F_B + F_C - F_D = 0$

III + IV = III′: $\quad 2F_A + 2F_C = 800 \mid : 2 \Rightarrow F_A + F_C = 400\,\mathrm{N}$

III′ − II = II′: $\quad F_A - F_B = 400 - 325 = 75\,\mathrm{N}$

I + II′: $\qquad\quad 2F_A = 350 + 75 = 425 \Rightarrow F_A = 212{,}5\,\mathrm{N}$

aus I: $\qquad\qquad F_B = 350 - F_A = 350 - 212{,}5 = 137{,}5\,\mathrm{N}$

aus II: $\qquad\qquad F_C = 325 - F_B = 325 - 137{,}5 = 187{,}5\,\mathrm{N}$

aus IV: $\qquad\qquad F_D = F_A - F_B + F_C = 212{,}5 - 137{,}5 + 187{,}5 = 262{,}5\,\mathrm{N}$

Ähnliche Verhältnisse mit entsprechend größeren Kräften liegen bei einem durch die Kraft F ungleichmäßig beladenem LKW mit dem Eigengewicht G vor, wenn dessen Obergestell als starr angenommen wird und die Nachgiebigkeit durch die Federung und durch die Bereifung bei allen vier Rädern gleich ist.

F 3 Abgesetzter Stab zwischen 2 starren Wänden

Ein abgesetzter Stab (Querschnitte A_1 und A_2, Elastizitätsmodul E) liegt ohne Spiel zwischen zwei starren Wänden.

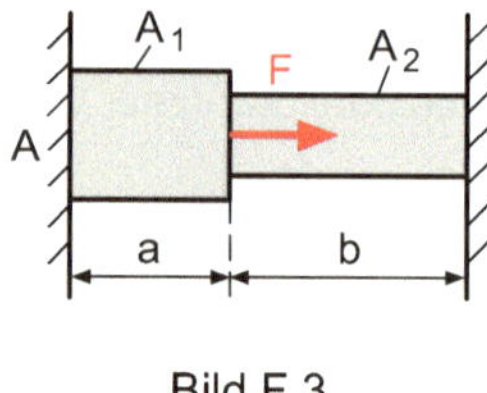

Bild F 3

Gesucht

Man bestimme die Kräfte, die von den Wänden auf den Stab ausgeübt werden,

a) wenn eine Kraft F am Übergang der Querschnitte wirkt (allgemein und Sonderfall $A_1 = A_2 = A$),

b) wenn der Stab um ΔT erwärmt wird und der Ausdehnungskoeffizient α beträgt (allgemein und Sonderfall $A_1 = A_2 = A$).

c) Der Stab sei jetzt bei A eingespannt und bei B klaffe eine Lücke der Breite Δs zwischen dem Stab und der Wand. Welche Zugkraft F muss am rechten Stabende wirken, um die Lücke zu schließen?

Lösung

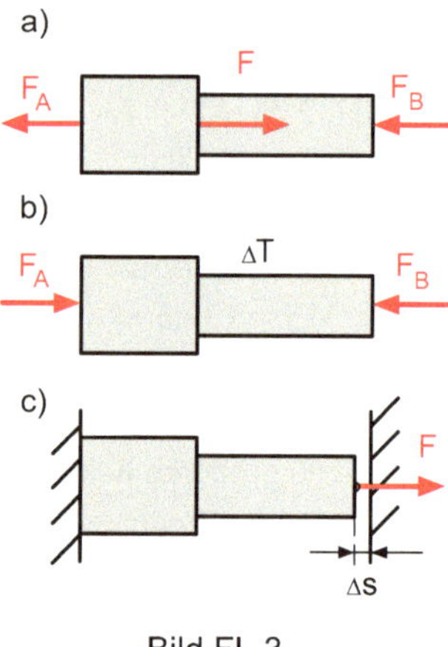

Bild FL 3

a) Kraft am Querschnittsübergang (Bild FL 3a)

$$\text{I)} \ \sum F_x = 0 = F - F_A - F_B$$

Die statischen Gleichgewichtsbedingungen reichen nicht aus zur Ermittlung der Auflagerkräfte, d. h. das System ist (hier einfach) statisch unbestimmt. Zur Berechnung der Kräfte sind Verformungsbedingungen nötig.

Stabteil a wird auf Zug beansprucht und um Δa verlängert.

Stabteil b wird auf Druck beansprucht und um Δb verkürzt.

Hookesches Gesetz

$$\sigma = E \cdot \varepsilon; \quad \frac{F}{A} = E \cdot \frac{\Delta \ell}{\ell} \Rightarrow \Delta \ell = \frac{F \cdot \ell}{E \cdot A}$$

$$\Delta a = \frac{F_A \cdot a}{E \cdot A_1}; \quad \Delta b = -\frac{F_B \cdot b}{E \cdot A_2}$$

Die starren Wände an den Stabenden sind unnachgiebig, daher muss die Summe der Längenänderungen Null sein.

Verformungsbedingung: $\Delta a + \Delta b = 0 \Rightarrow \Delta a = -\Delta b$

$$\text{II)} \ \frac{F_A \cdot a}{E \cdot A_1} = \frac{F_B \cdot b}{E \cdot A_2} \Rightarrow F_B = F_A \cdot \frac{a}{b} \cdot \frac{A_2}{A_1}$$

$$\text{II in I:} \ F - F_A = F_A \cdot \frac{a}{b} \cdot \frac{A_2}{A_1} \Rightarrow F_A = \frac{F}{1 + \frac{a}{b} \cdot \frac{A_2}{A_1}}$$

$$\text{aus II:} \ F_B = \frac{F}{1 + \frac{a}{b} \cdot \frac{A_2}{A_1}} \cdot \frac{a}{b} \cdot \frac{A_2}{A_1} = \frac{F}{1 + \frac{b}{a} \cdot \frac{A_1}{A_2}}$$

Sonderfall: $A_2 = A_1 = A$

$$F_A = \frac{F}{1 + \frac{a}{b}} = \frac{b}{a + b} \cdot F; \quad F_B = \frac{F}{1 + \frac{b}{a}} = \frac{a}{a + b} \cdot F$$

speziell für $a = b$: $F_A = F_B = \frac{1}{2} F$

b) Temperaturerhöhung um ΔT (Bild FL 3b)

Lässt man den Stab (nach vorübergehender Wegnahme einer Wand) sich erst frei um $\Delta \ell$ thermisch dehnen, so muss er anschließend durch eine äußere Kraft um das gleiche Maß mechanisch verkürzt werden, damit er wieder die Länge des Wandabstands annimmt.

thermische Dehnung = mechanische Dehnung

$$\Delta \ell = \alpha \cdot (a + b) \cdot \Delta T$$

$$\sum F_x = 0 \Rightarrow F_A = F_B = F$$

da die Kräfte gleich sind, werden die Indices weggelassen

$$\Delta a = \frac{F \cdot a}{E \cdot A_1}; \quad \Delta b = \frac{F \cdot b}{E \cdot A_2}$$

Verformungsbedingung: $\Delta a + \Delta b = \Delta \ell$

$$\frac{F}{E} \cdot \left(\frac{a}{A_1} + \frac{b}{A_2} \right) = \alpha \cdot (a + b) \cdot \Delta T \Rightarrow F = \frac{\alpha \cdot (a + b) \cdot \Delta T}{\frac{a}{A_1} + \frac{b}{A_2}} \cdot E$$

Sonderfall: $A_1 = A_2 = A$

$$F = \alpha \cdot E \cdot A \cdot \Delta T$$

c) Schließen einer Lücke (Bild FL 3c)

Durch die Zugkraft F am rechten Stabende werden die beiden Stabteile a und b auf Zug beansprucht und damit gedehnt.

$$\Delta a = \frac{F \cdot a}{E \cdot A_1}; \quad \Delta b = \frac{F \cdot b}{E \cdot A_2}$$

Verformungsbedingung: $\Delta a + \Delta b = \Delta s$

$$\frac{F \cdot a}{E \cdot A_1} + \frac{F \cdot b}{E \cdot A_2} = \Delta s \Rightarrow F = \frac{\Delta s \cdot E}{\frac{a}{A_1} + \frac{b}{A_2}}$$

F 4   Einbau eines zu kurzen Fachwerkstabes

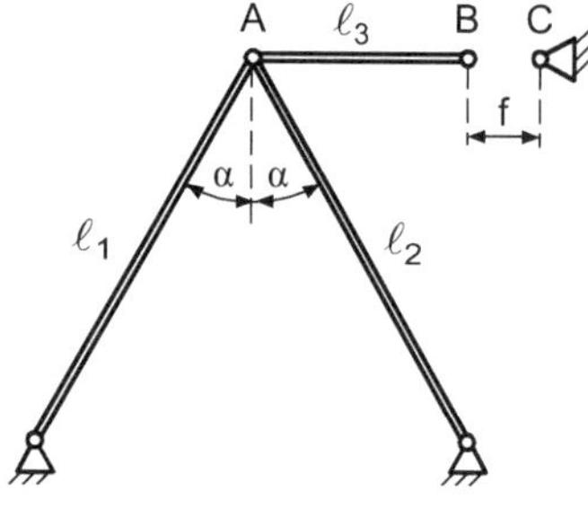

Bild F 4

Bei einem Fachwerk aus drei Stäben mit gleicher Dehnsteifigkeit EA ist der Stab 3 um das Maß f zu kurz gefertigt worden.

Gegeben

$\ell_1 = \ell_2 = \ell; \ell_3 = \frac{1}{2}\ell; f; EA; \alpha = 30°$

Gesucht

Welche Zugkraft F muss am Gelenkpunkt B bei der Montage aufgebracht werden, um die Lücke zu schließen?

Lösung

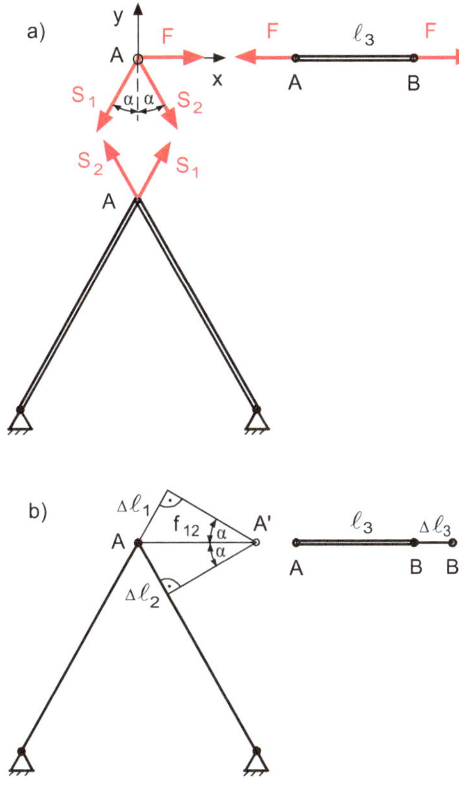

Bild FL 4

Die Stabkräfte werden zunächst als Zugkräfte angenommen. Ihre Gegenkräfte wirken auf den Bolzen.

Gleichgewicht des Bolzens A (Bild FL 4a)

I) $\qquad \sum F_y = 0 = -S_1 \cos\alpha - S_2 \cos\alpha \Rightarrow S_2 = -S_1$

II) $\qquad \sum F_x = 0 = F - S_1 \sin\alpha + S_2 \sin\alpha$

I in II: $F - S_1 \sin\alpha - S_1 \sin\alpha = 0 \Rightarrow$

$\qquad S_1 = \frac{F}{2\cdot\sin\alpha}$ Zugstab

aus I: $\quad S_2 = -\frac{F}{2\cdot\sin\alpha}$ Druckstab

$\qquad \Delta\ell_1 = \frac{S_1\cdot\ell_1}{EA} = \frac{F\cdot\ell}{2\sin\alpha\cdot EA}$ Verlängerung

$\qquad \Delta\ell_2 = \frac{S_2\cdot\ell_2}{EA} = -\frac{F\cdot\ell}{2\sin\alpha\cdot EA} = -\Delta\ell_1$

$\qquad \Delta\ell_2 < 0$ Verkürzung

nach Bild FL 4b ist

$$f_{12} = \frac{\Delta\ell_1}{\sin\alpha} = \frac{F \cdot \ell}{2\sin^2\alpha \cdot EA}$$

Die Verlängerung wird am Knoten vom Stab weg, die Verkürzung zum Stab hin angetragen. In den Endpunkten werden die Lote (anstelle von Kreisbögen mit relativ großem
Radius) errichtet und zum Schnitt gebracht.

$$\Delta\ell_3 = \frac{F \cdot \ell_3}{EA} = \frac{F \cdot \ell}{2EA}$$

Verformungsbedingung

Die Verschiebung f_{12} des Knotens A nach A' und die Verlängerung $\Delta\ell_3$ des Stabes 3
müssen die Lücke f schließen.

$$f_{12} + \Delta\ell_3 = f; \quad \frac{F \cdot \ell}{2\sin^2\alpha \cdot EA} + \frac{F \cdot \ell}{2EA} = f; \quad \frac{F \cdot \ell}{2EA} \cdot \left(1 + \frac{1}{\sin^2\alpha}\right) = f \Rightarrow$$

$$F = 2 \cdot \frac{\sin^2\alpha}{1 + \sin^2\alpha} \cdot EA \cdot \frac{f}{\ell}$$

Speziell für $\alpha = 30°$, $\left(\sin 30° = \frac{1}{2}\right)$ wird $F = \frac{2}{5}EA \cdot \frac{f}{\ell}$

F 5 Schrauben-Flanschverbindung

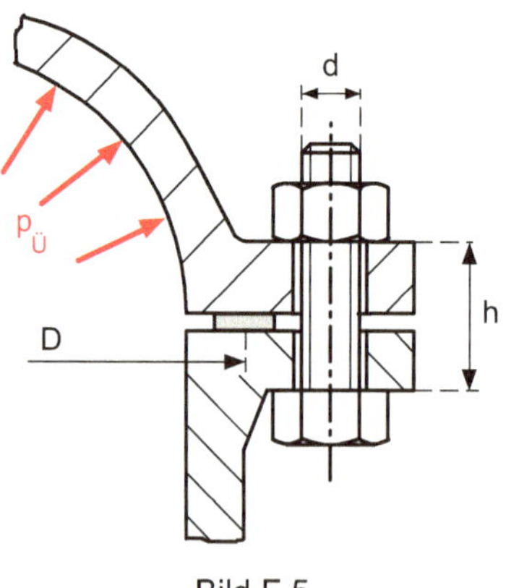

Bild F 5

Gegeben

$z = 8$; $M\ 16$; $d = 13{,}4\,\mathrm{mm}$; $E = 2{,}1 \cdot 10^5\,\frac{\mathrm{N}}{\mathrm{mm}^2}$, $h = 65\,\mathrm{mm}$, $f_{S1} = 25 \cdot 10^{-3}\,\mathrm{mm}$;
$f_{P1} = 36 \cdot 10^{-3}\,\mathrm{mm}$, $p_{\ddot{U}} = 20\,\mathrm{bar}$; $D = 250\,\mathrm{mm}$

Der Deckel einer Kolbenpumpe ist mit $z = 8$ Schrauben $M\ 16$ (Kerndurchmesser d,
Elastizitätsmodul E) durch eine Flanschverbindung (Höhe h) am Gehäuse befestigt.

Die Schrauben werden so angezogen, dass ihre Verlängerung (Federweg) f_{S1} beträgt. Dabei wird der Flansch mit Zwischenlage (Dichtung) um f_{P1} zusammengedrückt. Platten Hülsen usw. werden nach dem gleichen Prinzip verspannt. Daher schreibt man den Index P für Platte.

Im Betrieb entwickelt die Kolbenpumpe einen Überdruck $p_{\ddot{U}}$. Die kreisförmige Druckfläche hat bis zur Dichtung einen Durchmesser D.

Anmerkung Die Verbindung von Flansch und Schraube hat gegenüber der geschweißten oder genieteten Ausführung den Vorteil, dass sie jederzeit wieder gelöst werden kann. Sie kommt daher im Maschinenbau sehr häufig vor.

Gesucht

a) Schraubenvorspannung bei Montage sowie die Kräfte auf die Schrauben und auf den Flansch
b) Kräfte und Schraubenspannung im Betrieb
c) Längenänderungen von Schrauben und Flansch im Betrieb
d) Verspannungs-Schaubild

Lösung

Der Index 1 beschreibt den Zustand der Vorspannung ohne Innendruck, der Index 2 den Betriebszustand mit Innendruck.

a) Montage der Schrauben

Schraubenquerschnitt
$$A = \frac{\pi \cdot d^2}{4} = \frac{\pi \cdot 13{,}4^2}{4} = 141\,\mathrm{mm}^2$$

Hookesches Gesetz
$$\sigma = E \cdot \varepsilon = E \cdot \frac{\Delta\ell}{\ell}$$

Schraubenvorspannung
$$\sigma_{S1} = E \cdot \frac{f_{S1}}{h} = 2{,}1 \cdot 10^5 \cdot \frac{25 \cdot 10^{-3}}{65} = 80{,}77\,\frac{\mathrm{N}}{\mathrm{mm}^2}$$

Schraubenkraft
$$\sigma_{S1} = \frac{F_{S1}}{A} \Rightarrow F_{S1} = \sigma_{S1} \cdot A = 80{,}77 \cdot 141 = 11.388\,\mathrm{N}$$

Die Kräfte von allen z Schrauben wirken zusammen auf den Flansch und üben auf ihn insgesamt eine Kraft aus

$$F_{P1} = z \cdot F_{S1} = 8 \cdot 11.388 = 91.104\,\mathrm{N}$$

Um eine Vorspannung in den Schrauben zu erzeugen, werden die Muttern angezogen, d. h. nach unten verschoben. Dabei werden die Schrauben um f_{S1} gedehnt und der Flansch um f_{P1} gestaucht.

Als Ausgangslage nehmen wir die Flanschverbindung im kraftlosen Zustand an, also noch ohne Vorspannung der Schraube und ohne Innendruck. Die Mutter berührt dabei ohne Spannkraft den Flansch.

Die Verformungen sollen nun gedanklich separat nacheinander erfolgen. Zuerst dehnt sich die Schraube um f_{S1} entlang ihrer Dehnlänge h. Dann wird der Flansch um f_{P1} zusammengedrückt. Dabei hat sich die Mutter vom Flansch entfernt. Damit die Mutter wieder mit dem Flansch in Berührung kommt, muss sie nach unten verschoben (angezogen) werden um

$$f_{\text{ges}} = f_{S1} + f_{P1} = (25 + 36) \cdot 10^{-3} = 61 \cdot 10^{-3}\,\text{mm}$$

Die Mutter behält ihre Lage auch im Betriebszustand unter Innendruck bei, wenn die Schraube um f_{S2} gedehnt und der Flansch um f_{P2} gestaucht ist. Die durch die Vorspannung erzielte Gesamtverschiebung bleibt also nach der Montage immer gleich, so dass auch gilt

$$f_{\text{ges}} = f_{S2} + f_{P2}$$

b) Betrieb mit Überdruck (Bild FL 5-1)

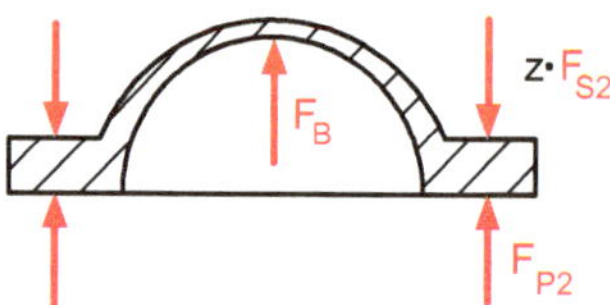

Bild FL 5-1

$$p_{\ddot{\text{U}}} = 20\,\text{bar} = 20 \cdot 10^5\,\frac{\text{N}}{\text{m}^2} = 2\,\frac{\text{N}}{\text{mm}^2}$$

Die resultierende vertikale Druckkraft auf den Gehäusedeckel ist gleich dem Überdruck mal einer Druckfläche, die sich ergibt, wenn man die vom Druckmedium beaufschlagte Fläche senkrecht projiziert.

$$A_{\text{proj}} = \frac{\pi \cdot D^2}{4} = \frac{\pi \cdot 250^2}{4} = 49.087\,\text{mm}^2$$

Betriebskraft infolge Überdrucks auf den Gehäusedeckel

$$F_B = p_{\ddot{\text{U}}} \cdot A_{\text{proj}} = 2\,\frac{\text{N}}{\text{mm}^2} \cdot 49.087\,\text{mm}^2 = 98.174\,\text{N}$$

Gleichgewicht am Gehäusedeckel

$$\text{I)}\;\sum F_y = 0 = F_B + F_{P2} - z \cdot F_{S2} \Rightarrow F_{P2} = z \cdot F_{S2} - F_B$$

Die Gesamtverschiebung der Mutter bleibt trotz veränderter Kräfte auch nach Einwirkung des Innendrucks gleich wie bei der Montage:

$$\text{II)} \quad f_{\text{ges}} = f_{\text{S2}} + f_{\text{P2}}$$

Die Längenänderungen im Betrieb und bei Montage verhalten sich bei der Schraube und beim Flansch wie die entsprechenden Kräfte:

$$\text{III)} \quad \frac{f_{\text{S2}}}{f_{\text{S1}}} = \frac{F_{\text{S2}}}{F_{\text{S1}}} \Rightarrow f_{\text{S2}} = \frac{F_{\text{S2}}}{F_{\text{S1}}} \cdot f_{\text{S1}}$$

$$\text{IV)} \quad \frac{f_{\text{P2}}}{f_{\text{P1}}} = \frac{F_{\text{P2}}}{F_{\text{P1}}} \Rightarrow f_{\text{P2}} = \frac{F_{\text{P2}}}{F_{\text{P1}}} \cdot f_{\text{P1}}$$

Diese Proportionen lassen sich auch am Verspannungs-Diagramm (Bild FL 5-2) aus ähnlichen Dreiecken ableiten.

$$\text{III, IV in II} = \text{II}': \qquad f_{\text{ges}} = \frac{F_{\text{S2}}}{F_{\text{S1}}} \cdot f_{\text{S1}} + \frac{F_{\text{P2}}}{F_{\text{P1}}} \cdot f_{\text{P1}}$$

$$\text{I in II}': \qquad f_{\text{ges}} = \frac{F_{\text{S2}}}{F_{\text{S1}}} \cdot f_{\text{S1}} + \frac{z \cdot F_{\text{S2}} - F_{\text{B}}}{F_{\text{P1}}} \cdot f_{\text{P1}}$$

mit $F_{\text{P1}} = z \cdot F_{\text{S1}}$ wird

$$f_{\text{ges}} = \frac{F_{\text{S2}}}{F_{\text{S1}}} \cdot f_{\text{S1}} + \frac{z \cdot F_{\text{S2}} - F_{\text{B}}}{z \cdot F_{\text{S1}}} \cdot f_{\text{P1}} = \frac{F_{\text{S2}}}{F_{\text{S1}}} \cdot \left(\underbrace{f_{\text{S1}} + f_{\text{P1}}}_{f_{\text{ges}}} \right) - \frac{F_{\text{B}}}{z \cdot F_{\text{S1}}} \cdot f_{\text{P1}} \Rightarrow$$

$$F_{\text{S2}} = F_{\text{S1}} + \frac{F_{\text{B}}}{z} \cdot \frac{f_{\text{P1}}}{f_{\text{ges}}} = 11.388 + \frac{98.174}{8} \cdot \frac{36}{61} = 18.630\,\text{N}$$

Schraubenspannung

$$\sigma_{\text{S2}} = \frac{F_{\text{S2}}}{A} = \frac{18.630}{141} = 132{,}13\,\frac{N}{\text{mm}^2}$$

aus I: $F_{\text{P2}} = 8 \cdot 18.630 - 98.174 = 50.866\,\text{N}$

c) Längenänderungen unter Betriebsdruck

$$\text{aus III:} \quad f_{\text{S2}} = \frac{18.630}{11.388} \cdot 25 \cdot 10^{-3} = 40{,}9 \cdot 10^{-3}\,\text{mm}$$

$$\text{aus IV:} \quad f_{\text{P2}} = \frac{50.866}{91.104} \cdot 36 \cdot 10^{-3} = 20{,}1 \cdot 10^{-3}\,\text{mm}$$

Kontrolle: $f_{\text{S2}} + f_{\text{P2}} = (40{,}9 + 20{,}1) \cdot 10^{-3} = 61 \cdot 10^{-3}\,\text{mm} = f_{\text{S1}} + f_{\text{P1}} = f_{\text{ges}}$

d) Verspannungs-Schaubild (Bild FL 5-2)

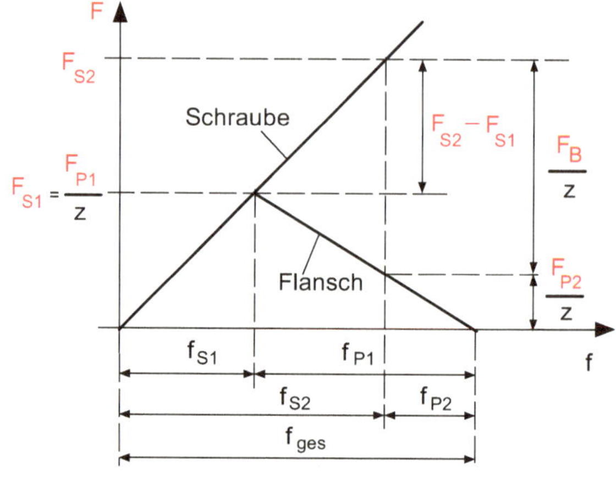

Bild FL 5-2

Trägt man die Kräfte von Schraube und Flansch über den entsprechenden Federwegen auf, so erhält man das Verspannungs-Schaubild. Längungen werden dabei nach rechts, Kürzungen nach links gezeichnet.

Zieht man die Schraube bis zur Vorspannkraft F_{S1} an, so werden die Schrauben um f_{S1} gedehnt und gleichzeitig der Flansch mit Zwischenlage um f_{P1} zusammengedrückt.

Kommt im Betrieb noch eine weitere Kraft F_B (z. B. eine Druckkraft) hinzu, so werden die Schrauben zusätzlich belastet und der Flansch gleichzeitig entlastet.

Die Schraubenkraft steigt auf F_{S2} an (bei einer Längung f_{S2}), die Flanschkraft nimmt auf F_{P2} ab (bei einer Zusammendrückung f_{P2}). Es ist

$$F_{S2} > F_{S1}; \quad F_{P2} < F_{P1}$$
$$f_{S2} > f_{S1}; \quad f_{P2} < f_{P1}$$

Im Bild FL 5-2 ist $\frac{F_B}{z}$ die Betriebskraft, die für eine Schraube anfällt, dargestellt bzw. $\frac{F_P}{z}$ die Kraft, die von einer Schraube auf den entsprechenden Flanschsektor wirkt.

Oft ist die Betriebskraft nicht konstant, sondern ändert sich von Null bis zu einem Maximalwert (schwellende Belastung). Dann schwankt die Schraubenkraft ständig zwischen F_{S1} und F_{S2}, was zu einem Dauerbruch der Schraube führen kann.

Die Betriebskraft liegt in der Schere zwischen den Kennlinien von Schraube und Flansch. Ist die Betriebskraft Null, so herrscht in der Schraube die Vorspannkraft F_{S1}. Steigt die Betriebskraft auf den Maximalwert F_B, so wird die Schraubenkraft nur um $F_{S2} - F_{S1}$ größer.

Dagegen würde sich ohne Schraubenvorspannung die Schraubenkraft wie die Betriebskraft von 0 auf F_B ändern.

Die Kraftänderung in der Schraube lässt sich verringern (und damit auch die Dauerbruchgefahr), wenn man weiche Schrauben (Dehnschrauben) und steife Flansche verwendet. Dann ist die Schraubenkurve flach, die Flanschkurve steil und die Differenzkraft (Schwankungsbreite) der Schraube $F_{S2} - F_{S1}$ kleiner.

2.2 Mohrscher Spannungskreis, Spannungen infolge Innendrucks

F 6 Dehnungsmessstreifen an einer Platte

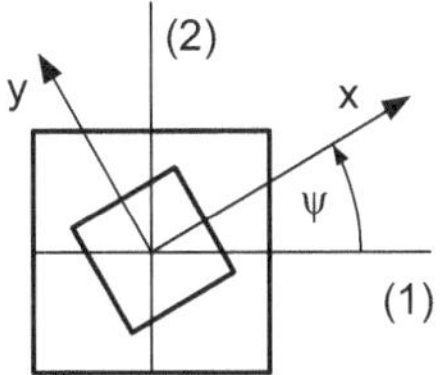

An einer ebenen Platte aus Stahl mit dem Elastizitätsmodul E und der Querzahl ν wurden an einer Stelle mittels Dehnungsmessstreifen die Hauptdehnungen ε_1 und ε_2 in Richtung der Achsen (1) und (2) gemessen.

Gegeben

$\varepsilon_1 = 0{,}09\% = 9 \cdot 10^{-4}$; $\varepsilon_2 = -0{,}06\% = -6 \cdot 10^{-4}$, $E = 2{,}1 \cdot 10^5 \frac{\text{N}}{\text{mm}^2}$; $\nu = 0{,}3$;
$\psi = 30°$

Gesucht

a) Hauptnormalspannungen σ_1, σ_2
b) Hauptschubspannung τ_{max} und die zugehörige Normalspannung σ_M
c) Spannungen und Verformungen in einem um den Winkel ψ zu den Hauptdehnungen entgegen dem Uhrzeigersinn gedrehten Element (Quadrat mit 2 mm Kantenlänge).

Die Spannungen sollen rechnerisch und zeichnerisch mit dem Mohrschen Spannungskreis ermittelt werden.

Lösung

a) Hauptnormalspannungen (Bild FL 6a)

$$\sigma_1 = \frac{E}{1 - \nu^2} \cdot (\varepsilon_1 + \nu \cdot \varepsilon_2)$$

$$\sigma_1 = \frac{2{,}1 \cdot 10^5}{1 - 0{,}3^2}(9 - 0{,}3 \cdot 6) \cdot 10^{-4} = 166{,}15 \frac{\text{N}}{\text{mm}^2}$$

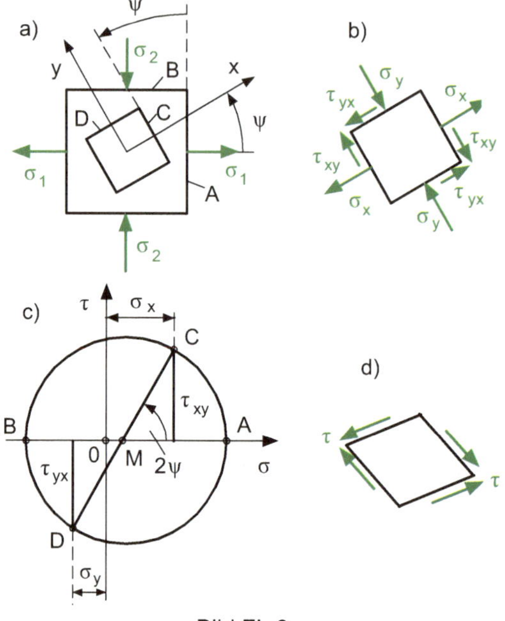

Bild FL 6

$$\sigma_2 = \frac{E}{1-\nu^2} \cdot (\varepsilon_2 + \nu \cdot \varepsilon_1)$$

$$\sigma_2 = \frac{2{,}1 \cdot 10^5}{1-0{,}3^2}(-6 + 0{,}3 \cdot 9) \cdot 10^{-4} = -76{,}15 \ \frac{\text{N}}{\text{mm}^2}$$

b) Hauptschubspannung mit zugehöriger Normalspannung

$$\tau_{\max} = \frac{\sigma_1 - \sigma_2}{2} = \frac{166{,}15 + 76{,}15}{2} = 121{,}15 \ \frac{\text{N}}{\text{mm}^2}$$

$$\sigma_{\text{M}} = \frac{\sigma_1 + \sigma_2}{2} = \frac{166{,}15 - 76{,}15}{2} = 45 \ \frac{\text{N}}{\text{mm}^2}$$

Diese Spannungen treten in einem unter 45° zu den Hauptnormalspannungen gedrehten Element auf. Der Leser zeichne dieses Element mit den zugehörigen Spannungen.

c) Um den Winkel ψ gedrehtes Element
Spannungen

$$\sigma_{\text{x}} = \frac{\sigma_1 + \sigma_2}{2} + \frac{\sigma_1 - \sigma_2}{2} \cos 2\psi = \frac{166{,}15 - 76{,}15}{2} + \frac{166{,}15 + 76{,}15}{2} \cos 60°$$

$$= 105{,}58 \ \frac{\text{N}}{\text{mm}^2}$$

$$\sigma_y = \frac{\sigma_1 + \sigma_2}{2} - \frac{\sigma_1 - \sigma_2}{2}\cos 2\psi = \frac{166{,}15 - 76{,}15}{2} - \frac{166{,}15 + 76{,}15}{2}\cos 60°$$

$$= -15{,}58\,\frac{N}{mm^2}$$

$$\tau_{xy} = \frac{\sigma_1 - \sigma_2}{2}\cdot\sin 2\psi = \frac{166{,}15 + 76{,}15}{2}\cdot\sin 60° = 104{,}92\,\frac{N}{mm^2}$$

Mohrscher Spannungskreis (Bild FL 6c)

Mit den Punkten $A(\sigma_1; 0)$ und $B(\sigma_2; 0)$ kann der Mohrsche Spannungskreis gezeichnet werden, an dem dann die gesuchten Spannungen abzulesen sind.

   Beachte:

1) Die Verdrehwinkel können am Element zwischen den Kanten (z. B. ψ zwischen den Kanten A und C) oder zwischen den Spannungen (z. B. ψ zwischen σ_1 und σ_x) abgelesen werden (Bild FL 6a).
   Dem Winkel zwischen zwei verdrehten Kanten am Element entspricht der doppelte Winkel am Mohrschen Spannungskreis im gleichen Drehsinn.
2) Schubspannungen sind positiv (negativ), wenn sie in Richtung der äußeren Flächennormalen (bzw. in Richtung einer Zug-Normalspannung) gesehen nach rechts (links) zeigen.

Verformungen

$$\varepsilon_x = \frac{1}{E}\cdot\left(\sigma_x - v\cdot\sigma_y\right) = \frac{1}{2{,}1\cdot 10^5}\cdot(105{,}58 + 0{,}3\cdot 15{,}58) = 5{,}25\cdot 10^{-4}$$

$$\varepsilon_y = \frac{1}{E}\cdot\left(\sigma_y - v\cdot\sigma_x\right) = \frac{1}{2{,}1\cdot 10^5}\cdot(-15{,}58 - 0{,}3\cdot 105{,}58) = -2{,}25\cdot 10^{-4}$$

$$\varepsilon_x = \frac{\Delta\ell_x}{\ell_x} \Rightarrow \Delta\ell_x = \varepsilon_x\cdot\ell_x = 5{,}25\cdot 10^{-4}\cdot 2\,mm = 1{,}05\cdot 10^{-3}\,mm$$

$$\Delta\ell_y = \varepsilon_y\cdot\ell_y = -2{,}25\cdot 10^{-4}\cdot 2\,mm = -4{,}5\cdot 10^{-4}\,mm$$

Die Fasern in x-Richtung werden um ε_x gedehnt (um $\Delta\ell_x$ verlängert), die Fasern in y-Richtung um ε_y gestaucht (um $\Delta\ell_y$ verkürzt).

Gleitmodul (Schubmodul)

$$G = \frac{E}{2\cdot(1+v)} = \frac{2{,}1\cdot 10^5}{2\cdot(1+0{,}3)} = 8{,}08\cdot 10^4\,\frac{N}{mm^2}$$

Gleitwinkel

$$\text{Hookesches Gesetz} \quad \tau = G\cdot\gamma \Rightarrow \gamma = \frac{\tau}{G} = \frac{104{,}92}{8{,}08\cdot 10^4} = 1{,}299\cdot 10^{-3}\,rad$$

$$= 0{,}0744° = 4{,}46'$$

An den Ecken mit zulaufenden Schubspannungen wird der ursprünglich rechte Winkel um γ verkleinert, an den Ecken mit weglaufenden Schubspannungen um γ vergrößert (Bild FL 6d).

F 7   Dünnwandiges Rohr beansprucht auf Innendruck, Biegung und Torsion

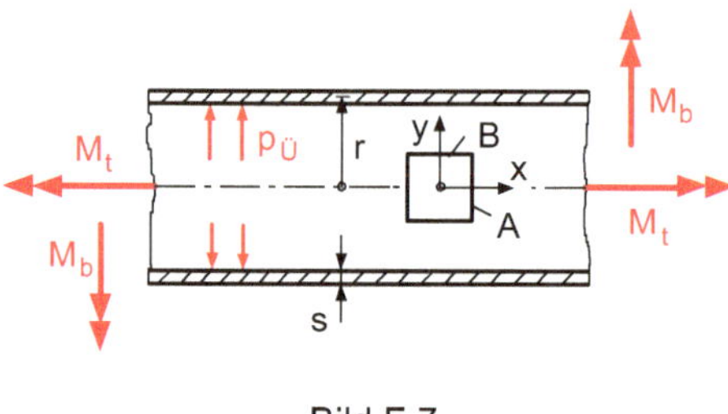

Bild F 7

Ein dünnwandiges Rohr (mittlerer Radius r, Wanddicke s) steht unter Innenüberdruck $p_{\text{ü}}$.

Infolge von Rohraktionen (verursacht durch behinderte Wärmedehnungen im verzweigten Rohrstrang wird das Rohr zusätzlich durch ein Biegemoment M_{b} und durch ein Torsionsmoment M_{t} belastet.

Gegeben

$r = 80\,\text{mm}$; $s = 2\,\text{mm}$, $p_{\text{ü}} = 12\,\text{bar} = 1,2\,\frac{\text{N}}{\text{mm}^2}$; $M_{\text{b}} = 2000 \cdot 10^3\,\text{N}\,\text{mm}$; $M_{\text{t}} = 1200 \cdot 10^3\,\text{N}\,\text{mm}$

Gesucht

für ein Element auf der Zugbiegeseite bestimme man

a) Hauptnormal- und Hauptschubspannungen
b) Unter welchem Winkel φ_0 zur Horizontalen muss eine Spiralschweißung, die immer den gleichen Winkel mit der Horizontalen einschließt, ausgelegt werden, damit senkrecht zur Schweißnaht eine möglichst kleine Normalspannung σ_2 wirkt (um ein Aufreißen der Schweißnaht zu verhindern)?

Zusatzfrage

Welche Spannungen entstehen in der nach b) konzipierten Schweißnaht, wenn das Torsionsmoment seinen Richtungssinn ändert?

Lösung rechnerisch und zeichnerisch durch den Leser ($\sigma_{\text{S}} = 63,89\,\frac{\text{N}}{\text{mm}^2}$; $\tau_{\text{S}} = 19,47\,\frac{\text{N}}{\text{mm}^2}$).

Lösung

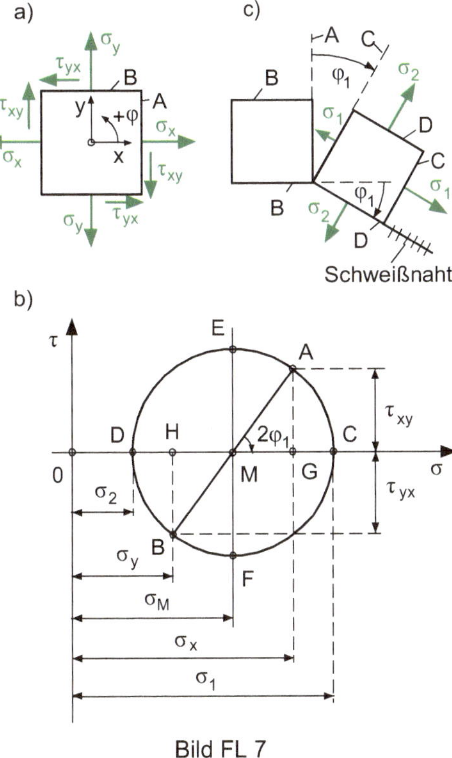

Ein Momentenvektor (Pfeil mit Doppelspitze) zeigt in die Richtung, in die sich eine Rechtsschraube unter dem Einfluss des Moments bewegen würde.

Das Torsionsmoment M_t verschiebt die rechte vertikale Kante des in Bild F 7 gezeichneten Flächenelements etwas nach unten, die linke Kante etwas nach oben.

Das ursprünglich rechteckige Element wird somit in ein schiefes Parallelogramm verformt.

Entsprechend sind die Schubspannungen in den vertikalen Kanten rechts nach unten, links nach oben gerichtet.

Spannungen

Innendruck (Kesselformel)

$$\sigma_y = \sigma_t = \frac{p_\ddot{u} \cdot r}{s} = \frac{1{,}2 \cdot 80}{2} = 48 \, \frac{\text{N}}{\text{mm}^2}$$

$$\sigma_\ell = \frac{1}{2}\sigma_t = 24 \, \frac{\text{N}}{\text{mm}^2}$$

Biegung

$$W_{\mathrm{b}} = \pi \cdot r^2 \cdot s = \pi \cdot 80^2 \cdot 2 = 40{,}21 \cdot 10^3 \,\mathrm{mm}^3; \quad \sigma_{\mathrm{b}} = \frac{M_{\mathrm{b}}}{W_{\mathrm{b}}} = \frac{2000 \cdot 10^3}{40{,}21 \cdot 10^3} = 49{,}74 \,\frac{\mathrm{N}}{\mathrm{mm}^2}$$

Zusammenfassung der Normalspannungen

$$\sigma_{\mathrm{x}} = \sigma_\ell + \sigma_{\mathrm{b}} = 24 + 49{,}74 = 73{,}74 \,\frac{\mathrm{N}}{\mathrm{mm}^2}$$

Torsion

$$W_{\mathrm{p}} = 2W_{\mathrm{b}} = 80{,}42 \cdot 10^3 \,\mathrm{mm}^3; \quad \tau = \frac{M_{\mathrm{t}}}{W_{\mathrm{p}}} = \frac{1200 \cdot 10^3}{80{,}42 \cdot 10^3} = 14{,}92 \,\frac{\mathrm{N}}{\mathrm{mm}^2}$$

Vorzeichenregel für rechnerische Lösungen Schnittgrößen und Spannungen sind positiv, wenn sie am positiven Schnittufer in die positive Koordinatenrichtung (oder am negativen Schnittufer in die negative Koordinatenrichtung) zeigen.

Ein Schnittufer ist positiv (negativ), wenn die äußere Flächennormale (zeigt vom Körperinneren nach außen) in die positive (negative) Koordinatenrichtung zeigt.

Die positive Drehrichtung für die Winkelzählung φ erhält man, wenn man die x-Achse auf dem kürzesten Weg in die y-Achse dreht.

Nach dem Gesetz der zugeordneten Schubspannungen laufen die Schubspannungen in zwei senkrechten Ebenen entweder auf die gemeinsame Kante zu oder von ihr weg.

Nach diesen Vorzeichenregeln (die strikt bei allen Formeln und Rechnungen einzuhalten sind) sind die Schubspannungen an einem Flächenelement entweder alle positiv oder alle negativ. Damit lässt sich aber der Mohrsche Spannungskreis nicht konstruieren.

Vorzeichenregel für die zeichnerische Lösung mit dem Mohrschen Spannungskreis Beim Mohrschen Spannungskreis sind die Schubspannungen in zwei diametral gegenüberliegenden Punkten einmal positiv und einmal negativ.

Daher legt man eine nur für den Mohrschen Spannungskreis gültige Vorzeichenregel fest, die jedoch nicht für rechnerische Lösungen gilt:

Schubspannungen sind positiv (negativ), wenn sie in Richtung der äußeren Flächennormale gesehen nach rechts (links) zeigen.

Am Flächenelement im Bild FL 7a sind die Schubspannungen $\tau_{\mathrm{xy}}, \tau_{\mathrm{yx}}$ in die Rechnung alle negativ einzusetzen. Sie zeigen nämlich am positiven Schnittufer in die negative Koordinatenrichtung und am negativen Schnittufer in die positive Koordinatenrichtung.

Für die zeichnerische Lösung mit dem Mohrschen Spannungskreis ist in der Kante A die Schubspannung τ_{xy} positiv, in der Kante B die Schubspannung τ_{yx} dagegen negativ.

Mit den Punkten $A(\sigma_{\mathrm{x}}; +\tau)$ und $B(\sigma_{\mathrm{y}}; -\tau)$ lässt sich der Mohrsche Spannungskreis zeichnen, an dem die gesuchten Spannungen und Schnittwinkel abzulesen sind (Bild FL 7b).

Dem Winkel zwischen zwei verdrehten Kanten am Element entspricht der doppelte Winkel am Mohrschen Spannungskreis im gleichen Drehsinn.

Man kommt von der Kante A zur Kante C bzw. von B nach D am Kreis über den Winkel $2\varphi_1$ und am Element zu den entsprechenden Kanten über den halben Winkel φ_1 beide Male im Uhrzeigersinn.

Winkel, deren Schenkel paarweise aufeinander senkrecht stehen, sind gleich.

Deshalb kommt man ebenso am Element von der Spannung σ_x zur Spannung σ_1, bzw. von σ_y nach σ_2 über den Winkel φ_1

In der Kante D herrscht die kleinste Normalspannung σ_2 (und keine Schubspannung), daher ist die Schweißnaht unter dem Winkel φ_1 zur Horizontalen im Uhrzeigersinn auszuführen (Bild FL 7c)

Hauptspannungen

$$\sigma_{1,2} = \frac{\sigma_x + \sigma_y}{2} \pm \sqrt{\left(\frac{\sigma_x - \sigma_y}{2}\right)^2 + \tau^2} = \frac{73{,}74 + 48}{2} \pm \sqrt{\left(\frac{73{,}74 - 48}{2}\right)^2 + 14{,}92^2}$$

$$\sigma_{1,2} = 60{,}87 \pm 19{,}7; \quad \sigma_1 = 80{,}57\,\frac{\text{N}}{\text{mm}^2}; \quad \sigma_2 = 41{,}17\,\frac{\text{N}}{\text{mm}^2}$$

Spannungen in einem um $45°$ gegenüber den Hauptnormalspannungen verdrehten Element

$$\sigma_M = \frac{\sigma_1 + \sigma_2}{2} = \frac{80{,}57 + 41{,}17}{2} = 60{,}87\,\frac{\text{N}}{\text{mm}^2}$$

$$\tau_{max} = \frac{\sigma_1 - \sigma_2}{2} = \frac{80{,}57 - 41{,}17}{2} = 19{,}7\,\frac{\text{N}}{\text{mm}^2}$$

Verdrehwinkel zu den Hauptspannungen

$$\tan 2\varphi_0 = \frac{2\tau}{\sigma_x - \sigma_y} = \frac{2 \cdot (-14{,}92)}{73{,}74 - 48} = -1{,}159 \Rightarrow 2\varphi_0 = -49{,}22°; \quad \varphi_0 = -24{,}61°$$

Die positive Drehung von der x-Achse zur y-Achse verläuft entgegen dem Uhrzeigersinn, die negative Drehung im Uhrzeigersinn.

Winkelunterscheidung

$$\frac{d^2\sigma}{d\varphi^2} = -2(\sigma_x - \sigma_y) \cdot \cos 2\varphi_0 - 4\tau_{xy} \cdot \sin 2\varphi_0$$

$$\frac{d^2\sigma}{d\varphi^2} = -2(73{,}74 - 48) \cdot \cos(-49{,}6°) - 4 \cdot (-14{,}92) \cdot \sin(-49{,}6°) < 0 \Rightarrow \text{Maximum}$$

$$\varphi_1 = \varphi_0 = -24{,}61°$$

Dieser Winkel führt von der Kante *A* zur Kante *C* bzw. von der Spannung σ_x zur Spannung σ_1 durch Drehung im Uhrzeigersinn.

In der Kante *D* herrscht die kleinste Normalspannung σ_2 (und keine Schubspannung), daher ist die Schweißnaht unter dem Winkel φ_1 zur Horizontalen im Uhrzeigersinn gedreht auszuführen.

Kontrolle der Hauptnormalspannungs-Richtung

Aus rechtwinkligen Dreiecken am Mohrschen Spannungskreis, die im im Bild FL 7b zur besseren Übersicht nur angedeutet sind, liest man die folgenden Beziehungen ab. Der Leser zeichne diese Dreiecke in einer neuen Skizze und ergänze die Winkel φ_1.

$$\Delta AGD: \tan\varphi_1 = \frac{\overline{GA}}{\overline{GD}} = \frac{\tau_{xy}}{\sigma_x - \sigma_2}; \qquad \Delta BHC: \tan\varphi_1 = \frac{\overline{HB}}{\overline{HC}} = \frac{\tau_{xy}}{\sigma_1 - \sigma_y}$$

$$\Delta AGC: \tan\varphi_1 = \frac{\overline{GC}}{\overline{GA}} = \frac{\sigma_1 - \sigma_x}{\tau_{xy}}; \qquad \Delta BHD: \tan\varphi_1 = \frac{\overline{HD}}{\overline{HB}} = \frac{\sigma_y - \sigma_2}{\tau_{xy}}$$

Zusammenfassung

$$\boxed{\tan\varphi_1 = \frac{\tau_{xy}}{\sigma_x - \sigma_2} = \frac{\tau_{xy}}{\sigma_1 - \sigma_y} = \frac{\sigma_1 - \sigma_x}{\tau_{xy}} = \frac{\sigma_y - \sigma_2}{\tau_{xy}}}$$

Nach der ersten Beziehung ist z. B.

$$\tan\varphi_1 = \frac{\tau_{xy}}{\sigma_x - \sigma_2} = \frac{-14{,}92}{73{,}74 - 41{,}17} = -0{,}458 \Rightarrow \varphi_1 = -24{,}61°$$

F 8 Quader in eine Nut gepresst

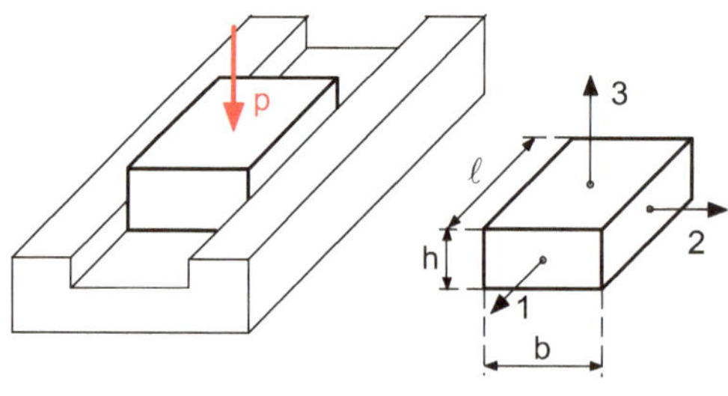

Bild F 8

Ein elastischer Quader (z. B. eine Gummidichtung) der Länge ℓ, der Breite b und der Höhe h wird in eine Nut mit starren Wänden gepresst (Pressung p).

Der Elastizitätsmodul des Quaders ist E, seine Querkontraktion ν. Von Reibungseinflüssen ist abzusehen.

Gegeben

$p, \ell; b; h; E; v$

Gesucht

a) Spannungen und Längenänderungen des Quaders
b) das System der räumlichen Mohrschen Spannungskreise für ein Volumenelement des Quaders sowie die maximal auftretende Schubspannung
c) Spannungen und Längenänderungen des Quaders, wenn bei einer Druckeinwirkung p auf die Oberfläche auch noch in Längsrichtung starre Wände angebracht werden (rechteckige Aussparung)
d) Spannungen und Längenänderungen, wenn der Quader in einer rechteckigen Aussparung (wie unter c) eine Temperaturerhöhung ΔT erfährt (bei einem Wärmeausdehnungs-Koeffizient α) und auf die Oberfläche des Quaders kein Druck aufgebracht wird.

Lösung

a) Es handelt sich hier um einen räumlichen Hauptnormalspannungszustand.
   In Richtung 3 erfährt der Quader infolge der Pressung eine Druckspannung $\sigma_3 = -p$. Der Quader verkürzt sich dadurch in Richtung 3 ($\varepsilon_3 \neq 0$) und verlängert sich in Richtung 1 unbehindert d. h. ohne Spannung ($\sigma_1 = 0; \varepsilon_1 \neq 0$).

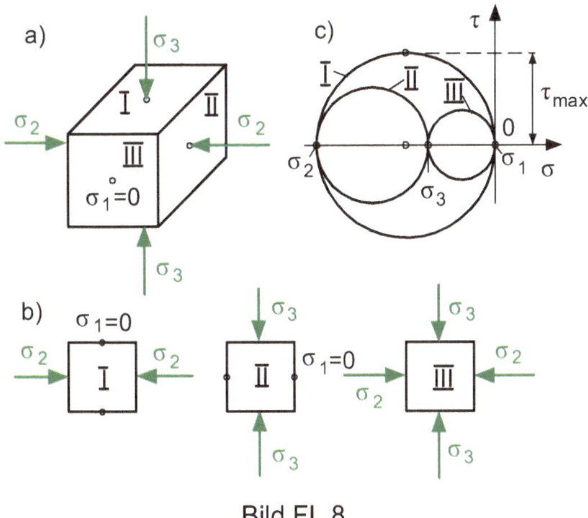

Bild FL 8

Der Quader will sich auch in Richtung 2 vergrößern, kann dies aber nicht infolge der starren Wände ($\varepsilon_2 = 0$).

Es kommt jedoch in Richtung 2 infolge verhinderter Ausbreitung zu einer Druckspannung ($\sigma_2 \neq 0$).

Die räumlichen Dehnungsgleichungen mit den 3 Unbekannten $\sigma_2, \varepsilon_1, \varepsilon_3$ lauten

I) $\quad \varepsilon_1 = \frac{1}{E} \cdot [\sigma_1 - \nu(\sigma_2 + \sigma_3)] = -\frac{\nu}{E} \cdot (\sigma_2 - p)$

II) $\quad \varepsilon_2 = \frac{1}{E} \cdot [\sigma_2 - \nu(\sigma_1 + \sigma_3)] = \frac{1}{E} \cdot (\sigma_2 + \nu \cdot p) = 0$

III) $\quad \varepsilon_3 = \frac{1}{E} \cdot [\sigma_3 - \nu(\sigma_1 + \sigma_2)] = -\frac{1}{E} \cdot (p + \nu \cdot \sigma_2)$

aus II: $\quad \sigma_2 = -\nu \cdot p$

II in I: $\quad \varepsilon_1 = \frac{\Delta \ell}{\ell} = \frac{\nu \cdot p}{E} \cdot (1 + \nu) \Rightarrow \Delta \ell = (1 + \nu) \cdot \frac{\nu \cdot p}{E} \cdot \ell$

II in III: $\varepsilon_3 = \frac{\Delta h}{h} = -\frac{p}{E} \cdot (1 - \nu^2) \Rightarrow \Delta h = -(1 - \nu^2) \cdot \frac{p}{E} \cdot h$

b) Mohrsche Spannungskreise

Man erhält die maßgebenden Flächenelemente, wenn man den Quader mit Spannungen durch orthogonale Projektion im Grundriss, Aufriss und Seitenriss darstellt (Bild FL 8b).

Für die ebenen Elemente *I, II, III* erhält man je einen Mohrschen Spannungskreis (Bild FL 8c).

Die maximale Schubspannung entspricht dem Radius des großen Spannungskreises *I*

$$\tau_{\max} = \frac{1}{2}(\sigma_1 - \sigma_2) = -\frac{1}{2}\sigma_2 = \frac{1}{2}\nu \cdot p$$

c) Rechteckige Aussparung

Zusätzliche starre Wände in Längsrichtung verhindern die Dehnung in Richtung 1 ($\varepsilon_1 = 0$) und bauen in dieser Richtung eine Druckspannung auf ($\sigma_1 \neq 0$). Es entsteht ein allseitiger Spannungszustand.

3 Unbekannte: $\sigma_1, \sigma_2, \varepsilon_3$

Die Dehnungsgleichungen lauten mit $\sigma_3 = -p$

I) $\qquad \varepsilon_1 = \frac{1}{E} \cdot [\sigma_1 - \nu \cdot (\sigma_2 + \sigma_3)] = \frac{1}{E} \cdot [\sigma_1 - \nu \cdot (\sigma_2 - p)] = 0$

II) $\qquad \varepsilon_2 = \frac{1}{E} \cdot [\sigma_2 - \nu \cdot (\sigma_1 + \sigma_3)] = \frac{1}{E} \cdot [\sigma_2 - \nu \cdot (\sigma_1 - p)] = 0$

III) $\qquad \varepsilon_3 = \frac{1}{E} \cdot [\sigma_3 - \nu \cdot (\sigma_1 + \sigma_2)] = -\frac{1}{E} \cdot [p + \nu \cdot (\sigma_1 + \sigma_2)]$

II in I = I': $\sigma_1 - \nu \cdot \sigma_2 + \nu \cdot p = \sigma_2 - \nu \cdot \sigma_1 + \nu \cdot p \Rightarrow \sigma_1(1 + \nu) = \sigma_2(1 + \nu) \Rightarrow \sigma_1 = \sigma_2$

Die Spannungen in den seitlichen Quaderwänden sind gleich

$$I' \text{ in I:} \qquad \sigma_1 - \nu \cdot (\sigma_1 - p) = 0 \Rightarrow \sigma_1 = \sigma_2 = -\frac{\nu}{1 - \nu} \cdot p$$

$$I' \text{ in III:} \qquad \varepsilon_3 = \frac{\Delta h}{h} = -\frac{1}{E} \cdot (p + 2\nu \cdot \sigma_1) = -\frac{p}{E} \cdot \left(1 - \frac{2\nu^2}{1 - \nu}\right) \Rightarrow$$

$$\Delta h = -\left(1 - \frac{2\nu^2}{1 - \nu}\right) \frac{p}{E} \cdot h$$

d) Wärmespannungen

Kein Druck auf die Oberfläche vorausgesetzt: $\sigma_3 = 0$

Zu den mechanischen Dehnungen kommen jetzt noch thermische Dehnungen hinzu

$$\varepsilon_{\text{ges}} = \varepsilon_{\text{mech}} + \varepsilon_{\text{th}} \quad \text{wobei} \quad \varepsilon_{\text{th}} = \alpha \cdot \Delta T$$

Der Quader kann sich in Richtung 1 und 2 nicht ausdehnen ($\varepsilon_1 = \varepsilon_2 = 0$), deshalb müssen die Wärmedehnungen durch entsprechende mechanische Stauchungen ausgeglichen werden.

3 Unbekannte treten auf: $\sigma_1, \sigma_2, \varepsilon_3$

$$\text{I) } \varepsilon_1 = \frac{1}{E} \cdot [\sigma_1 - v \cdot (\sigma_2 + \sigma_3)] + \alpha \cdot \Delta T = 0 \, | \cdot E$$

Mit $\sigma_3 = 0$ wird

$$\sigma_1 - v \cdot \sigma_2 + E \cdot \alpha \cdot \Delta T = 0$$

$$\text{II) } \varepsilon_2 = \frac{1}{E} \cdot [\sigma_2 - v \cdot (\sigma_1 + \sigma_3)] + \alpha \cdot \Delta T = 0 \, | \cdot E \Rightarrow$$

$$\sigma_2 - v \cdot \sigma_1 + E \cdot \alpha \cdot \Delta T = 0$$

$$\text{I} - \text{II} = \text{I}': \sigma_1 - v \cdot \sigma_2 - \sigma_2 + v \cdot \sigma_1 = 0 \Rightarrow$$

$$\sigma_1 \cdot (1 + v) = \sigma_2 \cdot (1 + v) \, | : (1 + v) \Rightarrow \sigma_1 = \sigma_2$$

$$\text{I}' \text{ in I: } \sigma_1 - v \cdot \sigma_1 + E \cdot \alpha \cdot \Delta T = 0 \Rightarrow \sigma_1 = -\frac{E \cdot \alpha \cdot \Delta T}{1 - v} = \sigma_2$$

$$\text{III) } \varepsilon_3 = \frac{\Delta h}{h} = \frac{1}{E} \cdot \left[\underbrace{\sigma_3}_{0} - v \cdot \underbrace{(\sigma_1 + \sigma_2)}_{2\sigma_1} \right] + \alpha \cdot \Delta T = -\frac{2v}{E} \cdot \sigma_1 + \alpha \cdot \Delta T \Rightarrow$$

$$\frac{\Delta h}{h} = \frac{2v}{1 - v} \cdot \alpha \cdot \Delta T + \alpha \cdot \Delta T = \alpha \cdot \Delta T \cdot \left(1 + \frac{2v}{1 - v}\right) = \alpha \cdot \Delta T \cdot \frac{1 + v}{1 - v} \Rightarrow$$

$$\Delta h = \frac{1 + v}{1 - v} \cdot \alpha \cdot \Delta T \cdot h$$

F 9   Zwei konzentrische Rohre

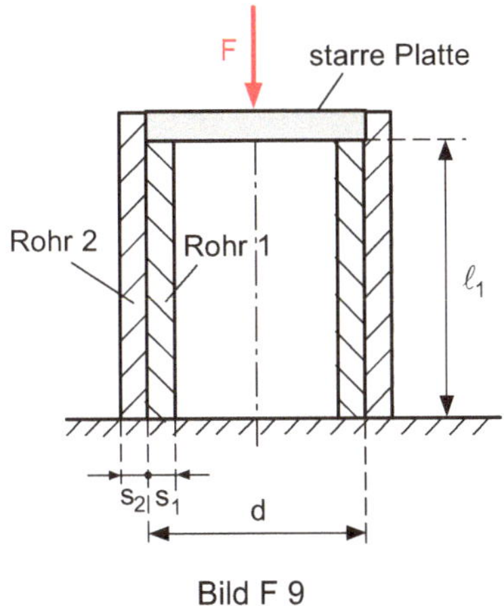

Bild F 9

Zwei dünnwandige Rohre sind ohne Zwischenraum und ohne Vorspannung konzentrisch ineinander gesteckt. Die Rohre haben die gleiche Wanddicke und sind aus gleichem Material.

Das innere Rohr wird über eine starre Platte gleichmäßig durch eine Kraft F belastet. Zwischen den Rohren tritt keine Reibung auf.

Gegeben

$F, d, s_1 = s_2 = s, \ell_1, E_1 = E_2 = E, v_1 = v_2 = v$

$\quad s \ll d \Rightarrow \frac{s}{d} \ll 1$

Gesucht

a) der Druck p zwischen den Rohren und die Tangentialspannungen in den beiden Rohren
b) die Längenänderung $\Delta\ell_1$ des inneren Rohres
c) die Änderung der Durchmesser Δd der beiden Rohre
d) die Mohrschen Spannungskreise und die maximalen Schubspannungen an der Übergangsstelle für beide Rohre.

Anmerkung Ähnliche Belastungsformen treten bei Hüftprothesen in der Orthopädie auf (äußeres Rohr $\hat{=}$ Oberschenkelknochen; inneres Rohr $\hat{=}$ Hohlschaftprothese)

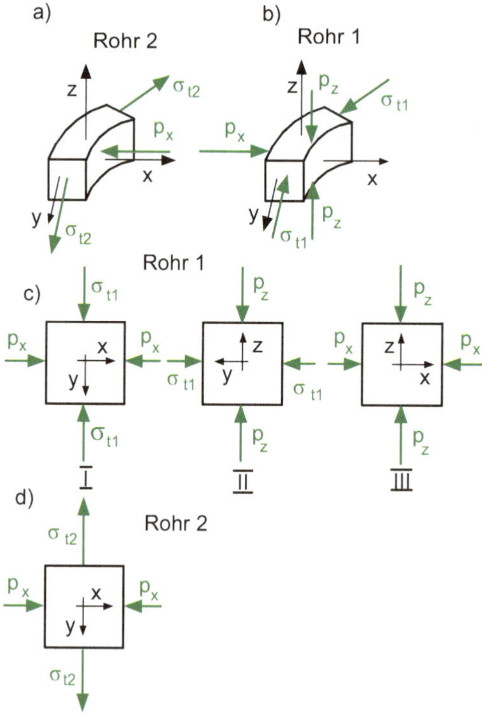

Bild FL 9-1

Lösung

a) Bei der Belastung üben die Rohre den gleichen Druck p_x aufeinander aus.
   Nach der Kesselformel werden im äußeren Rohr (Bild FL 9-1a) durch Innendruck tangentiale Zugspannungen σ_{t2}, im inneren Rohr (Bild FL 9-1b) durch Außendruck tangentiale Druckspannungen σ_{t1} erzeugt.
   Die starre Platte bewirkt eine gleichmäßige Krafteinleitung in z-Richtung

$$\text{I) } p_z = \frac{F}{\pi \cdot d \cdot s}$$

Verformungs-Bedingung
Die Umfangsänderungen müssen bei beiden Rohren gleich sein:

$$\Delta U_1 = \Delta U_2 = \Delta U = \pi \cdot (d + \Delta d) - \pi \cdot d$$
$$\Delta U = \pi \cdot \Delta d$$

Da beide Rohre (ungefähr) den gleichen mittleren Durchmesser d haben, sind auch die Dehnungen (etwa) gleich.

$$\varepsilon_{t1} = \varepsilon_{t2} = \varepsilon_t = \frac{\Delta U}{U} = \frac{\pi \cdot \Delta d}{\pi \cdot d} = \frac{\Delta d}{d}$$

Die Dehnung in y-Richtung für einen räumlichen Spannungszustand ist

$$\varepsilon_y = \frac{1}{E} \cdot [\sigma_y - \nu \cdot (\sigma_x + \sigma_z)]$$

Zugspannungen werden positiv, Druckspannungen negativ eingesetzt

$$\varepsilon_{t1} = \frac{1}{E} \cdot [-\sigma_{t1} - \nu \cdot (-p_x - p_z)]; \quad \varepsilon_{t2} = \frac{1}{E} \cdot [\sigma_{t2} - \nu \cdot (-p_x)]$$
$$\varepsilon_{t1} = \varepsilon_{t2} = \varepsilon_t: \quad -\sigma_{t1} + \nu \cdot p_x + \nu \cdot p_z = \sigma_{t2} + \nu \cdot p_x \Rightarrow$$
$$\text{II) } \sigma_{t1} + \sigma_{t2} = \nu \cdot p_z$$

Nach dem Prinzip *actio = reactio* herrscht in beiden Rohren der gleiche Druck p_x einmal an der Außenwand und einmal an der Innenwand.
Wegen der (ungefähr) gleichen Rohrabmessungen sind auch die Tangentialspannungen gleich (dünne Rohre).

$$\sigma_{t1} = \sigma_{t2} = \sigma_t \text{ und damit}$$
$$\text{II) } 2\sigma_t = \nu \cdot p_z \Rightarrow \sigma_t = \frac{\nu}{2} \cdot p_z$$
$$\text{III) } \sigma_t = p_x \cdot \frac{d}{2s} \quad \text{Kesselformel}$$

$$\text{III in II} = \text{II}': \quad \sigma_t = p_x \cdot \frac{d}{2s} = \frac{v}{2} \cdot p_z \Rightarrow p_x = v \cdot \frac{s}{d} \cdot p_z$$

$$\text{I in II}' = \text{I}': \quad p_x = v \cdot \frac{s}{d} \cdot \frac{F}{\pi \cdot d \cdot s} = \frac{v \cdot F}{\pi \cdot d^2}$$

$$\text{I}' \text{ in III}: \quad \sigma_t = \frac{v \cdot F}{\pi \cdot d^2} \cdot \frac{d}{2s} = \frac{v \cdot F}{2\pi \cdot d \cdot s}$$

b) Längenänderung des inneren Rohres

$$\varepsilon_{z1} = \frac{1}{E} \cdot [\sigma_z - v \cdot (\sigma_x + \sigma_y)] = \frac{1}{E} \cdot [-p_z - v \cdot (-p_x - \sigma_t)]$$

mit II und II' sowie I wird

$$\varepsilon_{z1} = \frac{1}{E} \cdot \left[-p_z + v \cdot \left(v \cdot \frac{s}{d} \cdot p_z + \frac{v}{2} \cdot p_z\right)\right] = -\frac{p_z}{E} \cdot \left[1 - v^2 \cdot \left(\frac{1}{2} + \frac{s}{d}\right)\right]$$

$$\varepsilon_{z1} = -\frac{F}{\pi \cdot d \cdot s \cdot E} \cdot \left[1 - v^2 \cdot \left(\frac{1}{2} + \frac{s}{d}\right)\right]$$

Für dünne Rohre mit $\frac{s}{d} \ll 1$ gilt

$$\varepsilon_{z1} = \frac{\Delta \ell_1}{\ell_1} \approx -\frac{F}{\pi \cdot d \cdot s \cdot E} \cdot \left(1 - \frac{v^2}{2}\right) \Rightarrow \Delta \ell_1 = \varepsilon_{z1} \cdot \ell_1 = -\frac{F \cdot \ell_1}{\pi \cdot d \cdot s \cdot E} \cdot \left(1 - \frac{v^2}{2}\right)$$

also eine negative Längenänderung, d. h. es handelt sich um eine Verkürzung

c) Durchmesseränderung beider Rohre

$$\varepsilon_t = \varepsilon_{t2} = \frac{1}{E} \cdot (\sigma_{t2} + v \cdot p_x)$$

$$\varepsilon_t = \frac{\Delta d}{d} = \frac{1}{E} \cdot \left(\frac{v \cdot F}{2\pi \cdot d \cdot s} + \frac{v^2 \cdot F}{\pi \cdot d^2}\right) = \frac{v \cdot F}{\pi \cdot d \cdot s \cdot E} \cdot \left(\frac{1}{2} + v \cdot \frac{s}{d}\right)$$

$$\Delta d = \varepsilon_t \cdot d = \frac{v \cdot F \cdot d}{\pi \cdot s \cdot E} \cdot \left(\frac{1}{2} + v \cdot \frac{s}{d}\right)$$

d) Mohrsche Spannungskreise, maximale Schubspannungen

Die Radialspannung nimmt in beiden Rohren von p_x auf Null ab. Betrachtet wird ein Element an der Übergangsstelle der beiden Rohre, an der die Radialspannung p_x beträgt.

Durch orthogonale Projektion der Quader mit den Spannungen auf die Grundriss-, Aufriss- und Seitenrissebene erhält man die für die Spannungskreise maßgebenden Flächenelemente (Bild FL 9-1c,d)

Für das Innenrohr ergibt sich ein räumlicher, für das Außenrohr ein ebener Spannungszustand.

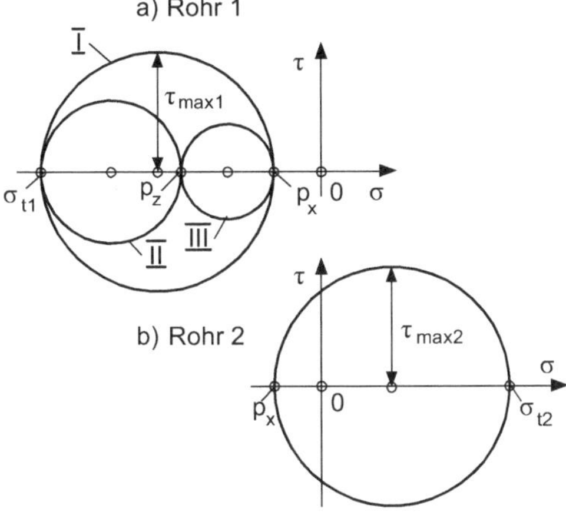

Bild FL 9-2

Die maximalen Schubspannung entnimmt man als Radien aus den Mohrschen Spannungskreisen (Bild FL 9-2)

$$\tau_{max1} = \frac{1}{2} \cdot (\sigma_{t1} - p_x) = \frac{1}{2} \cdot \left(\frac{v \cdot F}{2\pi \cdot d \cdot s} - \frac{v \cdot F}{\pi \cdot d^2} \right) = \frac{v \cdot F}{4\pi \cdot d \cdot s} \cdot \left(1 - 2 \cdot \frac{s}{d} \right)$$

$$\tau_{max2} = \frac{1}{2} \cdot (\sigma_{t2} + p_x) = \frac{v \cdot F}{4\pi \cdot d \cdot s} \cdot \left(1 + 2 \cdot \frac{s}{d} \right)$$

Im Außenrohr sind die maximalen Schubspannungen wegen $\frac{s}{d} \ll 1$ nur geringfügig größer.

2.3 Spannung und Verformung bei Biegung und Torsion

F 10 Verbundsystem

Ein Verbundsystem besteht aus 2 gelenkig miteinander zusammengesetzten Balken AB und BC und aus 2 Stäben S_1, S_2.

Er ist im Bereich AB mit einer linear veränderlichen und im Bereich BC mit einer konstanten Streckenlast belastet.

Gegeben

$q_0 = 8 \, \frac{kN}{m} = 8 \, \frac{N}{mm}; \, a = 0{,}6 \, m; \, \sigma_{bzul} = 150 \, \frac{N}{mm^2}$

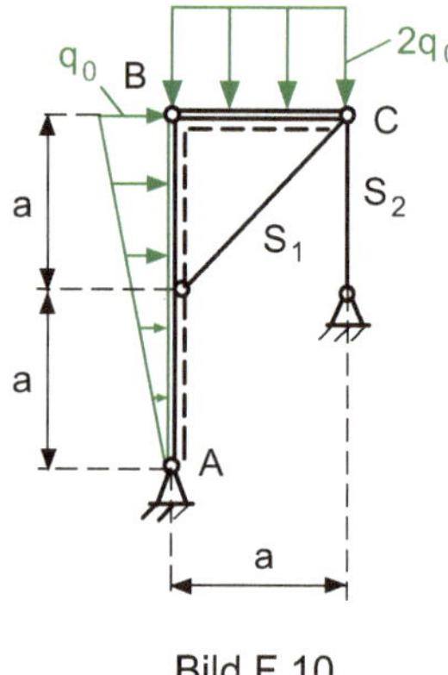

Bild F 10

Gesucht

a) Auflager- und Gelenkkräfte
b) Schnittgrößenverlauf in den beiden Balken
c) Erforderlicher Rechteckquerschnitt bei einem Seitenverhältnis $\frac{b}{h} = \frac{1}{2}$ und einer zulässigen Biegespannung σ_{bzul}.

Lösung

a) Auflager- und Gelenkkräfte

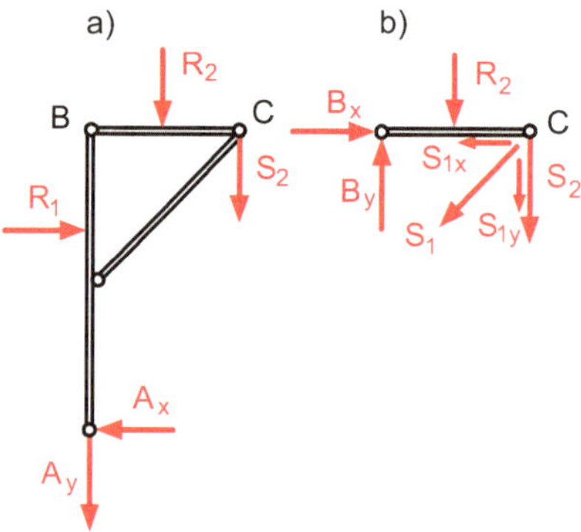

Bild FL 10-1

Resultierende der Streckenlasten

$$R_1 = \frac{1}{2}q_0 \cdot 2a = q_0 \cdot a; \quad R_2 = 2q_0 \cdot a$$

Bild FL 10-1a

$$\sum_{AC} M^{(A)} = 0 = R_1 \cdot \frac{2}{3} \cdot 2a + R_2 \cdot \frac{a}{2} + S_2 \cdot a \mid : a \Rightarrow$$

$$S_2 = -\frac{4}{3}R_1 - \frac{1}{2}R_2 = -\frac{4}{3}q_0 a - \frac{1}{2} \cdot 2q_0 a = -\frac{7}{3}q_0 a$$

S_2 ist ein Druckstab, d. h. der Richtungssinn ist anders als im Bild FL 10-1 angenommen wurde.

(S_2 ist später im Bild FL 10-2b richtungsgetreu eingezeichnet)

$$\sum_{AC} F_x = 0 \Rightarrow A_x = R_1 = q_0 \cdot a$$

$$\sum_{AC} F_y = 0 \Rightarrow A_y = -R_2 - S_2 = -2q_0 \cdot a + \frac{7}{3}q_0 \cdot a = \frac{1}{3}q_0 \cdot a$$

Bild FL 10-1b

$$\sum_{BC} M^{(B)} = 0 = -R_2 \cdot \frac{a}{2} - S_{1y} \cdot a - S_2 \cdot a \mid : a \Rightarrow$$

$$S_{1y} = -\frac{1}{2}R_2 - S_2 = -q_0 \cdot a + \frac{7}{3}q_0 \cdot a = \frac{4}{3}q_0 \cdot a = S_{1x},$$

da Stab S_1 unter $45°$ verläuft

$$S_{1x} = S_{1y} = \frac{S_1}{\sqrt{2}} \Rightarrow S_1 = S_{1y} \cdot \sqrt{2} = \frac{4}{3}\sqrt{2} \cdot q_0 \cdot a$$

$$\sum_{BC} F_x = 0 \Rightarrow B_x = S_{1x} = \frac{4}{3}q_0 \cdot a$$

$$\sum_{BC} F_y = 0 \Rightarrow B_y = R_2 + S_{1y} + S_2 = 2q_0 \cdot a + \frac{4}{3}q_0 \cdot a - \frac{7}{3}q_0 \cdot a = q_0 \cdot a$$

b) Schnittgrößen-Verlauf
   Die linear veränderliche Streckenlast des Balkens AB (Bild FL 10-2a) bewirkt für die Querkraft eine quadratische Parabel qP, für das Biegemoment eine kubische Parabel kP.
   Die konstante Streckenlast des Balkens BC (Bild FL 10-2b) bewirkt für die Querkraft eine schräge Gerade, für das Biegemoment eine quadratische Parabel qP.
   In der Mitte des senkrechten Trägers AB hat die Querkraft einen Unstetigkeitssprung mit Vorzeichenwechsel. Die Biegemomentenkurve hat dort einen Knick, d. h. einen abrupten Steigungswechsel der Tangente.

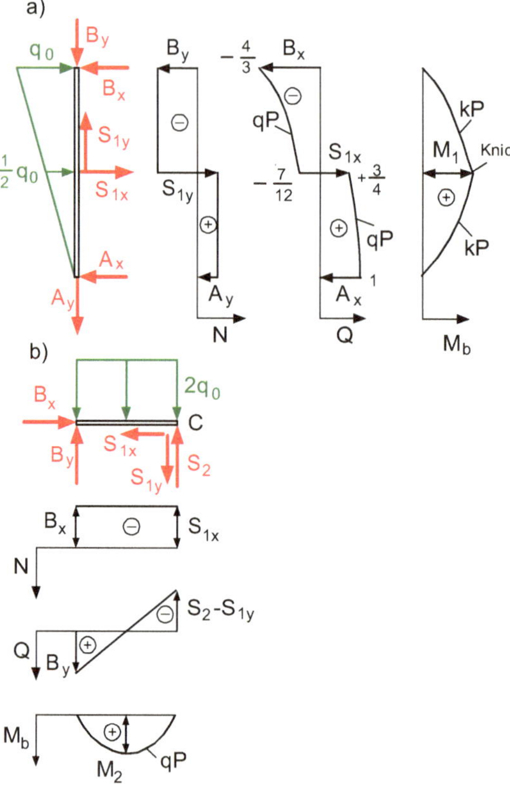

Bild FL 10-2

Die maximalen Biegemomente sind

$$M_1 = A_\mathrm{x} \cdot a - \frac{1}{2} \cdot \frac{1}{2} q_0 \cdot \frac{a}{3} = \frac{11}{12} q_0 \cdot a^2 \quad M_1 = \frac{11}{12} \cdot 8 \, \frac{\mathrm{N}}{\mathrm{mm}} \cdot (600\,\mathrm{mm})^2$$

$$M_1 = 2{,}64 \cdot 10^6 \, \mathrm{Nmm}$$

$$M_2 = B_\mathrm{y} \cdot \frac{a}{2} - 2q_0 \cdot \frac{a}{2} \cdot \frac{a}{4} = \frac{1}{4} q_0 \cdot a^2$$

$$M_2 = \frac{1}{4} \cdot 8 \cdot 600^2 = 0{,}72 \cdot 10^6 \, \mathrm{Nmm}$$

$$M_1 > M_2$$

Das größere Biegemoment M_1 ist für die Dimensionierung des Balkenquerschnitts maßgebend.

c) Erforderlicher Rechteckquerschnitt

$$\sigma_b = \frac{M_b}{W_b} \leq \sigma_{bzul} \Rightarrow W_b \geq \frac{M_b}{\sigma_{bzul}}$$

$$W_b = \frac{b \cdot h^2}{6} = \frac{1}{6} \cdot \frac{b}{h} \cdot h^3; \quad \frac{b}{h} = \frac{1}{2} \text{ ist vorgegeben}$$

$$\frac{1}{6} \cdot \frac{b}{h} \cdot h^3 \geq \frac{M_b}{\sigma_{bzul}} \Rightarrow h \geq \sqrt[3]{\frac{6M_b}{\frac{b}{h} \cdot \sigma_{bzul}}} = \sqrt[3]{\frac{6 \cdot 2,64 \cdot 10^6}{\frac{1}{2} \cdot 150}} = 59,55\,\text{mm} \approx 60\,\text{mm}$$

$$b = \frac{1}{2}h = 30\,\text{mm}$$

F 11   Abgewinkelter Balken

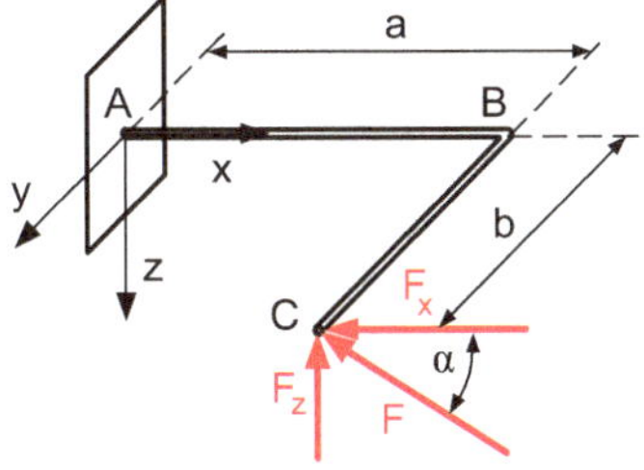

Bild F 11

Ein Balken mit Kreisquerschnitt (Durchmesser d) ist bei A eingespannt, bei B um 90° abgewinkelt und am freien Ende C mit einer Einzelkraft $\vec{F}(F_x; 0; F_z)$ belastet, die mit der x, y-Ebene den Winkel α einschließt.

Gegeben
$F = 3000\,\text{N}; \alpha = 30°; a = 0,6\,\text{m}; b = 0,4\,\text{m}; d = 50\,\text{mm}$

Gesucht

a) Schnittgrößen an den Eckpunkten A und B (Balken BC und AB freischneiden)
b) Spannungen infolge der Momente an der Einspannung bei A.

Lösung
a) Schnittgrößen an den Eckpunkten

   Wiederholung von allgemeinen Zusammenhängen

   Schnittgrößen sind positiv, wenn sie am positiven Schnittufer in die positive Koordinatenrichtung zeigen oder am negativen Schnittufer in die negative Koordinatenrichtung.

Positives Schnittufer: die äußere Flächennormale zeigt in die gleiche Richtung wie die Koordinate in Richtung der Balkenachse (hier die x-Achse für den Balken AB und die y-Achse für den Balken BC).

Die äußere Flächennormale steht senkrecht auf der Querschnittsfläche und zeigt vom Körperinneren nach außen.

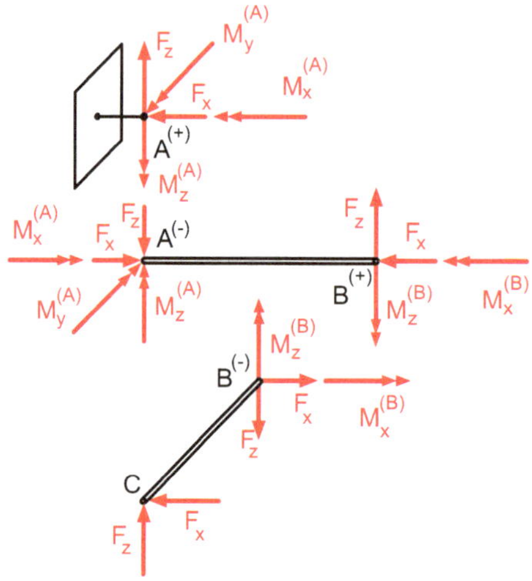

Bild FL 11-1

$A^{(+)}$, $B^{(+)}$ positive Schnittufer
$A^{(-)}$, $B^{(-)}$ negative Schnittufer

$$M_x^{(B)} = F_z \cdot b; \quad M_z^{(B)} = F_x \cdot b$$
$$M_x^{(A)} = M_x^{(B)} = F_z \cdot b; \quad M_y^{(A)} = F_z \cdot a$$
$$M_z^{(A)} = M_z^{(B)} = F_x \cdot b$$

Schnittgrößen sind die Zusammenfassung der Spannungen zu resultierenden Kräften und Momenten.

Schneidet man ein Bauteil, so stehen die Schnittgrößen mit den Belastungen und den Auflagerreaktionen im Gleichgewicht.

Ein Bauteil verformt sich in eine solche Form und so weit, bis die entstehenden Spannungen der äußeren Belastung das Gleichgewicht halten können.

Man bringt die einzelnen geschnittenen Balken ins Gleichgewicht, indem man an der Schnittstelle sämtliche Kräfte durch gleich große Gegenkräfte und die Momente durch gleich große Gegenmomente (Pfeil mit Doppelspitze) ausgleicht. Zu den Momenten kommen dann noch die Anteile hinzu, die erforderlich sind, um die entstandenen Kräftepaare zu neutralisieren.

Am gegenüberliegenden Schnittufer werden danach die Schnittkräfte und die Schnittmomente mit umgekehrtem Richtungssinn übertragen.

Der Vektor für das Torsionsmoment steht (wie die Normalkraft) senkrecht zur Querschnittsfläche, die Vektoren für die Biegemomente liegen (wie die Querkräfte) in der Querschnittsfläche. Der Momentenvektor zeigt in die Richtung, in die sich eine Schraube mit Rechtsgewinde unter Einwirkung des Drehmoments bewegt (Rechtsschraubenregel).

Will man nur die Spannungen des Winkelbalkens bei A bestimmen, so geht man zweckmäßig von C direkt nach A ohne die Ecke B zu schneiden.

Zur Kontrolle und zur Veranschaulichung denke man sich die Bauteile aus weichem, elastischem Material (z. B. aus Gummi) und schließe aus den Verformungen auf die daraus resultierenden Spannungen.

b) Spannungs-Verteilung an der Einspannung

Betrachtet wird das positive Schnittufer $A^{(+)}$ mit den positiven Biegemomenten M_y und M_z, die in die positive Koordinatenrichtung y bzw. z zeigen (Bild FL 11-2a)

Die Biegespannungen wirken in x-Richtung.

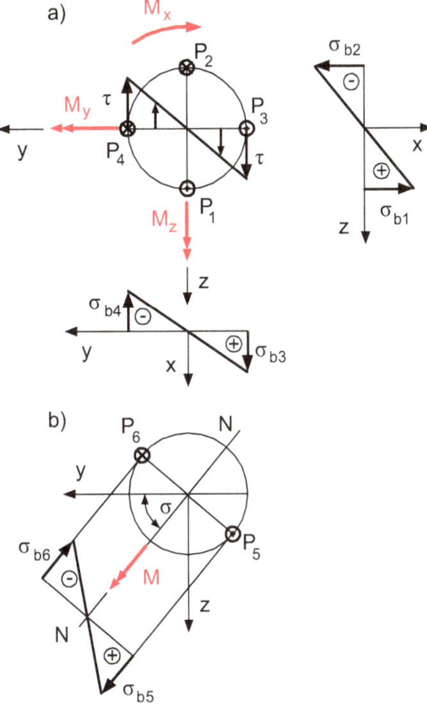

Bild FL 11-2

1) $\sigma_b(M_y) = \frac{M_y}{I_y} \cdot z$

   positive Werte z ergeben Zugspannungen

   Speziell für die Punkte P_1 und P_2

$$\sigma_{b1} = -\sigma_{b2} = \frac{M_y}{I_y} \cdot \frac{d}{2} = \frac{M_y}{W_b}$$

2) $\sigma_b(M_z) = -\frac{M_z}{I_z} \cdot y$

   positive Werte y ergeben Druckspannungen

   Speziell für die Punkte P_3 und P_4

$$\sigma_{b3} = -\sigma_{b4} = \frac{M_z}{I_z} \cdot \frac{d}{2} = \frac{M_z}{W_b}$$

3) Die Schubspannungen infolge der Torsion wirken in der y, z-Ebene.

$$\tau(\rho) = \frac{M_x}{I_p} \cdot \rho; \quad 0 \le \rho \le \frac{d}{2}$$

$$\tau_{max} = \tau = \frac{M_x}{I_p} \cdot \frac{d}{2} = \frac{M_x}{W_p}$$

Für den Kreisquerschnitt gilt

$$I_y = I_z = I_b = \frac{\pi \cdot d^4}{64}; \quad W_b = \frac{I_b}{\frac{d}{2}} = \frac{\pi \cdot d^3}{32} \quad I_p = 2I_b = \frac{\pi \cdot d^4}{32};$$

$$W_p = \frac{I_p}{\frac{d}{2}} = \frac{\pi \cdot d^3}{16}$$

Überlagerung der Biegespannungen (Bild FL 11-2b)

$$\sigma_b = \sigma_b(M_y) + \sigma_b(M_z) = \frac{M_y}{I_y} \cdot z - \frac{M_z}{I_z} \cdot y$$

Spannungs-Nulllinie *NN*

$$\sigma_b = 0: \quad \frac{M_y}{I_y} \cdot z - \frac{M_z}{I_z} \cdot y = 0 \Rightarrow z = \frac{M_z}{M_y} \cdot \frac{I_y}{I_z} \cdot y = \tan\beta \cdot y$$

Gerade durch den Koordinaten-Ursprung (Schwerpunkt des Querschnitts) in einem y, z-Koordinatensystem mit der Steigung

$$\tan\beta = \frac{z}{y} = \frac{M_z}{M_y} \cdot \frac{I_y}{I_z}$$

Für den Kreisquerschnitt mit $I_y = I_z$ ist $\tan\beta = \dfrac{M_z}{M_y} = \dfrac{F_x \cdot b}{F_z \cdot a}$

Das bedeutet, der resultierende Momentenvektor $\vec{M} = \vec{M}_y + \vec{M}_z$ fällt mit der Spannungs-Nulllinie NN zusammen.

$$M = \sqrt{M_y^2 + M_z^2}$$

Maximale Biegespannungen wirken an den Stellen der größten Entfernung von der Spannungs-Nulllinie.

Nach der Lage des resultierenden Momentenvektors im Bild FL 11-2b herrscht im Punkt P_5 Zug, im Punkt P_6 Druck.

Koordinaten des Punktes P_5

$$\sin\beta = \frac{M_z}{M}; \quad \cos\beta = \frac{M_y}{M}$$

$$y_5 = -\frac{d}{2}\cdot\sin\beta = -\frac{d}{2}\cdot\frac{M_z}{M}; \quad z_5 = \frac{d}{2}\cdot\cos\beta = \frac{d}{2}\cdot\frac{M_y}{M}$$

Biegespannung

$$\sigma_{b5} = \frac{M_y}{I_y}\cdot z_5 - \frac{M_z}{I_z}\cdot y_5 = \frac{1}{I_b}\cdot\frac{d}{2}\cdot\left(\frac{M_y^2}{M} + \frac{M_z^2}{M}\right) = \frac{M}{W_b} = -\sigma_{b6}$$

Für den Kreisquerschnitt ist jede Achse durch den Mittelpunkt eine Hauptträgheitsachse. Der resultierende Biegemomentenvektor fällt mit einer Hauptträgheitsachse zusammen, daher handelt es sich hier um eine einfache Biegung. Die letzte Spannungsformel kann dann auch direkt angesetzt werden.

Zahlenwerte

$$F_x = F\cdot\cos\alpha = 3000\cdot\cos 30° = 2598\,\text{N}$$

$$F_z = F\cdot\sin\alpha = 3000\cdot\sin 30° = 1500\,\text{N}$$

$$M_y = F_z\cdot a = 1500\cdot 0{,}6 = 900\,\text{Nm}$$

$$M_z = F_x\cdot b = 2598\cdot 0{,}4 = 1039{,}2\,\text{Nm}$$

$$\tan\beta = \frac{M_z}{M_y} = \frac{1039{,}2}{900} = 1{,}155 \Rightarrow \beta = 49{,}11°$$

$$M = \sqrt{M_y^2 + M_z^2} = \sqrt{900^2 + 1039{,}2^2} = 1374{,}75\,\text{Nm}$$

$$W_b = \frac{\pi\cdot d^3}{32} = \frac{\pi\cdot 50^3}{32} = 12{,}27\cdot 10^3\,\text{mm}^3$$

$$\sigma_{b5} = -\sigma_{b6} = \frac{M}{W_b} = \frac{1374{,}75\cdot 10^3\,\text{N mm}}{12{,}27\cdot 10^3\,\text{mm}^3} = 112{,}04\,\frac{\text{N}}{\text{mm}^2}$$

$$M_{\mathrm{x}} = F_{\mathrm{z}} \cdot b = 1500 \cdot 0{,}4 = 600 \,\mathrm{Nm}$$

$$W_{\mathrm{p}} = 2W_{\mathrm{b}} = 2 \cdot 12{,}27 \cdot 10^{3} = 24{,}54 \cdot 10^{3} \,\mathrm{mm}^{3}$$

$$\tau(M_{\mathrm{x}}) = \frac{M_{\mathrm{x}}}{W_{\mathrm{p}}} = \frac{600 \cdot 10^{3} \,\mathrm{N\,mm}}{24{,}54 \cdot 10^{3} \,\mathrm{mm}^{3}} = 24{,}45 \,\frac{\mathrm{N}}{\mathrm{mm}^{2}}$$

Zusatz

Normalspannung infolge Druckkraft

$$\sigma_{\mathrm{d}} = -\frac{F_{\mathrm{x}}}{A} = -\frac{2598}{1963{,}5} = -1{,}32 \,\frac{\mathrm{N}}{\mathrm{mm}^{2}} \quad \text{(gleichmäßig über den Querschnitt verteilt)}$$

$$A = \pi \cdot \frac{d^{2}}{4} = \pi \cdot \frac{50^{2}}{4} = 1963{,}5 \,\mathrm{mm}^{2} \quad \text{Querschnitt}$$

Mittlere Schubspannung infolge von Querkraft

$$\tau_{\mathrm{m}} = \frac{F_{\mathrm{z}}}{A} = \frac{1500}{1963{,}5} = 0{,}76 \,\frac{\mathrm{N}}{\mathrm{mm}^{2}}$$

Maximale Schubspannung für den Kreisquerschnitt

$$\tau_{\mathrm{max}} = \frac{4}{3}\tau_{\mathrm{m}} = \frac{4}{3} \cdot 0{,}76 = 1{,}01 \,\frac{\mathrm{N}}{\mathrm{mm}^{2}}$$

Die maximale Schubspannung tritt in der Mitte des Kreisquerschnitts auf (konstant entlang der y-Achse) und fällt zum Rand auf Null ab.

Die Spannungen infolge von Normalkraft und Querkraft müssen den Spannungen infolge Biegung und Torsion noch überlagert werden. Hier sollen diese relativ kleinen Spannungen jedoch vernachlässigt werden.

Aufgaben-Variante

Wirkt noch zusätzlich am freien Balkenende eine belastende Kraftkomponente F_{y} in y-Richtung, dann kommt an der Einspannung ein Momentenanteil um die z-Achse $M_{\mathrm{z}} = F_{\mathrm{y}} \cdot a$ hinzu.

F 12　Abgewinkeltes Rohr mit Innendruck und äußerer Belastung

Ein unter Innenüberdruck $p_{\ddot{\mathrm{u}}}$ stehendes, abgewinkeltes Rohr (d_{a} = Außen-, d_{i} = Innendurchmesser) ist nach Bild F 12 an einem Ende A (am Kessel) eingespannt, am anderen freien Ende C mit einem Deckel abgeschlossen. Im Bereich AB wirkt eine konstante Streckenlast q, an der Stelle C eine vertikale Einzelkraft F.

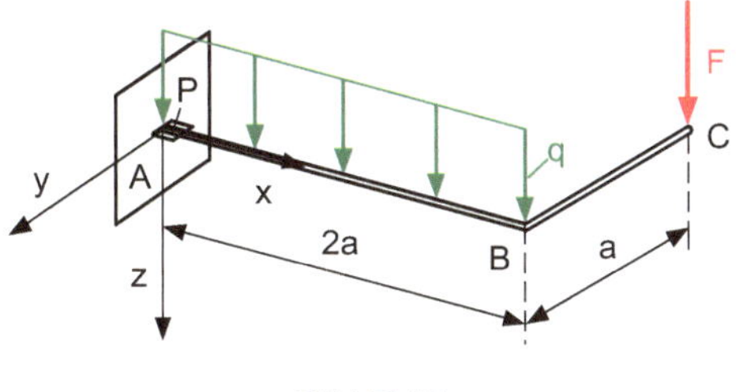

Bild F 12

Gegeben

$p_{\text{ü}} = 25\,\text{bar} = 25 \cdot 10^5\,\frac{\text{N}}{\text{m}^2} = 2{,}5\,\frac{\text{N}}{\text{mm}^2}$ (1 bar $= 10^5\,\frac{\text{N}}{\text{m}^2} = 0{,}1\,\frac{\text{N}}{\text{mm}^2}$), $F = 3\,\text{kN}$; $q = 1{,}4\,\frac{\text{kN}}{\text{m}}$; $E = 2{,}1 \cdot 10^5\,\frac{\text{N}}{\text{mm}^2}$, $\nu = 0{,}3$ (Querzahl), $d_{\text{a}} = 160\,\text{mm}$; $d_{\text{i}} = 150\,\text{mm}$; $a = 0{,}9\,\text{m}$

Gesucht

a) Schnittgrößen bei A und B in einem Schrägbild

b) Spannungen in einem Flächenelement P an der Einspannung am oberen Außenrand des Rohres

c) Hauptnormal- und Hauptschubspannungen mit den zugehörigen Flächenelementen, Mohrscher Spannungskreis

d) Absenkung der Kraftangriffsstelle C

e) Wie groß sind die Auflagerreaktionen, wenn an der Stelle C zusätzlich ein Loslager angebracht wird (statisch unbestimmtes System)?

Lösung

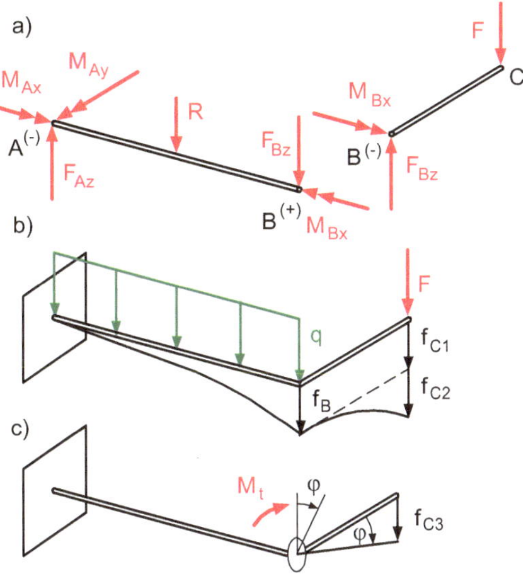

Bild FL 12-1

a) Schnittgrößen (Bild FL 12-1a)

$B^{(+)}$ = positives Schnittufer

$A^{(-)}, B^{(-)}$ = negative Schnittufer

$$R = q \cdot 2a = 1{,}4 \cdot 2 \cdot 0{,}9 = 2{,}52\,\text{kN}$$

$$F_{\text{Bz}} = F = 3\,\text{kN}$$

$$M_{\text{Bx}} = F \cdot a = 3 \cdot 0{,}9 = 2{,}7\,\text{kN m}$$

$$F_{\text{Az}} = F_{\text{Bz}} + R = 5{,}52\,\text{kN}$$

$$M_{\text{Ax}} = M_{\text{Bx}} = 2{,}7\,\text{kN m}$$

$$M_{\text{Ay}} = R \cdot a + F_{\text{Bz}} \cdot 2a$$

$$M_{\text{Ay}} = 2{,}52 \cdot 0{,}9 + 3 \cdot 2 \cdot 0{,}9 = 7{,}668\,\text{kN m}$$

b) Spannungen am Ausgangs-Flächenelement A, B (Bild FL 12-2a)

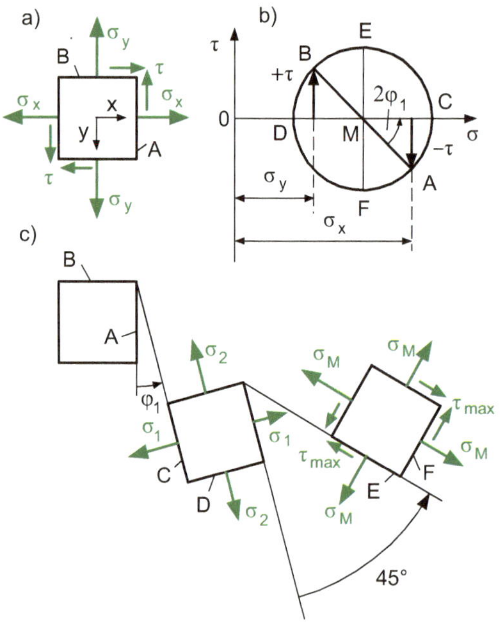

Bild FL 12-2

Wanddicke

$$s = \frac{1}{2} \cdot (d_\text{a} - d_\text{i}) = \frac{1}{2} \cdot (160 - 150) = 5\,\text{mm}$$

Kesselformel

$$\sigma_t = p_{\ddot{u}} \cdot \frac{d_i}{2s} = 2{,}5 \cdot \frac{150}{2 \cdot 5} = 37{,}5 \, \frac{N}{mm^2}$$

$$\sigma_\ell = \frac{1}{2}\sigma_t = 18{,}75 \, \frac{N}{mm^2}$$

Biegung

$$M_b = M_{Ay} = 766{,}8 \cdot 10^4 \, N\,mm$$

$$I_b = \frac{\pi}{64} \cdot \left(d_a^4 - d_i^4\right) = 731{,}94 \cdot 10^4 \, mm^4$$

$$\sigma_b = \frac{M_b}{I_b} \cdot \frac{d_a}{2} = \frac{766{,}8}{731{,}94} \cdot \frac{160}{2} = 83{,}81 \, \frac{N}{mm^2}$$

Torsion

$$M_t = M_{Ax} = 270 \cdot 10^4 \, N\,mm$$

$$I_p = 2I_b = 1463{,}88 \cdot 10^4 \, mm^4$$

$$\tau = \frac{M_t}{I_p} \cdot \frac{d_a}{2} = \frac{270}{1463{,}88} \cdot \frac{160}{2} = 14{,}76 \, \frac{N}{mm^2}$$

Zusammenfassung der Normalspannungen

$$\sigma_x = \sigma_b + \sigma_\ell = 83{,}81 + 18{,}75 = 102{,}56 \, \frac{N}{mm^2}; \quad \sigma_y = \sigma_t = 37{,}5 \, \frac{N}{mm^2}$$

c) Hauptspannungen

Mit den Punkten $A(\sigma_x; -\tau)$ und $B(\sigma_y; +\tau)$ lässt sich der Mohrsche Spannungskreis (Bild FL 12-2b) konstruieren, um die in der folgenden Rechnung ermittelten Werte zu kontrollieren. Die Flächenelemente mit den Hauptspannungen sind im Bild FL 12-2c ersichtlich.

$$\sigma_{1,2} = \underbrace{\frac{\sigma_x + \sigma_y}{2}}_{\sigma_M} \pm \underbrace{\sqrt{\left(\frac{\sigma_x - \sigma_y}{2}\right)^2 + \tau_{xy}^2}}_{\tau_{max}}$$

$$= \frac{102{,}56 + 37{,}5}{2} \pm \sqrt{\left(\frac{102{,}56 - 37{,}5}{2}\right)^2 + 14{,}76^2}$$

$$\sigma_{1,2} = 70{,}03 \pm 35{,}72; \quad \sigma_1 = 105{,}75 \, \frac{N}{mm^2}; \sigma_2 = 34{,}31 \, \frac{N}{mm^2}$$

$$\sigma_M = 70{,}03 \, \frac{N}{mm^2}; \quad \tau_{max} = 35{,}72 \, \frac{N}{mm^2}$$

Winkel zum Element der Hauptnormalspannungen

Das Schnittufer A ist positiv, da die äußere Flächennormale in die positive x-Richtung zeigt.

Die zugehörige Schubspannung τ_{xy} ist in die Formeln negativ einzusetzen, da sie am positiven Schnittufer in die negative y-Richtung zeigt (siehe Vorzeichenfestlegung in Aufgabe F 7).

$$\tan 2\varphi_0 = \frac{2\tau_{xy}}{\sigma_x - \sigma_y} = \frac{2 \cdot (-14{,}76)}{102{,}56 - 37{,}5} = -0{,}454 \Rightarrow 2\varphi_0 = -24{,}41^\circ; \quad \varphi_0 = -12{,}2^\circ$$

Die positive Drehrichtung von φ_0 erhält man, wenn man die x-Achse auf dem kürzesten Weg in die y-Achse dreht. Hier ist der Winkel φ_0 negativ, die Drehrichtung daher umgekehrt.

Winkelunterscheidung

Um herauszufinden, zu welcher Hauptspannung σ_1 oder σ_2 der Winkel φ_0 führt, setzt man den Wert in die allgemeine Spannungsgleichung für die Verdrehung eines Flächenelements ein

$$\sigma_\xi = \underbrace{\frac{1}{2} \cdot (\sigma_x + \sigma_y)}_{\sigma_M} + \frac{1}{2} \cdot (\sigma_x - \sigma_y) \cdot \cos 2\varphi + \tau_{xy} \cdot \sin 2\varphi$$

$$\sigma_\xi = 70{,}03 + \frac{1}{2} \cdot (102{,}56 - 37{,}5) \cdot \cos(-24{,}41^\circ) - 14{,}76 \cdot \sin(-24{,}41^\circ)$$

$$= 105{,}75 \, \frac{\text{N}}{\text{mm}^2}$$

$$\sigma_\xi = \sigma_1 \Rightarrow \varphi_0 = \varphi_1 = -12{,}2^\circ$$

Der Winkel φ_0 führt also von der Spannung σ_x zur großen Hauptspannung σ_1 bzw. von der Kante A zur Kante C entgegen dem Uhrzeigersinn gedreht.

Alternativ kann auch die zweite Ableitung der Spannungsformel zur Winkelunterscheidung herangezogen werden

$$\frac{d^2\sigma}{d\varphi^2} = -2(\sigma_x - \sigma_y) \cdot \cos 2\varphi_0 - 4\tau_{xy} \sin 2\varphi_0$$

$$\frac{d^2\sigma}{d\varphi^2} = -2(102{,}56 - 37{,}5) \cdot \cos(-24{,}41^\circ) - 4 \cdot (-14{,}76) \cdot \sin(-24{,}41^\circ) < 0$$

$$\Rightarrow \text{Maximum}$$

$$\varphi_0 = \varphi_1 = -12{,}2^\circ$$

Kontrolle (siehe Aufgabe F 7)

$$\tan \varphi_1 = \frac{\tau_{xy}}{\sigma_x - \sigma_2} = \frac{-14{,}76}{102{,}56 - 34{,}31} = -0{,}216 \Rightarrow \varphi_1 = -12{,}2^\circ$$

d) Absenkung des Lastangriffspunktes C (Bild FL 12-1b,c)
Der Balken AB wird durch q und F gebogen ($f_\mathrm{B} = f_\mathrm{C1}$).
Der Balken BC wird durch F gebogen (f_C2).
Das Rohr AB wird durch $M_\mathrm{t} = F \cdot a$ tordiert (φ).
Bei der Torsion dreht sich das Rohr BC mit, wodurch C noch um f_C3 abgesenkt wird.
Mit den Formeln für Grundlastfälle wird

$$f_\mathrm{B} = f_\mathrm{C1} = \frac{q \cdot (2a)^4}{8EI} + \frac{F \cdot (2a)^3}{3EI} = \frac{2q \cdot a^4}{EI} + \frac{8F \cdot a^3}{3EI}; \quad f_\mathrm{C2} = \frac{F \cdot a^3}{3EI}$$

$$\varphi = \frac{M_\mathrm{t} \cdot 2a}{G \cdot I_\mathrm{p}} = \frac{F \cdot a \cdot 2a}{G \cdot 2I} = \frac{F \cdot a^2}{G \cdot I}; \quad f_\mathrm{C3} = \varphi \cdot a = \frac{F \cdot a^3}{G \cdot I}$$

$$f_\mathrm{C} = f_\mathrm{C1} + f_\mathrm{C2} + f_\mathrm{C3} = \frac{a^3}{EI} \cdot \left(2qa + \frac{8}{3}F + \frac{1}{3}F + \frac{E}{G} \cdot F \right)$$

Gleit- oder Schubmodul

$$G = \frac{E}{2 \cdot (1 + v)} \Rightarrow \frac{E}{G} = 2 \cdot (1 + v)$$

Damit wird die Gesamtverschiebung bei C

$$f_\mathrm{C} = \frac{a^3}{EI} \cdot [2qa + 3F + 2 \cdot (1 + v) \cdot F] = \frac{a^3}{EI} \cdot (2qa + 5{,}6F)$$

$$f_\mathrm{C} = \frac{(900)^3}{2{,}1 \cdot 10^5 \cdot 731{,}94 \cdot 10^4} \cdot (2 \cdot 1{,}4 \cdot 0{,}9 + 5{,}6 \cdot 3) = 9{,}16\,\mathrm{mm}$$

e) Zusätzliches Loslager bei C
Wirkt an der Stelle C noch eine Lagerkraft F_C nach oben, so wird die Verschiebung
f_C wieder rückgängig gemacht:

$$f_\mathrm{C} = \frac{a^3}{EI} \cdot [2qa + 5{,}6 \cdot (F - F_\mathrm{C})] = 0 \Rightarrow$$

$$2qa + 5{,}6F - 5{,}6F_\mathrm{C} = 0 \Rightarrow$$

$$F_\mathrm{C} = F + \frac{2}{5{,}6} \cdot qa = 3 + \frac{2}{5{,}6} \cdot 1{,}4 \cdot 0{,}9 = 3 + 0{,}45 = 3{,}45\,\mathrm{kN}$$

Das Lager C nimmt die unmittelbar am Lager wirkende Belastungskraft F direkt auf
und übt noch eine Restkraft $F_\mathrm{C} - F = 0{,}45\,\mathrm{kN}$ auf das Rohrsystem aus.
Restliche Auflagerreaktionen (Gesamtsystem mit F_C)

$$F_\mathrm{Az} = R + F - F_\mathrm{C} = 2{,}52 + 3 - 3{,}45 = 2{,}07\,\mathrm{kN}$$

$$M_\mathrm{Ax} = (F - F_\mathrm{C}) \cdot a = (3 - 3{,}45) \cdot 0{,}9 = -0{,}405\,\mathrm{kN\,m}$$

$$M_\mathrm{Ay} = R \cdot a + (F - F_\mathrm{C}) \cdot 2a = 2{,}52 \cdot 0{,}9 + (3 - 3{,}45) \cdot 2 \cdot 0{,}9 = 1{,}458\,\mathrm{kN\,m}$$

F13　Rohr unter Innendruck

Der unten skizzierte Rohrabschnitt zwischen den beiden Stützen steht unter einem Innenüberdruck von $p = 2\,\text{bar}$. Das Torsionsmoment T tordiert das Rohr. Das Flüssigkeits und das Eigengewicht bilden eine Streckenlast. Vernachlässigen Sie alle anderen von den Anschlüssen herrührenden äußeren Lasten.

　　Ermitteln Sie

a)　den Ort der maximalen Normalspannung,

b)　für diesen Ort die Normal- und die Schubspannung und

c)　die Hauptnormalspannungen sowie die größte Schubspannung nach Größe und Richtung.

Zahlenwerte:

Wanddicke	$s = 2\,\text{mm}$;
Rohraußendurchmesser	$d = 400\,\text{mm}$;
Innendruck	$p = 20\,\text{bar} = 20 \cdot 10^5\,\text{N/m}^2 = 2\,\text{N/mm}^2$;
Rohrlänge	$l = 3000\,\text{mm}$
Torsionsmoment	$T = 25.000\,\text{N m}$
Dichte Flüssigkeit	$\rho_{Fl} = 1010\,\text{kg/m}^3$
Dichte Rohrmaterial (Stahl)	$\rho_{St} = 7850\,\text{kg/m}^3$

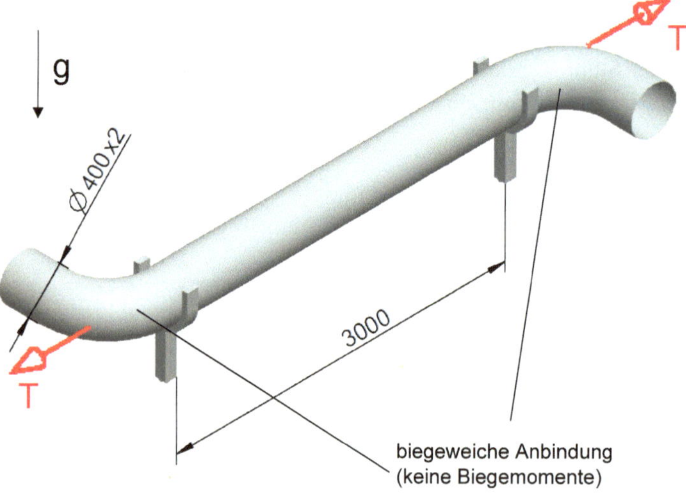

Bild F 13

Lösung

a) Die Belastungen sind das Torsionsmoment T, der Innendruck p und die Streckenlast q

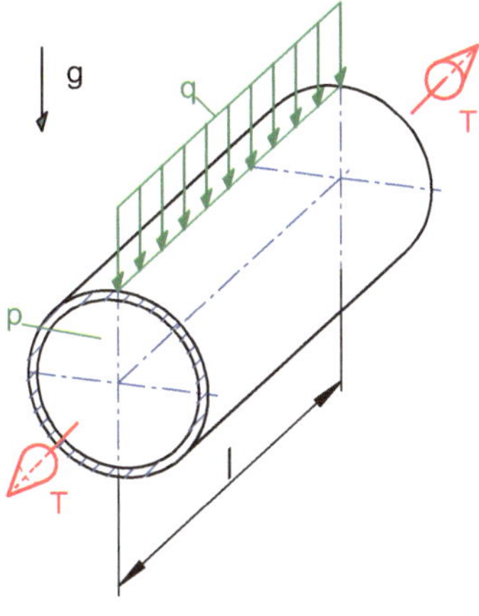

Bild FL 13-1

Die Streckenlast setzt sich zusammen aus dem Flüssigkeits- G_{Fl} und dem Rohrgewicht G_R:

$$d_i = d - 2s = 400\,\text{mm} - 2 \cdot 4\,\text{mm} = 396\,\text{mm}$$

$$q_{FL} = \frac{G_{Fl}}{l} = \frac{m_{Fl}g}{l} = \frac{V_{Fl}\rho_{Fl}g}{l} = \frac{\frac{\pi d_i^2}{4}l\rho_{Fl}g}{l} = \frac{\pi d_i^2 \rho_{Fl}g}{4}$$

$$q_{FL} = \frac{\pi 0{,}396^2\,\text{m}^2 1010\,\frac{\text{kg}}{\text{m}^3}9{,}81\,\frac{\text{m}}{\text{s}^2}}{4} = 1220{,}3\,\frac{\text{N}}{\text{m}}$$

$$q_R = \frac{G_R}{l} = \frac{m_R g}{l} = \frac{V_R \rho_R g}{l} = \frac{\frac{\pi(d^2-d_i^2)}{4}l\rho_R g}{l} = \frac{\pi(d^2 - d_i^2)\rho_R g}{4}$$

$$q_R = \frac{\pi(0{,}4^2 - 0{,}396^2)\,\text{m}^2 7850\,\frac{\text{kg}}{\text{m}^3}9{,}81\,\frac{\text{m}}{\text{s}^2}}{4} = 192{,}6\,\frac{\text{N}}{\text{m}}$$

$$q = q_{Fl} + q_R = 1220{,}3\,\frac{\text{N}}{\text{m}} + 192{,}6\,\frac{\text{N}}{\text{m}} = 1413\,\frac{\text{N}}{\text{m}}$$

Die Torsionsspannung τ_t ist maximal auf der gesamten Rohroberfläche. Ihre Orientierung folgt der des Torsionsmoments T:

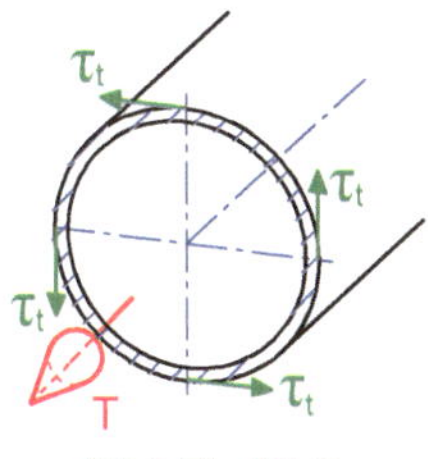

Bild FL 13-2

$$\tau_t = \frac{T}{W_t} = \frac{25 \cdot 10^6\,\text{N mm}}{495{,}2 \cdot 10^3\,\text{mm}^3} = 50{,}5\,\frac{\text{N}}{\text{mm}^2}$$

$$\text{mit } W_t = \frac{\pi}{16}\left(\frac{d^4 - d_i^4}{d}\right) = \frac{\pi}{16}\left(\frac{400^4 - 396^4}{400}\right)\,\text{mm}^3 = 2 \cdot W_a = 495{,}2 \cdot 10^3\,\text{mm}^3$$

Die Biegespannung σ_b entsteht durch die Streckenlast q:

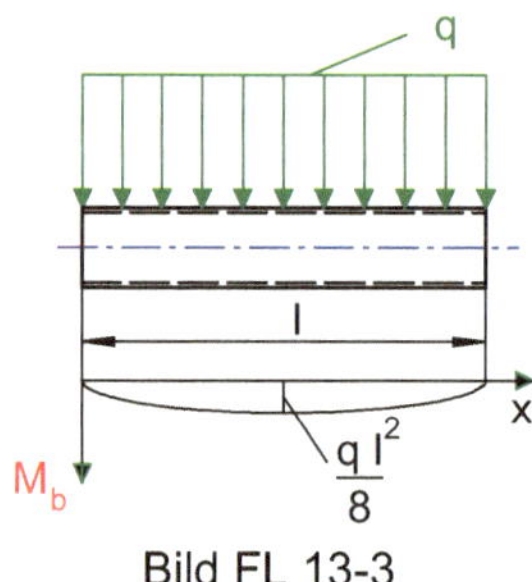

Bild FL 13-3

$$M_{b\,\text{max}} = M_b = \frac{ql^2}{8} = \frac{1413\,\frac{\text{N}}{\text{m}}3^2\text{m}^2}{8} = 1590\,\text{N m}$$

$$\sigma_b = \frac{M_b}{W_a} = \frac{1{,}590 \cdot 10^6\,\text{N mm}}{247{,}6 \cdot 10^3\,\text{mm}^3} = 6{,}42\,\frac{\text{N}}{\text{mm}^2}$$

$$\text{mit } W_a = \frac{\pi}{32}\left(\frac{d^4 - d_i^4}{d}\right) = \frac{\pi}{32}\left(\frac{400^4 - 396^4}{400}\right)\,\text{mm}^3 = 247{,}6 \cdot 10^3\,\text{mm}^3$$

Die Biegespannung ist als Druckspannung in der oberen Randfaser negativ und in der unteren Randfaser als Zugspannung positiv.

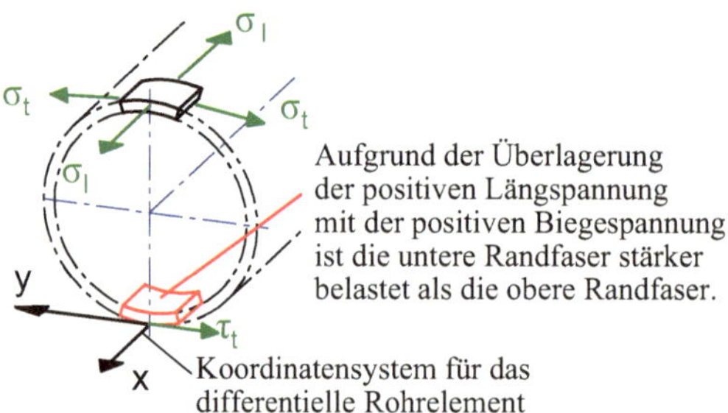

Bild FL 13-4

Längs- σ_{pl} und Tangentialspannungen σ_{pt} aufgrund von Innendruck gemäß den Kessel-formeln, im Bild FL 13-4 dargestellt an einem differentiell kleinen Rohrelement.

$$\sigma_{pt} = \frac{p \cdot d}{2 \cdot s} = \frac{2\,\frac{N}{mm^2}\,400\,mm}{2 \cdot 2\,mm} = 200\,\frac{N}{mm^2}$$

$$\sigma_{pl} = \frac{p \cdot d}{4 \cdot s} = \frac{\sigma_{pt}}{2} = 100\,\frac{N}{mm^2}$$

$$\sigma_t = \sigma_{pt} = 200\,\frac{N}{mm^2}$$

$$\sigma_l = \sigma_{pl} + \sigma_b = (100 + 6{,}42)\,\frac{N}{mm^2} = 106{,}4\,\frac{N}{mm^2}$$

Der Ort der maximalen Normalspannung liegt auf der unteren Randfaser.

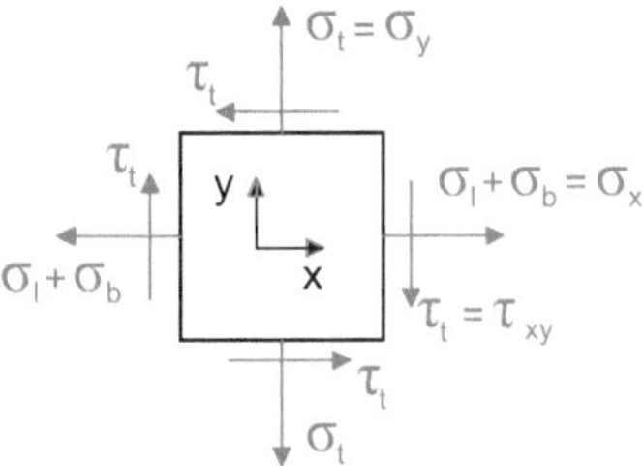

Bild FL 13-5

b) Das untere Randfaserelement in der Draufsicht wird mit den anliegenden Spannun-gen skizziert und der zweiachsige Spannungszustand in einem x, y-Koordinatensystem gezeichnet, wobei die x-Achse im Bild 13-5 nach vorne in Längsachsenrichtung zeigt und die y-Achse nach links. Vorzeichenregel: Schubspannungen sind positiv, wenn das Material rechts vom Pfeil liegt.

$$\sigma_x = \sigma_b + \sigma_l = (4{,}62 + 106{,}4)\,\frac{N}{mm^2} = 111{,}0\,\frac{N}{mm^2}$$

$$\sigma_y = \sigma_t = 200{,}0\,\frac{N}{mm^2}$$

$$\tau_{xy} = \tau_t = 50{,}5\,\frac{N}{mm^2}$$

c) Zu diesem Spannungszustand wird der Mohr'sche Spannungskreis gezeichnet, um die Größe und Richtung der Hauptnormalspannungen σ_1, σ_2 sowie der maximalen Schubspannung τ_{max} zu ermitteln:

$$\sigma_m = \frac{\sigma_x + \sigma_y}{2} = \frac{111{,}0 + 200{,}0}{2} \, \frac{N}{mm^2} = 155{,}5 \, \frac{N}{mm^2}$$

$$R = \sqrt{\left(\frac{\sigma_x - \sigma_y}{2}\right)^2 + \tau_{xy}^2} = \sqrt{\left(\frac{111{,}0 - 200}{2}\right)^2 + 50{,}5_{xy}^2} \, \frac{N}{mm^2} = 67{,}31 \, \frac{N}{mm^2}$$

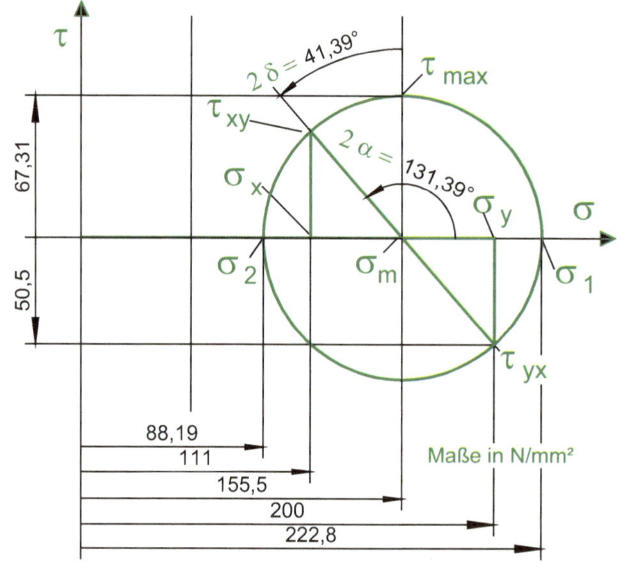

Bild F 13-5

Die maximale Schubspannung τ_{max} und die Hauptnormalspannungen σ_1 und σ_2 können aus einem maßstäblichen Spannungskreis abgelesen oder berechnet werden:

$$\tau_{max} = R = 67{,}31 \, \frac{N}{mm^2}$$

$$\sigma_1 = \sigma_m + R = (155{,}5 + 67{,}31) \, \frac{N}{mm^2} = 222{,}8 \, \frac{N}{mm^2}$$

$$\sigma_2 = \sigma_m - R = 88{,}19 \, \frac{N}{mm^2}$$

Die Lage des Hauptnormalspannungs-Schnittes wird durch den Winkel α festgelegt. Um ihn mit der Arcustangens-Funktion zu ermitteln, muss beachtet werden, dass diese nur im

Bereich $-\frac{\pi}{2} < +\frac{\pi}{2}$ definiert ist. Daher wird ein Hilfswinkel δ eingeführt:

$$2\alpha = 2\delta + 90°$$

$$\tan(2\delta) = \frac{\left|\frac{\sigma_x - \sigma_y}{2}\right|}{\tau_{xy}} = 0{,}8812 \Rightarrow 2\delta = \arctan(0{,}8812) = 41{,}39° \Leftrightarrow \delta = 20{,}70°$$

$$\alpha = \delta + 45° = 65{,}70°$$

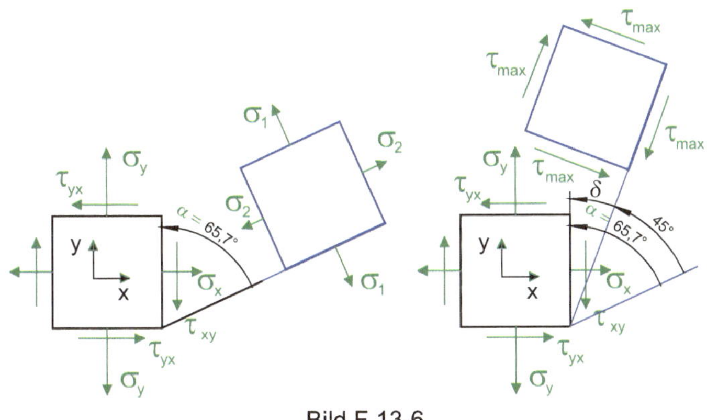

Bild F 13-6

Im oben stehenden Bild wird die Lage der Hauptnormalspannungen sowie der maximalen Schubspannungen gezeigt.

F 14 Halbkreisförmig gebogenes Rohr mit Innendruck und Einzelkraft

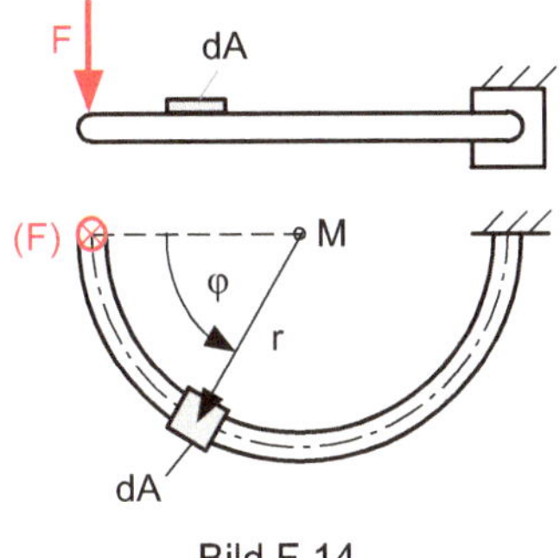

Bild F 14

Ein Heißdampfrohr (Außendurchmesser d_a, Wanddicke s) ist halbkreisförmig gebogen (Krümmungsradius r). Es ist an einem Ende eingespannt am anderen Ende mit einem Deckel abgeschlossen und mit einer vertikalen Einzelkraft F belastet. Das Rohr steht unter Innen-Überdruck $p_ü$.

Gegeben

$F = 2000\,\text{N};\ p_ü = 12\,\text{bar} = 1{,}2\,\frac{\text{N}}{\text{mm}^2};\ \varphi = 60°,\ r = 0{,}8\,\text{m};\ d_a = 150\,\text{mm};\ s = 5\,\text{mm}$

Gesucht

a) Schnittgrößen bei φ vom freien Ende aus gezählt
b) Spannungen an der Schnittstelle in einem Flächenelement dA an der Oberseite des Rohres
c) Hauptnormal- und Hauptschubspannungen mit den entsprechenden Flächenelementen.

Lösung

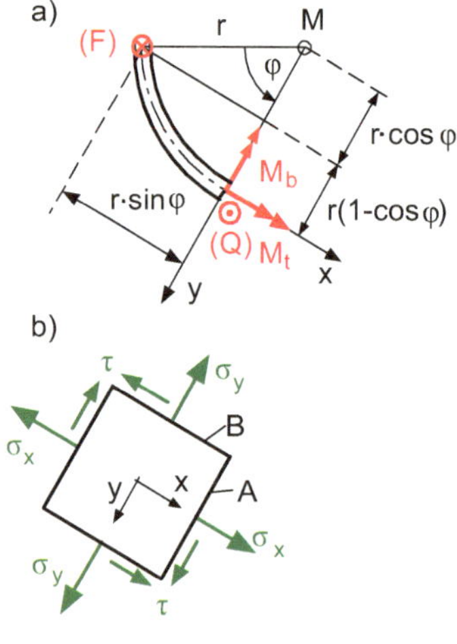

Bild FL 14-1

a) Schnittgrößen (Bild FL 14-1a)

$$M_b = F \cdot r \cdot \sin\varphi = 2000 \cdot 0{,}8 \cdot \sin 60° = 1385{,}64\,\text{N m}$$

$$M_t = F \cdot r \cdot (1 - \cos\varphi)$$

$$M_t = 2000 \cdot 0{,}8 \cdot (1 - \cos 60°) = 800\,\text{N m}$$

$$Q = F = 2000\,\text{N}$$

b) Spannungen an der Schnittstelle (Bild FL 14-1b)
  Biegung

$$d_\text{i} = d_\text{a} - 2s = 150 - 2 \cdot 5 = 140 \,\text{mm}$$

$$I_\text{b} = \frac{\pi}{64}(d_\text{a}^4 - d_\text{i}^4) = \frac{\pi}{64}(150^4 - 140^4) = 599{,}31 \cdot 10^4 \,\text{mm}^4$$

$$\sigma_\text{b} = \frac{M_\text{b}}{I_\text{b}} \cdot \frac{d_\text{a}}{2} = \frac{138{,}564 \cdot 10^4 \,\text{N mm}}{599{,}31 \cdot 10^4 \,\text{mm}^4} \cdot 75 \,\text{mm} = 17{,}34 \,\frac{\text{N}}{\text{mm}^2}$$

Kesselformel

$$\sigma_\text{t} = p_\text{ü} \cdot \frac{d_\text{i}}{2s} = 1{,}2 \,\frac{\text{N}}{\text{mm}^2} \cdot \frac{140}{2 \cdot 5} = 16{,}8 \,\frac{\text{N}}{\text{mm}^2} = \sigma_\text{y}$$

$$\sigma_\ell = \frac{1}{2}\sigma_\text{t} = 8{,}4 \,\frac{\text{N}}{\text{mm}^2}$$

Zusammenfassung der Normalspannungen in x-Richtung

$$\sigma_\text{x} = \sigma_\text{b} + \sigma_\text{t} = 17{,}34 + 8{,}4 = 25{,}74 \,\frac{\text{N}}{\text{mm}^2}$$

Torsion

$$I_\text{p} = 2I_\text{b} = 2 \cdot 599{,}31 \cdot 10^4 = 1198{,}62 \cdot 10^4 \,\text{mm}^4$$

$$\tau = \frac{M_\text{t}}{I_\text{p}} \cdot \frac{d_\text{a}}{2} = \frac{80 \cdot 10^4 \,\text{N mm}}{1198{,}62 \cdot 10^4 \,\text{mm}^4} \cdot 75 \,\text{mm} = 5{,}01 \,\text{N mm}^2$$

c) Hauptspannungen
  Mit den Punkten

$$A(\sigma_\text{x}; +\tau) \ \text{und} \ B(\sigma_\text{y}; -\tau)$$

konstruiert man den Mohrschen Spannungskreis (Bild FL 14-2a) und liest die Werte
ab, die im Folgenden auch berechnet werden.

$$\sigma_{1,2} = \underbrace{\frac{\sigma_\text{x} + \sigma_\text{y}}{2}}_{\sigma_\text{M}} \pm \underbrace{\sqrt{\left(\frac{\sigma_\text{x} - \sigma_\text{y}}{2}\right)^2 + \tau_\text{xy}^2}}_{\tau_\text{max}}$$

$$\sigma_{1,2} = \frac{25{,}74 + 16{,}8}{2} \pm \sqrt{\left(\frac{25{,}74 - 16{,}8}{2}\right)^2 + 5{,}01^2}$$

$$\sigma_{1,2} = 21{,}27 \pm 6{,}71$$

$$\sigma_1 = 27{,}98 \,\frac{\text{N}}{\text{mm}^2}; \quad \sigma_2 = 14{,}56 \,\frac{\text{N}}{\text{mm}^2}$$

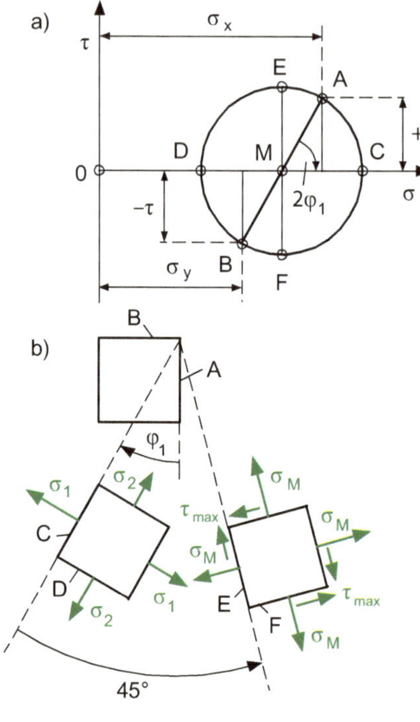

Bild FL 14-2

$$\sigma_M = 21{,}27\ \frac{N}{mm^2};\quad \tau_{max} = 6{,}71\ \frac{N}{mm^2}$$

$$\tan 2\varphi_0 = \frac{2\tau_{xy}}{\sigma_x - \sigma_y} = \frac{2 \cdot 5{,}01}{25{,}74 - 16{,}8} = 1{,}121 \Rightarrow$$

$$2\varphi_0 = 48{,}26°;\quad \varphi_0 = 24{,}13°$$

Winkelunterscheidung bzw. Kontrolle

Spannungen in einer Kante unter dem Winkel φ_0

$$\sigma_\xi = \sigma_M + \frac{1}{2}(\sigma_x - \sigma_y) \cdot \cos 2\varphi_0 + \tau_{xy} \cdot \sin 2\varphi_0$$

$$\sigma_\xi = 21{,}27 + \frac{1}{2}(25{,}74 - 16{,}8) \cdot \cos 48{,}26° + 5{,}01 \cdot \sin 48{,}26°$$

$$= 27{,}98\ \frac{N}{mm^2} = \sigma_1 \Rightarrow$$

$$\varphi_0 = \varphi_1 = 24{,}13°$$

Dreht man die *x*-Achse auf dem kürzesten Weg in die *y*-Achse, so erhält man die positive Drehrichtung von φ_0 (siehe auch Aufgabe F 7 Vorzeichen-Festlegung).

Der Winkel φ_0 führt von σ_x nach σ_1 bzw. von der Kante A zur Kante C (Bild FL 14-2b).
Kontrolle mit der zweiten Ableitung der Spannungsformel

$$\frac{d^2\sigma}{d\varphi^2} = -2 \cdot (\sigma_x - \sigma_y) \cdot \cos 2\varphi_0 - 4\tau_{xy} \cdot \sin 2\varphi_0$$

$$\frac{d^2\sigma}{d\varphi^2} = -2 \cdot (25{,}73 - 16{,}8) \cdot \cos 48{,}29° - 4 \cdot 5{,}01 \cdot \sin 48{,}29° < 0 \Rightarrow$$

$$\text{Maximum} \Rightarrow \varphi_0 = \varphi_1$$

Kontrolle (siehe Aufgabe F 7)

$$\tan \varphi_1 = \frac{\tau_{xy}}{\sigma_x - \sigma_2} = \frac{5{,}01}{25{,}74 - 14{,}56} = 0{,}448 \Rightarrow \varphi_1 = 24{,}13°$$

F 15   Eingespannter Balken mit parabelförmiger Streckenlast

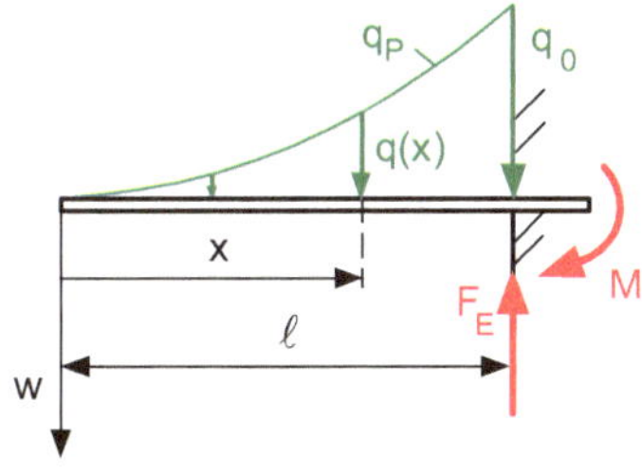

Bild F 15

Ein eingespannter Balken der Länge ℓ ist mit einer parabelförmigen Streckenlast qP belastet, die an der Einspannung den größten Wert q_0 aufweist. Die Biegesteifigkeit des Balkens ist EI.

Gegeben
q_0, ℓ, E, I

Gesucht

a) Streckenlastfunktion
b) Schnittgrößen und Verformungen in Abhängigkeit der laufenden Koordinate x
c) Verformungen am freien Ende
d) Einspannreaktionen

Lösung

a) Streckenlastfunktion für eine quadratische Parabel
Ansatz $q(x) = k \cdot x^2$
Für $x = \ell$ ist $q(\ell) = k \cdot \ell^2 = q_0 \Rightarrow k = \frac{q_0}{\ell^2}$ und damit $q(x) = \frac{q_0}{\ell^2} \cdot x^2$

b) Schnittgrößen und Verformungen

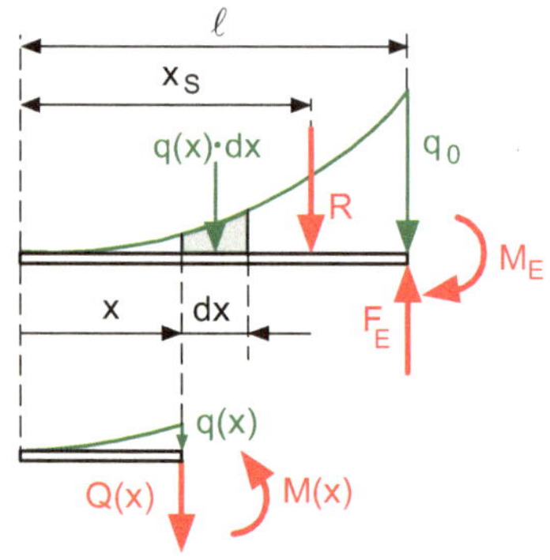

Bild FL 15

$$\frac{dQ}{dx} = -q(x) \Rightarrow Q(x) = -\int q(x) \cdot dx$$

$$Q(x) = -\frac{q_0}{\ell^2} \cdot \int x^2 dx = -\frac{1}{3} \cdot \frac{q_0}{\ell^2} \cdot x^3 + c_1$$

$$\frac{dM}{dx} = Q(x) \Rightarrow M(x) = \int Q(x) \cdot dx$$

$$M(x) = -\frac{1}{3} \cdot \frac{q_0}{\ell^2} \cdot \int x^3 dx + c_1 \cdot x + c_2$$

$$M(x) = -\frac{1}{12} \cdot \frac{q_0}{\ell^2} \cdot x^4 + c_1 \cdot x + c_2$$

Randbedingungen: für $x = 0$ ist

$$Q(0) = 0: \; c_1 = 0; \quad Q(x) = -\frac{1}{3} \cdot \frac{q_0}{\ell^2} \cdot x^3$$

$$M(0) = 0: \; c_2 = 0; \quad M(x) = -\frac{1}{12} \cdot \frac{q_0}{\ell^2} \cdot x^4$$

Durchbiegung (Biegelinie)

$$w'' = -\frac{M(x)}{EI}; \quad EIw'' = -M(x) = \frac{1}{12} \cdot \frac{q_0}{\ell^2} \cdot x^4$$

$$EIw' = \frac{1}{60} \cdot \frac{q_0}{\ell^2} \cdot x^5 + c_3$$

$$EIw = \frac{1}{360} \cdot \frac{q_0}{\ell^2} \cdot x^6 + c_3 \cdot x + c_4$$

Randbedingungen: für $x = \ell$ ist

I) $w'(\ell) = 0$: $c_3 = -\frac{1}{60} \cdot q_0 \cdot \ell^3$

II) $w(\ell) = 0$: $\frac{1}{360} \cdot q_0 \cdot \ell^4 - \frac{1}{60} \cdot q_0 \cdot \ell^4 + c_4 = 0 \Rightarrow c_4 = \frac{5}{360} \cdot q_0 \cdot \ell^4 = \frac{1}{72} \cdot q_0 \cdot \ell^4$

Damit wird

$$E I w'(x) = -\frac{1}{60} \cdot q_0 \cdot \ell^3 \cdot \left[1 - \left(\frac{x}{\ell} \right)^5 \right]$$

$$E I w(x) = \frac{1}{360} \cdot q_0 \cdot \ell^4 \cdot \left[5 - 6 \frac{x}{\ell} + \left(\frac{x}{\ell} \right)^6 \right]$$

c) Verformungen am freien Ende: für $x = 0$ wird

$$w'(0) = -\frac{q_0 \cdot \ell^3}{60 \cdot E I}; \quad w(0) = \frac{q_0 \cdot \ell^4}{72 \cdot E I}$$

d) Einspannreaktionen

$$F_{\mathrm{E}} = -Q\,(\ell) = \frac{1}{3} \cdot q_0 \cdot \ell; \, M_{\mathrm{E}} = -M\,(\ell) = \frac{1}{12} \cdot q_0 \cdot \ell^2$$

Kontrolle

Die Elementarkraft $q(x) \cdot dx$ an der Stelle x entspricht der Fläche unter der Parabel im Bereich dx.

Resultierende der Streckenlast = Summe aller Elementarkräfte

$$R = \int q(x) \cdot dx = \frac{q_0}{\ell^2} \cdot \int_0^\ell x^2 dx = \frac{q_0}{3\ell^2} \cdot [x^3]_0^\ell = \frac{q_0}{3\ell^2} \cdot \ell^3 = \frac{1}{3} q_0 \cdot \ell$$

Die Resultierende R entspricht der Fläche unter der Parabel und greift im Schwerpunkt dieser Fläche an.

Auflagerkraft an der Einspannung

$$\sum F_{\mathrm{y}} = 0 \Rightarrow F_{\mathrm{E}} = R = \frac{1}{3} q_0 \cdot \ell$$

Schwerpunkts-Abstand

Für jeden beliebigen Bezugspunkt muss das Moment der Resultierenden gleich dem Moment der Streckenlast, d. h. dem Moment aller Elementarkräfte sein.

$$R \cdot x_{\mathrm{S}} = \int_0^\ell q(x) \cdot x \cdot dx = \frac{q_0}{\ell^2} \cdot \int_0^\ell x^3 dx = \frac{q_0}{4\ell^2} [x^4]_0^\ell = \frac{q_0}{4\ell^2} \cdot \ell^4 = \frac{1}{4} q_0 \cdot \ell^2 \Rightarrow$$

$$x_{\mathrm{S}} = \frac{\frac{1}{4} q_0 \cdot \ell^2}{R} = \frac{\frac{1}{4} q_0 \cdot \ell^2}{\frac{1}{3} q_0 \cdot \ell} = \frac{3}{4} \ell$$

Damit wird das Einspannmoment

$$M_\mathrm{E} = R \cdot (\ell - x_\mathrm{S}) = \frac{1}{4} R \cdot \ell = \frac{1}{4} \cdot \frac{1}{3} q_0 \ell \cdot \ell = \frac{1}{12} q_0 \cdot \ell^2$$

F 16 Balken mit abgesetzter Streckenlast

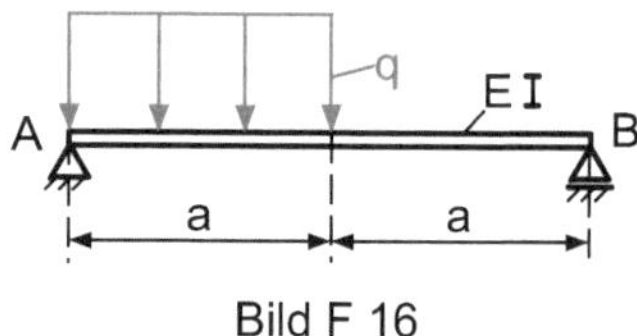

Bild F 16

Ein beidseitig gelenkig gelagerter Träger (Länge $2a$, Biegesteifigkeit EI) ist längs der linken Hälfte mit einer konstanten Streckenlast q belastet.

Gegeben

q, a, E, I

Gesucht

a) Auflagerkräfte

b) Schnittgrößen in Abhängigkeit der laufenden Koordinate x mit der Klammerfunktion

c) Biegemoment und Durchbiegung in Balkenmitte

d) Biegewinkel an den Lagern

e) Maximales Biegemoment

f) Maximale Durchbiegung

Beachte: Die Ergebnisse werden auch bei anderen Aufgaben als Grundlastfall zur Überlagerung gebraucht.

Die Klammerfunktion (engl. singularity function) wurde von August Föppl (1854–1924) eingeführt. Sie wird zur Unterscheidung von einer algebraischen Klammer mit spitzen Klammern geschrieben und ist wie folgt definiert:

$$\langle x - a \rangle^n = \left\{ \begin{array}{ll} 0 & \text{für } x \leq a \\ (x-a)^n & \text{für } x > a \end{array} \right\} n \in N$$

Sonderfall: $n = 0$

$$\langle x - a \rangle^0 = \left\{ \begin{array}{ll} 0 & \text{für } x < a \\ \text{unbestimmt} & \text{für } x = a \quad \text{(der Ausdruck } 0^0 \text{ ist mathematisch unbest.)} \\ 1 & \text{für } x > a \end{array} \right.$$

Ausdrücke mit der Föppl-Klammer können wie bei einer algebraischen Klammer differenziert und integriert werden.

Mit der Klammerfunktion lassen sich statisch bestimmte und statisch unbestimmte Probleme, insbesondere auch Balken mit mehreren Feldern unterschiedlicher Belastungen schnell und übersichtlich in geschlossener Form lösen.

Lösung

a) Auflagerkräfte (Bild FL 16a)

$$\sum M^{(A)} = 0 = F_B \cdot 2a - qa \cdot \frac{a}{2} \Rightarrow F_B = \frac{1}{4}qa$$

$$\sum F_y = 0 \Rightarrow F_A = qa - F_B = \frac{3}{4}qa$$

b) Schnittgrößen

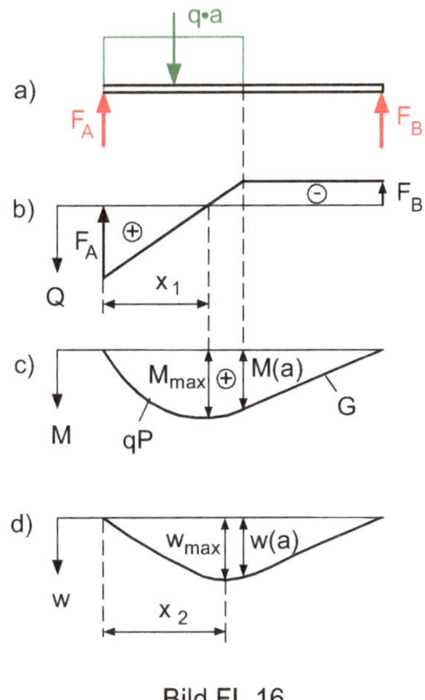

Bild FL 16

Die Querkraft (Bild FL 16b) hat an der Stelle $x_1 = \frac{3}{4}a$ eine Nullstelle und das Biegemoment (Bild FL 16c) entsprechend einen Extremwert.

Das Biegemoment ist im linken Bereich eine quadratische Parabel qP und im rechten Bereich eine Gerade G.

$$EI \cdot w'' = -M$$

$$EI \cdot w''' = -M' = -\frac{dM}{dx} = -Q$$

$$EI \cdot w^{\mathrm{IV}} = -Q' = -\frac{dQ}{dx} = q$$

Mit der Klammerfunktion lässt sich die Streckenlast über den gesamten Balken hinweg beschreiben.

Die Klammerfunktion gilt allgemein von der anfänglichen Einleitungsstelle der Streckenlast (als Beispiel) durchgehend bis zum Balkenende. Hört die Streckenlast schon vorher auf, muss der überschüssige Anteil mit einer weiteren Klammerfunktion wieder abgezogen werden.

Der Vorteil ist, dass man über den ganzen Balken durchgehend integrieren kann und an jedem Bereichsübergang je zwei Integrationskonstanten spart.

$$EI \cdot w^{\mathrm{IV}} = q(x) = q - q\langle x - a\rangle^0$$

$$EI \cdot w''' = -Q = qx - q\langle x - a\rangle^1 + k_1$$

$$EI \cdot w'' = -M = \frac{1}{2}qx^2 - \frac{1}{2}q\langle x - a\rangle^2 + k_1 x + k_2$$

Randbedingungen: für $x = 0$ ist

I) $Q(0) = F_\mathrm{A}$: $k_1 = -F_\mathrm{A} = -\frac{3}{4}qa$

II) $M(0) = 0$: $k_2 = 0$

Integrationskonstanten k_1 und k_2 eingesetzt

$$EI \cdot w''' = -Q = -F_\mathrm{A} + qx - q\langle x - a\rangle^1 \Rightarrow Q = F_\mathrm{A} - qx + q\langle x - a\rangle^1$$

$$EI \cdot w'' = -M = -F_\mathrm{A}x + \frac{1}{2}qx^2 - \frac{1}{2}q\langle x - a\rangle^2 \Rightarrow$$

$$M = F_\mathrm{A}x - \frac{1}{2}qx^2 + \frac{1}{2}q\langle x - a\rangle^2$$

Weitere Integration ergibt die Verformungen (Biegewinkel und Durchbiegung)

$$EI \cdot w' = -\frac{1}{2}F_\mathrm{A}x^2 + \frac{1}{6}qx^3 - \frac{1}{6}q\langle x - a\rangle^3 + c_1$$

$$EI \cdot w = -\frac{1}{6}F_\mathrm{A}x^3 + \frac{1}{24}qx^4 - \frac{1}{24}q\langle x - a\rangle^4 + c_1 x + c_2$$

Randbedingungen: an den Lagerstellen ist die Durchbiegung Null

I) $w(0) = 0$: $c_2 = 0$

II) $w(2a) = 0$: $-\frac{1}{6} \cdot \frac{3}{4}qa \cdot 8a^3 + \frac{1}{24}q \cdot 16a^4 - \frac{1}{24}qa^4 + c_1 \cdot 2a = 0 \Rightarrow c_1 = \frac{3}{16}qa^3$

$$w' = \frac{1}{EI} \cdot \left[-\frac{1}{2}F_A x^2 + \frac{1}{6}qx^3 - \frac{1}{6}q\langle x - a \rangle^3 + \frac{3}{16}qa^3 \right]$$

$$w = \frac{1}{EI} \cdot \left[-\frac{1}{6}F_A x^3 + \frac{1}{24}qx^4 - \frac{1}{24}q\langle x - a \rangle^4 + \frac{3}{16}qa^3 \cdot x \right]$$

c) Biegemoment und Durchbiegung in Balkenmitte für $x = a$

$$M(a) = F_B \cdot a = \frac{1}{4}qa^2 = \frac{8}{32}qa^2$$

$$w(a) = \frac{1}{EI} \cdot \left(-\frac{1}{6} \cdot \frac{3}{4}qa \cdot a^3 + \frac{1}{24}qa^4 + \frac{3}{16}qa^3 \cdot a \right) = \frac{5}{48} \cdot \frac{qa^4}{EI} \approx 0{,}104 \cdot \frac{qa^4}{EI}$$

d) Biegewinkel an den Lagern

$$EI \cdot \varphi(0) = EI \cdot w'(0) = c_1 = \frac{3}{16} \cdot qa^3 \Rightarrow \varphi(0) = \frac{3}{16} \cdot \frac{qa^3}{EI}$$

$$EI \cdot \varphi(2a) = EI \cdot w'(2a) = -\frac{1}{2} \cdot \frac{3}{4}qa \cdot 4a^2 + \frac{1}{6}q \cdot 8a^3 - \frac{1}{6}qa^3 + \frac{3}{16}qa^3 \Rightarrow$$

$$\varphi(2a) = -\frac{7}{48} \cdot \frac{qa^3}{EI}$$

e) Maximales Biegemoment

M_{max} tritt dort auf, wo $M' = Q = 0$ ist:

$$Q = F_A - qx + q\langle x - a \rangle^1 = 0$$

Um eine Klammerfunktion aufzulösen, ist generell eine Fallunterscheidung für die verschiedenen Bereiche erforderlich. M_{max} liegt hier aber offensichtlich im ersten Bereich mit der Streckenlast, so dass eine Untersuchung des zweiten Bereichs entfällt. Für $x \leq a$ ist $\langle x - a \rangle^1 = 0$, es verbleibt

$$F_A - qx_1 = 0 \Rightarrow x_1 = \frac{F_A}{q} = \frac{3}{4}a$$

$$M_{max} = F_A \cdot x_1 - \frac{1}{2}q \cdot x_1^2 = \frac{3}{4}qa \cdot \frac{3}{4}a - \frac{1}{2}q \cdot \left(\frac{3}{4}a \right)^2 = \frac{9}{32}qa^2 > M(a) = \frac{8}{32}qa^2$$

f) Maximale Durchbiegung

w_{max} tritt dort auf, wo $w' = \tan \varphi \approx \varphi = 0$ ist:

$$EI \cdot w' = -\frac{1}{2}F_A x^2 + \frac{1}{6}qx^3 - \frac{1}{6}q\langle x - a\rangle^3 + \frac{3}{16}qa^3 = 0$$

Offensichtlich liegt auch w_{max} in der linken Balkenhälfte, so dass eine Fallunterscheidung entfällt.

Für $x \leq a$ ist $\langle x - a\rangle^3 = 0$ und es verbleibt

$$-\frac{1}{2} \cdot \frac{3}{4}qa \cdot x^2 + \frac{1}{6}qx^3 + \frac{3}{16}qa^3 = 0 \Rightarrow$$

$$x^3 - \frac{9}{4}a \cdot x^2 + \frac{9}{8}a^3 = 0$$

Die allgemeine Auflösung einer Gleichung 3. Grades ist aufwendig, weshalb hier nur das Ergebnis der reellen Lösung angegeben wird:

$$x_2 \approx 0{,}9195a$$

Näherungsweise kann man auch durch Probieren und mehrmalige Verbesserung eines Schätzwertes eine Lösung finden (ähnlich wie bei einer transzendenten Gleichung). Für $a = 1$ m wird

$$x^3 - \frac{9}{4}x^2 + \frac{9}{8} = 0$$

Man löst nach der Unbekannten auf und bringt den Rest der Gleichung, der noch die Unbekannte in einer anderen Form enthält, auf die andere Seite. Beide Seiten ergeben je eine Kurve, deren Schnittpunkt gesucht ist.

$$x^2 = \frac{4}{9}x^3 + \frac{1}{2} \Rightarrow x = \sqrt{\frac{4}{9}x^3 + \frac{1}{2}}$$

Geschätzter Wert: $x_1 = 1$, verbesserter Wert $x_{1v} = \sqrt{\frac{4}{9} + \frac{1}{2}} = 0{,}972$
Der verbesserte Wert tendiert zu kleineren Werten, d. h. 1 ist zu groß

$$x_2 = 0{,}9:\ x_{2v} = \sqrt{\frac{4}{9} \cdot 0{,}9^3 + \frac{1}{2}} = 0{,}908$$

Tendenz zu größeren Werten, d. h. 0,908 ist zu klein.

$$x_3 = 0{,}92:\ x_{3v} = \sqrt{\frac{4}{9} \cdot 0{,}92^3 + \frac{1}{2}} \approx 0{,}92$$

Der Schätzwert links stimmt mit dem verbesserten Wert rechts (genügend genau) überein, d. h. man hat die gesuchte Lösung gefunden.

Mit dem genaueren Wert $x = 0{,}9195a$ wird die maximale Durchbiegung

$$EI \cdot w_{\mathrm{max}} = -\frac{1}{6} \cdot \frac{3}{4}qa \cdot (0{,}9195a)^3 + \frac{1}{24}q \cdot (0{,}9195a)^4 + \frac{3}{16}qa^3 \cdot 0{,}9195a \Rightarrow$$

$$w_{\mathrm{max}} = 0{,}105 \cdot \frac{qa^4}{EI} > w(a) = 0{,}104 \cdot \frac{qa^4}{EI}$$

Die Biegelinie $w = w(x)$ ist im Bild FL 15d dargestellt.

F 17 Balken mit abgesetztem Querschnitt

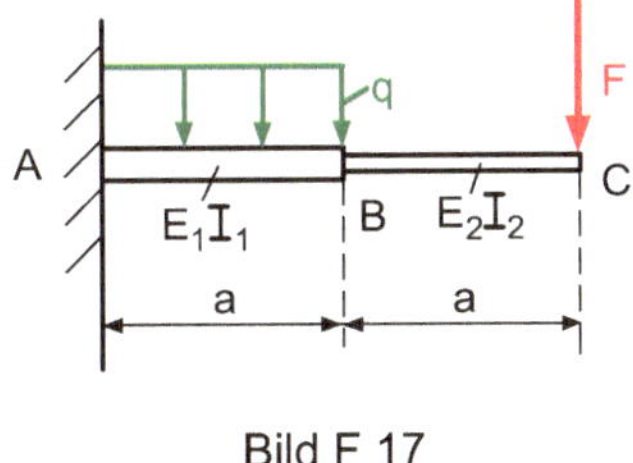

Bild F 17

Ein Träger mit unterschiedlichen Biegesteifigkeiten $E_1 I_1$ und $E_2 I_2$ ist bei A eingespannt. Die Belastung erfolgt im Bereich AB durch eine konstante Streckenlast q und am freien Ende C durch eine Einzelkraft F.

Gegeben
$q, F, a, E_1 I_1, E_2 I_2$

Gesucht

a) Auflagerreaktionen
b) Durchbiegung des freien Balkenendes C
c) Wie groß sind die Auflagerreaktionen, wenn an der Stelle C zusätzlich ein starres Loslager angebracht wird (statisch unbestimmtes System) und das Verhältnis der Biegesteifigkeiten $\frac{E_2 I_2}{E_1 I_1} = \frac{1}{2}$ beträgt?

Beachte:

Der Elastizitätsmodul E (besser Steifigkeitsmodul) ist vom Material und von der Temperatur abhängig. Mit wachsender Temperatur wird die Steifigkeit kleiner, d. h. der E-Modul nimmt ab. Er kann für beide Trägerteile variieren, wenn sie aus unterschiedlichen Werkstoffen bestehen und/oder verschiedene Temperaturen aufweisen.

Das Flächenträgheitsmoment I hängt vom Querschnitt ab.

Lösung

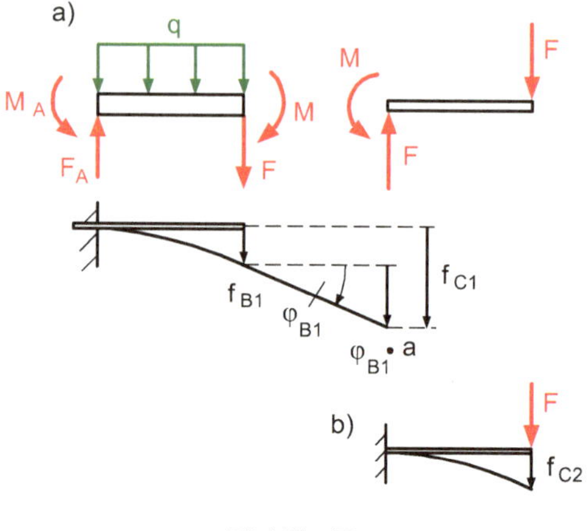

Bild FL 17

a) Auflagerreaktionen

$$\sum F_{\mathrm{y}} = 0 \Rightarrow F_{\mathrm{A}} = q \cdot a + F$$

$$\sum M^{(A)} = 0 \Rightarrow M_{\mathrm{A}} = qa \cdot \frac{a}{2} + F \cdot 2a$$

$$M_{\mathrm{A}} = a \cdot \left(\frac{1}{2} qa + 2F \right)$$

b) Durchbiegung

Die beiden Trägerteile werden wechselweise jeweils einmal starr und einmal elastisch betrachtet.

1) *AB* elastisch, *BC* starr (Bild FL 17a)

An der Stelle *B* wird vom Balken *BC* die Kraft *F* und das Moment $M = F \cdot a$ auf den Balken *AB* übertragen. Der Balken *AB* wird dann durch *q*, *F* und *M* belastet und verformt.

Die Verformungen entnimmt man einer Tabelle mit Grundlastfällen:

$$E_1 I_1 \cdot f_{\mathrm{B1}} = \frac{1}{8} qa^4 + \frac{1}{3} Fa^3 + \frac{1}{2} \underbrace{M}_{F \cdot a} \cdot a^2 \Rightarrow f_{\mathrm{B1}} = \frac{a^3}{E_1 I_1} \left(\frac{1}{8} qa + \frac{5}{6} F \right)$$

$$E_1 I_1 \cdot \varphi_{\mathrm{B1}} = \frac{1}{6} qa^3 + \frac{1}{2} Fa^2 + \underbrace{M}_{F \cdot a} \cdot a \Rightarrow \varphi_{\mathrm{B1}} = \frac{a^2}{E_1 I_1} \cdot \left(\frac{1}{6} qa + \frac{3}{2} F \right)$$

$$f_{\mathrm{C1}} = f_{\mathrm{B1}} + \varphi_{\mathrm{B1}} \cdot a = \frac{a^3}{E_1 I_1} \cdot \left(\frac{7}{24} qa + \frac{7}{3} F \right)$$

2) *AB* starr, *BC* elastisch (Bild FL 17b)
entspricht einer Verschiebung der Einspannung von *A* nach *B*

$$f_{C2} = \frac{F \cdot a^3}{3E_2 I_2}$$

3) Überlagerung

$$f_C = f_{C1} + f_{C2} = \frac{a^3}{3} \cdot \left[\frac{1}{E_1 I_1} \cdot \left(\frac{7}{8}qa + 7F \right) + \frac{1}{E_2 I_2} \cdot F \right]$$

c) Starres Lager bei *C*
Eine unbekannte Lagerkraft *X* wirkt nach oben. Es wird $(F - X)$ anstelle von *F* in obige Gleichung eingesetzt. Das System ist jetzt statisch unbestimmt, so dass eine Verformungsbedingung zur Lösung erforderlich ist.

$$f_C = 0: \quad \frac{1}{E_1 I_1} \cdot \left[\frac{7}{8}qa + 7 \cdot (F - X) \right] + \frac{1}{E_2 I_2} \cdot (F - X) = 0 \Rightarrow$$

$$\frac{E_2 I_2}{E_1 I_1} \cdot \frac{7}{8}qa + \left(\frac{E_2 I_2}{E_1 I_1} \cdot 7 + 1 \right) \cdot (F - X) = 0$$

mit $\frac{E_2 I_2}{E_1 I_1} = \frac{1}{2}$ wird

$$\frac{1}{2} \cdot \frac{7}{8}qa + \left(\frac{1}{2} \cdot 7 + 1 \right) \cdot (F - X) = 0 \Rightarrow X = \frac{7}{72}qa + F$$

Das Lager bei *C* nimmt die Kraft *F* direkt auf und noch einen Teil der Streckenlast *q*.

$$\sum F_y = 0 \Rightarrow F_A = qa + F - X = qa + F - \frac{7}{72}qa - F = \frac{65}{72}qa$$

$$\sum M^{(A)} = 0 \Rightarrow M_A = qa \cdot \frac{a}{2} + (F - X) \cdot 2a = \frac{1}{2}qa^2 - \frac{7}{72}qa \cdot 2a = \frac{11}{36}qa^2$$

F 18   Balken mit veränderlicher Streckenlast

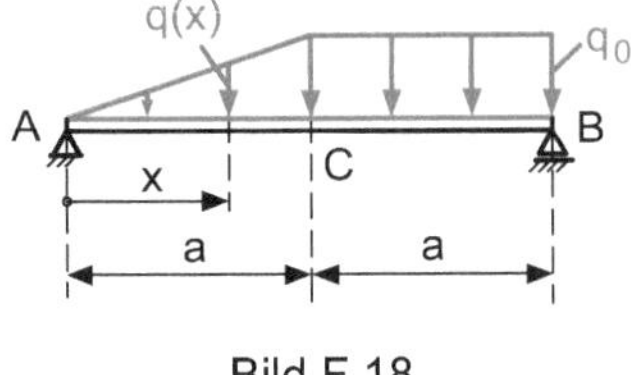

Bild F 18

Ein beidseitig gelenkig gelagerter Balken mit dem Elastizitätsmodul E ist im Bereich AC durch eine linear veränderliche und im Bereich BC durch eine konstante Streckenlast q_0 belastet.

Gegeben

$q_0 = 8\,\frac{\text{kN}}{\text{m}} = 8\,\frac{\text{N}}{\text{mm}}$; $a = 1\,\text{m}$; $E = 2{,}1 \cdot 10^5\,\frac{\text{N}}{\text{mm}^2}$

Gesucht

a) Auflagerkräfte

b) Schnittgrößen-Verlauf

c) Biegelinie mit der Klammerfunktion

d) Wie groß ist das Flächenträgheitsmoment I zu wählen (z. B. aus einer Profiltabelle), wenn die Absenkung in Balkenmitte $f_C = 20\,\text{mm}$ nicht überschreiten darf?

e) Kontrolle der Durchbiegung in Balkenmitte

e1) mit dem Satz von Castigliano

e2) mit dem Prinzip der virtuellen Arbeit

f) Wie groß sind die Auflagerkräfte, wenn bei C zusätzlich ein Loslager angebracht wird (statisch unbestimmtes System)?

Lösung

a) Auflagerkräfte (Bild FL 18-1a)

$$R_1 = \frac{1}{2}q_0 \cdot a = 4\,\text{kN}; \quad R_2 = q_0 \cdot a = 8\,\text{kN}$$

$$\sum M^{(A)} = 0 = -R_1 \cdot \frac{2}{3}a - R_2 \cdot \frac{3}{2}a + F_B \cdot 2a \Rightarrow F_B = \frac{1}{3}R_1 + \frac{3}{4}R_2$$

$$F_B = \left(\frac{1}{6} + \frac{3}{4}\right) \cdot q_0 a = \frac{11}{12}q_0 a = \frac{11}{12} \cdot 8 \cdot 1 = 7{,}33\,\text{kN}$$

$$\sum F_y = 0 \Rightarrow F_A = R_1 + R_2 - F_B = \left(\frac{1}{2} + 1 - \frac{11}{12}\right) \cdot q_0 a = \frac{7}{12}q_0 a = 4{,}66\,\text{kN}$$

b) Schnittgrößen

Ermittlung durch Integration mit der Klammerfunktion:

Lässt man die linear veränderliche Streckenlast $q(x)$ mit gleicher Steigung $\frac{q_0}{a}$ von A bis zum Balkenende B weiterlaufen, so muss der überschüssige Anteil in Form eines Dreiecks im zweiten Streckenabschnitt wieder abgezogen werden.

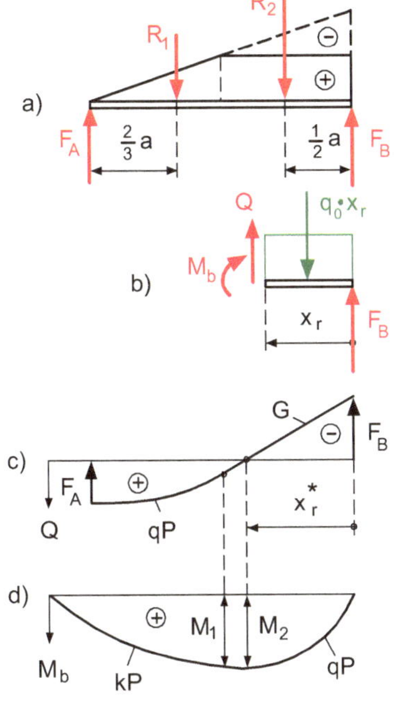

Bild FL 18-1

Klammerfunktion der Streckenlast

$$q(x) = \frac{q_0}{a} \cdot x - \frac{q_0}{a}\langle x - a\rangle^1$$

Bei der Integration müssen zur Querkraft alle weiteren Kräfte, zum Biegemoment alle weiteren Momente mit einer Klammerfunktion vorzeichengerecht mit aufgenommen werden. Durch Einbeziehen der Auflagerreaktionen kann man die Integrationskonstanten bei den Schnittgrößen sparen.

$$Q(x) = -\int q(x) \cdot dx + \sum F_\mathrm{i}$$

$$Q(x) = F_\mathrm{A} - \frac{1}{2}\frac{q_0}{a} \cdot x^2 + \frac{1}{2}\frac{q_0}{a}\langle x - a\rangle^2$$

$$M(x) = \int Q(x) \cdot dx + \sum M_\mathrm{i}$$

$$M(x) = F_\mathrm{A} \cdot x - \frac{1}{6}\frac{q_0}{a} \cdot x^3 + \frac{1}{6}\frac{q_0}{a}\langle x - a\rangle^3$$

Im Bereich der linear veränderlichen Streckenlast ist die Querkraftkurve eine quadratische Parabel qP, die Biegemomentenkurve eine kubische Parabel kP (Bild FL 18-1c, d).

Im Bereich der konstanten Streckenlast ist die Querkraftkurve eine schräge Gerade G, die Biegemomentenkurve eine quadratische Parabel qP.

Biegemoment in Trägermitte

$$M_1 = F_A \cdot a - R_1 \cdot \frac{a}{3} = \frac{7}{12} q_0 \cdot a^2 - \frac{1}{6} q_0 \cdot a^2 = \frac{5}{12} q_0 \cdot a^2 = 3{,}33 \,\text{kN m}$$

Maximales Biegemoment

Es tritt an der Nullstelle der Querkraft im rechten Bereich auf. Die Koordinate x_r wird vom rechten Rand gezählt (Bild FL 18-1b).

$$Q = q_0 \cdot x_r - F_B$$

$$Q = 0: \; q_0 \cdot x_r^* - F_B = 0 \Rightarrow x_r^* = \frac{F_B}{q_0} = \frac{11}{12} a = 0{,}917 \,\text{m}$$

$$M_2 = M_{\max} = F_B \cdot x_r^* - \frac{1}{2} q_0 \cdot x_r^{*2} = \frac{11}{12} q_0 a \cdot \frac{11}{12} a - \frac{1}{2} q_0 \cdot \left(\frac{11}{12} a\right)^2$$

$$= \frac{1}{2} \left(\frac{11}{12}\right)^2 \cdot q_0 a^2$$

$$M_{\max} = 3{,}36 \,\text{kN m}$$

Beliebige spezielle Werte der Schnittgrößen sowie die Nullstelle der Querkraft lassen sich auch aus den Klammerfunktionen bestimmen, was der Leser zur Kontrolle prüfen möge.

c) Biegelinie

$$E I \cdot w''(x) = -M(x) = -F_A \cdot x + \frac{1}{6} \frac{q_0}{a} \cdot x^3 - \frac{1}{6} \frac{q_0}{a} \langle x - a \rangle^3$$

$$E I \cdot w'(x) = -\frac{1}{2} F_A \cdot x^2 + \frac{1}{24} \frac{q_0}{a} \cdot x^4 - \frac{1}{24} \frac{q_0}{a} \langle x - a \rangle^4 + c_1$$

$$E I \cdot w(x) = -\frac{1}{6} F_A \cdot x^3 + \frac{1}{120} \frac{q_0}{a} x^5 - \frac{1}{120} \frac{q_0}{a} \langle x - a \rangle^5 + c_1 \cdot x + c_2$$

Randbedingungen: die Durchbiegung in den Lagern ist Null

I) $w(0) = 0$: $c_2 = 0$

II) $w(2a) = 0$: $-\dfrac{1}{6} \cdot \dfrac{7}{12} q_0 a \cdot 8a^3 + \dfrac{1}{120} \dfrac{q_0}{a} \cdot 32 a^5 - \dfrac{1}{120} \dfrac{q_0}{a} \cdot a^5 + c_1 \cdot 2a = 0 \Rightarrow$

$$c_1 = \frac{187}{720} q_0 a^3 = \frac{187}{720} \cdot 8 \cdot 1^3 = 2{,}078 \,\text{kNm}^2$$

d) Erforderliches Flächenträgheitsmoment

$$f_C = w(a) = 20\,\text{mm}$$

$$EI \cdot w(a) = -\frac{1}{6}F_A \cdot a^3 + \frac{1}{120}q_0 a^4 + c_1 \cdot a$$

$$EI \cdot f_C = \left(-\frac{1}{6}\cdot\frac{7}{12} + \frac{1}{120} + \frac{187}{720}\right)\cdot q_0 a^4 = \frac{41}{240}q_0 a^4 \Rightarrow$$

$$I = \frac{41}{240}\cdot\frac{q_0 \cdot a^4}{E \cdot f_C} = \frac{41}{240}\cdot\frac{8\,\frac{\text{N}}{\text{mm}}\cdot 10^{12}\,\text{mm}^4}{2{,}1\cdot 10^5\,\frac{\text{N}}{\text{mm}^2}\cdot 20\,\text{mm}} = 32{,}54\cdot 10^4\,\text{mm}^4$$

$$= 32{,}54\,\text{cm}^4$$

e) Kontrolle der Durchbiegung in Balkenmitte

e1) *mit dem Satz von Castigliano*

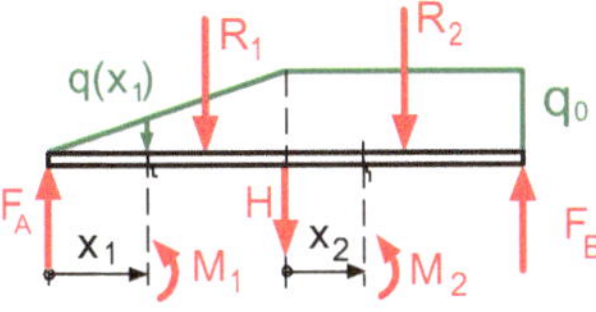

Bild FL 18-2

Da an der Stelle C der gesuchten Durchbiegung keine Einzelkraft wirkt, muss dort eine Hilfskraft H angesetzt werden (Bild FL 18-2). Diese Hilfskraft verteilt sich je zur Hälfte auf die beiden Lager, so dass folgende Auflagerkräfte entstehen

$$F_A = \frac{7}{12}q_0 a + \frac{1}{2}H; \quad F_B = \frac{11}{12}q_0 a + \frac{1}{2}H$$

Die Funktion der linear veränderlichen Streckenlast erhält man mit dem Strahlensatz

$$\frac{q(x_1)}{q_0} = \frac{x_1}{a} \Rightarrow q(x_1) = \frac{q_0}{a}\cdot x_1$$

Biegemomente und deren partielle Ableitungen in den beiden Teilbereichen $0 \le x_1 \le a$

$$M_1 = \left(\frac{7}{12}q_0 a + \frac{1}{2}H\right)\cdot x_1 - \frac{1}{2}q(x_1)\cdot x_1 \cdot \frac{1}{3}x_1$$

$$= \frac{7}{12}q_0 a \cdot x_1 + \frac{1}{2}H \cdot x_1 - \frac{1}{6}\frac{q_0}{a}\cdot x_1^3$$

$$\frac{\partial M_1}{\partial H} = \frac{1}{2}x_1$$

$0 \le x_2 \le a$

Bei Schnitten außerhalb der Streckenlast darf mit deren Resultierenden bei der Momentenbildung gerechnet werden.

$$M_2 = \left(\frac{7}{12} q_0 a + \frac{1}{2} H \right) \cdot (a + x_2) - R_1 \cdot \left(\frac{a}{3} + x_2 \right) - H \cdot x_2 - q_0 x_2 \cdot \frac{1}{2} x_2$$

$$\frac{\partial M_2}{\partial H} = \frac{1}{2}(a + x_2) - x_2 = \frac{1}{2}(a - x_2)$$

Satz von Castigliano

$$EI \cdot w_{\mathrm{C}} = \lim_{H \to 0} \frac{\partial U}{\partial H} = \lim_{H \to 0} \left(\int_0^a M_1 \cdot \frac{\partial M_1}{\partial H} \cdot dx_1 + \int_0^a M_2 \cdot \frac{\partial M_2}{\partial H} \cdot dx_2 \right)$$

Noch vor der Integration wird zur besseren Übersicht $H = 0$ gesetzt

$$EI \cdot w_{\mathrm{C}} = \frac{7}{24} q_0 a \int_0^a x_1^2 \cdot dx_1 - \frac{1}{12} \frac{q_0}{a} \int_0^a x_1^4 \cdot dx_1$$

$$+ \frac{7}{24} q_0 a \int_0^a (a + x_2) \cdot (a - x_2) \cdot dx_2 -$$

$$- \frac{1}{2} R_1 \int_0^a \left(\frac{a}{3} + x_2 \right) \cdot (a - x_2) \cdot dx_2 - \frac{1}{4} q_0 \int_0^a x_2^2 \cdot (a - x_2) \cdot dx_2$$

$$= \frac{41}{240} q_0 a^4 \text{ wie vorher}$$

Die Ausrechnung der Integrale wurde übersprungen und bleibt dem Leser überlassen. In den Klausuren wird aus Zeitgründen meist auch nur der Ansatz und die Vorbereitung bei einer aufwendigen Ausrechnung verlangt.

e2)　*mit dem Prinzip der virtuellen Arbeit*
　　Die Verformung (Verschiebung oder Verdrehung) infolge von Biegung wird bestimmt aus

$$\delta = \int \frac{M \cdot \overline{M}}{EI} dx$$

Bei konstanter Biegesteifigkeit EI wird

$$EI \cdot \delta = \int M \cdot \overline{M} \cdot dx$$

$M = M_0 = $ reelles Biegemoment aus der gegebenen Belastung

$\overline{M} = M_1 =$ virtuelles Biegemoment infolge einer virtuellen Belastung „1", die eine virtuelle Kraft oder ein virtuelles Moment sein kann, je nachdem ob eine Verschiebung oder eine Verdrehung gesucht ist.

Die Verformung kann analog auch für die anderen Schnittgrößen bestimmt werden. Dann tritt an die Stelle des Biegemoments die Normalkraft, die Querkraft oder das Torsionsmoment.

Die reellen und die virtuellen Momente werden gekoppelt und die passenden Integrale dabei aus der Koppeltafel entnommen. Dazu muss man nur die Kurvenform und die Endwerte der Biegemomente kennen. Die Koppeltafel erspart die aufwendige Berechnung der Integrale.

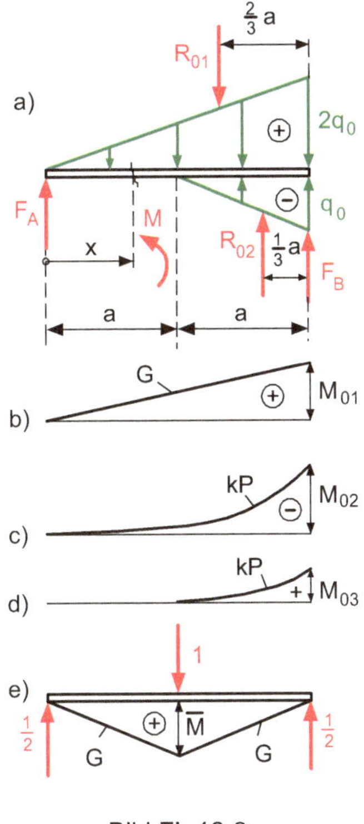

Bild FL 18-3

Um zu möglichst einfachen Kurven zu kommen, deren Integrale auch in der Koppeltafel enthalten sind, werden die Momentenwirkungen von allen Lasten und Auflagerreaktionen über den ganzen Balken hinweg **einzeln für sich** betrachtet (Bild FL 18-3 b, c, d).

Die linear veränderliche Streckenlast wird zweckmäßig bis zum Balkenende kontinuierlich fortgesetzt (oberes großes Dreieck) und der überschüssige Anteil (unteres kleines Dreieck) wieder abgezogen (Bild FL 18-3a).

Es ergeben sich folgende Biegemomente:

Im reellen System mit den wirklichen Kräften und Momenten wird am Balkenende

- infolge der Auflagerkraft F_A

$$M_{01} = F_A \cdot 2a = \frac{7}{12}q_0 a \cdot 2a = \frac{7}{6}q_0 a^2$$

- infolge der oberen Dreieckslast A bis B mit $R_{01} = 2q_0 \cdot \frac{1}{2} \cdot 2a = 2q_0 a$ wird

$$M_{02} = R_{01} \cdot \frac{2}{3}a = 2q_0 a \cdot \frac{2}{3}a = \frac{4}{3}q_0 a^2$$

- infolge des unteren Dreiecks C bis B mit $R_{02} = q_0 \cdot \frac{1}{2}a = \frac{1}{2}q_0 a$ wird

$$M_{03} = R_{02} \cdot \frac{1}{3}a = \frac{1}{2}q_0 a \cdot \frac{1}{3}a = \frac{1}{6}q_0 a^2$$

Im virtuellen System

Die virtuelle 1-Kraft verteilt sich je zur Hälfte auf die beiden Lager und erzeugt in Balkenmitte das virtuelle Moment (Bild FL 18-3e)

$$\overline{M} = \frac{1}{2} \cdot a$$

Jetzt wird jede reelle Biegemomentenkurve mit dem virtuellen Biegemoment kombiniert und dann werden die Werte addiert:

$$EI \cdot f = \frac{1}{6}\ell M \overline{M} \cdot (1 + \alpha) - \frac{1}{20}\ell M \overline{M} \cdot (1 + \alpha) \cdot (1 + \alpha^2) + \frac{1}{20}\ell M \overline{M}$$

mit $\alpha = \frac{a}{\ell} = \frac{a}{2a} = \frac{1}{2}$ wird

$$EI \cdot f = \frac{1}{6} \cdot 2a \cdot \frac{7}{6}q_0 a^2 \cdot \frac{1}{2}a \cdot \left(1 + \frac{1}{2}\right) -$$

$$- \frac{1}{20} \cdot 2a \cdot \frac{4}{3}q_0 a^2 \cdot \frac{1}{2}a \cdot \left(1 + \frac{1}{2}\right) \cdot \left(1 + \frac{1}{4}\right) +$$

$$+ \frac{1}{20} \cdot a \cdot \frac{1}{6}q_0 a^2 \cdot \frac{1}{2}a = \frac{41}{240}q_0 a^4 \text{ wie vorher}$$

f) Zusätzliches Lager bei C

Die Lagerkraft F_C macht die ursprüngliche Durchbiegung f wieder rückgängig (Bild FL 17-4a)

Aus einer Tabelle mit Grundlastfällen entnimmt man für die Durchbiegung in Balkenmitte eines beidseitig gelenkig gelagerten Balkens

$$f = \frac{F_C \cdot \ell^3}{48EI} = \frac{F_C \cdot (2a)^3}{48EI} = \frac{F_C \cdot a^3}{6EI} \Rightarrow F_C = \frac{6EI \cdot f}{a^3}$$

$$F_C = \frac{6 \cdot 2{,}1 \cdot 10^5 \, \frac{N}{mm^2} \cdot 32{,}54 \cdot 10^4 \, mm^4 \cdot 20 \, mm}{10^9 \, mm^3} = 8200 \, N$$

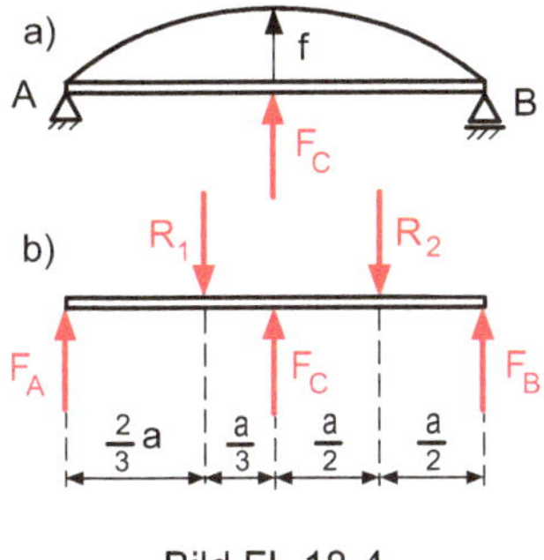

Bild FL 18-4

Man kann die statisch Unbestimmte F_C auch direkt mit der Klammerfunktion ermitteln. Dann kommt in der Gleichung der Querkraft noch das Glied $F_C\langle x - a\rangle$ hinzu, das auch beim weiteren Integrieren zu berücksichtigen ist.

F_C ist dann ebenso wie die Integrationskonstanten c_1 und c_2 unbekannt. Diese Unbekannten müssen aus den Randbedingungen bestimmt werden, wobei jetzt c_1 einen anderen Wert annimmt als im statisch bestimmten Fall ohne Lager C.

Als weitere Randbedingung erhält man $w(a) = 0$, d. h. die Durchbiegung am Lager C ist Null. Die Ausführung dieser Lösungsvariante wird dem Leser empfohlen.

Restliche Auflagerkräfte (Bild FL 18-4b)

$$\sum M^{(A)} = 0 = -R_1 \cdot \frac{2}{3}a + F_C \cdot a - R_2 \cdot \frac{3}{2}a + F_B \cdot 2a \Rightarrow$$

$$F_B = \frac{1}{3}R_1 + \frac{3}{4}R_2 - \frac{1}{2}F_C$$

$$F_B = \frac{1}{3} \cdot 4 + \frac{3}{4} \cdot 8 - \frac{1}{2} \cdot 8{,}2 = 9{,}23 \,\text{kN}$$

$$\sum F_y = 0 \Rightarrow F_A = R_1 + R_2 - F_B - F_C = 4 + 8 - 9{,}23 - 8{,}2 = -5{,}43 \,\text{kN}$$

Das Minuszeichen besagt, die Auflagerkraft F_A zieht am Balken nach unten.

F 19   Überkragender Balken

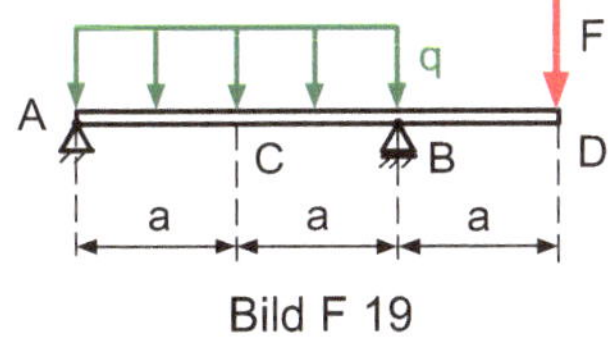

Bild F 19

Ein Balken (Biegesteifigkeit EI) ist bei A und B gelenkig gelagert. Er ist zwischen den Lagern mit einer konstanten Streckenlast q und am überkragenden Ende D mit einer Einzelkraft F belastet.

Gegeben

F, q, a, EI

Gesucht

a) Auflagerkräfte
b) Durchbiegungen bei C und D
c) Welche Bedingung muss für das Belastungsverhältnis F/qa bestehen, damit die Punkte C und D sich beide nach unten absenken?
d) Bei welchem Belastungsverhältnis sind die Durchbiegungen bei C und D nach unten gerichtet und gleich groß?

Lösung

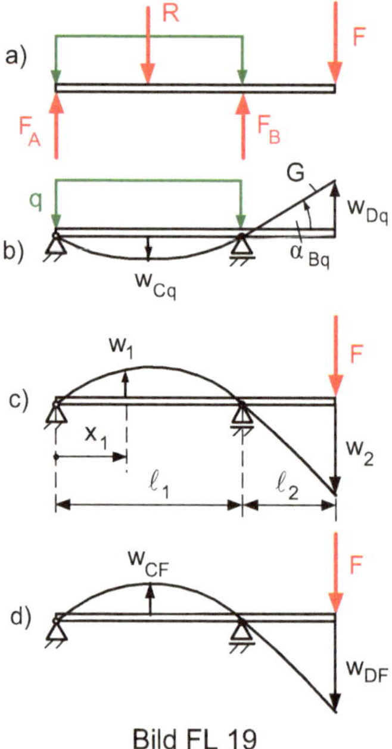

Bild FL 19

a) Auflagerkräfte (Bild FL 19a)

Resultierende der Streckenlast $R = q \cdot 2a$

$$\sum M^{(A)} = 0 = F_B \cdot 2a - R \cdot a - F \cdot 3a \Rightarrow F_B = qa + \frac{3}{2}F$$

$$\sum F_y = 0 \Rightarrow F_A = R + F - F_B = q \cdot 2a + F - qa - \frac{3}{2}F$$

$$F_A = qa - \frac{1}{2}F$$

b) Durchbiegungen (Grundlastfälle)

Aufteilung in zwei Lastfälle, die jeweils gegensinnige Verschiebungen der Punkte C und D zur Folge haben.

Verformung nur durch Streckenlast q (Bild FL 19b)

$$w_{Cq} = \frac{5q \cdot (2a)^4}{384EI} = \frac{5q \cdot a^4}{24EI}$$

$$\alpha_{Bq} = -\frac{q \cdot (2a)^3}{24EI} = -\frac{q \cdot a^3}{3EI}$$

$$w_{Dq} = \alpha_{Bq} \cdot a = -\frac{q \cdot a^4}{3EI}$$

Die Biegelinie setzt sich von B nach D ungekrümmt als Gerade G fort.

Verformungen nur durch die Einzelkraft F

Allgemeine Grundlastformeln gemäß Bild FL 19c

$$w_1 = -\frac{F \cdot \ell_1 \cdot \ell_2 \cdot x_1}{6EI} \cdot \left[1 - \left(\frac{x_1}{\ell_1}\right)^2\right]; \quad w_2 = \frac{F \cdot \ell_2^2 \cdot (\ell_1 + \ell_2)}{3EI}$$

Speziell für $\ell_1 = 2a$; $\ell_2 = a$; $x_1 = a$ nach Bild FL 19d wird

$$w_1 = w_{CF} = -\frac{F \cdot 2a \cdot a \cdot a}{6EI} \cdot \left[1 - \left(\frac{a}{2a}\right)^2\right] = -\frac{F \cdot a^3}{3EI} \cdot \frac{3}{4} = -\frac{F \cdot a^3}{4EI}$$

$$w_2 = w_{DF} = \frac{F \cdot a^2 \cdot (2a + a)}{3EI} = \frac{F \cdot a^3}{EI}$$

Überlagerung

$$w_C = w_{Cq} + w_{CF} = \frac{5qa^4}{24EI} - \frac{F \cdot a^3}{4EI} = \frac{qa^4}{24EI} \cdot \left(5 - 6\frac{F}{qa}\right)$$

$$w_D = w_{Dq} + w_{DF} = -\frac{qa^4}{3EI} + \frac{F \cdot a^3}{EI} = \frac{qa^4}{3EI} \cdot \left(3\frac{F}{qa} - 1\right)$$

c) Absenkung der Punkte C und D nach unten (in die positive Richtung), wenn

$$w_C > 0: \ 5 - 6\frac{F}{qa} > 0 \Rightarrow \frac{F}{qa} < \frac{5}{6} \left.\begin{array}{c}\\\\\end{array}\right\} \ \frac{1}{3} < \frac{F}{q \cdot a} < \frac{5}{6} \ \text{oder} \ \frac{10}{30} < \frac{F}{q \cdot a} < \frac{25}{30}$$
$$w_D > 0: \ 3\frac{F}{qa} - 1 > 0 \Rightarrow \frac{F}{qa} > \frac{1}{3}$$

d) Gleiche Absenkungen, wenn

$$w_C = w_D: \ \frac{qa^4}{24EI} \cdot \left(5 - 6\frac{F}{qa}\right) = \frac{qa^4}{3EI} \cdot \left(3\frac{F}{qa} - 1\right) \Rightarrow$$

$$5 - 6\frac{F}{qa} = 8 \cdot \left(3\frac{F}{qa} - 1\right) \Rightarrow$$

$$30\frac{F}{qa} = 13 \Rightarrow \frac{F}{qa} = \frac{13}{30}$$

$$\frac{10}{30} < \frac{13}{30} < \frac{25}{30} \ \text{daher sind beide Durchbiegungen nach unten gerichtet.}$$

F 20 Eingespannter Gerberträger

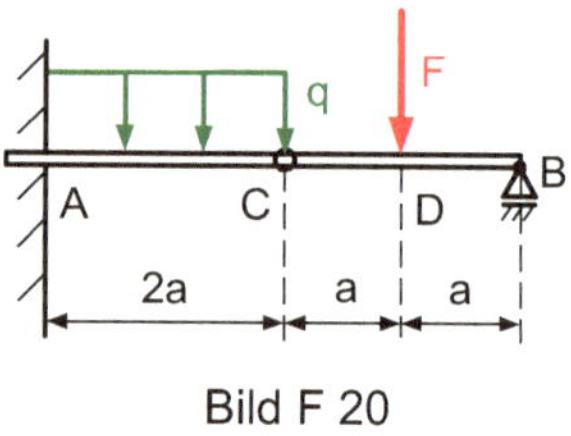

Bild F 20

Ein bei A eingespannter Gerberträger mit einem Zwischengelenk bei C und einem Loslager bei B ist im Bereich AC mit einer konstanten Streckenlast q und bei D mit einer Einzelkraft F belastet.

Gegeben

$q = 2\,\frac{\text{kN}}{\text{m}}; \ F = 3\,\text{kN}; \ a = 0{,}8\,\text{m}; \ EI = 100\,\text{kN}\,\text{m}^2$

Gesucht

a) Auflagerreaktionen (Schnittgrößen-Verlauf als Aufgabe für den Leser)
b) Winkelsprung und Absenkung des Zwischengelenks
c) Biegewinkel am Loslager

Lösung

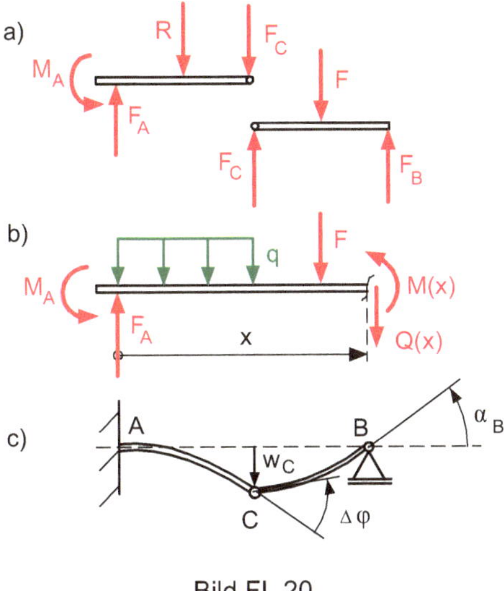

Bild FL 20

a) Auflagerreaktionen und Gelenkkraft (Bild FL 20a)

$$\sum_{CB} M^{(C)} = 0 = F_B \cdot 2a - F \cdot a \Rightarrow$$

$$F_B = \frac{1}{2}F = 1,5\,\text{kN}$$

$$\sum_{CB} F_y = 0 \Rightarrow F_C = F - F_B = \frac{1}{2}F = 1,5\,\text{kN}$$

$$\sum_{AC} F_y = 0 \Rightarrow F_A = R + F_C = 2qa + \frac{1}{2}F$$

$$F_A = 4,7\,\text{kN}$$

$$\sum_{AC} M^{(A)} = 0 \Rightarrow M_A = R \cdot a + F_C \cdot 2a$$

$$M_A = 2qa^2 + F \cdot a = 4,96\,\text{kN\,m}$$

b) Winkelsprung und Gelenkabsenkung (Bild FL 20b, c)
Beim „Föppl-Verfahren" (siehe Aufgabe F 16) werden die Funktionen mit speziell definierten Klammern so aufgestellt, dass sie über den ganzen Balkenbereich gelten und somit eine Integration ohne Unterbrechung möglich ist. Sie laufen vom Beginn ihrer Entstehung bis zum Balkenende durch. Bei Funktionen, die vorher enden, muss der überschüssige Teil durch Zusatzglieder wieder abgezogen werden.

Unstetigkeiten der Funktion müssen durch Glieder mit einer (dem Entstehungsort angepassten) Klammerfunktion ausgeglichen werden z. B. bei einem Absatz der Streckenlast oder bei einem Knick der Biegelinie im Gelenk eines Gerberträgers.

Man lässt hier die Streckenlast bis zum Balkenende durchlaufen und zieht den überschüssigen Anteil in der rechten Balkenhälfte wieder ab.

$$q(x) = q - q\langle x - 2a\rangle^0$$

Bezieht man die Auflagerreaktionen mit ein, so kann man sich die Integrationskonstanten bei den Schnittgrößen sparen. An der Einspannung sind die Auflagerreaktionen betragsmäßig gleich den Schnittgrößen.

$$Q(x) = -\int q(x)dx + \sum F_i = F_A - qx + q\langle x - 2a\rangle^1 - F\langle x - 3a\rangle^0$$

$$M(x) = \int Q(x)dx + \sum M_i = -M_A + F_A x - \frac{1}{2}qx^2 + \frac{1}{2}q\langle x - 2a\rangle^2$$
$$- F\langle x - 3a\rangle^1$$

$$EIw''(x) = -M(x) = M_A - F_A x + \frac{1}{2}qx^2 - \frac{1}{2}q\langle x - 2a\rangle^2 + F\langle x - 3a\rangle^1$$

Im Gelenk tritt ein Winkelsprung $\Delta\varphi$ in negativer Zählrichtung auf:

$$EIw'(x) = M_A x - \frac{1}{2}F_A x^2 + \frac{1}{6}qx^3 - \frac{1}{6}q\langle x - 2a\rangle^3 + \frac{1}{2}F\langle x - 3a\rangle^2$$
$$- EI\Delta\varphi\langle x - 2a\rangle^0 + c_1$$

$$EIw(x) = \frac{1}{2}M_A x^2 - \frac{1}{6}F_A x^3 + \frac{1}{24}qx^4 - \frac{1}{24}q\langle x - 2a\rangle^4 + \frac{1}{6}F\langle x - 3a\rangle^3 -$$
$$- EI\Delta\varphi\langle x - 2a\rangle^1 + c_1 x + c_2$$

Randbedingungen zur Lösung der 3 Unbekannten c_1, c_2, $\Delta\varphi$

I) $w'(0) = 0$: $c_1 = 0$

II) $w(0) = 0$: $c_2 = 0$

III) $w(4a) = 0$: $\frac{1}{2}M_A \cdot 16a^2 - \frac{1}{6}F_A \cdot 64a^3 + \frac{1}{24}q \cdot 256a^4 - \frac{1}{24}q \cdot 16a^4 + \frac{1}{6}Fa^3 -$
$$-EI \cdot \Delta\varphi \cdot 2a = 0 \Rightarrow$$

$$EI \cdot \Delta\varphi = 4M_A a - \frac{16}{3}F_A a^2 + 5qa^3 + \frac{1}{12}Fa^2$$

$$EI \cdot \Delta\varphi = 4a(2qa^2 + Fa) - \frac{16}{3}a^2\left(2qa + \frac{1}{2}F\right) + 5qa^3 + \frac{1}{12}Fa^2 \Rightarrow$$

$$\Delta\varphi = \frac{a^2}{EI} \cdot \left(\frac{7}{3}qa + \frac{17}{12}F\right) = \frac{0{,}8^2}{100} \cdot \left(\frac{7}{3} \cdot 2 \cdot 0{,}8 + \frac{17}{12} \cdot 3\right) = 0{,}0511\ \text{rad}$$

$$= 2{,}928°$$

Absenkung des Gelenks: $w_{\mathrm{C}} = w(x = 2a)$

$$EI \cdot w_{\mathrm{C}} = \frac{1}{2}M_{\mathrm{A}} \cdot 4a^2 - \frac{1}{6}F_{\mathrm{A}} \cdot 8a^3 + \frac{1}{24}q \cdot 16a^4$$

$$= a^2 \cdot \left(2M_{\mathrm{A}} - \frac{4}{3}F_{\mathrm{A}} \cdot a + \frac{2}{3}q \cdot a^2\right)$$

$$EI \cdot w_{\mathrm{C}} = a^2 \cdot \left[2 \cdot (2qa^2 + Fa) - \frac{4}{3}a \cdot \left(2qa + \frac{1}{2}F\right) + \frac{2}{3}qa^2\right]$$

$$= 2qa^4 + \frac{4}{3}Fa^3 \Rightarrow$$

$$w_{\mathrm{C}} = \frac{a^3}{EI} \cdot \left(2q \cdot a + \frac{4}{3}F\right) = \frac{0{,}8^3}{100} \cdot \left(2 \cdot 2 \cdot 0{,}8 + \frac{4}{3} \cdot 3\right) = 3{,}69 \cdot 10^{-2}\,\mathrm{m}$$

$$= 3{,}69\,\mathrm{cm}$$

c) Biegewinkel am Lager B (Bild FL 20c): $\varphi_{\mathrm{B}} = w'(x = 4a)$

$$EI \cdot \varphi_{\mathrm{B}} = M_{\mathrm{A}} \cdot 4a - \frac{1}{2}F_{\mathrm{A}} \cdot 16a^2 + \frac{1}{6}q \cdot 64a^3 - \frac{1}{6}q \cdot 8a^3 + \frac{1}{2}Fa^2 - EI \cdot \Delta\varphi$$

$$EI \cdot \varphi_{\mathrm{B}} = 4a \cdot (2qa^2 + Fa) - 8a^2 \cdot \left(2qa + \frac{1}{2}F\right) + \frac{28}{3}qa^3 + \frac{1}{2}Fa^2 - EI \cdot \Delta\varphi$$

$$\varphi_{\mathrm{B}} = \frac{a^2}{EI}\left(\frac{4}{3}qa + \frac{1}{2}F\right) - \Delta\varphi = \frac{0{,}8^2}{100}\left(\frac{4}{3} \cdot 2 \cdot 0{,}8 + \frac{1}{2} \cdot 3\right) - 0{,}0511$$

$$= -2{,}78 \cdot 10^{-2}\,\mathrm{rad} = -1{,}593°$$

F 21   Verformung eines Hakens

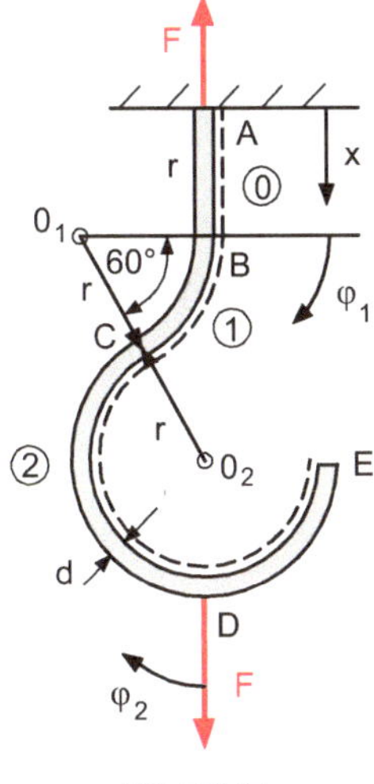

Bild F 21

Ein Haken setzt sich aus einer Geraden AB von der Länge r und zwei Kreisbögen BC (konkave Krümmung) und CDE (konvexe Krümmung) mit dem mittleren Radius r zusammen.

Der Haken ist aus einem Draht (Elastizitätsmodul E) mit dem Durchmesser d gefertigt. Er wird im unteren Punkt D durch eine vertikale Kraft F belastet.

Gegeben

$F = 40\,\text{N}; r = 30\,\text{mm}; d = 2{,}8\,\text{mm}; E = 2{,}1 \cdot 10^5\,\frac{\text{N}}{\text{mm}^2}, \nu = 0{,}3; \kappa = \frac{10}{3}$

Gesucht

a) Schnittgrößen-Verlauf (der Leser zeichne die Kurven der Schnittgrößen durch radiale Antragung der Werte an die Kontur des Hakens)
b) Verschiebung des Kraftangriffspunktes D

Lösung

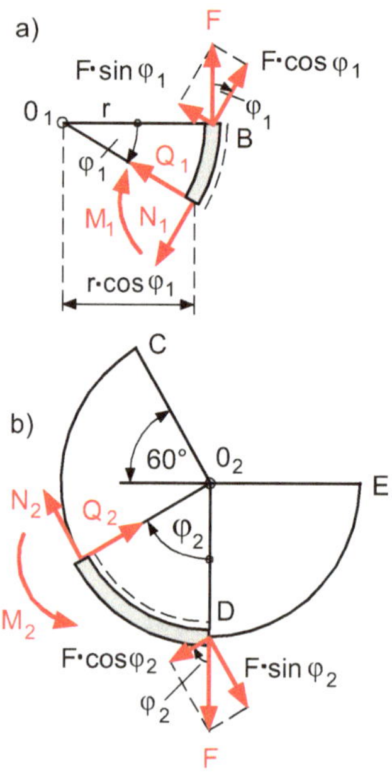

Bild FL 21

Beim Verfahren nach dem Prinzip der virtuellen Arbeit braucht man die wirklichen Schnittgrößen und die virtuellen Schnittgrößen infolge einer Einslast an der Stelle der gesuchten Verformung.

Hier wird die Verschiebung in Richtung einer gegebenen Einzelkraft gesucht. Dann kann man die virtuellen Schnittgrößen (meist mit einem Strich über dem Formelzeichen geschrieben) direkt von den wirklichen Schnittgrößen übernehmen, wenn man $F = 1$ setzt.

Ansonsten muss eine virtuelle Einslast (Kraft bzw. Moment je nachdem, ob man eine Verschiebung oder eine Verdrehung sucht) in Richtung der gesuchten Verformung angesetzt werden und dafür sind dann die virtuellen Schnittgrößen gesondert zu bestimmen.

Eine Hilfe für die Vorzeichenfestlegung der Schnittgrößen bietet die Orientierung an einer Bezugsfaser (gestrichelte Linie). Ein Biegemoment wird positiv angesetzt, wenn es in der angenommenen Bezugsfaser eine Zugspannung erzeugt. Da meist einzelne Momentenanteile zu summieren sind, führen Verwechslungen der Vorzeichen zu falschen Ergebnissen im Betrag und im Vorzeichen.

a) Schnittgrößen

   0) Bereich AB: $0 \le x \le r$

      $N_0 = F$; $\overline{N}_0 = 1$; keine Querkraft und keine Biegung

   1) Bereich BC (Bild FL 20a)

      $0 \le \varphi_1 \le 60°$: $60° = \frac{\pi}{3}$ rad; $ds_1 = r \cdot d\varphi_1$

      Zweckmäßig wird die Belastungskraft F in die Richtung der Schnittgrößenkräfte (Normalkraft und Querkraft) zerlegt.

$$N_1 = F \cdot \cos \varphi_1; \qquad \overline{N}_1 = \cos \varphi_1$$
$$Q_1 = -F \cdot \sin \varphi_1; \qquad \overline{Q}_1 = -\sin \varphi_1$$
$$M_1 = F \cdot r\,(1 - \cos \varphi_1); \qquad \overline{M}_1 = r(1 - \cos \varphi_1)$$

   2) Bereich CD (Bild FL 21b)

      $0 \le \varphi_2 \le 150°$: $150° = \frac{5}{6}\pi$ rad; $ds_2 = r \cdot d\varphi_2$

$$N_2 = F \cdot \sin \varphi_2; \qquad \qquad \overline{N}_2 = \sin \varphi_2$$
$$Q_2 = F \cdot \cos \varphi_2; \qquad \qquad \overline{Q}_2 = \cos \varphi_2$$
$$M_2 = F \cdot r \cdot \sin \varphi_2; \qquad \qquad \overline{M}_2 = r \cdot \sin \varphi_2$$

      Das freie Ende DE ist ohne Belastung und daher auch ohne Schnittgrößen.

b) Verschiebung des Kraftangriffspunktes

b1) infolge von Biegeverformung

$$f_\mathrm{B} = \int \frac{M \cdot \overline{M}}{EI} ds = \frac{1}{EI} \left(\int M_1 \overline{M}_1 \cdot r\,d\varphi_1 + \int M_2 \overline{M}_2 \cdot r\,d\varphi_2 \right)$$

$$f_\mathrm{B} = \frac{F \cdot r^3}{EI} \left[\int_0^{60°} (1 - \cos \varphi_1)^2 d\varphi_1 + \int_0^{150°} \sin^2 \varphi_2 d\varphi_2 \right]$$

$$f_\mathrm{B} = \frac{F \cdot r^3}{EI} \left[\varphi_1 - 2\sin \varphi_1 + \frac{1}{2}(\varphi_1 + \sin \varphi_1 \cos \varphi_1) \right]_0^{\frac{\pi}{3}} + \frac{1}{2}\left[\varphi_2 - \sin \varphi_2 \cos \varphi_2 \right]_0^{\frac{5}{6}\pi}$$

mit $\sin 60° = \frac{1}{2}\sqrt{3}$, $\cos 60° = \frac{1}{2}$ wird

$$f_B = \frac{F \cdot r^3}{12EI}\left(11\pi - 9\sqrt{3}\right) \approx 1{,}58 \cdot \frac{F \cdot r^3}{EI} = 1{,}58 \cdot \frac{40 \cdot 30^3}{2{,}1 \cdot 10^5 \cdot 3{,}017} = 2{,}69\,\text{mm}$$

wobei $I = \frac{\pi \cdot d^4}{64} = \frac{\pi \cdot 2{,}8^4}{64} = 3{,}017\,\text{mm}^4$ Flächenträgheitsmoment des Kreisquerschnitts

b2) infolge von Normalkraft-Verformung

$$f_N = \int \frac{N \cdot \overline{N}}{EA}\,ds$$

$$= \frac{1}{EA}\left(\int N_0\overline{N}_0 \cdot dx + \int N_1\overline{N}_1 \cdot rd\varphi_1 + \int N_2\overline{N}_2 \cdot rd\varphi_2\right)$$

$$EA \cdot f_N = F\int_0^r dx + Fr\int_0^{60°}\cos^2\varphi_1 \cdot d\varphi_1 + Fr\int_0^{150°}\sin^2\varphi_2 \cdot d\varphi_2$$

$$EA \cdot f_N = Fr + \frac{1}{2}Fr\,[\varphi_1 + \sin\varphi_1\cos\varphi_1]_0^{\frac{\pi}{3}} + \frac{1}{2}Fr\,[\varphi_2 - \sin\varphi_2\cos\varphi_2]_0^{\frac{5}{6}\pi}$$

$$f_N = \left(1 + \frac{7}{12}\pi + \frac{1}{4}\sqrt{3}\right) \cdot \frac{Fr}{EA} \approx 3{,}266\frac{Fr}{EA} = 3{,}266 \cdot \frac{40 \cdot 30}{2{,}1 \cdot 10^5 \cdot 6{,}16}$$

$$= 3{,}03 \cdot 10^{-3}\,\text{mm}$$

wobei $A = \frac{\pi \cdot d^2}{4} = \frac{\pi \cdot 2{,}8^2}{4} = 6{,}16\,\text{mm}^2$ Kreisquerschnitt

b3) infolge von Querkraft-Verformung

$$f_Q = \int \frac{\kappa}{GA}Q \cdot \overline{Q}\,ds = \frac{\kappa}{GA}\left(\int Q_1 \cdot \overline{Q}_1 \cdot rd\varphi_1 + \int Q_2 \cdot \overline{Q}_2 \cdot rd\varphi_2\right)$$

$$\frac{GA \cdot f_Q}{\kappa} = Fr\int_0^{60°}\sin^2\varphi_1 \cdot d\varphi_1 + Fr\int_0^{150°}\cos^2\varphi_2 \cdot d\varphi_2$$

$$\frac{GA \cdot f_Q}{\kappa \cdot Fr} = \frac{1}{2}\,[\varphi_1 - \sin\varphi_1\cos\varphi_1]_0^{\frac{\pi}{3}} + \frac{1}{2}\,[\varphi_2 + \sin\varphi_2\cos\varphi_2]_0^{\frac{5}{6}\pi}$$

$$f_Q = \frac{1}{4}\left(\frac{7}{3}\pi - \sqrt{3}\right) \cdot \frac{\kappa \cdot Fr}{GA} \approx 1{,}4 \cdot \kappa \cdot \frac{Fr}{GA} = 1{,}4 \cdot \frac{10}{9} \cdot \frac{40 \cdot 30 \cdot 2{,}6}{2{,}1 \cdot 10^5 \cdot 6{,}16}$$

$$= 3{,}75 \cdot 10^{-3}\,\text{mm}$$

wobei Gleitmodul $G = \frac{E}{2(1+\nu)} = \frac{E}{2{,}6}$ mit $\nu = 0{,}3$ als Querdehnungszahl

und $\kappa = \frac{10}{9}$ als Schubverteilungszahl für den Kreisquerschnitt

Die Absenkung infolge von Normalkraft und Querkraft zusammen macht gegenüber dem Biegungseinfluss nur etwa 2,5 ‰ aus und ist in den meisten Fällen zu vernachlässigen.

Anmerkung Beim Verfahren von Castigliano sind die partiellen Ableitungen der Schnittgrößen nach der Kraft in Richtung der gesuchten Verschiebung aufzustellen. Diese Ableitungen entsprechen den virtuellen Schnittgrößen. Dann sind Integrale zu bilden mit den Produkten aus den wirklichen Schnittgrößen und den partiellen Differentialen. Es ergeben sich somit die gleichen Integrale und der Rechenaufwand gegenüber dem Verfahren mit der virtuellen Arbeit bleibt gleich.

Für geradlinig oder parabolisch verlaufende Biegemomente findet man die Integralwerte in einer Koppeltafel.

2.4 Einfach statisch unbestimmte Balkensysteme

F 22 Gelenkig gelagerter Träger mit elastischer Mittelstütze

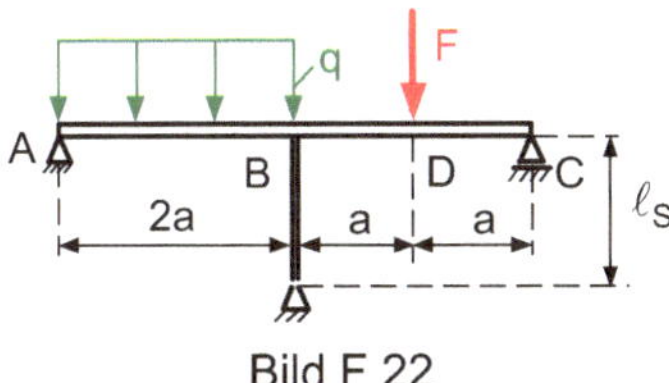

Bild F 22

Ein elastischer Träger (Biegesteifigkeit EI) ist bei A und C starr gelenkig gelagert und zusätzlich bei B durch einen elastischen Stab (Länge ℓ_S, Dehnsteifigkeit $E_S A_S$) abgestützt. Die Belastung erfolgt im Bereich AB durch eine konstante Streckenlast q und bei D durch eine Einzelkraft F.

Gegeben

$q = 1{,}5\,\frac{\text{kN}}{\text{m}}$; $F = 4\,\text{kN}$; $a = 1{,}2\,\text{m}$; $\ell_S = \frac{2}{3}a$; $EI = \frac{1}{3}E_S A_S \cdot a^2$

Gesucht

a) Auflagerkräfte für eine elastische Mittelstütze
b) Auflagerkräfte für eine starre Mittelstütze
c) Schnittgrößen-Verlauf für den Fall b (Ausführung durch den Leser)

Lösung

a) Elastische Stütze

Es wird ein statisch bestimmtes System gewählt, das einmal durch die gegebene Last (0-System), das andere Mal durch die statisch unbestimmte Stützkraft (1-System) belastet ist.

0-System (ohne Stütze)

Allgemeine Durchbiegungsformel für den gelenkig gelagerten Träger mit außermittiger Einzellast (Bild FL 22-1a)

$$\text{für } x \leq \ell_1 \text{ gilt: } w(x) = \frac{F \cdot \ell_1 \cdot \ell_2^2}{6EI} \cdot \frac{x}{\ell} \cdot \left(1 + \frac{\ell}{\ell_2} - \frac{x^2}{\ell_1 \cdot \ell_2}\right)$$

Speziell für $x = \frac{\ell}{2} = 2a$; $\ell_1 = 3a$; $\ell_2 = a$ gemäß Bild FL 22-1b wird

$$w_1 = \frac{F \cdot 3a \cdot a^2}{6EI} \cdot \frac{1}{2} \cdot \left(1 + \frac{4a}{a} - \frac{4a^2}{3a \cdot a}\right) = \frac{11Fa^3}{12EI}$$

Durch die in Bild FL 22-1c angegebene Konzeption gelingt es, die gesuchte Durchbiegung in der Mitte für den halbseitig mit Streckenlast versehenen Träger auf einen bekannten Grundlastfall zurückzuführen.

Der links halbseitig belastete Träger wird gleichgesetzt einem Balken mit durchgehender Streckenlast, von dem der überschüssige Teil der rechten Balkenhälfte wieder abgezogen wird.

Für die Durchbiegungen gilt

$$w_2 = w_3 - w_2 \Rightarrow w_2 = \frac{1}{2}w_3 = \frac{1}{2} \cdot \frac{5q\ell^4}{384EI} = \frac{1}{2} \cdot \frac{5q \cdot (4a)^4}{384EI} = \frac{5qa^4}{3EI}$$

Vergleich

In Aufgabe F 16 wurde unter anderem auch die Durchbiegung in Trägermitte bei Streckenlast über den halben Balken mit der Klammerfunktion bestimmt. Setzt man dort mit Rücksicht auf die unterschiedlichen Bezeichnungen den Wert $2a$ anstelle von a in die entsprechende Formel ein, so ergibt sich Übereinstimmung.

Die gesamte Verformung im Nullsystem an der Stelle B ist

$$f_B^{(0)} = w_1 + w_2$$

1-System

Belastung durch die Stützkraft nach Bild FL 22-1d

$$f_B^{(1)} = w_4 = -\frac{F_B \cdot \ell^3}{48EI} = -\frac{F_B \cdot (4a)^3}{48EI} = -\frac{4F_B \cdot a^3}{3EI}$$

Die elastische Stütze wirkt wie eine Feder und erfährt die Zusammendrückung

$$\Delta\ell_S = \frac{F_B \cdot \ell_S}{E_S A_S}$$

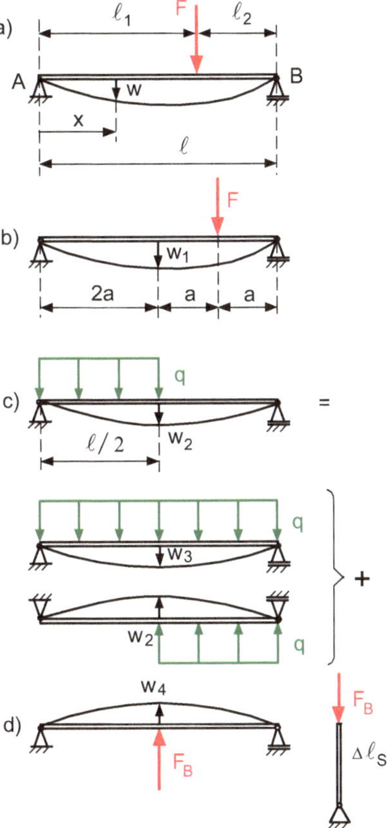

Bild FL 22-1

Verformungsbedingung

Die resultierende Absenkung des Balkens an der Stelle B muss gleich der Zusammendrückung der Stütze sein.

$$f_B = f_B^{(0)} + f_B^{(1)} = \Delta\ell_S$$

$$\frac{11Fa^3}{12EI} + \frac{5qa^4}{3EI} - \frac{4F_B \cdot a^3}{3EI} = \frac{F_B \cdot \ell_S}{E_S A_S} \Big| \cdot \frac{EI}{a^3} \Rightarrow$$

$$\frac{11}{12}F + \frac{5}{3}qa = F_B \cdot \left(\frac{4}{3} + \frac{\ell_S}{a} \cdot \frac{EI}{E_S A_S \cdot a^2}\right) \Rightarrow$$

$$\frac{11}{12} \cdot 4 + \frac{5}{3} \cdot 1{,}5 \cdot 1{,}2 = F_B \cdot \left(\frac{4}{3} + \frac{2}{3} \cdot \frac{1}{3}\right) \Rightarrow$$

$$F_B = 4{,}28\,\text{kN}$$

Restliche Auflagerkräfte (Bild FL 22-2)

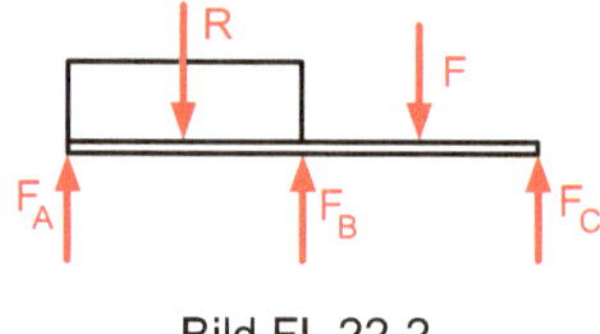

Bild FL 22-2

Resultierende der Streckenlast

$$R = q \cdot 2a = 1{,}5 \cdot 2 \cdot 1{,}2 = 3{,}6\,\text{kN}$$

$$\sum M^{(A)} = 0 = -R \cdot a + F_\text{B} \cdot 2a - F \cdot 3a + F_\text{C} \cdot 4a \Rightarrow$$

$$F_\text{C} = \frac{1}{4}R - \frac{1}{2}F_\text{B} + \frac{3}{4}F = \frac{1}{4} \cdot 3{,}6 - \frac{1}{2} \cdot 4{,}28 + \frac{3}{4} \cdot 4 = 1{,}76\,\text{kN}$$

$$\sum F_\text{y} = 0 \Rightarrow F_\text{A} = R - F_\text{B} + F - F_\text{C} = 3{,}6 - 4{,}28 + 4 - 1{,}76 = 1{,}56\,\text{kN}$$

b) Starre Stütze

Die Unnachgiebigkeit des Stabes wird durch eine unendlich große Dehnsteifigkeit charakterisiert. Mit $E_\text{S}A_\text{S} \to \infty$ lautet die Verformungsbedingung

$$\frac{11}{12}F + \frac{5}{3}qa = \frac{4}{3}F_\text{B} \Rightarrow F_\text{B} = \frac{11}{16}F + \frac{5}{4}qa = \frac{11}{16} \cdot 4 + \frac{5}{4} \cdot 1{,}5 \cdot 1{,}2 = 5\,\text{kN}$$

Dann weicht die Stütze nicht um $\Delta\ell_\text{S}$ aus und nimmt mehr Kraft auf.

Analog ergeben sich die restlichen Auflagerkräfte aus den Gleichgewichts-Bedingungen

$$F_\text{C} = \frac{1}{4}R - \frac{1}{2}F_\text{B} + \frac{3}{4}F = \frac{1}{4} \cdot 3{,}6 - \frac{1}{2} \cdot 5 + \frac{3}{4} \cdot 4 = 1{,}4\,\text{kN}$$

$$F_\text{A} = R - F_\text{B} + F - F_\text{C} = 3{,}6 - 5 + 4 - 1{,}4 = 1{,}2\,\text{kN}$$

F 23　Kipphebel mit elastischer Umgebung

Ein steifer Kipphebel ist im Punkt A drehbar gelagert wird durch eine vertikale Kraft F belastet. Im Punkt B ist ein elastisches Seil und im Punkt D ist eine Druckfeder horizontal angebracht.

Gegeben
$E = 2{,}1 \cdot 10^5\,\frac{\text{N}}{\text{mm}^2}$; $A = 4\,\text{mm}^2$, $c = 10.000\,\frac{\text{N}}{\text{mm}}$; $a = 50\,\text{mm}$; $b = 80\,\text{mm}$; $d = 50\,\text{mm}$; $h = 120\,\text{mm}$; $F = 1000\,\text{N}$

Gesucht
Die Auflagerreaktionen A_x und A_y im Lager A sowie die Seilkraft S und die Federkraft F_F sowie die vertikale Verschiebung w_H des Punktes H.

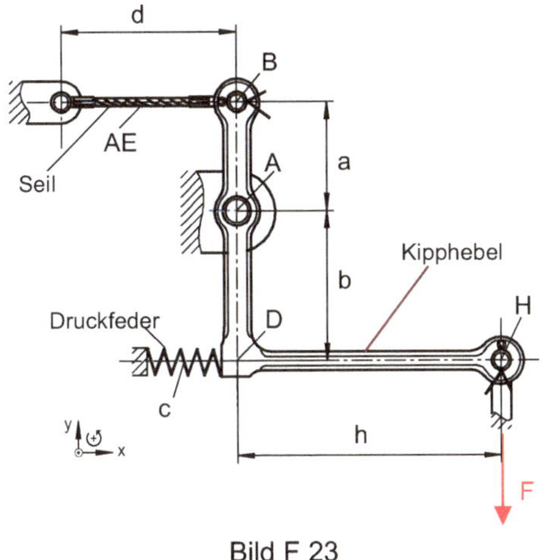

Bild F 23

Lösung

Der Lösungsweg verläuft wie bei allen statisch un- oder überbestimmten Systemen in der Reihenfolge: Aufstellen der Gleichgewichtsbedingungen, der Verformungs- oder Verschiebungsbedingungen und Einführen der Kompatibilitäts- bzw. Verträglichkeitsbedingungen.

Dazu wird das System freigemacht und die Verlagerungen oder Verformungen eingetragen.

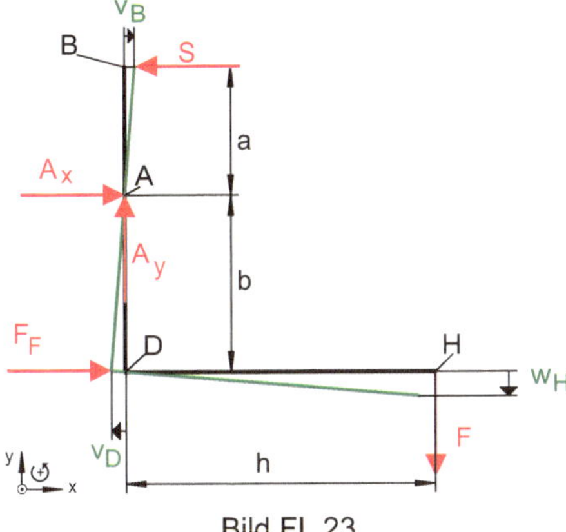

Bild FL 23

Als Gleichgewichtsbedingung wird das Momentengleichgewicht um den Punkt A genutzt sowie das Kräftegleichgewicht.

$$\sum M^{(A)} = 0 = Sa + F_\text{F}b - Fh$$

$$\sum F_\text{x} = 0 = -S + F_\text{F} + A_x$$

$$\sum F_\text{y} = 0 = -F + A_y$$

Für die Verformungsbedingungen wird noch die Dehnsteifigkeit des Seils benötigt:

$$c_\text{S} = \frac{EA}{d} = \frac{2{,}1 \cdot 10^5 \, \frac{\text{N}}{\text{mm}^2} 4\,\text{mm}^2}{50\,\text{mm}} = 16.800 \, \frac{\text{N}}{\text{mm}}$$

$$S = c_\text{S} v_\text{B}; \quad F_\text{F} = c v_\text{D}$$

Aufgrund des starren Kipphebels lauten die Verträglichkeitsbedingungen sowie nach dem 2. Strahlensatz die Verschiebung in H für kleine Kippwinkel:

$$\frac{v_\text{B}}{v_\text{D}} = \frac{a}{b} \Leftrightarrow v_\text{D} = \frac{b}{a} v_\text{B}; \quad w_\text{H} = \frac{h}{a} v_\text{B}$$

Nun werden die Verformungsbedingungen und dann die Verträglichkeitsbedingung in die Momentengleichung eingesetzt und nach v_B aufgelöst:

$$0 = Sa + F_\text{F}b - Fh = c_\text{S} v_\text{B} a + c v_\text{D} b - Fh = c_\text{S} v_\text{B} a + c \frac{b}{a} v_\text{B} b - Fh \Leftrightarrow$$

$$v_\text{B} a \left[c_\text{S} + c \left(\frac{b}{a} \right)^2 \right] = Fh$$

$$v_\text{B} = \frac{h}{a} \frac{F}{\left[c_\text{S} + c \left(\frac{b}{a} \right)^2 \right]} = \frac{120\,\text{mm}}{50\,\text{mm}} \frac{1000\,\text{N}}{\left[16.800 \, \frac{\text{N}}{\text{mm}} + 10.000 \, \frac{\text{N}}{\text{mm}} \left(\frac{80\,\text{mm}}{50\,\text{mm}} \right)^2 \right]} = 0{,}0566\,\text{mm}$$

Dieses Ergebnis wird in die Verformungsbedingung eingefügt:

$$S = c_\text{S} v_\text{B} = 16.800 \, \frac{\text{N}}{\text{mm}} \cdot 0{,}0566\,\text{mm} = 951\,\text{N}$$

$$F_\text{F} = c v_\text{D} = c \frac{b}{a} v_\text{B} = 906\,\text{N} \, (\text{kann auch über die Momentengleichung gewonnen werden})$$

Mit den bisher Unbekannten kann nun die Lagereaktion berechnet werden:

$$A_\text{x} = S - F_\text{F} = 45\,\text{N}$$

$$A_\text{y} = F = 1000\,\text{N}$$

Die Absenkung des Kraftangriffspunktes H beträgt

$$w_\text{H} = \frac{h}{a} \cdot v_B = \frac{120\,\text{mm}}{50\,\text{mm}} 0{,}0566\,\text{mm} = 0{,}136\,\text{mm}$$

F 24   Doppelpendelstütze als Balkenlager

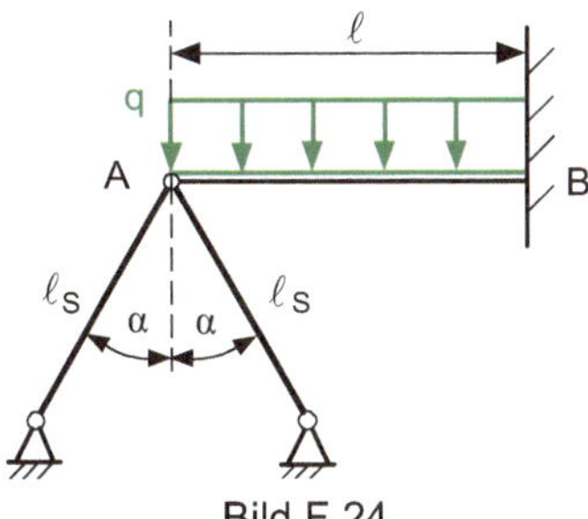

Bild F 24

Ein bei B eingespannter Balken der Länge ℓ mit einem Doppel T-Profil nach DIN 1025 (Profilhöhe h, Flächenträgheitsmoment I) aus Stahl (Elastizitätsmodul E) wird zusätzlich bei A durch zwei gelenkig miteinander verbundene Aluminiumstäbe (Elastizitätsmodul E_S) der Länge ℓ_S und vom Durchmesser d_S abgestützt. Die Belastung erfolgt durch eine konstante Streckenlast q.

Gegeben

$q = 4\ \frac{\text{kN}}{\text{m}}$; $\ell = 2\,\text{m}$; $h = 12\,\text{cm}$; $E = 2{,}1 \cdot 10^5\ \frac{\text{N}}{\text{mm}^2}$; $I = 328\,\text{cm}^4$; $E_S = 0{,}71 \cdot 10^5\ \frac{\text{N}}{\text{mm}^2}$; $\alpha = 30°$; $\ell_S = 0{,}9\,\text{m}$; $d_S = 8\,\text{mm}$

Gesucht

a) Stabkräfte und Einspannreaktionen des Balkens
b) Maximale Spannungen im Träger und in den Stäben
c) Wie ändert sich die Stützkraft bei A, wenn nur ein elastischer, schräger bzw. senkrechter Stab angebracht wird?
d) Welche Stützkraft ergibt sich bei A bei einem starren Stab?

Lösung

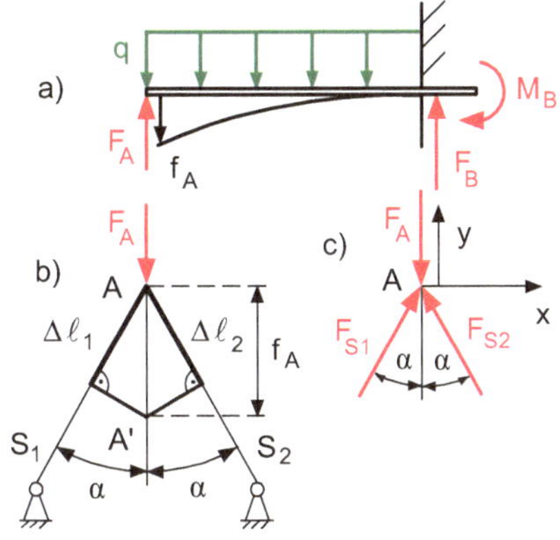

Bild FL 24

a) Stabkräfte und Einspannreaktionen (Bild FL 24c, a)
Gleichgewicht am Knoten A (Bild FL 24c)

$$\sum_A F_x = 0 \Rightarrow F_{S1} \cdot \sin\alpha = F_{S2} \cdot \sin\alpha \Rightarrow$$

$$F_{S1} = F_{S2} = F_S \text{ (Symmetrie)}$$

Ebenso sind die Zusammendrückungen der Stäbe gleich: $\Delta\ell_1 = \Delta\ell_2 = \Delta\ell$

$$\sum_A F_y = 0 = 2F_S \cdot \cos\alpha - F_A \Rightarrow F_S = \frac{F_A}{2 \cdot \cos\alpha}$$

Stabverformung
Stabquerschnitt: $A_S = \frac{\pi}{4} \cdot d_S^2 = \frac{\pi}{4} \cdot (0{,}8\,\text{cm})^2 = 0{,}5\,\text{cm}^2$
Hookesches Gesetz

$$\sigma_S = \frac{F_S}{A_S} = E_S \cdot \varepsilon = E_S \cdot \frac{\Delta\ell}{\ell_S} \Rightarrow \Delta\ell = \frac{F_S \cdot \ell_S}{E_S A_S} = \frac{F_A \cdot \ell_S}{2 \cdot \cos\alpha \cdot E_S A_S}$$

Die auf Druck beanspruchten Stäbe verkürzen sich um $\Delta\ell$.
Die verkürzten Stäbe werden durch Drehung um ihren unteren Lagerpunkt (90°-Winkel im Verformungsdreieck) wieder in A' zusammengebracht (Bild FL 24b).
Dabei verschiebt sich der Gelenkpunkt A senkrecht nach unten um die Strecke

$$\overline{AA'} = f_A = \frac{\Delta\ell}{\cos\alpha} = \frac{F_A \cdot \ell_S}{2 \cdot \cos^2\alpha \cdot E_S A_S}$$

Balkenverformung
Infolge der Streckenlast q und der Stützkraft F_A verschiebt sich das Balkenende A um

$$f_A = f_q + f_{FA} = \frac{q\ell^4}{8EI} - \frac{F_A\ell^3}{3EI}$$

Verformungsbedingung
Die vertikalen Verschiebungen des Balkenendes A und des Stabzweischlags müssen gleich sein

$$\frac{q\ell^4}{8EI} - \frac{F_A\ell^3}{3EI} = \frac{F_A \cdot \ell_S}{2 \cdot \cos^2\alpha \cdot E_S A_S} \Big| \cdot \frac{8EI}{\ell^3} \Rightarrow F_A = \frac{q \cdot \ell}{\frac{8}{3} + \frac{4EI \cdot \ell_S}{\cos^2\alpha \cdot E_S A_S \cdot \ell^3}}$$

$$F_A = \frac{4 \cdot 2}{\frac{8}{3} + \frac{4 \cdot 2{,}1 \cdot 328 \cdot 90}{\cos^2 30° \cdot 0{,}71 \cdot 0{,}5 \cdot 200^3}} = 2{,}87\,\text{kN}$$

Einspannreaktionen

$$\sum_{AB} F_y = 0 \Rightarrow F_B = q \cdot \ell - F_A = 4 \cdot 2 - 2{,}87 = 5{,}13\,\text{kN}$$

$$\sum_{AB} M^{(B)} = 0 \Rightarrow M_B = \frac{1}{2}q\ell^2 - F_A \cdot \ell = \frac{1}{2} \cdot 4 \cdot 2^2 - 2{,}87 \cdot 2 = 2{,}26\,\text{kN m}$$

b) Biegespannung im Balken

$$\sigma_b = \frac{M_B}{I} \cdot \frac{h}{2} = \frac{2{,}26 \cdot 10^6\,\text{N mm}}{328 \cdot 10^4\,\text{mm}^4} \cdot \frac{120}{2}\,\text{mm} = 41{,}34\,\frac{\text{N}}{\text{mm}^2}$$

Druckspannung in den Stäben

$$\sigma_S = \frac{F_S}{A_S} = \frac{F_A}{2 \cdot \cos\alpha \cdot A_S} = \frac{2{,}87 \cdot 10^3\,\text{N}}{2 \cdot \cos 30° \cdot 50\,\text{mm}^2} = 33{,}14\,\frac{\text{N}}{\text{mm}^2}$$

c) Eine elastische, schräge Stütze (die andere Stütze wird entfernt)

Die Steifigkeit bei A reduziert sich auf die Hälfte und die Stützkraft wird

$$F_A = \frac{q \cdot \ell}{\frac{8}{3} + \frac{4EI \cdot \ell_S}{\cos^2\alpha \cdot \frac{1}{2} \cdot E_S A_S \cdot \ell^3}} = \frac{3}{8} \cdot \frac{q \cdot \ell}{1 + 3 \cdot \frac{EI \cdot \ell_S}{\cos^2\alpha \cdot E_S A_S \cdot \ell^3}}$$

Bei nur einem Stab wird die Stabkraft

$$F_A = F_S \cdot \cos\alpha \Rightarrow F_S = \frac{F_A}{\cos\alpha}$$

Dann muss an der Einspannung aber noch eine horizontale Lagerkraft F_{Bx} aufgenommen werden, die nach links oder rechts zeigt, je nachdem welche der beiden Stützen entfernt wird.

$$F_{Bx} = F_S \cdot \sin\alpha = \frac{F_A}{\cos\alpha} \cdot \sin\alpha = F_A \cdot \tan\alpha$$

Für eine senkrechte, elastische Stütze wird mit $\alpha = 0$ bzw. $\cos\alpha = 1$

$$F_A = \frac{3}{8} \cdot \frac{q \cdot \ell}{1 + 3 \cdot \frac{EI \cdot \ell_S}{E_S A_S \cdot \ell^3}}$$

Dann entfällt die horizontale Auflagerkraft an der Einspannung.

d) Ist ein Stab (oder sind beide Stäbe) starr, so wird mit $E_S \to \infty$ die Stützkraft

$$F_A = \frac{3}{8} \cdot q\ell$$

F 25   Feder zwischen zwei Balken

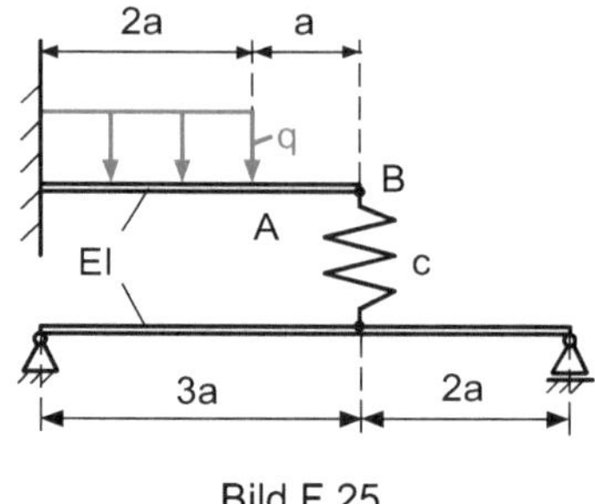

Bild F 25

Ein Balkensystem (Biegesteifigkeit EI) besteht aus einem eingespannten Kragträger mit einer Streckenlast q und einem gelenkig gelagerten Balken, die durch eine Feder mit der Steifigkeit c verbunden sind.

Gegeben

$q,\ a,\ EI,\ c$

Gesucht

ist die Federkraft

Lösung

0-System (ohne Feder, nur Streckenlast) nach Bild FL 25a

$$f_{\mathrm{A}}^{(0)} = \frac{q \cdot (2a)^4}{8EI} = 2 \cdot \frac{q \cdot a^4}{EI}; \quad \alpha_{\mathrm{A}}^{(0)} = \frac{q \cdot (2a)^3}{6EI} = \frac{4}{3} \cdot \frac{q \cdot a^3}{EI}$$

$$f_{\mathrm{B}}^{(0)} = f_{\mathrm{A}}^{(0)} + \alpha_{\mathrm{A}}^{(0)} \cdot a = \frac{q \cdot a^4}{EI} \cdot \left(2 + \frac{4}{3}\right) = \frac{10}{3} \cdot \frac{q \cdot a^4}{EI}$$

1-System (ohne Streckenlast, nur Feder) nach Bild FL 25b

$$f_{\mathrm{B}}^{(1)} = -\frac{F_{\mathrm{F}} \cdot (3a)^3}{3EI} = -9 \cdot \frac{F_{\mathrm{F}} \cdot a^3}{EI}$$

Verschiebung des oberen (Index o) Federendes B

$$f_{\mathrm{o}} = f_{\mathrm{B}}^{(0)} + f_{\mathrm{B}}^{(1)} = \frac{a^3}{EI} \cdot \left(\frac{10}{3} qa - 9F_{\mathrm{F}}\right)$$

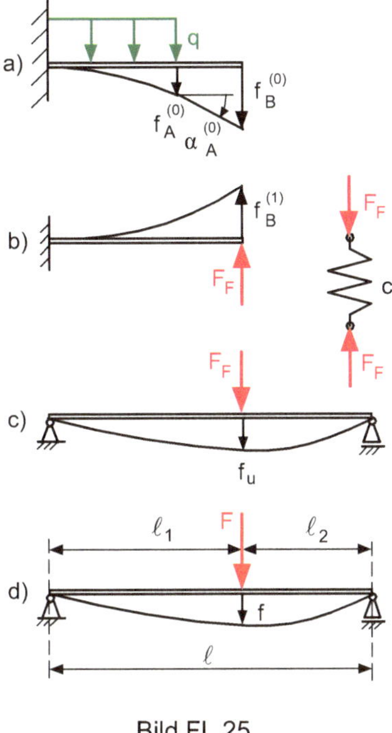

Bild FL 25

Bei der Verformung bleibt das Balkenstück *AB* eine Gerade, die sich tangential an die gekrümmte Biegelinie bei *A* anschließt.

Zusammendrückung der Feder

$$c = \frac{F_\text{F}}{f_\text{F}} \Rightarrow f_\text{F} = \frac{F_\text{F}}{c}$$

Allgemein ist die Durchbiegung eines gelenkig gelagerten Trägers an der Kraftangriffsstelle nach Bild FL 25d

$$f = \frac{F \cdot \ell^3}{3EI} \cdot \left(\frac{\ell_1}{\ell}\right)^2 \cdot \left(\frac{\ell_2}{\ell}\right)^2$$

Verschiebung des unteren (Index u) Federendes nach Bild FL 25c

$$f_\text{u} = \frac{F_\text{F} \cdot (5a)^3}{3EI} \cdot \left(\frac{3}{5}\right)^2 \cdot \left(\frac{2}{5}\right)^2 = \frac{12}{5} \cdot \frac{F_\text{F} \cdot a^3}{EI}$$

Verformungs-Bedingung

$$f_{\mathrm{F}} = f_{\mathrm{o}} - f_{\mathrm{u}}$$

$$\frac{F_{\mathrm{F}}}{c} = \frac{a^3}{EI} \cdot \left(\frac{10}{3} qa - 9F_{\mathrm{F}} \right) - \frac{12}{5} \cdot \frac{F_{\mathrm{F}} \cdot a^3}{EI} \;\Bigg|\; \cdot \frac{EI}{a^3} \Rightarrow$$

$$F_{\mathrm{F}} \cdot \left(\frac{EI}{c \cdot a^3} + \frac{57}{5} \right) = \frac{10}{3} qa \Rightarrow F_{\mathrm{F}} = \frac{50qa}{171 + 15 \cdot \frac{EI}{c \cdot a^3}}$$

Der untere Balken wirkt wie eine zweite Feder, die mit der Spiralfeder hintereinander geschaltet ist.

Die Federkonstante des Balkens ist

$$c_{\mathrm{B}} = \frac{F_{\mathrm{F}}}{f_{\mathrm{u}}} = \frac{5}{12} \cdot \frac{EI}{a^3}$$

Für zwei Federn in Serienschaltung ergibt sich die Gesamtfederkonstante c_{ges} aus

$$\frac{1}{c_{\mathrm{ges}}} = \frac{1}{c_1} + \frac{1}{c_2} = \frac{c_1 + c_2}{c_1 \cdot c_2} \Rightarrow c_{\mathrm{ges}} = \frac{c_1 \cdot c_2}{c_1 + c_2}$$

Hier ist $\dfrac{1}{c_{\mathrm{ges}}} = \dfrac{1}{c} + \dfrac{12}{5} \cdot \dfrac{a^3}{EI}$

Die Gesamtfeder steht unten am Boden auf und wird oben um f_{o} zusammengedrückt.

Die Verformung der Gesamtfeder unter der Federkraft F_F ist

$$f_{\mathrm{o}} = \frac{F_{\mathrm{F}}}{c_{\mathrm{ges}}} = F_{\mathrm{F}} \cdot \frac{1}{c_{\mathrm{ges}}} = F_{\mathrm{F}} \cdot \left(\frac{1}{c} + \frac{12}{5} \cdot \frac{a^3}{EI} \right)$$

Setzt man den Wert für f_{o} von oben ein, so kommt man wieder auf das gleiche Ergebnis

$$\frac{a^3}{EI} \cdot \left(\frac{10}{3} \cdot qa - 9F_{\mathrm{F}} \right) = F_{\mathrm{F}} \cdot \left(\frac{1}{c} + \frac{12}{5} \cdot \frac{a^3}{EI} \right) \;\Bigg|\; \cdot \frac{EI}{a^3} \Rightarrow$$

$$\frac{10}{3} \cdot qa = F_{\mathrm{F}} \cdot \left(\frac{EI}{c \cdot a^3} + \frac{57}{5} \right) \;\Big|\; \cdot 15 \Rightarrow F_{\mathrm{F}} = \frac{50 \cdot qa}{171 + 15 \cdot \frac{EI}{c \cdot a^3}}$$

F 26 Querbalken als Stütze

Ein Balken AC mit dem Flächenträgheitsmoment I_1 ist bei A eingespannt und bei C durch einen Querbalken GH mit dem Flächenträgheitsmoment I_2 gestützt. Beide Balken sind aus Stahl mit dem Elastizitätsmodul E. Die beiden Balken berühren sich ohne die Last F gerade ohne Vorspannung.

Der Balken AC wird bei B mit einer Einzelkraft F belastet.

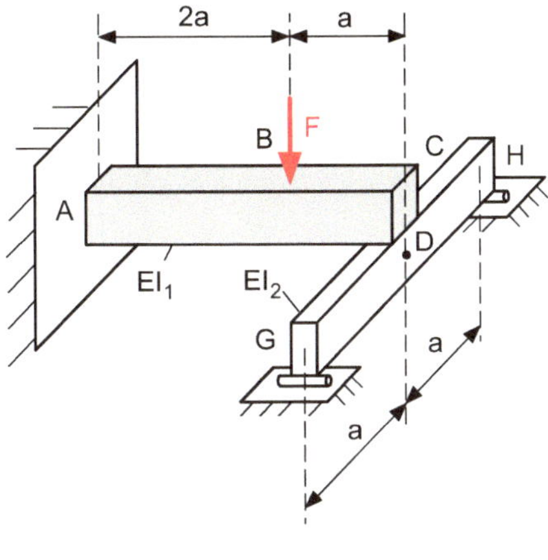

Bild F 26

Gegeben

F, a, E, I_1, I_2

Gesucht

a) Berührungskraft zwischen den Balken

b) Absenkung der Balken an der Berührungsstelle

Lösung

a) Berührungskraft

0-System (ohne Querbalken, nur Belastungskraft F) nach Bild FL 26a

Das Balkenstück BC bleibt gerade und schließt sich tangential der Biegelinie bei B an.

$$f_{B1} = \frac{F \cdot (2a)^3}{3EI_1}; \varphi_{B1} = \frac{F \cdot (2a)^2}{2EI_1}$$

$$f_{C1} = f_{B1} + \varphi_{B1} \cdot a = \frac{8}{3} \cdot \frac{Fa^3}{EI_1} + 2 \cdot \frac{Fa^3}{EI_1} = \frac{14}{3} \cdot \frac{Fa^3}{EI_1}$$

1-System (ohne Belastungskraft, nur Stützkraft X) nach Bild FL 26b

$$f_{C2} = -\frac{X \cdot (3a)^3}{3EI_1} = -9 \cdot \frac{X \cdot a^3}{EI_1}$$

$$f_C = f_{C1} + f_{C2} = \frac{a^3}{EI_1} \cdot \left(\frac{14}{3} F - 9X \right)$$

Querbalken um 90° in die Zeichenebene gedreht nach Bild FL 26c

$$f_D = \frac{X \cdot (2a)^3}{48EI_2} = \frac{1}{6} \cdot \frac{X \cdot a^3}{EI_2}$$

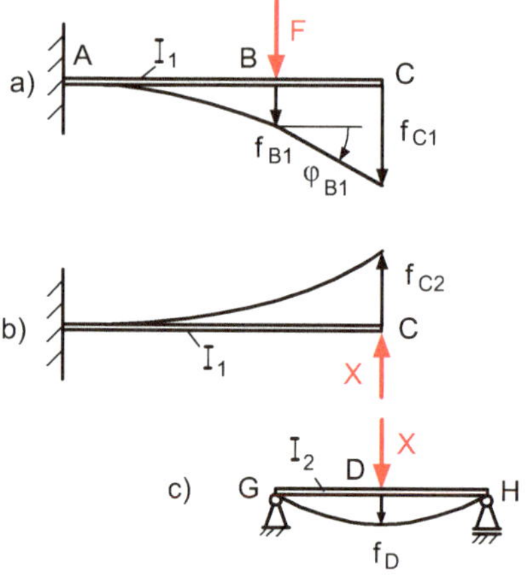

Bild FL 26

Verformungs-Bedingung

$$f_C = f_D: \quad \frac{a^3}{E I_1} \cdot \left(\frac{14}{3} F - 9X \right) = \frac{1}{6} \cdot \frac{X \cdot a^3}{E I_2} \Bigg| \cdot \frac{6 E I_1}{a^3} \Rightarrow$$

$$28F - 54X = \frac{I_1}{I_2} \cdot X \Rightarrow X = \frac{28F}{54 + \frac{I_1}{I_2}}$$

b) Gemeinsame Durchbiegung beider Balken

$$f_C = f_D = \frac{1}{6} \cdot \frac{28F}{54 + \frac{I_1}{I_2}} \cdot \frac{a^3}{E I_2} = \frac{14 F a^3}{E \cdot (3 I_1 + 162 I_2)}$$

F 27 Zwei aufeinanderliegende Balken

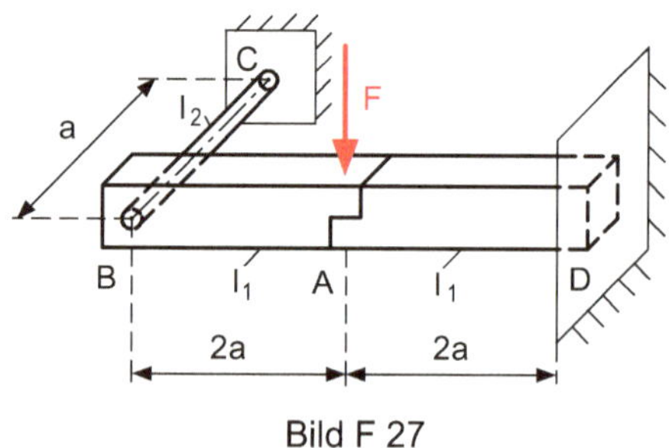

Bild F 27

Zwei Balken AB und AD liegen im kräftefreien Zustand (ohne die Belastungskraft F) bei A spannungsfrei aufeinander auf. Der linke Balken AB ist bei B mit einem Rohr verschweißt, das bei C eingespannt ist. Der rechte Balken AD ist am Ende D eingespannt. Der Elastizitätsmodul von Balken und Rohr ist E. Der Gleitmodul des Rohres ist G. Die Flächenträgheitsmomente bezüglich der Biegung von Balken und Rohr sind I_1 und I_2.

Gegeben
$F = 5\,\mathrm{kN};\ a = 0{,}6\,\mathrm{m};\ G = \tfrac{3}{8}E;\ I_1 = 2I_2$

Der linke Balken AB soll nun bei A mit einer Einzelkraft F belastet werden.

Gesucht

a) die Kraft, die an der Auflagestelle übertragen wird
b) die Einspannreaktionen des Rohres und des rechten Balkens

Lösung

a) Kraft F_A an der Auflagestelle

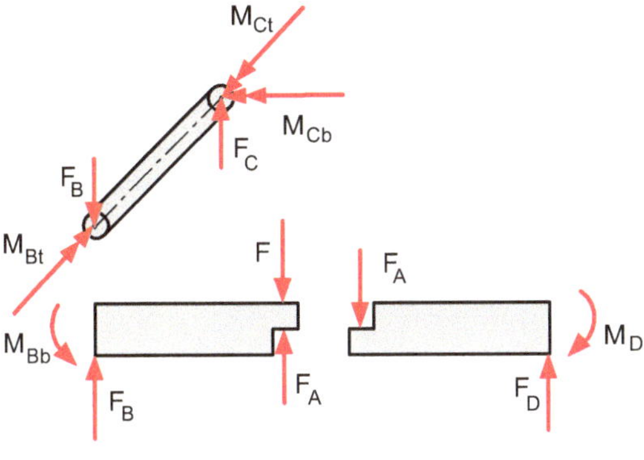

Bild FL 27

Die beiden Balken und das Rohr werden freigeschnitten und jedes Teil für sich ins Gleichgewicht gebracht. Dabei sind zuerst die Kräfte und dann die Momente auszugleichen (Bild FL 27).

Schnittgrößen und Einspannreaktionen:

$$F_B = F_C = F - F_A$$
$$M_{Bb} = M_{Bt} = M_{Ct} = (F - F_A) \cdot 2a$$
$$M_{Cb} = F_B \cdot a = (F - F_A) \cdot a$$
$$M_D = F_A \cdot 2a$$

Der Biegemomentenvektor M_{Bb} am Balkenende B wird beim Übergang auf das Rohr zum Torsionsmomentenvektor M_{Bt}.

Absenkung von A auf der linken Seite (Index ℓ)

$$f_{\ell 1} = \frac{F_B \cdot a^3}{3E I_2} = \frac{1}{3} \cdot \frac{(F - F_A) \cdot a^3}{E I_2} \quad \text{durch Biegung von } BC$$

$$f_{\ell 2} = \varphi_B \cdot 2a = \frac{M_t \cdot a}{G \cdot I_p} \cdot 2a = \frac{(F - F_A)2a \cdot a}{\frac{3}{8}E \cdot 2I_2} \cdot 2a$$

$$= \frac{16}{3} \cdot \frac{(F - F_A) \cdot a^3}{E I_2} \quad \text{durch Torsion}$$

von BC, wobei für den Rohrquerschnitt gilt $I_p = 2I_2$

$$f_{\ell 3} = \frac{(F - F_A) \cdot (2a)^3}{3E I_1} = \frac{8}{3} \cdot \frac{(F - F_A) \cdot a^3}{E I_1} \quad \text{durch Biegung von } AB$$

Absenkung von A auf der rechten Seite (Index r)

$$f_r = \frac{F_A \cdot (2a)^3}{3E I_1} = \frac{8}{3} \cdot \frac{F_A \cdot a^3}{E I_1} \quad \text{durch Biegung von } AD$$

Verformungsbedingung

Die Absenkungen an der Übergangsstelle A müssen am linken und am rechten System gleich sein.

$$f_\ell = f_{\ell 1} + f_{\ell 2} + f_{\ell 3} = f_r \Rightarrow F_A$$

$$\frac{1}{3}\frac{(F - F_A) \cdot a^3}{E I_2} + \frac{16}{3}\frac{(F - F_A) \cdot a^3}{E I_2} + \frac{8}{3}\frac{(F - F_A) \cdot a^3}{E I_1} = \frac{8}{3}\frac{F_A \cdot a^3}{E I_1} \Bigm| \cdot \frac{3E I_1}{a^3} \Rightarrow$$

$$17(F - F_A) \cdot \frac{I_1}{I_2} + 8(F - F_A) = 8F_A \Rightarrow$$

$$F_A = \frac{8 + 17\frac{I_1}{I_2}}{16 + 17\frac{I_1}{I_2}} \cdot F = \frac{8 + 17 \cdot 2}{16 + 17 \cdot 2} \cdot 5 = 4{,}2\,\text{kN}$$

b) Einspannreaktionen bei C und D

$$F_C = F_B = F - F_A = 5 - 4{,}2 = 0{,}8\,\text{kN}$$

$$M_{Cb} = F_B \cdot a = (F - F_A) \cdot a = 0{,}8 \cdot 0{,}6 = 0{,}48\,\text{kN m} \quad \text{Biegemoment}$$

$$M_{Ct} = M_{Bt} = M_{Bb} = (F - F_A) \cdot 2a = 0{,}8 \cdot 2 \cdot 0{,}6 = 0{,}96\,\text{kN m} \quad \text{Torsionsmoment}$$

$$F_D = F_A = 4{,}2\,\text{kN}$$

$$M_D = F_A \cdot 2a = 4{,}2 \cdot 2 \cdot 0{,}6 = 5{,}04\,\text{kN m} \quad \text{Biegemoment}$$

F 28   Abgewinkelter, dreifach gelenkig gelagerter Balken

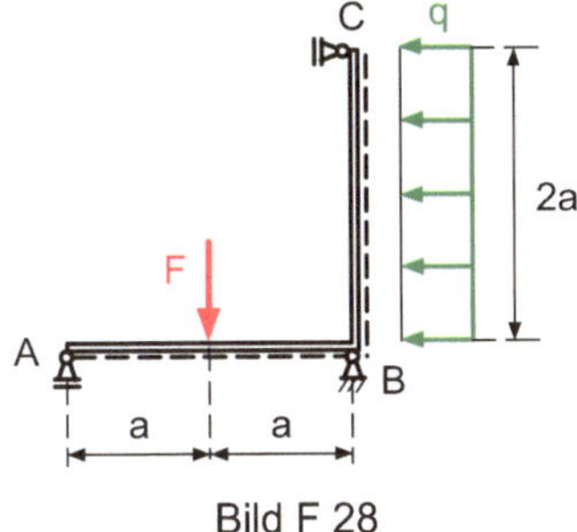

Bild F 28

Ein abgewinkelter Balken (Biegesteifigkeit EI) ist bei A, B, C gelenkig gelagert. Die Belastung erfolgt durch eine Einzelkraft F im horizontalen Teil und durch eine konstante Streckenlast q im vertikalen Teil.

Gegeben
F, q, a, EI

Gesucht

a) die Auflagerkräfte
b) die Winkelverdrehung des Balkens bei B
1) mit dem Satz von Castigliano/Menabrea
2) mit dem Prinzip der virtuellen Arbeit

Lösung
Da Vorzeichenfehler bei der Bestimmung der Biegemomente zu gravierenden Abweichungen führen, ist eine Vorzeichen-Orientierung an der „gestrichelten Faser" zu empfehlen.

Biegemomente sind positiv (negativ), wenn sie in der gestrichelten Bezugsfaser Zug (Druck) erzeugen.

1) Satz von Castigliano/Menabrea

a) Auflagerkräfte (Bild FL 28-1a)
Biegemomente und deren partielle Ableitungen
Die Biegemomente sind als Funktion der laufenden Balkenkoordinate aufzustellen.

$$M_1 = F_A \cdot x_1; \quad \frac{\partial M_1}{\partial F_A} = x_1$$

$$M_2 = F_A \cdot (a + x_2) - F \cdot x_2; \quad \frac{\partial M_2}{\partial F_A} = a + x_2$$

$$M_3 = \frac{1}{2} q x_3^2 - F_C \cdot x_3$$

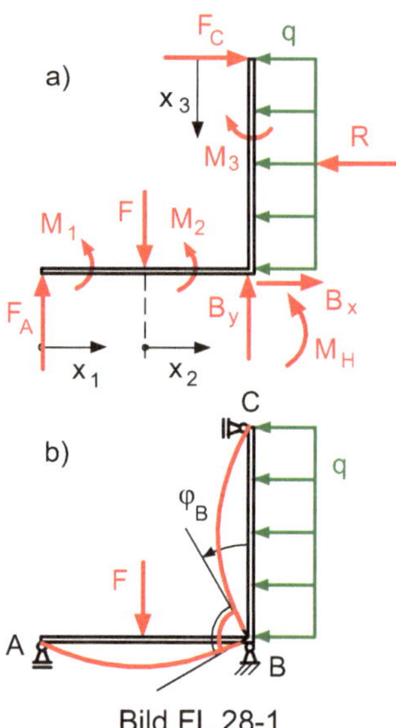

Bild FL 28-1

Das System ist einfach statisch unbestimmt. Die Formänderungsenergie U darf also nur von einer Unbekannten abhängen. Alle anderen Auflagerreaktionen müssen durch diese Unbekannte mittels Gleichgewichtsbedingungen ausgedrückt werden.

Hier wurde die Kraft F_A als statisch Unbestimmte gewählt, da sie in den Momentengleichungen am häufigsten vorkommt und somit der geringste Aufwand für das Eliminieren von anderen Auflagerkräften nötig ist.

Um F_C durch F_A in der Momentengleichung für M_3 zu ersetzen, muss noch eine Beziehung zwischen diesen beiden Kräften gesucht werden, in der die Kraft F_B nicht vorkommt. Dazu bietet sich das Momentengleichgewicht um das Lager B an.

Resultierende der Streckenlast $R = 2qa$

$$\sum M^{(B)} = 0 = -F_C \cdot 2a + R \cdot a - F_A \cdot 2a + F \cdot a \Rightarrow F_C = -F_A + qa + \frac{1}{2}F$$

In die Momentengleichung für M_3 eingesetzt

$$M_3 = \frac{1}{2}qx_3^2 + F_A \cdot x_3 - \left(qa + \frac{1}{2}F\right) \cdot x_3; \quad \frac{\partial M_3}{\partial F_A} = x_3$$

Satz von Castigliano/Menabrea

$$\frac{\partial U}{\partial F_A} = \frac{1}{EI} \cdot \int M_b \cdot \frac{\partial M_b}{\partial F_A} \cdot dx = 0 \Rightarrow F_A$$

Die Integrale müssen für das gesamte System gebildet werden.

$$\int\limits_{0}^{a} M_1 \cdot \frac{\partial M_1}{\partial F_A} \cdot dx_1 = F_A \cdot \int\limits_{0}^{a} x_1^2 \cdot dx_1 = \frac{1}{3} F_A \cdot a^3$$

$$\int\limits_{0}^{a} M_2 \frac{\partial M_2}{\partial F_A} dx_2 = F_A \int\limits_{0}^{a} (a + x_2)^2 dx_2 - Fa \int\limits_{0}^{a} x_2 dx_2 - F \int\limits_{0}^{a} x_2^2 dx_2$$

$$= \frac{7}{3} F_A a^3 - \frac{5}{6} F a^3$$

$$\int\limits_{0}^{2a} M_3 \frac{\partial M_3}{\partial F_A} dx_3 = \frac{1}{2} q \int\limits_{0}^{2a} x_3^3 dx_3 + F_A \int\limits_{0}^{2a} x_3^2 dx_3 - \left(qa + \frac{1}{2} F \right) \int\limits_{0}^{2a} x_3^2 dx_3$$

$$= \frac{8}{3} F_A a^3 - \frac{2}{3} q a^4 - \frac{4}{3} F a^3$$

eingesetzt

$$\frac{1}{3} F_A a^3 + \frac{7}{3} F_A a^3 - \frac{5}{6} F a^3 + \frac{8}{3} F_A a^3 - \frac{2}{3} q a^4 - \frac{4}{3} F a^3 \,\Big|\, : a^3 \Rightarrow$$

$$F_A = \frac{1}{32}(13F + 4qa)$$

$$F_C = -\frac{13}{32} F - \frac{1}{8} qa + qa + \frac{1}{2} F = \frac{1}{32}(3F + 28qa)$$

$$\sum F_x = 0 \Rightarrow B_x = R - F_C = 2qa - \frac{3}{32} F - \frac{7}{8} qa = \frac{1}{32}(36qa - 3F)$$

$$\sum F_y = 0 \Rightarrow B_y = F - F_A = F - \frac{13}{32} F - \frac{1}{8} qa = \frac{1}{32}(19F - 4qa)$$

b) Verdrehwinkel bei B (Bild FL 28-1b)

Der rechte Winkel der biegesteifen Ecke B wird um den Winkel φ_B verdreht.

Wenn an der Stelle einer gesuchten Verformung keine äußere Last angreift, muss dort eine Hilfskraft (in Richtung der gesuchten Verschiebung) bzw. ein Hilfsmoment (an der Stelle der gesuchten Verdrehung) angesetzt werden. Da an der Ecke B kein äußeres Moment wirkt, muss dort zur Ermittlung von φ_B ein Hilfsmoment M_H angebracht werden.

Die Hilfsgrößen können vor der fälligen Integration Null gesetzt werden und verschwinden in der weiteren Rechnung.

$$\sum M^{(B)} = 0 = -F_C \cdot 2a + R \cdot a - F_A \cdot 2a + F \cdot a + M_H \Rightarrow$$

$$F_C = -F_A + qa + \frac{1}{2} F + \frac{M_H}{2a}$$

$$M_3 = \frac{1}{2}q \cdot x_3^2 + F_A \cdot x_3 - \left(qa + \frac{1}{2}F\right) \cdot x_3 - \frac{M_H}{2a} \cdot x_3; \quad \frac{\partial M_3}{\partial M_H} = -\frac{1}{2a} \cdot x_3$$

$$\frac{\partial M_1}{\partial M_H} = 0; \quad \frac{\partial M_2}{\partial M_H} = 0; \quad \varphi_B = \lim_{M_H \to 0} \frac{\partial U}{\partial M_H} = \frac{1}{EI} \cdot \int M_b \cdot \frac{\partial M_b}{\partial M_H} \cdot dx$$

Die statisch Unbestimmte F_A braucht zum Integrieren nicht mit ihrem Ergebnis in die Momentengleichungen eingesetzt zu werden, sonst vergrößert sich nur der Rechenaufwand unnötig.

$$EI \cdot \varphi_B = \int M_3 \frac{\partial M_3}{\partial M_H} dx_3$$

$$= -\frac{q}{4a} \int_0^{2a} x_3^3 dx_3 - \frac{F_A}{2a} \int_0^{2a} x_3^2 dx_3 + \frac{qa + \frac{1}{2}F}{2a} \cdot \int_0^{2a} x_3^2 dx_3 \Rightarrow$$

$$\varphi_B = \frac{a^2}{24EI} \cdot (3F + 4qa)$$

2) Prinzip der virtuellen Arbeit

In allen Systemen (0-, 1-, 2-System) wird jede Last oder Auflagerreaktion für sich allein betrachtet und deren Momentverlauf festgestellt. Dabei sind nur die Form, das Vorzeichen und der Endwert des jeweiligen Moments von Interesse. (Bild FL 28-2)

a) Auflagerkräfte

   0-System (ohne Lager A gewählt), Bild FL 28-2a

$$\sum M^{(B)} = 0 = -C_0 2a + Fa + Ra \Rightarrow C_0 = \frac{1}{2}F + qa \sum F_x = 0 \Rightarrow$$

$$B_{0x} = R - C_0 = 2qa - \frac{1}{2}F - qa$$

$$B_{0x} = qa - \frac{1}{2}F$$

$$\sum F_y = 0 \Rightarrow B_{0y} = F$$

quadratische Parabel (Abkürzung qP)

$$R \cdot a = 2qa^2$$

Gerade (Abkürzung G)

$$C_0 \cdot 2a = \left(\frac{1}{2}F + qa\right) \cdot 2a = Fa + 2qa^2$$

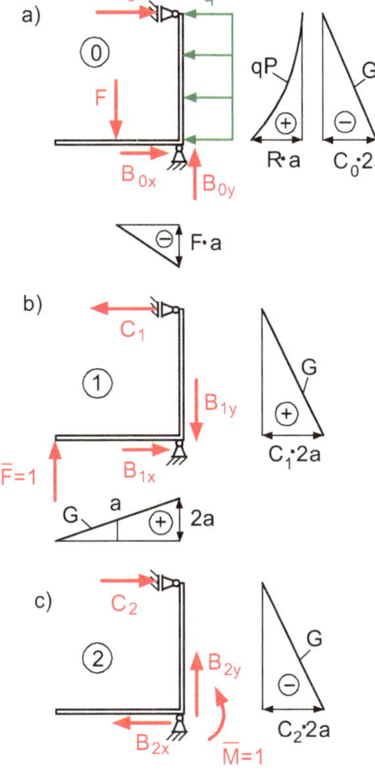

Bild FL 28-2

1-System (Bild FL 27-2b)
Belastung durch eine virtuelle Einskraft an der Stelle des weggelassenen Lagers

$$\sum M^{(B)} = 0 = C_1 \cdot 2a - 1 \cdot 2a \Rightarrow C_1 = 1$$

$$\sum F_x = 0 \Rightarrow B_{1x} = C_1 = 1$$

$$\sum F_y = 0 \Rightarrow B_{1y} = 1$$

$$C_1 \cdot 2a = 2a$$

2-System (Bild FL 28-2c)
Belastung durch ein virtuelles Einsmoment an der Stelle der gesuchten Verdrehung

$$\sum M^{(B)} = 0 = 1 - C_2 \cdot 2a \Rightarrow C_2 = \frac{1}{2a}$$

$$\sum F_x = 0 \Rightarrow B_{2x} = C_2 = \frac{1}{2a}; \quad \sum F_y = 0 \Rightarrow B_{2y} = 0$$

$$C_2 \cdot 2a = \overline{M} = 1$$

Verformungs-Bedingung

$$f_A = \delta_{01} + X \cdot \delta_{11} = 0 \Rightarrow F_A = X = -\frac{\delta_{01}}{\delta_{11}} = -\frac{\sum \int M_0 M_1 \cdot dx}{\sum \int M_1 M_1 \cdot dx}$$

Mit der Koppeltafel werden die Integrale für alle möglichen Kombinationen gebildet. Gleiche (ungleiche) Vorzeichen der Biegemomente ergeben positive (negative) Integrale.

Dreieck/Dreieck: $\ell = 2a$

$$\int M_0 M_1 dx = \frac{1}{3}\ell \cdot M\overline{M} = -\frac{1}{3} \cdot 2a \cdot \left(\frac{1}{2}F + qa\right) \cdot 2a \cdot 2a = -\frac{4}{3}a^3 \cdot (F + 2qa)$$

quadratische Parabel/Dreieck: $\ell = 2a$

$$\int M_0 M_1 dx = \frac{1}{4}\ell \cdot M\overline{M} = \frac{1}{4} \cdot 2a \cdot 2qa^2 \cdot 2a = 2qa^4$$

Dreieck/Trapez: $\ell = a$

$$\int M_0 M_1 dx = \frac{1}{6}\ell \cdot M \cdot (\overline{M}_1 + 2\overline{M}_2) = -\frac{1}{6} \cdot a \cdot Fa \cdot (a + 2 \cdot 2a) = -\frac{5}{6}Fa^3$$

Dreieck/Dreieck: $\ell = 2a$, 2 mal

$$\int M_1 M_1 dx = 2 \cdot \frac{1}{3}\ell \cdot M\overline{M} = 2 \cdot \frac{1}{3} \cdot 2a \cdot 2a \cdot 2a = \frac{16}{3}a^3$$

in die Verformungs-Bedingung eingesetzt und durch a^3 gekürzt

$$F_A = -\frac{3}{16} \cdot \left(-\frac{4}{3}F - \frac{8}{3}qa + 2qa - \frac{5}{6}F\right) = \frac{1}{32} \cdot (13F + 4qa)$$

Die übrigen Auflagerkräfte ergeben sich wie vorher aus den Gleichgewichts-Bedingungen oder wie folgt durch Überlagerung der Teilkräfte mit Berücksichtigung der gewählten Kraftrichtungen und Orientierung nach Bild FL 28-1a.

$$B_x = B_{0x} + X \cdot B_{1x} = qa - \frac{1}{2}F + \frac{13}{32}F + \frac{1}{8}qa = \frac{9}{8}qa - \frac{3}{32}F$$

$$B_y = B_{0y} - X \cdot B_{1y} = F - \frac{13}{32}F - \frac{1}{8}qa = \frac{19}{32}F - \frac{1}{8}qa$$

$$F_C = C_0 - X \cdot C_1 = \frac{1}{2}F + qa - \frac{13}{32}F - \frac{1}{8}qa = \frac{3}{32}F + \frac{7}{8}qa$$

b) Verdrehwinkel bei B

$$M = M_0 + X \cdot M_1; \quad \overline{M} = M_2$$

$$EI \cdot \varphi_B = \int M\overline{M}\,dx = \int (M_0 + X \cdot M_1) \cdot M_2\,dx$$

$$= \int M_0 M_2\,dx + X \cdot \int M_1 M_2\,dx$$

Kombinationen mit der Koppeltafel
Dreieck/Dreieck: $\ell = 2a$

$$\int M_0 M_2\,dx = \frac{1}{3}\ell \cdot M\overline{M} = \frac{1}{3} \cdot 2a \cdot (Fa + 2qa^2) \cdot 1 = \frac{2}{3}a^2 \cdot (F + 2qa)$$

quadratische Parabel/Dreieck: $\ell = 2a$

$$\int M_0 M_2\,dx = \frac{1}{4}\ell \cdot M\overline{M} = \frac{1}{4} \cdot 2a \cdot 2qa^2 \cdot 1 = qa^3$$

Dreieck/Dreieck: $\ell = 2a$

$$\int M_1 M_2\,dx = \frac{1}{3}\ell \cdot M\overline{M} = -\frac{1}{3} \cdot 2a \cdot 2a \cdot 1 = -\frac{4}{3}a^2$$

Damit wird der Verdrehwinkel

$$EI \cdot \varphi_B = \frac{2}{3}a^2 \cdot (F + 2qa) + qa^3 - \left(\frac{13}{32}F + \frac{1}{8}qa\right) \cdot \frac{4}{3}a^2 \Rightarrow \varphi_B = \frac{a^2}{24EI} \cdot (3F + 52qa)$$

F 29   Eingespannter, abgewinkelter Balken mit Loslager

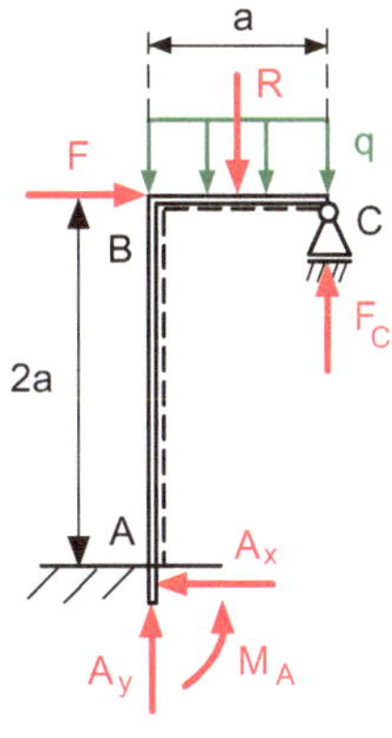

Bild F 29

Ein abgewinkelter Balken (Biegesteifigkeit EI) ist bei A eingespannt und bei C lose gelenkig gelagert. Der Träger ist bei B durch eine horizontale Einzelkraft F und im Bereich BC durch eine konstante Streckenlast q belastet.

Gegeben

F, q, a, EI

   Man bestimme die Auflagerreaktionen

a) mit dem Prinzip der virtuellen Arbeit
b) mit dem Satz von Castigliano/Menabrea

Lösung

a) Prinzip der virtuellen Arbeit
   0-System (ohne Lager C gewählt), Bild FL 29-1a
   Resultierende der Streckenlast $R = q \cdot a$
   Biegemomentenflächen

$$M_1^{(0)} = R \cdot \frac{a}{2} = \frac{1}{2}qa^2 \quad \text{quadratische Parabel (Abkürzung } qP)$$

$$M_2^{(0)} = F \cdot 2a$$

1-System (Bild FL 29-1b)
$$M^{(1)} = 1 \cdot a = a$$

Verformungs-Bedingung: die Durchbiegung am starren Lager C ist Null.

$$EI \cdot f_C = \int M^{(0)} M^{(1)} dx + X \cdot \int M^{(1)} M^{(1)} dx = 0 \Rightarrow X = -\frac{\int M^{(0)} M^{(1)} dx}{\int M^{(1)} M^{(1)} dx}$$

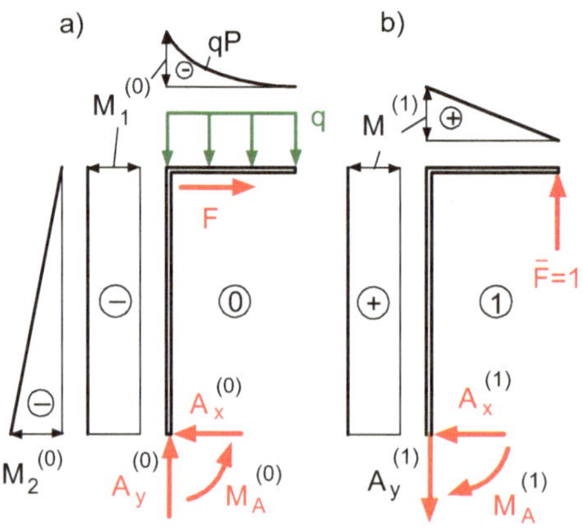

Bild FL 29-1

Kopplung der Biegemomentenflächen
quadratische Parabel/Dreieck: $\ell = \overline{BC} = a$

$$\int M^{(0)} M^{(1)} dx = \frac{1}{4}\ell M \overline{M} = -\frac{1}{4}\cdot a \cdot \frac{1}{2}qa^2 \cdot a = -\frac{1}{8}qa^4$$

Rechteck/Rechteck: $\ell = \overline{AB} = 2a$

$$\int M^{(0)} M^{(1)} dx = \ell M \overline{M} = -2a \cdot \frac{1}{2}qa^2 \cdot a = -qa^4$$

Dreieck/Rechteck: $\ell = \overline{AB} = 2a$

$$\int M^{(0)} M^{(1)} dx = \frac{1}{2}\ell M \overline{M} = -\frac{1}{2}\cdot 2a \cdot 2Fa \cdot a = -2Fa^3$$

Dreieck/Dreieck: $\ell = \overline{BC} = a$

$$\int M^{(1)} M^{(1)} dx = \frac{1}{3}\ell M \overline{M} = \frac{1}{3}\cdot a \cdot a \cdot a = \frac{1}{3}a^3$$

Rechteck/Rechteck: $\ell = \overline{AB} = 2a$

$$\int M^{(1)} M^{(1)} dx = \ell M \overline{M} = 2a \cdot a \cdot a = 2a^3$$

in die Verformungs-Bedingung eingesetzt und durch a^3 dividiert

$$F_C = X = -\frac{-\frac{1}{8}qa - qa - 2F}{\frac{1}{3} + 2} = \frac{6}{7}F + \frac{27}{56}qa$$

Restliche Auflagerreaktionen (Bild F 29)

$$\sum F_x = 0 \Rightarrow A_x = F$$

$$\sum F_y = 0 \Rightarrow A_y = R - F_C = qa - \frac{6}{7}F - \frac{27}{56}qa = \frac{29}{56}qa - \frac{6}{7}F$$

$$\sum M^{(A)} = 0 \Rightarrow M_A = F \cdot 2a + R \cdot \frac{a}{2} - F_C \cdot a = 2Fa + \frac{1}{2}qa^2 - \frac{6}{7}Fa - \frac{27}{56}qa^2$$

$$M_A = \frac{8}{7}Fa + \frac{1}{56}qa^2$$

b) Satz von Castigliano/Menabrea (Bild FL 29-2)

Gewählt: $X = F_C = $ statisch Unbestimmte

Alle anderen statisch bestimmten Auflagerreaktionen müssen durch die statisch Unbestimmte ausgedrückt werden, aber nur in so weit, wie sie in den Momentengleichungen vorkommen.

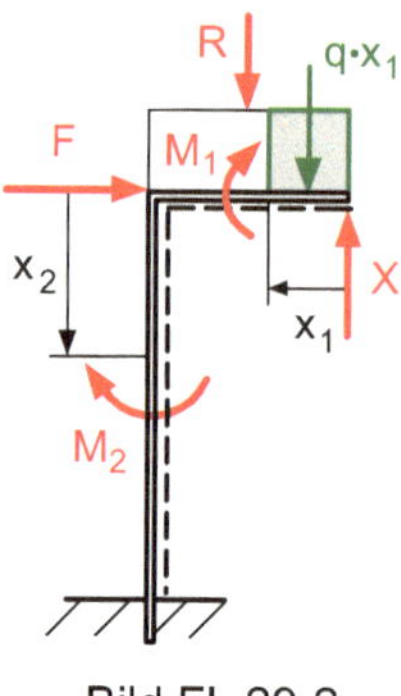

Bild FL 29-2

Beginnt man mit der Koordinatenzählung am rechten freien Ende, so tauchen die statisch bestimmten Einspannreaktionen A_x, A_y, M_A in den Momentengleichungen nicht auf und brauchen daher auch nicht ungewandelt, d. h. mit Hilfe von Gleichgewichtsbedingungen durch X ausgedrückt zu werden.

Tipp für ähnliche Aufgaben Die statisch Unbestimmte X und die Wegkoordinaten $x_1, x_2 \ldots$ sind zweckmäßig so zu wählen, dass möglichst wenige restliche statisch bestimmte Auflagerreaktionen in den Momentengleichungen vorkommen (diese müssen nämlich mit einigem Aufwand durch die statisch Unbestimmte ausgedrückt werden, bevor man die endgültigen Momentengleichungen aufstellt). Die Wegkoordinaten x_i müssen dabei das ganze System erfassen, müssen aber nicht unbedingt gleichsinnig hintereinander liegen.

Momentengleichungen und deren partielle Ableitungen nach der statisch Unbestimmten

$$M_1 = X \cdot x_1 - \frac{1}{2} q x_1^2; \quad \frac{\partial M_1}{\partial X} = x_1$$

$$M_2 = X \cdot a - R \cdot \frac{a}{2} - F \cdot x_2; \quad \frac{\partial M_2}{\partial X} = a$$

Satz von Castigliano/Menabrea

$$\frac{\partial U}{\partial X} = 0: \int\limits_0^a M_1 \cdot \frac{\partial M_1}{\partial X} dx_1 + \int\limits_0^{2a} M_2 \cdot \frac{\partial M_2}{\partial X} dx_2 = 0$$

$$X \cdot \int\limits_0^a x_1^2 dx_1 - \frac{1}{2} q \cdot \int\limits_0^a x_1^3 dx_1 + X a^2 \cdot \int\limits_0^{2a} dx_2 - \frac{1}{2} q a^3 \cdot \int\limits_0^{2a} dx_2 - F a \cdot \int\limits_0^{2a} x_2 dx_2 = 0$$

$$X \cdot \frac{1}{3} a^3 - \frac{1}{2} q \cdot \frac{1}{4} a^4 + X a^2 \cdot 2a - \frac{1}{2} q a^3 \cdot 2a - F a \cdot \frac{1}{2} (2a)^2 = 0 \,|: a^3 \Rightarrow$$

$$X = F_C = \frac{6}{7} F + \frac{27}{56} q a$$

Die weiteren Auflagerreaktionen ergeben sich wie vorher aus den Gleichgewichtsbedingungen.

F 30   Balken mit Stabunterbau

Ein Balken BD ist nach Bild F 30 bei B gelenkig gelagert und durch 4 elastische Stäbe (Dehnsteifigkeit EA) abgestützt. Die Belastung erfolgt durch eine vertikale Einzelkraft F an der Stelle D.

Gesucht

a) Stabkräfte und Auflagerkräfte bei einem starren Balken
b) Stabkräfte bei einem elastischen Balken

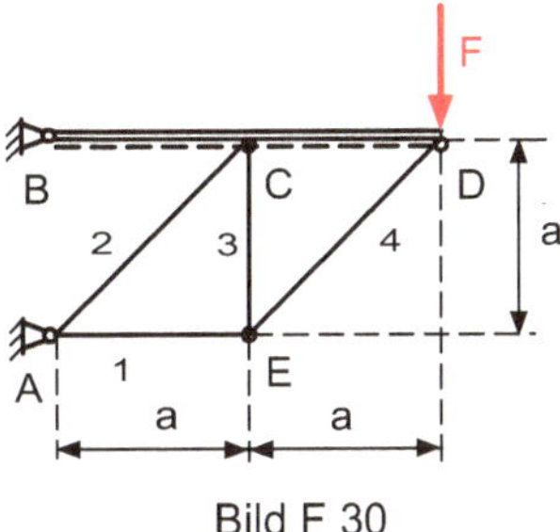

Bild F 30

Gegeben

$F;\, a;\, EA,\; \dfrac{EA\cdot a^2}{EI} = 3 \;\Rightarrow\; \dfrac{EA}{EI} = \dfrac{3}{a^2}$

Lösung

Bei einem Schnitt durch das System werden die Schnittgrößen des Balkens und mindestens eine Stabkraft frei. Das System ist also einfach statisch unbestimmt.

Durch Schneiden eines geeigneten Stabes wird das restliche System statisch bestimmbar. An der Schnittstelle entsteht infolge der System-Verformung eine Lücke oder eine Überlappung. Die Lücke muss anschließend durch eine Einskraft bzw. durch das X-fache einer Einskraft wieder geschlossen werden. Aus dieser Verformungs-Bedingung erhält man die statisch Unbestimmte.

a) Starrer Balken ($EI \to \infty$)
   0-System (Bild FL 30-1a)
   Der Stab 4 wird am Ende D geschnitten. Dadurch werden der Stab 4 und die beiden Nachbarstäbe 1 und 3 zu Nullstäben.

$$S_4^{(0)} = S_1^{(0)} = S_3^{(0)} = 0$$

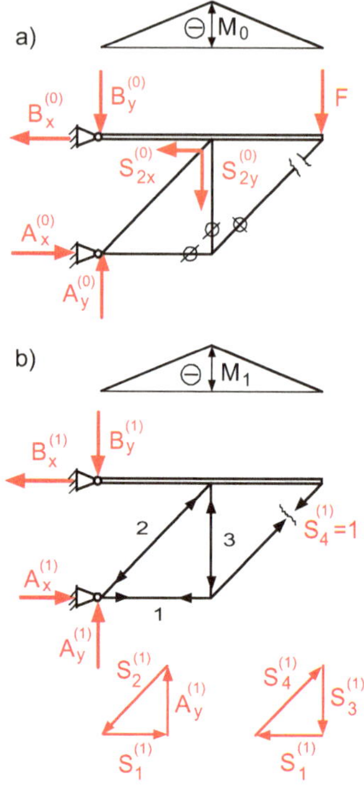

Bild FL 30-1

Der verbleibende Stab 2 wird bei C geschnitten. Die Stabkraft $S_2^{(0)}$ wird als Zugkraft angenommen und in ihre Komponenten zerlegt.

$$S_{2x}^{(0)} = S_{2y}^{(0)} = \frac{1}{\sqrt{2}} \cdot S_2^{(0)}$$

$$\sum M^{(B)} = 0 = S_{2y}^{(0)} \cdot a + F \cdot 2a \,|\,: a \Rightarrow S_{2y}^{(0)} = -2F$$

$$S_2^{(0)} = \sqrt{2} \cdot S_{2y}^{(0)} = -2\sqrt{2}F$$

Auflagerkräfte aus Gleichgewichts-Bedingungen

$$A_x^{(0)} = 2F; \quad A_y^{(0)} = 2F; \quad B_x^{(0)} = 2F; \quad B_y^{(0)} = F$$

1-System (Bild FL 30-1b)

$$\sum M^{(B)} = 0 \Rightarrow A_x^{(1)} = 0$$

$$\sum F_x = 0 \Rightarrow B_x^{(1)} = 0$$

Krafteck für den Knoten E

$$S_4^{(1)} = 1; \quad S_1^{(1)} = \frac{1}{\sqrt{2}}; \quad S_3^{(1)} = -\frac{1}{\sqrt{2}}$$

Krafteck für den Knoten A
Die Kraft $S_1^{(1)}$ wird als Gegenkraft von der Ecke E übertragen. Die restlichen Kräfte im Krafteck sind $S_2^{(1)} = -1$ und $A_y^{(1)} = \frac{1}{\sqrt{2}}$

$$\sum F_y = 0 \Rightarrow B_y^{(1)} = A_y^{(1)} = \frac{1}{\sqrt{2}}$$

Beachte: Durch den „Selbstspannungs-Zustand" des angeschnittenen Stabes im 1-System entstehen hier ausnahmsweise auch in den Lagern Reaktionen in Form von 2 vertikalen Gegenkräften $A_y^{(1)}$ und $B_y^{(1)}$.
Verformungs-Bedingung

$$f_D = \delta_{01} + X \cdot \delta_{11} = 0 \Rightarrow X = S_4 = -\frac{\delta_{01}}{\delta_{11}} = -\frac{\sum S_i^{(0)} S_i^{(1)} \cdot \ell_i}{\sum S_i^{(1)} S_i^{(1)} \cdot \ell_i}$$

$$S_4 = -\frac{\left(-2\sqrt{2}F\right) \cdot (-1) \cdot a\sqrt{2}}{\frac{1}{2} \cdot a + 1 \cdot a\sqrt{2} + \frac{1}{2} \cdot a + 1 \cdot a\sqrt{2}} = -\frac{4F}{1 + 2\sqrt{2}} = -1{,}045F$$

Restliche Stabkräfte: $S_i = S_i^{(0)} + X \cdot S_i^{(1)}$

$$S_1 = S_1^{(0)} + X \cdot S_1^{(1)} = 0 - \frac{4F}{1 + 2\sqrt{2}} \cdot \frac{1}{\sqrt{2}} = -\frac{4}{4 + \sqrt{2}} F = -0{,}739F$$

$$S_2 = S_2^{(0)} + X \cdot S_2^{(1)} = -2\sqrt{2}F - \frac{4F}{1 + 2\sqrt{2}} \cdot (-1) = -\frac{4 + 2\sqrt{2}}{1 + 2\sqrt{2}} F = -1{,}784F$$

$$S_3 = S_3^{(0)} + X \cdot S_3^{(1)} = 0 - \frac{4F}{1 + 2\sqrt{2}} \cdot \left(-\frac{1}{\sqrt{2}}\right) = \frac{4}{4 + \sqrt{2}} F = +0{,}739F$$

Auflagerkräfte (Bild FL 30-2)

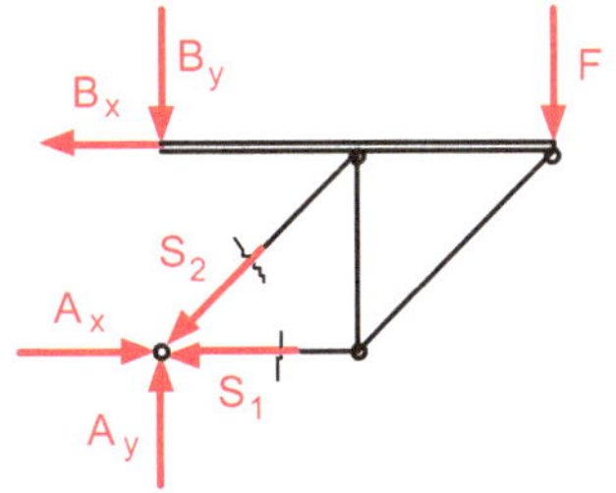

Bild FL 30-2

1) aus Gleichgewichtsbedingungen
Knoten A

$$\sum_A F_y = 0 \Rightarrow A_y = S_{2y} = \frac{1}{\sqrt{2}} S_2 = \frac{1}{\sqrt{2}} \cdot 1{,}784F = 1{,}261F$$

$$\sum_A F_x = 0 \Rightarrow A_x = S_1 + S_{2x} = 0{,}739F + 1{,}261F = 2F$$

Minuszeichen sind durch Anpassung der Pfeilrichtung in der Skizze berücksichtigt.
Gesamtsystem

$$\sum_{AD} F_x = 0 \Rightarrow B_x = A_x = 2F$$

$$\sum_{AD} F_y = 0 \Rightarrow B_y = A_y - F = 1{,}261F - F = 0{,}261F$$

2) durch Überlagerung (zur Kontrolle)

$$A_x = A_x^{(0)} + X \cdot A_x^{(1)} = 2F + 0 = 2F$$
$$B_x = B_x^{(0)} + X \cdot B_x^{(1)} = 2F + 0 = 2F$$
$$A_y = A_y^{(0)} + X \cdot A_y^{(1)} = 2F - 1{,}045F \cdot \frac{1}{\sqrt{2}} = 1{,}261F$$
$$B_y = B_y^{(0)} + X \cdot B_y^{(1)} = F - 1{,}045F \cdot \frac{1}{\sqrt{2}} = 0{,}261F$$

b) Elastischer Balken
Zu den Stabkräften kommen noch die Anteile der Biegemomente hinzu

$$X = -\frac{\frac{1}{EA}\sum S_i^{(0)} S_i^{(1)} \ell_i + \frac{1}{EI} \int M_0 M_1 dx}{\frac{1}{EA}\sum S_i^{(1)} S_i^{(1)} \ell_i + \frac{1}{EI} \int M_1 M_1 dx} = -\frac{\sum S_i^{(0)} S_i^{(1)} \ell_i + \frac{EA}{EI} \int M_0 M_1 dx}{\sum S_i^{(1)} S_i^{(1)} \ell_i + \frac{EA}{EI} \int M_1 M_1 dx}$$

Die Biegemomentenflächen im Bild FL 30-1 sind Dreiecke mit den Maximalwerten

$$M_0 = -B_y^{(0)} \cdot a = -F \cdot a; \quad M_1 = -B_y^{(1)} \cdot a = -\frac{1}{\sqrt{2}} \cdot a$$

Kopplung der Biegemomente
2 mal Dreieck/Dreieck: $\ell = a$

$$\int M_0 M_1 dx = 2 \cdot \frac{1}{3}\ell M \overline{M} = 2 \cdot \frac{1}{3}a \cdot Fa \cdot \frac{a}{\sqrt{2}} = \frac{\sqrt{2}}{3} Fa^3$$

$$\int M_1 M_1 dx = 2 \cdot \frac{1}{3}\ell M \overline{M} = 2 \cdot \frac{1}{3}a \cdot \frac{a}{\sqrt{2}} \cdot \frac{a}{\sqrt{2}} = \frac{1}{3}a^3$$

$$X = S_4 = -\frac{4Fa + \frac{3}{a^2} \cdot \frac{\sqrt{2}}{3}Fa^3}{(1 + 2\sqrt{2})a + \frac{3}{a^2} \cdot \frac{1}{3}a^3} = -\frac{4 + \sqrt{2}}{2 + 2\sqrt{2}}F = -1{,}121F$$

$$S_1 = S_1^{(0)} + X \cdot S_1^{(1)} = 0 - 1{,}121F \cdot \frac{1}{\sqrt{2}} = -0{,}793F$$

$$S_2 = S_2^{(0)} + X \cdot S_2^{(1)} = -2\sqrt{2}F - 1{,}121F \cdot (-1) = -1{,}707F$$

$$S_3 = S_3^{(0)} + X \cdot S_3^{(1)} = 0 - 1{,}121F \cdot \left(-\frac{1}{\sqrt{2}}\right) = +0{,}793F$$

2.5 Flächenträgheitsmomente, Steinerscher Satz, schiefe Biegung

F 31   Träger aus zwei U-Profilen zusammengesetzt

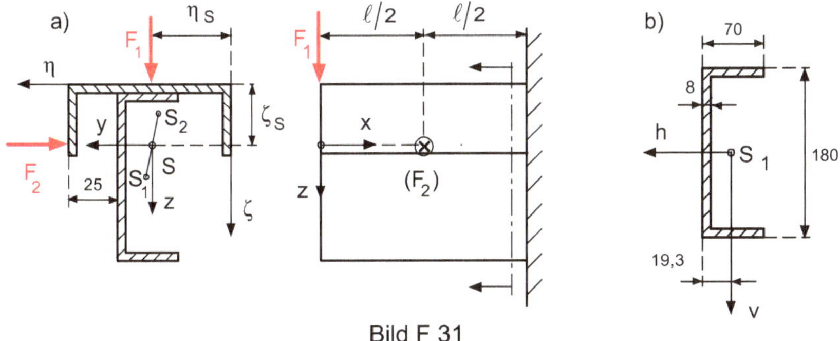

Bild F 31

Ein einseitig eingespannter Träger ist aus zwei U-Profilen nach DIN 1026 wie im Bild F 30a zusammengeschweißt. Die Belastung erfolgt am freien Ende in der y,z-Ebene durch eine Einzelkraft F_1 und in Balkenmitte in der x,y-Ebene durch eine Einzelkraft F_2. Beide Kräfte gehen durch den Gesamtschwerpunkt S des zusammengesetzten Profils.

Gegeben

$F_1 = 3\,\text{kN}$; $F_2 = 5\,\text{kN}$; $\ell = 4\,\text{m}$

   Daten des Einzelprofils (Bild F 29b)

   $A = 28\,\text{cm}^2$; $I_\text{h} = 1350\,\text{cm}^4$; $I_\text{v} = 114\,\text{cm}^4$

Gesucht

a) Spannungs-Verlauf im Einspannquerschnitt

b) Hauptträgheitsachsen und Hauptträgheitsmomente

Lösung

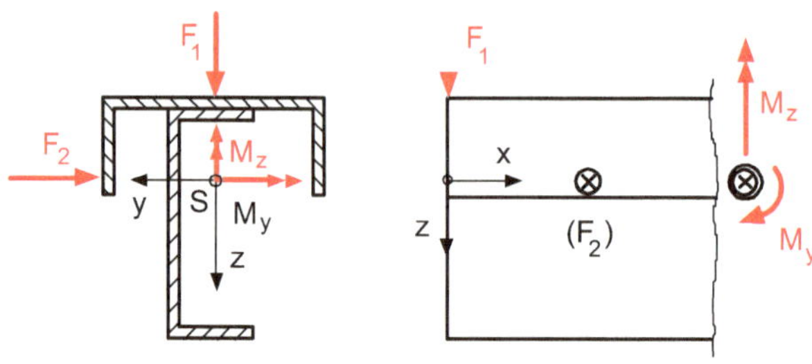

Bild FL 31-1

Der Gesamtschwerpunkt S liegt auf der Verbindungslinie der Teilschwerpunkte S_1 und S_2 und unterteilt diese Strecke im Verhältnis der Flächen A_1 und A_2.

a) Spannungs-Verteilung
    Schwerpunkts-Koordinaten (Bild F 31a)

$$\eta_{S1} = 180 - 25 - 19{,}3 = 135{,}7\,\text{mm}; \quad \varsigma_{S1} = 8 + 90 = 98\,\text{mm};$$

$$\eta_{S2} = 90\,\text{mm}; \quad \varsigma_{S2} = 19{,}3\,\text{mm}$$

$$\eta_S = \frac{\eta_{S1} \cdot A_1 + \eta_{S2} \cdot A_2}{A_1 + A_2}; \quad \varsigma_S = \frac{\varsigma_{S1} \cdot A_1 + \varsigma_{S2} \cdot A_2}{A_1 + A_2}$$

mit $A_1 = A_2 = 28\,\text{cm}^2$ wird

$$\eta_S = \frac{1}{2} \cdot (\eta_{S1} + \eta_{S2}) = \frac{1}{2} \cdot (135{,}7 + 90) = 112{,}85\,\text{mm}$$

$$\varsigma_S = \frac{1}{2} \cdot (\varsigma_{S1} + \varsigma_{S2}) = \frac{1}{2} \cdot (98 + 19{,}3) = 58{,}65\,\text{mm}$$

Koordinaten der Teilschwerpunkte im y, z-System

$$y_{S1} = -\eta_S + \eta_{S1} = -112{,}85 + 135{,}7 = 22{,}85\,\text{mm};$$

$$z_{S1} = -\varsigma_S + \varsigma_{S1} = -58{,}65 + 98 = 39{,}35\,\text{mm}$$

$$y_{S2} = -\eta_S + \eta_{S2} = -112{,}85 + 90 = -22{,}85\,\text{mm};$$

$$z_{S2} = -\varsigma_S + \varsigma_{S2} = -58{,}65 + 19{,}3 = -39{,}35\,\text{mm}$$

Flächenträgheitsmomente (Steinerscher Satz)

$$I_y = I_h + z_{S1}^2 \cdot A_1 + I_v + z_{S2}^2 \cdot A_2 = 1350 + 3{,}935^2 \cdot 28 + 114 + 3{,}935^2 \cdot 28$$
$$= 2331\,\text{cm}^4$$

$$I_z = I_v + y_{S1}^2 A_1 + I_h + y_{S2}^2 A_2 = 114 + 2{,}285^2 \cdot 28 + 1350 + 2{,}285^2 \cdot 28$$
$$= 1756\,\text{cm}^4$$

$$I_{yz} = -\int yz \cdot dA = I_{hv} - y_{S1} \cdot z_{S1} \cdot A_1 + I_{hv} - y_{S2} \cdot z_{S2} \cdot A_2$$

Aus Symmetriegründen ist das biaxiale (gemischte) Flächenträgheitsmoment bezogen auf die eigenen Hauptachsen h und v (horizontal und vertikal) gleich Null. Mit $I_{hv} = 0$ wird

$$I_{yz} = -2{,}285 \cdot 3{,}935 \cdot 28 - (-2{,}285) \cdot (-3{,}935) \cdot 28 = -504\,\text{cm}^4$$

Zur Vereinfachung wurden die Flächenträgheitsmomente aufgerundet.
Komponenten des Momentenvektors (Bild FL 30-1)

$$M_y = -F_1 \cdot \ell = -3\,\text{kN} \cdot 400\,\text{cm} = -1200\,\text{kN}\,\text{cm}$$

$$M_z = -F_2 \cdot \frac{\ell}{2} = -5\,\text{kN} \cdot 200\,\text{cm} = -1000\,\text{kN}\,\text{cm}$$

Die allgemeine Spannungsformel bei schiefer Biegung lautet

$$\boxed{\sigma_x = \frac{(M_y \cdot I_z - M_z \cdot I_{yz}) \cdot z - (M_z \cdot I_y - M_y \cdot I_{yz}) \cdot y}{I_y \cdot I_z - I_{yz}^2}}$$

Übliche Abkürzung der Differenz im Nenner: $D = I_y \cdot I_z - I_{yz}^2$
Von schiefer oder zweiachsiger Biegung spricht man, wenn der resultierende Biege-momentenvektor nicht mit einer Hauptträgheitsachse zusammenfällt.
Sonderfälle (für andere Aufgaben)

$$1)\; M_z = 0:\; \sigma_x = \frac{M_y}{D}(I_z \cdot z + I_{yz} \cdot y); \quad 2)\; M_y = 0:\; \sigma_x = -\frac{M_z}{D}(I_{yz} \cdot z + I_y \cdot y)$$

$$3)\; I_{yz} = 0:\; \sigma_x = \frac{M_y}{I_y} \cdot z - \frac{M_z}{I_z} \cdot y \;\text{ dann sind } y \text{ und } z \text{ Hauptträgheitsachsen}$$

Im Bild FL 31-2 sind die beiden äußersten Profilpunkte

$$P_1(y_1 = 6{,}72\,\text{cm};\; z_1 = -5{,}8\,\text{cm})\;\text{ und}$$
$$P_2(y_2 = 2{,}79\,\text{cm};\; z_2 = 12{,}94\,\text{cm})$$

In diesen Punkten sind die Biegespannungen

$$\sigma_{x1} = 90{,}84\,\frac{\text{N}}{\text{mm}^2}; \quad \sigma_{x2} = -66{,}68\,\frac{\text{N}}{\text{mm}^2}$$

Die numerische Berechnung von σ_{x1} ist unten angegeben.

Spannungs-Nulllinie NN: $\sigma_x = 0$

Der Zähler der Spannungsformel wird Null gesetzt

$$(M_y \cdot I_z - M_z \cdot I_{yz}) \cdot z - (M_z \cdot I_y - M_y \cdot I_{yz}) \cdot y = 0 \Rightarrow$$

$$z = \frac{M_z \cdot I_y - M_y \cdot I_{yz}}{M_y \cdot I_z - M_z \cdot I_{yz}} \cdot y \text{ (Geradengleichung)}$$

$$\sigma_{x1} = \frac{(-1200 \cdot 1756 - 1000 \cdot 504) \cdot (-5{,}8) - (-1000 \cdot 2331 - 1200 \cdot 504) \cdot 6{,}72}{2331 \cdot 1756 - 504^2}$$

$$= 9{,}084 \, \frac{\text{kN}}{\text{cm}^2}$$

Steigung der Spannungs-Nulllinie

$$\frac{dz}{dy} = \tan(\varphi_1 + \beta) = \frac{M_z \cdot I_y - M_y \cdot I_{yz}}{M_y \cdot I_z - M_z \cdot I_{yz}} = \frac{-1000 \cdot 2331 - 1200 \cdot 504}{-1200 \cdot 1756 - 1000 \cdot 504} = 1{,}124 \Rightarrow$$

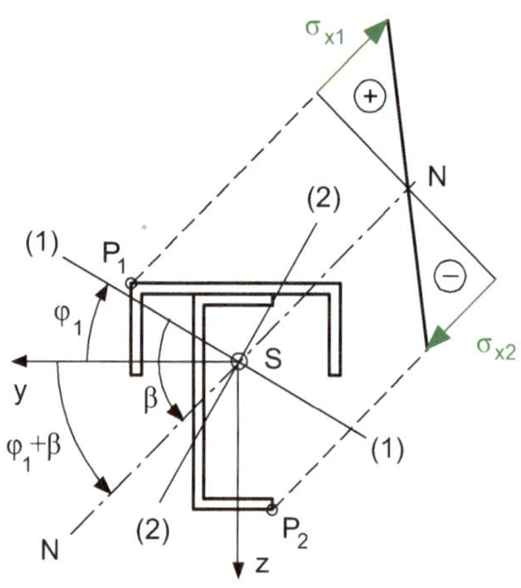

Bild FL 31-2

$\varphi_1 + \beta = 48{,}34° = $ Winkel von der y-Achse zur Spannungs-Nulllinie NN

φ_1 $\qquad\qquad = $ Winkel von der y-Achse zur großen Hauptachse

β $\qquad\qquad\qquad = $ Winkel von der großen Hauptachse zur Spannungs-Nulllinie

Sonderfälle (für andere Aufgaben)

$$1) \; M_z = 0: \tan(\varphi_1 + \beta) = -\frac{I_{yz}}{I_z}; \quad 2) \; M_y = 0: \tan(\varphi_1 + \beta) = -\frac{I_y}{I_{yz}}$$

$$3) \; I_{yz} = 0: \tan(\varphi_1 + \beta) = \frac{M_z}{M_y} \cdot \frac{I_y}{I_z}; \text{ dann sind } y \text{ und } z \text{ Hauptträgheitsachsen}$$

b) Hauptachsen und Hauptträgheitsmomente

$$\tan 2\varphi_0 = \frac{2I_{yz}}{I_y - I_z} = \frac{2 \cdot (-504)}{2331 - 1756} = -1{,}7531 \Rightarrow 2\varphi_0 = -60{,}30°; \quad \varphi_0 = -30{,}15°$$

Mit Hilfe der zweiten Ableitung wird zwischen den Hauptachsen unterschieden

$$\frac{d^2 I_\eta}{d\varphi^2} = -2(I_y - I_z) \cdot \cos 2\varphi_0 - 4I_{yz} \cdot \sin 2\varphi_0$$

$$\frac{d^2 I_\eta}{d\varphi^2} = -2(2331 - 1756) \cdot \cos(-60{,}3°) + 4 \cdot 504 \cdot \sin(-60{,}3°)$$

$$= -2321\,\text{cm}^4 < 0 \Rightarrow$$

$$I_\eta = I_{max} \Rightarrow \varphi_0 = \varphi_1 = -30{,}15°$$

Der Winkel φ_0 führt also von der y-Achse zur großen Hauptträgheitsachse 1-1

$$\beta = \varphi_1 + \beta - \varphi_1 = 48{,}34° + 30{,}15° = 78{,}49°$$

Hauptträgheitsmomente

$$I_{1,2} = \frac{I_y + I_z}{2} \pm \sqrt{\left(\frac{I_y - I_z}{2}\right)^2 + I_{yz}^2}$$

$$= \frac{2331 + 1756}{2} \pm \sqrt{\left(\frac{2331 - 1756}{2}\right)^2 + 504^2} = 2044 \pm 580$$

$$I_1 = 2624\,\text{cm}^4; \quad I_2 = 1463\,\text{cm}^4$$

Kontrolle: Mit dem Drehwinkel φ_0 muss sich das maximale Flächenträgheitsmoment I_1 aus der allgemeinen Formel für gedrehte Achsen ergeben

$$I_\eta = I_y \cdot \cos^2 \varphi + I_z \cdot \sin^2 \varphi + I_{yz} \cdot \sin 2\varphi$$

$$I_\eta = 2331 \cdot \cos^2 30{,}15° + 1756 \cdot \sin^2 30{,}15° - 504 \cdot \sin(-60{,}3°) = 2624\,\text{cm}^4 = I_1$$

F 32 Träger mit Z-Profil belastet mit Einzelkräften

Ein an den Enden gelenkig gelagerter Balken ist durch zwei Einzelkräfte F_1 und F_2 belastet (Bild F 32a), die durch den Schwerpunkt S des Z-Profil-Querschnitts hindurchgehen (Bild F 32b).

Gegeben
$F_1 = 2\,\text{kN}; \; F_2 = 1{,}5\,\text{kN}, \; E = 2{,}1 \cdot 10^5\,\frac{\text{N}}{\text{mm}^2}$

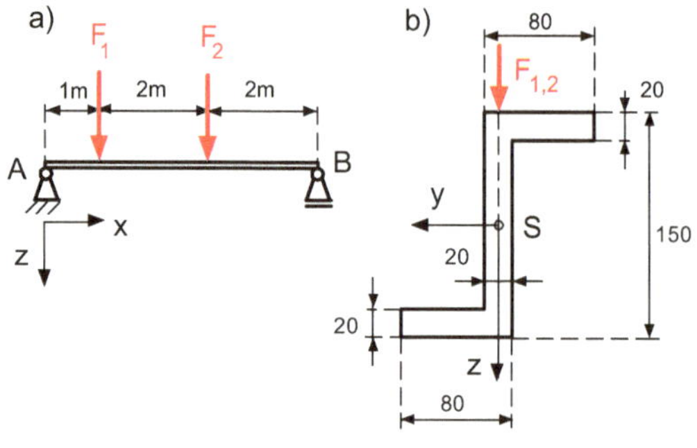

Bild F 32

Gesucht

a) Auflagerkräfte und Biegemomente
b) Flächenträgheitsmomente
c) Hauptträgheitsachsen und Hauptträgheitsmomente
d) Spannungsverlauf im maximal beanspruchten Querschnitt
e) Durchbiegungen an den Kraftangriffsstellen

Lösung

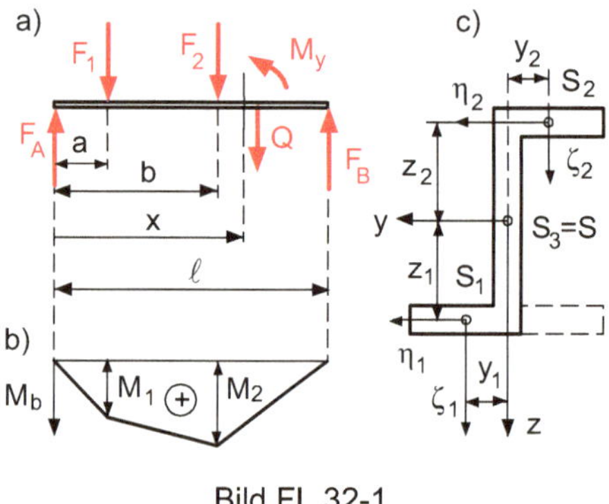

Bild FL 32-1

a) Auflagerkräfte und Biegemomente (Bild FL 32a, b)

$$\sum M^{(A)} = 0 = F_\mathrm{B} \cdot 5\,\mathrm{m} - F_1 \cdot 1\,\mathrm{m} - F_2 \cdot 3\,\mathrm{m} \Rightarrow$$

$$F_\mathrm{B} = \frac{1}{5}(F_1 + 3F_2) = \frac{1}{5}(2 + 3 \cdot 1{,}5) = 1{,}3\,\mathrm{kN}$$

$$\sum F_\mathrm{z} = 0 \Rightarrow F_\mathrm{A} = F_1 + F_2 - F_\mathrm{B}$$

$$F_\mathrm{A} = 2 + 1{,}5 - 1{,}3 = 2{,}2\,\mathrm{kN}$$

$$M_1 = F_A \cdot 1\,\text{m} = 2{,}2 \cdot 1 = 2{,}2\,\text{kN\,m} = 2{,}2 \cdot 10^5\,\text{N\,cm}$$

$$M_2 = F_B \cdot 2\,\text{m} = 1{,}3 \cdot 2 = 2{,}6\,\text{kN\,m} = 2{,}6 \cdot 10^5\,\text{N\,cm}$$

$$M_2 = M_{b\,\text{max}}$$

Schnittgrößen in Abhängigkeit von x mit Klammerfunktion

$$Q = F_A - F_1\langle x - a\rangle^0 - F_2\langle x - b\rangle^0$$

$$M_y = \int Q \cdot dx = F_A \cdot x - F_1\langle x - a\rangle^1 - F_2\langle x - b\rangle^1$$

$$a = 1\,\text{m}; \quad b = 3\,\text{m}; \quad \ell = 5\,\text{m}$$

b) Flächenträgheitsmomente

Das Z-Profil wird in drei Rechtecke aufgeteilt

$$A_1 = A_2 = 2 \cdot 8 = 16\,\text{cm}^2$$

Steinerscher Satz

$$I_y = 2\left(\frac{b_1 \cdot h_1^3}{12} + z_1^2 \cdot A_1\right) + \frac{b_3 \cdot h_3^3}{12} = 2\left(\frac{8 \cdot 2^3}{12} + 6{,}5^2 \cdot 16\right) + \frac{2 \cdot 11^3}{12} = 1585\,\text{cm}^4$$

Der rechte Teil der oberen Fläche A_2 wird nach unten verschoben (in Bild FL 32-1c gestrichelt gezeichnet), so dass der Schwerpunkt der unteren ergänzten Fläche auf die z-Achse fällt.
Das Flächenträgheitsmoment I_z bleibt dabei gleich, da sich weder die Größe der Flächenelemente noch ihr Abstand zur z-Achse ändert.

$$I_z = \frac{1}{12}(13 \cdot 2^3 + 2 \cdot 14^3) = 466\,\text{cm}^4$$

$$I_{yz} = \underbrace{I_{\eta_1\varsigma_1}}_{0} - y_1 \cdot z_1 \cdot A_1 + \underbrace{I_{\eta_2\varsigma_2}}_{0} - y_2 \cdot z_2 \cdot A_2$$

$$I_{yz} = -3 \cdot 6{,}5 \cdot 16 - (-3) \cdot (-6{,}5) \cdot 16 = -624\,\text{cm}^4 < 0$$

Die Achsen η, ς durch die Schwerpunkte S_1 und S_2 der Teilflächen (parallel zum globalen y, z-Koordinatensystem) sind lokale Symmetrieachsen, so dass deren biaxiales Flächenmoment (auch Zentrifugalmoment oder Deviationsmoment in Anlehnung an die Kinetik genannt) bezogen auf die eigenen Achsen η, ς gleich Null ist.
Achsensymmetrische Flächenteile verkleinern das Deviationsmoment (Abweichmoment) punktsymmetrische vergrößern es. Das Deviationsmoment ist ein Maß für die Abweichung des Querschnitts von der Achsensymmetrie.

c) Hauptträgheitsachsen und Hauptträgheitsmomente

$$I_{1,2} = \frac{I_y + I_z}{2} \pm \sqrt{\left(\frac{I_y - I_z}{2}\right)^2 + I_{yz}^2}$$

$$= \frac{1585 + 466}{2} \pm \sqrt{\left(\frac{1585 - 466}{2}\right)^2 + 624^2} = 1026 \pm 838$$

$$I_1 = 1864\,\text{cm}^4; \quad I_2 = 188\,\text{cm}^4$$

$$\tan 2\varphi_0 = \frac{2 I_{yz}}{I_y - I_z} = \frac{2 \cdot (-624)}{1585 - 466} = -1{,}115 \Rightarrow 2\varphi_0 = -48{,}11°; \quad \varphi_0 = -24{,}06°$$

Um herauszufinden, ob der Winkel φ_0 zur großen Hauptachse a oder zur kleinen
Hauptachse b führt, setzen wir ihn in die allgemeine Formel für das Flächenträgheitsmoment bezogen auf eine um den Winkel φ_0 gedrehte Achse η ein.

$$I_\eta = \frac{I_y + I_z}{2} + \frac{I_y - I_z}{2} \cdot \cos 2\varphi + I_{yz} \cdot \sin 2\varphi$$

$$I_\eta = \frac{1585 + 466}{2} + \frac{1585 - 466}{2} \cdot \cos(-48{,}11°) - 624 \cdot \sin(-48{,}11°)$$

$$= 1864\,\text{cm}^4 = I_1 \Rightarrow$$

$$\varphi_0 = \varphi_1 = -24{,}06° = \text{Winkel zur großen Hauptachse } a$$

$$\alpha = -\varphi_1 = 24{,}06°$$

$$= \text{Winkel von der großen Hauptachse zum Biegemomentenvektor } M_y$$

$$\tan \beta = \frac{I_1}{I_2} \cdot \tan \alpha = \frac{1864}{188} \cdot \tan 24{,}06° = 4{,}427 \Rightarrow \beta = 77{,}27°$$

Kontrolle
Biegung um die y-Achse ($M_y \neq 0$; $M_z = 0$)
Nach Aufgabe F 30 Sonderfälle ist

$$\tan(\varphi_1 + \beta) = -\frac{I_{yz}}{I_z} = \frac{624}{466} = 1{,}339 \Rightarrow \varphi_1 + \beta = 53{,}25°$$

$$\beta = \varphi_1 + \beta - \varphi_1 = 53{,}25° + 24{,}06° = 77{,}31° \text{ (kleiner Rundungsfehler)}$$

Zeichnerische Lösung (Mohrscher Trägheitskreis nach Bild FL 32-2)
Im Punkt A mit der Abszisse I_y wird I_{yz} als Ordinate vorzeichengerecht angetragen.
Der Punkt B, der dem Punkt A diametral zum Mittelpunkt M gegenüberliegt, hat die
Abszisse I_z und die Ordinate $-I_{yz}$. Der Kreismittelpunkt M ergibt sich als Schnitt-
punkt der Verbindungslinie AB mit der Abszisse. Radius $r = \overline{AM} = \overline{BM} = \frac{1}{2}\overline{AB}$.
Mit den Punkten $A(I_y; I_{yz})$ und $B(I_z; -I_{yz})$ lässt sich der Mohrsche Trägheitskreis
zeichnen.

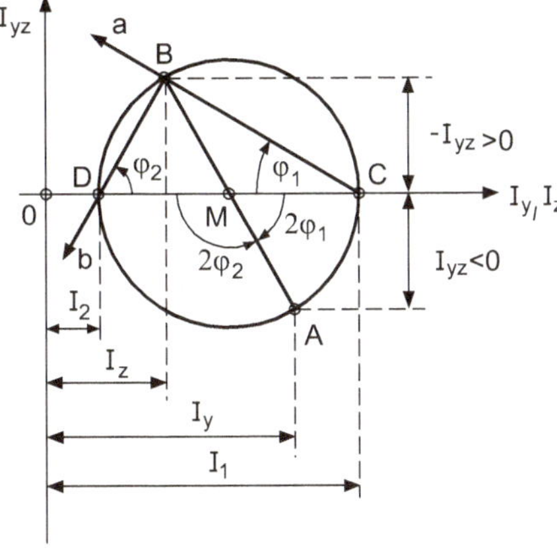

Bild FL 32-2

Dem Kreis entnimmt man die Richtung der Hauptachsen $a = BC$ und $b = BD$ sowie die Hauptträgheitsmomente $I_1 = \overline{OC}$ und $I_2 = \overline{OD}$.

Ähnlich wie beim Mohrschen Spannungskreis (Aufgabe F 7) ergeben sich die Beziehungen:

$$\tan \varphi_1 = \frac{I_{yz}}{I_y - I_2} = \frac{I_{yz}}{I_1 - I_z} = \frac{I_1 - I_y}{I_{yz}} = \frac{I_z - I_2}{I_{yz}}$$

Hier z. B. $\tan \varphi_1 = \dfrac{I_{yz}}{I_y - I_2} = \dfrac{-624}{1585 - 188} = -0{,}447 \Rightarrow \varphi_1 = -24{,}07°$

d) Spannungsverlauf im maximal beanspruchten Querschnitt (Bild FL 32-3)

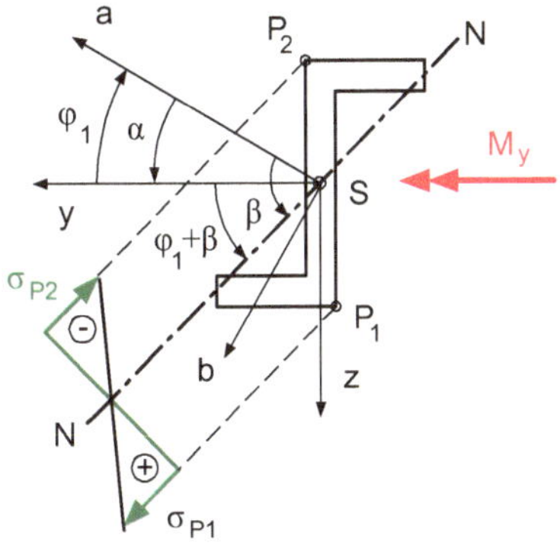

Bild FL 32-3

Die Profilpunkte $P_1(-10; 75)$ mm und $P_2(10; -75)$ mm haben den größten Abstand von der Spannungs-Nulllinie NN und damit die größten Spannungen.

Wegen der Punktsymmetrie haben sie gleichen Abstand von NN und daher betragsmäßig gleich große Spannungen.

Nach Aufgabe F 31 (Sonderfälle) ist für

$$M_y \neq 0 \text{ und } M_z = 0$$

$$\sigma_x = \frac{M_y}{D}(I_z \cdot z + I_{yz} \cdot y)$$

$$D = I_y \cdot I_z - I_{yz}^2 = 1585 - 624^2 = 3{,}49 \cdot 10^5\,\text{cm}^8$$

Für den Punkt $P1$ ist

$$\sigma_{P1} = \frac{2{,}6 \cdot 10^5\,\text{N\,cm}}{3{,}49 \cdot 10^5\,\text{cm}^8} \cdot [466 \cdot 7{,}5 - 624 \cdot (-1)]\,\text{cm}^5 = 3069\,\frac{\text{N}}{\text{cm}^2} = 30{,}69\,\frac{\text{N}}{\text{mm}^2}$$

$$\sigma_{P2} = -\sigma_{P1} = -30{,}69\,\frac{\text{N}}{\text{mm}^2}$$

e) Durchbiegungen an den Kraftangriffsstellen
    allgemeine Differentialgleichung für die Durchbiegung

$$w'' = \frac{1}{ED}(-M_y \cdot I_z + M_z \cdot I_{yz}); \quad v'' = \frac{1}{ED}(M_z \cdot I_y - M_y \cdot I_{yz})$$

Sonderfälle
1) $M_z = 0$: $\frac{ED}{I_z}w'' = -M_y$; $\frac{ED}{I_{yz}}v'' = -M_y \Rightarrow v'' = \frac{I_{yz}}{I_z}w''$
2) $M_y = 0$: $\frac{ED}{I_{yz}}w'' = M_z$; $\frac{ED}{I_y}v'' = M_z \Rightarrow v'' = \frac{I_y}{I_{yz}}w''$
3) $I_{yz} = 0$; $D = I_y \cdot I_z$: dann sind y und z Hauptträgheitsachsen

$$w'' = \frac{-M_y \cdot I_z}{E \cdot I_y \cdot I_z} = -\frac{M_y}{E\,I_y} \Rightarrow E\,I_y \cdot w'' = -M_y$$

$$v'' = \frac{M_z \cdot I_y}{E \cdot I_y \cdot I_z} = \frac{M_z}{E\,I_z} \Rightarrow E\,I_z \cdot v'' = M_z$$

In diesem Beispiel ist Sonderfall 1 maßgebend

$$\frac{ED}{I_z} \cdot w'' = -M_y = -F_A x + F_1\langle x-a\rangle^1 + F_2\langle x-b\rangle^1$$

$$\frac{ED}{I_z} \cdot w' = -\frac{1}{2}F_A x^2 + \frac{1}{2}F_1\langle x-a\rangle^2 + \frac{1}{2}F_2\langle x-b\rangle^2 + c_1$$

$$\frac{ED}{I_z} \cdot w = -\frac{1}{6}F_A x^3 + \frac{1}{6}F_1\langle x-a\rangle^3 + \frac{1}{6}F_2\langle x-b\rangle^3 + c_1 x + c_2$$

Randbedingungen
I) $w(x = 0) = 0$: $c_2 = 0$
II) $w(x = \ell) = 0$: $-\frac{1}{6}F_A\ell^3 + \frac{1}{6}F_1(\ell - a)^3 + \frac{1}{6}F_2(\ell - b)^3 + c_1\ell = 0\,|:\ell \Rightarrow$
$c_1 = \frac{1}{6}F_A\ell^2 - \frac{1}{6}F_1\frac{(\ell-a)^3}{\ell} - \frac{1}{6}F_2\frac{(\ell-b)^3}{\ell} = 4{,}5 \cdot 10^9\,\text{N\,mm}^2$

Durchbiegungen

$$\frac{ED}{I_z} \cdot w(x = a) = -\frac{1}{6} F_A a^3 + c_1 a \Rightarrow w(x = a) = w_1 = 2{,}63 \,\text{mm}$$

$$v(x = a) = v_1 = w_1 \cdot \frac{I_{yz}}{I_Z} = 2{,}63 \cdot \frac{(-624)}{466} = -3{,}52 \,\text{mm}$$

$$f_1 = \sqrt{w_1^2 + v_1^2} = \sqrt{2{,}63^2 + 3{,}52^2} = 4{,}39 \,\text{mm}$$

$$\frac{ED}{I_z} \cdot w(x = b) = -\frac{1}{6} F_A b^3 + \frac{1}{6} F_1 (b-a)^3 + c_1 b \Rightarrow w(x = b) = w_2 = 10{,}2 \,\text{mm}$$

$$v(x = b) = v_2 = w_2 \cdot \frac{I_{yz}}{I_z} = 10{,}2 \cdot \frac{(-624)}{466} = -13{,}66 \,\text{mm}$$

$$f_2 = \sqrt{w_2^2 + v_2^2} = \sqrt{10{,}2^2 + 13{,}66^2} = 17{,}05 \,\text{mm}$$

F 33 Träger mit Z-Profil und Streckenlast

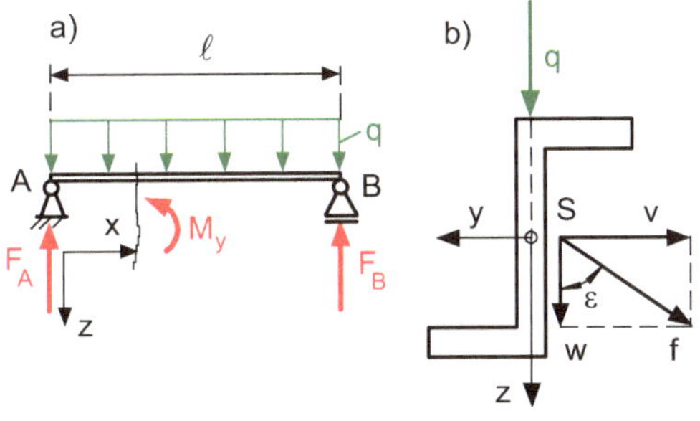

Bild F 33

Ein beidseitig gelenkig gelagerter Träger ist mit einer konstanten Streckenlast q belastet. Der Querschnitt ist ein genormtes Profil Z 120 nach DIN 1027.

Gegeben

$q = 1{,}5 \,\frac{\text{kN}}{\text{m}}$; $E = 2{,}1 \cdot 10^7 \,\frac{\text{N}}{\text{cm}^2}$, $\ell = 3 \,\text{m}$; $I_y = 402 \,\text{cm}^4$; $I_z = 106 \,\text{cm}^4$, $I_{yz} = -158 \,\text{cm}^4$

Man bestimme die Durchbiegung in Trägermitte

a) im profilparallelen y, z-System

b) im a, b-Hauptachsensystem

Zusatz: Der Leser zeichne den zugehörigen Mohrschen Trägheitskreis und bestimme auch den Spannungs-Verlauf in Balkenmitte.

Lösung

a) Profilparalleles Koordinatensystem (Bild F 33)
   Auflagerkräfte

$$F_A = F_B = \frac{1}{2}q\ell = \frac{1}{2} \cdot 1{,}5 \cdot 3 = 2{,}25\,\text{kN (Symmetrie)}$$

Der Biegemomenten-Verlauf ist über die ganze Balkenlänge stetig, so dass eine Bereichseinteilung oder die Verwendung von Klammerfunktionen für die Integration nicht nötig ist.

Nach Aufgabe F 32 Sonderfälle gilt für $M_y \neq 0$; $M_z = 0$

$$\frac{ED}{I_z} \cdot w'' = -M_y = -F_A \cdot x + \frac{1}{2}qx^2$$

$$\frac{ED}{I_z} \cdot w' = -\frac{1}{2}F_A x^2 + \frac{1}{6}qx^3 + c_1$$

$$\frac{ED}{I_z} \cdot w = -\frac{1}{6}\underbrace{F_A}_{\frac{1}{2}q\ell} x^3 + \frac{1}{24}qx^4 + c_1 x + c_2$$

Randbedingungen

I) $w(x = 0) = 0$: $c_2 = 0$

II) $w(x = \ell) = 0$: $-\frac{1}{6} \cdot \frac{1}{2}q\ell \cdot \ell^3 + \frac{1}{24}q\ell^4 + c_1\ell = 0 \,|: \ell \Rightarrow c_1 = \frac{1}{24}q\ell^3$

$$w(x) = \frac{I_z}{ED}\left(-\frac{1}{12}q\ell x^3 + \frac{1}{24}qx^4 + \frac{1}{24}q\ell^3 x\right)$$

$$= \frac{q\ell^4 \cdot I_z}{24ED}\left[\left(\frac{x}{\ell}\right)^4 - 2\left(\frac{x}{\ell}\right)^3 + \frac{x}{\ell}\right]$$

$$v(x) = \frac{I_{yz}}{I_z} \cdot w(x) = \frac{q\ell^4 \cdot I_{yz}}{24ED}\left[\left(\frac{x}{\ell}\right)^4 - 2\left(\frac{x}{\ell}\right)^3 + \frac{x}{\ell}\right]$$

$$D = I_y \cdot I_z - I_{yz}^2 = 402 \cdot 106 - 158^2 = 17.648\,\text{cm}^8$$

$$w\left(x = \frac{\ell}{2}\right) = \frac{q\ell^4 \cdot I_z}{24ED}\left(\frac{1}{16} - 2 \cdot \frac{1}{8} + \frac{1}{2}\right) = \frac{5q\ell^4 \cdot I_z}{384ED} = \frac{5 \cdot 15 \cdot (300)^4 \cdot 106}{384 \cdot 2{,}1 \cdot 10^7 \cdot 17.648}$$

$$= 0{,}452\,\text{cm} = 4{,}52\,\text{mm}$$

$$v\left(x = \frac{\ell}{2}\right) = \frac{I_{yz}}{I_z} \cdot w\left(x = \frac{\ell}{2}\right) = \frac{5q\ell^4 \cdot I_{yz}}{384ED} = \frac{-158}{106} \cdot 4{,}52 = -6{,}74\,\text{mm}$$

Resultierende Gesamtdurchbiegung

$$f = \sqrt{w^2 + v^2} = \sqrt{4{,}52^2 + 6{,}74^2} = 8{,}12\,\text{mm}$$

Richtung der resultierenden Durchbiegung

$$\tan\varepsilon = \left|\frac{v}{w}\right| = \frac{6{,}74}{4{,}52} = 1{,}491 \Rightarrow \varepsilon = 56{,}15°$$

b) Hauptachsensystem

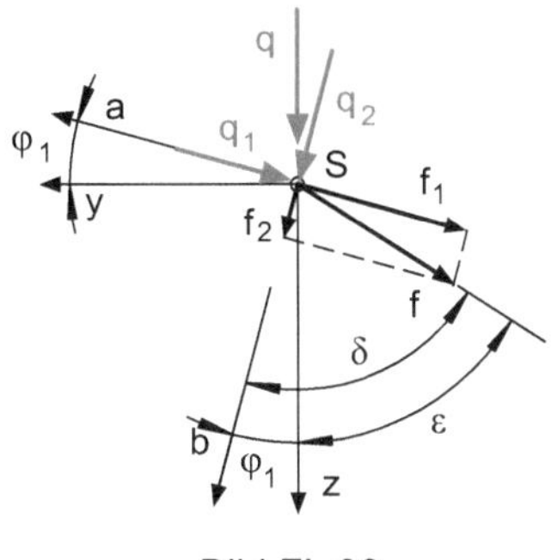

Bild FL 33

$$I_{1,2} = \frac{I_y + I_z}{2} \pm \sqrt{\left(\frac{I_y - I_z}{2}\right)^2 + I_{yz}^2}$$

$$I_{1,2} = \frac{402 + 106}{2} \pm \sqrt{\left(\frac{402 - 106}{2}\right)^2 + 158^2} = 254 \pm 216{,}49$$

$$I_1 = 470{,}49\,\text{cm}^4; \quad I_2 = 37{,}51\,\text{cm}^4$$

$$\tan 2\varphi_0 = \frac{2I_{yz}}{I_y - I_z} = \frac{2 \cdot (-158)}{402 - 106} = -1{,}068 \Rightarrow$$

$$2\varphi_0 = -46{,}88°; \quad \varphi_0 = -23{,}44°$$

Hauptachsen-Unterscheidung

$$\frac{d^2 I_\eta}{d\varphi^2} = -2(I_y - I_z) \cdot \cos 2\varphi_0 - 4I_{yz} \cdot \sin 2\varphi_0$$

$$\frac{d^2 I_\eta}{d\varphi^2} = -2(402 - 106) \cdot \cos(-46{,}88°) + 4 \cdot 158 \cdot \sin(-46{,}88°) < 0 \Rightarrow$$

$$\varphi_0 = \varphi_1 = -23{,}44°$$

Der Zahlenwert der zweiten Ableitung muss nicht explizit ermittelt werden, wenn das
Vorzeichen aus den Größenverhältnissen eindeutig hervorgeht (z. B. nur positive oder
nur negative Glieder).

Die Streckenlast q wird in die Richtungen der Hauptachsen zerlegt

$$q_1 = q \cdot \sin |\varphi_1|; \quad q_2 = q \cdot \cos |\varphi_1|$$

$$f_{\text{m}} = \frac{5q\ell^4}{384 E I} \;\text{Grundlastfall aus Tabelle}$$

$$f_1 = \frac{5q_1\ell^4}{384EI_2} = \frac{5 \cdot 15 \cdot \sin 23{,}44° \cdot (300)^4}{384 \cdot 2{,}1 \cdot 10^7 \cdot 37{,}51} = 0{,}799\,\text{cm} = 7{,}99\,\text{mm}$$

$$f_2 = \frac{5q_2\ell^4}{384EI_1} = \frac{5 \cdot 15 \cdot \cos 23{,}44° \cdot (300)^4}{384 \cdot 2{,}1 \cdot 10^7 \cdot 470{,}49} = 0{,}147\,\text{cm} = 1{,}47\,\text{mm}$$

$$f = \sqrt{f_1^2 + f_2^2} = \sqrt{7{,}99^2 + 1{,}47^2} = 8{,}12\,\text{mm}$$

$$\tan\delta = \frac{f_1}{f_2} = \frac{7{,}99}{1{,}47} = 5{,}435 \Rightarrow \delta = 79{,}58°$$

$$\varepsilon = \delta - |\varphi_1| = 79{,}58° - 23{,}44° = 56{,}14° \text{ (kleiner Rundungsfehler)}$$

in Übereinstimmung mit den entsprechenden Ergebnissen unter a).

F 34   Träger mit Dreiecks-Querschnitt

Ein beidseitig gelenkig gelagerter Balken mit Dreiecks-Querschnitt ist mit einer Einzelkraft F belastet, die durch den Schwerpunkt S des Querschnitts geht.

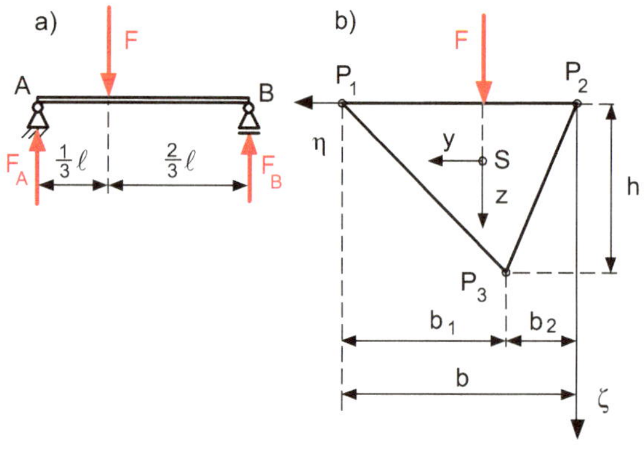

Bild F 34

Gegeben

$F = 1{,}8\,\text{kN}; \ell = 3{,}3\,\text{m}; b_1 = 5\,\text{cm}; b_2 = 2\,\text{cm}; h = 6\,\text{cm}; E = 2{,}1 \cdot 10^7 \frac{\text{N}}{\text{cm}^2}$

Gesucht

a) für den höchstbeanspruchten Querschnitt bestimme man die Spannungen in den 3 Eckpunkten des Dreiecks sowie die Spannungs-Verteilung

b) die Durchbiegung des Trägers an der Kraftangriffsstelle

Lösung

a) Spannungsverlauf im gefährdeten Querschnitt
Auflagerkräfte (Bild F 34a)

$$\sum M^{(A)} = 0 = F_\text{B} \cdot \ell - F \cdot \frac{\ell}{3} \Rightarrow F_\text{B} = \frac{1}{3} F = \frac{1}{3} \cdot 1{,}8 = 0{,}6\,\text{kN}$$

$$\sum F_z = 0 \Rightarrow F_\text{A} = F - F_\text{B} = 1{,}8 - 0{,}6 = 1{,}2\,\text{kN}$$

Maximales Biegemoment

$$M_\text{y} = F_\text{A} \cdot \frac{1}{3}\ell = 1{,}2 \cdot \frac{1}{3} \cdot 3{,}3 = 1{,}32\,\text{kN\,m} = 1{,}32 \cdot 10^5\,\text{N\,cm}$$

Flächenträgheitsmomente (Bild F 34b)

$$I_\text{y} = \frac{b \cdot h^3}{36} = \frac{7 \cdot 6^3}{36} = 42\,\text{cm}^4$$

$$I_\text{z} = \frac{h}{36}[3(b_1^3 + b_2^3) - 2(b_1 - b_2)^2 \cdot b] = \frac{6}{36}[3(5^3 + 2^3) - 2(5 - 2)^2 \cdot 7] = 45{,}5\,\text{cm}^4$$

$$I_\text{yz} = \frac{b_1^2 \cdot h^2}{72} - \frac{b_2^2 \cdot h^2}{72} = \frac{h^2}{72}(b_1^2 - b_2^2) = \frac{6^2}{72}(5^2 - 2^2) = 10{,}5\,\text{cm}^4$$

Die biaxialen Flächenmomente der beiden Teildreiecke haben wegen der unterschiedlichen Quadrantenlage verschiedene Vorzeichen.
Da die Schwerpunkte der beiden Teildreiecke und des Gesamtdreiecks auf einer Höhe
liegen (im Abstand $\frac{h}{3}$ von der Basis b) kommt kein Verschiebungsanteil nach Steiner
hinzu.
Schwerpunkts-Koordinaten
Der Dreiecks-Schwerpunkt lässt sich aus den Koordinaten der Eckpunkte ermitteln

$$\eta_\text{S} = \frac{1}{3}(\eta_1 + \eta_2 + \eta_3) = \frac{1}{3}(b + 0 + b_2) = \frac{1}{3}(7 + 2) = 3\,\text{cm}$$

$$\varsigma_\text{S} = \frac{1}{3}(\varsigma_1 + \varsigma_2 + \varsigma_3) = \frac{1}{3}(0 + 0 + h) = \frac{h}{3} = \frac{6}{3} = 2\,\text{cm}$$

oder mit der allgemeinen Schwerpunktsformel

$$\eta_\text{S} = \frac{\sum \eta_\text{i} \cdot A_\text{i}}{A} = \frac{\left(\frac{1}{3}b_1 + b_2\right) \cdot \frac{1}{2}b_1 \cdot h + \frac{2}{3}b_2 \cdot \frac{1}{2}b_2 \cdot h}{\frac{1}{2}b \cdot h}$$

$$= \frac{1}{b}\left[\left(\frac{1}{3}b_1 + b_2\right) \cdot b_1 + \frac{2}{3}b_2^2\right]$$

$$\eta_\text{S} = \frac{1}{7}\left[\left(\frac{5}{3} + 2\right) \cdot 5 + \frac{2}{3} \cdot 2^2\right] = 3\,\text{cm}$$

Koordinaten der Eckpunkte im y, z-System

$$P_1:\ y_1 = -\eta_S + b = -3 + 7 = 4\,\text{cm};\quad z_1 = -\frac{h}{3} = -2\,\text{cm}$$

$$P_2:\ y_2 = -\eta_S = -3\,\text{cm};\quad z_2 = -\frac{h}{3} = -2\,\text{cm}$$

$$P_3:\ y_3 = -\eta_S + b_2 = -3 + 2 = -1\,\text{cm};\quad z_3 = \frac{2}{3}h = 4\,\text{cm}$$

Biegespannung in den Eckpunkten (Bild FL 34-1)
Nach Aufgabe F 31 Sonderfälle ist für $M_y \neq 0;\ M_z = 0$

$$\sigma_x = \frac{M_y}{D}(I_z \cdot z + I_{yz} \cdot y)$$

$$D = I_y \cdot I_z - I_{yz}^2 = 42 \cdot 45{,}5 - 10{,}5^2 = 1801\,\text{cm}^8$$

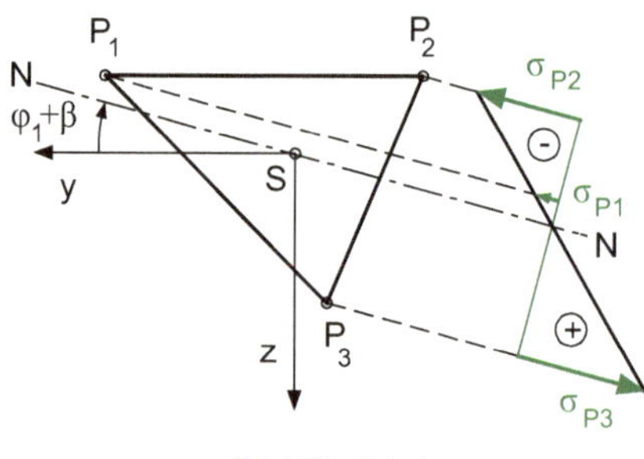

Bild FL 34-1

Biegespannung für den Punkt $P_1(4;-2)\,\text{cm}$

$$\sigma_{P1} = \frac{1{,}32 \cdot 10^5}{1801}\,[45{,}5 \cdot (-2) + 10{,}5 \cdot 4] = -3591\,\frac{\text{N}}{\text{cm}^2}$$

$$\sigma_{P1} = -35{,}91\,\frac{\text{N}}{\text{mm}^2}$$

und entsprechend für $P_2(-3;-2)\,\text{cm}$ und $P_3(-1;4)\,\text{cm}$

$$\sigma_{P2} = -89{,}78\,\frac{\text{N}}{\text{mm}^2};\quad \sigma_{P3} = 125{,}7\,\frac{\text{N}}{\text{mm}^2}$$

Spannungs-Nulllinie

$$\tan(\varphi_1 + \beta) = -\frac{I_{yz}}{I_z} = -\frac{10{,}5}{45{,}5} = -0{,}231 \Rightarrow \varphi_1 + \beta = -12{,}99°$$

Dieser Winkel führt von der y-Achse zur Spannungs-Nulllinie NN.

b) Durchbiegung (Bild FL 34-2)

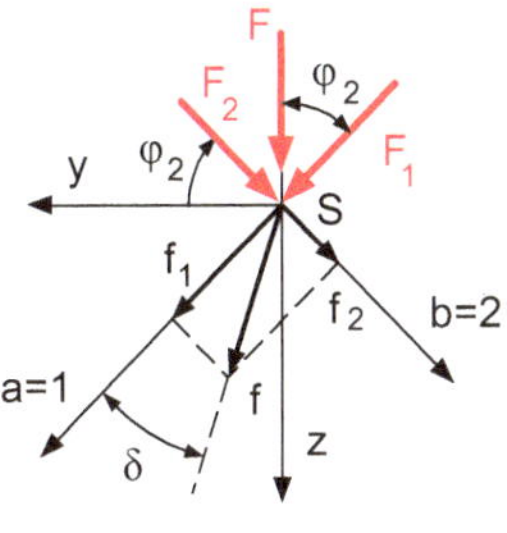

Bild FL 34-2

Wegen der Unstetigkeit im Biegemomenten-Verlauf ist die Integration der Dgl. der Biegelinie in zwei Teilbereichen oder die Verwendung von Klammerfunktionen aufwendig. Daher sollen die Durchbiegungen mittels der Grundlastformeln bei der geraden Biegung in Richtung der Hauptachsen bestimmt werden.
Hauptträgheitsmomente

$$I_{1,2} = \frac{I_y + I_z}{2} \pm \sqrt{\left(\frac{I_y - I_z}{2}\right)^2 + I_{yz}^2} = \frac{42 + 45,5}{2} \pm \sqrt{\left(\frac{42 - 45,5}{2}\right)^2 + 10,5^2}$$

$$I_{1,2} = 43,75 \pm 10,64; \quad I_1 = 54,39\,\text{cm}^4; \quad I_2 = 33,11\,\text{cm}^4$$

$$\tan 2\varphi_0 = \frac{2I_{yz}}{I_y - I_z} = \frac{2 \cdot 10,5}{42 - 45,5} = -6 \Rightarrow 2\varphi_0 = -80,54°; \quad \varphi_0 = -40,27°$$

Hauptachsen-Unterscheidung

$$\frac{d^2 I}{d\varphi^2} = -2(I_y - I_z) \cdot \cos 2\varphi_0 - 4I_{yz} \cdot \sin 2\varphi_0$$

$$\frac{d^2 I}{d\varphi^2} = -2(42 - 45,5) \cdot \cos(-80,54°) - 4 \cdot 10,5 \cdot \sin(-80,54°) > 0 \Rightarrow$$

$$\varphi_0 = \varphi_2 = -40,27°$$

Der Winkel φ_0 führt also zur kleinen Hauptachse $b \equiv 2$.

Zusatz: Der Leser kontrolliere die Werte mit dem Mohrschen Trägheitskreis.
   Die Kraft F wird in die Richtungen der beiden Hauptachsen a, b zerlegt

$$F_1 = F \cdot \cos |\varphi_2| = 1800\,\text{N} \cdot \cos 40,27° = 1373,41\,\text{N}$$

$$F_2 = F \cdot \sin |\varphi_2| = 1800\,\text{N} \cdot \sin 40,27° = 1163,5\,\text{N}$$

$$f = \frac{F \cdot \ell^3}{3EI} \cdot \left(\frac{a}{\ell}\right)^2 \cdot \left(\frac{b}{\ell}\right)^2 \quad \text{Grundlastfall aus Tabelle}$$

a und b sind dabei die Abstände der Kraft F von den Lagern A und B

$$\frac{a}{\ell} = \frac{1}{3}; \quad \frac{b}{\ell} = \frac{2}{3}$$

$$f_1 = \frac{F_1 \cdot \ell^3}{3EI_2} \cdot \left(\frac{a}{\ell}\right)^2 \cdot \left(\frac{b}{\ell}\right)^2 = \frac{1373{,}41 \cdot 330^3}{3 \cdot 2{,}1 \cdot 10^7 \cdot 33{,}11} \cdot \left(\frac{1}{3}\right)^2 \cdot \left(\frac{2}{3}\right)^2$$

$$= 1{,}168\,\text{cm} = 11{,}68\,\text{mm}$$

$$f_2 = \frac{F_2 \cdot \ell^3}{3EI_1} \cdot \left(\frac{a}{\ell}\right)^2 \cdot \left(\frac{b}{\ell}\right)^2 = \frac{1163{,}5 \cdot 330^3}{3 \cdot 2{,}1 \cdot 10^7 \cdot 54{,}39} \cdot \left(\frac{1}{3}\right)^2 \cdot \left(\frac{2}{3}\right)^2$$

$$= 0{,}6026\,\text{cm} = 6{,}03\,\text{mm}$$

Gesamtdurchbiegung

$$f = \sqrt{f_1^2 + f_2^2} = \sqrt{11{,}68^2 + 6{,}03^2} = 13{,}14\,\text{mm}$$

Durchbiegungsrichtung

$$\tan\delta = \frac{f_2}{f_1} = \frac{6{,}026}{11{,}68} = 0{,}516 \Rightarrow \delta = 27{,}28°$$

$\delta =$ Winkel zwischen $\vec{f}$ und der großen Hauptachse

   Winkel zwischen der z-Achse und der Durchbiegung $\vec{f}$

$$\varphi_2 - \delta = 40{,}27° - 27{,}28° = 12{,}99°$$

ebenso ist der Winkel zwischen der y-Achse und der Spannungs-Nulllinie NN

$$\varphi_1 + \beta = 12{,}99°\ \text{d. h. } \vec{f} \perp NN$$

Die Durchbiegung $\vec{f}$ erfolgt senkrecht zur Spannungs-Nulllinie NN, also nicht in Richtung der Kraft $\vec{F}$. Daher rührt die Bezeichnung „schiefe Biegung".

F 35   Träger belastet in 2 Ebenen

Ein gelenkig gelagerter Träger wird in der x, z-Ebene durch eine konstante Streckenlast q und in der x, y-Ebene durch eine Einzelkraft F belastet (Bild F 35a).

   Der Querschnitt des Balkens ist ein T-Profil (Bild F 35b).

Gegeben

$q = 3\,\frac{\text{kN}}{\text{m}}$; $F = 2\,\text{kN}$; $a = 0{,}8\,\text{m}$

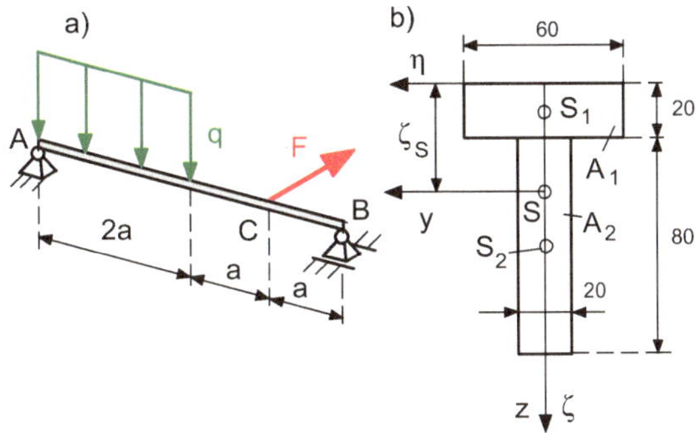

Bild F 35

Gesucht

a) Auflagerkräfte
b) Schnittgrößen an der Stelle C (im Abstand $x = 3a + \varepsilon$ vom Lager A)
c) Flächenträgheitsmomente
d) Biegespannungs-Verteilung an der Stelle C

Lösung

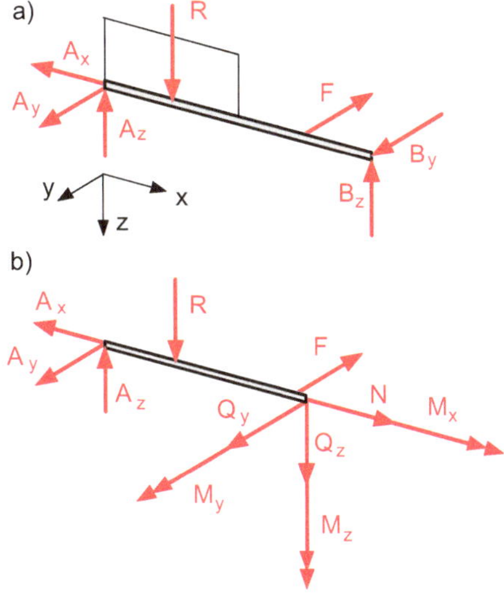

Bild FL 35-1

a) Auflagerkräfte (Bild FL 35-1a)
Resultierende der Streckenlast

$$R = 2qa = 2 \cdot 3 \cdot 0{,}8 = 4{,}8 \, \text{kN}$$

$$\sum F_{\text{x}} = 0 \Rightarrow A_{\text{x}} = 0$$

$$\sum M_{\text{y}}^{(A)} = 0 = -R \cdot a + B_{\text{z}} \cdot 4a \Rightarrow$$

$$B_{\text{z}} = \frac{1}{4} R = 1{,}2 \, \text{kN}$$

$$\sum F_{\text{z}} = 0 \Rightarrow A_{\text{z}} = R - B_{\text{z}} = \frac{3}{4} R = 3{,}6 \, \text{kN}$$

$$\sum M_{\text{z}}^{(A)} = 0 = -F \cdot 3a + B_{\text{y}} \cdot 4a \Rightarrow$$

$$B_{\text{y}} = \frac{3}{4} F = 1{,}5 \, \text{kN}$$

$$\sum F_{\text{y}} = 0 \Rightarrow A_{\text{y}} = F - B_{\text{y}} = \frac{1}{4} F = 0{,}5 \, \text{kN}$$

b) Schnittgrößen bei C, unmittelbar rechts neben der Kraft F (Bild FL 35-1b)

$$N = A_{\text{x}} = 0; \quad M_{\text{x}} = 0$$

$$Q_{\text{y}} = F - A_{\text{y}} = F - \frac{1}{4} F = \frac{3}{4} F = 1{,}5 \, \text{kN}$$

$$Q_{\text{z}} = A_{\text{z}} - R = \frac{3}{4} R - R = -\frac{1}{4} R = -1{,}2 \, \text{kN}$$

$$M_{\text{y}} = \underbrace{A_{\text{z}}}_{\frac{3}{4} R} \cdot 3a - R \cdot 2a = \frac{1}{4} R \cdot a = \frac{1}{4} \cdot 4{,}8 \cdot 0{,}8 = 0{,}96 \, \text{kN} \, \text{m} = 0{,}96 \cdot 10^5 \, \text{N} \, \text{cm}$$

$$M_{\text{z}} = A_{\text{y}} \cdot 3a = \frac{1}{4} F \cdot 3a = \frac{3}{4} \cdot 2 \cdot 0{,}8 = 1{,}2 \, \text{kN} \, \text{m} = 1{,}2 \cdot 10^5 \, \text{N} \, \text{cm}$$

c) Flächenträgheitsmomente
Der Profilquerschnitt wird in zwei Rechtecke aufgeteilt

$$A_1 = b_1 \cdot h_1 = 6 \cdot 2 = 12 \, \text{cm}^2; \quad A_2 = b_2 \cdot h_2 = 2 \cdot 8 = 16 \, \text{cm}^2$$

Schwerpunkts-Abstand

$$\varsigma_{\text{S}} = \frac{\sum \varsigma_{\text{i}} \cdot A_{\text{i}}}{A} = \frac{\varsigma_1 \cdot A_1 + \varsigma_2 \cdot A_2}{A_1 + A_2} = \frac{1 \cdot 12 + 6 \cdot 16}{12 + 16} = 3{,}86 \, \text{cm}$$

Steinerscher Satz

$$I_y = \frac{b_1 \cdot h_1^3}{12} + \overline{S_1 S}^2 \cdot A_1 + \frac{b_2 \cdot h_2^3}{12} + \overline{S S_2}^2 \cdot A_2$$

$$\overline{S_1 S} = \varsigma_S - \varsigma_1 = 3{,}86 - 1 = 2{,}86\,\text{cm}; \quad \overline{S S_2} = \varsigma_2 - \varsigma_S = 6 - 3{,}86 = 2{,}14\,\text{cm}$$

$$I_y = \frac{6 \cdot 2^3}{12} + 2{,}86^2 \cdot 12 + \frac{2 \cdot 8^3}{12} + 2{,}14^2 \cdot 16 = 260{,}76\,\text{cm}^4 = I_1$$

$$I_z = \frac{h_1 \cdot b_1^3}{12} + \frac{h_2 \cdot b_2^3}{12} = \frac{1}{12} \cdot (2 \cdot 6^3 + 8 \cdot 2^3) = 41{,}33\,\text{cm}^4 = I_2$$

Achsensymmetrie: y und z sind Hauptachsen, $I_{yz} = 0$

d) Biegespannungs-Verlauf an der Stelle C

Nach Aufgabe F 29 Sonderfälle ist für $I_{yz} = 0$

$$\sigma_x = \frac{M_y}{I_y} \cdot z - \frac{M_z}{I_z} \cdot y$$

Die Punkte $P_1(3; -3{,}86)$ cm und $P_2(-1; 6{,}14)$ cm haben die größten Abstände von der Spannungs-Nulllinie und damit auch die größten Biegespannungen

$$\sigma_{P1} = \frac{0{,}96 \cdot 10^5}{260{,}76} \cdot (-3{,}86) - \frac{1{,}2 \cdot 10^5}{41{,}33} \cdot 3 = -10.131\,\frac{\text{N}}{\text{cm}^2} = -101{,}31\,\frac{\text{N}}{\text{mm}^2}$$

$$\sigma_{P2} = \frac{0{,}96 \cdot 10^5}{260{,}76} \cdot 6{,}14 - \frac{1{,}2 \cdot 10^5}{41{,}33} \cdot (-1) = 5164\,\frac{\text{N}}{\text{cm}^2} = 51{,}64\,\frac{\text{N}}{\text{mm}^2}$$

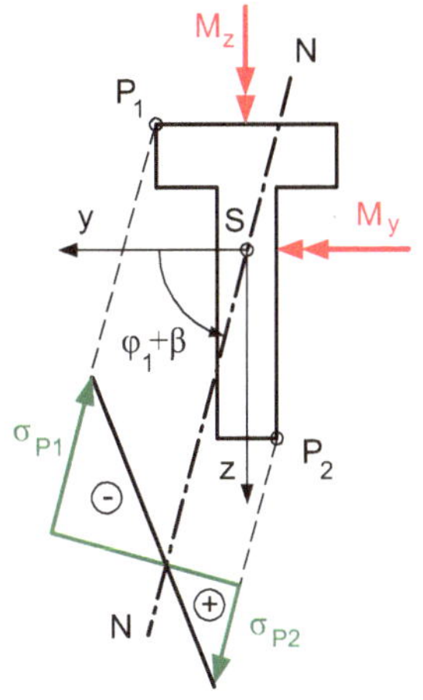

Bild FL 35-2

Richtung der Spannungs-Nulllinie NN

$$\tan(\varphi_1 + \beta) = \frac{M_z}{M_y} \cdot \frac{I_y}{I_z} = \frac{1{,}2}{0{,}96} \cdot \frac{260{,}76}{41{,}33} = 7{,}887 \Rightarrow$$

$$\varphi_1 + \beta = 82{,}77°$$

2.6 Schubspannungen durch Querkräfte bei der Biegung

F 36   Träger mit ungleichmäßigem Doppel T-Profil

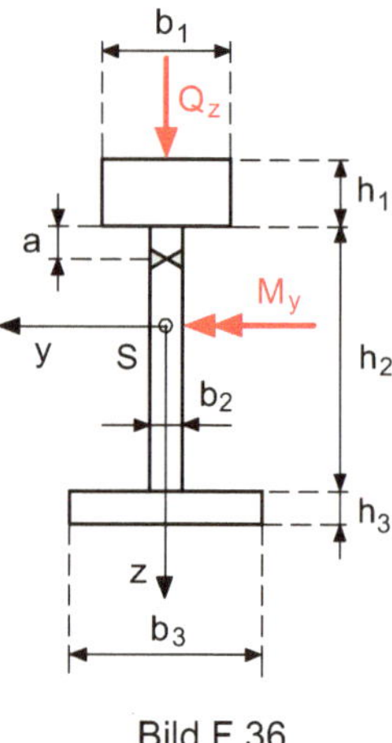

Bild F 36

Ein Träger nach Bild F 36 mit einem zusammengeschweißten, ungleichmäßigen Doppel T-Profil wird im gefährdeten Querschnitt durch ein Biegemoment M_y und durch eine Querkraft Q_z belastet

Gegeben

Maße in mm:

$b_1 = 20$; $b_2 = 6$; $b_3 = 30$; $h_1 = 10$; $h_2 = 40$; $h_3 = 5$; $a = 8$; $M_y = 0{,}5\,\text{kN}\,\text{m} = 0{,}5 \cdot 10^5\,\text{N}\,\text{cm}$; $Q_z = 6\,\text{kN} = 6 \cdot 10^3\,\text{N}$

Gesucht

Man bestimme die Biegespannungen und die maximale Schubspannung im Profil und in der Schweißnaht.

Lösung

Das Profil wird in drei Rechtecke aufgeteilt

Teilflächen

$$A_1 = b_1 \cdot h_1 = 2 \cdot 1 = 2\,\text{cm}^2; \quad A_2 = b_2 \cdot h_2 = 0{,}6 \cdot 4 = 2{,}4\,\text{cm}^2$$
$$A_3 = b_3 \cdot h_3 = 3 \cdot 0{,}5 = 1{,}5\,\text{cm}^2; \quad A = A_1 + A_2 + A_3 = 5{,}9\,\text{cm}^2$$

Schwerpunkts-Abstände (Bild FL 36a)

Die Teilschwerpunkte und der Gesamtschwerpunkt liegen auf der ς- bzw. z-Achse als Symmetrieachse des Querschnitts.

$$\varsigma_1 = \frac{h_1}{2} = 0{,}5\,\text{cm}; \quad \varsigma_2 = h_1 + \frac{h_2}{2} = 1 + 2 = 3\,\text{cm}$$

$$\varsigma_3 = h_1 + h_2 + \frac{h_3}{2} = 1 + 4 + 0{,}25 = 5{,}25\,\text{cm}$$

$$\varsigma_S = \frac{\sum \varsigma_i \cdot A_i}{A} = \frac{\varsigma_1 \cdot A_1 + \varsigma_2 \cdot A_2 + \varsigma_3 \cdot A_3}{A} = \frac{0{,}5 \cdot 2 + 3 \cdot 2{,}4 + 5{,}25 \cdot 1{,}5}{5{,}9}$$

$$= 2{,}67\,\text{cm}$$

$$z_1 = -\varsigma_S + \varsigma_1 = -2{,}67 + 0{,}5 = -2{,}17\,\text{cm}; \quad z_2 = -\varsigma_S + \varsigma_2 = -2{,}67 + 3 = 0{,}33\,\text{cm}$$

$$z_3 = -\varsigma_S + \varsigma_3 = -2{,}67 + 5{,}25 = 2{,}58\,\text{cm}$$

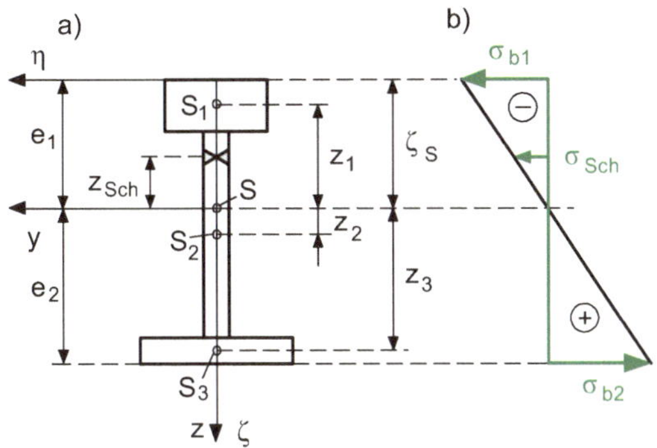

Bild FL 36

Flächenträgheitsmomente bezüglich der y-Achse (Steinerscher Satz)

$$I_{yi} = \frac{b_i \cdot h_i^3}{12} + A_i \cdot z_i^2$$

$$I_{y1} = \frac{2 \cdot 1^3}{12} + 2 \cdot 2{,}17^2 = 9{,}58\,\text{cm}^4$$

$$I_{y2} = \frac{0{,}6 \cdot 4^3}{12} + 2{,}4 \cdot 0{,}33^2 = 3{,}46\,\text{cm}^4$$

$$I_{y3} = \frac{3 \cdot 0{,}5^3}{12} + 1{,}5 \cdot 2{,}38^2 = 8{,}53\,\text{cm}^4$$

$$I_y = I_{y1} + I_{y2} + I_{y3} = 21{,}57\,\text{cm}^4$$

Maximale Biegespannungen im Profil
　Randfaserabstände

$$e_1 = -\varsigma_S = -2{,}67\,\text{cm}; e_2 = h - \varsigma_S = 5{,}5 - 2{,}67 = 2{,}83\,\text{cm, mit } h = \text{Profilhöhe}$$

$$\sigma_{b1} = \frac{M_y}{I_y} \cdot e_1 = \frac{0{,}5 \cdot 10^5}{21{,}57} \cdot (-2{,}67) = -6189\,\frac{\text{N}}{\text{cm}^2} = -61{,}89\,\frac{\text{N}}{\text{mm}^2}$$

$$\sigma_{b2} = \frac{M_y}{I_y} \cdot e_2 = \frac{0{,}5 \cdot 10^5}{21{,}57} \cdot 2{,}83 = 6560\,\frac{\text{N}}{\text{cm}^2} = 65{,}6\,\frac{\text{N}}{\text{mm}^2}$$

Spannungen in der Schweißnaht (Index Sch)

$$z_{\text{Sch}} = -\varsigma_S + h_1 + a = -2{,}67 + 1 + 0{,}8 = -0{,}87\,\text{cm}$$

$$\sigma_{\text{Sch}} = \frac{M_y}{I_y} \cdot z_{\text{Sch}} = \frac{0{,}5 \cdot 10^5}{21{,}57} \cdot (-0{,}87) = -2017\,\frac{\text{N}}{\text{cm}^2} = -20{,}17\,\frac{\text{N}}{\text{mm}^2}$$

Für die Bestimmung der Schubspannung benötigt man das statische Moment H_y der von außen bis zur betrachteten Schnittstelle (mit der Breite b) abgetrennten Fläche A^* bezogen auf die Biegeachse y.

Die abgeschnittene Fläche A^* wird dazu in Teilflächen ΔA_i^* mit bekannten Schwerpunkten (z. B. Rechtecke, Dreiecke, Kreissektoren) zerlegt. Die Teilflächen werden mit dem Abstand z_i ihres Schwerpunktes bis zur Biegeachse multipliziert und diese Produkte zum statischen Moment addiert.

$$H_y = \sum \Delta A_i^* \cdot z_i$$

$$H_{y\text{Sch}} = A_1 \cdot |z_1| + a \cdot b_2 \cdot \left(|z_{\text{Sch}}| + \frac{a}{2}\right) = 2 \cdot 2{,}17 + 0{,}8 \cdot 0{,}6 \cdot (0{,}87 + 0{,}4) = 4{,}95\,\text{cm}^3$$

$$\tau_{\text{Sch}} = \frac{Q_z \cdot H_{y\text{Sch}}}{I_y \cdot b} = \frac{6 \cdot 10^3 \cdot 4{,}95}{21{,}57 \cdot 0{,}6} = 2295\,\frac{\text{N}}{\text{cm}^2} = 22{,}95\,\frac{\text{N}}{\text{mm}^2}$$

Maximale Schubspannung im Profil

Das statische Moment H_y ist an der Stelle des Schwerpunkts (auf der y-Achse) am größten. Die Schubspannung ist also dort maximal, wo die Biegespannung Null ist und dort Null, wo die Biegespannung am größten ist (günstig für die Werkstoff-Beanspruchung).

$$H_{max} = A_1 \left(\varsigma_S - \frac{h_1}{2} \right) + b_2 \cdot (\varsigma_S - h_1) \cdot \frac{1}{2} \cdot (\varsigma_S - h_1)$$

$$= A_1 \left(\varsigma_S - \frac{h_1}{2} \right) + \frac{1}{2} b_2 \cdot (\varsigma_S - h_1)^2$$

$$H_{max} = 2 \cdot (2{,}67 - 0{,}5) + \frac{1}{2} \cdot 0{,}6 \cdot (2{,}67 - 1)^2 = 5{,}18 \, \mathrm{cm^3}$$

$$\tau_{max} = \frac{Q_z \cdot H_{max}}{I_y \cdot b} = \frac{6 \cdot 10^3 \cdot 5{,}18}{21{,}57 \cdot 0{,}6} = 2402 \, \frac{\mathrm{N}}{\mathrm{cm^2}} = 24{,}02 \, \frac{\mathrm{N}}{\mathrm{mm^2}}$$

F 37   Genagelter Holzbalken

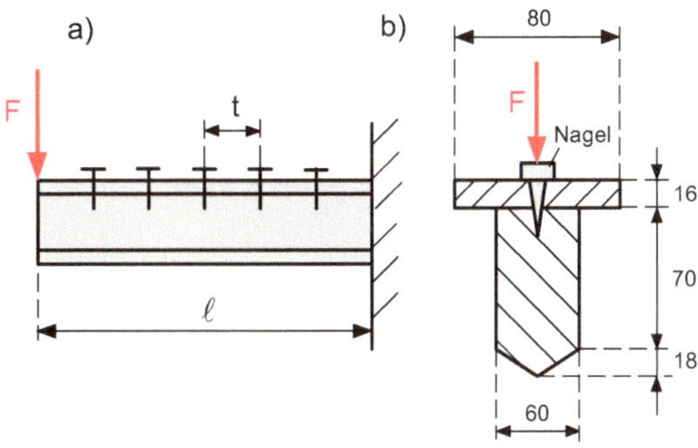

Bild F 37

Ein elastischer, einseitig eingespannter Holzbalken nach Bild F 37 ist aus zwei Brettern zusammengesetzt, die miteinander vernagelt sind. Die Belastung erfolgt durch eine Einzelkraft F am freien Ende des Balkens.

Gegeben

$F = 900 \, \mathrm{N}$; $\ell = 1{,}5 \, \mathrm{m}$; $F_{t\,zul} = 500 \, \mathrm{N}$

Gesucht

a) Biegespannungs-Verlauf an der Einspannung
b) Welcher Teilungsabstand t der Nägel ist erforderlich bei einer zulässigen Schubkraft $F_{t\,zul}$ pro Nagel?
c) Maximale Schubspannung im Träger

Lösung

Schnittgrößen an der Einspannung

$$Q_z = F = 900\,\text{N} = \text{konstant über die ganze Trägerlänge}$$

$$M_{\text{bmax}} = -F \cdot \ell = -900 \cdot 1,5 = -1350\,\text{N m} = -1,35 \cdot 10^5\,\text{N cm}$$

Der Querschnitt wird in zwei Rechtecke und ein Dreieck aufgeteilt (Bild FL 37).

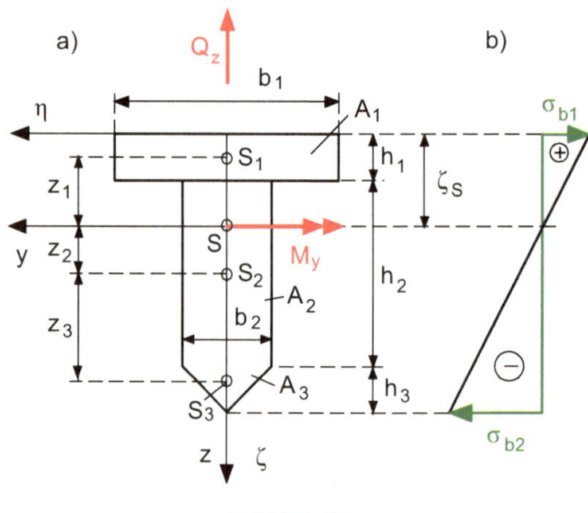

Bild FL 37

Flächen

$$A_1 = b_1 \cdot h_1 = 8 \cdot 1,6 = 12,8\,\text{cm}^2$$

$$A_2 = b_2 \cdot h_2 = 6 \cdot 7 = 42\,\text{cm}^2$$

$$A_3 = \frac{1}{2} \cdot b_2 \cdot h_3 = \frac{1}{2} \cdot 6 \cdot 1,8 = 5,4\,\text{cm}^2$$

$$A = A_1 + A_2 + A_3 = 60,2\,\text{cm}^2$$

Schwerpunkts-Koordinaten

$$\varsigma_1 = \frac{h_1}{2} = 0,8\,\text{cm}$$

$$\varsigma_2 = h_1 + \frac{h_2}{2} = 1,6 + 3,5 = 5,1\,\text{cm}$$

$$\varsigma_3 = h_1 + h_2 + \frac{h_3}{3} = 1,6 + 7 + 0,6 = 9,2\,\text{cm}$$

$$\varsigma_S = \frac{1}{A} \cdot (\varsigma_1 \cdot A_1 + \varsigma_2 \cdot A_2 + \varsigma_3 \cdot A_3) = \frac{1}{60,2} \cdot (0,8 \cdot 12,8 + 5,1 \cdot 42 + 9,2 \cdot 5,4)$$

$$= 4,55\,\text{cm}$$

$$z_1 = \overline{SS_1} = -\varsigma_S + \frac{h_1}{2} = -4{,}55 + 0{,}8 = -3{,}75\,\text{cm}$$

$$z_2 = \overline{SS_2} = -\varsigma_S + h_1 + \frac{h_2}{2} = -4{,}55 + 1{,}6 + 3{,}5 = 0{,}55\,\text{cm}$$

$$z_3 = \overline{SS_3} = -\varsigma_S + h_1 + h_2 + \frac{h_3}{3} = -4{,}55 + 1{,}6 + 7 + 0{,}6 = 4{,}65\,\text{cm}$$

Flächenträgheitsmomente (Steinerscher Satz)

$$I_{y1} = \frac{b_1 \cdot h_1^3}{12} + A_1 \cdot z_1^2 = \frac{8 \cdot 1{,}6^3}{12} + 12{,}8 \cdot 3{,}75^2 = 182{,}73\,\text{cm}^4$$

$$I_{y2} = \frac{b_2 \cdot h_2^3}{12} + A_2 \cdot z_2^2 = \frac{6 \cdot 7^3}{12} + 42 \cdot 0{,}55^2 = 184{,}21\,\text{cm}^4$$

$$I_{y3} = \frac{b_2 \cdot h_3^3}{36} + A_3 \cdot z_3^2 = \frac{6 \cdot 1{,}8^3}{36} + 5{,}4 \cdot 4{,}65^2 = 117{,}73\,\text{cm}^4$$

$$I_y = I_{y1} + I_{y2} + I_{y3} = 484{,}67\,\text{cm}^4$$

Randfaserabstände

$$e_1 = -\varsigma_S = -4{,}55\,\text{cm};$$

$$e_2 = h - \varsigma_S = h_1 + h_2 + h_3 - \varsigma_S = 1{,}6 + 7 + 1{,}8 - 4{,}55 = 5{,}85\,\text{cm}$$

a) Maximale Biegespannungen

$$\sigma_{b1} = \frac{M_{b\text{max}}}{I_y} \cdot e_1 = \frac{-1{,}35 \cdot 10^5}{484{,}67} \cdot (-4{,}55) = 1267\,\frac{\text{N}}{\text{cm}^2} = 12{,}67\,\frac{\text{N}}{\text{mm}^2}$$

$$\sigma_{b2} = \frac{M_{b\text{max}}}{I_y} \cdot e_2 = \frac{-1{,}35 \cdot 10^5}{484{,}67} \cdot 5{,}85 = 1629\,\frac{\text{N}}{\text{cm}^2} = 16{,}29\,\frac{\text{N}}{\text{mm}^2}$$

b) Erforderliche Teilung

Maßgebend sind die Schubspannungen an der Übergangsstelle der beiden Bretter. Statisches Moment der von außen bis zur betrachteten Stelle abgeschnittenen Fläche

$$H_y = A_1 \cdot |z_1| = 12{,}8 \cdot 3{,}75 = 48\,\text{cm}^3$$

Nach dem Gesetz der zugeordneten Schubspannungen sind an jedem Element des Querschnitts die Schubspannungen in zwei aufeinander senkrecht stehenden Ebenen, also in Quer- und Längsrichtung, gleich groß.

$$\tau_q = \tau_\ell = \frac{Q_z \cdot H_y}{I_y \cdot b} = \frac{900 \cdot 48}{484{,}67 \cdot 6} = 14{,}86\,\frac{\text{N}}{\text{cm}^2}$$

Längsschubkraft innerhalb einer Teilung

$$F_t = \tau_\ell \cdot b \cdot t \leq F_{tzul} \Rightarrow t_{erf} \leq \frac{F_{tzul}}{\tau_\ell \cdot b} = \frac{500}{14{,}86 \cdot 6} = 5{,}61\,\text{cm} = 56{,}1\,\text{mm}$$

Die Nägel sind im Abstand von 56 mm oder enger einzuschlagen. Eine kleinere Teilung ergibt mehr Sicherheit (Abrundung nach der sicheren Seite).

c) Maximale Schubspannung im mittleren Teil des Querschnitts

Das statische Moment ist am größten für einen Schnitt in der Höhe des Schwerpunkts.

$$H_{max} = A_1 \cdot |z_1| + b_2 \cdot (\varsigma_S - h_1) \cdot \frac{1}{2}(\varsigma_S - h_1) = A_1 \cdot |z_1| + \frac{1}{2}b_2 \cdot (\varsigma_S - h_1)^2$$

$$H_{max} = 12{,}8 \cdot 3{,}75 + \frac{1}{2} \cdot 6 \cdot (4{,}55 - 1{,}6)^2 = 74{,}11\,\text{cm}^3$$

$$\tau_{max} = \frac{Q_z \cdot H_{max}}{I_y \cdot b} = \frac{900 \cdot 74{,}11}{484{,}67 \cdot 6} = 22{,}94\,\frac{\text{N}}{\text{cm}^2}$$

F 38 Biegung eines kurzen, rechteckigen Kastenträgers

Ein einseitig eingespannter, kurzer, rechteckiger Kastenträger nach Bild F 38 ist an seinem freien Ende durch eine Einzelkraft F belastet.

Gegeben

$F = 70\,\text{kN};\ \ell = 0{,}4\,\text{m};\ E = 2{,}1 \cdot 10^5\,\frac{\text{N}}{\text{mm}^2};\ h = 15\,\text{cm};\ b = 10\,\text{cm};\ t = 2\,\text{cm}$

Gesucht

Biege- und Schubspannungen an den Stellen 1–4 im Einspannquerschnitt und die Durchbiegung des Trägers am freien Ende.

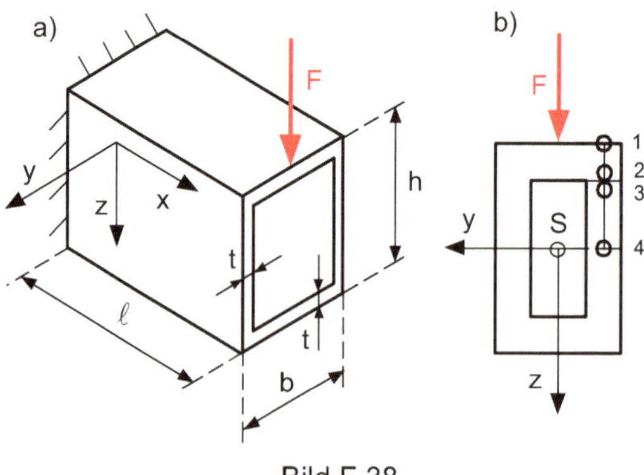

Bild F 38

Lösung

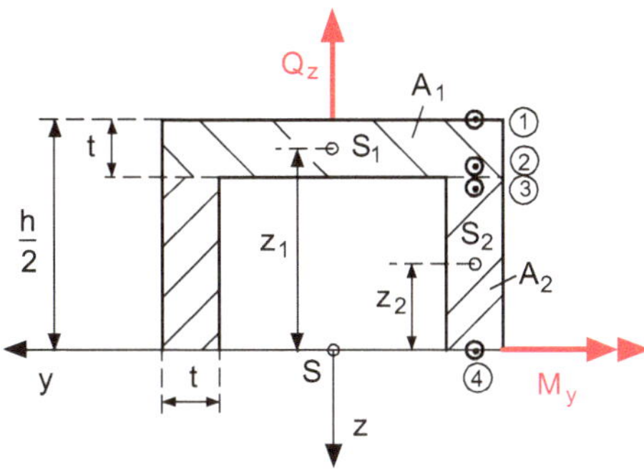

Bild FL 38

Schnittgrößen an der Einspannung

$$Q = F = 7 \cdot 10^4 \, \text{N}$$

die Querkraft ist in allen Querschnitten des Trägers gleich

$$M_b = -F \cdot \ell$$
$$M_b = -7 \cdot 10^4 \, \text{N} \cdot 40 \, \text{cm} = -28 \cdot 10^5 \, \text{N cm}$$

Flächenmoment bezogen auf die y-Achse

Vom Flächenmoment eines vollen Querschnitts wird das Flächenmoment des inneren Kerns abgezogen.

$$I_y = \frac{1}{12} b \cdot h^3 - \frac{1}{12}(b - 2t) \cdot (h - 2t)^3 = \frac{1}{12}\left[b \cdot h^3 - (b - 2t) \cdot (h - 2t)^3\right]$$
$$I_y = \frac{1}{12}\left[10 \cdot 15^3 - (10 - 4) \cdot (15 - 4)^3\right] = 2147 \, \text{cm}^4 = 2147 \cdot 10^4 \, \text{mm}^4$$

Biegespannungen (Bild FL 38)

$$\sigma_{1-4} = \frac{M_b}{I_y} \cdot z_{1-4}$$

Die negativen Vorzeichen des Biegemoments M_b und der Abstands-Koordinaten z_{1-4} heben sich auf, so dass in den Punkten 1–4 in der oberen Hälfte des Kastens Zugspannungen auftreten.

$$\sigma_1 = \sigma_{\text{max}} = \frac{M_b}{I_y} \cdot \frac{h}{2} = \frac{28 \cdot 10^5}{2147} \cdot 7{,}5 = 9781 \, \frac{\text{N}}{\text{cm}^2} = 97{,}81 \, \frac{\text{N}}{\text{mm}^2}$$
$$\sigma_2 = \sigma_3 = \frac{M_b}{I_y} \cdot \left(\frac{h}{2} - t\right) = \frac{28 \cdot 10^5}{2147} \cdot (7{,}5 - 2) = 7173 \, \frac{\text{N}}{\text{cm}^2} = 71{,}73 \, \frac{\text{N}}{\text{mm}^2}; \quad \sigma_4 = 0$$

Schubspannungen

$$\tau_{1-4} = \frac{Q \cdot H_{y1-4}}{I_y \cdot b_{1-4}}$$

$H_{y1} = 0$, da keine Fläche abgeschnitten wird: $\tau_1 = 0$

$$H_{y2} = A_1 \cdot z_1 = b \cdot t \cdot \left(\frac{h}{2} - \frac{t}{2}\right) = \frac{1}{2} b \cdot t \cdot (h - t) = \frac{1}{2} \cdot 10 \cdot 2 \cdot (15 - 2) = 130 \, \text{cm}^3$$

$$b_2 = b = 10 \, \text{cm}$$

$$\tau_2 = \frac{7 \cdot 10^4 \cdot 130}{2147 \cdot 10} = 424 \, \frac{\text{N}}{\text{cm}^2} = 4{,}24 \, \frac{\text{N}}{\text{mm}^2}$$

$$H_{y3} = H_{y2}; \quad b_3 = 2t; \quad \tau_3 = \frac{7 \cdot 10^4 \cdot 130}{2147 \cdot 4} = 1060 \, \frac{\text{N}}{\text{cm}^2} = 10{,}6 \, \frac{\text{N}}{\text{mm}^2}$$

$$H_{y4} = H_{y3} + 2A_2 \cdot z_2 = H_{y3} + 2\left(\frac{h}{2} - t\right) \cdot t \cdot \frac{1}{2}\left(\frac{h}{2} - t\right) = H_{y3} + t \cdot \left(\frac{h}{2} - t\right)^2$$

$$H_{y4} = 130 + 2 \cdot (7{,}5 - 2)^2 = 190{,}5 \, \text{cm}^3; \quad b_4 = 2t$$

$$\tau_4 = \frac{7 \cdot 10^4 \cdot 190{,}5}{2147 \cdot 4} = 1553 \, \frac{\text{N}}{\text{cm}^2} = 15{,}53 \, \frac{\text{N}}{\text{mm}^2}$$

Die Schubspannungen treten (wegen $Q =$ konstant) in allen Querschnitten des Trägers (also auch im Einspannquerschnitt) gleichermaßen auf.

Bei kurzen Trägern dürfen die Schubspannungen infolge von Querkräften gegenüber den Biegespannungen nicht vernachlässigt werden, da sie in der gleichen Größenordnung liegen können.

Schubspannungen sind auch deshalb zu beachten, weil sie größere Werkstoff-Beanspruchung verursachen als Normalspannungen. Das erkennt man auch daran, dass die Schubspannungen bei der Bildung einer Vergleichsspannung (z. B. nach der GE-Hypothese $\sigma_V = \sqrt{\sigma^2 + 3\tau^2}$) mit höherer Gewichtung eingehen als die Normalspannungen.

Durchbiegung des Trägers am freien Ende

$$f = \frac{F \cdot \ell^3}{3EI} = \frac{7 \cdot 10^4 \cdot 400^3}{3 \cdot 2{,}1 \cdot 10^5 \cdot 2147 \cdot 10^4} = 0{,}33 \, \text{mm}$$

2.7 Torsion dünnwandiger Profile, Bredtsche Formeln

F 39 Torsion eines dünnwandigen Rechteckkastens

Ein dünnwandiger Kastenträger der Länge ℓ wird durch ein Torsionsmoment M_t belastet (Bild F 39a).

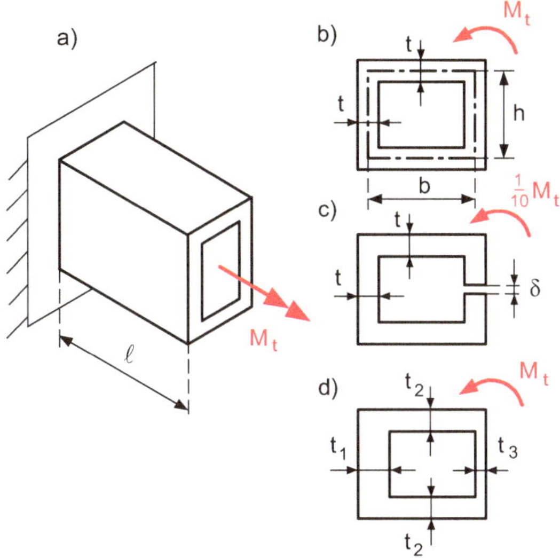

Bild F 39

Gegeben

$M_t = 15 \cdot 10^3\,\text{N cm}$; $E = 2{,}1 \cdot 10^7\,\frac{\text{N}}{\text{cm}^2}$; $\nu = 0{,}3$; $\ell = 2{,}5\,\text{m} = 250\,\text{cm}$; $b = 3\,\text{cm}$; $h = 4\,\text{cm}$; $t = 0{,}2\,\text{cm}$

Gesucht

Wie groß sind die maximale Schubspannung und der Torsionswinkel

a) für ein geschlossenes Profil (Bild F 39b)
b) für ein offenes (geschlitztes) Profil, wobei wegen der geringen Torsionssteifigkeit die Belastung und die Stablänge auf 1/10 reduziert wird.
   Die Spaltbreite δ ist dabei so klein, dass sie bei den Längen der Profilmittellinien vernachlässigt werden kann (Bild F 39c).
c) für ein geschlossenes Profil mit horizontal um 1 mm verschobenem Profilkern (Bild F 39d) und der Belastung sowie der Stablänge wie bei a)

Lösung

Zur Anwendung kommen die Bredtschen Formeln, die nur für dünnwandige Systeme gelten.

a) Geschlossenes Profil

A_m = von der Profilmittellinie des Querschnitts eingeschlossene Fläche (innerhalb der strichpunktierten Linie)

$$A_m = b \cdot h = 3 \cdot 4 = 12\,\text{cm}^2$$

Schubmodul oder Gleitmodul

$$G = \frac{E}{2(1+\nu)} = \frac{2{,}1 \cdot 10^7}{2(1+0{,}3)} = 8{,}077 \cdot 10^6 \; \frac{\mathrm{N}}{\mathrm{cm}^2}$$

Schubspannung

$$\tau = \frac{M_\mathrm{t}}{2A_\mathrm{m} \cdot t} = \frac{15 \cdot 10^3}{2 \cdot 12 \cdot 0{,}2} = 3125 \; \frac{\mathrm{N}}{\mathrm{cm}^2} = 31{,}25 \; \frac{\mathrm{N}}{\mathrm{mm}^2}$$

Umfang der Profilmittellinie

$$U = 2(b+h) = 2(3+4) = 14\,\mathrm{cm}$$

Torsionsträgheitsmoment
Bei konstanter Wanddicke t ist

$$I_\mathrm{t} = \frac{4A_\mathrm{m}^2 \cdot b}{U} = \frac{4 \cdot 12^2 \cdot 3}{14} = 123{,}43\,\mathrm{cm}^4$$

Torsionswinkel (Verdrehwinkel)

$$\varphi = \frac{M_\mathrm{t} \cdot \ell}{G \cdot I_\mathrm{t}} = \frac{15 \cdot 10^3 \cdot 250}{8{,}077 \cdot 10^6 \cdot 123{,}43} = 3{,}76 \cdot 10^{-3}\,\mathrm{rad} = 0{,}22°$$

b) offenes (geschlitztes) Profil
Belastung und Stablänge auf $1/10$ reduziert: $M_\mathrm{t} = 1{,}5 \cdot 10^3\,\mathrm{N\,cm}$; $\ell = 25\,\mathrm{cm}$
Torsionsträgheitsmoment

$$I_\mathrm{t} = \frac{1}{3}\sum h_\mathrm{i} \cdot t_\mathrm{i}^3 = \frac{1}{3} \cdot 2(b+h) \cdot t^3 = \frac{2}{3}(3+4) \cdot 0{,}2^3 = 37{,}33 \cdot 10^{-3}\,\mathrm{cm}^4$$

h_i = Bereichslänge bei Profilen mit bereichsweise konstanter Wanddicke
Torsionswiderstandsmoment (Drillwiderstand)

$$W_\mathrm{t} = \frac{I_\mathrm{t}}{t_\mathrm{max}}$$

Beachte: Bei offenen Profilen ist das Widerstandsmoment an der Stelle der größten
Wanddicke t_max am kleinsten und damit die Schubspannung am größten.

Bei konstanter Wanddicke ist $t_{max} = t$ und damit

$$W_t = \frac{I_t}{t} = \frac{1}{3} \cdot 2(b + h) \cdot t^2 = \frac{2}{3}(3 + 4) \cdot 0{,}2^2 = 18{,}66 \cdot 10^{-2}\,\text{cm}^3$$

Torsionsspannung

$$\tau = \frac{M_t}{W_t} = \frac{1{,}5 \cdot 10^3}{18{,}66 \cdot 10^{-2}} = 8039\,\frac{\text{N}}{\text{cm}^2} = 80{,}39\,\frac{\text{N}}{\text{mm}^2}$$

Verdrehwinkel

$$\varphi = \frac{M_t \cdot \ell}{G \cdot I_t} = \frac{1{,}5 \cdot 10^3 \cdot 25}{8{,}077 \cdot 10^6 \cdot 37{,}33 \cdot 10^{-3}} = 0{,}124\,\text{rad} = 7{,}1°$$

Wegen der geringen Torsionssteifigkeit sind geschlitzte oder offene Profile eher geeignet für Torsionsfedern, wenn man bewusst große Verformungen mit kleinen Momenten erzielen will.

c) Geschlossenes Profil mit verschobenem Profilkern
Unterschiedliche Wanddicken: $t_1 = 3\,\text{mm}$; $t_2 = 2\,\text{mm}$; $t_3 = 1\,\text{mm}$
Auf die Profildicken bezogene Längenabschnitte der Profilmittellinie (im Allgemeinen als Linienintegral)

$$\oint \frac{ds}{t(s)} = \frac{h}{t_1} + \frac{h}{t_3} + 2\frac{b}{t_2} = \frac{40}{3} + \frac{40}{1} + 2 \cdot \frac{30}{2} = 83{,}33 \text{ (dimensionslos)}$$

Torsionsträgheitsmoment

$$I_t = \frac{4A_m^2}{\oint \frac{ds}{t(s)}} = \frac{4 \cdot 12^2}{83{,}33} = 6{,}91\,\text{cm}^4$$

Maximale Schubspannung: sie tritt an der engsten Stelle der Profilmittellinie auf mit $t_{min} = t_3 = 0{,}1\,\text{cm}$ wird

$$\tau_{max} = \frac{M_t}{2A_m \cdot t_{min}} = \frac{15 \cdot 10^3}{2 \cdot 12 \cdot 0{,}1} = 6250\,\frac{\text{N}}{\text{cm}^2} = 62{,}5\,\frac{\text{N}}{\text{mm}^2}$$

Verdrehwinkel

$$\varphi = \frac{M_t \cdot \ell}{G \cdot I_t} = \frac{15 \cdot 10^3 \cdot 250}{8{,}077 \cdot 10^6 \cdot 6{,}91} = 6{,}719 \cdot 10^{-2}\,\text{rad} = 3{,}85°$$

2.8   Knicken von Stäben, Stabilität

F 40   Schwerer Quader auf zwei Stäben

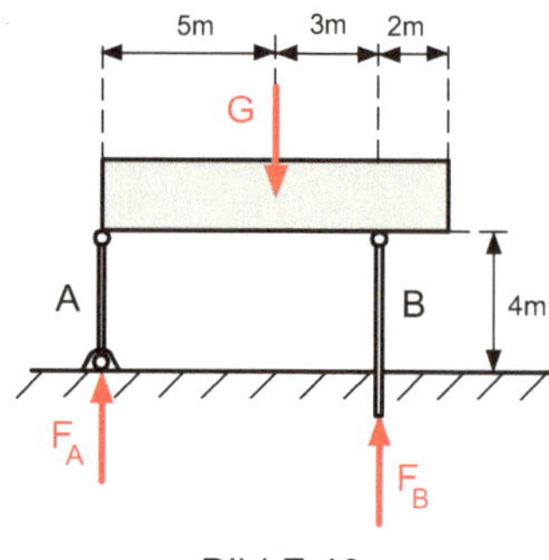

Bild F 40

Ein schwerer, homogener Quader wird nach Bild F 40 durch zwei Stäbe aus H SJR 235
(Stab A gelenkig gelagert, Stab B eingespannt) mit dem minimalen Flächenträgheitsmoment I und dem Querschnitt A abgestützt.

Gegeben

$E = 2{,}1 \cdot 10^7 \, \frac{\text{N}}{\text{cm}^2}$; $I = 160 \, \text{cm}^4$; $A = 20 \, \text{cm}^2$; $S_k = 3$

Gesucht

Wie groß darf das Quadergewicht G maximal werden, wenn bei beiden Stäben eine Knicksicherheit S_k einzuhalten ist?

Lösung

Auflagerkräfte

$$\sum M^{(B)} = 0 = G \cdot 3\,\text{m} - F_A \cdot 8\,\text{m} \Rightarrow F_A = \frac{3}{8}G$$

$$\sum F_y = 0 \Rightarrow F_B = G - F_A = \frac{5}{8}G$$

Stab A: beidseitig gelenkig gelagert (Lagerungsfall II)
    Freie Knicklänge: $\ell_k = \ell = 4\,\text{m} = 400\,\text{cm}$
    Trägheitsradius

$$i = \sqrt{\frac{I}{A}} = \sqrt{\frac{160}{20}} = 2{,}83\,\text{cm}$$

Schlankheitsgrad

$$\lambda = \frac{\ell_k}{i} = \ell_k \cdot \sqrt{\frac{A}{I}} = \frac{400}{2{,}83} = 141{,}34 > \lambda_P = 104 \Rightarrow \text{Knickfall II nach Euler}$$

H SJR 235: Grenzschlankheitsgrad zum plastischen Knicken $\lambda_P = 104$

Knickspannung (Druckspannung im Stab beim Ausknicken)

$$\sigma_k = \frac{F_k}{A} = \frac{\pi^2 \cdot E}{\lambda^2} \Rightarrow F_k = \frac{\pi^2 \cdot EA}{\lambda^2} = \frac{\pi^2 \cdot 2,1 \cdot 10^7 \cdot 20}{141,34^2} = 207,5 \cdot 10^3 \, \text{N} = 207,5 \, \text{kN}$$

F_k = Knickkraft (kritische Kraft, bei der der Stab ausknickt)

Je größer die Knickkraft ist, umso geringer ist die Knickgefahr.

Knicksicherheit

$$S_k = \frac{F_k}{F_{\text{Azul}}} \Rightarrow F_{\text{Azul}} = \frac{F_k}{S_k} = \frac{207,5}{3} = 69,17 \, \text{kN}$$

Zulässige Auflagerkraft bei A

$$F_{\text{Azul}} = \frac{3}{8} G_{\text{Azul}} \Rightarrow G_{\text{Azul}} = \frac{8}{3} F_{\text{Azul}} = \frac{8}{3} \cdot 69,17 = 184,45 \, \text{kN}$$

Stab B: eingespannt – gelenkig (Lagerungsfall III)

Freie Knicklänge: $\ell_k = 0,7\ell = 0,7 \cdot 400 = 280 \, \text{cm}$

Trägheitsradius $i = 2,83 \, \text{cm}$ wie bei Stab A

Schlankheitsgrad

$$\lambda = \frac{\ell_k}{i} = \frac{280}{2,83} = 98,94 \quad \begin{matrix} > 60 \\ < 104 \end{matrix} \quad \Rightarrow \text{Tetmajer-Bereich}$$

Empirische Knickspannungsformel von Tetmajer

$$\sigma_k = a - b \cdot \lambda + c \cdot \lambda^2$$

Für den Werkstoff H SJR 235 gilt

$\lambda_S = 60$ Abgrenzung zum Abquetschen

$\lambda_P = 104$ Abgrenzung zum plastischen Knicken

$$a = 310 \, \frac{\text{N}}{\text{mm}^2}; \quad b = 1,14 \, \frac{\text{N}}{\text{mm}^2}; \quad c = 0$$

$$\sigma_k = 310 - 1,14 \cdot \lambda = 310 - 1,14 \cdot 98,94 = 197,21 \, \frac{\text{N}}{\text{mm}^2} = 19,721 \, \frac{\text{kN}}{\text{cm}^2}$$

$$F_k = \sigma_k \cdot A = 19,721 \cdot 20 = 394,42 \, \text{kN}$$

Zulässige Auflagerkraft bei B

$$S_k = \frac{F_k}{F_{\text{Bzul}}} \Rightarrow F_{\text{Bzul}} = \frac{F_k}{S_k} = \frac{394,42}{3} = 131,47 \, \text{kN}$$

$$F_{\text{Bzul}} = \frac{5}{8} G_{\text{Bzul}} \Rightarrow G_{\text{Bzul}} = \frac{8}{5} F_{\text{Bzul}} = \frac{8}{5} \cdot 131,47 = 210,35 \, \text{kN}$$

$$G_{\text{Azul}} < G_{\text{Bzul}}$$

Für die Stütze A ist das zulässige Quadergewicht G_{zul} kleiner (schärfere und damit maßgebende Bedingung). Damit ist

$$G_{zul} = G_{Azul} \approx 184\,kN$$

F 41 Untersuchung der Knickrichtung bei einem rechteckigen Stab

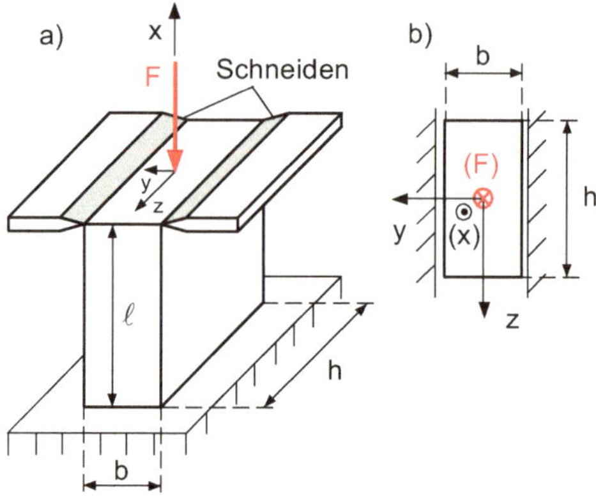

Bild F 41

Ein an seinem unteren Ende einseitig eingespannter Stab mit Rechteckquerschnitt aus Stahl H SJR 235 ist mit einer Druckkraft F zentrisch belastet.

Der Stab wird an seinem oberen Ende durch ein kurzes Gleitlager in Form von zwei gegenüberliegenden Schneiden, die eng am Stab anliegen, fixiert (Bild F 41).

Die Schneiden verhindern ein seitliches Verschieben des oberen Stabendes in der y, z-Ebene, lassen jedoch eine Winkeldrehung zu. In der x, z-Ebene lässt sich das obere Stabende dagegen frei verschieben.

Gegeben
$E = 2{,}1 \cdot 10^5\,\frac{N}{mm^2}; b = 2\,cm; h = 2b = 4\,cm$

a) $\ell = 0{,}8\,m = 80\,cm;$
b) $\ell = 1{,}6\,m = 160\,cm$

Gesucht
Nach welcher Richtung wird der Stab ausknicken und wie groß ist die entsprechende Knicklast F_k (kritische Last)?

Die Untersuchung ist für zwei verschiedene Stablängen durchzuführen.

Lösung

1) Knicken nach links/rechts (Biegung um die z-Achse) nach Bild FL 41a
    eingespannt – gelenkig (Lagerfall III): freie Knicklänge $\ell_k = 0{,}7\ell$
2) Knicken nach vorne/hinten (Biegung um die y-Achse) nach Bild FL 41b
    eingespannt – frei (Lagerfall I): freie Knicklänge $\ell_k = 2\ell$

Flächenträgheitsmomente

$$I_y = \frac{b \cdot h^3}{12} = \frac{b \cdot (2b)^3}{12} = \frac{2}{3}b^4; \quad I_z = \frac{h \cdot b^3}{12} = \frac{2b \cdot b^3}{12} = \frac{1}{6}b^4$$

$$\text{Trägheitsradius } i = \sqrt{\frac{I}{A}}$$

$$\text{Schlankheitsgrad } \lambda = \frac{\ell_k}{i} = \ell_k \cdot \sqrt{\frac{A}{I}}$$

Der Schlankheitsgrad ist maßgebend für die Untersuchung der Versagensart: Quetschen,
plastisches Knicken, elastisches Knicken (siehe Aufgabe F 40).

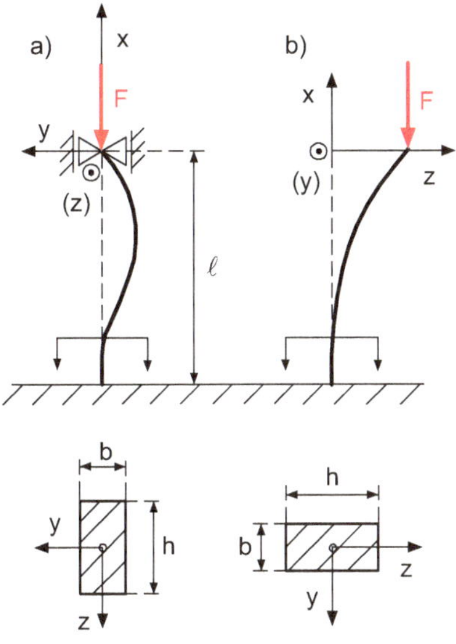

Bild FL 41

Fall a: $\ell = 80\,\text{cm}$

1) Lagerfall III

$$\lambda_1 = \ell_{\text{k1}} \cdot \sqrt{\frac{A}{I_z}} = 0{,}7\ell \cdot \sqrt{\frac{b \cdot h}{\frac{h \cdot b^3}{12}}} = 0{,}7\ell \cdot \sqrt{\frac{12}{b^2}}$$

$$\lambda_1 = 1{,}4 \cdot \sqrt{3} \cdot \frac{\ell}{b} = 1{,}4 \cdot \sqrt{3} \cdot \frac{80}{2} = 97 < \lambda_\text{P} = 104 \Rightarrow$$

Rechnung nach Tetmajer für H SJR 235

$$\sigma_\text{k} = 310 - 1{,}14 \cdot \lambda = 310 - 1{,}14 \cdot 97 = 199{,}42\,\frac{\text{N}}{\text{mm}^2}$$

$$F_{\text{k1}} = \sigma_k \cdot A = \sigma_\text{k} \cdot b \cdot h = 199{,}42 \cdot 20 \cdot 40$$

$$F_{\text{k1}} = 159{,}5 \cdot 10^3 \text{N} = 159{,}5\,\text{kN}$$

2) Lagerfall I

$$\lambda_2 = \ell_{\text{k2}} \sqrt{\frac{A}{I_\text{y}}} = 2\ell \sqrt{\frac{b \cdot h}{\frac{b \cdot h^3}{12}}} = 2\ell \sqrt{\frac{12}{h^2}} = 4\sqrt{3} \cdot \frac{\ell}{h}$$

$$\lambda_2 = 4 \cdot \sqrt{3} \cdot \frac{80}{4} = 138{,}6 > \lambda_\text{P} = 104 \Rightarrow \text{Rechnung nach Euler}$$

$$F_\text{k} = E\,I \cdot \frac{\pi^2}{\ell_\text{k}^2}$$

$$F_{\text{k2}} = E \cdot I_\text{y} \cdot \frac{\pi^2}{(2\ell)^2} = E \cdot \frac{2}{3}b^4 \cdot \frac{\pi^2}{4\ell^2} = \frac{\pi^2}{6} \cdot \frac{E \cdot b^4}{\ell^2} = 1{,}64 \cdot \frac{E \cdot b^4}{\ell^2}$$

$$= 1{,}64 \cdot \frac{2{,}1 \cdot 10^5 \cdot 20^4}{800^2}$$

$$F_{\text{k2}} = 86{,}1 \cdot 10^3 \,\text{N} = 86{,}1\,\text{kN} < F_{\text{k1}} = 159{,}5\,\text{kN}$$

Fall b: $\ell = 160\,\text{cm}$

Bei doppelter Stablänge und gleichem Trägheitsradius ist der Schlankheitsgrad doppelt so groß.

$$\lambda_1 = 2 \cdot 97 = 194 > \lambda_\text{P} = 104 \Rightarrow \text{Euler}$$

$$F_{\text{k1}} = E\,I \cdot \frac{\pi^2}{\ell_\text{k}^2} = E\,I_\text{z} \cdot \frac{\pi^2}{(0{,}7\ell)^2} = E \cdot \frac{1}{6}b^4 \cdot \frac{\pi^2}{0{,}49\ell^2} = 3{,}36 \cdot \frac{E \cdot b^4}{\ell^2}$$

$$F_{\text{k1}} = 3{,}36 \cdot \frac{2{,}1 \cdot 10^5 \cdot 20^4}{1600^2} = 44{,}1 \cdot 10^3 \,\text{N} = 44{,}1\,\text{kN}$$

$$\lambda_2 = 2 \cdot 138{,}6 = 277{,}2 > \lambda_{\mathrm{P}} = 104 \Rightarrow \text{Euler}$$

$$F_{\mathrm{k2}} = E I_{\mathrm{y}} \cdot \frac{\pi^2}{(2\ell)^2} = E \cdot \frac{2}{3}b^4 \cdot \frac{\pi^2}{4\ell^2} = \frac{\pi^2}{6} \cdot \frac{E \cdot b^4}{\ell^2} = 1{,}64 \cdot \frac{E \cdot b^4}{\ell^2}$$

$$F_{\mathrm{k2}} = 1{,}64 \cdot \frac{2{,}1 \cdot 10^5 \cdot 20^4}{1600^2} = 21{,}5 \cdot 10^3 \,\mathrm{N} = 21{,}5\,\mathrm{kN} < F_{\mathrm{k1}} = 44{,}1\,\mathrm{kN}$$

Bei beiden Längen knickt der Stab trotz des größeren Flächenträgheitsmoments in der freien Ebene mit der kleineren Knickkraft.

F 42   Knickbiegung bei einem eingespannten Stab

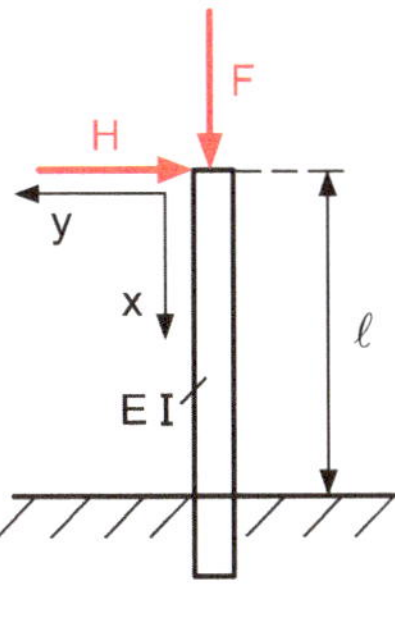

Bild F 42

Ein eingespannter Stab (Länge ℓ, Biegesteifigkeit $E I$) wird nach Bild F 42 am freien Ende durch eine horizontale Kraft H und eine vertikale Last F belastet.

Gegeben
F, H, E, I, ℓ

Gesucht

a) horizontale Verschiebung f des freien Stabendes
b) Biegemoment an der Einspannstelle
c) kritische Last F_{k}

Lösung
Die Durchbiegung des Stabes und damit auch der Hebelarm der Belastungskraft F wird so groß, dass das Biegemoment durch die Verformung wesentlich beeinflusst wird. Um diesem Effekt Rechnung zu tragen, müssen die Gleichgewichts-Bedingungen am verformten System aufgestellt werden (Theorie 2. Ordnung).

Der Stab wird durch die vertikale Kraft F zunächst nur auf Druck und durch die horizontale Kraft H auf Biegung beansprucht.

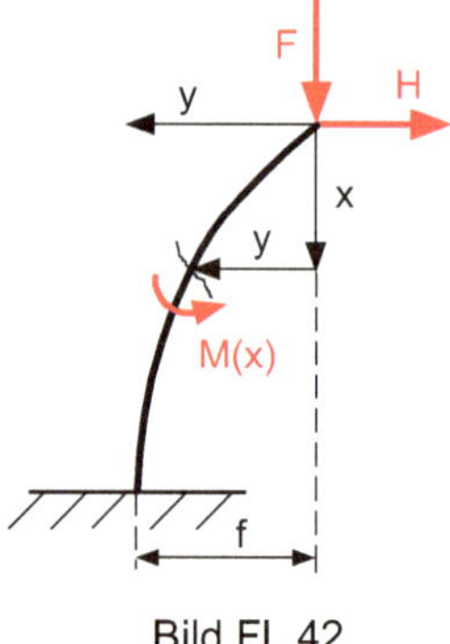

Bild FL 42

Nach erfolgter Durchbiegung beteiligt sich auch die Kraft F an der Biegewirkung, daher spricht man von Druckbiegung oder wegen der damit verbundenen Gefahr des Ausknickens beim Erreichen einer bestimmten kritischen Last auch von Knickbiegung.

Gewählt wird ein körperfestes x, y-Koordinatensystem mit dem Ursprung am freien Stabende nach Bild FL 42.

An der Schnittstelle x ist das Biegemoment

$$M(x) = H \cdot x + F \cdot y$$

Dgl. der Biegelinie

$$y'' = -\frac{M(x)}{EI} = -\frac{H}{EI} \cdot x - \frac{F}{EI} \cdot y \Rightarrow y'' + \underbrace{\frac{F}{EI}}_{\omega^2} \cdot y = -\frac{H}{EI} \cdot x \text{ wobei } \omega = \sqrt{\frac{F}{EI}}$$

Diese Form einer inhomogenen Dgl. kommt häufig bei Schwingungs-Berechnungen vor und kann von dort zum Vergleich herangezogen werden.

Die allgemeine Lösung setzt sich aus einem homogenen (Index h) und einem partikulären (Index p) Anteil zusammen.

$$y = y_\mathrm{h} + y_\mathrm{p}$$

Setzt man die rechte Seite der Dgl. gleich Null, so erhält man als homogene Lösung

$$y_\mathrm{h} = A \cdot \sin \omega x + B \cdot \cos \omega x$$

Partikulärer Ansatz in der Form der rechten Seite mit einer Konstanten k

$$y_\mathrm{p} = k \cdot x; \quad y_\mathrm{p}' = k; \quad y_\mathrm{p}'' = 0$$

eingesetzt in die Dgl.

$$0 + \frac{F}{EI} \cdot kx = -\frac{H}{EI} \cdot x \Rightarrow k = -\frac{H}{F}; \quad y_{\mathrm{p}} = -\frac{H}{F} \cdot x$$

damit wird die Lösung der inhomogenen Dgl.

$$y = A \cdot \sin \omega x + B \cdot \cos \omega x - \frac{H}{F} \cdot x$$

$$y' = A \cdot \omega \cdot \cos \omega x - B \cdot \omega \cdot \sin \omega x - \frac{H}{F}$$

Randbedingungen

I) für $x = 0$ ist $y(0) = 0$: $B = 0$
II) für $x = \ell$ ist $y'(\ell) = 0$: $A \cdot \omega \cdot \cos \omega \ell - \frac{H}{F} = 0 \Rightarrow A = \frac{H}{F \cdot \omega \cdot \cos \omega \ell}$

damit ergibt sich die Durchbiegung in Abhängigkeit von x

$$y(x) = \frac{H \cdot \sin \omega x}{F \cdot \omega \cdot \cos \omega \ell} - \frac{H}{F} \cdot x$$

a) Durchbiegung des freien Stabendes

$$f = y(x = \ell) = \frac{H \cdot \sin \omega \ell}{F \cdot \omega \cdot \cos \omega \ell} - \frac{H}{F} \cdot \ell = \frac{H}{F} \cdot \ell \cdot \left(\frac{\tan \omega \ell}{\omega \ell} - 1 \right)$$

b) Einspannmoment

$$M_{\mathrm{E}} = M(x = \ell; y = f) = H \cdot \ell + F \cdot f$$

c) Kritische Last
   Steigert man die vertikale Last F immer mehr unter Beibehaltung einer konstanten horizontalen Kraft H, so kommt es bei einer bestimmten kritischen Last F_{k} zu so großen Biegeverformungen, dass der Stab zu Bruch geht.
   Die Durchbiegung wird (theoretisch) unendlich groß, wenn der Faktor mit der Klammer unendlich groß wird:

$$\tan \omega_{\mathrm{k}} \ell \to \infty, \text{ d.h. } \omega_{\mathrm{k}} \ell = \frac{\pi}{2} \text{ bzw. } \sqrt{\frac{F_{\mathrm{k}}}{EI}} \cdot \ell = \frac{\pi}{2} \Rightarrow$$

$$F_{\mathrm{k}} = \left(\frac{\pi}{2\ell} \right)^2 \cdot EI$$

2.9 Aufgaben zur Selbstkontrolle

FA 1-1 Umbau eines Zweistäbeverbandes

(Schwierigkeitsgrad: leicht)

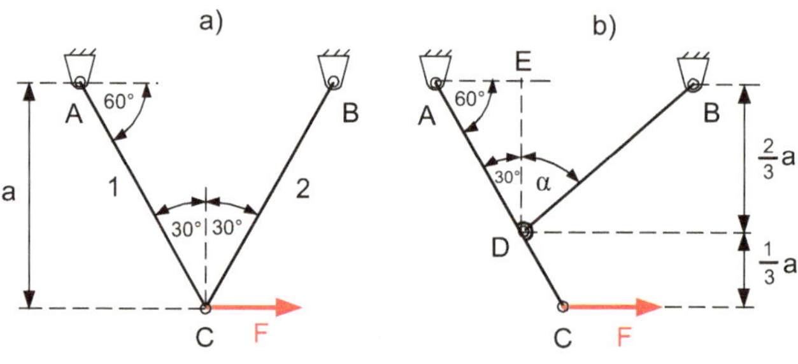

Bild FA 1-1

Gegeben
$F = 4000\,\mathrm{N}$; $a = 1{,}2\,\mathrm{m}$; $E = 2{,}1 \cdot 10^5\,\frac{\mathrm{N}}{\mathrm{mm}^2}$; $d_\mathrm{a} = 50\,\mathrm{mm}$; $d_\mathrm{i} = 40\,\mathrm{mm}$

Fall 1 (Bild FA 1-1a)
Ein symmetrischer Zweistäbeverband ist bei C mit einer horizontalen Kraft F belastet.

Die Stäbe haben Rohrquerschnitt (Außendurchmesser d_a, Innendurchmesser d_i) und den Elastizitätsmodul E.

Gesucht

a) Stabkräfte, Spannungen und Längenänderungen der Stäbe
b) horizontale Verschiebung u des Gelenkpunktes C. Man zeichne dazu den zugehörigen Verschiebungsplan.

Hinweis: anstelle der Kreisbögen um die Gelenkpunkte A bzw. B werden die entsprechenden Tangenten als Senkrechte zu den Längenänderungen gezeichnet.

Fall 2 (Bild FA 1-1b)
Aus Platzgründen wird Stab 2 verkürzt und um $a/3$ nach oben verschoben. Der Abstand $\overline{AB}$ der oberen Gelenkpunkte soll beibehalten werden.

Wie groß sind jetzt die maximalen Spannungen in den Stäben unter der Last F (Biege- und Zugspannung an der Stelle D des Stabes AC)? Wie viel mal größer ist jetzt die maximale Spannung?

Hinweis: man bestimme zunächst mittels Dreiecksgeometrie die Strecke $\overline{AE}$ und den Winkel $BDE = \alpha$.

Ergebnisse

Fall 1

a) $F_{S1} = F$(Zugstab); $F_{S2} = -F$(Druckstab); $\sigma_1 = -\sigma_2 = 5{,}66\frac{\text{N}}{\text{mm}^2}$; $\Delta\ell = \pm 0{,}037\,\text{mm}$

b) $u = \overline{CC'} = 0{,}074\,\text{mm}$

Fall 2

$$\overline{AE} = 0{,}462\,\text{m}; \quad \alpha = 49{,}11°$$

Stab BD:

$$F_{\text{S}} = 5290\,\text{N}; \quad \sigma_{\text{d}} = 7{,}48\,\frac{\text{N}}{\text{mm}^2}$$

Stab ADC:

$$M_{\text{D}} = 1{,}6 \cdot 10^3\,\text{N\,m}; \quad \sigma_{\text{b}} = 220{,}87\,\frac{\text{N}}{\text{mm}^2}; \quad F_{\text{z}} = 2999{,}4\,\text{N}; \quad \sigma_z = 4{,}24\,\frac{\text{N}}{\text{mm}^2};$$

$$\sigma_{\text{ges}} = 225{,}11\,\frac{\text{N}}{\text{mm}^2}$$

Die maximale Spannung ist im Fall 2 rund 40 mal größer als im Fall 1.

FA 1-2 Statisch unbestimmt gelagerter Balken mit Momentenbelastung

(Schwierigkeitsgrad mittel)

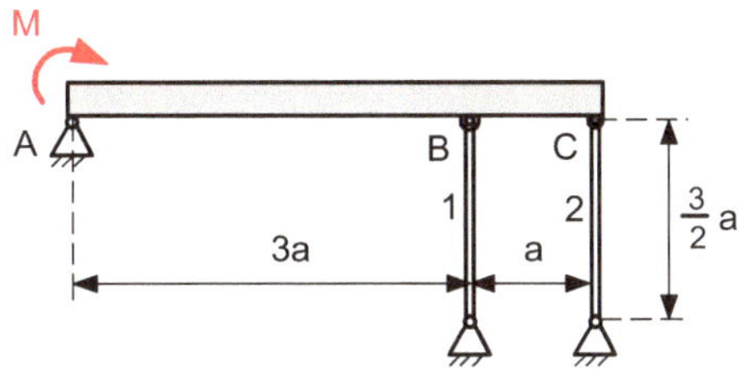

Bild FA 1-2

Gegeben

$M = 4000\,\text{N\,m}$; $a = 0{,}3\,\text{m}$; $A_1 = 2A_2 = 1{,}5\,\text{cm}^2$; $E_1 = E_2 = 2{,}1 \cdot 10^5\,\frac{\text{N}}{\text{mm}^2}$

An einem bei A gelenkig gelagerten Balken greift ein Moment M an. Der Balken wird außerdem bei B und C durch zwei Stäbe gestützt. Die Stäbe sind aus dem gleichen Material (Elastizitätsmodul $E_1 = E_2$) und haben die Querschnitte A_1 bzw. A_2.

Gesucht für zwei verschiedene Fälle

Fall 1: Balken starr, Stäbe elastisch

Man bestimme Stab- und Auflagerkräfte und die Stabverformungen.

Fall 2: Balken elastisch, Stäbe starr

Man bestimme Stab- und Auflagerkräfte sowie den Schnittgrößen-Verlauf im Balken.

(Tipp: 0-System ohne Stab 1)

In welchem Abstand x_0 vom Lager A ist das Biegemoment Null (Wendepunkt der Biegelinie mit Krümmungswechsel konkav – konvex)? Man skizziere pauschal die Biegelinie mit Berücksichtigung der Lagerbedingungen und des Wendepunkts.

Ergebnisse

Fall 1

$$S_1 = -1739\,\text{N}; \quad S_2 = -1159\,\text{N}; \quad F_A = 2898\,\text{N}; \quad \Delta\ell_1 = -0{,}025\,\text{mm};$$

$$\Delta\ell_2 = -0{,}033\,\text{mm}$$

Fall 2

$$S_1 = -11.111\,\text{N}; \quad S_2 = 5000\,\text{N}; \quad F_A = 6111\,\text{N}; \quad M_A = M; \quad M_B = -1{,}5\,\text{kN\,m};$$

$$x_0 = 0{,}655\,\text{m}$$

FA 1-3 Eingespannter, am Seil hängender Balken mit Dreieckslast

(Schwierigkeitsgrad mittel)

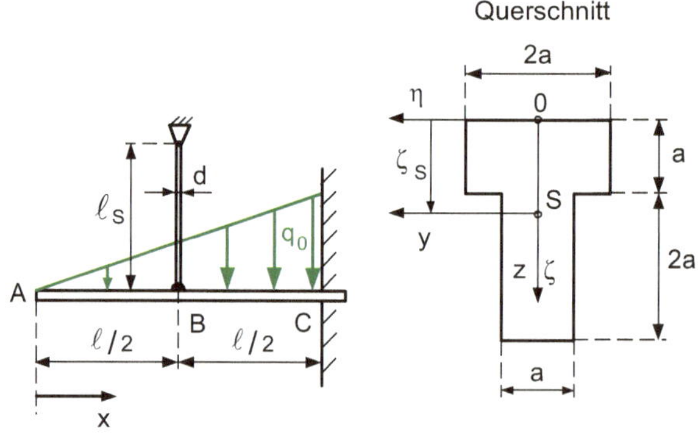

Bild FA 1-3

Gegeben

$q_0 = 5\,\frac{\text{kN}}{\text{m}}$; $\ell = 2\,\text{m}$; $\ell_S = \frac{2}{3}\ell$; $E = 2{,}1 \cdot 10^5\,\frac{\text{N}}{\text{mm}^2}$; $E_S = 0{,}7 \cdot 10^5\,\frac{\text{N}}{\text{mm}^2}$; $a = 20\,\text{mm}$; $d = 15\,\text{mm}$

Ein elastischer Balken (Länge ℓ, Elastizitätsmodul E) mit dem vorgegebenen T-förmigen Querschnitt ist bei C fest eingespannt und bei B durch ein elastisches Seil

(Durchmesser d, Elastizitätsmodul E_S) gehalten. Die Belastung erfolgt durch eine linear veränderliche Streckenlast mit dem Höchstwert q_0.

Gesucht

a) Streckenlast, Resultierende und Schnittmoment für einen an der beliebigen Stelle x abgetrennten Balkenteil.

b) Biegelinie des Balkens ohne Seil (0-System) in Abhängigkeit der laufenden Koordinate x durch Integration der Differenzialgleichung (Dgl.) der elastischen Linie

$$w'' = -\frac{M_b}{EI}$$

c) Schwerpunktslage ζ_S und Flächenträgheitsmoment I_y des Querschnitts

d) Seilkraft und Auflagerreaktionen

e) Spannung im Seil und im Balken an der Einspannung C

f) Durchbiegung des freien Balkenendes A

Ergebnisse

a) $q_x = \frac{q_0}{\ell} \cdot x$; $R_x = \frac{1}{2} \cdot \frac{q_0}{\ell} \cdot x^2$; $M_x = -\frac{1}{6} \cdot \frac{q_0}{\ell} \cdot x^3$

b) $w(x) = \frac{q_0 \cdot \ell^4}{30EI} \cdot \left[1 - \frac{5}{4} \frac{x}{\ell} + \frac{1}{4} \left(\frac{x}{\ell} \right)^5 \right]$

c) $\zeta_S = 2{,}5\,\text{cm}$; $I_y = 49{,}33\,\text{cm}^4$

d) $F_S = 2963\,\text{N}$; $F_C = 2037\,\text{N}$; $M_C = 370{,}33\,\text{N\,m}$

e) $\sigma_S = 16{,}77\,\frac{\text{N}}{\text{mm}^2}$; $\sigma_{b1} = 18{,}77\,\frac{\text{N}}{\text{mm}^2}$; $\sigma_{b2} = -26{,}28\,\frac{\text{N}}{\text{mm}^2}$

f) $w_A = 1{,}9\,\text{mm}$

FA 2-1 Eingespannter Balken mit Stütze

(Schwierigkeitsgrad mittel)

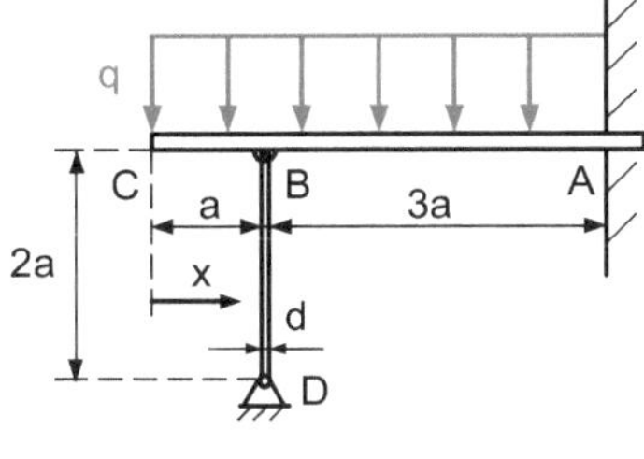

Bild FA 2-1

Gegeben

$q = 4\,\frac{\text{kN}}{\text{m}}$; $a = 0{,}6\,\text{m}$; $E = 2{,}1 \cdot 10^5\,\frac{\text{N}}{\text{mm}^2}$ für Balken und Stab; $b = 3\,\text{cm}$; $h = 5\,\text{cm}$; $d = 1{,}2\,\text{cm}$

Ein elastischer Balken (Elastizitätsmodul E) mit Rechteckquerschnitt (Breite b, Höhe h) ist bei A fest eingespannt und bei B durch einen elastischen Stab (Durchmesser d) gestützt.

Er wird im ganzen Bereich AC durch eine konstante Streckenlast q belastet.

Gesucht

a) Stabkraft und Auflagerreaktionen

   (Lösung z. B. durch Überlagerung von Grundlastfällen, 0-System ohne Stab BD)

b) Schnittgrößenverlauf im Balken mit Angabe der Biegemomente bei A und B sowie des relativen Maximums M_{b0} zwischen A und B (Nullstelle der Querkraft $Q = 0$)

   An welchen Stellen zwischen A und B ist das Biegemoment Null (Wendepunkte der Biegelinie)? Man skizziere die Biegelinie qualitativ mit Beachtung der Lagerbedingungen und der Wendepunkte (Stellen mit Krümmungswechsel konkav – konvex).

c) Maximale Biegespannung im Balken, Druckspannung im Stab

d) Absenkung des freien Balkenendes C und die Zusammendrückung des Stabes

Ergebnisse

a) $F_S = 5{,}69\,\text{kN}$; $F_A = 3{,}91\,\text{kN}$; $M_A = 127{,}8\,\text{kN}\,\text{cm}$

b) $M_{bA} = -127{,}8\,\text{kN}\,\text{cm}$; $M_{bB} = -72\,\text{kN}\,\text{cm}$; $M_{b0} = 63{,}3\,\text{kN}\,\text{cm}$ (relatives Maximum)

   M_{b0} mit $Q = 0$ tritt im Abstand $x_0 = 1{,}423\,\text{m}$ vom freien Balkenende C auf.

   Biegemomentenkurven: 2 quadratische Parabeln mit Knick bei B

   Nullstellen von M_b bei $x_1 = 1{,}986\,\text{m}$ und $x_2 = 0{,}86\,\text{m}$ (Wendepunkte der Biegelinie)

c) $\sigma_{b\text{max}} = \pm 102{,}24\,\frac{\text{N}}{\text{mm}^2}$; $\sigma_S = -50{,}35\,\frac{\text{N}}{\text{mm}^2}$

d) $w_C = -0{,}05\,\text{mm}$ (geringe Durchbiegung nach oben); $\Delta\ell = -0{,}29\,\text{mm}$

FA 2-2   Scheibe mit aufgewickeltem Seil

(Schwierigkeitsgrad leicht)

Gegeben

$G_1 = 1{,}5\,\text{kN}$; $G_2 = 3\,\text{kN}$; $r = 0{,}6\,\text{m}$; $d_1 = 80\,\text{mm}$; $d_2 = 12\,\text{mm}$; $\ell_1 = 0{,}7\,\text{m}$; $\ell_2 = 18\,\text{m}$; $E = 2{,}1 \cdot 10^5\,\frac{\text{N}}{\text{mm}^2}$; $\nu = 0{,}3$ (Querzahl); $G = \frac{E}{2{,}6}$ (Gleitzahl oder Schubmodul)

   zu Bild FA 2-2b

   $a = 50\,\text{mm}$; $s = 5\,\text{mm}$

Eine elastische Welle (Durchmesser d_1, Länge ℓ_1) aus Stahl (Elastizitätsmodul E, Schubmodul G) ist nach Bild FA 2-2a bei A eingespannt und am Ende B mit einer Scheibe (Radius r, Gewicht G_1) versehen, auf die ein elastisches Stahlseil (Durchmesser d_2, freie

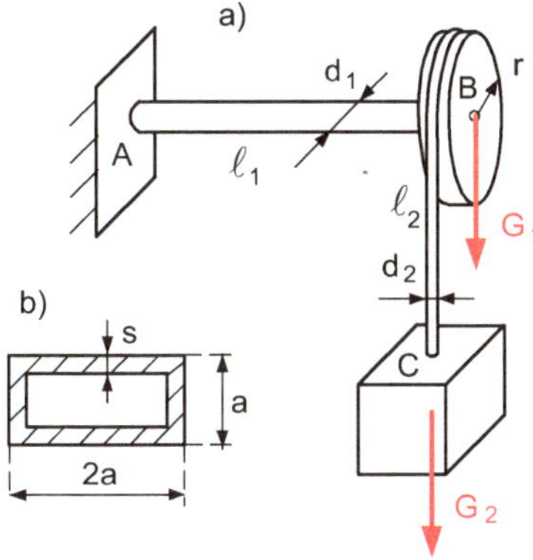

Bild FA 2-2

Länge ℓ_2, Elastizitätsmodul E) aufgewickelt ist. Das Stahlseil trägt am freien Ende eine Last vom Gewicht G_2. Die Gewichte der Welle und des Stahlseils sind vernachlässigbar.

Gesucht

a) Einspannreaktionen
b) Biege- und Torsionsspannungen an der Einspannung A an der Oberseite der Welle, sowie Hauptnormal- und Hauptschubspannungen (rechnerische Lösung). Mit dem Mohrschen Spannungskreis kontrolliere man die Rechnung und zeichne die entsprechenden Flächenelemente mit den Hauptspannungen.
c) Durchbiegung und Verdrehung des freien Wellenendes B sowie die Absenkung des Seilendes C
d) Die kreisförmige Welle soll jetzt durch einen rechteckigen Kastenträger nach Bild FA 2-2b ersetzt werden.
   Wie groß sind dann die maximale Biegespannung und die Durchbiegung am freien Ende B?
e) Mit Hilfe der Bredtschen Formeln (Torsion dünnwandiger Hohlquerschnitte) bestimme man die maximale Torsionsspannung, die Verdrehung des Kastens und die Absenkung des Seilendes C.

Ergebnisse

a) $F_{Az} = 4,5\,\text{kN}$; $M_{Ax} = 1,8\,\text{kN m}$; $M_{Ay} = 3,15\,\text{kN m}$
b) $\sigma_b = 62,66$; $\tau_{xy} = 17,9$; $\sigma_1 = 67,41$; $\sigma_2 = -4,75$; $\sigma_M = 31,33$; $\tau_{max} = 36,08\,\frac{\text{N}}{\text{mm}^2}$
   $\varphi_1 = 14,87°$
c) $f_B = 1,22\,\text{mm}$; $\varphi_B = 3,88 \cdot 10^{-3}\,\text{rad}$; $f_C = 5,82\,\text{mm}$
d) $\sigma_b = 140,2\,\frac{\text{N}}{\text{mm}^2}$; $f_B = 4,36\,\text{mm}$
e) $\tau = 42,11\,\frac{\text{N}}{\text{mm}^2}$; $\varphi = 11,95 \cdot 10^{-3}\,\text{rad}$; $f_C = 13,8\,\text{mm}$

FA 2-3 Allgemeiner Biegefall

(Schwierigkeitsgrad schwer, umfangreich. Vergleiche Aufgabe F 30. Die Aufgabe lässt sich durch Angabe von Zwischenergebnissen in einfachere Teilaufgaben zerlegen.)

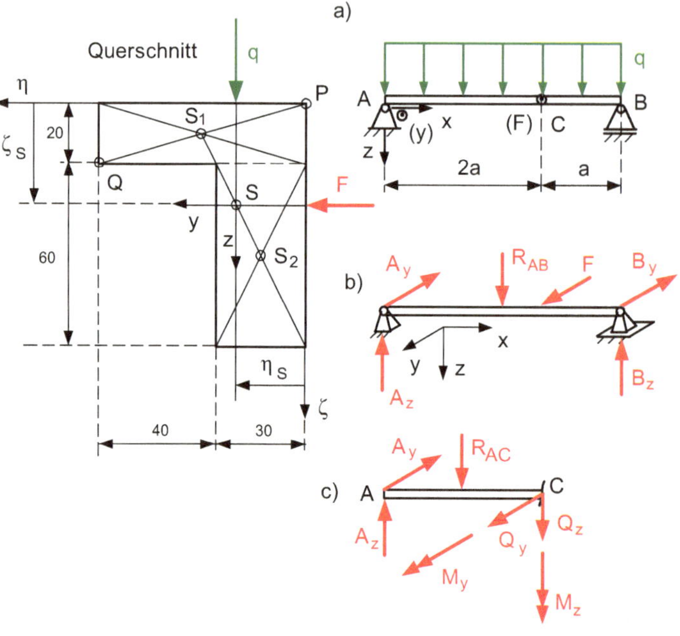

Bild FA 2-3

Gegeben

$q = 3\,\frac{\text{kN}}{\text{m}}$; $F = 4\,\text{kN}$; $a = 1{,}2\,\text{m}$

Da hier einerseits der Querschnitt unsymmetrisch ist und andererseits Biegemomente um die y-Achse und um die z-Achse auftreten, handelt es sich um einen allgemeinen Biegefall.

Zur Abkürzung der Aufgabe könnten auch Zwischenergebnisse wie z. B. die Biegemomente M_y, M_z oder die Flächenträgheitsmomente I_y, I_z, I_{yz} für eine Weiterrechnung als gegeben angenommen werden.

Aufgabentext

Ein beidseitig gelenkig gelagerter Träger wird in der x, z-Ebene durch eine konstante Streckenlast q und in der x, y-Ebene durch eine Einzelkraft F belastet.

Der L-förmige Querschnitt setzt sich aus zwei Rechtecken zusammen.

Gesucht

a) Auflagerkräfte

b) Biegemomente M_y und M_z an der Kraftangriffsstelle C

c) Koordinaten η_S, ζ_S des Querschnitts-Schwerpunkts S

d) Flächenträgheitsmomente I_y, I_z, I_{yz} des L-Profils

e) Spannungsfunktion für die Stelle C

f) Spannungs-Nulllinie und deren Steigung

g) Koordinaten und Biegespannungen in den Punkten P und Q sowie die Verteilung der Biegespannungen an der Stelle C in Form einer Skizze.

Ergebnisse

a) $A_y = 1{,}33; \; A_z = B_z = 5{,}4; \; B_y = 2{,}67\,\text{kN}$

b) $M_y = 432; \; M_z = -319{,}2\,\text{kN}\,\text{cm}$

c) $\eta_S = 2{,}38\,\text{cm}; \; \zeta_S = 3{,}25\,\text{cm}$

Grafische Kontrolle

Der Gesamtschwerpunkt S einer Fläche, die sich aus zwei Teilflächen zusammensetzt, liegt auf der Verbindungslinie $S_1 S_2$ der beiden Teilschwerpunkte S_1 und S_2.

Die Strecke $\overline{S_1 S_2}$ wird durch den Gesamtschwerpunkt im umgekehrten Verhältnis der Flächen unterteilt, d. h.

$$\frac{\overline{S_1 S}}{\overline{S S_2}} = \frac{A_2}{A_1} = \frac{18}{14} = \frac{9}{7}$$

Der Gesamtschwerpunkt S liegt näher am Teilschwerpunkt S_2 der größeren Fläche.

d) $I_y = 184{,}67; \; I_z = 102{,}17; \; I_{yz} = 63\,\text{cm}^4$

e) $\sigma_x = 4{,}31z + 5{,}78y$

f) $\sigma_x = 0 \Rightarrow z = -1{,}34y; \; \frac{dz}{dy} = \tan(\varphi_1 + \beta) = -1{,}34 \Rightarrow \varphi_1 + \beta = -53{,}27°$

$\quad \varphi_1 \qquad$ = Winkel zwischen der y-Achse und der Hauptträgheitsachse 1

$\quad \beta \qquad\;\;$ = Winkel zwischen der Hauptträgheitsachse 1 und der Spannungsnulllinie

$\quad \varphi_1 + \beta$ = Winkel zwischen der y-Achse und der Spannungsnulllinie

g) $P \begin{bmatrix} y_P \\ z_P \end{bmatrix} = \begin{bmatrix} -2{,}38 \\ -3{,}25 \end{bmatrix} \text{cm}; \; \sigma_P = -277{,}64\,\frac{\text{N}}{\text{mm}^2}$

$\quad\; Q \begin{bmatrix} y_Q \\ z_Q \end{bmatrix} = \begin{bmatrix} 4{,}62 \\ -1{,}25 \end{bmatrix} \text{cm}; \; \sigma_Q = 213{,}16\,\frac{\text{N}}{\text{mm}^2}$

3.1 Kinematik, geradlinige Bewegung

D 1 Überholvorgang

Ein PKW mit der Länge ℓ_1 hat eine momentane Geschwindigkeit v_1. Er fährt im Abstand d_1 hinter einem Bus der Länge ℓ_2. Der Bus hat die konstante Geschwindigkeit v_2.

Auf der Gegenfahrbahn (gleichzeitig Überholspur) befindet sich im Abstand L vom PKW ein LKW, der mit der konstanten Geschwindigkeit v_3 entgegenkommt.

Gegeben

$v_1 = 100\,\frac{\text{km}}{\text{h}}$; $v_2 = 90\,\frac{\text{km}}{\text{h}}$; $v_3 = 80\,\frac{\text{km}}{\text{h}}$, $\ell_1 = 4\,\text{m}$; $\ell_2 = 12\,\text{m}$; $d_1 = 10\,\text{m}$; $d_2 = 20\,\text{m}$; $d_3 = 30\,\text{m}$; $e = 3\,\text{m}$; $L = 350\,\text{m}$

Gesucht

Mit welcher gleichmäßigen Beschleunigung a muss der PKW den Bus überholen, wenn er noch im Abstand d_2 vor dem Bus und im Abstand d_3 vor dem entgegenkommenden LKW einscheren will? Für das Aus- und Einscheren soll jeweils ein zusätzlicher Weg e senkrecht zur Fahrtrichtung angenommen werden.

Wie groß sind die Überholzeit $t_\text{ü}$, der Überholweg $s_\text{ü}$ und die Endgeschwindigkeit v_1e des PKWs nach dem Überholvorgang?

Zur besseren Übersicht fertige man eine (nicht maßstäbliche) Prinzipskizze mit den Positionen der einzelnen Fahrzeuge und Angabe der Abstände sowie der Wege an.

© Springer Fachmedien Wiesbaden GmbH 2017

A. Jahr, J. Berger, *Klausurentrainer Technische Mechanik*, DOI 10.1007/978-3-658-14783-9_3

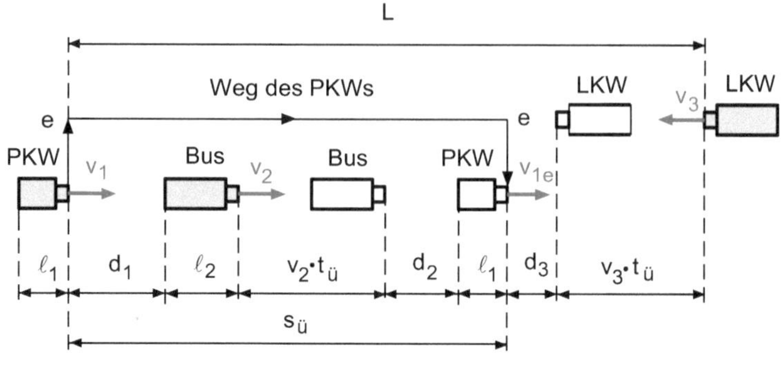

Bild DL 1

Lösung

Fahrzeuge Position: Anfang grau, Ende weiß

3 Unbekannte: $t_{\ddot{u}}$, $s_{\ddot{u}}$, a

I) $s_{\ddot{u}} = d_1 + \ell_2 + v_2 \cdot t_{\ddot{u}} + d_2 + \ell_1$

II) $s_{\ddot{u}} + d_3 = L - v_3 \cdot t_{\ddot{u}}$

III) $s_{\ddot{u}} + 2e = v_1 \cdot t_{\ddot{u}} + \frac{1}{2} a \cdot t_{\ddot{u}}^2$

I in II: $d_1 + \ell_2 + v_2 \cdot t_{\ddot{u}} + d_2 + \ell_1 + d_3 = L - v_3 \cdot t_{\ddot{u}} \Rightarrow$

$$t_{\ddot{u}} = \frac{L - (\ell_1 + \ell_2 + d_1 + d_2 + d_3)}{v_2 + v_3} = \frac{350 - (4 + 12 + 10 + 20 + 30)}{\frac{90+80}{3,6}} = 5,8\,\text{s}$$

mit der Umrechnung $1\,\frac{\text{km}}{\text{h}} = \frac{1000\,\text{m}}{3600\,\text{s}} = \frac{1}{3,6}\,\frac{\text{m}}{\text{s}}$

aus I: $s_{\ddot{u}} = 10 + 12 + \dfrac{90}{3,6} \cdot 5,8 + 20 + 4 = 191\,\text{m}$ (bzw. zur Kontrolle auch aus II)

aus III: $a = 2 \cdot \dfrac{s_{\ddot{u}} + 2e - v_1 \cdot t_{\ddot{u}}}{t_{\ddot{u}}^2} = 2 \cdot \dfrac{191 + 2 \cdot 3 - \frac{100}{3,6} \cdot 5,8}{5,8^2} = 2,13\,\dfrac{\text{m}}{\text{s}^2}$

Die 4. Unbekannte v_{1e} ergibt sich aus der Formel für die Geschwindigkeit einer gleichmä-ßig beschleunigten Bewegung

IV) $v_{1e} = v_1 + a \cdot t_{\ddot{u}} = \dfrac{100}{3,6} + 2,13 \cdot 5,8 = 40,13\,\dfrac{\text{m}}{\text{s}} = 144,47\,\dfrac{\text{km}}{\text{h}}$

D 2 Dopplereffekt bei einem Raumschiff

Dopplereffekt (benannt nach dem österreichischen Physiker Christian Doppler): Nimmt der Abstand zwischen einem Beobachter und einer Schwingungsquelle ab (zu), so erscheint die Frequenz der beobachteten Schwingung höher (niedriger).

Um die Geschwindigkeit v ihres Raumschiffs feststellen zu können, wird von den Astronauten ein Radiosignal mit der Frequenz f_A ausgestrahlt, das vom Mond zum Raumschiff wieder reflektiert wird. Infolge des Dopplereffektes (Wellenlängen- bzw. Frequenzverschiebung) wird vom Raumschiff eine um Δf höhere Frequenz als Echo empfangen. Die Signalgeschwindigkeit im luftleeren Raum kann gleich der Lichtgeschwindigkeit c angenommen werden.

Mit welcher (konstanten) Geschwindigkeit v nähert sich das Raumschiff dem Mond?

Gegeben

$$f_A = 5000\,\text{MHz} = 5 \cdot 10^9\,\text{Hz};\ \Delta f = 75\,\text{kHz} = 75 \cdot 10^3\,\text{Hz};\ c = 3 \cdot 10^5\,\tfrac{\text{km}}{\text{s}}$$

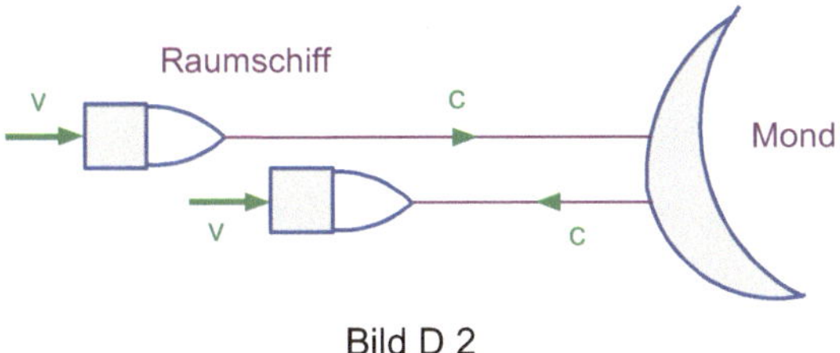

Bild D 2

Lösung

R_1 = gesendetes Radiosignal

R_2 = reflektiertes Radiosignal

T_A = Zeit, in der das Raumschiff (bewegte Signalquelle) das Signal aussendet

T_M = Zeit, in der der Mond (als ruhend betrachtet) das Signal reflektiert

T_E = Zeit, in der das vom Mond reflektierte Signal vom Raumschiff empfangen wird

s_A = vom Raumschiff zurückgelegter Weg während der Sendezeit T_A

s_E = vom Raumschiff zurückgelegte Strecke innerhalb der Empfangszeit T_E

5 Unbekannte: v, s_A, s_E, T_M, T_E

Die horizontalen Abstände T_M der parallelen Geraden sind gleich lang.

Die Steigung der beiden Geraden im Bild DL 2 sind proportional den Geschwindigkeiten v bzw. c. Sie lassen sich aus den entsprechenden rechtwinkligen Dreiecken ablesen. Die Dreiecke mit der Steigung c sind mit größerem Maßstab dargestellt.

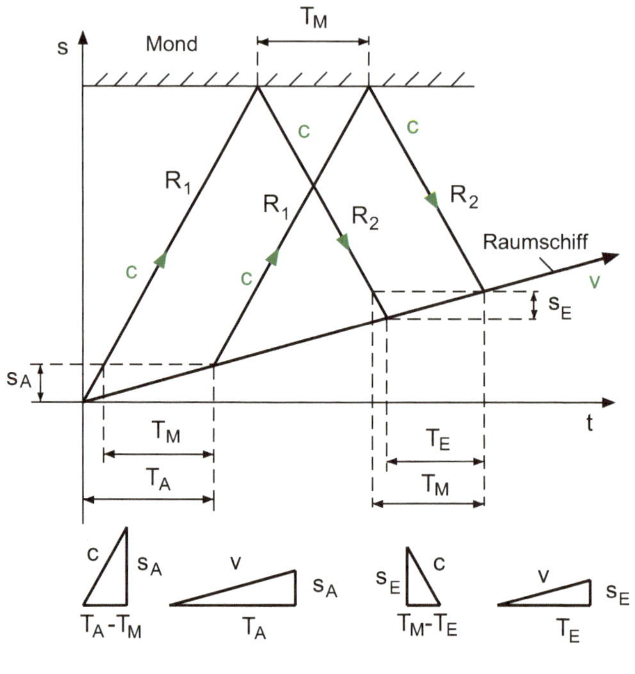

Bild DL 2

I) $v = \dfrac{s_A}{T_A}$;   II) $c = \dfrac{s_A}{T_A - T_M}$;   III) $v = \dfrac{s_E}{T_E}$;   IV) $c = \dfrac{s_E}{T_M - T_E}$

$f_A = \dfrac{1}{T_A}$; $f_E = \dfrac{1}{T_E}$

V) $f_E = f_A + \Delta f$ bzw. $\dfrac{1}{T_E} = \dfrac{1}{T_A} + \Delta f$

II in I = I′: $s_A = v \cdot T_A = c \cdot (T_A - T_M) \Rightarrow T_M = T_A \cdot \left(1 - \dfrac{v}{c}\right)$

IV in III = III′: $s_E = v \cdot T_E = c \cdot (T_M - T_E) \Rightarrow T_M = T_E \cdot \left(1 + \dfrac{v}{c}\right)$

III′ in I′ = I″: $\dfrac{T_A}{T_E} = \dfrac{f_E}{f_A} = \dfrac{1 + \frac{v}{c}}{1 - \frac{v}{c}} \Rightarrow f_E = f_A \cdot \dfrac{1 + \frac{v}{c}}{1 - \frac{v}{c}}$

I″ in V: $f_A \cdot \dfrac{1 + \frac{v}{c}}{1 - \frac{v}{c}} = f_A + \Delta f$

Auflösung nach v

$$f_A + \dfrac{v}{c} \cdot f_A = f_A - \dfrac{v}{c} \cdot f_A + \Delta f - \dfrac{v}{c} \cdot \Delta f \Rightarrow \dfrac{v}{c} \cdot (2 f_A + \Delta f) = \Delta f \Rightarrow$$

$$v = \dfrac{c \cdot \Delta f}{2 f_A + \Delta f} = \dfrac{c}{1 + 2\frac{f_A}{\Delta f}}$$

$$\textit{Sonderfall}\quad \frac{f_A}{\Delta f}\gg 1\!:\, v\approx\frac{c}{2\frac{f_A}{\Delta f}}=\frac{c}{2}\cdot\frac{\Delta f}{f_A}=\frac{3\cdot 10^5}{2}\,\frac{\text{km}}{\text{s}}\cdot\frac{75\cdot 10^3}{5\cdot 10^9}=2{,}25\,\frac{\text{km}}{\text{s}}$$

D 3 Kinematik eines Seilzugs

Der Seilzug nach Bild D 3 besteht aus den 3 Massen m_A, m_B, m_C, einer festen und einer losen Rolle (Radius jeweils r).

Welche kinematischen Zusammenhänge bestehen zwischen den Massen bezüglich der Geschwindigkeiten und der Beschleunigungen?

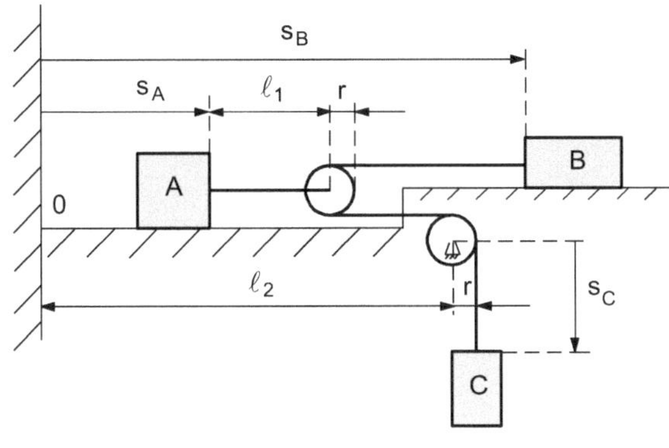

Bild D 3

Lösung

Wir wählen willkürlich einen Koordinaten-Ursprung 0 auf der linken Seite und zählen die Wege, Geschwindigkeiten und Beschleunigungen der Massen A und B positiv nach rechts, den Weg der Masse C vom Drehpunkt der festen Rolle aus nach unten positiv.

Durch Bestimmung der Seillängen in den einzelnen Abschnitten wird ein Zusammenhang der verschiedenen Wege in Verbindung mit konstanten Werten hergestellt.

Beim Differenzieren nach der Zeit fallen die Konstanten heraus. Die verbleibenden, zeitlich veränderlichen Strecken ergeben beim Differenzieren die gesuchten Geschwindigkeiten und durch weiteres Differenzieren die Beschleunigungen.

Die Methode ist auch bei ähnlichen Fällen anzuwenden, wenn die kinematischen Bedingungen nicht sofort erkennbar sind (siehe auch Aufgabe D 4).

Anmerkung Hier wurden die Radien der Seilrollen zur besseren Übersicht gleich angenommen. Die abgeleiteten Beziehungen gelten aber auch für unterschiedliche Radien der Rollen, da die Radien als Konstante beim Differenzieren herausfallen.

Seillänge

$$L = (s_B - s_A - \ell_1) + (\ell_2 - s_A - \ell_1) + s_C + \pi \cdot r + \frac{1}{2}\pi \cdot r \Rightarrow$$

$$s_B + s_C - 2s_A = L + 2\ell_1 - \ell_2 - \frac{3}{2}\pi \cdot r = k$$

Die gleichbleibenden Werte L, ℓ_1, ℓ_2, r (bzw. r_1 und r_2 bei unterschiedlichen Rollenradien) werden zu einer Konstanten k zusammengefasst.

Die Ableitung einer Konstanten ist Null. Damit wird die Ableitung obiger Gleichung nach der Zeit t

$$\frac{ds_B}{dt} + \frac{ds_C}{dt} - 2\frac{ds_A}{dt} = 0$$

$$v_B + v_C - 2v_A = 0 \Rightarrow \boxed{v_A = \frac{v_B + v_C}{2}}$$

Nochmalige Ableitung nach der Zeit ergibt den Zusammenhang der Beschleunigungen

$$\frac{dv_B}{dt} + \frac{dv_C}{dt} - 2\frac{dv_A}{dt} = 0$$

$$a_B + a_C - 2a_A = 0 \Rightarrow \boxed{a_A = \frac{a_B + a_C}{2}}$$

D 4   Kinematik bei fester und loser Rolle

Eine Förderanlage nach Bild D 4 besteht aus den beiden Massen A und B sowie aus einer festen und 2 losen Rollen. Die Rollen haben alle den gleichen Radius r.

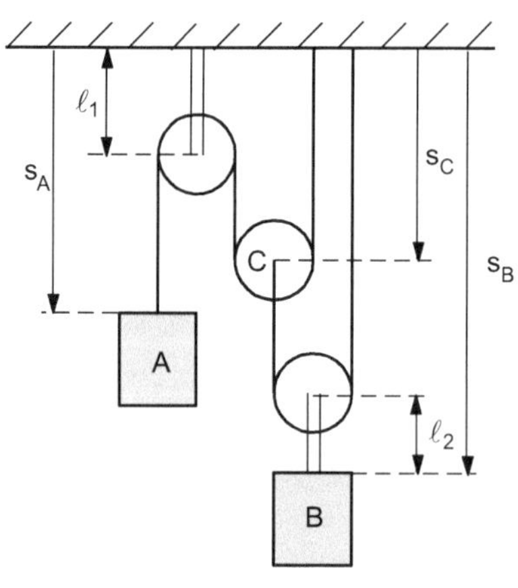

Bild D 4

Gesucht sind die kinematischen Zusammenhänge.

Lösung

Gewählt die positive Bewegungsrichtung ist abwärts.

Das System hat 2 verschiedene Seile der Länge L_1 bzw. L_2

$$L_1 = (s_A - \ell_1) + (s_C - \ell_1) + s_C + \pi \cdot r + \pi \cdot r \Rightarrow$$
$$s_A + 2s_C = L_1 + 2\ell_1 - 2\pi \cdot r = k$$

Die unveränderlichen Längen L_1, ℓ_1, r werden zu einer Konstanten k zusammengefasst, die beim Differenzieren Null ergibt.

$$\frac{ds_A}{dt} + 2\frac{ds_C}{dt} = 0$$

$$v_A + 2v_C = 0 \Rightarrow \boxed{v_C = -\frac{1}{2}v_A}$$

Nochmaliges Differenzieren liefert die Zusammenhänge der Beschleunigungen

$$\frac{dv_C}{dt} = -\frac{1}{2}\frac{dv_A}{dt}$$

$$\boxed{a_C = -\frac{1}{2}a_A}$$

Das Minuszeichen bedeutet: bewegt sich die Masse *A* abwärts (in die positive Richtung), dann bewegt sich die lose Rolle *C* (und damit auch die Last *B*) aufwärts (in die negative Richtung).

Das andere Seil hat die Länge

$$L_2 = (s_B - \ell_2) + (s_B - \ell_2 - s_C) + r \cdot \pi$$
$$2s_B - s_C = L_2 + 2\ell_2 - r \cdot \pi = k$$

Die unveränderlichen Strecken L_2, ℓ_2, r werden zu einer Konstanten k zusammengefasst. Differenziation nach der Zeit

$$2\frac{ds_B}{dt} - \frac{ds_C}{dt} = 0$$

$$2v_B - v_C = 0 \Rightarrow \boxed{v_B = \frac{1}{2}v_C = -\frac{1}{4}v_A}$$

Nochmalige Differenziation nach der Zeit ergibt die Beschleunigung

$$\boxed{a_B = \frac{1}{2}a_C = -\frac{1}{4}a_A}$$

Anmerkung Da der Radius *r* beim Differenzieren herausfällt, gelten die ermittelten kinematischen Beziehungen auch bei unterschiedlichen Radien der Rollen.

Die Kinetik für die Aufgaben D 3 und D 4 ist in D 12 und D 13 angegeben.

D 5 Rutschender Quader

Ein Quader *ABCD* (Breite *b*, Höhe *h*) stützt sich nach Bild D5 bei *A* am Boden und bei *B* an der Wand ab.

Der Quader beginnt zu rutschen und hat bei einer Winkelstellung φ mit dem Boden die augenblickliche Winkelgeschwindigkeit ω und die Winkelbeschleunigung α, beide entgegen dem Uhrzeigersinn.

Gegeben

$\varphi = 30°, \omega = 3\,\frac{\text{rad}}{\text{s}}; \alpha = 1{,}5\,\frac{\text{rad}}{\text{s}^2}, b = \overline{AB} = 1{,}2\,\text{m}; h = \overline{AD} = 0{,}6\,\text{m}$

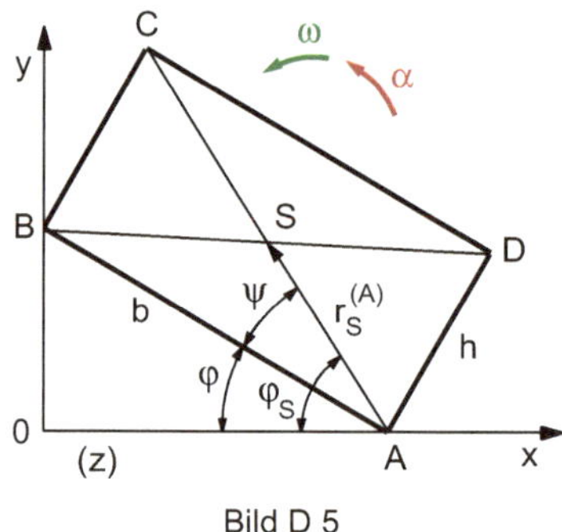

Bild D 5

Gesucht

a) Für die Punkte *A* und *B* sowie für den Schwerpunkt *S* bestimme man die Geschwindigkeiten und die Beschleunigungen zu diesem Zeitpunkt.

b) Man kontrolliere die Geschwindigkeiten mit dem Geschwindigkeits-Momentanpol *P* (Bild DL 5).

Anmerkung Für $h \ll b$ kann der gleitende Quader als „rutschender Stab" oder als „rutschende Leiter" aufgefasst werden.

Lösung

a) Geschwindigkeitssatz von Euler

$$\boxed{\begin{aligned} \vec{v}_B^{(A)} &= \vec{\omega} \times \vec{r}_B^{(A)} \\ \vec{v}_B &= \vec{v}_A + \vec{v}_B^{(A)} = \vec{v}_A + \vec{\omega} \times \vec{r}_B^{(A)} \end{aligned}}$$

Die Geschwindigkeit $\vec{v}_B$ eines Scheibenpunktes B ist gleich der Geschwindigkeit $\vec{v}_A$ eines anderen Scheibenpunktes A plus der Rotationsgeschwindigkeit $\vec{v}_B^{(A)}$ des Scheibenpunktes B um den Scheibenpunkt A (hochgestellter Index A als Drehzentrum).

Beschleunigungssatz von Euler

$$
\boxed{
\begin{aligned}
\vec{a}_B &= \vec{a}_A + \vec{\alpha} \times \vec{r}_B^{(A)} + \vec{\omega} \times \vec{v}_B^{(A)} \\
\vec{a}_B &= \vec{a}_A + \vec{\alpha} \times \vec{r}_B^{(A)} + \vec{\omega} \times \left(\vec{\omega} \times \vec{r}_B^{(A)} \right)
\end{aligned}
}
$$

In unserer Aufgabe drehen $\vec{\omega}$ und $\vec{\alpha}$ entgegen dem Uhrzeigersinn. Nach der Rechtsschraubenregel zeigen die Vektoren dann in die Richtung der z-Achse. Demnach ist mit dem Einsvektor $\vec{k}$ der z-Achse geschrieben

$$
\vec{\omega} = \omega \cdot \vec{k} = 3\vec{k}; \quad \vec{\alpha} = \alpha \cdot \vec{k} = 1{,}5\vec{k}
$$

Der Ortsvektor $\vec{r}_B^{(A)} = \overrightarrow{AB}$ zeigt vom Punkt A aus zum Punkt B.
Der Vektor beginnt im Ursprung A und endet im Zielpunkt B.

$$
\vec{r}_B^{(A)} = \overrightarrow{AB} = 1{,}2 \cdot \left(-\cos\varphi \cdot \vec{i} + \sin\varphi \cdot \vec{j} \right)
$$

$$
\vec{v}_B^{(A)} = \vec{\omega} \times \vec{r}_B^{(A)} = 3\vec{k} \times 1{,}2 \cdot \left(-\cos\varphi \cdot \vec{i} + \sin\varphi \cdot \vec{j} \right)
$$

Über die Bildung von Kreuzprodukten mit Einsvektoren siehe Statik, Abschn. 1.8 Räumliche Systeme, Vektorrechnung.

$$
\vec{v}_B^{(A)} = 3{,}6 \cdot \left(-\cos\varphi \cdot \underbrace{\vec{k} \times \vec{i}}_{\vec{j}} + \sin\varphi \cdot \underbrace{\vec{k} \times \vec{j}}_{-\vec{i}} \right) = -3{,}6 \cdot \left(\cos\varphi \cdot \vec{j} + \sin\varphi \cdot \vec{i} \right)
$$

Punkt A bewegt sich in die positive x-Richtung. Punkt B bewegt sich dann zwangsläufig in die negative y-Richtung.

$$
\vec{v}_A = v_A \cdot \vec{i}
$$

$$
\vec{v}_B = -v_B \cdot \vec{j} = v_A \cdot \vec{i} - 3{,}6 \cdot \left(\cos\varphi \cdot \vec{j} + \sin\varphi \cdot \vec{i} \right) \quad \text{nach Euler}
$$

Gleichsetzen der Komponenten mit Koeffizientenvergleich ergibt

$$
\text{in } \vec{i}\text{-Richtung:} \quad 0 = v_A - 3{,}6 \cdot \sin\varphi \Rightarrow v_A = 3{,}6 \cdot \sin\varphi = 1{,}8 \, \frac{\text{m}}{\text{s}}
$$

$$
\text{in } \vec{j}\text{-Richtung:} \quad -v_B = -3{,}6 \cdot \cos\varphi \Rightarrow v_B = 3{,}6 \cdot \cos\varphi = 3{,}12 \, \frac{\text{m}}{\text{s}}
$$

$$
\vec{v}_A = 1{,}8 \cdot \vec{i}; \quad \vec{v}_B = -3{,}12 \cdot \vec{j}
$$

Die Beschleunigungen von A und B werden in positiver Koordinatenrichtung positiv angenommen

$$\vec{a}_A = a_A \cdot \vec{i}; \quad \vec{a}_B = a_B \cdot \vec{j}$$

Nach Euler gilt

$$\vec{a}_B = \vec{a}_A + \vec{\alpha} \times \vec{r}_B^{(A)} + \vec{\omega} \times \vec{v}_B^{(A)}$$

$$a_B \cdot \vec{j} = a_A \cdot \vec{i} + 1{,}5\vec{k} \times 1{,}2 \cdot \left(-\cos\varphi \cdot \vec{i} + \sin\varphi \cdot \vec{j}\right)$$

$$+ 3\vec{k} \times \left(-3{,}6\cos\varphi \cdot \vec{j} - 3{,}6\sin\varphi \cdot \vec{i}\right)$$

$$a_B \cdot \vec{j} = a_A \cdot \vec{i} - 1{,}8\cos\varphi \cdot \underbrace{\vec{k} \times \vec{i}}_{\vec{j}} + 1{,}8\sin\varphi \cdot \underbrace{\vec{k} \times \vec{j}}_{-\vec{i}}$$

$$- 10{,}8\cos\varphi \cdot \underbrace{\vec{k} \times \vec{j}}_{-\vec{i}} - 10{,}8\sin\varphi \cdot \underbrace{\vec{k} \times \vec{i}}_{\vec{j}}$$

$$a_B \cdot \vec{j} = (a_A - 1{,}8\sin\varphi + 10{,}8\cos\varphi) \cdot \vec{i} - (1{,}8\cos\varphi + 10{,}8\sin\varphi) \cdot \vec{j}$$

Gleichsetzen der Komponenten ergibt

$$\text{in } \vec{i}\text{-Richtung:} \quad 0 = a_A - 1{,}8\sin\varphi + 10{,}8\cos\varphi \Rightarrow a_A = 1{,}8\sin\varphi - 10{,}8\cos\varphi$$

$$= -8{,}45\,\frac{\text{m}}{\text{s}^2}$$

$$\text{in } \vec{j}\text{-Richtung:} \quad a_B = -(1{,}8\cos\varphi + 10{,}8\sin\varphi) = -6{,}96\,\frac{\text{m}}{\text{s}^2}$$

$$\vec{a}_A = -8{,}45 \cdot \vec{i}; \quad \vec{a}_B = -6{,}96 \cdot \vec{j}$$

- $\vec{v}_A$ und $\vec{a}_A$ sind gegensinnig (verzögerte Bewegung)
- $\vec{v}_B$ und $\vec{a}_B$ sind gleichsinnig (beschleunigte Bewegung)

Geschwindigkeit des Schwerpunkts S (Schnittpunkt der Quader-Diagonalen)
Nach Bild D 5 ist

$$\tan\psi = \frac{h}{b} = \frac{0{,}6}{1{,}2} = 0{,}5 \Rightarrow \psi = 26{,}57°; \quad \varphi_S = \varphi + \psi = 30° + 26{,}57° = 56{,}27°$$

$$r_S^{(A)} = \overline{AS} = \frac{1}{2}\sqrt{b^2 + h^2} = \frac{1}{2}\sqrt{1{,}2^2 + 0{,}6^2} = 0{,}67\,\text{m}$$

$$\vec{r}_S^{(A)} = 0{,}67 \cdot \left(-\cos\varphi_S \cdot \vec{i} + \sin\varphi_S \cdot \vec{j}\right)$$

$$\vec{v}_S^{(A)} = \vec{\omega} \times \vec{r}_S^{(A)} = 3\vec{k} \times 0{,}67 \cdot \left(-\cos\varphi_S \cdot \vec{i} + \sin\varphi_S \cdot \vec{j}\right)$$

$$= -2{,}01 \cdot \left(\cos\varphi_S \cdot \vec{j} + \sin\varphi_S \cdot \vec{i}\right)$$

$$\vec{v}_S = \vec{v}_A + \vec{v}_S^{(A)} = v_A \cdot \vec{i} - 2{,}01 \cdot \left(\cos \varphi_S \cdot \vec{j} + \sin \varphi_S \cdot \vec{i}\right)$$

$$v_{Sx} \cdot \vec{i} + v_{Sy} \cdot \vec{j} = (v_A - 2{,}01 \sin \varphi_S) \cdot \vec{i} - 2{,}01 \cos \varphi_S \cdot \vec{j}$$

Koeffizienten-Vergleich

$$\vec{i}\text{-Richtung:}\quad v_{Sx} = v_A - 2{,}01 \sin \varphi_S = 1{,}8 - 2{,}01 \sin 56{,}57^\circ = 0{,}12\,\frac{\mathrm{m}}{\mathrm{s}}$$

$$\vec{j}\text{-Richtung:}\quad v_{Sy} = -2{,}01 \cos \varphi_S = -2{,}01 \cos 56{,}57^\circ = -1{,}11\,\frac{\mathrm{m}}{\mathrm{s}}$$

$$v_S = \sqrt{v_{Sx}^2 + v_{Sy}^2} = \sqrt{0{,}12^2 + 1{,}11^2} = 1{,}12\,\frac{\mathrm{m}}{\mathrm{s}}\quad \text{zeigt nach unten rechts}$$

$$\text{Winkel mit der } x\text{-Achse}\quad \tan \beta = \left|\frac{v_{Sy}}{v_{Sx}}\right| = \frac{1{,}11}{0{,}12} = 9{,}25 \Rightarrow \beta = 83{,}83^\circ$$

Die Beschleunigung des Schwerpunkts möge der Leser bestimmen.

$$\text{Ergebnis:}\quad \vec{a}_{Sx} = -5{,}97\,\frac{\mathrm{m}}{\mathrm{s}^2} \cdot \vec{i};\quad \vec{a}_{Sy} = -5{,}59\,\frac{\mathrm{m}}{\mathrm{s}^2} \cdot \vec{j}$$

b) Kontrolle der Geschwindigkeiten mit dem Geschwindigkeits-Momentanpol P

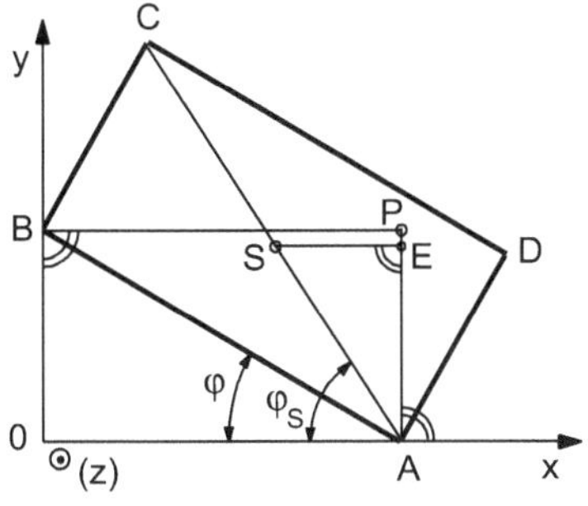

Bild DL 5

Nach Bild DL 5 ist

$$\overline{BP} = \overline{AB} \cdot \cos \varphi = 1{,}2 \cdot \cos 30^\circ = 1{,}04$$

$$\overline{AP} = \overline{AB} \cdot \sin \varphi = 1{,}2 \cdot \sin 30^\circ = 0{,}6$$

$$\overline{AE} = \overline{AS} \cdot \sin \varphi_S = 0{,}67 \cdot \sin 56{,}57^\circ = 0{,}56$$

$$\overline{ES} = \overline{AS} \cdot \cos \varphi_S = 0{,}67 \cdot \cos 56{,}57^\circ = 0{,}37$$

$$\overline{EP} = \overline{AP} - \overline{AE} = 0{,}6 - 0{,}56 = 0{,}04$$

Die Geschwindigkeiten bzw. ihre Komponenten werden gebildet als Produkt des Lotes vom Pol auf den Geschwindigkeitsvektor multipliziert mit der Winkelgeschwindigkeit.

$$v_A = \overline{AP} \cdot \omega = 0{,}6 \cdot 3 = 1{,}8 \, \frac{m}{s}$$

$$v_B = \overline{BP} \cdot \omega = 1{,}04 \cdot 3 = 3{,}12 \, \frac{m}{s}$$

$$v_{Sx} = \overline{EP} \cdot \omega = 0{,}04 \cdot 3 = 0{,}12 \, \frac{m}{s}$$

$$v_{Sy} = \overline{ES} \cdot \omega = 0{,}37 \cdot 3 = 1{,}11 \, \frac{m}{s}$$

3.2 Krummlinige Bewegung

D 6 Archimedische Spirale

Bei einem Industrieroboter rotiert ein Stab mit konstanter Winkelgeschwindigkeit ω um einen Drehpunkt 0 (Koordinaten-Ursprung).

Relativ zum Stab bewegt sich ein Massenpunkt m radial vom Ursprung nach außen mit der konstanten Geschwindigkeit $\vec{v}_r$.

Die Bahn, die der Punkt bei seiner Bewegung beschreibt, ist eine Archimedische Spirale.

Gegeben

$v_r = \dot{r} = $ konst., $\omega = \dot{\varphi} = $ konst.

Anfangsbedingungen: zur Zeit $t = 0$ ist $r = 0$; $\varphi = 0$

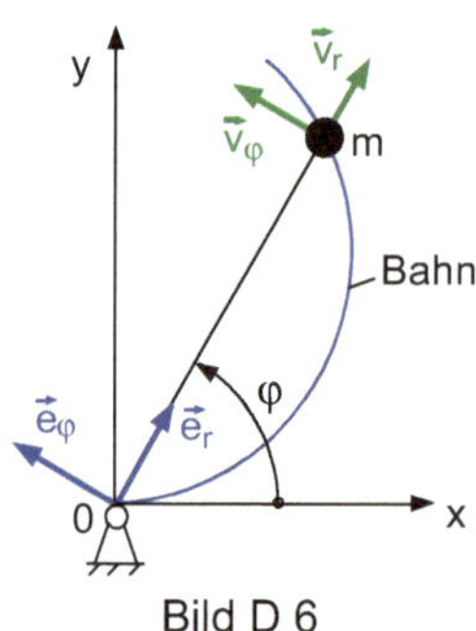

Bild D 6

Gesucht

a) Gleichung der Bahnkurve in Polarkoordinaten
b) Geschwindigkeit und Beschleunigung des Massenpunktes
c) Komponenten der Beschleunigung in tangentialer und in normaler Richtung
d) Krümmungsradius der Bahnkurve

Lösung

$\vec{e}_r$ = radialer Einheitsvektor, zeigt in die Richtung wachsender Radien r

$\vec{e}_\varphi$ = transversaler Einheitsvektor, zeigt in die Richtung wachsender Winkel φ

a) Bahnkurve

$$\left.\begin{array}{l} v_r = \dot{r} = \dfrac{dr}{dt} \Rightarrow dt = \dfrac{dr}{v_r} \\[3mm] \omega = \dot{\varphi} = \dfrac{d\varphi}{dt} \Rightarrow dt = \dfrac{d\varphi}{\omega} \end{array}\right\} \; dt = \dfrac{dr}{v_r} = \dfrac{d\varphi}{\omega} \Rightarrow dr = \dfrac{v_r}{\omega} \cdot d\varphi$$

Integration

$$r = r(\varphi) = \frac{v_r}{\omega} \int d\varphi = \frac{v_r}{\omega} \cdot \varphi + c$$

Die Konstanten v_r und ω werden vor das Integral gezogen.

Anfangsbedingungen: $r(t=0) = 0$; $\varphi(t=0) = 0 \Rightarrow c = 0$

Damit lautet die Gleichung der Bahnkurve

$$r = r(\varphi) = \frac{v_r}{\omega} \cdot \varphi \quad \text{(Archimedische Spirale)}$$

b) Geschwindigkeit

$$\vec{v} = v_r \cdot \vec{e}_r + v_\varphi \cdot \vec{e}_\varphi \quad \text{wobei} \quad v_\varphi = r \cdot \omega = \frac{v_r}{\omega}\varphi \cdot \omega = v_r \cdot \varphi$$

$$\vec{v} = v_r \cdot \left(\vec{e}_r + \varphi \cdot \vec{e}_\varphi\right)$$

$$v = \sqrt{v_r^2 + v_\varphi^2} = \sqrt{v_r^2 + v_r^2 \cdot \varphi^2} = v_r \cdot \sqrt{1 + \varphi^2}$$

Zur Zeit $t = 0$ ist $\varphi = 0$ und damit $v(t=0) = v_r \neq 0$

Die Bahnkurve hat im Nullpunkt eine Steigung (die Steigung der Bahnkurve ist proportional der Geschwindigkeit).

Beschleunigung

$$\vec{a} = a_r \cdot \vec{e}_r + a_\varphi \cdot \vec{e}_\varphi = \left(\ddot{r} - r\dot{\varphi}^2\right) \cdot \vec{e}_r + \left(2\dot{r}\dot{\varphi} + r\ddot{\varphi}\right) \cdot \vec{e}_\varphi$$

$$\dot{r} = \text{konst.} \Rightarrow \ddot{r} = 0 : \dot{\varphi} = \text{konst.} \Rightarrow \ddot{\varphi} = 0$$

und damit

$$\vec{a} = -\frac{v_r}{\omega}\varphi \cdot \omega^2 \cdot \vec{e}_r + 2v_r \cdot \omega \cdot \vec{e}_\varphi = v_r \cdot \omega \left(-\varphi \cdot \vec{e}_r + 2\vec{e}_\varphi\right)$$

$$a = \sqrt{a_r^2 + a_\varphi^2} = v_r \cdot \omega \cdot \sqrt{4 + \varphi^2}$$

c) Tangential- und Normalbeschleunigung

$$a_\mathrm{t} = \dot{v} = \frac{dv}{dt} = \frac{d}{dt}\left(v_\mathrm{r} \cdot \sqrt{1 + \varphi^2}\right) = v_\mathrm{r} \cdot \frac{2\varphi \cdot \dot{\varphi}}{2\sqrt{1 + \varphi^2}} = v_\mathrm{r} \cdot \omega \cdot \frac{\varphi}{\sqrt{1 + \varphi^2}}$$

$$a^2 = a_\mathrm{t}^2 + a_\mathrm{n}^2 \Rightarrow a_\mathrm{n}^2 = a^2 - a_\mathrm{t}^2$$

$$a_\mathrm{n}^2 = v_\mathrm{r}^2\omega^2 \cdot \left(4 + \varphi^2\right) - v_\mathrm{r}^2\omega^2 \cdot \frac{\varphi^2}{1 + \varphi^2} = v_\mathrm{r}^2\omega^2 \cdot \left(4 + \varphi^2 - \frac{\varphi^2}{1 + \varphi^2}\right)$$

$$a_\mathrm{n}^2 = v_\mathrm{r}^2\omega^2 \cdot \frac{4 + 4\varphi^2 + \varphi^2 + \varphi^4 - \varphi^2}{1 + \varphi^2} = v_\mathrm{r}^2\omega^2 \cdot \frac{\left(2 + \varphi^2\right)^2}{1 + \varphi^2}$$

$$a_\mathrm{n} = v_\mathrm{r}\omega \cdot \frac{2 + \varphi^2}{\sqrt{1 + \varphi^2}}$$

d) Krümmungsradius

$$a_\mathrm{n} = \frac{v^2}{\rho} \Rightarrow \rho = \rho\left(\varphi\right) = \frac{v^2}{a_\mathrm{n}} = \frac{v_\mathrm{r}^2\left(1 + \varphi^2\right) \cdot \sqrt{1 + \varphi^2}}{v_\mathrm{r}\omega \cdot \left(2 + \varphi^2\right)} = \frac{v_\mathrm{r}}{\omega} \cdot \frac{\left(1 + \varphi^2\right)^{\frac{3}{2}}}{2 + \varphi^2}$$

D 7 Punktförmiger Körper auf glatter Bahn

Eine punktförmige Masse m hat im Punkt A die Geschwindigkeit v_A. Sie bewegt sich längs einer glatten Bahn AC anfänglich auf einer schiefen Ebene (Steigungswinkel α, Länge ℓ), die bei B in eine Kreisbahn mit dem Radius r übergeht.

An der Stelle C verlässt der Massenpunkt die Kreisbahn und landet bei D am horizontalen Boden.

Gegeben

$v_\mathrm{A} = 2\,\frac{\mathrm{m}}{\mathrm{s}};\ \alpha = 15°;\ \ell = 1{,}5\,\mathrm{m};\ r = 5\,\mathrm{m}$

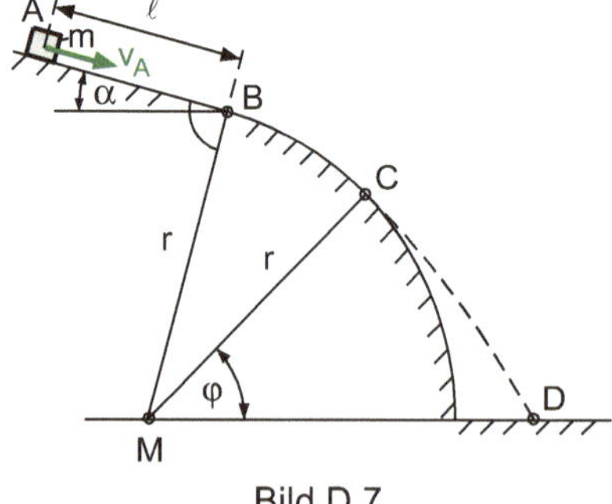

Bild D 7

Gesucht

a) Ablösewinkel φ und Geschwindigkeit bei C

b) Auftreffgeschwindigkeit und Auftreffwinkel bei D sowie die horizontale Flugweite
    von C nach D

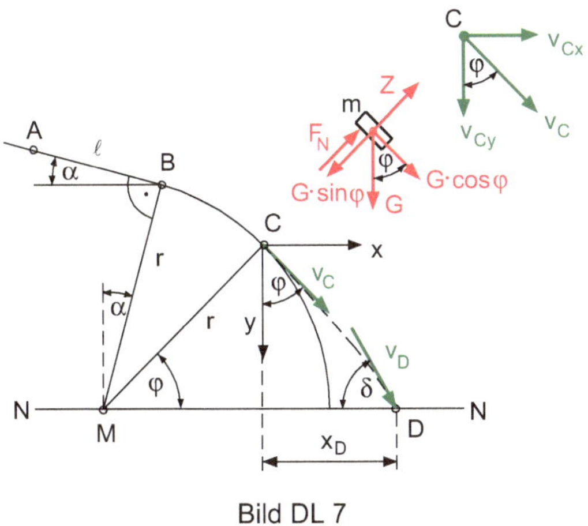

Bild DL 7

Lösung

Gewichtskraft $G = m \cdot g$

Die Trägheitskraft bei der Drehbewegung ist die Zentrifugalkraft

$$Z = m \cdot a_\mathrm{n} = m \cdot \frac{v_\mathrm{C}^2}{r}$$

$F_\mathrm{N} =$ Normalkraft von der Bahn auf den Körper

Dynamisches Gleichgewicht auf der Kreisbahn

$$F_\mathrm{N} = G \cdot \sin \varphi - Z$$

Bei der Abhebung im Punkt C ist

$$F_\mathrm{N} = 0$$

$$mg \cdot \sin \varphi - m \cdot \frac{v_\mathrm{C}^2}{r} = 0 \,|: m \Rightarrow v_\mathrm{C}^2 = g \cdot r \cdot \sin \varphi; \quad v_\mathrm{C} = \sqrt{g \cdot r \cdot \sin \varphi}$$

Energieerhaltungssatz zwischen A und C

$$U_\mathrm{A} + T_\mathrm{A} = U_\mathrm{C} + T_\mathrm{C}$$

Nullniveau $NN = MD$ angenommen

$$mg \cdot (\ell \cdot \sin\alpha + r \cdot \cos\alpha) + \frac{1}{2}m \cdot v_A^2 = mg \cdot r \cdot \sin\varphi + \frac{1}{2}m \cdot v_C^2 \Big| \cdot \frac{2}{m} \Rightarrow$$

$$2g \cdot (\ell \cdot \sin\alpha + r \cdot \cos\alpha) + v_A^2 = 2g \cdot r \cdot \sin\varphi + g \cdot r \cdot \sin\varphi = 3g \cdot r \cdot \sin\varphi \Rightarrow$$

$$\sin\varphi = \frac{2}{3}\frac{\ell}{r}\sin\alpha + \frac{2}{3}\cos\alpha + \frac{v_A^2}{3g \cdot r} = \frac{2}{3}\cdot\frac{1{,}5}{5}\sin 15° + \frac{2}{3}\cos 15° + \frac{4}{3 \cdot 9{,}81 \cdot 5}$$

$$\sin\varphi = 0{,}723 \Rightarrow \varphi = 46{,}3°$$

$$v_C = \sqrt{g \cdot r \cdot \sin\varphi} = \sqrt{9{,}81 \cdot 5 \cdot \sin 46{,}3°} = 5{,}95\,\frac{m}{s}$$

Zerlegung in Komponenten

$$v_{Cx} = v_C \cdot \sin\varphi = 5{,}95 \cdot \sin 46{,}3° = 4{,}3\,\frac{m}{s}$$

$$v_{Cy} = v_C \cdot \cos\varphi = 5{,}95 \cdot \cos 46{,}3° = 4{,}11\,\frac{m}{s}$$

Flug von C nach D

Keine Beschleunigung in x-Richtung

$$v_{Dx} = v_{Cx} = 4{,}3\,\frac{m}{s}$$

Energieerhaltungssatz in y-Richtung

$$U_C + T_{Cy} = U_D + T_{Dy}$$

Das Nullniveau verläuft durch den Punkt D: $U_D = 0$

$$mg \cdot r \cdot \sin\varphi + \frac{1}{2}m \cdot v_{Cy}^2 = \frac{1}{2}m \cdot v_{Dy}^2 \Big| \cdot \frac{2}{m} \Rightarrow$$

$$v_{Dy} = \sqrt{v_{Cy}^2 + 2g \cdot r \cdot \sin\varphi} = \sqrt{4{,}11^2 + 2 \cdot 9{,}81 \cdot 5 \cdot \sin 46{,}3°} = 9{,}37\,\frac{m}{s}$$

$$v_D = \sqrt{v_{Dx}^2 + v_{Dy}^2} = \sqrt{4{,}3^2 + 9{,}37^2} = 10{,}31\,\frac{m}{s}$$

$$\tan\delta = \frac{v_{Dy}}{v_{Dx}} = \frac{9{,}37}{4{,}3} = 2{,}179 \Rightarrow \delta = 65{,}35°$$

Flugzeit von C nach D

$$v_{Dy} = v_{Cy} + g \cdot t \Rightarrow t = \frac{v_{Dy} - v_{Cy}}{g} = \frac{9{,}37 - 4{,}11}{9{,}81} = 0{,}536\,s$$

Horizontale Wegkomponente

$$x_D = v_{Cx} \cdot t = 4{,}3 \cdot 0{,}536 = 2{,}3\,m$$

D 8 Massenpunkt auf einer Schleifenbahn (Looping)

Ein Massenpunkt m gleitet aus der Ruhelage bei A auf einer glatten Bahn abwärts in eine Kreisbahn mit dem Radius r auf der Innenseite des Kreises bis zum Punkt B. Dort verlässt er die Kreisbahn und beschreibt eine Wurfparabel, die durch den Kreismittelpunkt M gehen soll.

Gegeben

m, r

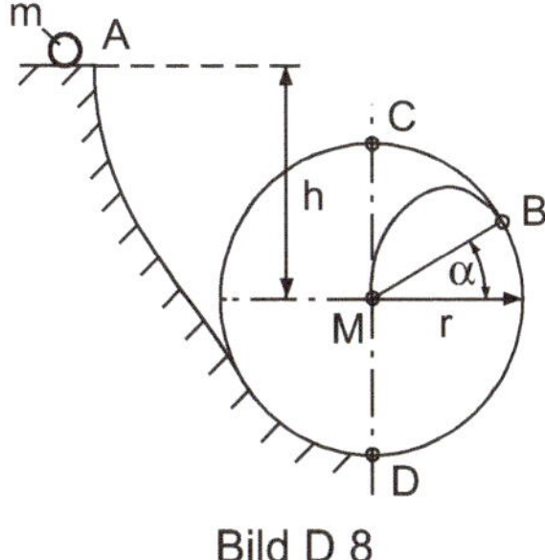

Bild D 8

Gesucht

a) Bei welchem Winkel φ verlässt der Punkt die Bahn?
b) Wie groß muss die Ausgangshöhe h über dem Kreismittelpunkt sein?
c) Wie groß müsste h mindestens sein, um den höchsten Punkt C der Kreisbahn zu erreichen?
d) Wie groß ist dann der Bahndruck im tiefsten Punkt D?

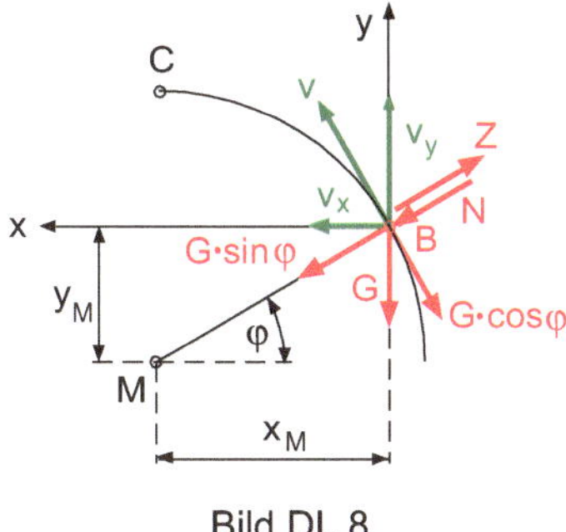

Bild DL 8

Lösung

a) Winkel, bei dem die Masse abhebt (Bild DL 8)

Gewichtskraft: $\qquad G = m \cdot g$

Zentrifugalkraft (Fliehkraft): $Z = m \cdot a_n = m \cdot \dfrac{v_B^2}{r}$

Bahndruck: $\qquad N = Z - G \cdot \sin \varphi$

Abheben, wenn $N = 0$: $Z = G \cdot \sin \varphi$

$$m \cdot \frac{v_B^2}{r} = m \cdot g \cdot \sin \varphi \,|: m \Rightarrow$$

$$v_B^2 = g \cdot r \cdot \sin \varphi; \quad v_B = \sqrt{g \cdot r \cdot \sin \varphi}$$

Schiefer Wurf

$$v_x = v \cdot \sin \varphi; \quad v_y = v \cdot \cos \varphi - g \cdot t$$

$$x = v \cdot \sin \varphi \cdot t; \, y = v \cdot \cos \varphi \cdot t - \frac{1}{2} g \cdot t^2$$

Für den Kreismittelpunkt M gilt

$$x_M = r \cdot \cos \varphi; \quad y_M = -r \cdot \sin \varphi$$

Flugdauer von B nach M

I) $r \cdot \cos \varphi = v \cdot \sin \varphi \cdot t \Rightarrow t = \dfrac{r \cdot \cos \varphi}{v \cdot \sin \varphi}$

II) $-r \cdot \sin \varphi = v \cdot \cos \varphi \cdot t - \dfrac{1}{2} g \cdot t^2$

I in II: $-r \cdot \sin \varphi = v \cdot \cos \varphi \cdot \dfrac{r \cdot \cos \varphi}{v \cdot \sin \varphi} - \dfrac{g}{2} \cdot \dfrac{r^2 \cdot \cos^2 \varphi}{v^2 \cdot \sin^2 \varphi} \,\bigg|: r \Rightarrow$

$$-\sin \varphi = \frac{\cos^2 \varphi}{\sin \varphi} - \frac{g}{2} \cdot \frac{r \cdot \cos^2 \varphi}{g \cdot r \cdot \sin^3 \varphi} \,\bigg| \cdot 2 \sin^3 \varphi \Rightarrow$$

$$-2 \sin^4 \varphi = 2 \sin^2 \varphi \cdot \cos^2 \varphi - \cos^2 \varphi$$

$$2 \sin^2 \varphi \cdot \Big(\underbrace{\sin^2 \varphi + \cos^2 \varphi}_{1} \Big) = \cos^2 \varphi \Rightarrow \tan^2 \varphi = \frac{1}{2}$$

$$\tan \varphi = \frac{1}{\sqrt{2}} = \frac{\sqrt{2}}{2} = 0{,}707 \Rightarrow \varphi = 35{,}26°$$

b) Erforderliche Ausgangshöhe

Energieerhaltungssatz zwischen A und B (Nullniveau NN durch M gelegt)

$$U_A + T_A = U_B + T_B \quad \text{wobei} \quad T_A = 0 \quad \text{wegen} \quad v_A = 0$$

$$m \cdot g \cdot h = m \cdot g \cdot r \cdot \sin \varphi + \frac{1}{2} m \cdot v_B^2 |: m \Rightarrow$$

$$h = \frac{v_B^2}{2g} + r \cdot \sin \varphi = \frac{g \cdot r \cdot \sin \varphi}{2g} + r \cdot \sin \varphi = \frac{3}{2} r \cdot \sin \varphi = \frac{3}{2} \cdot \frac{1}{\sqrt{3}} \cdot r = \frac{\sqrt{3}}{2} r$$

$$\text{wobei} \quad \sin \varphi = \frac{\tan \varphi}{\sqrt{1 + \tan^2 \varphi}} = \frac{1}{\sqrt{2} \cdot \sqrt{1 + \frac{1}{2}}} = \frac{1}{\sqrt{3}}$$

c) Durchgehende Schleifenbahn

Im höchsten Punkt C muss sein: $Z \geq G$

$$m \cdot \frac{v_C^2}{r} = m \cdot g |: m \Rightarrow v_C^2 = g \cdot r; v_C = \sqrt{g \cdot r}$$

Energieerhaltungssatz zwischen A und C

$$U_A + T_A = U_C + T_C \quad \text{wobei} \quad T_A = 0$$

$$m \cdot g \cdot h = m \cdot g \cdot r + \frac{1}{2} m \cdot v_C^2 |: m \Rightarrow h = \frac{v_C^2}{2g} + r = \frac{g \cdot r}{2g} + r = \frac{3}{2} r$$

d) Bahndruck im tiefsten Punkt D

Energieerhaltungssatz zwischen A und D (NN durch D gelegt)

$$U_A + T_A = U_D + T_D \quad \text{wobei} \quad T_A = 0 \quad \text{und} \quad U_D = 0$$

$$m \cdot g \cdot (h + r) = \frac{1}{2} m \cdot v_D^2 |: m \Rightarrow v_D^2 = 2g \cdot \left(\frac{3}{2} r + r \right) = 5g \cdot r$$

$$N = G + Z = m \cdot g + m \cdot \frac{v_D^2}{r} = m \cdot g + m \cdot \frac{5g \cdot r}{r} = 6m \cdot g$$

D 9 Fahrzeug auf cosinusförmigem Hang

Ein Körper K rutscht reibungsfrei mit der Anfangsgeschwindigkeit v_0 einen cosinusförmigen Hang mit der Höhe $h = 1\,\text{m}$ herab. Die Länge des Hanges beträgt $l = 10\,\text{m}$. Ermitteln Sie

a) die Funktion $y(x)$

b) Geben Sie die Funktion seiner Geschwindigkeit in Abhängigkeit der horizontalen Koordinate x an.

c) Ermitteln Sie die Geschwindigkeit bei der Höhe von $y = 0,5\,\text{m}$ und bei den Wegen von $x = 10\,\text{m}$ sowie von $6\,\text{m}$, wenn $v_0 = 2\,\text{m/s}$.

Der Körper K kann als Punktmasse betrachtet werden.

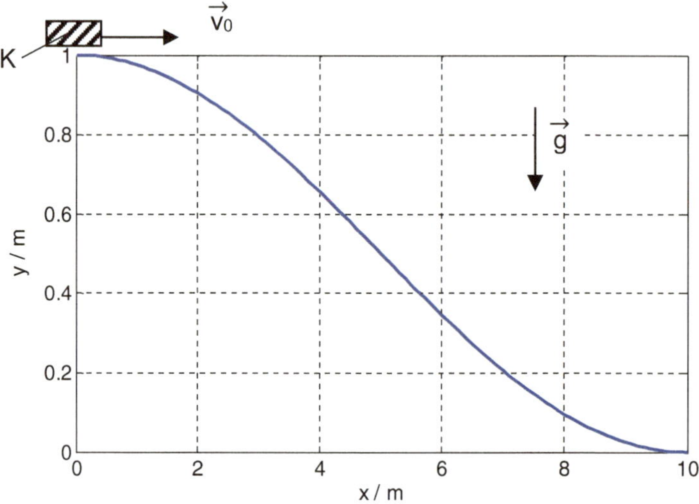

Lösung

a) Die Amplitude der Cosinusfunktion des Hanges ist $\hat{y} = \frac{h}{2}$ und die schwankt um den Mittelwert $\frac{h}{2}$. Die halbe Periodenlänge liegt bei l, bzw. die Gesamtperiodenlänge beträgt $2\,l$.

$$\frac{x}{\varphi} = \frac{l}{\pi} \Leftrightarrow \varphi = \frac{\pi}{l}x$$

$$y(x) = \hat{y} + \hat{y}\cos(\varphi) = \frac{h}{2}\left(1 + \cos\left(\pi\frac{x}{l}\right)\right)$$

b) Da keine Reibung ($W_{\text{Reib}} = 0$) vorliegt, kann man von der Erhaltung der Energie ausgehen:

$$E_{\text{Pot}} + E_{\text{Kin}} = \text{konst.}$$

$$E_{\text{Pot}_0} + E_{\text{Kin}_0} = E_{\text{Pot}}(x) + E_{\text{Kin}}(x)$$

$$mgh + \frac{m}{2}v_0^2 = mgy(x) + \frac{m}{2}v(x)^2 \,\Big|\cdot\frac{2}{m}$$

$$2gh + v_0^2 = 2gy(x) + v(x)^2$$

$$v(x)^2 = v_0^2 + 2g(h - y(x))$$

$$v(x) = \sqrt{v_0^2 + 2g(h - y(x))}$$

c) Geschwindigkeiten bei
$y = 0{,}5\,\mathrm{m}$

$$v(y = 0{,}5\,\mathrm{m}) = \sqrt{2^2 \left(\frac{\mathrm{m}}{\mathrm{s}}\right)^2 + 2 \cdot 9{,}81\,\frac{\mathrm{m}}{\mathrm{s}^2}\,(1\,\mathrm{m} - 0{,}5\,\mathrm{m})} = 3{,}716\,\frac{\mathrm{m}}{\mathrm{s}}$$

$x = 10\,\mathrm{m} \Rightarrow y = 0\,\mathrm{m}$

$$v(x = 10\,\mathrm{m}) = \sqrt{4 \left(\frac{\mathrm{m}}{\mathrm{s}}\right)^2 + 2 \cdot 9{,}81\,\frac{\mathrm{m}}{\mathrm{s}^2}\,(1\,\mathrm{m} - 0\,\mathrm{m})v} = 4{,}860\,\frac{\mathrm{m}}{\mathrm{s}}$$

$x = 6\,\mathrm{m}$

$$y(x = 6\,\mathrm{m}) = 0{,}5\,\mathrm{m} \left(1 + \cos\left(\pi\,\frac{6\,\mathrm{m}}{10\,\mathrm{m}}\right)\right) = 0{,}346\,\mathrm{m}$$

$$h - y(6\,\mathrm{m}) = 1\,\mathrm{m} - 0{,}346\,\mathrm{m} = 0{,}654\,\mathrm{m}$$

$$v(x = 6\,\mathrm{m}) = \sqrt{4 \left(\frac{\mathrm{m}}{\mathrm{s}}\right)^2 + 2 \cdot 9{,}81\,\frac{\mathrm{m}}{\mathrm{s}^2}0{,}654\,\mathrm{m}} = 4{,}103\,\frac{\mathrm{m}}{\mathrm{s}}$$

3.3 Eulerscher Geschwindigkeits- und Beschleunigungssatz

D 10 Gelenkviereck mit angehängtem Dreieck

Bei einem Kran wird durch die Betätigung der Hydraulik am Stab *BD* eine Winkelgeschwindigkeit ω des Stabes *AB* um *A* entgegen dem Uhrzeigersinn erzeugt.

Gegeben

$\omega = \frac{2}{3}\frac{1}{\mathrm{s}}$

$$\overline{AB} = 3\,\mathrm{m}; \quad \overline{AD} = 5\,\mathrm{m}; \quad \overline{CD} = 5{,}5\,\mathrm{m}; \quad \overline{EC} = 4\,\mathrm{m}$$

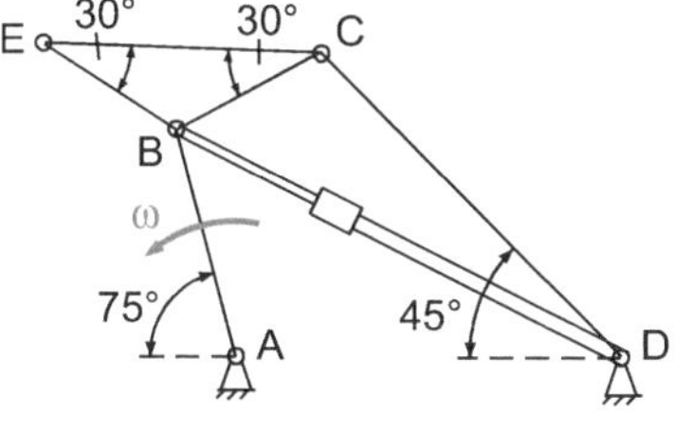

Bild D 10

Gesucht

a) Geschwindigkeit und Beschleunigung der Punkte *B*, *C*, *E* des angehängten Dreiecks

b) Tangential- und Normalbeschleunigung des Punktes *E* sowie der Krümmungsradius seiner Bahnkurve

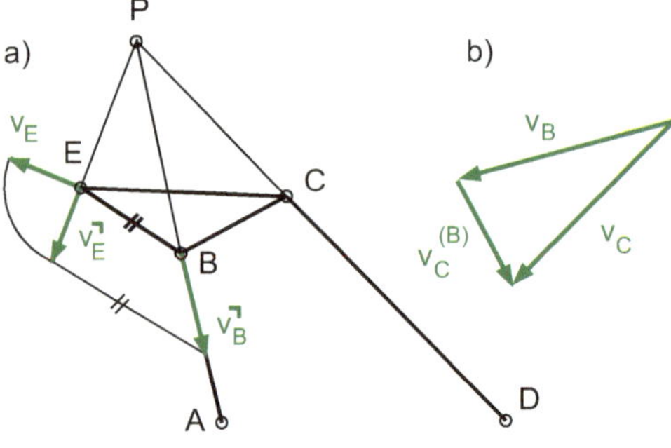

Bild DL 10-1

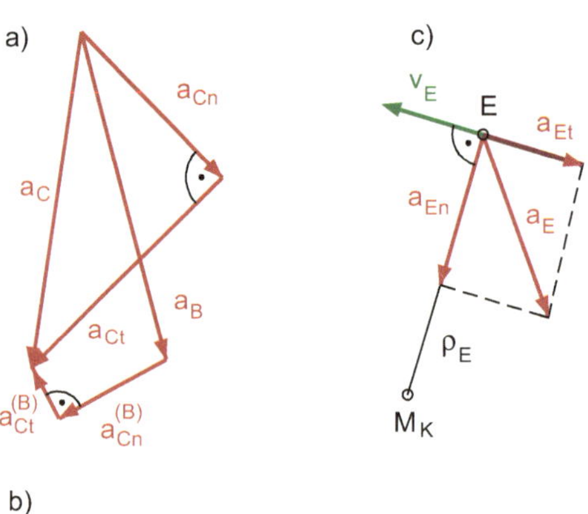

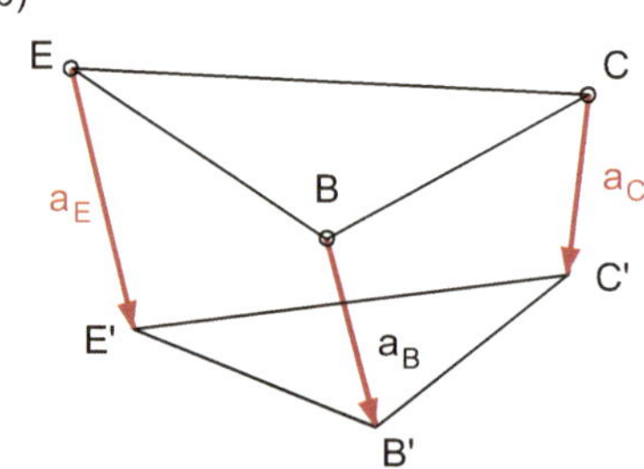

Bild DL 10-2

Lösung

a) Geschwindigkeit und Beschleunigung der Dreieckspunkte

$$v_{\mathrm{B}} = \omega \cdot \overline{AB} = \frac{2}{3} \cdot 3 = 2 \,\frac{\mathrm{m}}{\mathrm{s}}$$

Geschwindigkeitsplan

Eulerscher Geschwindigkeitssatz

$$\begin{array}{ccc}
\vec{v}_{\mathrm{C}} = & \vec{v}_{\mathrm{B}} + & \vec{v}_{\mathrm{C}}^{(B)} \\
\perp CD & \perp AB & \perp BC \\
? & 2\frac{\mathrm{m}}{\mathrm{s}} & ?
\end{array}$$

Bezeichnung $v_{\mathrm{C}}^{(B)}$ lies v_{C} um B (hochgestellter Index für das Drehzentrum).

Die in die Polrichtung gedrehten (geklappten) Vektoren werden mit einem hochgestellten Winkel gekennzeichnet.

Zwei unbekannte, durch Fragezeichen gekennzeichnete Werte (2 Beträge, 2 Richtungen oder 1 Betrag und 1 Richtung) lassen sich (bei einem ebenen Problem) aus dem Geschwindigkeitsdreieck bzw. aus dem Beschleunigungsplan bestimmen. Für die rechnerische Lösung steht eine Vektorgleichung (mit 2 äquivalenten skalaren Gleichungen) zur Verfügung.

Beachte: Je nach Platzverhältnissen sind die gleichen Vektoren in den einzelnen Teilzeichnungen mit unterschiedlichen Maßstäben gezeichnet.

Im Bild DL 10-1a,b sind die Geschwindigkeiten $\vec{v}_{\mathrm{C}}$, $\vec{v}_{\mathrm{C}}^{(B)}$ und $\vec{v}_{\mathrm{E}}$ ermittelt

mit dem Ergebnis: $v_{\mathrm{C}} = 2{,}1 \,\frac{\mathrm{m}}{\mathrm{s}}$, $v_{\mathrm{C}}^{(B)} = 1{,}0 \,\frac{\mathrm{m}}{\mathrm{s}}$, $v_{\mathrm{E}} = 1{,}4 \,\frac{\mathrm{m}}{\mathrm{s}}$

Der Geschwindigkeits-Momentanpol P ergibt sich als Schnittpunkt der Lote auf die beiden Geschwindigkeitsvektoren $\vec{v}_{\mathrm{B}}$ und $\vec{v}_{\mathrm{C}}$ in Form der Geraden AB und CD.

Die Geschwindigkeiten sind proportional den Abständen der entsprechenden Scheibenpunkte vom Momentanpol. Damit erhält man mit Hilfe der in die Pollage geklappten Geschwindigkeiten den Vektor $\vec{v}_{\mathrm{E}}$.

Beschleunigungsplan

Mit dem Beschleunigungsplan nach Bild DL 10-2a findet man die beiden unbekannten Beträge a_{Ct} und $a_{\mathrm{Ct}}^{(B)}$.

Der Vektor $\vec{a}_{\mathrm{C}}$ setzt sich aus den Komponenten $\vec{a}_{\mathrm{Cn}}$ und $\vec{a}_{\mathrm{Ct}}$ zusammen und hat den Betrag

$$a_{\mathrm{C}} = 1{,}32 \,\frac{\mathrm{m}}{\mathrm{s}^2}.$$

Im Bild DL 10-2b wird der Beschleunigungsvektor $\vec{a}_{\mathrm{E}}$ mit dem Satz von Burmester bestimmt.

Die Verbindungslinien der Geschwindigkeits- bzw. der Beschleunigungsvektorspitzen von Punkten einer bewegten Scheibe bilden eine zum Polygon der zugehörigen Scheibenpunkte geometrisch ähnliche Figur.

$$\Delta B'C'E' \sim \Delta BCE$$

in verdrehter Lage (die Seiten der beiden ähnlichen Dreiecke sind nicht parallel)

Ergebnis: $a_{Et} = 1{,}08 \frac{m}{s^2}$; $a_{En} = 1{,}52 \frac{m}{s^2}$

Die Vektoren $\vec{v}_E$ und $\vec{a}_{Et}$ sind gegensinnig, d. h. der Punkt E führt momentan eine verzögerte Bewegung aus.

Eulerscher Beschleunigungssatz

$$\vec{a}_C = \vec{a}_B + \vec{a}_C^{(B)}$$

Betrag und Richtung von $\vec{a}_C$ und $\vec{a}_C^{(B)}$ kennt man nicht, daher enthält diese Vektorgleichung 4 Unbekannte.

In Komponentenform treten nur 2 Unbekannte auf, die mit einem Fragezeichen versehen sind.

$$
\begin{array}{ccccc}
\vec{a}_{Cn}+ & \vec{a}_{Ct} = & \vec{a}_B+ & \vec{a}_{Cn}^{(B)}+ & \vec{a}_{Ct}^{(B)} \\
\uparrow CD & \perp CD & \uparrow BA & \uparrow CB & \perp CB \\
0{,}8\frac{m}{s^2} & ? & 1{,}33 & 0{,}48 & ?
\end{array}
$$

$$a_{Bt} = 0; \quad a_B = a_{Bn} = \frac{v_B^2}{AB} = \frac{2^2}{3} = 1{,}33 \, \frac{m}{s^2}$$

$$a_{Cn} = \frac{v_C^2}{CD} = \frac{2{,}1^2}{5{,}5} = 0{,}8 \, \frac{m}{s^2}$$

$$a_{Cn}^{(B)} = \frac{\left[v_C^{(B)}\right]^2}{BC} = \frac{1^2}{2{,}1} = 0{,}48 \, \frac{m}{s^2}$$

$$\tan\delta = \frac{a_{Ct}^{(B)}}{a_{Cn}^{(B)}} = \frac{0{,}22}{0{,}48} = 0{,}458 \Rightarrow \delta = 24{,}6° \approx 25°$$

Zusatz

Der Leser bestimme den Beschleunigungsvektor $\vec{a}_E$ zur Kontrolle mit dem Verfahren der geklappten Beschleunigungen (ähnlich wie in der folgenden Aufgabe D 11).

Es besteht Proportionalität der geklappten Beschleunigungen zu den Abständen der Scheibenpunkte zum Beschleunigungs-Momentanpol Q.

Aus den Komponenten $\vec{a}_{Cn}^{(B)}$ und $\vec{a}_{Ct}^{(B)}$ bilde man die Resultierende $\vec{a}_C^{(B)}$, die mit $\vec{a}_{Cn}^{(B)}$ hier den Winkel $\delta \approx 25°$ einschließt. Diesen Winkel δ trage man gleichsinnig (hier entgegen dem Uhrzeigersinn) an die Vektoren $\vec{a}_B$ und $\vec{a}_C$ an. Der Schnittpunkt der freien Schenkel ist der Beschleunigungs-Momentanpol Q.

b) Krümmungsradius der Bahnkurve bei E

Im Punkt E wird nochmals der Geschwindigkeitsvektor $\vec{v}_E$ und der Beschleunigungs-vektor $\vec{a}_E$ angetragen, der wie im Bild DL 10-2c in die Komponenten $\vec{a}_{Et}$ und $\vec{a}_{En}$ zerlegt wird.

Ergebnis: $a_{Et} = 1{,}08\,\tfrac{m}{s^2}$; $a_{En} = 1{,}52\,\tfrac{m}{s^2}$

Die Vektoren $\vec{v}_E$ und $\vec{a}_{Et}$ sind gegensinnig, d. h. der Punkt E führt momentan eine verzögerte Bewegung aus.

$$a_{En} = \frac{v_E^2}{\rho_E} \Rightarrow \rho_E = \frac{v_E^2}{a_{En}} = \frac{1{,}4^2}{1{,}52} = 1{,}29\,\mathrm{m} = \overline{EM_K}$$

Der Krümmungsradius ρ_E wird von E aus in Richtung $\vec{a}_{En}$ angetragen und führt zum Krümmungs-Mittelpunkt M_K.

D 11 Koppelschleifen-Getriebe

Die Kurbel $0A$ eines Koppelschleifen-Getriebes dreht sich momentan mit der Winkelge-schwindigkeit ω und der Winkelbeschleunigung α.

Die angelenkte Stange AC wird durch ein Drehgelenk B geführt.

Gegeben

$\omega = 10\,\mathrm{s}^{-1}$; $\alpha = 20\,\mathrm{s}^{-2}$; $\varphi = 120°$; $r = \overline{0A} = 0{,}6\,\mathrm{m}$; $\ell = \overline{0B} = 1{,}2\,\mathrm{m}$; $\overline{AC} = 2{,}4\,\mathrm{m}$

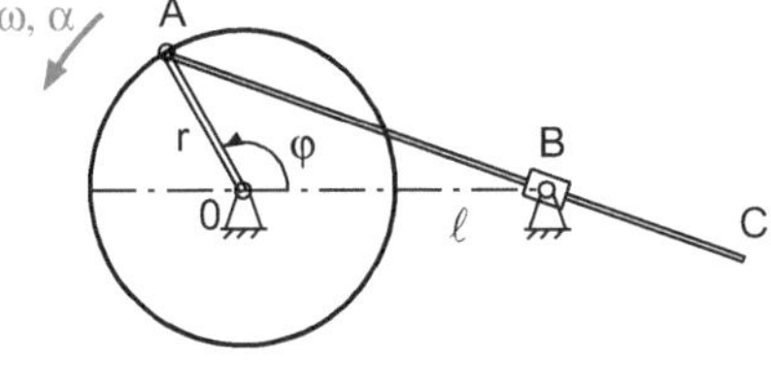

Bild D 11

Gesucht

Je nach Zweckmäßigkeit teils rechnerisch, teils zeichnerisch (graphoanalytisch) bestimme man

a) für einen Kurbelwinkel $\varphi = 120°$ Geschwindigkeiten und Beschleunigungen der Stangenpunkte A, B, C

b) für einen Kurbelwinkel $\varphi = 180°$ (horizontale Lage der Stange AC) den Geschwindigkeits-Momentanpol, sowie die Geschwindigkeiten der Stangenpunkte A, B, C.

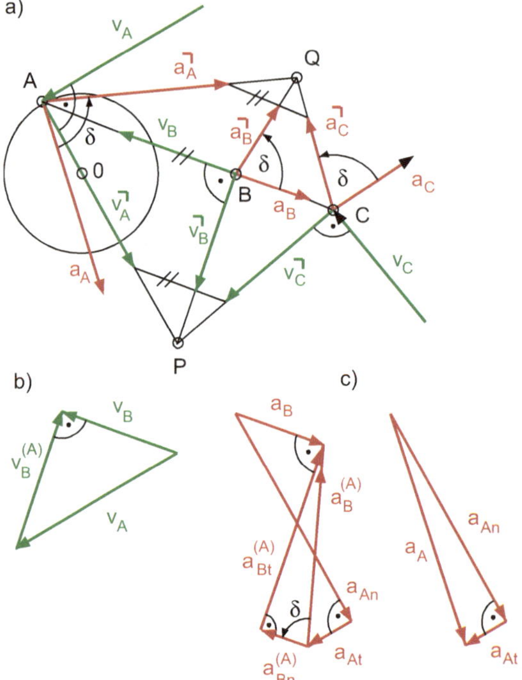

Bild DL 11-1

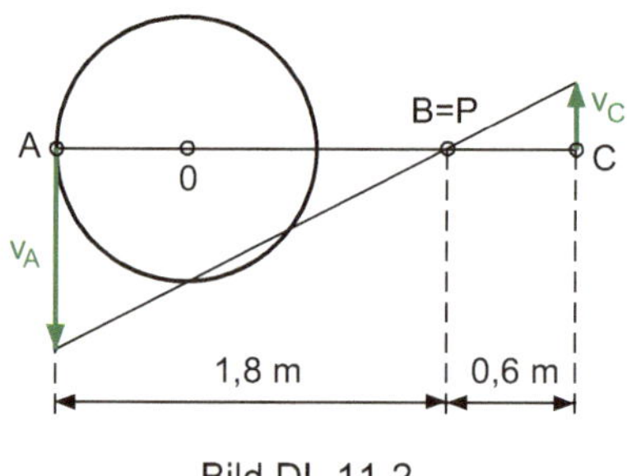

Bild DL 11-2

Lösung

a) $\varphi = 120°$: Geschwindigkeiten und Beschleunigungen der Punkte A, B, C

$$v_A = r \cdot \omega = 0,6\,\text{m} \cdot 10\,\text{s}^{-1} = 6\,\frac{\text{m}}{\text{s}}$$

Eulerscher Geschwindigkeitssatz

$$\vec{v}_B = \vec{v}_A + \vec{v}_B^{(A)}$$

$$\uparrow AB \quad \perp 0A \quad \perp AB$$

$$? \quad 6\tfrac{\text{m}}{\text{s}} \quad ?$$

Zwei unbekannte (mit einem Fragezeichen versehene) Stücke (Betrag oder Richtung) lassen sich aus dem Geschwindigkeitsdreieck bzw. aus dem Beschleunigungsplan bestimmen.

Dem Bild DL 11-1b entnimmt man die gesuchten Geschwindigkeitsvektoren $\vec{v}_B$ und $\vec{v}_B^{(A)}$ mit den Beträgen

$$v_B = 3{,}93\,\frac{\mathrm{m}}{\mathrm{s}}; \quad v_B^{(A)} = 4{,}54\,\frac{\mathrm{m}}{\mathrm{s}}$$

Die Lote auf 2 Geschwindigkeitsvektoren (hier $\vec{v}_A$ und $\vec{v}_B$) schneiden sich nach Bild DL 11-1a im Geschwindigkeits-Momentanpol P.

Mit dem Ähnlichkeitsverfahren der geklappten Geschwindigkeiten erhält man den Vektor $\vec{v}_C$ mit dem Betrag $v_C = 4{,}5\,\frac{\mathrm{m}}{\mathrm{s}}$.

Kontrolle mit dem Satz von Burmester: Die Scheibenpunkte A, B, C liegen auf einer Geraden, daher müssen auch die Vektorspitzen der Geschwindigkeiten bzw. der Beschleunigungen auf einer Geraden liegen.

Ebenso liegen dann die geklappten Vektoren, die mit einem hochgestellten Winkel bezeichnet sind, auf einer Geraden. Dazu müssen allerdings die Vektoren so liegen, dass ihre Anfangspunkte (Federn) mit den betreffenden Scheibenpunkten zusammenfallen.

Eulerscher Beschleunigungssatz

$$\vec{a}_B = \vec{a}_A + \vec{a}_B^{(A)}$$

Hier ist nur die Richtung von $\vec{a}_B$ bekannt, so dass noch zu viele Unbekannte vorkommen.

Die Komponentenform enthält nur 2 mit einem Fragezeichen versehene Unbekannte.

$$
\begin{array}{ccccc}
\vec{a}_B = & \vec{a}_{An} + & \vec{a}_{At} + & \vec{a}_{Bn}^{(A)} + & \vec{a}_{Bt}^{(A)} \\
\uparrow AB & \uparrow A0 & \perp A0 & \uparrow BA & \perp BA \\
? & 60\,\frac{\mathrm{m}}{\mathrm{s}^2} & 12 & 12{,}96 & ?
\end{array}
$$

Die erste Zeile unter der Formel gibt die Richtungen der Vektoren an, die zweite Zeile die Beträge.

$$a_{An} = r \cdot \omega^2 = 0{,}6 \cdot 10^2 = 60\,\frac{\mathrm{m}}{\mathrm{s}^2}$$

$$a_{At} = r \cdot \alpha = 0{,}6 \cdot 20 = 12\,\frac{\mathrm{m}}{\mathrm{s}^2}$$

$$a_A = \sqrt{a_{An}^2 + a_{At}^2} = \sqrt{60^2 + 12^2} = 61{,}19\,\frac{\mathrm{m}}{\mathrm{s}^2}$$

$$a_{Bn}^{(A)} = \frac{\left[v_B^{(A)}\right]^2}{\overline{AB}} = \frac{4{,}54^2}{1{,}59} = 12{,}96\,\frac{\mathrm{m}}{\mathrm{s}^2}$$

Cosinussatz (allgemeiner Satz von Pythagoras)

$$\overline{AB}^2 = r^2 + \ell^2 - 2r \cdot \ell \cdot \cos\varphi$$

$$\overline{AB} = \sqrt{0{,}6^2 + 1{,}2^2 - 2 \cdot 0{,}6 \cdot 1{,}2 \cdot \cos 120°} = 1{,}59\,\mathrm{m}$$

Aus dem Beschleunigungsplan (Bild DL 11-1c) erhält man die gesuchten Beschleunigungsvektoren $\vec{a}_B$ und $\vec{a}_{Bt}^{(A)}$ mit den Beträgen $a_B = 24\,\frac{m}{s^2}$; $a_{Bt}^{(A)} = 49\,\frac{m}{s^2}$.

Die Vektoren $\vec{a}_{Bn}^{(A)}$ und $\vec{a}_{Bt}^{(A)}$ werden zur Resultierenden $\vec{a}_B^{(A)}$ zusammengefasst.

Zur Auffindung des Beschleunigungs-Momentanpols benötigt man den Winkel δ. Diesen entnimmt man dem Beschleunigungsplan durch Drehen von $\vec{a}_B^{(A)}$ zur Normalkomponente $\vec{a}_{Bn}^{(A)}$ (hier entgegen dem Uhrzeigersinn).

Unter Beibehaltung des Drehsinns wird der Winkel δ an zwei Beschleunigungsvektoren (hier $\vec{a}_A$ und $\vec{a}_B$) angelegt und die freien Schenkel zum Schnitt gebracht. Der Schnittpunkt ist der Beschleunigungs-Momentanpol Q.

Mit dem Ähnlichkeitsverfahren (Strahlensatz) der geklappten Beschleunigungen erhält man den Vektor $\vec{a}_C$ mit dem Betrag $a_C = 30\,\frac{m}{s^2}$.

b) $\varphi = 180°$: horizontale Lage der Stange AC (Bild DL 11-2)

Von der Ausgangslage bis zur horizontalen Lage ist noch ein Winkel von $60°$ durch eine beschleunigte Drehbewegung zu beschreiben.

$$\varphi = \omega_0 \cdot t + \frac{1}{2}\alpha \cdot t^2 = 60° = \left.\frac{\pi}{3}\right| \cdot \frac{2}{\alpha} \Rightarrow$$

$$t^2 + \frac{2\omega_0}{\alpha}\cdot t - \frac{2\varphi}{\alpha} = 0$$

$$t_{1,2} = -\frac{\omega_0}{\alpha} \pm \sqrt{\left(\frac{\omega_0}{\alpha}\right)^2 + \frac{2\varphi}{\alpha}}$$

$$t_1 = -\frac{10}{20} + \sqrt{\frac{1}{4} + \frac{2\pi}{3\cdot 20}} = 0{,}096\,s$$

$$\omega_1 = \omega_0 + \alpha \cdot t_1 = 10 + 20 \cdot 0{,}096 = 11{,}92\,s^{-1}$$

$$v_A = r \cdot \omega_1 = 0{,}6 \cdot 11{,}92 = 7{,}15\,\frac{m}{s}$$

Die Geschwindigkeitsvektoren $\vec{v}_A$ und $\vec{v}_C$ liegen parallel zueinander. Der Lagerpunkt B ist momentan Geschwindigkeitspol P.

$$\overline{AP} = r + \ell = 0{,}6 + 1{,}2 = 1{,}8\,m; \quad \overline{CP} = \overline{AC} - \overline{AP} = 2{,}4 - 1{,}8 = 0{,}6\,m$$

Strahlensatz

$$\frac{v_C}{v_A} = \frac{\overline{CP}}{\overline{AP}} = \frac{0{,}6}{1{,}8} = \frac{1}{3} \Rightarrow v_C = \frac{1}{3}v_A = \frac{1}{3}\cdot 7{,}15 = 2{,}38\,\frac{m}{s}$$

3.4 Dynamisches Grundgesetz, Prinzip von d'Alembert

Dynamisches Grundgesetz von Newton: $\vec{F} = m \cdot \vec{a}$

Wirkt auf einen frei beweglichen Körper der Masse m eine Kraft $\vec{F}$ ein, so erfährt er eine Beschleunigung $\vec{a}$ in Richtung dieser Kraft.

d'Alembert'sche Form: $\qquad \vec{F} - m \cdot \vec{a} = \vec{0}$

Die äußere Kraft $\vec{F}$ und die Trägheitskraft $m \cdot \vec{a}$ (auch d'Alembert'sche Kraft genannt) stehen miteinander im Gleichgewicht. Das gilt auch für mehrere Kräfte.

Bringt man beim dynamischen Grundgesetz die Trägheitskräfte mit negativem Vorzeichen auf die linke Seite der Gleichung, so kann man nach dem „Prinzip von d'Alembert" sämtliche Kräfte mit Gleichgewichtsbedingungen wie in der Statik behandeln.

Anstelle der Vektorgleichung kann man in der Ebene zwei, im Raum drei entsprechende skalare Gleichungen schreiben.

Das Minuszeichen bei den Trägheitskräften wird meist schon beim Freimachen durch Umkehrung des Richtungssinns berücksichtigt. Dann wirken die Trägheitskräfte entgegen den Beschleunigungen.

Analog gilt für die Drehbewegung

Dynamisches Grundgesetz: $\vec{M} = J \cdot \vec{\alpha}$
d'Alembert'sche Form: $\qquad \vec{M} - J \cdot \vec{\alpha} = \vec{0}$

J = Massenträgheitsmoment, α = Winkelbeschleunigung

Die Trägheitsreaktionen werden gestrichelt in die Befreiungsskizze eingezeichnet, um auszudrücken, dass sie nicht die Ursache, sondern die Wirkung einer Beschleunigung darstellen.

Ursprünglich ist die Kraft als Ursache einer Beschleunigung definiert: 1 Newton ist diejenige Kraft, die der Masse 1 kg die Beschleunigung $1 \, \text{m/s}^2$ erteilt.

Die d'Alembert'schen Kräfte werden deshalb auch als „Scheinkräfte" bezeichnet.

D 12   Trägheitskräfte in einem Fahrstuhl

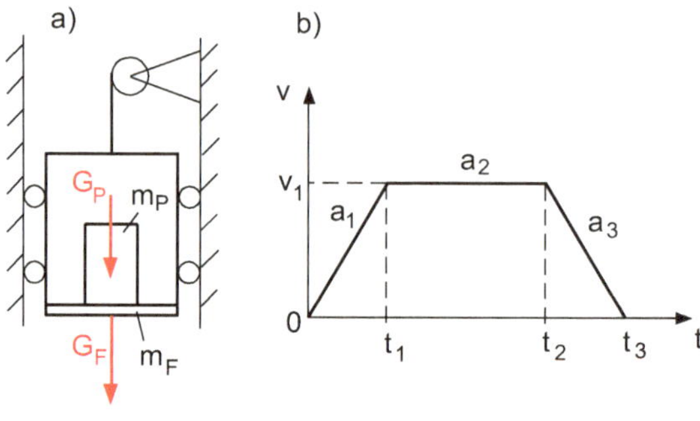

Bild D 12

In einem Fahrstuhl der Masse m_F befindet sich ein Gegenstand oder eine Person der Masse m_P bzw. eine Person auf einer Waage, um die Kräfte messen zu können (Bild D 12a). Der Fahrstuhl wird nach dem v,t-Diagramm im Bild D 12b gefahren

a) beschleunigte Aufwärtsfahrt
b) konstante Geschwindigkeit
c) beschleunigte Abwärtsfahrt

Gegeben

$m_F = 500\,\text{kg}$; $m_P = 80\,\text{kg}$; $v_1 = 3{,}6\,\frac{\text{m}}{\text{s}}$; $t_1 = 3\,\text{s}$; $t_2 = 10\,\text{s}$; $t_3 = 13\,\text{s}$

Gesucht

Für die einzelnen Phasen der Fahrstuhlbewegung bestimme man die Kraft F_N vom Boden auf die Person, die Seilkraft F_S, die Antriebsleistung P und die zurückgelegten Wege s.

In welcher Zeit und auf welchem Weg kommt der Aufzug bei der beschleunigten Aufwärtsfahrt ohne Seilzug durch Auslauf zur Ruhe?

Lösung

Gewichtskräfte Fahrstuhl: $G_F = m_F \cdot g$; Person: $G_P = m_P \cdot g$

a) beschleunigte Aufwärtsfahrt (Bild DL 12a): $a_1 = \frac{v_1}{t_1} = \frac{3{,}6}{3} = 1{,}2\,\frac{\text{m}}{\text{s}^2} = a_3$
   dynamisches Grundgesetz

$$F_N - G_P = m_P \cdot a \Rightarrow F_N = m_P \cdot (g + a_1) = 80 \cdot (9{,}81 + 1{,}2) = 880{,}8\,\text{N}$$

$$F_{S1} - (G_F + G_P) = (m_F + m_P) \cdot a_1 \Rightarrow F_{S1} = (m_F + m_P) \cdot (g + a_1)$$

$$F_{S1} = (500 + 80) \cdot (9{,}81 + 1{,}2) = 6385{,}8\,\text{N}$$

$$P_1 = F_{S1} \cdot v; \quad P_{1max} = F_{S1} \cdot v_1 = 6385{,}8\,\text{N} \cdot 3{,}6\,\frac{\text{m}}{\text{s}} = 22.989\,\text{W} \approx 23\,\text{kW}$$

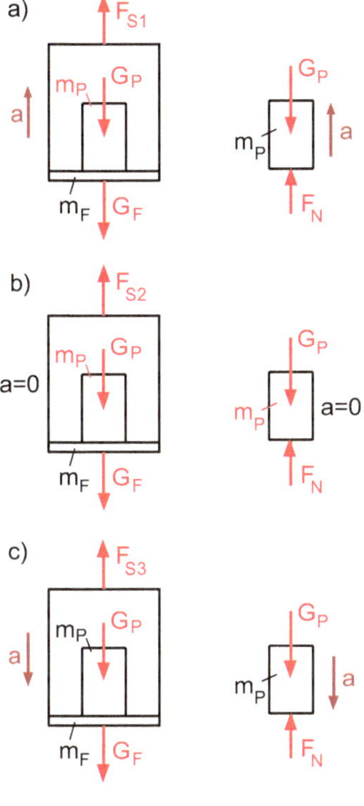

Bild DL 12

zurückgelegter Weg

$$s_1 = \frac{1}{2}a_1 \cdot t_1^2 = \frac{1}{2} \cdot 1{,}2 \cdot 3^2 = 5{,}4\,\text{m} = s_3$$

b) Fahrt mit konstanter Geschwindigkeit (Bild DL 12b)

$$a_2 = 0$$

$$F_\text{N} - G_\text{P} = 0 \Rightarrow F_\text{N} = G_\text{P} = m_\text{P} \cdot g$$

$$F_\text{N} = 80 \cdot 9{,}81 = 784{,}8\,\text{N}$$

$$F_\text{S2} - (G_\text{F} + G_\text{P}) = 0 \Rightarrow F_\text{S2} = (m_\text{F} + m_\text{P}) \cdot g$$

$$F_\text{S2} = (500 + 80) \cdot 9{,}81 = 5689{,}8\,\text{N}$$

$$P_2 = F_\text{S2} \cdot v_1 = 5689{,}8 \cdot 3{,}6 = 20.483\,\text{W} \approx 20{,}5\,\text{kW}$$

$$s_2 = v_1 \cdot (t_2 - t_1) = 3{,}6 \cdot (10 - 3) = 25{,}2\,\text{m}$$

c) beschleunigte Abwärtsfahrt oder gebremste Aufwärtsfahrt (Bild DL 12c): $a_3 = a_1 = 1{,}2\,\frac{\mathrm{m}}{\mathrm{s}^2}$

$$G_\mathrm{P} - F_\mathrm{N} = m_\mathrm{P} \cdot a_3 \Rightarrow F_\mathrm{N} = m_\mathrm{P} \cdot (g - a_3)$$

$$F_\mathrm{N} = 80 \cdot (9{,}81 - 1{,}2) = 688{,}8\,\mathrm{N}$$

Sonderfall: freier Fall, wobei $a = g$; $F_\mathrm{N} = 0$

Die Gewichtskraft und die Trägheitskraft heben sich gegenseitig auf. Die Masse m_P übt keine Kraft auf den Boden aus (kräftefreier Zustand).

Ein Blatt Papier zwischen der Person und dem Fahrstuhl lässt sich ohne Widerstand, d. h. ohne zu reißen, herausziehen.

$$(G_\mathrm{F} + G_\mathrm{P}) - F_\mathrm{S3} = (m_\mathrm{F} + m_\mathrm{P}) \cdot a_3 \Rightarrow F_\mathrm{S3} = (m_\mathrm{F} + m_\mathrm{P}) \cdot (g - a_3)$$

$$F_\mathrm{S3} = 580 \cdot (9{,}81 - 1{,}2) = 4993{,}8\,\mathrm{N}$$

Diese Kraft muss noch am Seil aufgebracht werden, damit der Aufzug langsam mit der Verzögerung a_3 ausläuft.

$$P_3 = F_\mathrm{S3} \cdot v_1 = 4993{,}8 \cdot 3{,}6 = 17.978\,\mathrm{W} \approx 18\,\mathrm{kW}$$

Diese Leistung sinkt dann während der verzögerten Bewegung bis zum Stillstand auf Null ab.

Bei freiem Auslauf ohne Seilzug ist die Verzögerung gleich der Erdbeschleunigung g und die Bremszeit

$$v_3 = v_1 - g \cdot t_\mathrm{B} = 0 \Rightarrow t_\mathrm{B} = \frac{v_1}{g} = \frac{3{,}6}{9{,}81} = 0{,}37\,\mathrm{s}$$

(abrupte Abbremsung des Fahrstuhls)

Der zugehörige Bremsweg ist

$$s_3 = v_1 \cdot t_\mathrm{B} - \frac{1}{2}g \cdot t_\mathrm{B}^2 = v_1 \cdot \frac{v_1}{g} - \frac{1}{2}g \cdot \left(\frac{v_1}{g}\right)^2 = \frac{v_1^2}{2g} = \frac{3{,}6^2}{2 \cdot 9{,}81} = 0{,}66\,\mathrm{m}$$

D 13   Kinetik eines Seilzugs

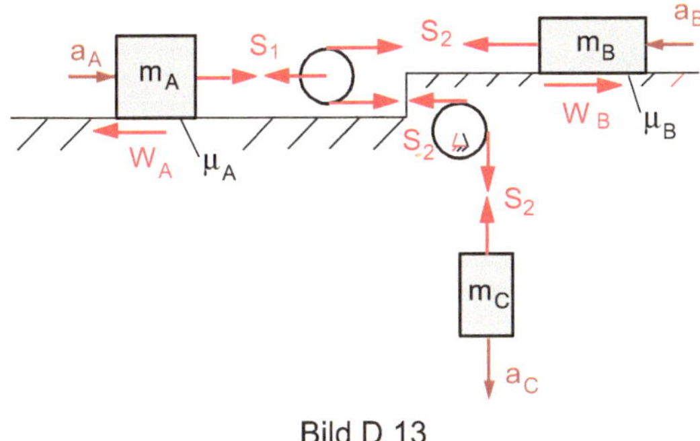

Bild D 13

Mit den Ergebnissen der Aufgabe D3 für die kinematischen Zusammenhänge sollen jetzt die Seilkräfte und die Beschleunigungen der 3 Massen *A*, *B*, *C* für konkrete Zahlenwerte bestimmt werden.

Der Reibungskoeffizient zwischen der Masse m_A bzw. m_B und dem Boden ist μ_A bzw. μ_B. Die Rollen sollen masselos angenommen werden.

Gegeben
$m_A = 3,5\,\text{kg}; \ m_B = 2,5\,\text{kg}; \ m_C = 5\,\text{kg}; \ \mu_A = 0,2; \ \mu_B = 0,3$

Gesucht
a) Seilkräfte, Beschleunigungen
b) Wie groß sind die Geschwindigkeiten der Massen nach $t = 2\,\text{s}$ wenn sie aus dem Stillstand losgelassen werden?

Lösung
a) Bei masselosen Rollen sind die Kräfte an den Rollen im rechten Seil überall gleich S_2.
   Damit verbleiben am System 5 Unbekannte: S_1, S_2, a_A, a_B, a_C.
   Die Auflösung erfordert 5 voneinander unabhängige Gleichungen.

Reibungskräfte (Coulomb'sches Gesetz)
$$W_A = \mu_A \cdot N_A = \mu_A \cdot m_A \cdot g; \quad W_B = \mu_B \cdot m_B \cdot g$$

Dynamisches Grundgesetz

I) $m_C \cdot g - S_2 = m_C \cdot a_C |: m_C \Rightarrow a_C = g - \dfrac{S_2}{m_C}$

II) $S_2 - \mu_B \cdot m_B \cdot g = m_B \cdot a_B |: m_B \Rightarrow a_B = \dfrac{S_2}{m_B} - \mu_B \cdot g$

III) $S_1 - \mu_A \cdot m_A \cdot g = m_A \cdot a_A$

IV) $S_1 - 2S_2 = 0 \Rightarrow S_1 = 2S_2$ (Kräftegleichgewicht an der losen Rolle)

IV in III = III': $2S_2 - \mu_A \cdot m_A \cdot g = m_A \cdot a_A \,|: m_A \Rightarrow a_A = 2\dfrac{S_2}{m_A} - \mu_A \cdot g$

V) $2a_A = -a_B + a_C$ (Kinematik, siehe Aufgabe D 3)

a_B muss negativ eingesetzt werden, da der Richtungssinn für die positive Bewegungsrichtung in der kinematischen Ableitung nach rechts angenommen wurde.

Wir lösen die oberen Gleichungen nach den Beschleunigungen a_A, a_B, a_C in Abhängigkeit von S_2 auf und setzen diese in die unterste Gleichung ein, die dann nur noch die Unbekannte S_2 enthält.

I, II, III' in IV: $4\dfrac{S_2}{m_A} - 2\mu_A \cdot g = -\dfrac{S_2}{m_B} + \mu_B \cdot g + g - \dfrac{S_2}{m_C} \Rightarrow$

$$S_2\left(\frac{4}{m_A} + \frac{1}{m_B} + \frac{1}{m_C}\right) = g\,(1 + 2\mu_A + \mu_B) \Rightarrow S_2 = \frac{1 + 2\mu_A + \mu_B}{\frac{4}{m_A} + \frac{1}{m_B} + \frac{1}{m_C}} \cdot g$$

$$S_2 = \frac{1 + 2 \cdot 0{,}2 + 0{,}3}{\frac{4}{3{,}5} + \frac{1}{2{,}5} + \frac{1}{5}} \cdot 9{,}81 = 9{,}57\,\text{N}$$

aus IV: $S_1 = 2S_2 = 19{,}14\,\text{N}$

aus I: $a_C = 9{,}81 - \dfrac{9{,}57}{5} = 7{,}9\,\dfrac{\text{m}}{\text{s}^2}$

aus II: $a_B = \dfrac{9{,}57}{2{,}5} - 0{,}3 \cdot 9{,}81 = 0{,}89\,\dfrac{\text{m}}{\text{s}^2}$

aus III': $a_A = 2 \cdot \dfrac{9{,}57}{3{,}5} - 0{,}2 \cdot 9{,}81 = 3{,}51\,\dfrac{\text{m}}{\text{s}^2}$

b) Nach $t = 2\,\text{s}$ ist

$$v_A = a_A \cdot t = 3{,}51 \cdot 2 = 7{,}02\,\frac{\text{m}}{\text{s}}; \quad v_B = a_B \cdot t = 1{,}78\,\frac{\text{m}}{\text{s}}; \quad v_C = a_C \cdot t = 15{,}8\,\frac{\text{m}}{\text{s}}$$

Zur Kontrolle $v_A = \frac{1}{2}(v_B + v_C)$ muss v_B negativ eingesetzt werden.

D 14 Hangabwärts rollende Walze

Eine Walze aus Stahl liegt auf einem schrägen Gestell mit ihren beiden Zapfen auf. Zum Zeitpunkt $t_0 = 0$ und der Position $x_0 = 0$ beginnt die Walze hangabwärts zu rollen.

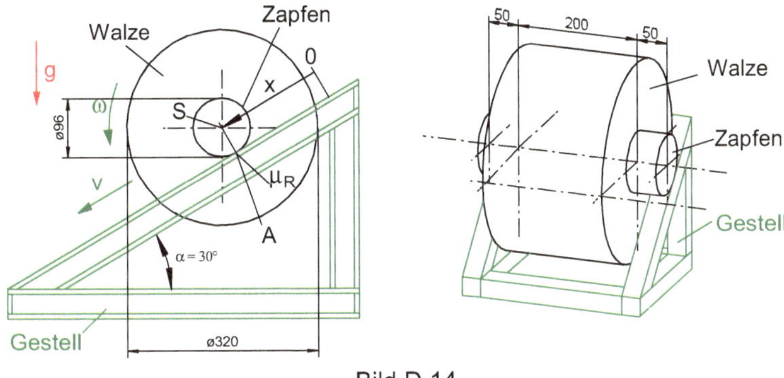

Bild D 14

Ermitteln Sie Zeit t_1, die die Walze für einen Weg von s_1 benötigt und die Geschwindigkeit v_1 des Schwerpunktes S sowie die momentane Winkelgeschwindigkeit ω_1 der Walze zu diesem Zeitpunkt.

Gegeben

Walzenradius $r_1 = 160\,\text{mm}$, Walzenlänge $\ell_1 = 200\,\text{mm}$, Zapfenradius $r_2 = 48\,\text{mm}$, Zapfenlänge $\ell_2 = 50\,\text{mm}$, Weg der Walzenachse $s_1 = 2\,\text{m}$, Dichte des Walzenmaterials $\rho = 7{,}85 \cdot 10^{-6}\,\frac{\text{kg}}{\text{mm}^3}$, Rollreibungskoeffizient $\mu_R = 0{,}05$

Lösung

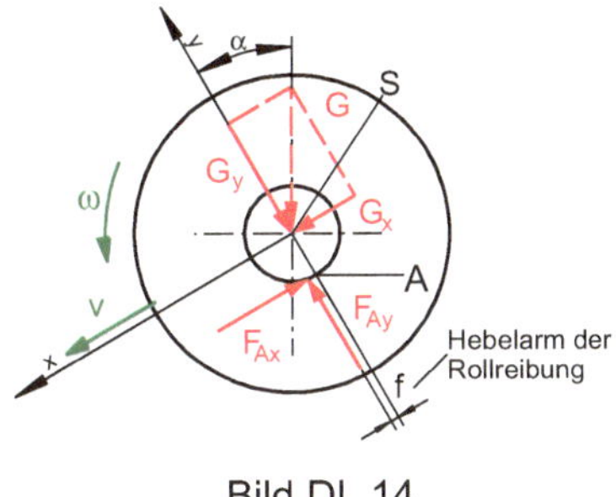

Bild DL 14

a) Drallsatz bezogen auf A

Der Punkt A eignet sich besonders gut als Bezugspunkt für den Drallsatz, da er als Wälzpunkt auch Momentanpol für die Walze ist, und sich somit selbst nicht bewegt. Das Modell der Rollreibung besagt, dass die Normalkraft F_{Ay} entgegen der Bewegungsrichtung um den Hebelarm der Rollreibung verschoben wirkt.

$$f = \mu_R r_2 = 2{,}4\,\text{mm}$$

Die Gewichtskraftkomponenten der Walze, bestehend aus Welle (W) und der Zapfen (Z) ergeben sich wie folgt

$$V = V_W + V_Z$$
$$V_W = \ell_1 r_1^2 \pi = 16{,}09 10^3 \, \text{mm}^3 \text{ und}$$
$$m_W = V_W \rho = 126{,}3 \, \text{kg}$$
$$V_Z = 2\ell_2 r_2^2 \pi = 0{,}72 \cdot 10^6 \, \text{mm}^3 \text{ und}$$
$$m_Z = V_Z \rho = 5{,}68 \, \text{kg}$$
$$V = 16{,}81 \cdot 10^6 \, \text{mm}^3$$
$$m = m_W + m_Z = 131{,}95 \, \text{kg}$$
$$G = mg = 1294{,}4 \, \text{kg}$$
$$G_x = G \sin\alpha = 647{,}2 \, \text{N}$$
$$G_y = G \cos\alpha = 1121 \, \text{N}$$

Aus den Gleichgewichtsbedingungen in y-Richtung erhalten wir gemäß Freikörperbild DL13

$$0 = F_{Ay} - G_y \Rightarrow F_{Ay} = G_y = 1121 \, \text{N}$$

Der Drallsatz für den Punkt A berücksichtigt alle äußeren Momente und Momentwirkungen von äußeren Kräften. G_y fällt dabei weg, da ihre Wirkungslinie direkt durch den Punkt A geht:

$$J_A \ddot{\varphi} = G_x r_2 - F_{Ay} f = G \left(r_2 \sin\alpha - f \cos\alpha \right) = G r_2 \left(\sin\alpha - \mu_R \cos\alpha \right)$$
$$\ddot{\varphi} = \frac{G r_2}{J_A} \left(\sin\alpha - \mu_R \cos\alpha \right) = K$$

Die Terme auf der rechten Seite sind alle konstant für die Aufgabenstellung und können zu einer Konstanten K zusammengefasst werden. Diese Bewegungsgleichung kann nach Ermittlung des Massenträgheitsmomentes J_A und mit der Anfangsbedingung für $t = t_0 = 0$: $\omega(t_0) = \dot{\varphi}(t_0) = 0$ sowie der Endbedingung t_1: $s(t_1) = s_1 = 2 \, \text{m}$ integriert werden, um die gesuchten Größen zu bestimmen. Zunächst wird J_A mit Hilfe des Satzes von Steiner und der Massenträgheitsmomente der Welle und der Zapfen bezüglich ihrer Schwerpunkte

(S) ermittelt:

$$J_A = J_S + m\, r_2^2$$

$$J_S = J_{W,S} + J_{Z,S} \text{ mit } J_{W,S} = \frac{1}{2} m_W r_1^2 = 1{,}616\,\text{kg m}^2 \text{ und}$$

$$J_{Z,S} = \frac{1}{2} m_Z r_2^2 = 6{,}543\,10^{-3}\,\text{kg m}^2$$

$$J_S = 1{,}623\,\text{kg m}^2 \text{ und}$$

$$J_A = 1{,}623\,\text{kg m}^2 + 0{,}304\,\text{kg m}^2 = 1{,}927\,\text{kg m}^2$$

$$K = 14{,}73\,\frac{1}{\text{s}^2}$$

Durch Trennen der Veränderlichen wird die Bewegungsgleichung zweimal integriert. Der Strich über der Integrationsvariablen $(\overline{\varphi}, \overline{t})$ wird verwendet, um sie von der während der Integration konstanten Integrationsgrenze $(\dot{\varphi}, t)$ zu unterscheiden.

$$\ddot{\varphi} = \frac{d\dot{\varphi}}{dt} = K \Leftrightarrow d\dot{\varphi} = K\,dt$$

$$\int_0^{\dot{\varphi}} d\overline{\dot{\varphi}} = K \int_0^t d\overline{t} \Rightarrow \dot{\varphi} = \omega = Kt \text{ und für den Zeitpunkt } t_1 : \dot{\varphi}_1 = \omega_1 = Kt_1$$

$$\dot{\varphi} = \frac{d\varphi}{dt} = Kt \Leftrightarrow d\varphi = Kt\,dt$$

$$\int_0^{\varphi} d\overline{\varphi} = K \int_0^t \overline{t}\,d\overline{t} \Rightarrow \varphi = \frac{s}{r_2} = K\frac{t^2}{2} \text{ und für den Zeitpunkt } t_1 : \varphi_1 = \frac{s_1}{r_2} = K\frac{t_1^2}{2}$$

$$\varphi_1 = \frac{s_1}{r_2} = \frac{2\,\text{m}}{0{,}048\,\text{m}} = 41{,}67 = 2387°$$

$$t_1 = \sqrt{\frac{2\varphi_1}{K}} = 2{,}379\,\text{s}$$

$$\dot{\varphi}_1 = \omega_1 = Kt_1 = 35{,}03\,\frac{1}{\text{s}} \text{ und } v_1 = \omega_1 r_2 = 1{,}681\,\frac{\text{m}}{\text{s}}$$

D 15   Kinetik bei einem System aus einer festen und einer losen Rolle

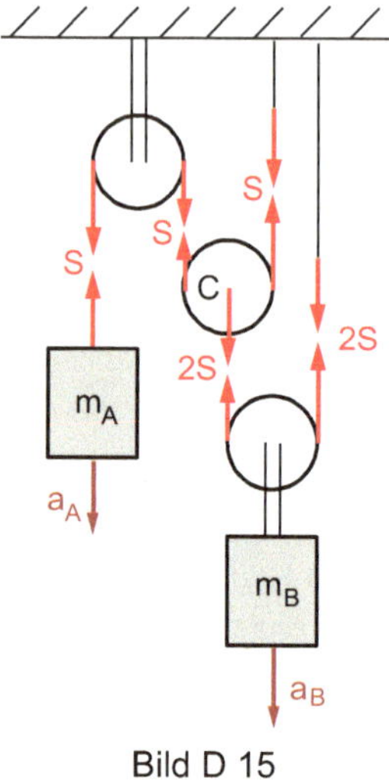

Bild D 15

Für die Förderanlage nach Bild D 15 sollen die Seilkraft und die Beschleunigungen der Massen A und B sowie der (masselosen) Rolle C bestimmt werden.

Gegeben
$m_A = 3\,\text{kg};\ m_B = 5\,\text{kg};\ m_C = 0$

Gesucht
S, a_A, a_B, a_C (4 Unbekannte)

Lösung
Die Rollen werden als masselos angenommen.

Dann sind bei jeder Rolle die Seilkräfte S bzw. $2S$ an den beiden Abspulpunkten gleich groß.

Dynamisches Grundgesetz

I) $m_A \cdot g - S = m_A \cdot a_A \Rightarrow S = m_A \cdot g - m_A \cdot a_A$

II) $m_B \cdot g - 4S = m_B \cdot a_B$

III) $a_B = -\frac{1}{4} a_A$ (Kinematik nach Aufgabe D4)

I und III in II: $m_B \cdot g - 4 m_A \cdot g + 4 m_A \cdot a_A = -\frac{1}{4} m_B \cdot a_A \Rightarrow$

$$a_A = \frac{4 m_A - m_B}{4 m_A + \frac{1}{4} m_B} \cdot g = \frac{4 \cdot 3 - 5}{4 \cdot 3 + \frac{1}{4} \cdot 5} \cdot 9{,}81 = 5{,}18\,\frac{\text{m}}{\text{s}^2}$$

aus III: $a_\text{B} = -\frac{1}{4} \cdot 5{,}18 = -1{,}3\,\frac{\text{m}}{\text{s}^2}$

IV) $a_\text{C} = 2a_\text{B} = -2 \cdot 1{,}3 = -2{,}6\,\frac{\text{m}}{\text{s}^2}$

Die Masse m_B und die (masselose) Rolle C bewegen sich entgegen der positiven Koordinatenrichtung, also aufwärts.

$$\text{aus I: } S = m_\text{A} \cdot (g - a_\text{A}) = 3 \cdot (9{,}81 - 5{,}18) = 13{,}89\,\text{N}$$

D 16   Aufsetzen einer rotierenden Scheibe auf dem Boden

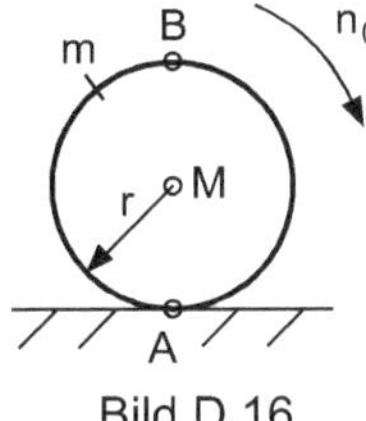

Bild D 16

Eine mit der Drehzahl n_0 rotierende homogene Kreisscheibe (Masse m, Radius r) wird ohne anfängliche Translationsgeschwindigkeit auf den Boden (Reibungskoeffizient μ zwischen Scheibe und Unterlage) aufgesetzt. Zu Beginn rutscht die Scheibe und geht dann in reines Rollen über.

Gegeben
$n_0 = 600\,\text{min}^{-1} = 10\,\text{s}^{-1}$; $r = 0{,}15\,\text{m}$; $\mu = 0{,}2$

Gesucht

a) Beschleunigung und Geschwindigkeit für die Translations- und die Rotationsbewegung der Scheibe nach dem Aufsetzen
b) Nach welcher Zeit t_1 beginnt die Scheibe zu rollen ohne zu gleiten und wie groß ist dann ihre Geschwindigkeit?
c) Für die Zeiten $t = 0$, $t = \frac{1}{2}t_1$, $t = t_1$ gebe man den jeweiligen Geschwindigkeits-Momentanpol P und die Geschwindigkeiten für die Punkte A, M, B in je einer getrennten Skizze an.

Lösung

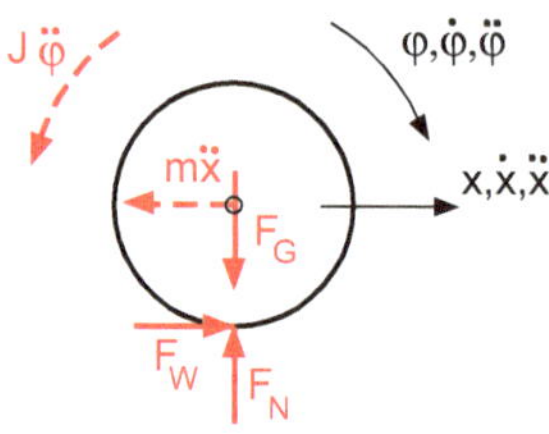

Bild DL 16-1

Die Trägheitsreaktionen $m \cdot \ddot{x}$ und $J \cdot \ddot{\varphi}$ sind im Bild DL 16-1 gestrichelt und nach dem Prinzip von d'Alembert entgegen den Beschleunigungen eingetragen.

a)　Rollen mit gleichzeitigem Rutschen

$$\sum F_y = 0 \Rightarrow F_N = F_G = m \cdot g$$

Coulomb'sches Reibungsgesetz: $F_W = \mu \cdot F_N = \mu \cdot m \cdot g$

$$\sum F_x = 0 = F_W - m \cdot \ddot{x} \mid : m \Rightarrow \ddot{x} = \mu \cdot g = 0{,}2 \cdot 9{,}81 = 1{,}96\,\frac{m}{s^2}$$

$\ddot{x} > 0 \Rightarrow$　die Scheibe wird translatorisch beschleunigt

Integration

$$\dot{x} = \mu \cdot g \cdot t + c_1; x = \frac{1}{2}\mu \cdot g \cdot t^2 + c_1 \cdot t + c_2$$

Zur Zeit $t = 0$ ist $\dot{x}(0) = 0 \Rightarrow c_1 = 0$ und $x(0) = 0 \Rightarrow c_2 = 0$ und somit

$$\dot{x} = \mu \cdot g \cdot t; \quad x = \frac{1}{2}\mu \cdot g \cdot t^2$$

$$\sum M^{(M)} = 0 = F_W \cdot r + J \cdot \ddot{\varphi} \Rightarrow \ddot{\varphi} = -\frac{F_W \cdot r}{J} = -\frac{\mu \cdot m \cdot g \cdot r}{\frac{1}{2}m \cdot r^2} = -2\mu \cdot \frac{g}{r}$$

Massenträgheitsmoment eines homogenen Kreiszylinders: $J = \frac{1}{2}m \cdot r^2$

$$\ddot{\varphi} = -2 \cdot 0{,}2 \cdot \frac{9{,}81}{0{,}15} = -26{,}16\,s^{-2} < 0 \Rightarrow \text{Winkelverzögerung}$$

Integration

$$\dot{\varphi} = -2\mu \cdot \frac{g}{r} \cdot t + k_1; \varphi = -\mu \cdot \frac{g}{r} \cdot t^2 + k_1 \cdot t + k_2$$

Zur Zeit $t = 0$ ist $\dot{\varphi}(0) = \omega_0 \Rightarrow k_1 = \omega_0$ und $\varphi(0) = 0 \Rightarrow k_2 = 0$ und somit

$$\dot{\varphi} = \omega_0 - 2\mu \cdot \frac{g}{r} \cdot t; \quad \varphi = \omega_0 \cdot t - \mu \cdot \frac{g}{r} \cdot t^2$$

b) **Reines Rollen**

setzt nach der Zeit t_1 ein (Bild DL 16-2c)

Die Scheibe gleitet teilweise noch (Rollen mit gleichzeitigem Rutschen, „Rollrutschen"), bis die Rollbedingung

$v = \omega \cdot r$ bzw. $\dot{x} = \dot{\varphi} \cdot r$ erfüllt ist

$$\mu \cdot g \cdot t_1 = \left(\omega_0 - 2\mu \cdot \frac{g}{r} \cdot t_1\right) \cdot r \Rightarrow$$

$$t_1 \cdot (\mu \cdot g + 2\mu \cdot g) = \omega_0 \cdot r \Rightarrow t_1 = \frac{\omega_0 \cdot r}{3\mu \cdot g} = \frac{62{,}83 \cdot 0{,}15}{3 \cdot 0{,}2 \cdot 9{,}81} = 1{,}6\,\text{s wobei}$$

$$\omega_0 = 2\pi \cdot n_0 = 2\pi \cdot 10 = 20\pi = 62{,}83\,\text{s}^{-1}$$

$$\dot{\varphi}_1 = \omega_0 - 2\mu \cdot \frac{g}{r} \cdot t_1 = \omega_0 - 2\mu \cdot \frac{g}{r} \cdot \frac{\omega_0 \cdot r}{3\mu \cdot g} = \frac{1}{3}\omega_0 = \frac{1}{3} \cdot 20 \cdot \pi = 20{,}94\,\text{s}^{-1}$$

$$v_{M1} = \dot{x}_1 = \mu \cdot g \cdot t_1 = \mu \cdot g \cdot \frac{\omega_0 \cdot r}{3\mu \cdot g} = \frac{1}{3}\omega_0 \cdot r = \frac{1}{3} \cdot 20\pi \cdot 0{,}15 = \pi = 3{,}14\,\frac{\text{m}}{\text{s}}$$

Abstand zum Geschwindigkeits-Momentanpol

$$v_{M1} = \overline{MP} \cdot \dot{\varphi}_1 \Rightarrow \overline{MP} = \frac{v_{M1}}{\dot{\varphi}_1} = \frac{\frac{1}{3}\omega_0 \cdot r}{\frac{1}{3}\omega_0} = r$$

Der Geschwindigkeits-Momentanpol P liegt im Aufstandspunkt A d. h. $v_{A1} = 0$

$$v_{B1} = \overline{BP} \cdot \dot{\varphi}_1 = 2r \cdot \frac{1}{3}\omega_0 = \frac{2}{3}\omega_0 \cdot r = \frac{2}{3} \cdot 20\pi \cdot 0{,}15 = 2\pi = 6{,}28\,\frac{\text{m}}{\text{s}}$$

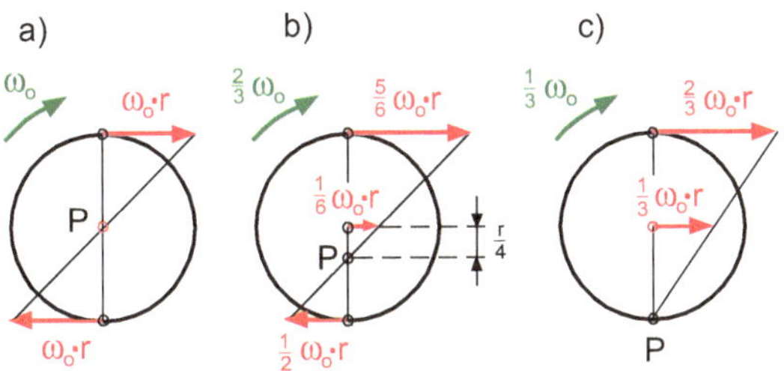

Bild DL 16-2

c) **Rollen mit gleichzeitigem Rutschen (Bild DL 16-2b)**

Betrachtet werden die Geschehnisse zum Zeitpunkt $t_2 = \dfrac{1}{2}t_1 = \dfrac{\omega_0 \cdot r}{6\mu \cdot g}$

$$v_{M2} = \dot{x}_2 = \mu \cdot g \cdot t_2 = \mu \cdot g \cdot \frac{\omega_0 \cdot r}{6\mu \cdot g} = \frac{1}{6}\omega_0 \cdot r = \frac{1}{6} \cdot 20\pi \cdot 0{,}15 = \frac{\pi}{2} = 1{,}57\,\frac{\text{m}}{\text{s}}$$

$$\dot{\varphi}_2 = \omega_0 - 2\mu \cdot \frac{g}{r} \cdot t_2 = \omega_0 - 2\mu \cdot \frac{g}{r} \cdot \frac{\omega_0 \cdot r}{6\mu \cdot g} = \frac{2}{3}\omega_0 = \frac{2}{3} \cdot 20\pi = 41{,}89\,\text{s}^{-1}$$

Abstand zum Geschwindigkeits-Momentanpol

$$\overline{MP} = \frac{v_{\mathrm{M}}}{\dot{\varphi}} = \frac{\mu \cdot g \cdot t}{\omega_0 - 2\mu \cdot \frac{g}{r} \cdot t} = \frac{r}{\frac{\omega_0 \cdot r}{\mu \cdot g \cdot t} - 2} \quad \text{für } 0 \leq t \leq t_1$$

$$\text{Für } t = \frac{1}{2}t_1 \text{ wird } \overline{MP} = \frac{v_{\mathrm{M2}}}{\dot{\varphi}_2} = \frac{\frac{1}{6}\omega_0 \cdot r}{\frac{2}{3}\omega_0} = \frac{r}{4}$$

Der Geschwindigkeits-Momentanpol P wandert vom Scheibenmittelpunkt M bei reiner Rotation (Bild DL 16-2a) auf einem senkrechten Radius zum Aufstandspunkt A bei reinem Rollen (Bild DL 16-2c).

Geschwindigkeiten der Scheibenpunkte M, A, B

$$v_{\mathrm{M2}} = \overline{MP} \cdot \dot{\varphi}_2 = \frac{1}{4}r \cdot \frac{2}{3}\omega_0 = \frac{1}{6}r \cdot \omega_0 = \frac{1}{6} \cdot 0{,}15 \cdot 20\pi = \frac{\pi}{2} = 1{,}57 \, \frac{\mathrm{m}}{\mathrm{s}}$$

$$v_{\mathrm{A2}} = \overline{AP} \cdot \dot{\varphi}_2 = \frac{3}{4}r \cdot \frac{2}{3}\omega_0 = \frac{1}{2}r \cdot \omega_0 = \frac{1}{2} \cdot 0{,}15 \cdot 20\pi = \frac{3}{2}\pi = 4{,}71 \, \frac{\mathrm{m}}{\mathrm{s}}$$

$$v_{\mathrm{B2}} = \overline{BP} \cdot \dot{\varphi}_2 = \frac{5}{4}r \cdot \frac{2}{3}\omega_0 = \frac{5}{6}r \cdot \omega_0 = \frac{5}{6} \cdot 0{,}15 \cdot 20\pi = \frac{5}{2}\pi = 7{,}85 \, \frac{\mathrm{m}}{\mathrm{s}}$$

Der Scheibenpunkt B hat den größten Abstand zum Momentanpol und damit auch die größte Geschwindigkeit.

D 17   Zugkraft am aufgespulten Faden einer Rolle

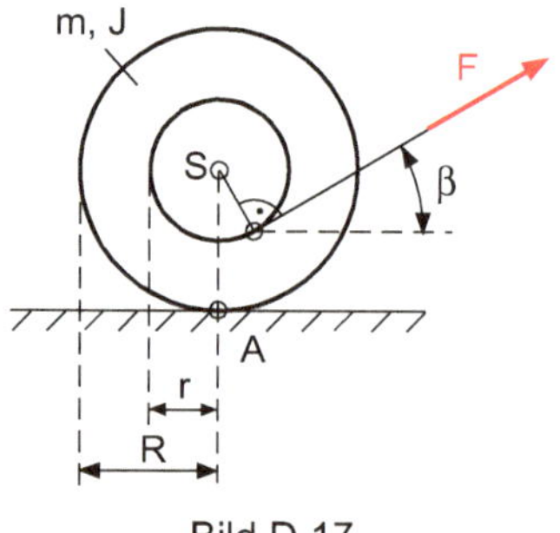

Bild D 17

Eine Spule (Masse m, Massenträgheitsmoment J) rollt auf einer horizontalen Ebene. Um den inneren Radius r der Spule ist ein masseloser Faden gewickelt, der unter dem Winkel β durch eine nach Größe und Richtung konstante Kraft F nach rechts gezogen wird.

Gegeben

$m = 10\,\mathrm{kg}$; $J = 0{,}4\,\mathrm{kg\,m}^2$; $F = 40\,\mathrm{N}$; $\beta = 30°$; $r = 0{,}15\,\mathrm{m}$; $R = 0{,}3\,\mathrm{m}$

Gesucht

Zu untersuchen sind zwei verschiedene Haftungs- bzw. Reibungsfälle:

1. Fall: Reines Rollen der Spule

a) Beschleunigung des Spulenschwerpunkts S

b) Unter welchem Winkel β muss die Kraft F angreifen, damit sich die Spule nach links bewegt?

c) Die Geschwindigkeit des Schwerpunkts nach $z = 5$ Umdrehungen der Spule, wenn sie anfänglich in Ruhe war

d) Wie groß muss der Haftungskoeffizient μ_0 zwischen Spule und Unterlage mindestens sein, damit reines Rollen möglich ist?

2. Fall: Rollen mit gleichzeitigem Rutschen der Spule

e) Wie groß ist die Beschleunigung und die Winkelbeschleunigung der Spule, wenn der Reibungs-Koeffizient zwischen Spule und Unterlage $\mu = 0{,}2 < \mu_0$ beträgt?

Lösung

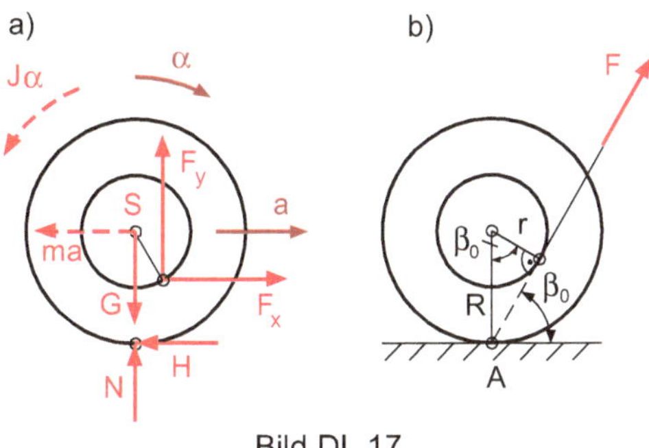

Bild DL 17

Die Trägheitsreaktionen werden nach dem Prinzip von d'Alembert entgegen den Beschleunigungen angesetzt Bild DL 17a)

Grenzlage (Bild DL 17b))

- F geht durch den Aufstandspunkt A
- F liegt links von A: Rollen nach rechts
- F liegt rechts von A: Rollen nach links

$$F_x = F \cdot \cos \beta; \quad F_y = F \cdot \sin \beta$$

1. Fall: Reines Rollen

a) Beschleunigung
3 Unbekannte: a, α, H
I)
$$\sum F_x = 0 = F \cos \beta - H - m \cdot a \Rightarrow H = F \cos \beta - m \cdot a \text{ (Haftungskraft)}$$
$$\sum F_y = 0 = N + F \sin \beta - m \cdot g \Rightarrow N = m \cdot g - F \sin \beta \text{ (Normalkraft)}$$

II) $\sum M^{(S)} = 0 = F \cdot r + J \cdot \alpha - H \cdot R$
Rollbedingung: III) $\alpha \cdot R = a \Rightarrow \alpha = \frac{a}{R}$
I und III in II:

$$F \cdot r + J \cdot \frac{a}{R} - F \cos \beta \cdot R + m \cdot a \cdot R = 0 \,|\, : (m \cdot R) \Rightarrow$$

$$a = \frac{F}{m} \cdot \frac{\cos \beta - \frac{r}{R}}{1 + \frac{J}{m \cdot R^2}} = \frac{40}{10} \cdot \frac{\cos 30° - \frac{15}{30}}{1 + \frac{0{,}4}{10 \cdot 0{,}3^2}} = 1{,}02 \, \frac{m}{s^2}$$

aus III: $\alpha = \frac{a}{R} = \frac{1{,}02}{0{,}3} = 3{,}4 \, s^{-2}$

b) Grenzlage (Bild DL 17b)
Der Schwerpunkt S bewegt sich nach links, wenn die Beschleunigung negativ wird

$$a < 0: \quad \cos \beta - \frac{r}{R} < 0 \Rightarrow \quad \cos \beta < \frac{r}{R} = \frac{15}{30} = 0{,}5 \Rightarrow \quad \beta > 60°$$

In der Grenzlage $\beta_0 = 60°$ geht die Wirklinie der Kraft F durch den Aufstandspunkt
A.

c) Geschwindigkeit nach z Umdrehungen
Bei reinem Rollen (kein Schlupf) entspricht der Weg für eine Umdrehung eines Rades
gleich seinem Umfang $U = 2\pi \cdot R$.
Weg nach z Umdrehungen $s = z \cdot U = 2\pi \cdot R \cdot z$

$$s = \frac{1}{2} a \cdot t^2 \Rightarrow t = \sqrt{\frac{2s}{a}}$$

$$v = a \cdot t = a \cdot \sqrt{\frac{2s}{a}} = \sqrt{2a \cdot s} = 2\sqrt{\pi R \cdot z \cdot a} = 2 \cdot \sqrt{\pi \cdot 0{,}3 \cdot 5 \cdot 1{,}02} = 4{,}38 \, \frac{m}{s}$$

d) Erforderlicher Haftungs-Koeffizient für reines Rollen

Haftungsbedingung: $H \le H_0 = \mu_0 \cdot N = \mu_0 \cdot (m \cdot g - F \sin \beta) \Rightarrow$

$$\mu_0 \ge \frac{H}{m \cdot g - F \sin \beta} = \frac{F \cos \beta - m \cdot a}{m \cdot g - F \sin \beta} = \frac{40 \cdot \cos 30° - 10 \cdot 1{,}02}{10 \cdot 9{,}81 - 40 \cdot \sin 30°} = 0{,}31$$

2. Fall: Rutschen der Spule

Anstelle der unbekannten Haftungskraft H im Bild DL 17a tritt jetzt die bekannte Reibungskraft (Widerstandskraft), für die nach den Coulomb'schen Reibungsgesetz gilt

$$W = \mu \cdot N = \mu \cdot (m \cdot g - F \sin \beta)$$

Dafür entfällt die Rollbedingung, denn es ist jetzt wegen des auftretenden Schlupfes

$$a \ne \alpha \cdot R$$

Es verbleiben noch die beiden Unbekannten a und α

I)

$$\sum F_x = 0 = F \cos \beta - m \cdot a - W$$

$$F \cos \beta - m \cdot a - \mu \cdot m \cdot g + \mu \cdot F \sin \beta = 0 \,|:m \Rightarrow$$

$$a = \frac{F}{m}(\cos \beta + \mu \cdot \sin \beta) - \mu \cdot g = \frac{40}{10}(\cos 30° + 0{,}2 \cdot \sin 30°) - 0{,}2 \cdot 9{,}81$$

$$= 1{,}9 \, \frac{\text{m}}{\text{s}^2}$$

II)

$$\sum M^{(S)} = 0 = F \cdot r + J \cdot \alpha - \underbrace{W}_{\mu \cdot N} \cdot R \Rightarrow$$

$$\alpha = \frac{\mu \cdot N \cdot R - F \cdot r}{J} = \frac{\mu \cdot R \cdot (m \cdot g - F \sin \beta) - F \cdot r}{J}$$

$$\alpha = \frac{0{,}2 \cdot 0{,}3 \cdot (10 \cdot 9{,}81 - 40 \cdot \sin 30°) - 40 \cdot 0{,}15}{0{,}4} = -3{,}29 \, \text{s}^{-2} < 0$$

Negative Winkelbeschleunigung bedeutet hier eine Linksdrehung der Spule bei gleichzeitiger Schwerpunktsbewegung nach rechts.

Vergleiche: Abrollen eines am Ende schräg nach oben gezogenen Teppichs

D 18   Doppelseilrolle

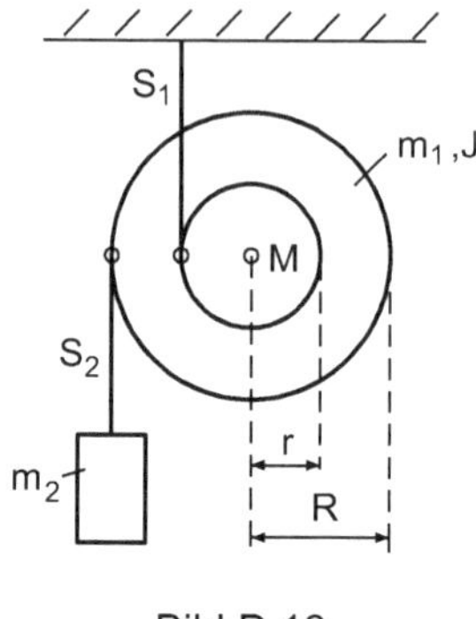

Bild D 18

Bei einer Scheibe (Masse m_1, Massenträgheitsmoment J) ist nach Bild D 18 am Innenradius r ein Seil S_1, am Außenradius R ein Seil S_2 aufgewickelt. Das Ende des inneren Seils ist an der Decke befestigt. Am Ende des äußeren Seils hängt eine Masse m_2.

Gegeben

$r = 0{,}2\,\text{m}$; $R = 0{,}3\,\text{m}$

$m_1 = 35\,\text{kg}$; $m_2 = 15\,\text{kg}$; $J = 1{,}1\,\text{kg}\,\text{m}^2$

Gesucht

a) Winkelbeschleunigung α der Scheibe
b) Seilkräfte S_1 und S_2

Lösung

Der Abspulpunkt P des oberen Seils im Bild DL 18 ist der Momentanpol, an dem die Walze wie das Rad auf einer Schiene abrollt.

Vergleich der rechts- und linksdrehenden Momente

$$\left.\begin{aligned} M_\mathrm{r} &= m_1 g \cdot r \\ M_\ell &= m_2 g \cdot R \end{aligned}\right\} \quad \frac{M_\mathrm{r}}{M_\ell} = \frac{m_1 \cdot r}{m_2 \cdot R} = \frac{35 \cdot 0{,}2}{15 \cdot 0{,}3} = 1{,}56 \Rightarrow M_\mathrm{r} > M_\ell \Rightarrow$$

Scheibe rechtsdrehend

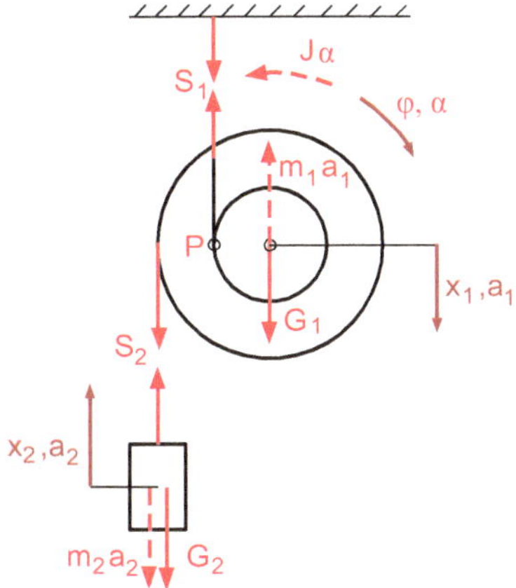

Bild DL 18

Das Seil S_1 spult sich am Innenradius ab, so dass die Scheibe sich im Uhrzeigersinn dreht und sich dabei um x_1 nach unten bewegt.

Infolge der Scheibenrotation wird das Seil S_2 am Außenradius aufgespult. Dadurch bewegt sich die Masse m_2 einerseits nach oben, andererseits auch mit der Scheibe nach unten.

Wegen des größeren Radius wird mehr Seil S_2 aufgespult als Seil S_1 abgespult, so dass sich die Masse m_2 insgesamt gesehen um x_2 nach oben bewegt.

$$x_1 = r \cdot \varphi; \quad \ddot{x}_1 = r \cdot \ddot{\varphi} \text{ bzw. } a_1 = r \cdot \alpha$$
$$x_2 = R \cdot \varphi - r \cdot \varphi = (R - r) \cdot \varphi$$
$$\ddot{x}_2 = (R - r) \cdot \ddot{\varphi} \text{ bzw. } a_2 = (R - r) \cdot \alpha$$

Gewichtskräfte: $G_1 = m_1 \cdot g; \quad G_2 = m_2 \cdot g$

Die Trägheitsreaktionen wirken entgegengesetzt zu den Beschleunigungen.

Es verbleiben 3 Unbekannte: α, S_1, S_2

I) $\sum_{m_1} F_y = 0 = S_1 - S_2 - m_1 \cdot g + m_1 \cdot a_1 \Rightarrow S_1 = S_2 + m_1 \cdot g - m_1 \cdot r \cdot \alpha$

II) $\sum_{m_2} F_y = 0 = S_2 - m_2 \cdot g - m_2 \cdot a_2 \Rightarrow S_2 = m_2 \cdot g + m_2 \cdot (R - r) \cdot \alpha$

III) $\sum_{m_1} M^{(M)} = 0 = S_2 \cdot R - S_1 \cdot r + J \cdot \alpha$

I in III = III′: $S_2 \cdot R - S_2 \cdot r - m_1 \cdot g \cdot r + m_1 \cdot r^2 \cdot \alpha + J \cdot \alpha = 0$

II in III′: $[m_2 g + m_2 (R - r) \cdot \alpha] \cdot (R - r) - m_1 g r + m_1 r^2 \alpha + J \alpha = 0 \Rightarrow$
$$[m_1 r^2 + m_2 (R - r)^2 + J] \cdot \alpha = g \cdot [m_1 r - m_2 (R - r)] \Rightarrow$$

Winkelbeschleunigung

$$\alpha = \frac{m_1 r - m_2(R-r)}{m_1 r^2 + m_2(R-r)^2 + J} \cdot g = \frac{35 \cdot 0{,}2 - 15 \cdot (0{,}3 - 0{,}2)}{35 \cdot 0{,}2^2 + 15 \cdot 0{,}1^2 + 1{,}1} \cdot 9{,}81 = 20{,}36\,\mathrm{s}^{-2}$$

$$a_1 = r \cdot \alpha = 0{,}2 \cdot 20{,}36 = 4{,}07\,\frac{\mathrm{m}}{\mathrm{s}^2}$$

$$a_2 = (R-r) \cdot \alpha = (0{,}3 - 0{,}2) \cdot 20{,}36 = 2{,}04\,\frac{\mathrm{m}}{\mathrm{s}^2}$$

b) Seilkräfte

$$\text{aus II:} \quad S_2 = m_2 \cdot (g + a_2) = 15 \cdot (9{,}81 + 2{,}04) = 177{,}75\,\mathrm{N}$$

$$\text{aus I:} \quad S_1 = S_2 + m_1 \cdot (g - a_1) = 177{,}75 + 35 \cdot (9{,}81 - 4{,}07) = 378{,}65\,\mathrm{N}$$

D 19   Walze mit aufgewickeltem Seil auf einer schiefen Ebene

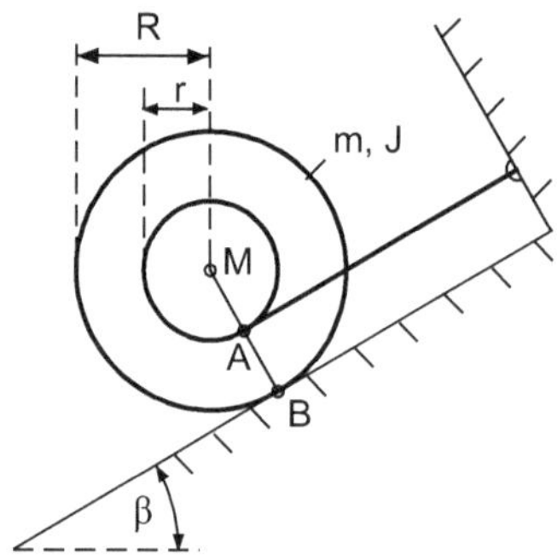

Bild D 19

Auf eine abgesetzte Walze (Garnrolle) ist am Innenradius r ein Seil (Faden) aufgewickelt, dessen Ende an der Wand befestigt ist. Die Walze mit dem Außenradius R liegt auf einer rauen schiefen Ebene mit dem Steigungswinkel β.

Gegeben
m, J, β, r, R

Gesucht
Für welches Radienverhältnis $\frac{R}{r}$ kommt eine Abwärtsbewegung des Rades zustande und wie groß ist dann die Beschleunigung des Radmittelpunktes M?

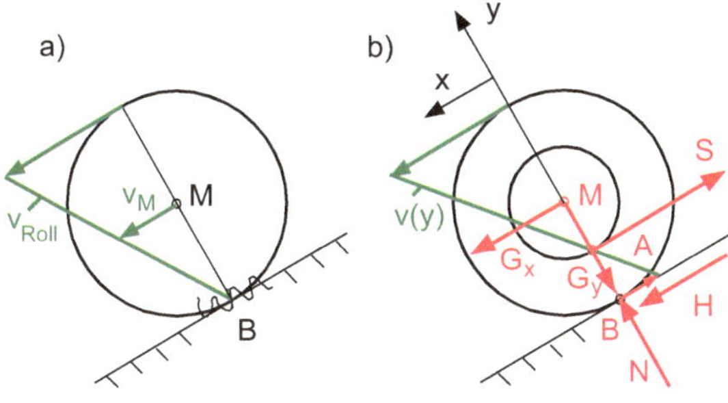

Bild DL 19

Lösung

Die Bewegungsverhältnisse bei diesem System werden oft falsch eingeschätzt. Daher soll eine ausführliche kinematische Betrachtung erfolgen.

Zunächst könnte man annehmen, das Rad würde sich wie ein Zahnrad auf einer Zahnstange formschlüssig abwälzen (Bild DL 19a). Dann wäre der Berührungspunkt B des Rades mit dem Boden der Momentanpol.

Die Geschwindigkeiten v_{Roll} der einzelnen Radpunkte würden bei B von Null aus linear ansteigen. Diese reine Rollbewegung auf der schiefen Ebene wird jedoch durch das aufgewickelte Seil, das fest mit der Wand verbunden ist, verhindert.

Ein Abrollen der Walze wäre nur bei einem nachgiebigen Seil möglich z. B. bei Reißen des Seils oder wenn das Seil über eine Rolle umgelenkt wird mit einem Gegengewicht am Ende des Seils (Aufgabenvariante zur Lösung für den Leser).

Dass die Rollbewegung des Rades so nicht möglich ist, erkennt man beim Vergleich der abgewickelten Seillänge mit dem zurückgelegten Weg. Bei einer Drehung des Rades um den Winkel φ käme der Radmittelpunkt M um $R \cdot \varphi$ nach unten, wobei aber gleichzeitig nur die kürzere Fadenlänge $r \cdot \varphi$ an der Rolle abgewickelt wird. Das Seil ist unnachgiebig an der Wand befestigt und hält die Walze fest. Die Walze kann sich nur so weit talwärts bewegen, wie Seil abgespult wird. Wegen $r \cdot \varphi < R \cdot \varphi$ ist reines Rollen somit nicht möglich.

Eine Bewegung kann also nur einsetzen, wenn das Rad an der Berührungsstelle B gleichzeitig mit seiner Abwärtsbewegung außerdem noch nach oben durchrutscht, wenn also dort die maximal mögliche Haftungskraft $H_0 = \mu_0 \cdot N$ überwunden wird. Dann ist der Ablaufpunkt A des Seils der Momentanpol mit der angegebenen Geschwindigkeits-Verteilung $v(y)$.

Kommt es an der Berührungsstelle nicht zum Rutschen, dann bewegt sich die Rolle nicht und mit $a = 0$ liegen statische Verhältnisse vor.

Komponenten der Gewichtskraft: $G_x = m \cdot g \cdot \sin \beta$; $G_y = m \cdot g \cdot \cos \beta$

Für die 3 Unbekannten H, N, S stehen 3 Gleichgewichtsbedingungen zur Verfügung

$$\text{I)} \qquad \sum M^{(A)} = 0 = G_\text{x} \cdot r - H \cdot (R - r) \Rightarrow H = m \cdot g \cdot \sin\beta \cdot \frac{r}{R - r}$$

$$\text{II)} \qquad \sum M^{(B)} = 0 = G_\text{x} \cdot R - S \cdot (R - r) \Rightarrow S = m \cdot g \cdot \sin\beta \cdot \frac{R}{R - r}$$

$$\text{III)} \qquad \sum F_\text{y} = 0 \Rightarrow N = G_\text{y} = m \cdot g \cdot \cos\beta$$

Kein Rutschen bei B, wenn $H \leq \mu_0 \cdot N \Rightarrow$

$$\mu_0 \geq \frac{H}{N} = \frac{m \cdot g \cdot \sin\beta}{m \cdot g \cdot \cos\beta} \cdot \frac{r}{R - r} = \frac{r}{R - r} \cdot \tan\beta \Rightarrow$$

$$\frac{R - r}{r} \geq \frac{\tan\beta}{\mu_0} \Rightarrow \frac{R}{r} \geq 1 + \frac{\tan\beta}{\mu_0}, \text{ dann ist } a = 0$$

Dagegen rutscht die Walze, wenn $\frac{R}{r} < 1 + \frac{\tan\beta}{\mu_0}$, dann ist $a > 0$

Der Abspulpunkt A liegt dabei relativ tief.

Dann entsteht an der Berührungsstelle B Gleitreibung mit der Widerstandskraft (Reibkraft)

$$W = \mu \cdot N = \mu \cdot m \cdot g \cdot \cos\beta$$

anstelle der Haftungskraft H und die Walze bewegt sich mit der Beschleunigung a nach unten.

Wegen des Rutschens der Walze am Boden ist die Mittelpunkts-Beschleunigung $a \neq R \cdot \alpha$.

Am Abspulpunkt A befindet sich das Seil und damit auch die Walze momentan in Ruhe, d. h. dort ist der Geschwindigkeits-Momentanpol der Walze.

Der Weg x des Walzenmittelpunkts M entspricht der abgespulten Fadenlänge $r \cdot \varphi$.

Das führt zur kinematischen Beziehung

$$x = r \cdot \varphi \text{ bzw. } \dot{x} = r \cdot \dot{\varphi},$$

die auch aus der Geschwindigkeits-Verteilung im Bild DL 19b hervorgeht.

Durch zweimalige Differentiation nach der Zeit wird

$$\text{I)} \quad \ddot{x} = r \cdot \ddot{\varphi} \text{ bzw. } a = r \cdot \alpha \Rightarrow \alpha = \tfrac{a}{r}$$

Dynamisches Grundgesetz

$$\text{II)} \quad mg \cdot \sin\beta + \mu \cdot mg \cdot \cos\beta - S = m \cdot a \Rightarrow$$
$$S = mg \cdot (\sin\beta + \mu\cos\beta) - m \cdot a$$

$$\text{III)} \quad S \cdot r - \mu \cdot mg \cdot \cos\beta \cdot R = J \cdot \alpha \,|: r \Rightarrow S - \mu \cdot mg \cdot \cos\beta \cdot \tfrac{R}{r} = J \cdot \tfrac{\alpha}{r}$$

I und II in III: $mg\left(\sin\beta + \mu\cos\beta\right) - m\cdot a - \mu\cdot mg\cdot\cos\beta\cdot\frac{R}{r} = J\cdot\frac{a}{r^2}$

Damit wird die Beschleunigung der Walze

$$a = \frac{mg\cdot\left(\sin\beta + \mu\cos\beta - \mu\cos\beta\cdot\frac{R}{r}\right)}{m + \frac{J}{r^2}} = \frac{\sin\beta - \mu\cos\beta\cdot\left(\frac{R}{r}-1\right)}{1 + \frac{J}{m\cdot r^2}}\cdot g$$

Die Walze bleibt in Ruhe, wenn $a = 0$ ist, d. h. der Zähler in obiger Gleichung wird Null

$$\sin\beta - \mu\cos\beta\cdot\left(\frac{R}{r}-1\right) = 0 |:\cos\beta \Rightarrow$$

$$\tan\beta = \mu\cdot\left(\frac{R}{r}-1\right) \Rightarrow \frac{R}{r} = 1 + \frac{\tan\beta}{\mu}$$

Dagegen kommt es zu einer beschleunigten Abwärtsbewegung, wenn gilt

$$a > 0 \text{ bzw. } \sin\beta - \mu\cos\beta\cdot\left(\frac{R}{r}-1\right) > 0 |:\cos\beta \Rightarrow$$

$$\tan\beta > \mu\cdot\left(\frac{R}{r}-1\right) \Rightarrow \frac{R}{r} < 1 + \frac{\tan\beta}{\mu}$$

Das entsprechende Ergebnis nur mit dem Haftungskoeffizient μ_0 anstelle von μ wurde bereits als Kriterium für das Zustandekommen einer Bewegung ermittelt.

Aufgabe für den Leser

Wie ändern sich die Verhältnisse, wenn das Seil am Innenradius im Uhrzeigersinn auf die Spule gewickelt ist und das Seilende an der Wand befestigt wird?

D 20   Rutschender Stab

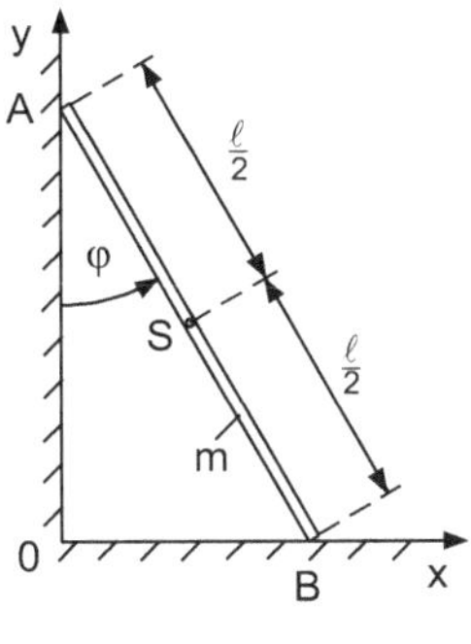

Bild D 20

Ein homogener Stab (z. B. eine Leiter), der Länge ℓ und der Masse m stützt sich nach Bild D 20 bei A an der vertikalen Wand und bei B am horizontalen Boden reibungsfrei ab. Bei einem Startwinkel φ_0 zwischen Wand und Stab wird der Stab ohne Anstoß losgelassen.

Gegeben

m, ℓ, φ_0

Gesucht

a) Winkelgeschwindigkeit ω und Winkelbeschleunigung α des Stabes als Funktion des Neigungswinkels φ

b) Geschwindigkeit und Beschleunigung des Schwerpunkts S

c) Auflagerkraft an der Wand und am Boden

d) Winkel φ^* und die Winkelgeschwindigkeit ω^*, wenn sich der Stab von der Wand löst

Lösung

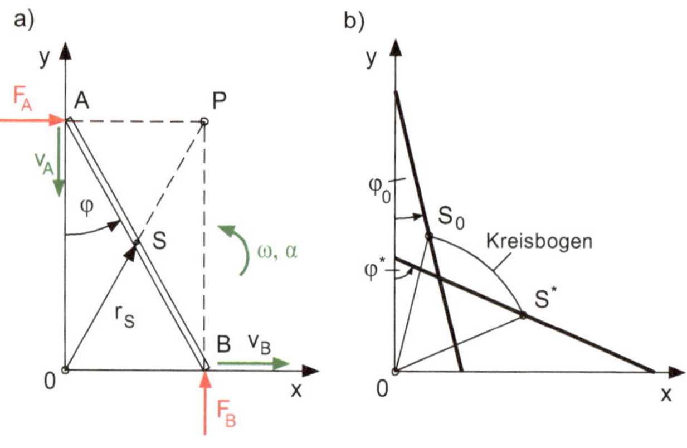

Bild DL 20

Energieerhaltungssatz

$$U_1 + T_1 = U_2 + T_2$$

Der Stab wird aus der Ruhe losgelassen: $T_1 = 0$
Legt man das Nullniveau in die x-Achse, so sind die Schwerpunktshöhen

$$h_1 = \frac{\ell}{2} \cdot \cos \varphi_0$$

$$h_2 = \frac{\ell}{2} \cdot \cos \varphi$$

Die kinetische Energie setzt sich aus der translatorischen Energie der Schwerpunktsbewegung und der rotatorischen Energie der Drehbewegung um den Schwerpunkt S zusammen.

$$mg \cdot \frac{\ell}{2} \cdot \cos \varphi_0 = mg \cdot \frac{\ell}{2} \cdot \cos \varphi + \frac{1}{2}m \cdot v_\mathrm{S}^2 + \frac{1}{2}J_\mathrm{S} \cdot \omega^2$$

Geführte Bewegung: $\varphi_0 \leq \varphi \leq \varphi^*$

Der Endpunkt A des Stabes bewegt sich geradlinig entlang der Wand, der Endpunkt B geradlinig entlang dem Boden.

Der Geschwindigkeits-Momentanpol P ergibt sich als Schnittpunkt der Lote auf die Geschwindigkeitsvektoren $\vec{v}_A$ und $\vec{v}_B$. Die Punkte $0, A, P, B$ sind im Verlauf der Bewegung die Eckpunkte eines Rechtecks, dessen Diagonalen die Länge des Stabes haben und durch den Schwerpunkt S halbiert werden.

$$\overline{PS} = \frac{\ell}{2}; \quad v_\mathrm{S} = \overline{PS} \cdot \omega = \frac{\ell}{2} \cdot \omega = \frac{\ell}{2} \cdot \dot{\varphi}$$

Das Massenträgheitsmoment eines homogenen Stabes bezüglich seines Schwerpunkts ist

$$J_\mathrm{S} = \frac{1}{12}m \cdot \ell^2$$

Eingesetzt in den Energieerhaltungssatz

$$mg \cdot \frac{\ell}{2} \cdot (\cos \varphi_0 - \cos \varphi) = \frac{1}{2}m \cdot \left(\frac{\ell}{2}\omega\right)^2 + \frac{1}{2} \cdot \frac{1}{12}m \cdot \ell^2 \cdot \omega^2 | \cdot \frac{2}{m \cdot \ell} \Rightarrow$$

$$g \cdot (\cos \varphi_0 - \cos \varphi) = \frac{1}{3}\ell \cdot \omega^2 \Rightarrow$$

a) Winkelgeschwindigkeit

$$\omega = \dot{\varphi} = \sqrt{3\frac{g}{\ell} \cdot (\cos \varphi_0 - \cos \varphi)}$$

Die Winkelbeschleunigung des Stabes erhält man durch zeitliche Differenziation der Winkelgeschwindigkeit

$$\alpha = \ddot{\varphi} = \frac{d\dot{\varphi}}{dt} = \frac{3\frac{g}{\ell} \cdot \sin \varphi \cdot \dot{\varphi}}{2 \cdot \sqrt{3\frac{g}{\ell} \cdot (\cos \varphi_0 - \cos \varphi)}} = \frac{3}{2} \cdot \frac{g}{\ell} \cdot \sin \varphi$$

nach Einsetzen von $\dot{\varphi}$ kürzt sich die Wurzel weg.

b) Ortsvektor des Schwerpunkts

$$\vec{r}_\mathrm{S} = \overline{0S} = \begin{bmatrix} x_\mathrm{S} \\ y_\mathrm{S} \end{bmatrix} = \begin{bmatrix} \frac{\ell}{2} \sin \varphi \\ \frac{\ell}{2} \cos \varphi \end{bmatrix} = \frac{\ell}{2} \begin{bmatrix} \sin \varphi \\ \cos \varphi \end{bmatrix}$$

$$|\vec{r}_\mathrm{S}| = r_\mathrm{S} = \sqrt{x_\mathrm{S}^2 + y_\mathrm{S}^2} = \frac{\ell}{2} \cdot \sqrt{\sin^2 \varphi + \cos^2 \varphi} = \frac{\ell}{2} = \text{konst.}$$

Der Schwerpunkt bewegt sich also auf einem Kreisbogen mit dem Radius $\frac{\ell}{2}$ um den Mittelpunkt 0 (Bild DL 20b). Die Schwerpunktsbewegung gleicht der Bewegung des Endpunkts einer in 0 drehbar gelagerten Stange $\overline{0S}$

Die Geschwindigkeit und die Beschleunigung des Schwerpunkts findet man durch Differenziation des Ortsvektors nach der Zeit

$$\vec{v}_S = \dot{\vec{r}}_S = \begin{bmatrix} \dot{x}_S \\ \dot{y}_S \end{bmatrix} = \frac{\ell}{2} \cdot \begin{bmatrix} \dot{\varphi} \cdot \cos \varphi \\ -\dot{\varphi} \cdot \sin \varphi \end{bmatrix} = \frac{\ell}{2} \cdot \begin{bmatrix} \cos \varphi \\ -\sin \varphi \end{bmatrix} \cdot \omega$$

$$v_S = \dot{r}_S = \sqrt{\dot{x}_S^2 + \dot{y}_S^2} = \frac{\ell}{2} \cdot \omega$$

$$\vec{a}_S = \ddot{\vec{r}}_S = \frac{\ell}{2} \cdot \begin{bmatrix} \ddot{\varphi} \cdot \cos \varphi - \dot{\varphi}^2 \cdot \sin \varphi \\ -\ddot{\varphi} \cdot \sin \varphi - \dot{\varphi}^2 \cdot \cos \varphi \end{bmatrix}$$

$$a_S = \ddot{r}_S = \sqrt{\ddot{x}_S^2 + \ddot{y}_S^2} = \frac{\ell}{2} \cdot \sqrt{\alpha^2 + \omega^4}$$

c) Auflagerkräfte

Dynamisches Grundgesetz

$$F_A = m \cdot \ddot{x}_S = m \cdot \frac{\ell}{2} \cdot \left(\alpha \cdot \cos \varphi - \omega^2 \cdot \sin \varphi \right)$$

$$F_A = m \cdot \frac{\ell}{2} \cdot \left[\frac{3}{2} \frac{g}{\ell} \cdot \sin \varphi \cdot \cos \varphi - 3 \frac{g}{\ell} \cdot (\cos \varphi_0 - \cos \varphi) \cdot \sin \varphi \right]$$

$$F_A = \frac{3}{2} mg \cdot \sin \varphi \cdot \left(\frac{3}{2} \cos \varphi - \cos \varphi_0 \right)$$

$$F_B - mg = m \cdot \ddot{y}_S = -m \cdot \frac{\ell}{2} \cdot \left(\alpha \cdot \sin \varphi + \omega^2 \cdot \cos \varphi \right)$$

$$F_B = mg - m \cdot \frac{\ell}{2} \cdot \left[\frac{3}{2} \frac{g}{\ell} \cdot \sin^2 \varphi + 3 \frac{g}{\ell} \cdot (\cos \varphi_0 - \cos \varphi) \cdot \cos \varphi \right]$$

$$F_B = mg \cdot \left[1 - \frac{3}{4} \sin^2 \varphi - \frac{3}{2} \cos \varphi \cdot (\cos \varphi_0 - \cos \varphi) \right]$$

d) Ablösewinkel

Der Stab löst sich von der Wand

$$F_A = 0: \frac{3}{2} mg \cdot \sin \varphi^* \cdot \left(\frac{3}{2} \cos \varphi^* - \cos \varphi_0 \right) = 0$$

Der Ausdruck wird Null, wenn einer der Faktoren Null wird

I) $\sin \varphi^* = 0 \Rightarrow \varphi^* = 0$ Stab in senkrechter Lage (Kippen nach rechts) entfällt,

da der Stab bei $\varphi = \varphi_0 > 0$ entsprechend der Anfangsbedingung losgelassen wird.

$$\text{II)} \; \frac{3}{2} \cos \varphi^* - \cos \varphi_0 = 0 \Rightarrow \cos \varphi^* = \frac{2}{3} \cos \varphi_0$$

Im Moment des Ablösens ist die Winkelgeschwindigkeit

$$\omega^* = \dot{\varphi}^* = \sqrt{3\frac{g}{\ell} \cdot \left(\cos\varphi_0 - \frac{2}{3}\cos\varphi_0\right)} = \sqrt{\frac{g}{\ell} \cdot \cos\varphi_0}$$

D 21 Massenträgheitsmoment eines Trapezprofilkörpers

Gegeben ist ein Körper mit Trapezprofil mit den Abmessungen a, b, c und d sowie der Masse m, wobei $b = 2d$.

Ermitteln Sie das Massenträgheitsmoment J_{xx}, bezogen auf das gegebene Koordinatensystem.

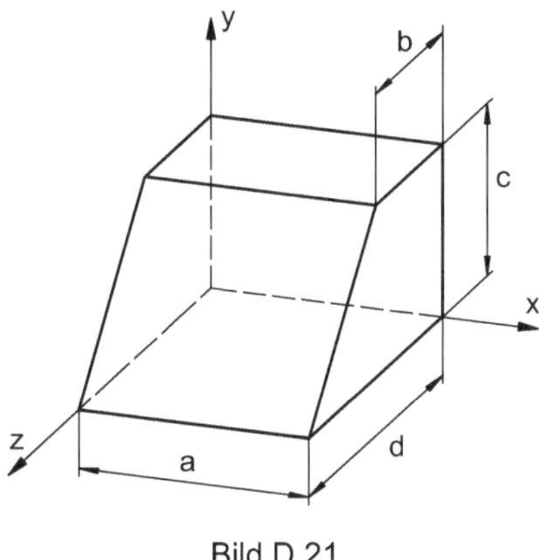

Bild D 21

Lösung

Zunächst wird ein geeigneter differentiell kleiner Körper gesucht, der erlaubt, mit möglichst wenigen Integrationsschritten das gesuchte Massenträgheitsmoment J_{xx} zu ermitteln.

$$J_{xx} = \int\limits_{m} \left(y^2 + z^2\right) dm$$

Da die Profilachse mit der x-Achse übereinstimmt, kann ein differenzieller Profilkörper mit dem Volumen $a\,dy\,dz$ gewählt werden. Die für die Integration benötigten Funktionen $y(z)$ oder $z(y)$ können anhand einer Betrachtung in der y, z-Ebene ermittelt werden:

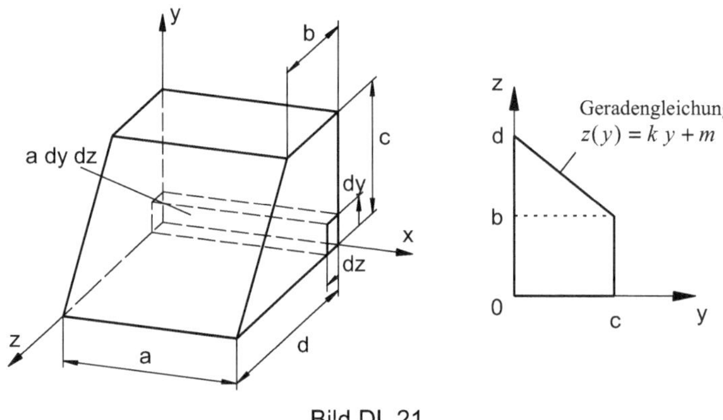

Bild DL 21

Die Geradengleichung $z(y)$ ergibt sich aus der Steigung

$$k = \frac{d-b}{c} = \frac{d-2d}{c} = -\frac{d}{c} = -\frac{b}{2c} \text{ und } z = -\frac{b}{2c}y + m$$

dem Funktionswert bei $m = z(0) = b$:

$$z = -\frac{b}{2c}y + b = b\left(1 - \frac{1}{2c}y\right)$$

Diese Funktion ist mit $dm = \rho a\, dz\, dy$ in das bestimmte Integral einzusetzen:

$$J_{xx} = \int_m (y^2 + z^2)dm = \rho a \int_{y=0}^{c} \int_{z=0}^{z(\overline{y})} \left(\overline{y}^2 + \overline{z}^2\right) d\overline{z}d\overline{y}$$

Die Reihenfolge von Integration und Summation ist beliebig, daher können die Summanden einzeln integriert werden:

$$J_{xx} = \rho a \int_{y=0}^{c} \left(\int_{z=0}^{z(y)} \overline{y}^2 d\overline{z} + \int_{z=0}^{z(y)} \overline{z}^2 d\overline{z}\right) d\overline{y} = \rho a \int_{y=0}^{c} \left(\overline{y}^2 z\,(\overline{y}) + \frac{z\,(\overline{y})^3}{3}\right) d\overline{y}$$

Mit

$$\overline{y}^2 z\,(\overline{y}) = \overline{y}^2 b \left(1 - \frac{1}{2c}\overline{y}\right) = b\left(\overline{y}^2 - \frac{1}{2c}\overline{y}^3\right)$$

und

$$\frac{z\,(\overline{y})^3}{3} = \frac{b^3}{3}\left(1 - \frac{1}{2c}\overline{y}\right)^3 = \frac{b^3}{3}\left(1 - \frac{3}{2c}\overline{y} + \frac{3}{4c^2}\overline{y}^2 - \frac{1}{8c^3}\overline{y}^3\right).$$

Eingesetzt in das Integral des Massenträgheitsmomentes:

$$J_{xx} = \rho a \left(b \int\limits_{y=0}^{c} \overline{y}^2 d\overline{y} - b \int\limits_{y=0}^{c} \frac{1}{2c} \overline{y}^3 d\overline{y} + \frac{b^3}{3} \int\limits_{y=0}^{c} d\overline{y} - \frac{b^3}{3} \int\limits_{y=0}^{c} \frac{3}{2c} \overline{y} d\overline{y} \right.$$

$$\left. + \frac{b^3}{3} \int\limits_{y=0}^{c} \frac{3}{4c^2} \overline{y}^2 d\overline{y} - \frac{b^3}{3} \int\limits_{y=0}^{c} \frac{1}{8c^3} \overline{y}^3 dy \right)$$

$$J_{xx} = \rho a \left(b \int\limits_{y=0}^{c} \overline{y}^2 d\overline{y} - \frac{b}{2c} \int\limits_{y=0}^{c} \overline{y}^3 d\overline{y} + \frac{b^3}{3} \int\limits_{y=0}^{c} d\overline{y} - \frac{b^3}{2c} \int\limits_{y=0}^{c} \overline{y} d\overline{y} + \frac{b^3}{4c^2} \int\limits_{y=0}^{c} \overline{y}^2 d\overline{y} \right.$$

$$\left. - \frac{b^3}{24c^3} \int\limits_{y=0}^{c} \overline{y}^3 dy \right)$$

$$J_{xx} = \rho a \left(\left[\frac{b}{3}\overline{y}^3\right]_0^c - \left[\frac{b}{8c}\overline{y}^4\right]_0^c + \left[\frac{b^3}{3}\overline{y}\right]_0^c - \left[\frac{b^3}{4c}\overline{y}\right]_0^c + \left[\frac{b^3}{12c^2}\overline{y}^3\right]_0^c - \left[\frac{b^3}{96c^3}\overline{y}^4\right]_0^c \right)$$

$$J_{xx} = \rho a \left(\frac{bc^3}{3} - \frac{bc^3}{8} + \frac{b^3c}{3} - \frac{b^3c}{4} + \frac{b^3c}{12} - \frac{b^3c}{96} \right)$$

$$= \rho a b^3 c \left(\frac{c^2}{3b^2} - \frac{c^2}{8b^2} + \frac{1}{3} - \frac{1}{4} + \frac{1}{12} - \frac{1}{96} \right)$$

$$J_{xx} = \rho a b^3 c \left(\frac{5c^2}{24b^2} + \frac{5}{32} \right)$$

D 22 Bandbremse

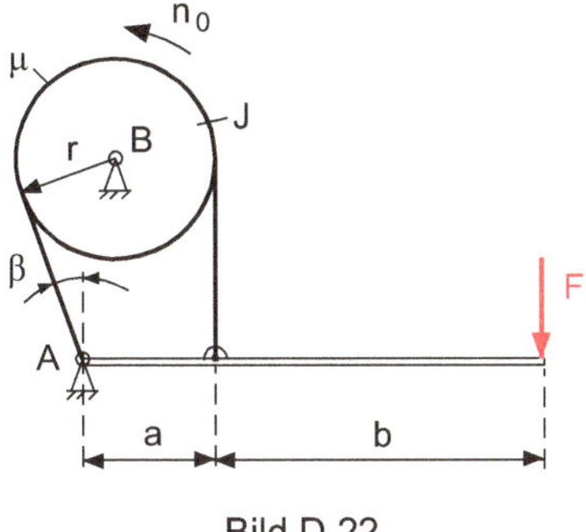

Bild D 22

Ein Rad (Radius r, Massenträgheitsmoment J) nach Bild D 22 rotiert mit der Drehzahl n_0. Es soll mit einem Bremsband (Reibungskoeffizient μ) über einen Hebel mit der Kraft F abgebremst werden.

Gegeben

$F = 300\,\text{N}; \; J = 8\,\text{kg}\,\text{m}^2; \; n_0 = 600\,\text{min}^{-1} = 10\,\text{s}^{-1}$

$$\mu = 0{,}4; \quad \beta = 20°$$
$$r = 0{,}15\,\text{m}; \quad a = 0{,}2\,\text{m}; \quad b = 0{,}9\,\text{m}$$

Gesucht

a) Wie viele Umdrehungen macht das Rad noch bis zum Stillstand und welche Zeit ist zum Abbremsen nötig?

b) Auflagerkräfte bei A und B

Lösung

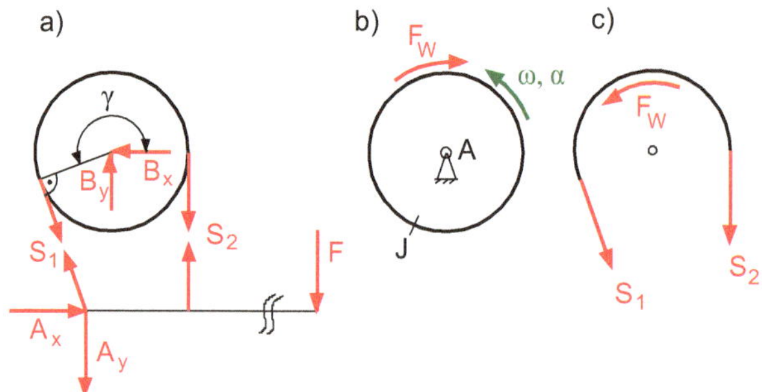

Bild DL 22

Balken (Bild DL 22a)

$$\sum M^{(A)} = 0$$
$$S_2 \cdot a - F \cdot (a + b) = 0 \Rightarrow$$
$$S_2 = F \cdot \frac{a + b}{a}$$
$$S_2 = 300 \cdot \frac{20 + 90}{20} = 1650\,\text{N}$$

Bremsband

F_W = resultierende Bremskraft der über den Umschlingungsbogen verteilten elementaren Reibungskräfte

Um herauszufinden, welche Seilkraft die größere ist, betrachten wir Trommel und Bremsband getrennt. Die Bremskraft F_W wirkt am Umfang der Trommel (Bild DL 22b) entgegen der Drehrichtung und am Bremsband (Bild DL 22c) umgekehrt.

Kräftegleichgewicht am Bremsband

$$S_2 = S_1 + F_\mathrm{W} > S_1 \Rightarrow F_\mathrm{W} = S_2 - S_1$$

Umschlingungswinkel

$$\gamma = 180° + \beta = 200° = \frac{200}{180} \cdot \pi\,\mathrm{rad} = \frac{10}{9} \cdot \pi\,\mathrm{rad}$$

Eytelwein'sche Gleichung

$$S_\mathrm{größer} = e^{\mu \cdot \gamma} \cdot S_\mathrm{kleiner} \ \text{bzw.}\ S_2 = e^{\mu \cdot \gamma} \cdot S_1 \Rightarrow S_1 = \frac{S_2}{e^{\mu \cdot \gamma}} = e^{-\mu \cdot \gamma} \cdot S_2$$

$$S_1 = e^{-0,4 \cdot \frac{10}{9} \cdot \pi} \cdot 1650 = 408{,}41\,\mathrm{N}$$

$$F_\mathrm{W} = S_2 - S_1 = 1650 - 408{,}41 = 1241{,}59\,\mathrm{N}$$

Dynamisches Grundgesetz für Drehbewegung (Bild DL 22b)

$$F_\mathrm{W} \cdot r = -J \cdot \alpha \Rightarrow \alpha = -\frac{F_\mathrm{W} \cdot r}{J} = -\frac{1241{,}59 \cdot 0{,}15}{8} = -23{,}28\,\mathrm{s}^{-2} < 0$$

Eine negative Winkelbeschleunigung bedeutet eine Winkelverzögerung.

Anfängliche Winkelgeschwindigkeit

$$\omega_0 = 2\pi \cdot n_0 = 2\pi \cdot 10 = 20\pi\,\mathrm{s}^{-1} = 62{,}83\,\mathrm{s}^{-1}$$

Arbeitssatz für Drehbewegung

Die Arbeit eines Moments an einem drehbaren Körper längs eines Winkels ist gleich der Änderung seiner kinetischen Rotationsenergie.

$$\int_{\varphi_1}^{\varphi_2} M \cdot d\varphi = \frac{1}{2} J \cdot \left(\omega_2^2 - \omega_1^2\right)$$

Am Ende des Bremsvorgangs steht das Rad. $\omega_2 = 0$; $\omega_1 = \omega_0$

Bremsmoment (Widerstandsmoment) $M_\mathrm{W} = F_\mathrm{W} \cdot r$

$$-M_\mathrm{W} \cdot \varphi = 0 - \frac{1}{2} J \cdot \omega_0^2 \Rightarrow \varphi = \frac{J \cdot \omega_0^2}{2 F_\mathrm{W} \cdot r} = \frac{8 \cdot (20\pi)^2}{2 \cdot 1241{,}59 \cdot 0{,}15} = 84{,}79\,\mathrm{rad}$$

Anzahl der Umdrehungen bis zum Stillstand

$$\varphi = 2\pi \cdot z \Rightarrow z = \frac{\varphi}{2\pi} = \frac{84{,}79}{2\pi} = 13{,}49 \text{ Umdrehungen}$$

Bremszeit
Gleichmäßig beschleunigte (bzw. verzögerte) Drehbewegung

$$\omega = \omega_0 + \alpha \cdot t$$

für $t = t_\text{B}$ wird $\omega = 0$

$$0 = \omega_0 + \alpha \cdot t_\text{B} \Rightarrow t_\text{B} = -\frac{\omega_0}{\alpha} = -\frac{20\pi}{-23{,}28} = 2{,}7\,\text{s}$$

b) Auflagerkräfte (Bild DL 22a)
Balken

$$\sum F_\text{x} = 0 \Rightarrow A_\text{x} = S_1 \cdot \sin\beta = 408{,}41 \cdot \sin 20° = 139{,}68\,\text{N}$$

$$\sum F_\text{y} = 0 \Rightarrow A_\text{y} = S_1 \cdot \cos\beta + S_2 - F$$

$$A_\text{y} = 408{,}41 \cdot \cos 20° + 1650 - 300 = 1733{,}78\,\text{N}$$

Gesamtsystem

$$\sum F_\text{x} = 0 \Rightarrow B_\text{x} = A_\text{x} = 139{,}68\,\text{N}$$

$$\sum F_\text{y} = 0 \Rightarrow B_\text{y} = A_\text{y} + F = 1733{,}78 + 300 = 2033{,}78\,\text{N}$$

D 23   Hubwerk mit einstufigem Getriebe

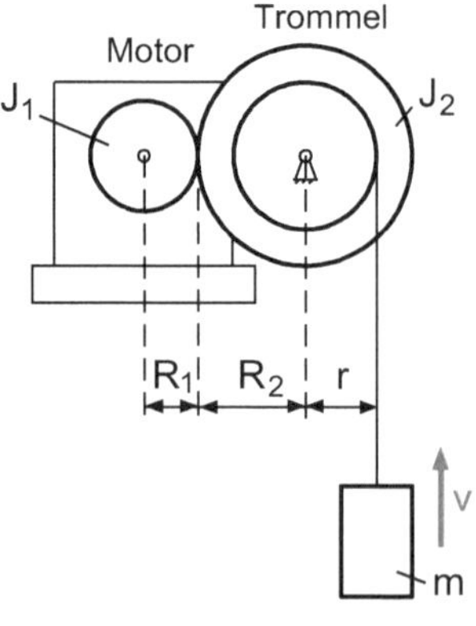

Bild D 23

Bei dem Hubwerk eines Krans nach Bild D 23 wird die Seiltrommel mit dem Radius r über ein Getriebe mit dem Übersetzungsverhältnis i und dem Wirkungsgrad η von einem Elektromotor angetrieben.

Die Fördergeschwindigkeit v für die Masse m wird durch gleichmäßig beschleunigtes Anfahren in der Zeit t erreicht. Danach wird mit gleichförmiger Geschwindigkeit gefördert.

Gegeben

$m = 1000\,\text{kg}$; $J_1 = 0{,}5\,\text{kg}\,\text{m}^2$; $J_2 = 12\,\text{kg}\,\text{m}^2$, $i = \dfrac{R_2}{R_1} = 4$; $r = 0{,}15\,\text{m}$; $\eta = 0{,}8$; $v = 3{,}2\,\frac{\text{m}}{\text{s}}$; $t = 2\,\text{s}$

Gesucht

a) Seilkraft, Motordrehmoment und maximale Motorleistung für den Anfahrvorgang
b) Drehmoment und Motorleistung bei gleichförmiger Förderung
c) Beschleunigung, bei der die hochgehobene Last bei stromlosen Motor ungebremst nach unten fallen würde

Lösung

a) Anfahrvorgang (Bild DL 23-1)
    Kinematik
    Gleiche Umfangsgeschwindigkeiten und gleiche Umfangsbeschleunigungen an den Zahnrädern

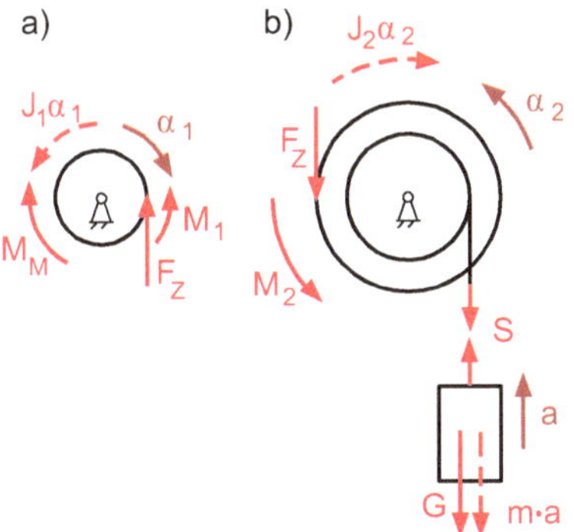

Bild DL 23-1

$$\omega_1 \cdot R_1 = \omega_2 \cdot R_2 \Rightarrow \frac{\omega_1}{\omega_2} = \frac{R_2}{R_1} = i$$

$$\alpha_1 \cdot R_1 = \alpha_2 \cdot R_2 \Rightarrow \frac{\alpha_1}{\alpha_2} = \frac{R_2}{R_1} = i$$

$$v = r \cdot \omega_2 = r \cdot \frac{\omega_1}{i}; \quad \omega_1 = \frac{v}{r} \cdot i; \quad \omega_2 = \frac{v}{r}$$

$$a = r \cdot \alpha_2 = r \cdot \frac{\alpha_1}{i}; \quad \alpha_1 = \frac{a}{r} \cdot i; \quad \alpha_2 = \frac{a}{r}$$

Die Getriebemomente wirken in Richtung der Zahnumfangskräfte F_Z. Zur besseren Vorstellung sind die Zahnumfangskräfte zusätzlich zu den Getriebemomenten M_1 und M_2 eingezeichnet. Das Moment gibt dabei nur die Drehwirkung der Kraft an.

$$M_1 = F_Z \cdot R_1; \quad M_2 = F_Z \cdot R_2 \Rightarrow \frac{M_1}{M_2} = \frac{F_Z \cdot R_1}{F_Z \cdot R_2} = \frac{R_1}{R_2} = \frac{1}{i}$$

Der Drehmomentenvektor ersetzt dabei die Zahnkraft nicht vollständig, da noch deren Kraftwirkung auf das Lager unberücksichtigt bleibt. Außerdem müsste noch die radiale und bei Schrägverzahnung auch noch die axiale Komponente der Zahnkraft beachtet werden. Die Lagerkräfte werden hier aber nicht weiter verfolgt.

Gewichtskraft $G = m \cdot g$

$$a = \frac{v}{t} = \frac{3{,}2}{2} = 1{,}6 \, \frac{\mathrm{m}}{\mathrm{s}^2}$$

Die Trägheitsreaktionen werden nach dem Prinzip von d'Alembert in den Befreiungsskizzen entgegen den Beschleunigungen angesetzt.

Bei bekannter Beschleunigung können die anderen Werte direkt ermittelt werden.

$$S = G + m \cdot a = m \cdot (g + a) = 1000 \cdot (9{,}81 + 1{,}6) = 11.410 \, \mathrm{N}$$

$$M_2 = S \cdot r + J_2 \cdot \alpha_2 = S \cdot r + J_2 \cdot \frac{a}{r} = 11.410 \cdot 0{,}15 + 12 \cdot \frac{1{,}6}{0{,}15} = 1839{,}5 \, \mathrm{N\,m}$$

Der Wirkungsgrad gibt das Verhältnis der abgegebenen zur zugeführten Leistung an.

$$\eta = \frac{P_2}{P_1} = \frac{M_2 \cdot \omega_2}{M_1 \cdot \omega_1} = \frac{M_2}{M_1} \cdot \frac{1}{i} \Rightarrow M_1 = \frac{M_2}{\eta \cdot i} = \frac{1839{,}5}{0{,}8 \cdot 4} = 574{,}84 \, \mathrm{N\,m}$$

$$M_\mathrm{M} = M_1 + J_1 \cdot \alpha_1 = M_1 + J_1 \cdot \frac{a}{r} \cdot i = 574{,}84 + 0{,}5 \cdot \frac{1{,}6}{0{,}15} \cdot 4 = 596{,}17 \, \mathrm{N\,m}$$

$$\omega_1 = \frac{v}{r} \cdot i = \frac{3{,}2}{0{,}15} \cdot 4 = 85{,}33 \, \mathrm{s}^{-1}$$

Maximale Motorleistung

$$P_\mathrm{M} = M_\mathrm{M} \cdot \omega_1 = 596{,}17 \, \mathrm{N\,m} \cdot 85{,}33 \, \mathrm{s}^{-1} = 50.871{,}2 \, \mathrm{W} \approx 50{,}87 \, \mathrm{kW}$$

b) Gleichförmige Förderung

Es werden keine Massen beschleunigt, daher wirken auch keine Trägheitskräfte und keine Trägheitsmomente.

$$v = \mathrm{konst.}; \quad a = 0; \quad \alpha_1 = 0; \quad \alpha_2 = 0$$

$$S_\mathrm{gl} = m \cdot g = 1000 \cdot 9{,}81 = 9810 \, \mathrm{N}$$

$$M_\mathrm{2gl} = S_\mathrm{gl} \cdot r = 9810 \cdot 0{,}15 = 1471{,}5 \, \mathrm{N\,m}$$

Bei gleichförmiger Fahrt ist das Motordrehmoment M_{Mgl} gleich dem Getriebemoment M_{1gl}

$$M_{\mathrm{Mgl}} = M_{\mathrm{1gl}} = \frac{M_{\mathrm{2gl}}}{\eta \cdot i} = \frac{1471{,}5}{0{,}8 \cdot 4} = 459{,}84\,\mathrm{N\,m}$$

$$P_{\mathrm{Mgl}} = M_{\mathrm{Mgl}} \cdot \omega_1 = 459{,}84\,\mathrm{N\,m} \cdot 85{,}33\,\mathrm{s}^{-1} = 39.238{,}15\,\mathrm{W} \approx 39{,}24\,\mathrm{kW}$$

c) Ungebremste Abwärtsfahrt mit stromlosen Motor (Bild DL 23-2)

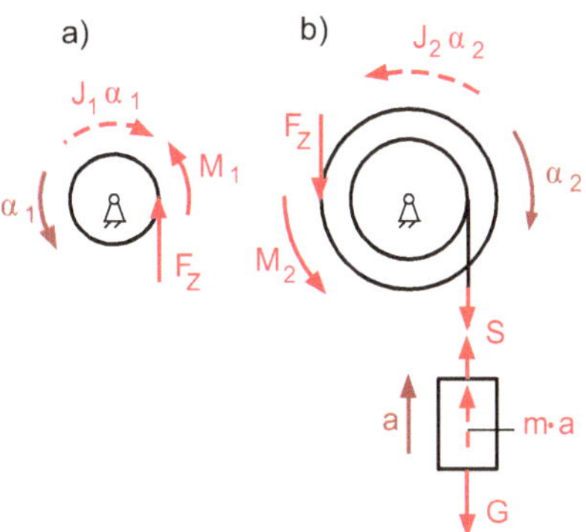

Bild DL 23-2

Die Trommel treibt jetzt über das Getriebe die Motormassen an, wobei auch wieder Getriebeverluste entstehen (gleicher Wirkungsgrad angenommen), die sich bremsend auf die Abwärtsbewegung auswirken. Die Trommel ist also treibend und die Motormassen sind angetrieben. Daher ist das Leistungsverhältnis beim Wirkungsgrad diesmal umgekehrt.

$$\eta = \frac{P_1}{P_2} = \frac{M_1 \cdot \omega_1}{M_2 \cdot \omega_2} = \frac{M_1}{M_2} \cdot i \Rightarrow M_1 = M_2 \cdot \frac{\eta}{i}$$

Es verbleiben noch 3 Unbekannte: a, S, M_2
mit folgenden Gleichungen
I) $S = G - m \cdot a = m \cdot (g - a)$
II) $M_2 = S \cdot r - J_2 \cdot \alpha_2 = S \cdot r - J_2 \cdot \frac{a}{r}$
III) $M_1 = M_2 \cdot \frac{\eta}{i} = J_1 \cdot \alpha_1 \Rightarrow M_2 = \frac{i}{\eta} \cdot J_1 \cdot \frac{a}{r} \cdot i = \frac{1}{\eta} \cdot J_1 \cdot i^2 \cdot \frac{a}{r}$
I und III in II: $\frac{1}{\eta} \cdot J_1 \cdot i^2 \cdot \frac{a}{r} = mg \cdot r - ma \cdot r - J_2 \cdot \frac{a}{r} \,|: (m \cdot r) \Rightarrow$

$$a = \frac{g}{1 + \frac{1}{\eta} \cdot \frac{J_1 \cdot i^2}{m \cdot r^2} + \frac{J_2}{m \cdot r^2}} = \frac{9{,}81}{1 + \frac{1}{0{,}8} \cdot \frac{0{,}5 \cdot 4^2}{1000 \cdot 0{,}15^2} + \frac{12}{1000 \cdot 0{,}15^2}} = 4{,}96\,\frac{\mathrm{m}}{\mathrm{s}^2}$$

Die Drehmassen nehmen kinetische Energie auf und durch die Getriebeverluste wird Energie in Wärme umgesetzt. Daher fällt die Fördermasse nur etwa mit der halben Erdbeschleunigung nach unten anstatt im freien Fall.

3.5 Prinzip der virtuellen Arbeit

1) In der Statik gilt:

Ist ein mechanisches System im Gleichgewicht, so verschwindet bei einer virtuellen Verrückung (Verschiebung oder Verdrehung) die von den äußeren Kräften und Momenten verrichtete virtuelle Arbeit.

$$\delta W = \sum \vec{F}_i \cdot \delta \vec{r}_i + \sum \vec{M}_j \cdot \delta \vec{\varphi}_j = 0$$

2) In der Dynamik gilt:

Eine Übertragung des statischen Gleichgewichtsprinzips auf kinetische Probleme ist möglich, wenn man zu den äußeren Kräften und Momenten die d'Alembert'schen Trägheitskräfte und Trägheitsmomente mit einbezieht.

$$\delta W = \sum \left(\vec{F}_i - m \cdot \vec{a}_i \right) \cdot \delta \vec{r}_i + \sum \left(\vec{M}_j - J_j \cdot \vec{\alpha}_j \right) \cdot \delta \vec{\varphi}_j = 0$$

Man nennt das dynamische Gleichgewichtsprinzip auch die Lagrange'sche Fassung des d'Alembert'schen Prinzips.

Ein Körper bewegt sich so, dass bei einer virtuellen Verrückung die Summe der virtuellen Arbeiten von allen äußeren und d'Alembert'schen Kräften und Momenten verschwindet.

Die Arbeit ist positiv, wenn die Richtungen von Kraft (Moment) und Weg (Winkel) gleich sind.

Die Arbeit ist negativ, wenn die Richtungen von Kraft (Moment) und Weg (Winkel) entgegengesetzt sind.

D 24 Hubwerk mit zweistufigem Getriebe

Bei einem Hubwerk wird die Seiltrommel mit dem Radius r über ein zweistufiges Getriebe (Übersetzungen i_1 und i_2) von einem Elektromotor mit konstantem Drehmoment M angetrieben. Die Massenträgheitsmomente der einzelnen Wellen sind J_1, J_2 und J_3, die Drehzahlen n_1, n_2 und n_3.

Die Last mit der Masse m soll mit einer Geschwindigkeit v gefördert werden. Die Getriebeverluste sind zu vernachlässigen.

Gegeben

$m = 500\,\text{kg}$; $M = 100\,\text{N m}$; $r = 0,11\,\text{m}$, $J_1 = 0,14\,\text{kg m}^2$; $J_2 = 4,3\,\text{kg m}^2$, $J_3 = 9,5\,\text{kg m}^2$; $v = 2,5\,\tfrac{\text{m}}{\text{s}}$, $i_1 = \frac{n_1}{n_2} = \frac{3}{1}$; $i_2 = \frac{n_2}{n_3} = \frac{4}{1}$

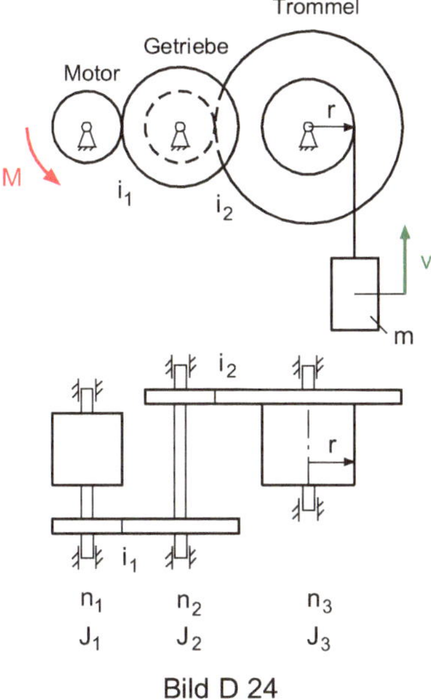

Bild D 24

Gesucht

a) Beschleunigung, mit der die Last angehoben wird

b) Nach welcher Zeit und auf welchem Weg hat die Masse m die Geschwindigkeit v aus dem Stillstand erreicht? Wie groß ist die maximale Motorleistung?

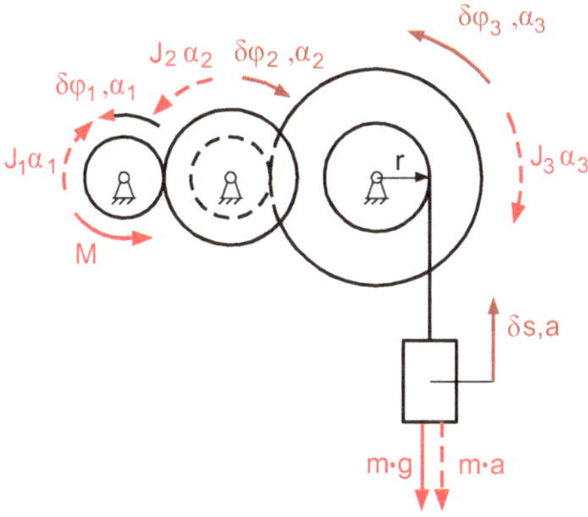

Bild DL 24-1

c) Mit welcher Beschleunigung fällt die hochgehobene Masse wieder nach unten, wenn sie ungebremst das gesamte Getriebe und den stromlosen Motor durchzieht?

Lösung

a) Die Koordinaten

$$\varphi, \delta\varphi, \omega, \alpha \text{ sowie } s, \delta s, v, a$$

werden alle in der gleichen Richtung positiv gezählt.
Die Trägheitsreaktionen werden nach dem Prinzip von d'Alembert entgegen den Beschleunigungen angesetzt.

Prinzip der virtuellen Arbeit (Bild D 24-1)

$$\delta W = M \cdot \delta\varphi_1 - J_1\alpha_1 \cdot \delta\varphi_1 - J_2\alpha_2 \cdot \delta\varphi_2 - J_3\alpha_3 \cdot \delta\varphi_3 - (mg + ma) \cdot \delta s = 0$$

Alle kinematischen Größen werden auf die Welle 3 umgerechnet (Generalisierung der Koordinaten). Dann verbleibt nur noch die einzige Unbekannte a.

$$\frac{\omega_1}{\omega_2} = \frac{\alpha_1}{\alpha_2} = \frac{\delta\varphi_1}{\delta\varphi_2} = i_1 \Rightarrow \omega_1 = i_1 \cdot \omega_2 = i_1 \cdot i_2 \cdot \omega_3$$

$$\frac{\omega_2}{\omega_3} = \frac{\alpha_2}{\alpha_3} = \frac{\delta\varphi_2}{\delta\varphi_3} = i_2 \Rightarrow \omega_2 = i_2 \cdot \omega_3; \quad \delta s = r \cdot \delta\varphi_3$$

analoge Beziehungen ergeben sich für α und $\delta\varphi$. Damit wird

$$\delta W = M \cdot i_1 \cdot i_2 \cdot \delta\varphi_3 - J_1\alpha_3 \cdot \delta\varphi_3 \cdot (i_1 \cdot i_2)^2 - J_2\alpha_3 \cdot \delta\varphi_3 \cdot i_2^2 - J_3\alpha_3 \cdot \delta\varphi_3 - $$
$$- (mg + ma) \cdot r \cdot \delta\varphi_3 = 0$$

Bei der Umrechnung einer Größe erscheinen die Umrechnungsfaktoren (Übersetzungen) linear, bei der gleichzeitigen Umrechnung von zwei Größen dagegen quadratisch. Mit $\alpha_3 = \frac{a}{r}$ und Division durch $\delta\varphi_3 \neq 0$ wird

$$\frac{a}{r} \cdot \left[m \cdot r^2 + \underbrace{J_1 \cdot (i_1 \cdot i_2)^2 + J_2 \cdot i_2^2 + J_3}_{J_{3\text{red}}} \right] = \underbrace{M \cdot i_1 \cdot i_2}_{M_{3\text{red}}} - mg \cdot r$$

Abkürzungen

$$J_{3\text{red}} = J_1 (i_1 \cdot i_2)^2 + J_2 i_2^2 + J_3 = 0{,}14 \cdot (3 \cdot 4)^2 + 4{,}3 \cdot 4^2 + 9{,}5 = 98{,}46 \,\text{kg}\,\text{m}^2$$

$$M_{3\text{red}} = M \cdot i_1 \cdot i_2 = 100 \cdot 3 \cdot 4 = 1200 \,\text{N}\,\text{m}$$

Massenträgheitsmomente werden mit dem Quadrat der Übersetzung reduziert, Drehmomente werden linear mit der Übersetzung reduziert.

$$a = r \cdot \frac{M_{3\text{red}} - mg \cdot r}{m \cdot r^2 + J_{3\text{red}}} = 0{,}11 \cdot \frac{1200 - 500 \cdot 9{,}81 \cdot 0{,}11}{500 \cdot 0{,}11^2 + 98{,}46} = 0{,}695 \,\frac{\text{m}}{\text{s}^2}$$

Kontrolle (Bild DL 23-2a)

Ohne Berücksichtigung von Getriebeverlusten sind die Leistungen am Rad 1 und am Rad 3 gleich.

$$P_1 = M \cdot \omega_1 = P_3 = M_3 \cdot \omega_3 \Rightarrow M_3 = M \cdot \frac{\omega_1}{\omega_3} = M \cdot i_1 \cdot i_2 = M_{3\text{red}}$$

Mit Hilfe der Getriebe-Reduktion auf die Welle 3 wird

I) $\sum F_y = 0 \Rightarrow S = mg + ma$

II) $\sum M^{(A)} = 0$

$M_{3\text{red}} - S \cdot r - J_{3\text{red}} \cdot \alpha_3 = 0$

I in II mit $\alpha_3 = \frac{a}{r}$

$$M_{3\text{red}} - mg \cdot r - ma \cdot r - J_{3\text{red}} \cdot \frac{a}{r} = 0$$

Nach Division durch m und r wird

$$a = \frac{\frac{M_{3\text{red}}}{m \cdot r} - g}{1 + \frac{J_{3\text{red}}}{m \cdot r^2}}$$

Ergebnis wie vorher

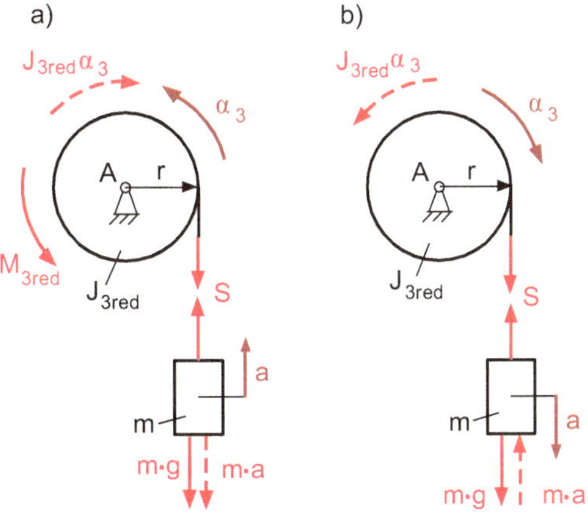

Bild DL 24-2

b) Zeit und Weg in der Beschleunigungsphase

$$v = a \cdot t \Rightarrow t = \frac{v}{a} = \frac{2{,}5}{0{,}695} = 3{,}6\,\text{s}$$

$$s = \frac{1}{2}a \cdot t^2 = \frac{1}{2}a \cdot \left(\frac{v}{a}\right)^2 = \frac{v^2}{2a} = \frac{2{,}5^2}{2 \cdot 0{,}695} = 4{,}5\,\text{m}$$

Maximale Motorleistung

$$\omega_3 = \frac{v}{r} = \frac{2,5}{0,11} = 22,73\,\text{s}^{-1}$$

$$\frac{\omega_1}{\omega_3} = \frac{n_1}{n_3} = i_1 \cdot i_2 \Rightarrow \omega_1 = i_1 \cdot i_2 \cdot \omega_3 = 3 \cdot 4 \cdot 22,73 = 272,76\,\text{s}^{-1}$$

$$P_{1\text{max}} = M \cdot \omega_1 = 100\,\text{N\,m} \cdot 272,76\,\text{s}^{-1} = 27.276\,\text{W} \approx 27,28\,\text{kW}$$

c) Abwärtsbewegung mit stromlosen Motor (Bild DL 24-2b)

$M = 0$

I) $\sum F_y = 0 \Rightarrow S = mg - ma$

II) $\sum M^{(A)} = 0 = J_{3\text{red}} \cdot \alpha_3 - S \cdot r$

I in II: $J_{3\text{red}} \cdot \frac{a}{r} - mg \cdot r + ma \cdot r = 0 \,|: (m \cdot r) \Rightarrow$

$$a = \frac{g}{1 + \frac{J_{3\text{red}}}{m \cdot r^2}} = \frac{9,81}{1 + \frac{98,46}{500 \cdot 0,11^2}} = 0,57\,\frac{\text{m}}{\text{s}^2}$$

D 25 Aufzug

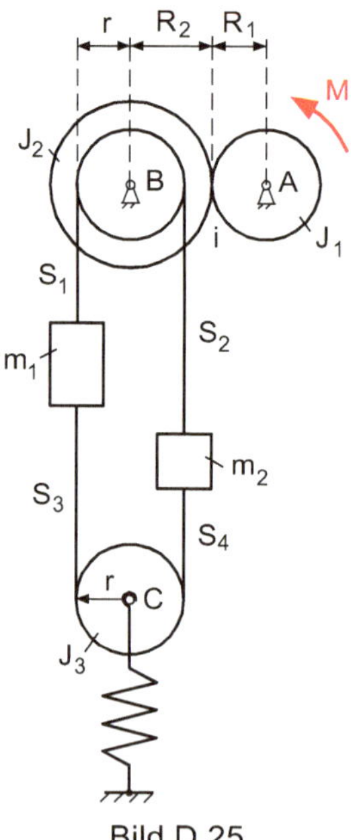

Bild D 25

Ein Motor treibt mit konstantem Drehmoment M über ein Getriebe (Übersetzung i) eine mit dem Zahnrad verbundene Seiltrommel an. Das Seil wird an der unteren Umlenkrolle mit einer Federkraft F_F vorgespannt. Ohne Vorspannung kann beim Riementrieb kein Drehmoment übertragen werden (siehe Aufgabe S 42).

Gefördert wird eine Last m_1, wobei die Masse m_2 als Gegenlast dient. Die Massenträgheitsmomente der einzelnen Wellen sind

$$J_1, J_2, J_3.$$

Gegeben

$M = 250\,\mathrm{N\,m};\ R_1 = 0{,}15\,\mathrm{m};\ R_2 = 0{,}45\,\mathrm{m};\ r = 0{,}2\,\mathrm{m},\ m_1 = 500\,\mathrm{kg};\ m_2 = 300\,\mathrm{kg};$
$F_\mathrm{F} = 400\,\mathrm{N},\ J_1 = 0{,}14\,\mathrm{kg\,m^2};\ J_2 = 3{,}5\,\mathrm{kg\,m^2};\ J_3 = 1{,}2\,\mathrm{kg\,m^2}$

Gesucht

a) Aufwärtsbeschleunigung der Masse m_1
b) Seilkräfte
c) Welche Haftungs-Koeffizienten sind an der Seiltrommel und an der Umlenkrolle mindestens erforderlich, um das Drehmoment mit dem Riementrieb übertragen zu können?

Lösung

a) Die Seiltrommel und die Umlenkrolle haben am Seil gleichen Radius r und damit auch gleiche Drehwinkel und gleiche Winkelbeschleunigungen. Die beiden Fördermassen haben betragsmäßig den gleichen Weg y und die gleiche Beschleunigung a.

Prinzip der virtuellen Arbeit (Bild DL 24-1)

$$\delta W = M \cdot \delta\varphi_1 - J_1\alpha_1 \cdot \delta\varphi_1 - J_2\alpha_2 \cdot \delta\varphi_2 - J_3\alpha_2 \cdot \delta\varphi_2 - m_1 \cdot (g + a) \cdot \delta y +$$
$$+ m_2 \cdot (g - a) \cdot \delta y = 0$$

Die Koordinaten müssen vereinheitlicht (generalisiert) werden. Ein System hat so viele generalisierte Koordinaten, wie es Freiheitsgrade hat.

Die Umrechnungsfaktoren erscheinen in der Arbeitsgleichung bei einfacher Umrechnung linear, bei zweifacher Umrechnung quadratisch.

Übersetzungsverhältnis: $i = \dfrac{R_2}{R_1} = \dfrac{45}{15} = 3$

$$\ddot{y} = a; \quad \ddot{\varphi}_1 = \alpha_1; \quad \ddot{\varphi}_2 = \alpha_2$$

$$y = r \cdot \varphi_2 \Rightarrow \varphi_2 = \frac{1}{r} \cdot y$$

$$\delta\varphi_2 = \frac{1}{r} \cdot \delta y; \quad \alpha_2 = \frac{1}{r} \cdot a$$

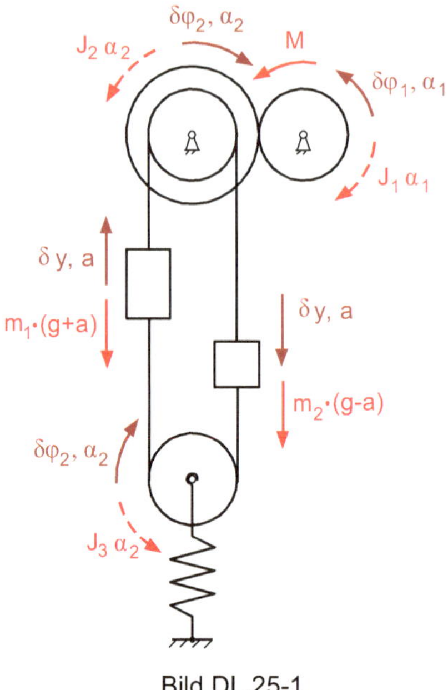

Bild DL 25-1

Gleiche Abwälzbögen an den Zahnrädern

$$R_1 \cdot \varphi_1 = R_2 \cdot \varphi_2 \Rightarrow \varphi_1 = \frac{R_2}{R_1} \cdot \varphi_2 = i \cdot \varphi_2$$

$$\varphi_1 = \frac{i}{r} \cdot y; \quad \delta\varphi_1 = \frac{i}{r} \cdot \delta y; \quad \alpha_1 = \frac{i}{r} \cdot a$$

Alle Glieder in der Arbeitsgleichung haben nach der Generalisierung den Faktor δy, der ausgeklammert wird

$$\delta W = \left[\begin{array}{c} M \cdot \frac{i}{r} - J_1 \cdot \left(\frac{i}{r}\right)^2 \cdot a - J_2 \cdot \left(\frac{1}{r}\right)^2 \cdot a - J_3 \cdot \left(\frac{1}{r}\right)^2 \cdot a - \\ -m_1 \cdot (g + a) + m_2 \cdot (g - a) \end{array} \right] \cdot \delta y = 0$$

Da $\delta y \neq 0$ ist, muss der Ausdruck in der eckigen Klammer Null werden. Aufgelöst nach a wird

$$a = \frac{M \cdot \frac{i}{r} - (m_1 - m_2) \cdot g}{m_1 + m_2 + \frac{1}{r^2} \cdot (J_1 \cdot i^2 + J_2 + J_3)} = \frac{250 \cdot \frac{3}{0,2} - (500 - 300) \cdot 9,81}{500 + 300 + \frac{1}{0,2^2} \cdot (0,14 \cdot 3^2 + 3,5 + 1,2)}$$

$$= 1,88 \, \frac{m}{s^2}$$

b) Seilkräfte (Bild DL 24-2)

Zahnumfangskraft am Motorritzel (Bild DL 25-2b)

$$\sum M^{(A)} = 0 = M - F_Z \cdot R_1 - J_1\alpha_1 \Rightarrow F_Z = \frac{1}{R_1} \cdot \left(M - J_1 \cdot \frac{i}{r} \cdot a\right)$$

$$F_Z = \frac{1}{0{,}15} \cdot \left(250 - 0{,}14 \cdot \frac{3}{0{,}2} \cdot 1{,}88\right) = 1640\,\text{N}$$

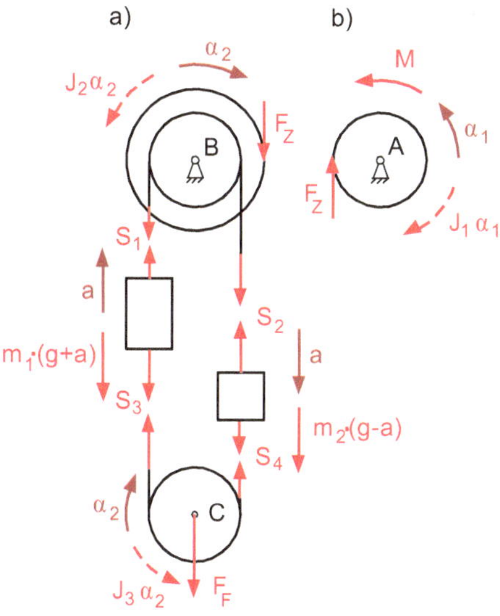

Bild DL 25-2

Umlenkrolle (Bild DL 25-2a)

I) $\sum F_y = 0 \Rightarrow S_3 + S_4 = F_F$

II) $\sum M^{(C)} = 0 = (S_3 - S_4) \cdot r - J_3 \cdot \alpha_2 \Rightarrow$

$\quad S_3 - S_4 = \dfrac{J_3}{r} \cdot \dfrac{a}{r}$

I + II: $2S_3 = F_F + \dfrac{J_3}{r^2} \cdot a \Rightarrow$

$$S_3 = \frac{1}{2} \cdot \left(F_F + \frac{J_3 \cdot a}{r^2}\right)$$

$$S_3 = \frac{1}{2} \cdot \left(400 + \frac{1{,}2 \cdot 1{,}88}{0{,}2^2}\right) = 228{,}2\,\text{N}$$

aus I: $S_4 = F_F - S_3$

$\quad\quad S_4 = 400 - 228{,}2 = 171{,}8\,\text{N}$

Fördermasse

$$\sum_{m_1} F_\text{y} = 0 \Rightarrow S_1 = S_3 + m_1 \cdot (g + a) = 228{,}2 + 300 \cdot (9{,}81 + 1{,}88) = 6073{,}2\,\text{N}$$

Gegenlast

$$\sum_{m_2} F_\text{y} = 0 \Rightarrow S_2 = S_4 + m_2 \cdot (g - a) = 171{,}8 + 300 \cdot (9{,}81 - 1{,}88) = 2550{,}8\,\text{N}$$

c) Erforderliche Haftungs-Koeffizienten
    Eytelwein'sche Gleichung
    Umschlingungswinkel $\varphi = 180° = \pi$
    An der Trommel

$$\frac{S_1}{S_2} = e^{\mu_\text{0T} \cdot \varphi} = e^{\mu_\text{0T} \cdot \pi} \Rightarrow \mu_\text{0T} = \frac{1}{\pi} \cdot \ln \frac{S_1}{S_2} = \frac{1}{\pi} \cdot \ln \frac{6073{,}2}{2550{,}8} = 0{,}276$$

analog ist an der Umlenkrolle

$$\mu_\text{0U} = \frac{1}{\pi} \cdot \ln \frac{S_3}{S_4} = \frac{1}{\pi} \cdot \ln \frac{228{,}2}{171{,}8} = 0{,}09$$

3.6 Arbeitssatz, Impuls- und Drallsatz

Arbeitssatz

$$\int_{s_1}^{s_2} \vec{F} \cdot d\vec{s} = \frac{1}{2} m \cdot \left(v_2^2 - v_1^2\right) ; \int_{\varphi_1}^{\varphi_2} \vec{M} \cdot d\vec{\varphi} = \frac{1}{2} J \cdot \left(\omega_2^2 - \omega_1^2\right)$$

Die von einer Kraft (einem Moment) längs eines Weges von s_1 bis s_2 (längs eines Winkels von φ_1 bis φ_2) an einem Körper verrichtete Arbeit ist gleich der Änderung seiner kinetischen Energie.

Impuls- und Drallsatz

$$\text{Kraftstoß } \hat{F} = \int_{t_1}^{t_2} \vec{F} \cdot dt = m \cdot (\vec{v}_2 - \vec{v}_1) = \vec{p}_2 - \vec{p}_1$$

$$\vec{p} = m \cdot \vec{v}_\text{S} = \text{Impuls}; \quad \vec{v}_\text{S} = \text{Schwerpunkts-Geschwindigkeit}$$

$$\text{Momentenstoß } \hat{M} = \int_{t_1}^{t_2} \vec{M} \cdot dt = J \cdot (\vec{\omega}_2 - \vec{\omega}_1)$$

Wirkt eine Kraft F (ein Moment M) eine Zeitspanne von t_1 bis t_2 auf einen Körper ein, so ändert sich seine Geschwindigkeit von v_1 auf v_2 (seine Winkelgeschwindigkeit von ω_1 auf ω_2).

D 26   Zwei Artisten klettern an einem Seil

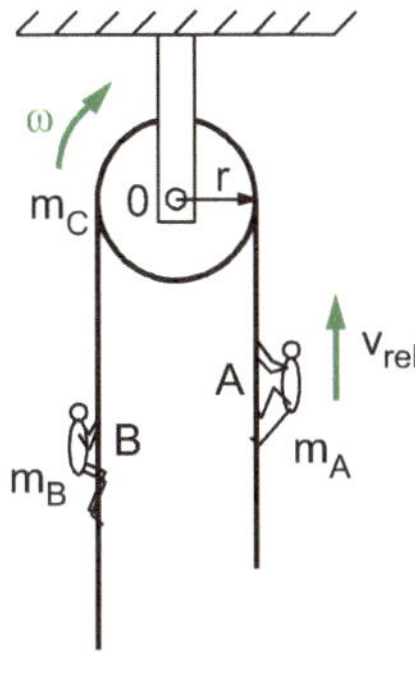

Bild D 26

Über eine feste Rolle (Masse m_C, Radius r), die reibungsfrei im Punkt 0 gelagert ist, läuft ein masselos anzunehmendes Seil, das an der Rolle nicht rutschen soll. An den beiden Seilenden befinden sich zwei gleich schwere Artisten A und B (Bild D 26).

Während der Artist B am linken Seilende ruht, klettert der Artist A am rechten Seilende aus der Ruhelage mit der Geschwindigkeit v_{rel} relativ zum Seil gesehen nach oben.

Mit welcher Geschwindigkeit bewegen sich das Seil und die beiden Artisten?

Lösung

Am Anfang ist das System in Ruhe, also im statischen Gleichgewicht. Da an dem System während des Klettervorgangs keine äußeren Kräfte wirken (freies System), bleibt der Drall konstant. Der Drall ist also auch während des Klettervorgangs wie anfangs gleich Null.

Beachte: Der Drallsatz (Drehimpulssatz) erhält eine einfache Form, wenn die einzelnen Impulsmomente auf einen raumfesten (unbeschleunigten) Punkt oder auf den Schwerpunkt des Systems bezogen werden (wobei der Schwerpunkt auch beschleunigt sein darf).

Der Drallsatz lautet:

Die zeitliche Änderung des Dralls ist gleich der Wirkung des resultierenden äußeren Moments.

Drall und Moment müssen dabei auf denselben Punkt bezogen werden.

Wenn kein resultierendes äußeres Moment existiert, dann ist die zeitliche Änderung des Dralls gleich Null d. h. der Drall ist konstant (Drallerhaltungssatz).

Als Bezugspunkt für den Drall wählen wir den festen Lagerpunkt 0 (hochgestellter Index) der Rolle. Dann gilt:

$$\frac{dL^{(0)}}{dt} = \sum M^{(0)} = 0 \Rightarrow L^{(0)} = \text{konst}$$

$$L_A^{(0)} + L_B^{(0)} + L_C^{(0)} = 0$$

Während der rechte Artist A am Seil mit der Relativgeschwindigkeit v_{rel} nach oben klettert, bewegt sich die Rolle mit dem Seil im Uhrzeigersinn. Der linke Artist hält sich am Seil nur fest und hat gegenüber dem Seil keine Relativgeschwindigkeit, d. h. er wirkt wie ein Gegengewicht.

Da das Seil an der Rolle nicht rutschen soll, bewegt sich das Seil mit der Geschwindigkeit $v_S = r \cdot \omega$ am rechten Seilstrang nach unten, am linken Seilstrang (mit samt dem Gegengewicht) nach oben.

In dem Drallsatz müssen die Absolutgeschwindigkeiten eingesetzt werden.

$$v_{A,abs} = v_{rel} - v_S; \quad v_{B,abs} = v_S$$

Die Vektoren der Absolutgeschwindigkeiten und damit auch die Impulse zeigen beide nach oben.

Die translatorischen Impulse der beiden Artisten sind

$$p_A = m_A \cdot v_{A,abs}; \, p_B = m_B \cdot v_{B,abs}$$

Die beiden Artisten bewegen sich absolut im Raum gesehen geradlinig, also translatorisch, die Rolle rotatorisch.

Mit Berücksichtigung der Geschwindigkeitsrichtungen ist das Moment des Impulses p_A an der Rolle linksdrehend, das Moment des Impulses p_B rechtsdrehend wie der Drall der Rolle. Dementsprechend sind unterschiedliche Vorzeichen im Drallsatz zu berücksichtigen. Die einzelnen Drallanteile werden in den Drallsatz eingesetzt.

$$-m_A \cdot v_{A,abs} \cdot r + m_B \cdot v_{B,abs} \cdot r + J \cdot \omega = 0$$

Die Rolle ist ein homogener Kreiszylinder mit dem Massenträgheitsmoment $J = \frac{1}{2}m_C \cdot r^2$

$$\text{Kinematik:} \quad v_S = r \cdot \omega \Rightarrow \omega = \frac{v_S}{r}$$

$$-m_A \cdot (v_{rel} - v_S) \cdot r + m_B \cdot v_S \cdot r + \frac{1}{2}m_C \cdot r^2 \cdot \frac{v_S}{r} = 0 \mid : r$$

$$(m_A + m_B) \cdot v_S - m_A \cdot v_{rel} + \frac{1}{2}m_C \cdot v_S = 0 \Rightarrow$$

$$v_S = \frac{m_A}{m_A + m_B + \frac{1}{2}m_C} \cdot v_{rel}$$

Haben die beiden Artisten gleiche Masse, dann ist mit $m_A = m_B = m$

$$v_S = \frac{v_{rel}}{2 + \frac{1}{2}\frac{m_C}{m}}$$

Kann die Rolle als masselos angesehen werden, dann ist mit $m_C = 0$

$$v_{A,abs} = v_{B,abs} = v_S = \frac{1}{2}v_{rel}$$

d. h. die beiden Artisten bewegen sich mit gleicher Geschwindigkeit nach oben.

D 27   Abschuss einer Kugel aus einer Kanone

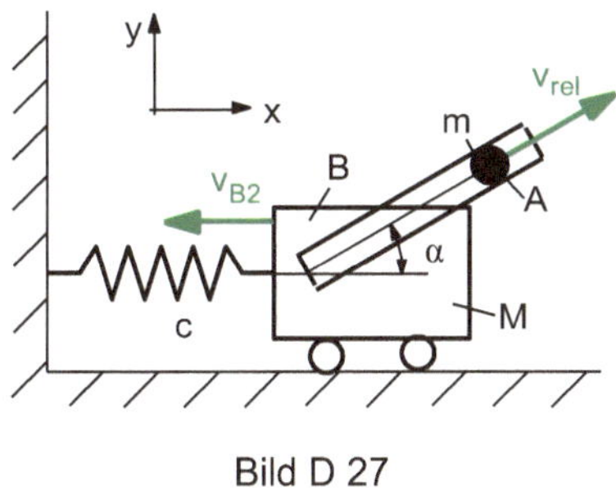

Bild D 27

Aus einer Kanone mit der Masse M wird eine Kugel der Masse m aus einem Kanonenrohr abgeschossen, das unter dem Winkel α zur Horizontalen geneigt ist (Bild D 27).

Die Kugel hat gegenüber dem Rohr die Relativgeschwindigkeit v_{rel}.

Der Rückstoß der Kanone wird durch eine Feder (Federsteifigkeit c) abgefangen.

Gesucht

a) Absolutgeschwindigkeiten der Kanone und der Kugel nach dem Stoß
b) Unter welchem wahren Winkel α' verlässt die Kugel das Kanonenrohr?
c) Maximale Zusammendrückung der Feder

Lösung
Bezeichnungen

Körper A = Kugel	Index 1	vor dem Stoß
Körper B = Kanone	Index 2	nach dem Stoß

$\vec{v}_F$ = Führungsgeschwindigkeit
$\vec{v}_{rel}$ = Relativgeschwindigkeit
$\vec{v}_{abs}$ = Absolutgeschwindigkeit

Absolutgeschwindigkeiten nach dem Stoß

$$\text{allgemein gilt: } \vec{v}_{abs} = \vec{v}_F + \vec{v}_{rel}$$

angewendet auf die Kanonenkugel entsprechend Bild DL 27

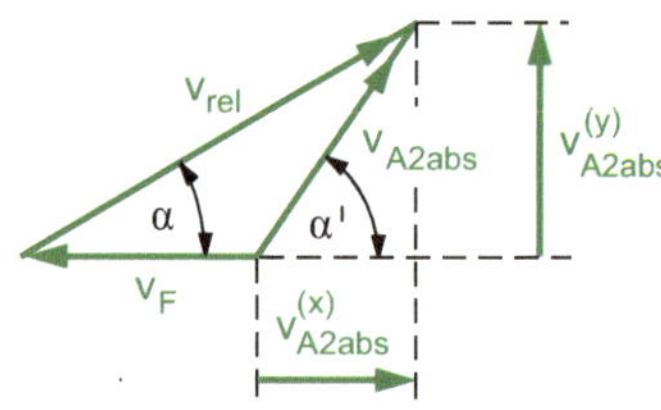

Bild DL 27

$$\text{Impulssatz: } \vec{p}_2 - \vec{p}_1 = \int\limits_{t_1}^{t_2} \vec{F} \cdot dt$$

Da während des Abschusses auf das System Kanone – Kugel keine äußeren Kräfte wirken, ist das Integral im Impulssatz gleich Null und damit

$$\vec{p}_2 - \vec{p}_1 = 0 \Rightarrow \vec{p}_2 = \vec{p}_1$$

Es gilt der Impulserhaltungssatz: Ist die Resultierende der äußeren Kräfte gleich Null, so bleibt der Gesamtimpuls eines Systems konstant.

In horizontaler Richtung ist

$$p_{2x} - p_{1x} = 0 \Rightarrow p_{2x} = p_{1x}$$

Vor dem Abschuss ist das System in Ruhe und der Impuls daher gleich Null $p_{1x} = 0$

$$\text{dann ist auch } p_{2x} = 0$$

Impulssatz in x-Richtung für das Gesamtsystem:

Beachte: Beim Impulssatz sind immer die absoluten Geschwindigkeiten einzusetzen.

Die Absolutgeschwindigkeit $v_{B2} = v_F$ der Kanone ist zugleich Führungsgeschwindigkeit und zeigt in die negative x-Richtung, damit wird

$$p_{2x} = m \cdot v_{A2,abs}^{(x)} + M \cdot (-v_{B2}) = 0$$

Aus dem Geschwindigkeits-Dreieck im Bild DL 27 entnimmt man

$$v^{(x)}_{\text{A2,abs}} = v_{\text{rel}} \cdot \cos\alpha - v_{\text{B2}}; \quad v^{(y)}_{\text{A2,abs}} = v_{\text{rel}} \cdot \sin\alpha$$

In den Impulssatz eingesetzt ergibt

$$m \cdot v_{\text{rel}} \cdot \cos\alpha - m \cdot v_{\text{B2}} - M \cdot v_{\text{B2}} = 0 \Rightarrow v_{\text{B2}} = \frac{m}{m + M} \cdot v_{\text{rel}} \cdot \cos\alpha$$

$$v^{(x)}_{\text{A2,abs}} = v_{\text{rel}} \cdot \cos\alpha - v_{\text{B2}} = v_{\text{rel}} \cdot \left(1 - \frac{m}{m + M}\right) \cdot \cos\alpha = v_{\text{rel}} \cdot \frac{M}{m + M} \cdot \cos\alpha$$

b) Wahrer Abschusswinkel der Kugel

$$\tan\alpha' = \frac{v^{(y)}_{\text{A2,abs}}}{v^{(x)}_{\text{A2,abs}}} = \frac{v_{\text{rel}} \cdot \sin\alpha}{v_{\text{rel}} \cdot \frac{M}{m+M} \cdot \cos\alpha} = \frac{m + M}{M} \cdot \tan\alpha = \left(1 + \frac{m}{M}\right) \cdot \tan\alpha > \tan\alpha$$

$$\Rightarrow \alpha' > \alpha$$

Der Austrittswinkel des Geschosses ist größer als der Einstellungswinkel des Kanonenrohres.

c) Maximale Zusammendrückung der Feder
Energieerhaltungssatz für die Masse M nach dem Stoß:
Die kinetische Energie der Kanone wird in Federspannarbeit umgesetzt.

$$\frac{1}{2}M \cdot v^2_{\text{B2}} = \frac{1}{2}c \cdot (\Delta x)^2 \mid \cdot 2$$

$$\Delta x = \sqrt{\frac{M}{c}} \cdot v_{\text{B2}} = \sqrt{\frac{M}{c}} \cdot \frac{m}{m + M} \cdot v_{\text{rel}} \cdot \cos\alpha$$

D 28   Zwei rotierende Reibräder

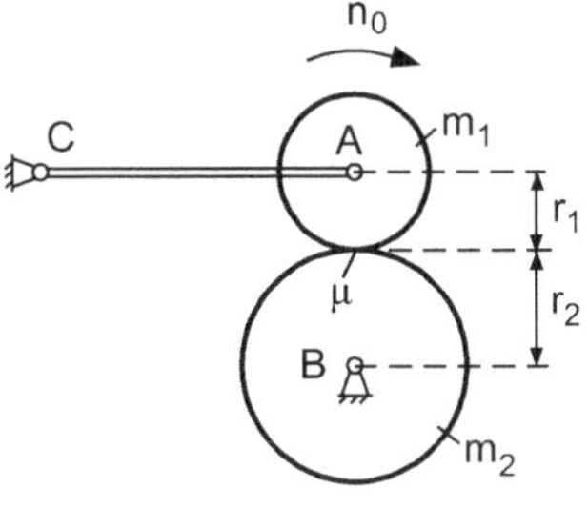

Bild D 28

Eine mit der Anfangsdrehzahl n_0 rotierende Walze (Radius r_1, Masse m_1) wird auf eine ruhende Walze (Radius r_2, Masse m_2) aufgesetzt. Die Masse m_1 ist über eine Stange im

Punkt C gelenkig mit der Wand verbunden, die Masse m_2 ist in ihrer Mitte bei B fest gelenkig gelagert. Beim Aufsetzen ist die Stange AC in horizontaler Lage (Bild D 28).

Infolge der Reibung (Reibungskoeffizient μ) nimmt die Walze 1 die anfänglich ruhende Walze 2 mit. Dadurch wird die Walze 1 verzögert, die Walze 2 beschleunigt, bis im Beharrungszustand reines Rollen der Walzen einsetzt.

Die Walzen sind als homogene Kreiszylinder aufzufassen.

Gegeben

$n_0 = 300\,\mathrm{min}^{-1} = 5\,\mathrm{s}^{-1}$; $r_1 = 0,25\,\mathrm{m}$; $r_2 = 0,5\,\mathrm{m}$, $m_1 = 100\,\mathrm{kg}$; $m_2 = 400\,\mathrm{kg}$; $\mu = 0,2$

Gesucht

a) Winkelbeschleunigung bzw. Winkelverzögerung der Walzen
b) Zeit von der Berührung der beiden Walzen bis zum reinen Rollen
c) Winkelgeschwindigkeiten der Walzen bei reinem Rollen
d) Stangenkraft und Auflagerkräfte
e) Energieverlust infolge der Reibung

Lösung

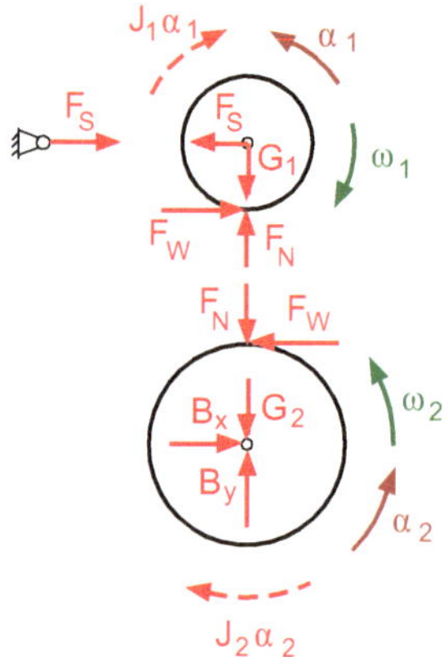

Bild DL 28

a) Winkelbeschleunigungen
Die Winkelverzögerung (negative Winkelbeschleunigung) α_1 ist entgegengesetzt zur Winkelgeschwindigkeit ω_1 im Bild DL 28 eingezeichnet.
Die d'Alembert'schen Trägheitsmomente wirken entgegengesetzt zu den Winkelbeschleunigungen.

Anfängliche Winkelgeschwindigkeit

$$\omega_0 = 2\pi \cdot n_0 = 2\pi \cdot 5 = 10\pi = 31{,}42\,\text{s}^{-1}$$

$$\sum_{m_1} F_y = 0 \Rightarrow F_N = G_1 = m_1 \cdot g$$

Coulomb'sches Reibungsgesetz

$$F_W = \mu \cdot F_N = \mu \cdot m_1 \cdot g = 0{,}2 \cdot 100 \cdot 9{,}81 = 196{,}2\,\text{N}$$

$$\sum_{m_1} F_x = 0 \Rightarrow F_S = F_W = 196{,}2\,\text{N}$$

$$\sum_{m_1} M^{(A)} = 0 = F_W \cdot r_1 - J_1 \cdot \alpha_1 \Rightarrow \alpha_1 = \frac{F_W \cdot r_1}{J_1} = \frac{\mu \cdot m_1 g \cdot r_1}{\frac{1}{2} m_1 \cdot r_1^2} = 2\mu \cdot \frac{g}{r_1}$$

$$\alpha_1 = 2 \cdot 0{,}2 \cdot \frac{9{,}81}{0{,}25} = 15{,}7\,\text{s}^{-2}$$

$$\sum_{m_2} M^{(B)} = 0 = F_W \cdot r_2 - J_2 \cdot \alpha_2 \Rightarrow \alpha_2 = \frac{F_W \cdot r_2}{J_2} = \frac{\mu \cdot m_1 g \cdot r_2}{\frac{1}{2} m_2 \cdot r_2^2} = 2\mu \cdot \frac{m_1}{m_2} \cdot \frac{g}{r_2}$$

$$\alpha_2 = 2 \cdot 0{,}2 \cdot \frac{100}{400} \cdot \frac{9{,}81}{0{,}5} = 1{,}96\,\text{s}^{-2}$$

b) Rutschzeit

Reines Rollen (Ende der Gleitphase) setzt nach der Zeit t_R ein:

Die Räder rollen aufeinander ab und bewegen sich wie 2 kämmende Zahnräder mit gleichen Umfangsgeschwindigkeiten $u_1 = u_2$.

I) $r_1 \cdot \omega_1 = r_2 \cdot \omega_2$

II) $\omega_1 = \omega_0 - \alpha_1 \cdot t$ gleichmäßig verzögerte Drehbewegung

III) $\omega_2 = \alpha_2 \cdot t$ gleichmäßig beschleunigte Drehbewegung

II und III in I: $r_1 \cdot (\omega_0 - \alpha_1 \cdot t_R) = r_2 \cdot \alpha_2 \cdot t_R \mid : r_1$

$$\omega_0 - \alpha_1 \cdot t_R = \frac{r_2}{r_1} \cdot \alpha_2 \cdot t_R \Rightarrow t_R = \frac{\omega_0}{\alpha_1 + \frac{r_2}{r_1} \cdot \alpha_2} = \frac{31{,}42}{15{,}7 + \frac{50}{25} \cdot 1{,}96} = 1{,}6\,\text{s}$$

c) Winkelgeschwindigkeiten im Beharrungszustand

$$\omega_1 = \omega_0 - \alpha_1 \cdot t_R = 31{,}42 - 15{,}7 \cdot 1{,}6 = 6{,}3\,\text{s}^{-1}$$

$$\omega_2 = \alpha_2 \cdot t_R = 1{,}96 \cdot 1{,}6 = 3{,}14\,\text{s}^{-1}$$

d) Auflagerkräfte

$$B_x = F_W = F_S = 196{,}2\,\text{N}$$

$$B_y = G_2 + F_N = m_2 g + m_1 g = (m_1 + m_2) \cdot g = (100 + 400) \cdot 9{,}81 = 4905\,\text{N}$$

e) Energieverlust
    Der Energieverlust zeigt sich an der Abnahme der kinetischen Energie

$$E_V = T_1 - T_2 = \frac{1}{2}J_1\omega_0^2 - \left(\frac{1}{2}J_1\omega_1^2 + \frac{1}{2}J_2\omega_2^2\right) = \frac{1}{2}J_1 \cdot \left(\omega_0^2 - \omega_1^2 - \frac{J_2}{J_1}\omega_2^2\right)$$

$$\text{mit } \frac{J_2}{J_1} = \frac{\frac{1}{2}m_2 \cdot r_2^2}{\frac{1}{2}m_1 \cdot r_1^2} = \frac{m_2}{m_1} \cdot \left(\frac{r_2}{r_1}\right)^2 \text{ wird}$$

$$E_V = \frac{1}{4}m_1 \cdot r_1^2 \cdot \left[\omega_0^2 - \omega_1^2 - \frac{m_2}{m_1} \cdot \left(\frac{r_2}{r_1} \cdot \omega_2\right)^2\right]$$

$$E_V = \frac{1}{4} \cdot 100 \cdot 0{,}25^2 \cdot \left[31{,}42^2 - 6{,}3^2 - \frac{400}{100} \cdot \left(\frac{50}{25} \cdot 3{,}14\right)^2\right] = 1234\,\text{N m (Joule)}$$

Kontrolle: Energieverlust durch Reibung
Vom Berührungspunkt aus gesehen bewegen sich beide Walzen nach links. Die obere
Walze hat jedoch in der Rutschphase eine größere Umfangsgeschwindigkeit. Der Weg
der oberen Walze s_1 ist daher größer als der Weg s_2 der unteren Walze.
Es kommt daher zu einer Relativverschiebung $s_1 - s_2$ und damit auch zu Reibung mit
Energieverlust

$$\varphi_1 = \omega_0 \cdot t_R - \frac{1}{2}\alpha_1 \cdot t_R^2 = 31{,}42 \cdot 1{,}6 - \frac{1}{2} \cdot 15{,}7 \cdot 1{,}6^2 = 30{,}18\,\text{rad}$$

$$s_1 = r_1 \cdot \varphi_1 = 0{,}25 \cdot 30{,}18 = 7{,}55\,\text{m}$$

$$\varphi_2 = \frac{1}{2}\alpha_2 \cdot t_R^2 = \frac{1}{2} \cdot 1{,}96 \cdot 1{,}6^2 = 2{,}51\,\text{rad}$$

$$s_2 = r_2 \cdot \varphi_2 = 0{,}5 \cdot 2{,}51 = 1{,}26\,\text{m}$$

$$W_R = F_W \cdot (s_1 - s_2) = 196{,}2 \cdot (7{,}55 - 1{,}26) = 1234\,\text{N m} = E_V$$

zu a) Lösungsvariante mit dem Drallsatz

$$M_1 = F_W \cdot r_1; \quad M_2 = F_W \cdot r_2$$

Das Moment M_1 wirkt gegen den Drehsinn der Winkelgeschwindigkeit ω_1, das Moment
M_2 im Drehsinn der Winkelgeschwindigkeit ω_2.

I) $\hat{M}_1 = \int M_1 \cdot dt = -J_1 \cdot (\omega_1 - \omega_0)$
II) $\hat{M}_2 = \int M_2 \cdot dt = J_2 \cdot (\omega_2 - 0)$

Die konstanten Momente lassen sich vor die Integrale ziehen

I) $F_W \cdot r_1 \cdot t = -J_1 \cdot (\omega_1 - \omega_0) \,|\, : J_1$
II) $F_W \cdot r_2 \cdot t = J_2 \cdot \omega_2 \,|\, : J_2$

I) $\omega_1 = \omega_0 - \underbrace{\dfrac{F_\mathrm{W} \cdot r_1}{J_1}}_{\alpha_1} \cdot t \;\Rightarrow\; \alpha_1 = \frac{F_\mathrm{W} \cdot r_1}{J_1}$

II) $\omega_2 = \underbrace{\dfrac{F_\mathrm{W} \cdot r_2}{J_2}}_{\alpha_2} \cdot t \;\Rightarrow\; \alpha_2 = \frac{F_\mathrm{W} \cdot r_2}{J_2}$

Durch Vergleich mit der Formel für die verzögerte bzw. beschleunigte Drehbewegung erhält man die gleichen Ergebnisse für α_1 und α_2 wie vorher.

D 29 Lastwagen auf schiefer Ebene

Vorbetrachtung (Bild D 29b)
Wirkt auf ein Rad ein antreibendes Moment M_R an der Radachse (z. B. vom Motor über ein Getriebe herrührend), so wird (bei ausreichender Haftung) vom Boden auf das Rad am Umfang eine Reaktionskraft $F_\mathrm{A} = \frac{M_R}{r}$ ausgeübt.

Diese Antriebskraft schiebt das Fahrzeug nach vorne und ist somit die Ursache für eine Bewegung (ähnlich wie das Abstoßen eines Rodlers mit den Händen beim Start, oder wie das Abstoßen mit den Stöcken beim Skilanglauf bzw. mit dem Fuß beim Kinderroller).

Beim angetriebenen Rad erfolgt das „Abstoßen" jedoch kontinuierlich bei jedem neuen Berührungspunkt des Radumfangs am Boden.

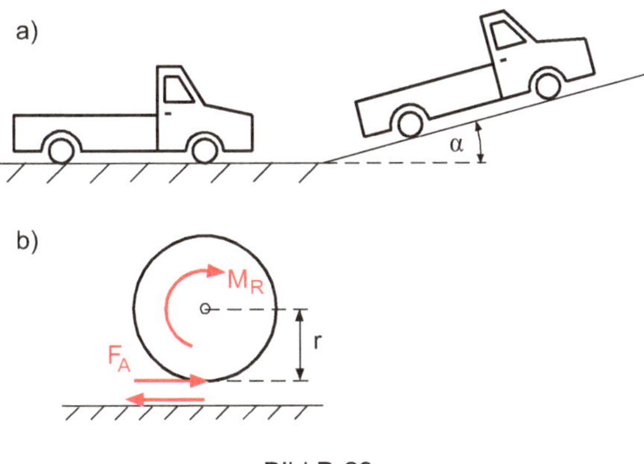

Bild D 29

Ein Lastwagen mit der Masse $m = 12 \cdot 10^3\,\mathrm{kg}$ fährt nach Bild D 29a von einer horizontalen Ebene auf eine Steigung mit dem Anstieg gekennzeichnet durch $\sin\alpha = 0{,}1$.

Praktisch lassen sich nur der Höhenunterschied und die Straßenlänge messen. Daher wird zweckmäßig der Sinus als Verhältnis von Höhe zur Länge der Straße als Kriterium für die Steigung angegeben.

Das Motordrehmoment $M_M = 700\,\mathrm{N\,m}$ kann über den nutzbaren Drehzahlbereich von $n_{min} = 1000$ bis $n_{max} = 2000\,\mathrm{min^{-1}}$ als konstant angenommen werden. Außerhalb dieses Drehzahlbereichs ist das Motordrehmoment wesentlich geringer. Die Antriebsräder haben den Radius $r = 0{,}4\,\mathrm{m}$.

Die Gesamtübersetzung vom Motor bis zu den Antriebsrädern $i = \frac{n_M}{n_R}$ ist für die einzelnen Gänge: 4. Gang: $i_4 = 5$; 3. Gang: $i_3 = 11$; 2. Gang: $i_2 = 16$.

Der Fahrwiderstand (Luftwiderstand und Rollreibung) ist auf der Ebene und auf der Steigung gleich anzunehmen zu $F_W = 650\,\mathrm{N}$.

Der Lastwagen fährt auf der Ebene im 4. Gang (zunächst nicht mit Vollgas) mit einer konstanten Geschwindigkeit $v_0 = 80\,\frac{\mathrm{km}}{\mathrm{h}}$ auf die Steigung zu. Sobald er die Steigung erreicht hat, fährt er mit Vollgas.

Gesucht

a) Drehzahl und Drehmoment des Motors auf der horizontalen Ebene
b) Nach welchem Weg und nach welcher Zeit muss der Fahrer auf der schiefen Ebene runterschalten und welche Geschwindigkeit hat dann der LKW?
c) Welche Antriebskraft entwickelt der Motor am Rad nach dem Schalten und welche Geschwindigkeit erreicht dann der LKW?

Lösung

a) Drehzahl und Drehmoment auf der Ebene
Pro Umdrehung des Rades ist der zurückgelegte Weg gleich dem Umfang des Rades $2\pi \cdot r$
Pro Sekunde macht das Rad n_R Umdrehungen, daher ist die Fahrgeschwindigkeit

$$v = 2\pi r \cdot n_R = 2\pi r \cdot \frac{n_M}{i} \Rightarrow n_M = \frac{v \cdot i}{2\pi \cdot r}$$

$$\text{wobei } i = \frac{n_M}{n_R} \Rightarrow n_R = \frac{n_M}{i}$$

$$v_0 = 80\,\frac{\mathrm{km}}{\mathrm{h}} = \frac{80 \cdot 1000\,\mathrm{m}}{3600\,\mathrm{s}} = \frac{80}{3{,}6}\,\frac{\mathrm{m}}{\mathrm{s}} = 22{,}22\,\frac{\mathrm{m}}{\mathrm{s}}$$

$$n_{M0} = \frac{v_0 \cdot i_4}{2\pi \cdot r} = \frac{22{,}22 \cdot 5}{2\pi \cdot 0{,}4} = 44{,}21\,\mathrm{s^{-1}} = 2652{,}6\,\mathrm{min^{-1}}$$

In der Ebene hat der Motor nur den Fahrwiderstand zu überwinden

Antriebskraft	$F_{A0} = F_W = 650\,\mathrm{N}$
Drehmoment am Rad	$M_{R0} = F_{A0} \cdot r = 650 \cdot 0{,}4 = 260\,\mathrm{N\,m}$
Drehmoment am Motor	$\dfrac{M_R}{M_M} = i \Rightarrow M_M = \dfrac{M_R}{i}$

$$M_{M0} = \frac{M_{R0}}{i_4} = \frac{260}{5} = 52\,\mathrm{N\,m}$$

Dieses Drehmoment ist bei $n_{M0} = 2653\,\text{min}^{-1}$ (etwas außerhalb des günstigen Drehzahlbereichs) wirksam.

b) Weg und Zeit auf der schiefen Ebene bis zum Schalten

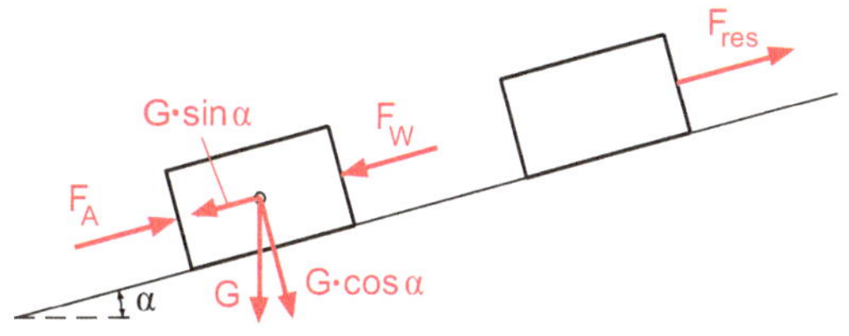

Bild DL 29

Bei Vollgasfahrt auf der schiefen Ebene bewirkt das volle Motordrehmoment am Rad eine Antriebskraft

$$M_R = F_A \cdot r \Rightarrow F_A = \frac{M_R}{r} = \frac{i \cdot M_M}{r}$$

$$F_{A1} = \frac{i_4 \cdot M_M}{r} = \frac{5 \cdot 700}{0{,}4} = 8750\,\text{N}$$

Die resultierende Kraft am LKW in Hangrichtung ist nach Bild DL 29

$$F_{\text{res1}} = F_{A1} - F_W - mg \cdot \sin\alpha = 8750 - 650 - 12 \cdot 10^3 \cdot 9{,}81 \cdot 0{,}1 = -3672\,\text{N}$$

Die Resultierende ist negativ, wirkt also hangabwärts und verzögert den LKW mit

$$a_1 = \frac{F_{\text{res1}}}{m} = -\frac{3672}{12 \cdot 10^3} = -0{,}31\,\frac{\text{m}}{\text{s}^2}$$

Dadurch sinkt die Motordrehzahl ab bis auf $n_{M1} = n_{\min} = 1000\,\text{min}^{-1}$
Dann muss der Fahrer umschalten.
Die Fahrzeuggeschwindigkeit kurz vor dem Umschalten beträgt

$$v_2 = 2\pi \cdot r \cdot \frac{n_{M1}}{i_4} = 2\pi \cdot 0{,}4 \cdot \frac{1000}{60 \cdot 5} = 8{,}38\,\frac{\text{m}}{\text{s}}$$

Der Weg bis zum Umschalten ergibt sich aus dem Arbeitssatz

$$\int_{s_1}^{s_2} F_{\text{res}} \cdot ds = F_{\text{res1}} \cdot \underbrace{(s_2 - s_1)}_{\Delta s} = \frac{1}{2}m \cdot \left(v_2^2 - v_1^2\right)$$

F_{res} ist konstant und lässt sich vor das Integral ziehen.

Anfangs hat der LKW auf der Steigung noch die gleiche Geschwindigkeit wie auf der Ebene

$$v_1 = v_0 = 22{,}22\,\frac{\text{m}}{\text{s}}$$

$$\Delta s = \frac{m}{2F_{\text{res1}}} \cdot (v_2^2 - v_1^2) = \frac{12 \cdot 10^3}{2 \cdot (-3672)} \cdot (8{,}38^2 - 22{,}22^2) = 692\,\text{m}$$

Die Zeit bis zum Umschalten erhält man aus dem Impulssatz

$$\int_{t_1}^{t_2} F_{\text{res}} \cdot dt = F_{\text{res1}} \cdot \Delta t = m \cdot (v_2 - v_1) \Rightarrow \Delta t = \frac{m}{F_{\text{res1}}} \cdot (v_2 - v_1)$$

$$\Delta t = \frac{12 \cdot 10^3}{(-3672)} \cdot (8{,}38 - 22{,}22) = 45{,}23\,\text{s}$$

Motordrehzahl nach dem Schalten in den 3. Gang

$$v_2 = 2\pi \cdot n_{\text{R3}} \Rightarrow n_{\text{R3}} = \frac{v_2}{2\pi \cdot r}$$

$$n_{\text{M2}} = i_3 \cdot n_{\text{R3}} = i_3 \cdot \frac{v_2}{2\pi \cdot r} = 11 \cdot \frac{8{,}38}{2\pi \cdot 0{,}4} = 36{,}68\,\text{s}^{-1} = 2200\,\text{min}^{-1} > n_{\text{max}}$$

Da der Motor bei dieser Drehzahl (oberhalb des Nutzungsbereichs) nur geringes Drehmoment hat, fällt die Drehzahl schnell auf $n_{\text{M3}} = n_{\text{max}} = 2000\,\text{min}^{-1}$ ab, bei der das volle Motordrehmoment $M_{\text{M3}} = M_{\text{M}} = 700\,\text{N}\,\text{m}$ wirksam ist.

Dann hat der LKW die Geschwindigkeit

$$v_3 = 2\pi \cdot r \cdot n_{\text{R3}} = 2\pi \cdot r \cdot \frac{n_{\text{M3}}}{i_3} = 2\pi \cdot 0{,}4 \cdot \frac{2000}{60 \cdot 11} = 7{,}62\,\frac{\text{m}}{\text{s}} = 27{,}43\,\frac{\text{km}}{\text{h}}$$

Die Antriebskraft erhöht sich nach dem Schalten auf

$$F_{\text{A2}} = \frac{i_3 \cdot M_{\text{M3}}}{r} = \frac{11 \cdot 700}{0{,}4} = 19.250\,\text{N}$$

Damit wird die resultierende Kraft auf den LKW

$$F_{\text{res2}} = F_{\text{A2}} - F_{\text{W}} - mg \cdot \sin\alpha = 19.250 - 650 - 12 \cdot 10^3 \cdot 9{,}81 \cdot 0{,}1 = 6828\,\text{N}$$

Die resultierende Kraft ist jetzt positiv, d. h. der LKW wird beschleunigt mit

$$a_2 = \frac{F_{\text{res2}}}{m} = \frac{6828}{12 \cdot 10^3} = 0{,}57\,\frac{\text{m}}{\text{s}^2}$$

Durch die Beschleunigung steigt die Fahrzeuggeschwindigkeit und zwangsläufig auch die Motordrehzahl wieder über $n_{\text{max}} = 2000\,\text{min}^{-1}$. Doch dann fällt das Drehmoment wieder ab. Der Motor wird also letztlich die Drehzahl n_{max} beibehalten und der LKW die konstante Geschwindigkeit $v_3 = 27{,}43\,\frac{\text{km}}{\text{h}}$.

3.7 Stoßvorgänge

Bei einem Stoßvorgang prallen zwei Körper so aufeinander, dass kurzzeitig große Kräfte auftreten. Gegenüber den Stoßkräften können andere kleinere Kräfte wie z. B. die Gewichtskräfte vernachlässigt werden.

Die Stoßdauer (Berührungszeit der beiden Körper) ist so gering, dass Verschiebungen während des Stoßes nicht zu beachten sind.

Bei Stoßproblemen werden die Bewegungszustände unmittelbar vor und kurz nach dem Stoß betrachtet. Die nötigen Gleichungen liefern der Impuls- und Drallsatz (siehe Abschn. 3.6) sowie die Stoßziffer.

Stoßziffer (Stoßbedingung, Stoßhypothese)
Die Stoßziffer gibt das Verhältnis der relativen Trennungsgeschwindigkeit zur relativen Annäherungsgeschwindigkeit beider Körper an.

$$\varepsilon = -\frac{v_{A2} - v_{B2}}{v_{A1} - v_{B1}} = \frac{v_{B2} - v_{A2}}{v_{A1} - v_{B1}} \text{ wobei } 0 \leq \varepsilon \leq 1$$

$v_{A1}, v_{B1} = $ Geschwindigkeiten der Körper A und B vor dem Stoß
$v_{A2}, v_{B2} = $ Geschwindigkeiten der Körper A und B nach dem Stoß

Bei der Stoßziffer sind die Geschwindigkeiten (bzw. die Geschwindigkeitskomponenten) am Ort des Geschehens, also im Stoßpunkt E und in Richtung der Stoßnormalen n maßgebend.

Das lässt sich auch in der Formel für die Stoßziffer deutlich machen, wenn man bei den Geschwindigkeiten hochgestellte Indizes E und n hinzufügt

$$\varepsilon = -\frac{v_{A2}^{(E,n)} - v_{B2}^{(E,n)}}{v_{A1}^{(E,n)} - v_{B1}^{(E,n)}}$$

Zur einfacheren Schreibweise können auch einzelne Indizes weggelassen werden, wenn sie nicht zur Unterscheidung notwendig sind und keine Verwechslungen auftreten können.

Zu beachten ist, dass beim Impulssatz die Geschwindigkeiten des Schwerpunkts einzusetzen sind.

Man unterscheidet zwischen plastischem ($\varepsilon = 0$), teilplastischem (wirklichem) und elastischem Stoß ($\varepsilon = 1$).

Impulserhaltungssatz
Wirken von außen auf ein System keine Kräfte ein (freies System), so ist der gesamte Impuls aller zum System gehörender Körper vor und nach dem Stoß gleich.

Beim Stoß zweier Körper A und B gilt

$$m_A \cdot v_{A1} + m_B \cdot v_{B1} = m_A \cdot v_{A2} + m_B \cdot v_{B2}$$

D 30   Stoß zweier Quader

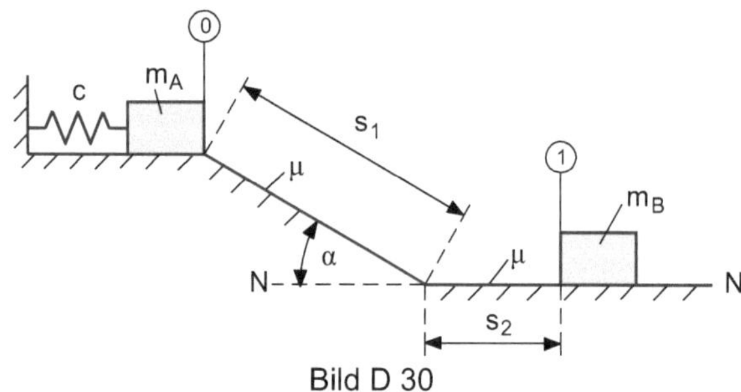

Bild D 30

Der Quader A mit der Masse m_A wird nach Bild D 30 von einer um den Federweg x vorgespannten Feder (Federkonstante c) abgestoßen und rutscht über eine raue schiefe Ebene (Steigungswinkel α) auf eine raue horizontale Bahn (Reibungskoeffizient μ für beide Flächen).

Dort stößt der Quader A auf einen ruhenden Quader B mit der Masse m_B (Stoßziffer ε)

Gegeben

$m_A = 100\,\text{kg}; m_B = 50\,\text{kg}; c = 4000\,\tfrac{\text{N}}{\text{m}}; x = 0{,}3\,\text{m}; \alpha = 20°; \mu = 0{,}2,$
   $s_1 = 10\,\text{m}; s_2 = 3\,\text{m}; \varepsilon = 0{,}6$

Gesucht

a) Geschwindigkeiten beider Quader nach dem Stoß
b) In welcher Entfernung von der Stoßstelle kommen die beiden Quader zur Ruhe?

Lösung

a) Geschwindigkeiten nach dem Stoß
    Energieerhaltungssatz bei 0: Federspannenergie = kinetische Energie des Quaders

$$E_F = T_0$$

$$\frac{1}{2}c \cdot x^2 = \frac{1}{2}m_A \cdot v_{A0}^2 \;\Rightarrow\; v_{A0} = x \cdot \sqrt{\frac{c}{m_A}} = 0{,}3\,\text{m} \cdot \sqrt{\frac{4000\,\tfrac{\text{N}}{\text{m}}}{100\,\text{kg}}} = 1{,}9\,\frac{\text{m}}{\text{s}}$$

Energiesatz zwischen 0 und 1

$$U_0 + T_0 - W_R = U_1 + T_1$$

Nullniveau durch 1: $U_1 = 0$

Reibungsarbeit $W_R = F_{W1} \cdot s_1 + F_{W2} \cdot s_2 = \mu \cdot F_{N1} \cdot s_1 + \mu \cdot F_{N2} \cdot s_2$

$$W_R = \mu \cdot m_A g \cdot \cos\alpha \cdot s_1 + \mu \cdot m_A g \cdot s_2$$

eingesetzt in den Energiesatz

$$m_A g \cdot s_1 \cdot \sin\alpha + \frac{1}{2} m_A \cdot v_{A0}^2 - \mu \cdot m_A g \, (s_1 \cdot \cos\alpha + s_2) = \frac{1}{2} m_A \cdot v_{A1}^2 \Big| \cdot \frac{2}{m_A} \Rightarrow$$

$$v_{A1} = \sqrt{v_{A0}^2 + 2g \, [s_1 \cdot \sin\alpha - \mu \cdot (s_1 \cdot \cos\alpha + s_2)]}$$

$$v_{A1} = \sqrt{1{,}9^2 + 2 \cdot 9{,}81 \cdot [10 \cdot \sin 20° - 0{,}2 \cdot (10 \cdot \cos 20° + 3)]} = 4{,}7 \, \frac{\text{m}}{\text{s}}$$

Geschwindigkeiten nach dem Stoß: v_{A2}, v_{B2} (2 Unbekannte)
Die Geschwindigkeiten werden nach rechts positiv angenommen.

$$\text{Stoßziffer: I) } \varepsilon = \frac{v_{B2} - v_{A2}}{v_{A1} - v_{B1}} \Rightarrow v_{B2} = v_{A2} + \varepsilon \cdot v_{A1}; \quad v_{B1} = 0$$

$$\text{Impulserhaltungssatz: II) } m_A \cdot v_{A1} + m_B \cdot \underbrace{v_{B1}}_{0} = m_A \cdot v_{A2} + m_B \cdot v_{B2}$$

$$\text{I in II: } m_A \cdot v_{A1} = m_A \cdot v_{A2} + m_B \cdot (v_{A2} + \varepsilon \cdot v_{A1}) \Rightarrow$$

$$v_{A2} = \frac{m_A - \varepsilon \cdot m_B}{m_A + m_B} \cdot v_{A1} = \frac{100 - 0{,}6 \cdot 50}{100 + 50} \cdot 4{,}7 = 2{,}19 \, \frac{\text{m}}{\text{s}} > 0 \Rightarrow$$

Der Quader A bewegt sich in die positiv angenommene Richtung, also nach rechts.

$$\text{Aus I) } v_{B2} = 2{,}19 + 0{,}6 \cdot 4{,}7 = 5{,}01 \, \frac{\text{m}}{\text{s}} > 0 \Rightarrow \text{ Bewegung von } m_B \text{ nach rechts}$$

b) Ruhestellung der beiden Quader
Die kinetische Energie wird durch Reibung aufgezehrt: $T_2 = W_R$

$$\frac{1}{2} m_A \cdot v_{A2}^2 = m_A g \cdot \mu \cdot s_A \Big| : m_A \Rightarrow s_A = \frac{v_{A2}^2}{2\mu \cdot g} = \frac{2{,}19^2}{2 \cdot 0{,}2 \cdot 9{,}81} = 1{,}22 \, \text{m}$$

$$\text{analog: } s_B = \frac{v_{B2}^2}{2\mu \cdot g} = \frac{5{,}01^2}{2 \cdot 0{,}2 \cdot 9{,}81} = 6{,}4 \, \text{m}$$

D 31   Pendelschlagwerk

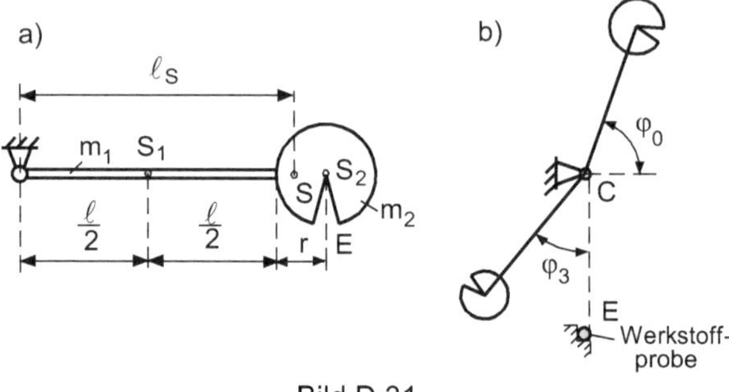

Bild D 31

Mit dem Pendelschlagwerk nach Bild D 31 wird die Kerbschlagfestigkeit einer Werkstoffprobe geprüft. Das Schlagwerk hat die Form eines Hammers. Der Stiel ist ein Stab der Länge ℓ und der Masse m_1. Der Hammerkopf kann angenähert als homogene Kreisscheibe mit dem Radius r und der Masse m_2 aufgefasst werden.

Das Schlagpendel wird aus der anfänglichen Ruhelage unter dem Winkel φ_0 losgelassen, trifft die Werkstoffprobe in der Senkrechten und erreicht nach dem Stoß die Umkehrlage (gemessen mit einem Schleppzeiger) bei einem Winkel φ_3.

Gegeben
$m_1 = 6\,\text{kg}$; $m_2 = 25\,\text{kg}$; $\ell = 0{,}65\,\text{m}$; $r = 0{,}18\,\text{m}$; $\varphi_0 = 70°$; $\varphi_3 = 40°$

Gesucht

a) Schwerpunktabstand ℓ_S des Pendels
b) Massenträgheitsmoment bezogen auf den Drehpunkt C
c) Winkelgeschwindigkeit des Pendels unmittelbar vor dem Stoß
d) Schlagarbeit des Hammers (Energie, die zum Zerschlagen der Probe benötigt wird)
e) Winkelgeschwindigkeit des Pendels unmittelbar nach dem Stoß
f) Stoßziffer
g) Kraftstoß im Stoßpunkt E und im Lagerpunkt C
h) In welchem Abstand ℓ^* vom Lager müsste der Hammerkopf angebracht werden, damit kein Kraftstoß im Lager auftritt?

Lösung

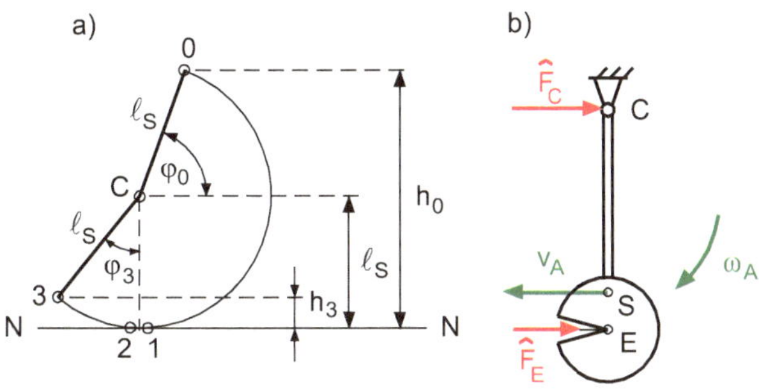

Bild DL 31

a) Schwerpunktsabstand (Bild DL 31a)

Schwerpunktsatz

Das statische Moment aller Teilmassen ist in der Summe gleich dem statischen Moment der Gesamtmasse.

$$m_1 \frac{\ell}{2} + m_2(\ell + r) =$$

$$(m_1 + m_2)\ell_S \Rightarrow$$

$$\ell_S = \frac{m_1 \cdot \frac{\ell}{2} + m_2 \cdot (\ell + r)}{m_1 + m_2} = \frac{6 \cdot \frac{0{,}65}{2} + 25 \cdot (0{,}65 + 0{,}18)}{6 + 25} = 0{,}732\,\text{m}$$

b) Massenträgheitsmoment bezogen auf den Drehpunkt

Steinerscher Satz

für den Stab: $J_{C1} = J_{S1} + m_1 \cdot \overline{CS_1}^2 = \frac{1}{12}m_1 \cdot \ell^2 + m_1 \cdot \left(\frac{\ell}{2}\right)^2 = \frac{1}{3}m_1 \cdot \ell^2$

für die Kreisscheibe: $J_{C2} = J_{S2} + m_2 \cdot \overline{CS_2}^2 = \frac{1}{2}m_2 \cdot r^2 + m_2 \cdot (\ell + r)^2$

$$J_C = J_{C1} + J_{C2} = \frac{1}{3}m_1 \cdot \ell^2 + \frac{1}{2}m_2 \cdot r^2 + m_2 \cdot (\ell + r)^2$$

$$J_C = \frac{1}{3} \cdot 6 \cdot 0{,}65^2 + \frac{1}{2} \cdot 25 \cdot 0{,}18^2 + 25 \cdot (0{,}65 + 0{,}18)^2 = 18{,}47\,\text{kg}\,\text{m}^2$$

c) Winkelgeschwindigkeit vor dem Stoß

Der Gesamtschwerpunkt S des Pendels bewegt sich auf einem Kreisbogen mit dem Radius ℓ_S über die Stationen 0, 1, 2, 3 (Bild DL 31a).

Energieerhaltungssatz zwischen 0 und 1

$$U_0 + \underbrace{T_0}_{0} = \underbrace{U_1}_{0} + T_1$$

Das Nullniveau NN (Potential-Bezugslinie) wird durch die tiefsten Punkte 1 und 2 gelegt.

$$h_0 = \ell_S(1 + \sin \varphi_0); \quad h_3 = \ell_S(1 - \cos \varphi_3)$$

$$m_A = m_1 + m_2 = 6 + 25 = 31 \, \text{kg}$$

$$m_A g \cdot \ell_S(1 + \sin \varphi_0) = \frac{1}{2} J_C \cdot \omega_{A1}^2 \Rightarrow \omega_{A1} = \sqrt{2 \frac{m_A}{J_C} \cdot g \cdot \ell_S(1 + \sin \varphi_0)}$$

$$\omega_{A1} = \sqrt{2 \cdot \frac{31}{18{,}47} \cdot 9{,}81 \cdot 0{,}732 \cdot (1 + \sin 70°)} = 6{,}84 \, \text{s}^{-1}$$

d) Schlagarbeit des Hammers

Auf dem Weg zwischen 0 und 3 wird die Schlagarbeit W_S verrichtet.

Energiesatz zwischen 0 und 3

$$U_0 + \underbrace{T_0}_{0} = U_3 + \underbrace{T_3}_{0} + W_S \Rightarrow W_S = U_0 - U_3 = m_A g \cdot (h_0 - h_3)$$

$$W_S = m_A g \cdot \ell_S \cdot (\sin \varphi_0 + \cos \varphi_3) = 31 \cdot 9{,}81 \cdot 0{,}732 \cdot (\sin 70° + \cos 40°)$$

$$W_S = 379{,}71 \, \text{N m (Joule)}$$

e) Winkelgeschwindigkeit nach dem Stoß

Energieerhaltungssatz zwischen 2 und 3

$$\underbrace{U_2}_{0} + T_2 = U_3 + \underbrace{T_3}_{0}$$

$$\frac{1}{2} J_C \cdot \omega_{A2}^2 = m_A g \cdot \ell_S \cdot (1 - \cos \varphi_3) \Rightarrow \omega_{A2} = \sqrt{2 \cdot \frac{m_A}{J_C} \cdot g \cdot \ell_S \cdot (1 - \cos \varphi_3)}$$

$$\omega_{A2} = \sqrt{2 \cdot \frac{31}{18{,}47} \cdot 9{,}81 \cdot 0{,}732 \cdot (1 - \cos 40°)} = 2{,}37 \, \text{s}^{-1}$$

f) Stoßziffer

Die Probe (Körper B) ist vor und nach dem Stoß in Ruhe: $v_{B1} = v_{B2} = 0$

Beachte: Die Geschwindigkeiten sind bei der Stoßziffer für den Stoßpunkt E in Normalenrichtung n, nicht für den Schwerpunkt S einzusetzen.

Beim Impulssatz sind dagegen die Geschwindigkeiten des Schwerpunkts maßgebend.

$$v_{A1}^{(E)} = \omega_{A1} \cdot (\ell + r); \quad v_{A2}^{(E)} = \omega_{A2} \cdot (\ell + r)$$

$$\varepsilon = -\frac{v_{A2}^{(E)} - v_{B2}^{(E)}}{v_{A1}^{(E)} - v_{B1}^{(E)}} = -\frac{v_{A2}^{(E)}}{v_{A1}^{(E)}} = -\frac{\omega_{A2}}{\omega_{A1}} = -\frac{2{,}37}{6{,}84} = (-)0{,}346$$

Das Minuszeichen hat hier keine Bedeutung.

Bei dem Stoß eines Körpers A gegen eine starre Wand B mit $v_{B1} = v_{B2} = 0$ ändert die Masse A normalerweise wegen der Reflexion ihren Richtungssinn, bei einem durchschwingendem Stoßpendel jedoch nicht.

g) Kraftstöße (Bild DL 31b)

Drallsatz: $\displaystyle\int M \cdot dt = J_C \cdot (\omega_{A2} - \omega_{A1})$

$$\int M \cdot dt = -\int F_E \cdot (\ell + r) \cdot dt = -(\ell + r) \cdot \int F_E \cdot dt = -(\ell + r) \cdot \hat{F}_E$$

$$-\hat{F}_E \cdot (\ell + r) = J_C \cdot (\omega_{A2} - \omega_{A1}) \Rightarrow \hat{F}_E = J_C \cdot \frac{\omega_{A1} - \omega_{A2}}{\ell + r}$$

$$\hat{F}_E = 18{,}47 \cdot \frac{6{,}84 - 2{,}37}{0{,}65 + 0{,}18} = 99{,}47\,\mathrm{N\,s}$$

Impulssatz

$$-\left(\hat{F}_C + \hat{F}_E\right) = m_A \cdot (v_{A2} - v_{A1}) \Rightarrow \hat{F}_C = m_A \cdot (v_{A1} - v_{A2}) - \hat{F}_E$$

Geschwindigkeit des Schwerpunkts vor und nach dem Stoß

$$v_{A1} = \ell_S \cdot \omega_{A1}; \quad v_{A2} = \ell_S \cdot \omega_{A2}$$

$$\hat{F}_C = m_A \cdot \ell_S \cdot (\omega_{A1} - \omega_{A2}) - \hat{F}_E = 31 \cdot 0{,}732 \cdot (6{,}84 - 2{,}37) - 99{,}47 = 1{,}96\,\mathrm{N\,s}$$

h) Stablänge ℓ^*, bei der kein Kraftstoß im Lager C auftritt

$$\hat{F}_C = m_A \cdot \ell_S \cdot (\omega_{A1} - \omega_{A2}) - J_C \cdot \frac{\omega_{A1} - \omega_{A2}}{\ell + r} = (\omega_{A1} - \omega_{A2}) \cdot \left(m_A \cdot \ell_S - \frac{J_C}{\ell + r}\right)$$

Beim Pendelschlagwerk ist $\omega_{A1} > \omega_{A2}$. Insofern kann die erste Klammer nicht Null werden.

Dann muss der Ausdruck in der zweiten Klammer verschwinden.

$$m_A \cdot \ell_S = \frac{J_C}{\ell + r} \Rightarrow \ell + r = \frac{J_C}{m_A \cdot \ell_S}$$

J_C und ℓ_S sind noch von ℓ abhängig. Es war

$$m_A \cdot \ell_S = \frac{1}{2}m_1 \cdot \ell + m_2 \cdot (\ell + r) \text{ und damit}$$

$$\frac{1}{2}m_1 \cdot \ell \cdot (\ell + r) + m_2 \cdot (\ell + r)^2 = J_C = \frac{1}{3}m_1 \cdot \ell^2 + \frac{1}{2}m_2 \cdot r^2 + m_2 \cdot (\ell + r)^2$$

$$\frac{1}{2}m_1 \cdot \ell^2 + \frac{1}{2}m_1 \cdot r \cdot \ell = \frac{1}{3}m_1 \cdot \ell^2 + \frac{1}{2}m_2 \cdot r^2$$

$$\frac{1}{6}m_1 \cdot \ell^2 + \frac{1}{2}m_1 \cdot r \cdot \ell - \frac{1}{2}m_2 \cdot r^2 = 0 \Big| \cdot \frac{6}{m_1} \Rightarrow$$

$$\ell^2 + 3r \cdot \ell - 3\frac{m_2}{m_1} \cdot r^2 = 0 \Rightarrow \ell^* = -\frac{3}{2}r + \sqrt{\left(\frac{3}{2}r\right)^2 + 3\frac{m_2}{m_1} \cdot r^2}$$

Nur das positive Vorzeichen vor der Wurzel ist hier sinnvoll.

$$\ell^* = r \cdot \left(\sqrt{\frac{9}{4} + 3\frac{m_2}{m_1}} - \frac{3}{2}\right) = 0{,}18 \cdot \left(\sqrt{\frac{9}{4} + 3 \cdot \frac{25}{6}} - \frac{3}{2}\right) = 0{,}421\,\text{m}$$

Der Punkt, in dem der Stoß erfolgen muss, damit das Gelenklager stoßfrei ist, wird Stoßmittelpunkt oder Trägheitsmittelpunkt genannt.

Ebenso muss man z. B. einen Hammer, einen Tennis- oder Golfschläger im entsprechenden Abstand ℓ^* anfassen, um möglichst wenig Stoßkraft im Arm zu verspüren (Hand $\hat{=}$ Lager).

D 32 Stab stößt gegen eine Kante

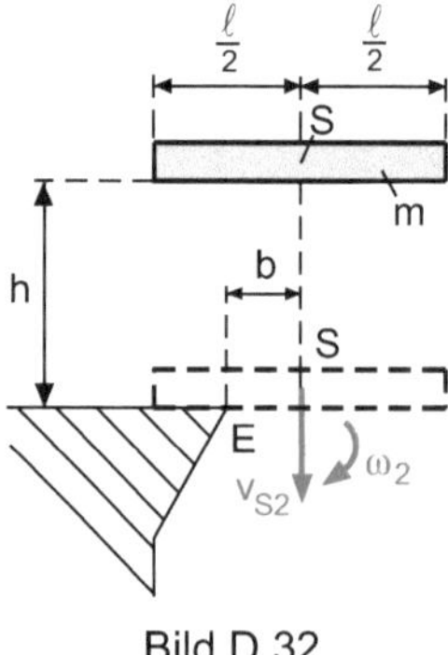

Bild D 32

Ein homogener dünner Stab (Masse m, Länge ℓ) fällt aus der horizontalen Ruhelage ohne Drehung aus der Höhe h auf eine feststehende unnachgiebige Kante E (Stoßziffer ε).

Der Schwerpunkt S des Stabes hat von der Kante den horizontalen Abstand b (Bild D 32).

Gegeben

$m = 8\,\text{kg};\ \ell = 2\,\text{m};\ h = 5\,\text{m};\ b = 0,3\,\text{m};\ \varepsilon = 0,6$

Gesucht

a) Geschwindigkeit des Schwerpunkts und die Winkelgeschwindigkeit des Stabes nach dem Stoß

b) Energieverlust durch den Stoß

c) Wie groß müsste die Exzentrizität b^* mindestens sein, damit der Schwerpunkt des Stabes sich unmittelbar nach dem Stoß nach unten bewegt?

d) Welche Bewegung macht der Stab nach dem Stoß für $b > b^*$?

Lösung

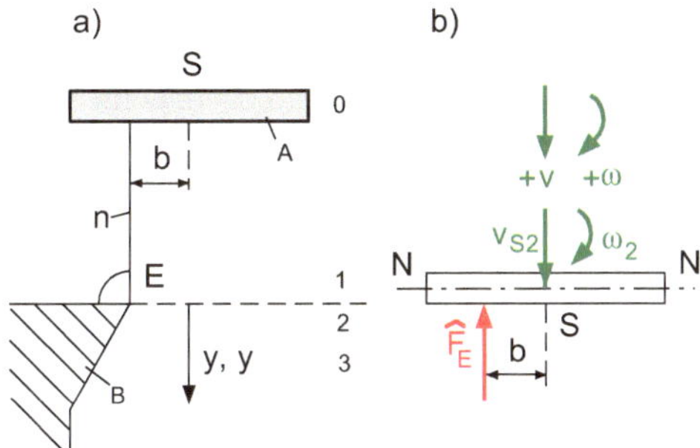

Bild DL 32

Der Mauervorsprung als Körper B mit unendlich großer Masse bleibt während des Stoßes unbewegt, weshalb sich die Ansätze mit dem Impuls- und Drallsatz auf den Stab als Körper A beschränken müssen.

$$m_B \to \infty;\quad v_{B1} = v_{B2} = v_{B1}^{(E)} = v_{B2}^{(E)} = 0$$

$$\omega_{B1} = \omega_{B2} = 0;\quad m_A = m$$

Dann kann der Index A wegfallen.

Der Impulserhaltungssatz ist hier wegen der unbestimmten Ausdrücke unbrauchbar.

$$m_A \cdot v_{A1} + \underbrace{m_B \cdot v_{B1}}_{\infty \cdot 0} = m_A \cdot v_{A2} + \underbrace{m_B \cdot v_{B2}}_{\infty \cdot 0}$$

a) Geschwindigkeiten nach dem Stoß (Bild DL 31a)

Energieerhaltungssatz zwischen 0 und 1

$$U_0 + \underbrace{T_0}_{0} = \underbrace{U_1}_{0} + T_1$$

Das Nullniveau *NN* wird durch den Punkt 1 (unmittelbar an der Stelle vor dem Stoß) gelegt, so dass $U_1 = 0$ wird.

$$m \cdot g \cdot h = \frac{1}{2} m \cdot v_{S1}^2 \Rightarrow v_{S1} = \sqrt{2g \cdot h} = \sqrt{2 \cdot 9{,}81 \cdot 5} = 9{,}9 \, \frac{\text{m}}{\text{s}}$$

Es verbleiben 3 Unbekannte: $v_{S2}, \omega_2, \hat{F}_E$

Der Kraftstoß $\hat{F}_E$ erfolgt an der Stoßstelle E in Richtung der Stoßnormalen n (Bild DL 31b)

Impulssatz

$$\text{I)} \; m \cdot (v_{S2} - v_{S1}) = -\hat{F}_E$$

Drallsatz

$$\text{II)} \; J_S \cdot \left(\omega_2 - \underbrace{\omega_1}_{0} \right) = \hat{F}_E \cdot b \Rightarrow \frac{J_S}{b} \cdot \omega_2 = \hat{F}_E$$

Stoßbedingung

Die Rotation im Uhrzeigersinn nach dem Stoß bewirkt im Stoßpunkt E noch neben der Schwerpunktsbewegung eine zusätzliche Aufwärtsbewegung

$$v_{A2}^{(E)} = v_{S2} - \omega_2 \cdot b$$

$$\text{III)} \; \varepsilon = -\frac{v_{A2}^{(B)} - v_{B2}^{(E)}}{v_{A1}^{(E)} - v_{B1}^{(E)}} = -\frac{v_{A2}^{(B)}}{v_{A1}^{(B)}} = -\frac{v_{S2} - \omega_2 \cdot b}{v_{S1}} \Rightarrow v_{S2} = b \cdot \omega_2 - \varepsilon \cdot v_{S1}$$

$$\text{I} + \text{II} = \text{I}': \; m \cdot v_{S2} - m \cdot v_{S1} + \frac{J_S}{b} \cdot \omega_2 = 0 \mid : m \Rightarrow v_{S2} - v_{S1} + \frac{J_S}{m \cdot b} \cdot \omega_2 = 0$$

$$\text{III in I}': \; b \cdot \omega_2 - \varepsilon \cdot v_{S1} - v_{S1} + \frac{J_S}{m \cdot b} \cdot \omega_2 = 0 \Rightarrow \omega_2 = \frac{1 + \varepsilon}{b + \frac{J_S}{m \cdot b}} \cdot v_{S1}$$

Massenträgheitsmoment für einen dünnen Stab $J_S = \dfrac{1}{12} m \cdot \ell^2 \Rightarrow \dfrac{J_S}{m} = \dfrac{\ell^2}{12}$

$$\omega_2 = \frac{1 + \varepsilon}{b + \frac{\ell^2}{12b}} \cdot v_{S1} = \frac{1 + 0{,}6}{0{,}3 + \frac{4}{12 \cdot 0{,}3}} \cdot 9{,}9 = 11{,}23 \, \text{s}^{-1}$$

$$\text{aus III: } v_{S2} = 0{,}3 \cdot 11{,}23 - 0{,}6 \cdot 9{,}9 = -2{,}57 \, \frac{\text{m}}{\text{s}}$$

Bedeutung des Minuszeichens: unmittelbar nach dem Stoß bewegt sich der Schwerpunkt nach oben.

Sonderfall: $b = \frac{\ell}{2}$

Der Stab stößt mit seinem linken Ende auf das Hindernis (Mauervorsprung)

$$\omega_2 = \frac{1 + \varepsilon}{\frac{\ell}{2} + \frac{\ell^2}{12 \cdot \frac{\ell}{2}}} \cdot v_{S1} = \frac{3}{2} \cdot (1 + \varepsilon) \cdot \frac{v_{S1}}{\ell} = \frac{3}{2} \cdot (1 + 0{,}6) \cdot \frac{9{,}9}{2} = 11{,}88 \, \text{s}^{-1}$$

$$v_{S2} = \frac{\ell}{2} \cdot \omega_2 - \varepsilon \cdot v_{S1} = \frac{2}{2} \cdot 11{,}88 - 0{,}6 \cdot 9{,}9 = 5{,}94 \, \frac{\text{m}}{\text{s}}$$

plastischer Stoß: ($\varepsilon = 0$);

$$\omega_2 = \frac{3}{2} \cdot \frac{v_{S1}}{\ell}; \quad v_{S2} = \frac{3}{2} \cdot \frac{b}{\ell} \cdot v_{S1} = \frac{3}{4} v_{S1}$$

elastischer Stoß: ($\varepsilon = 1$);

$$\omega_2 = 3\frac{v_{S1}}{\ell}; \quad v_{S2} = \left(3\frac{b}{\ell} - \varepsilon\right) \cdot v_{S1} = \frac{1}{2} v_{S1}$$

b) Energieverlust durch den Stoß

Energiesatz zwischen 0 und 2

$$U_0 + \underbrace{T_0}_{0} = \underbrace{U_2}_{0} + T_2 + E_V \Rightarrow E_V = U_0 - T_2$$

$$E_V = mg \cdot h - \frac{1}{2} \cdot \left(m \cdot v_{S2}^2 + J_S \cdot \omega_2^2\right)$$

$$E_V = 8 \cdot 9{,}81 \cdot 5 - \frac{1}{2} \cdot (8 \cdot 2{,}57^2 + 2{,}67 \cdot 11{,}23^2) = 197{,}62 \, \text{N} \, \text{m} \, \text{(Joule)}$$

$$\text{wobei } J_S = \frac{1}{12} m \cdot \ell^2 = \frac{1}{12} \cdot 8 \cdot 2^2 = 2{,}67 \, \text{kg} \, \text{m}^2$$

c) Schwerpunktsbewegung nach unten unmittelbar nach dem Stoß

Dann muss die Schwerpunkts-Geschwindigkeit nach dem Stoß positiv sein.

$$\text{Aus III: } v_{S2} > 0: \; b \cdot \omega_2 - \varepsilon \cdot v_{S1} > 0 \Rightarrow \omega_2 > \varepsilon \cdot \frac{v_{S1}}{b}$$

$$\frac{1 + \varepsilon}{b + \frac{\ell^2}{12b}} \cdot v_{S1} > \varepsilon \cdot \frac{v_{S1}}{b} \Big|: v_{S1} \Rightarrow 1 + \varepsilon > \varepsilon + \frac{\varepsilon}{12} \cdot \left(\frac{\ell}{b}\right)^2 \Rightarrow \left(\frac{\ell}{b}\right)^2 < \frac{12}{\varepsilon} \Rightarrow$$

$$\frac{\ell}{b} < \sqrt{\frac{12}{\varepsilon}} \Rightarrow b > \ell \cdot \sqrt{\frac{\varepsilon}{12}} = 2\,\text{m} \cdot \sqrt{\frac{0{,}6}{12}} = 0{,}447 \, \text{m}$$

Für $b^* = 0{,}447$m wird $\omega_2 = 13{,}28 \, \text{s}^{-1}$ und $v_{S2} = 0$

Für $b > b^*$ wird $v_{S2} > 0$

d) Bewegung nach dem Stoß

Für $b > b^* = 0{,}447$m findet kein 2. Stoß statt.

Auf den Stab wirkt dann als äußere Kraft nur noch die Gewichtskraft. Da kein Moment auftritt, bleibt $\omega_3 = \omega_2 = $ konst. erhalten.

Der Stab rotiert gleichförmig und bildet dann mit der Horizontalen in Abhängigkeit der Zeit t den Winkel

$$\varphi_3 = \omega_2 \cdot t$$

Schwerpunktsbewegung

$$\ddot{y}_{S3} = g = 9{,}81 \, \frac{\text{m}}{\text{s}^2}; \quad \dot{y}_{S3} = v_{S3} = v_{S2} + g \cdot t; \quad y_{S3} = v_{S2} \cdot t + \frac{1}{2} g \cdot t^2$$

D 33   Stoß bei einem sich straffendem Seil

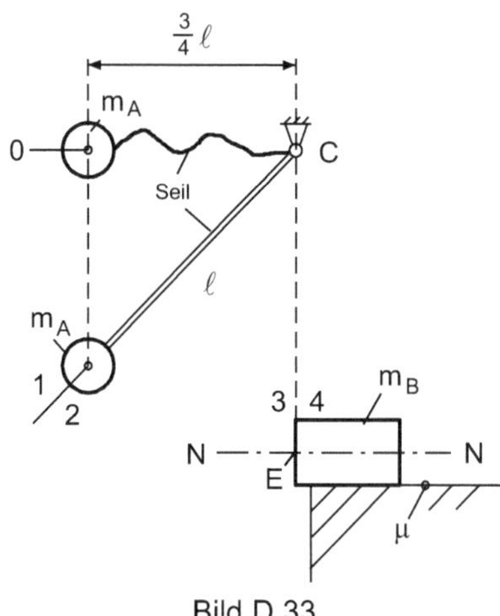

Bild D 33

Eine Kugel mit der Masse m_A, die als Massenpunkt angesehen werden kann, ist über ein schlaffes, schlaufenförmiges Seil mit dem Lager C verbunden. Die Kugel wird nach Bild D 33 aus der Horizontalen im Abstand $\frac{3}{4}\ell$ vom Lager losgelassen.

Das Seil wird als undehnbar angenommen, so dass bei der Straffung des Seils ein plastischer Stoß ($\varepsilon = 0$) entsteht.

In der Vertikalen trifft das Fadenpendel vollkommen elastisch ($\varepsilon = 1$) auf einen Quader der Masse m_B und verschiebt diesen auf einer rauen Ebene (Reibungskoeffizient μ).

Gegeben
$m_A = 2\,\mathrm{kg}$; $m_B = 5\,\mathrm{kg}$; $\ell = 1{,}2\,\mathrm{m}$; $\mu = 0{,}3$

Gesucht

a) Geschwindigkeit der Kugel an der Stelle der Seilstraffung
b) Geschwindigkeit der Kugel nach dem Straffungsstoß und Kraftstoß auf das Lager C
c) Geschwindigkeit der Kugel vor dem Stoß mit dem Quader
d) Geschwindigkeiten von Kugel und Quader nach ihrem elastischen Stoß
e) Auf welche Höhe pendelt die Kugel zurück und wie weit wird der Quader verschoben?

Lösung
Die Kugel fällt erst einmal infolge der Schwerkraft im freien Fall senkrecht nach unten, bis das Seil sich strafft und die Kugel in eine kreisförmige Pendelbewegung übergeht.

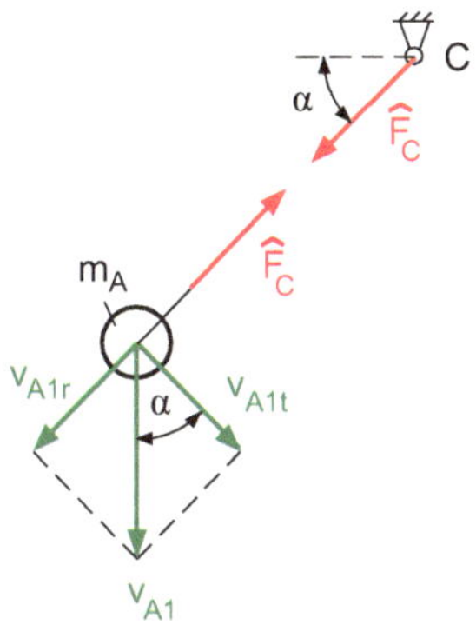

Bild DL 33

a) Geschwindigkeit der Kugel bei Seilstraffung
Winkel, bei dem das Seil sich strafft

$$\cos\alpha = \frac{\frac{3}{4}\ell}{\ell} = 0{,}75 \Rightarrow \alpha = 41{,}41°$$

Freier Fall

$$v_{A1} = \sqrt{2g \cdot h_0} = \sqrt{2g\ell \cdot \sin\alpha} = \sqrt{2 \cdot 9{,}81 \cdot 1{,}2 \cdot \sin 41{,}41°} = 3{,}95\,\frac{m}{s}$$

Radiale und tangentiale Komponente der Geschwindigkeit

$$v_{A1r} = v_{A1} \cdot \sin\alpha = 3{,}95 \cdot \sin 41{,}41° = 2{,}61\,\frac{m}{s}$$

$$v_{A1t} = v_{A1} \cdot \cos\alpha = 3{,}95 \cdot \cos 41{,}41° = 2{,}96\,\frac{m}{s}$$

b) Geschwindigkeit und Kraftstoß nach der Seilstraffung
Plastischer Straffungsstoß
Die Wand am Lager C hat unendlich große Masse und ist unnachgiebig.
$m_C \to \infty$; $v_C = 0$ bzw. auch $v_{C1r} = v_{C2r} = 0$ (undehnbares Seil, starres Lager).
Die Auflagerkraft F_C wirkt als Stoßpartner für die Masse m_A (Bild DL 33).
Die Stoßnormale ist radial ausgerichtet. Die Stoßziffer ist

$$\varepsilon = -\frac{v_{A2r} - v_{C2r}}{v_{A1r} - v_{C1r}} = -\frac{v_{A2r}}{v_{A1r}} = 0 \Rightarrow v_{A2r} = 0$$

Bei einem undehnbarem Seil gibt es nach der Straffung keine Geschwindigkeit des angehängten Körpers in radialer Richtung. Anders ist es dagegen bei einem nachgiebigen, elastischen Gummiseil wie etwa beim Bungee-Jumping.

Ein plastischer Stoß ist dadurch gekennzeichnet, dass die beiden Körper nach dem Stoß keine relative Geschwindigkeit mehr in Richtung der Stoßnormalen haben.
Bei der anschließenden Pendelbewegung bleibt deshalb nur noch die Komponente in tangentialer Richtung übrig.

$$v_{A2t} = v_{A1t} = 2{,}96 \, \frac{m}{s}$$

Kraftstoß auf das Lager bzw. auf die Kugel

Impulssatz: $m_A \cdot \left(\underbrace{v_{A2r}}_{0} - v_{A1r} \right) = -\hat{F}_C \Rightarrow \hat{F}_C = m_A \cdot v_{A1r} = 2 \cdot 2{,}61 = 5{,}22 \, \mathrm{N\,s}$

c) Geschwindigkeit v_{A3} der Kugel vor dem zweiten Stoß

Energieerhaltungssatz zwischen 2 und 3

Das Nullniveau NN (Potential-Nulllinie) wird durch die untersten Punkte 3 und 4 gelegt.

$$h_1 = h_2 = \ell \cdot (1 - \sin\alpha); \quad h_3 = h_4 = 0$$

$$U_2 + T_2 = \underbrace{U_3}_{0} + T_3$$

$$m_A g \cdot \ell \cdot (1 - \sin\alpha) + \frac{1}{2} m_A \cdot v_{A2t}^2 = \left. \frac{1}{2} m_A \cdot v_{A3}^2 \right| \cdot \frac{2}{m_A} \Rightarrow$$

$$v_{A3} = \sqrt{v_{A2t}^2 + 2g \cdot \ell \cdot (1 - \sin\alpha)} = \sqrt{2{,}96^2 + 2 \cdot 9{,}81 \cdot 1{,}2 \cdot (1 - \sin 41{,}41°)}$$

$$= 4{,}09 \, \frac{m}{s}$$

d) Geschwindigkeiten nach dem elastischen Stoß mit dem Quader (Körper B)

Impulserhaltungssatz: I) $m_A \cdot v_{A3} + m_B \cdot \underbrace{v_{B3}}_{0} = m_A \cdot v_{A4} + m_B \cdot v_{B4}$

Stoßbedingung: II) $\varepsilon = -\dfrac{v_{A4} - v_{B4}}{v_{A3} - v_{B3}} = 1 \Rightarrow v_{B4} = v_{A3} + v_{A4}$

Die Geschwindigkeiten im Stoßpunkt E stimmen mit den Geschwindigkeiten im Schwerpunkt überein.

$$\text{II in I} = \text{I}': m_A \cdot v_{A3} = m_A \cdot v_{A4} + m_B \cdot v_{A3} + m_B \cdot v_{A4} \Rightarrow$$

$$v_{A4} = \frac{m_A - m_B}{m_A + m_B} \cdot v_{A3} = \frac{2 - 5}{2 + 5} \cdot 4{,}09 = -1{,}75 \, \frac{m}{s}$$

Bedeutung des Minuszeichens: die Kugel prallt vom Quader ab und bewegt sich nach links.

$$\text{aus II: } v_{B4} = v_{A3} + v_{A4} = 4{,}09 - 1{,}75 = 2{,}34 \, \frac{m}{s}$$

e) Ortsveränderungen nach dem Stoß

Rückprall des Kugelpendels bis zum höchsten Punkt

$$\text{Energieerhaltungssatz:} \quad \underbrace{U_4}_{0} + T_4 = U_5 + \underbrace{T_5}_{0}$$

$$\frac{1}{2} m_A \cdot v_{A4}^2 = m_A g \cdot h_{A5} \mid : m_A \Rightarrow h_{A5} = \frac{v_{A4}^2}{2g} = \frac{1{,}75^2}{2 \cdot 9{,}81} = 0{,}156\,\text{m}$$

Verschiebung des Quaders bis zum Stillstand ($v_{B5} = 0$)

$$\text{Energiesatz:} \quad \underbrace{U_4}_{0} + T_4 = \underbrace{U_5}_{0} + \underbrace{T_5}_{0} + W_R$$

$$\text{Reibungsarbeit:} \quad W_R = F_W \cdot s_{B5} = \mu \cdot F_N \cdot s_{B5} = \mu \cdot m_B \cdot g \cdot s_{B5}$$

$$\mu \cdot m_B \cdot g \cdot s_{B5} = \frac{1}{2} m_B \cdot v_{B4}^2 \mid : m_B \Rightarrow$$

$$\text{Auslaufweg:} \quad s_{B5} = \frac{v_{B4}^2}{2\mu \cdot g} = \frac{2{,}34^2}{2 \cdot 0{,}3 \cdot 9{,}81} = 0{,}93\,\text{m}$$

D 34   Stab rutscht in einer Rinne

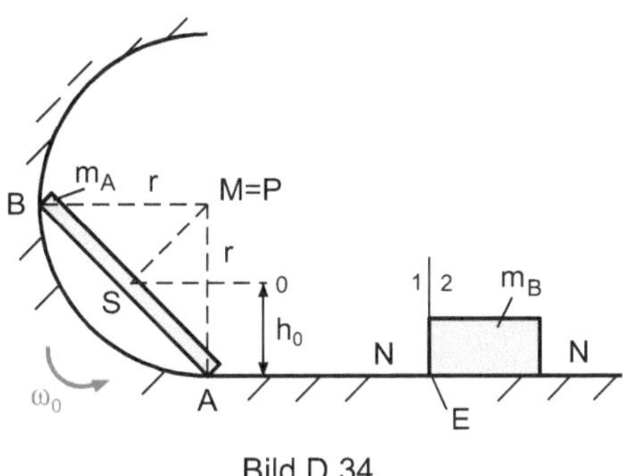

Bild D 34

Ein Stab AB mit der Masse m_A rutscht in einer halbkreisförmigen Rinne reibungsfrei ab und prallt dann auf der horizontalen, reibungsfreien Auslaufbahn gegen einen ruhenden Quader mir der Masse m_B.

Nach dem Stoß ist der Stab AB in Ruhe und der Quader bewegt sich nach rechts.

In der im Bild D 34 gezeichneten Schräglage hat der Endpunkt A des Stabes den tiefsten Punkt der Rinne erreicht. In dieser Lage hat der Stab die Winkelgeschwindigkeit ω_0 entgegen dem Uhrzeigersinn.

Gegeben

$m_A = 2\,\text{kg}; \, m_B = 6\,\text{kg}; \, r = 0{,}4\,\text{m}; \, \omega_0 = 12\,\text{s}^{-1}$

Gesucht

a) Geschwindigkeits-Momentanpol des Stabes und Geschwindigkeit des Schwerpunkts in der gezeichneten Schräglage
b) Geschwindigkeit des Stabes vor dem Stoß in der horizontalen Lage
c) Stoßziffer beim Zusammenstoß mit dem Quader
d) Geschwindigkeit des Quaders nach dem Stoß

Lösung

a) Momentanpol und Schwerpunkts-Geschwindigkeit
Die Lote auf die Geschwindigkeitsvektoren $\vec{v}_A$ und $\vec{v}_B$ schneiden sich im Mittelpunkt M der Rinne, der damit gleichzeitig Geschwindigkeits-Momentanpol P des Stabes ist.

$$\overline{PS}_0 = \frac{r}{\sqrt{2}}; \quad v_{S0} = \overline{PS}_0 \cdot \omega_0 = \frac{r}{\sqrt{2}} \cdot \omega_0 = \frac{0{,}4}{\sqrt{2}} \cdot 12 = 3{,}39 \, \frac{\mathrm{m}}{\mathrm{s}}$$

$$v_A = v_B = r \cdot \omega_0 = 0{,}4 \cdot 12 = 4{,}8 \, \frac{\mathrm{m}}{\mathrm{s}}$$

b) Geschwindigkeit des Stabes vor dem Stoß
Energieerhaltungssatz
Die Potential-Nulllinie NN wird in die horizontale Ebene gelegt

$$h_1 = h_2 = 0; \quad h_0 = \frac{r}{2}; \quad U_0 = m_A \cdot g \cdot h_0 = \frac{1}{2} m_A \cdot g \cdot r$$

$$U_0 + T_0 = \underbrace{U_1}_{0} + T_1$$

Kinetische Energien

$$T_0 = \frac{1}{2} m_A \cdot v_{S0}^2 + \frac{1}{2} J_S \cdot \omega_0^2 = \frac{1}{2} \cdot \left[J_S + m_A \cdot \left(\frac{r}{\sqrt{2}}\right)^2 \right] \cdot \omega_0^2 = \frac{1}{2} J_P \cdot \omega_0^2$$

$$J_S = \frac{1}{12} m_A \cdot \ell^2 = \frac{1}{12} m_A \cdot \left(r \cdot \sqrt{2}\right)^2 = \frac{1}{6} m_A \cdot r^2 \ \text{wobei} \ \ell = \overline{AB} = r \cdot \sqrt{2}$$

$$\text{Steinerscher Satz: } J_P = J_S + m_A \cdot \overline{SP}^2 = \frac{1}{6} m_A \cdot r^2 + m_A \cdot \left(\frac{r}{\sqrt{2}}\right)^2 = \frac{2}{3} m_A \cdot r^2$$

$$T_0 = \frac{1}{2} \cdot \frac{2}{3} m_A \cdot r^2 \cdot \omega_0^2 = \frac{1}{3} m_A \cdot r^2 \cdot \omega_0^2$$

In der horizontalen Lage haben alle Stabpunkte die gleiche Geschwindigkeit und der Stab somit nur noch translatorische kinetische Energie

$$T_1 = \frac{1}{2} m_A \cdot v_{A1}^2$$

eingesetzt in den Energieerhaltungssatz

$$\frac{1}{2}m_A \cdot g \cdot r + \frac{1}{3}m_A \cdot r^2 \cdot \omega_0^2 = \frac{1}{2}m_A \cdot v_{A1}^2 \Big| \cdot \frac{2}{m_A} \Rightarrow$$

$$v_{A1} = \sqrt{g \cdot r + \frac{2}{3}(r \cdot \omega_0)^2} = \sqrt{9{,}81 \cdot 0{,}4 + \frac{2}{3} \cdot (0{,}4 \cdot 12)^2} = 4{,}39\,\frac{m}{s}$$

c) Stoßziffer

Die Geschwindigkeiten im Stoßpunkt E und im Schwerpunkt sind gleich.
Außerdem ist $v_{A2} = 0$ (laut Angabe) und $v_{B1} = 0$

$$\text{I)}\ \varepsilon = \frac{v_{B2} - v_{A2}}{v_{A1} - v_{B1}} = \frac{v_{B2}}{v_{A1}}$$

Auf das System wirken von außen keine Kräfte ein (freies System), daher gilt der Impulserhaltungssatz

$$\text{II)}\ m_A \cdot v_{A1} + m_B \cdot \underbrace{v_{B1}}_{0} = m_A \cdot \underbrace{v_{A2}}_{0} + m_B \cdot v_{B2} \Rightarrow \frac{v_{B2}}{v_{A1}} = \frac{m_A}{m_B}$$

$$\text{II in I:}\ \varepsilon = \frac{m_A}{m_B} = \frac{2}{6} = \frac{1}{3}$$

d) Geschwindigkeit des Quaders nach dem Stoß

$$\text{aus I:}\ v_{B2} = \varepsilon \cdot v_{A1} = \frac{1}{3} \cdot 4{,}39 = 1{,}46\,\frac{m}{s}$$

3.8 Relativbewegung

Bewegt sich ein Körper zusätzlich innerhalb eines bewegten Systems, so spricht man von Relativbewegung. Oft lässt sich dann die Bewegung des Körpers einfacher ausgehend von einem bewegten Koordinatensystem als von einem ruhenden, raumfesten Koordinatensystem aus beschreiben.

D 35 Absprung von Personen aus einem Boot

In einem anfänglich im Wasser ruhendem Boot der Masse m_B befinden sich drei Personen jeweils mit der Masse m_P. Die Personen springen am Heck des Bootes mit der Relativgeschwindigkeit v_{rel} ab, so dass sich das Boot entgegengesetzt zur Absprungrichtung mit der Geschwindigkeit v_B nach links bewegt.

Die Aufgabe soll zur Veranschaulichung des Antriebs durch Rückstoß wie z. B. bei Raketen dienen.

Gegeben

$m_B = 2m = 160\,\text{kg}; \; m_P = m = 80\,\text{kg}; \; v_{rel} = 6\,\tfrac{m}{s}$

Gesucht

Geschwindigkeit des Bootes und der Personen nach den jeweiligen Absprüngen

a) wenn die Personen nacheinander abspringen
b) wenn die Personen alle gleichzeitig abspringen

Lösung

Allgemein ist bei einer translatorischen Führungsbewegung

$$\vec{v}_{abs} = \vec{v}_F + \vec{v}_{rel} \text{ bzw. } \vec{v}_P = \vec{v}_B + \vec{v}_{rel}$$

$\vec{v}_F = \vec{v}_B$ Führungsgeschwindigkeit = Bootsgeschwindigkeit

$\vec{v}_{rel}$ Relativgeschwindigkeit der abspringenden Person gegenüber dem Boot, wie sie ein im Boot sitzender Beobachter wahrnimmt.

$\vec{v}_{abs} = \vec{v}_P$ Absolutgeschwindigkeit der abspringenden Person, wie sie ein ruhender Beobachter am Ufer registriert.

In der Rechnung geht man zunächst vorzeichenmäßig davon aus, dass das Boot sich in Richtung der abspringenden Personen bewegt, die als positiv angenommen wird. Der wirkliche Richtungssinn der Geschwindigkeitsvektoren wird erst im Ergebnis durch das Vorzeichen geklärt.

In den Skizzen ist die wirkliche Bewegungsrichtung der abspringenden Personen nach rechts und des Bootes nach links berücksichtigt.

Die Kräfte zwischen der abspringenden Person und dem Boot sind innere Kräfte, wenn man Boot und abspringende Person als ein System auffasst. Als äußere Kräfte sind sie anzusehen, wenn man das Boot oder die abspringende Person jeweils für sich betrachtet.

Wir nehmen Boot und abspringende Person als ein System an, auf das von außen keine Kräfte einwirken, so dass die zeitliche Änderung des Impulses $\vec{p}$ Null ist.

$$\frac{d\vec{p}}{dt} = \vec{F} = 0 \Rightarrow \vec{p} = \text{konst.} \Rightarrow \vec{p}_0 = \vec{p}_1 = \vec{p}_2 = \vec{p}_3$$

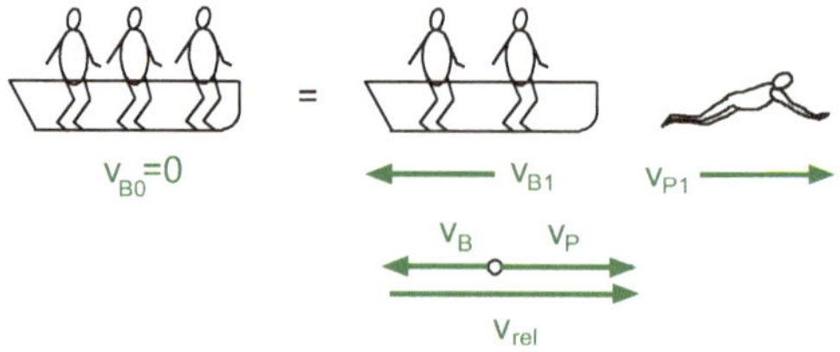

Bild DL 35-1

a) Personen springen nacheinander ab

   1) Nach Absprung der ersten Person
      Impulserhaltungssatz

$$\vec{p}_{B0} = \vec{p}_{B1} + \vec{p}_{P1}$$

$$(m_B + 3m_P) \cdot \underbrace{\vec{v}_{B0}}_{0} = 0 = (m_B + 2m_P) \cdot \vec{v}_{B1} + m_P \cdot \vec{v}_{P1}$$

$$(2m + 2m) \cdot \vec{v}_{B1} + m\left(\vec{v}_{B1} + \vec{v}_{rel}\right) = 0 \,|\, : m \Rightarrow 5\vec{v}_{B1} + \vec{v}_{rel} = 0 \Rightarrow \vec{v}_{B1} = -\frac{1}{5}\vec{v}_{rel}$$

$$\vec{v}_{P1} = \vec{v}_{B1} + \vec{v}_{rel} = -\frac{1}{5}\vec{v}_{rel} + \vec{v}_{rel} = \frac{4}{5}\vec{v}_{rel}$$

Bild DL 35-2

   2) Nach Absprung der zweiten Person
      Impulserhaltungssatz

$$\vec{p}_{B1} = \vec{p}_{B2} + \vec{p}_{P2}$$

$$(m_B + 2m_P) \cdot \vec{v}_{B1} = (m_B + m_P) \cdot \vec{v}_{B2} + m_P \cdot \vec{v}_{P2}$$

$$(2m + 2m) \cdot \left(-\frac{1}{5}\vec{v}_{rel}\right) = (2m + m) \cdot \vec{v}_{B2} + m \cdot (\vec{v}_{B2} + \vec{v}_{rel}) \,|\, : m \Rightarrow$$

$$-\frac{4}{5}\vec{v}_{rel} = 4\vec{v}_{B2} + \vec{v}_{rel} \Rightarrow \vec{v}_{B2} = -\frac{9}{20}\vec{v}_{rel}$$

$$\vec{v}_{P2} = \vec{v}_{B2} + \vec{v}_{rel} = -\frac{9}{20}\vec{v}_{rel} + \vec{v}_{rel} = \frac{11}{20}\vec{v}_{rel}$$

Bild DL 35-3

   3) Nach Absprung der dritten Person
      Impulserhaltungssatz

$$\vec{p}_{B2} = \vec{p}_{B3} + \vec{p}_{P3}$$

$$(m_B + m_P) \cdot \vec{v}_{B2} = m_B \cdot \vec{v}_{B3} + m_P \cdot \vec{v}_{P3}$$

$$3m \cdot \left(-\frac{9}{20} \vec{v}_{\text{rel}} \right) = 2m \cdot \vec{v}_{\text{B3}} + m \cdot (\vec{v}_{\text{B3}} + \vec{v}_{\text{rel}}) \mid \; : m \Rightarrow$$

$$-\frac{27}{20} \vec{v}_{\text{rel}} = 3\vec{v}_{\text{B3}} + \vec{v}_{\text{rel}} \Rightarrow \vec{v}_{\text{B3}} = -\frac{47}{60} \vec{v}_{\text{rel}} = \vec{v}_{\text{Bend}}$$

$$\vec{v}_{\text{P3}} = \vec{v}_{\text{B3}} + \vec{v}_{\text{rel}} = -\frac{47}{60} \vec{v}_{\text{rel}} + \vec{v}_{\text{rel}} = \frac{13}{60} \vec{v}_{\text{rel}}$$

Vergleich der Geschwindigkeiten

$$v_{\text{B1}} : v_{\text{B2}} : v_{\text{B3}} = \frac{1}{5} : \frac{9}{20} : \frac{47}{60} = 12 : 27 : 47$$

$$v_{\text{P1}} : v_{\text{P2}} : v_{\text{P3}} = \frac{4}{5} : \frac{11}{20} : \frac{13}{60} = 48 : 33 : 13$$

Die Bootsgeschwindigkeiten werden immer größer, die absoluten Absprunggeschwindigkeiten dagegen immer kleiner.

Obwohl die Relativgeschwindigkeit v_{rel} der abspringenden Personen immer gleich ist, sind die Absolutgeschwindigkeiten der einzelnen Personen unterschiedlich $v_{\text{P1}} \neq v_{\text{P2}} \neq v_{\text{P3}}$.

Das liegt an den verschiedenen Führungsgeschwindigkeiten des Bootes nach den jeweiligen Absprüngen.

Bild DL 35-4

b) Gleichzeitiges Abspringen von allen drei Personen
   Impulserhaltungssatz

$$\vec{p}_{\text{B0}} = \vec{p}_{\text{B}} + \vec{p}_{\text{P}}$$

$$(m_{\text{B}} + 3m_{\text{P}}) \cdot \underbrace{\vec{v}_{\text{B0}}}_{0} = 0 = m_{\text{B}} \cdot \vec{v}_{\text{B}} + 3m_{\text{P}} \cdot \vec{v}_{\text{P}}$$

$$2m \cdot \vec{v}_{\text{B}} + 3m \cdot (\vec{v}_{\text{B}} + \vec{v}_{\text{rel}}) = 0 \mid \; : m \Rightarrow 5\vec{v}_{\text{B}} + 3\vec{v}_{\text{rel}} = 0 \Rightarrow \vec{v}_{\text{B}} = -\frac{3}{5} \vec{v}_{\text{rel}} = v_{\text{Bend}}^{*}$$

$$\vec{v}_{\text{P}} = \vec{v}_{\text{B}} + \vec{v}_{\text{rel}} = -\frac{3}{5} \vec{v}_{\text{rel}} + \vec{v}_{\text{rel}} = \frac{2}{5} \vec{v}_{\text{rel}}$$

Vergleich der Endgeschwindigkeiten des Bootes bei den beiden Absprungarten

$$v_{\text{Bend}} : v_{\text{Bend}}^{*} = \frac{47}{60} : \frac{3}{5} = 47 : 36 \Rightarrow v_{\text{Bend}} > v_{\text{Bend}}^{*}$$

Die Bootsgeschwindigkeit wird größer, wenn die Personen einzeln nacheinander abspringen (kontinuierlicher Rückstoß).

D 36 Mann bewegt sich auf einem Brett über Rollen

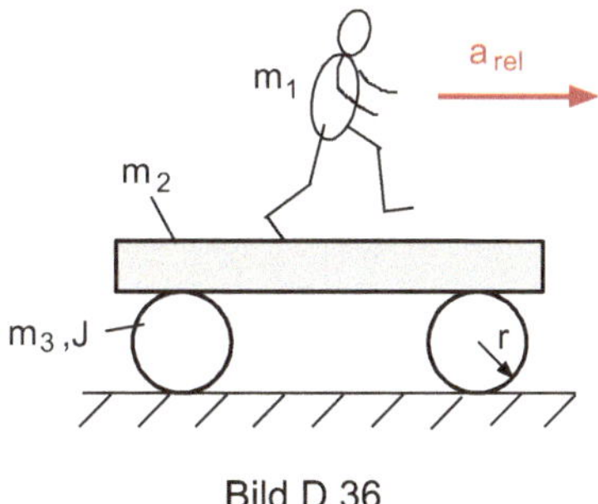

Bild D 36

Ein Mann der Masse m_1 bewegt sich nach Bild D 36 mit konstanter Relativbeschleunigung a_{rel} auf einem Brett der Masse m_2. Das Brett liegt auf zwei Rollen (Radius r, Masse m_3, Massenträgheitsmoment J).

Die Walzen stützen sich am Boden ab und rollen bei der Bewegung ohne zu rutschen.

Gegeben
$a_{rel}, m_1, m_2, m_3, J, r$

Gesucht
Absolutgeschwindigkeiten des Brettes und des Mannes

Lösung
Im Bild DL 34-1 sind die 3 Körper: Mann, Brett und Rollen freigemacht, wobei die Normalkräfte zur besseren Übersicht weggelassen werden, da sie nicht in die Rechnung eingehen.

Kinematik
Das Führungssystem (Brett) bewegt sich translatorisch mit der Geschwindigkeit $v_F = -v_2$ und der Beschleunigung $a_F = -a_2$

$$v_{abs} = v_F + v_{rel}; \quad a_{abs} = a_F + a_{rel}$$

$$v_{abs1} = v_1 = -v_2 + v_{rel}, \text{ wobei } v_{rel} = a_{rel} \cdot t \text{ ist}$$

$$a_{abs1} = a_1 = -a_2 + a_{rel}$$

Reines Rollen der Walzen

$$v_3 = r \cdot \omega; \quad v_2 = 2r \cdot \omega \Rightarrow v_3 = \frac{1}{2}v_2$$

$$a_3 = r \cdot \alpha; \quad a_2 = 2r \cdot \alpha \Rightarrow a_3 = \frac{1}{2}a_2; \quad \alpha = \frac{a_3}{r} = \frac{a_2}{2r}$$

Nach Bild DL 36-1 verbleiben noch 4 Unbekannte: H_1, H_2, H_3, a_2

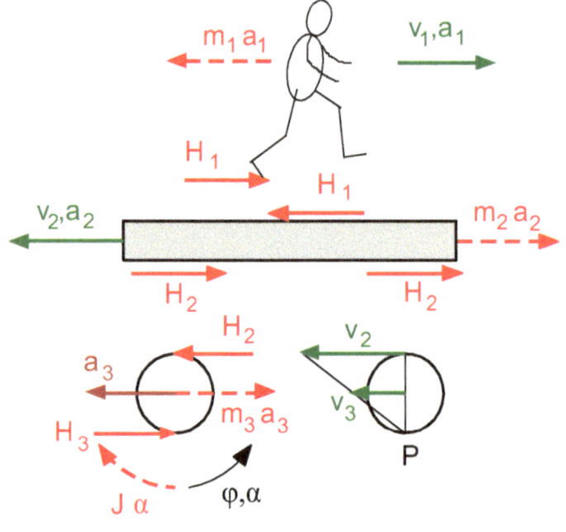

Bild DL 36-1

Mit dem dynamischen Grundgesetz ergeben sich 4 Gleichungen

I) $H_1 = m_1 \cdot a_1 = m_1 \cdot (a_{\text{rel}} - a_2)$

II) $H_1 - 2H_2 = m_2 \cdot a_2 \Rightarrow 2H_2 - H_1 = -m_2 \cdot a_2$

III) $H_2 - H_3 = m_3 \cdot a_3 \Rightarrow H_3 - H_2 = -m_3 \cdot \frac{a_2}{2}$

IV) $H_2 \cdot r + H_3 \cdot r = J \cdot \alpha = J \cdot \frac{a_2}{2r} \,\Big|\, : r \Rightarrow$

     $-H_2 - H_3 = -\frac{J}{2r^2} \cdot a_2$

Die Gleichungen werden zweckmäßig so umgestellt, dass bei ihrer Addition sämtliche Haftungskräfte herausfallen.

$$\text{I} + \text{II} + \text{III} + \text{IV}: m_1 \cdot a_{\text{rel}} - m_1 \cdot a_2 - m_2 \cdot a_2 - m_3 \cdot \frac{a_2}{2} - \frac{J}{2r^2} \cdot a_2 = 0 \Rightarrow$$

$$a_2 = \frac{dv_2}{dt} = \frac{m_1}{m_1 + m_2 + \frac{m_3}{2} + \frac{J}{2r^2}} \cdot a_{\text{rel}} = k \cdot a_{\text{rel}} \text{ wobei } k = \frac{m_1}{m_1 + m_2 + \frac{m_3}{2} + \frac{J}{2r^2}}$$

Geschwindigkeit des Brettes

$$v_2 = \int a_2 \cdot dt = k \cdot a_{\text{rel}} \cdot t + c \text{ wobei } c = \text{Integrationskonstante}$$

zur Zeit $t = 0$ ist $v_2 = 0 : c = 0$ und damit

$$v_2(t) = k \cdot a_{\text{rel}} \cdot t$$

Absolutgeschwindigkeit des Mannes

$$v_1(t) = v_{\text{rel}} - v_2 = a_{\text{rel}} \cdot t - v_2 = a_{\text{rel}} \cdot t - k \cdot a_{\text{rel}} \cdot t = (1 - k) \cdot a_{\text{rel}} \cdot t$$

$$v_1(t) = \frac{m_2 + \frac{m_3}{2} + \frac{J}{2r^2}}{m_1 + m_2 + \frac{m_3}{2} + \frac{J}{2r^2}} \cdot a_{\text{rel}} \cdot t$$

Lösung mit dem Prinzip der virtuellen Arbeit

Betrachtet man das Gesamtsystem nach Bild DL 36-2, so sind die Haftungskräfte zwischen dem Mann, dem Balken und den Walzen innere Kräfte.

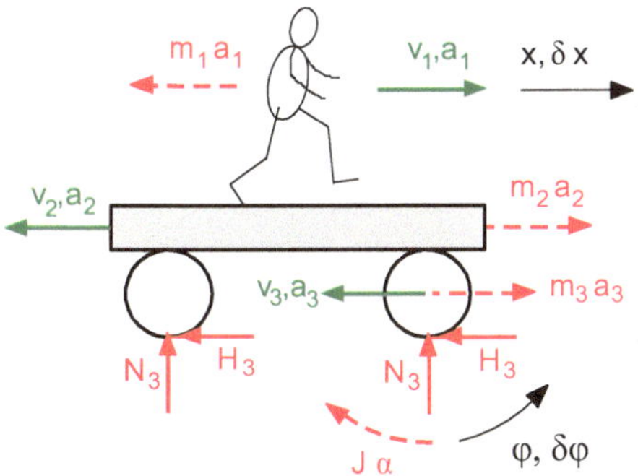

Bild DL 36-2

Als äußere Kräfte verbleiben nur noch die Kräfte zwischen dem Boden und den Walzen.

Die Normalkräfte stehen dabei senkrecht zur Verschiebungsrichtung, so dass deren Arbeit Null ist.

Haftungskräfte verschieben sich (im Gegensatz zu den Reibungskräften) nicht längs ihrer Wirkungslinie und verrichten daher keine Arbeit.

Bei einem rollenden Rad hat der Berührungspunkt mit dem Boden als Geschwindigkeits-Momentanpol P (Bild DL 36-1) die Geschwindigkeit Null. Der Angriffspunkt der Haftungskraft verschiebt sich also nicht.

Bei einer virtuellen Verschiebung des Systems um δx ist

$$\delta x = -2r \cdot \delta\varphi \Rightarrow \delta\varphi = -\frac{\delta x}{2r}; \quad \delta x_{\text{Rad}} = -\frac{1}{2}\delta x$$

$$\delta W = -m_1 a_1 \cdot \delta x + m_2 a_2 \cdot \delta x - 2 m_3 a_3 \cdot \delta x_{\text{Rad}} - 2 J \alpha \cdot \delta\varphi = 0$$

Generalisierung der Koordinaten

$$\left[-m_1 \cdot (a_{\text{rel}} - a_2) + m_2 a_2 + 2m_3 \cdot \frac{a_2}{2} \cdot \frac{1}{2} + 2J \frac{a_2}{2r} \cdot \frac{1}{2r} \right] \cdot \delta x = 0$$

δx ist willkürlich und von Null verschieden, daher muss der Ausdruck in der eckigen Klammer verschwinden, woraus wie vorher folgt

$$a_2 = \frac{m_1}{m_1 + m_2 + \frac{m_3}{2} + \frac{J}{2r^2}} \cdot a_{\text{rel}}$$

D 37   Relativbewegung eines Quaders gegenüber einem bewegten Keil

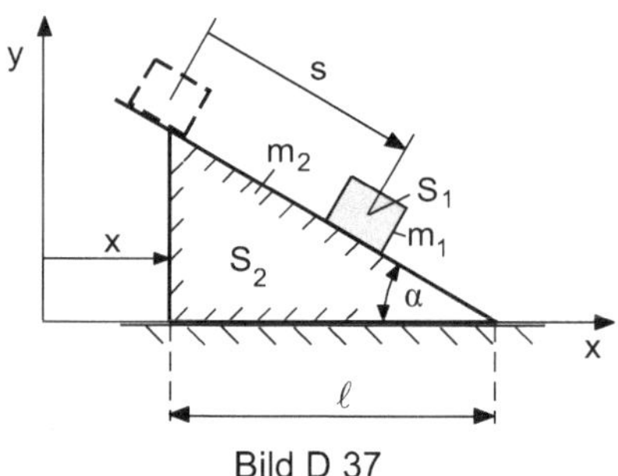

Bild D 37

Ein Keil (Masse m_2, Neigungswinkel α) kann sich nach Bild D 37 reibungsfrei auf einer horizontalen Ebene bewegen. Auf dem Keil befindet sich im höchsten Punkt ein Quader, der aus der Ruhelage heraus reibungsfrei nach unten rutscht.

Gegeben
$m_1 = 3\,\text{kg}; m_2 = 6\,\text{kg}; \alpha = 30°; \ell = 1{,}2\,\text{m}$

Gesucht

a) Beschleunigungen des Quaders und des Keils
b) Geschwindigkeit des Quaders und des Keils, wenn der Quader seine tiefste Lage erreicht
c) Verschiebung des Keils, wenn der Quader seine tiefste Lage erreicht

Lösung

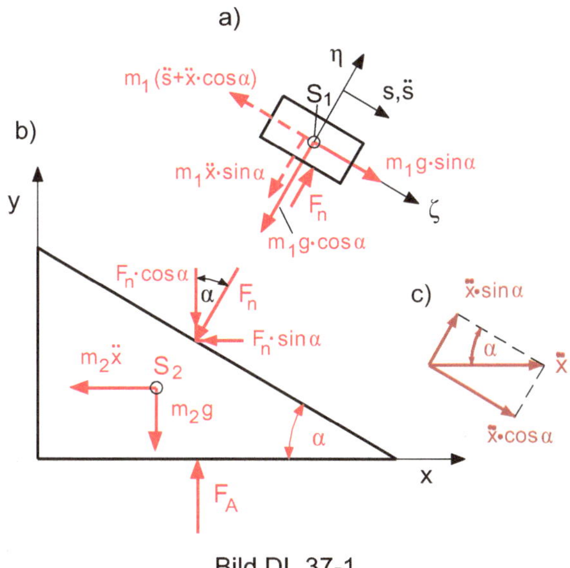

Bild DL 37-1

Die Koordinate x gibt die Lage des Keils relativ zu einem ruhenden Koordinatensystem an, die Koordinate s die Lage des Quaders relativ zu seiner höchsten Position.

Der Keil macht eine translatorische Führungsbewegung, der Quader noch zusätzlich eine translatorische Relativbewegung.

Im Bild DL 37-1a ist der Quader, im Bild DL 37-1b der Keil freigemacht.

Im Bild DL 36-1c wird die Führungsbeschleunigung $\ddot{x}$ parallel zu den Kanten des Quaders in Komponenten zerlegt.

Es treten 4 Unbekannte auf:

$$\ddot{x}, \ddot{s}, F_{\mathrm{n}}, F_{\mathrm{A}}$$

Quader

I) $\sum_{m_1} F_\varsigma = 0 = m_1 g \cdot \sin\alpha - m_1 \cdot (\ddot{s} + \ddot{x} \cdot \cos\alpha) \mid\; : m_1 \Rightarrow \ddot{s} = g \cdot \sin\alpha - \ddot{x} \cdot \cos\alpha$

II) $\sum_{m_1} F_\eta = 0 \Rightarrow F_{\mathrm{n}} = m_1 g \cdot \cos\alpha + m_1 \ddot{x} \cdot \sin\alpha$

Keil

III) $\sum_{m_2} F_{\mathrm{x}} = 0 = -F_{\mathrm{n}} \cdot \sin\alpha - m_2 \cdot \ddot{x} \Rightarrow F_{\mathrm{n}} = -\frac{m_2 \cdot \ddot{x}}{\sin\alpha}$

IV) $\sum_{m_2} F_{\mathrm{y}} = 0 \Rightarrow F_{\mathrm{A}} = F_{\mathrm{n}} \cdot \cos\alpha + m_2 g$

III in II: $-\dfrac{m_2 \cdot \ddot{x}}{\sin\alpha} = m_1 g \cdot \cos\alpha + m_1 \ddot{x} \cdot \sin\alpha \Rightarrow$

$$\ddot{x} = -\frac{m_1 g \cdot \cos\alpha}{m_1 \cdot \sin\alpha + \frac{m_2}{\sin\alpha}} = -\frac{m_1 \cdot \sin\alpha \cdot \cos\alpha}{m_1 \cdot \sin^2\alpha + m_2} \cdot g = \text{konstant}$$

$$\ddot{x} = -\frac{3 \cdot \sin 30° \cdot \cos 30°}{3 \cdot \sin^2 30° + 6} \cdot 9{,}81 = -1{,}89 \, \frac{\text{m}}{\text{s}^2} \quad \text{Beschleunigung in die negative } x\text{-Richtung}$$

aus I: $\ddot{s} = g \cdot \sin\alpha - \ddot{x} \cdot \cos\alpha = 9{,}81 \cdot \sin 30° + 1{,}89 \cdot \cos 30° = 6{,}54 \, \dfrac{\text{m}}{\text{s}^2}$

$$s = \frac{1}{2}\ddot{s} \cdot t^2; \quad \text{Für } s = \frac{\ell}{\cos\alpha} \text{ ist}$$

$$\frac{\ell}{\cos\alpha} = \frac{1}{2}\ddot{s} \cdot t^2 \Rightarrow t = \sqrt{\frac{2\ell}{\ddot{s} \cdot \cos\alpha}} = \sqrt{\frac{2 \cdot 1{,}2}{6{,}54 \cdot \cos 30°}} = 0{,}65 \, \text{s}$$

Geschwindigkeit des Quaders an der tiefsten Stelle

$$\dot{s} = \ddot{s} \cdot t = 6{,}54 \cdot 0{,}65 = 4{,}25 \, \frac{\text{m}}{\text{s}}$$

Entsprechende Geschwindigkeit des Keils

$$\dot{x} = \ddot{x} \cdot t = -1{,}89 \cdot 0{,}65 = -1{,}23 \, \frac{\text{m}}{\text{s}} \quad \text{Geschwindigkeit in die negative } x\text{-Richtung}$$

aus III: $F_{\mathrm{n}} = -\dfrac{m_2 \cdot \ddot{x}}{\sin\alpha} = -\dfrac{6 \cdot (-1{,}89)}{\sin 30°} = 22{,}68 \, \text{N} \quad \text{Normalkraft}$

aus IV: $F_{\mathrm{A}} = F_{\mathrm{n}} \cdot \cos\alpha + m_2 \cdot g = 22{,}68 \cdot \cos 30° + 6 \cdot 9{,}81 = 78{,}5 \, \text{N} \quad \text{Auflagerkraft}$

Verschiebung des Keils

$$x = \frac{1}{2}\ddot{x} \cdot t^2 = \frac{1}{2} \cdot (-1{,}89) \cdot 0{,}65^2 = -0{,}4 \, \text{m in die negative } x\text{-Richtung}$$

Kontrolle

Da am Gesamtsystem in horizontaler Richtung keine äußeren Kräfte wirken, bleibt der Gesamtschwerpunkt S_{ges} in x-Richtung unverändert (in y-Richtung verschiebt sich die Schwerkraft des Quaders, daher wandert der Quaderschwerpunkt und der Gesamtschwerpunkt nach unten).

Während sich der Quader im Bild DL 37-2 nach rechts bewegt, gleitet der Keil zum Ausgleich um die Strecke x nach links.

Da keine horizontalen Kräfte wirken, ändert der Gesamtschwerpunkt seine horizontale Lage nicht und der entsprechende Schwerpunktsweg s_{S} ist Null.

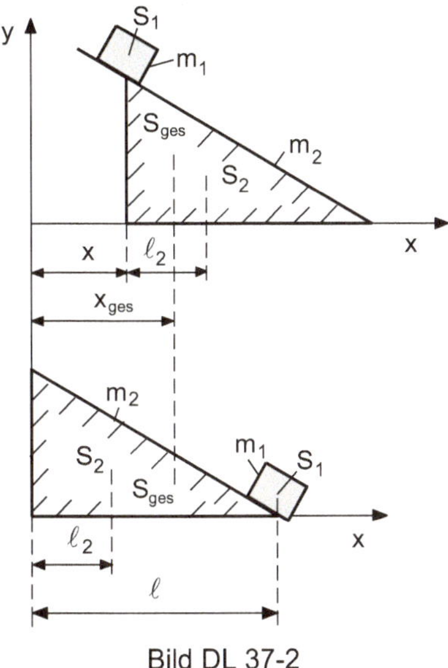

Bild DL 37-2

Schwerpunktsatz

$$\sum m_i \cdot \vec{s}_i = m_{ges} \cdot \underbrace{\vec{s}_S}_{0} = 0$$

$$x_{ges} = \text{konst.}: m_1 \cdot x + m_2 \cdot (x + \ell_2) = m_1 \cdot \ell + m_2 \cdot \ell_2$$

$$m_1 \cdot x + m_2 \cdot x + m_2 \cdot \ell_2 = m_1 \cdot \ell + m_2 \cdot \ell_2 \Rightarrow$$

$$x = \frac{m_1}{m_1 + m_2} \cdot \ell = \frac{3}{3 + 6} \cdot 1{,}2 = 0{,}4 \,\text{m} \quad \text{Verschiebung nach links}$$

D 38 Turmdrehkran

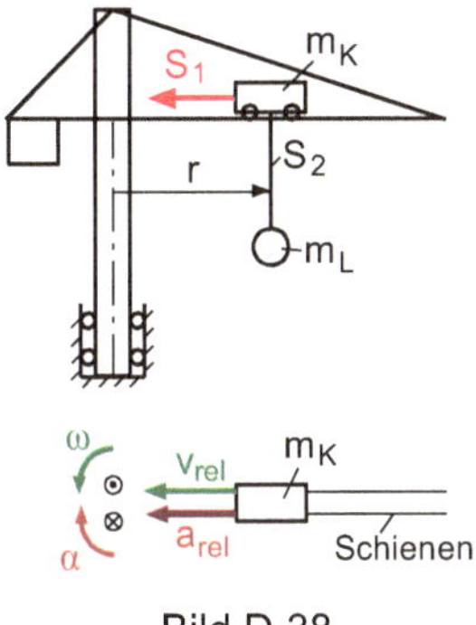

Bild D 38

Ein Turmdrehkran nach Bild D 38 dreht sich momentan mit der Drehzahl n. Er wird in der Bremszeit t_B mit konstanter Winkelverzögerung abgebremst. Die Laufkatze (Masse m_K) befindet sich im Abstand r von der Drehachse und wird durch ein Seil S_1 mit der Relativgeschwindigkeit v_{rel} und der Relativbeschleunigung a_{rel} nach innen gezogen. Über ein Seil S_2 ist eine Last der Masse m_L an die Katze angehängt.

Gegeben

$n = 3\,\text{min}^{-1} = \frac{3}{60}\,\text{s}^{-1};\ t_B = 5\,\text{s};\ r = 15\,\text{m},\ m_K = 200\,\text{kg};\ m_L = 300\,\text{kg};\ v_{rel} = 1{,}8\,\frac{\text{m}}{\text{s}};$
$a_{rel} = 0{,}8\,\frac{\text{m}}{\text{s}^2}$

Gesucht

a) Absolute Geschwindigkeit und absolute Beschleunigung der Katze in der gezeichneten Stellung
b) Kraft auf die Katze von den Seilen und von der Führungsbahn.
   Welchen Winkel schließt das Seil S_2 mit der z-Achse ein?

Lösung

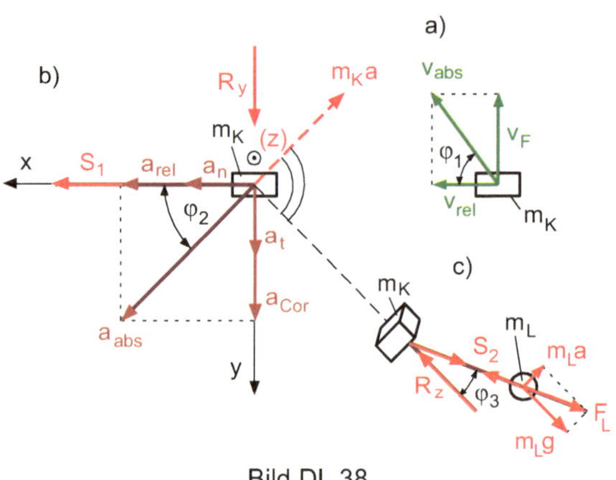

Bild DL 38

Der Kran führt eine kreisförmige Führungsbewegung aus. Relativ zum Führungssystem bewegt sich die Katze geradlinig.

Für die absolute Geschwindigkeit und für die absolute Beschleunigung gilt

$$\vec{v}_{abs} = \vec{v}_F + \vec{v}_{rel}$$
$$\vec{a}_{abs} = \vec{a}_F + \vec{a}_{rel} + \vec{a}_{Cor}$$

Coriolisbeschleunigung

$$\vec{a}_{Cor} = 2\vec{\omega} \times \vec{v}_{rel}$$

$\vec{a}_{\mathrm{Cor}}$ zeigt in die Richtung, in die sich eine Rechtsschraube bewegt, wenn man den Vektor $\vec{\omega}$ auf den kürzesten Weg in den Vektor $\vec{v}_{\mathrm{rel}}$ dreht. Oder anders ausgedrückt:

Dreht man $\vec{v}_{\mathrm{rel}}$ um $90°$ im Drehsinn von $\vec{\omega}$, so erhält man die Richtung von $\vec{a}_{\mathrm{Cor}}$.

a) Absolute Geschwindigkeit und Beschleunigung der Katze
    Geschwindigkeiten nach Bild DL 37a

$$\omega = 2\pi \cdot n = 2\pi \cdot \frac{3}{60} = 0{,}314\,\mathrm{s}^{-1}$$

$$v_{\mathrm{F}} = r \cdot \omega = 15 \cdot 0{,}314 = 4{,}71\,\frac{\mathrm{m}}{\mathrm{s}}$$

$$v_{\mathrm{abs}} = \sqrt{v_{\mathrm{F}}^2 + v_{\mathrm{rel}}^2} = \sqrt{4{,}71^2 + 1{,}8^2} = 5{,}04\,\frac{\mathrm{m}}{\mathrm{s}}$$

$$\tan\varphi_1 = \frac{v_{\mathrm{F}}}{v_{\mathrm{rel}}} = \frac{4{,}71}{1{,}8} = 2{,}617 \Rightarrow \varphi_1 = 69{,}09°$$

Beschleunigungen nach Bild DL 38b

$$\alpha = \frac{\omega}{t_{\mathrm{B}}} = \frac{0{,}314}{5} = 0{,}063\,\mathrm{s}^{-2}$$

$$a_{\mathrm{t}} = r \cdot \alpha = 15 \cdot 0{,}063 = 0{,}94\,\frac{\mathrm{m}}{\mathrm{s}^2}$$

$$a_{\mathrm{n}} = r \cdot \omega^2 = 15 \cdot 0{,}314^2 = 1{,}48\,\frac{\mathrm{m}}{\mathrm{s}^2}$$

$$\vec{a}_{\mathrm{F}} = \vec{a}_{\mathrm{n}} + \vec{a}_{\mathrm{t}}$$

$$a_{\mathrm{Cor}} = 2\omega \cdot v_{\mathrm{rel}} = 2 \cdot 0{,}314 \cdot 1{,}8 = 1{,}13\,\frac{\mathrm{m}}{\mathrm{s}^2}$$

$$a_{\mathrm{abs}} = \sqrt{(a_{\mathrm{n}} + a_{\mathrm{rel}})^2 + (a_{\mathrm{t}} + a_{\mathrm{Cor}})^2} = \sqrt{(1{,}48 + 0{,}8)^2 + (0{,}94 + 1{,}13)^2} = 3{,}08\,\frac{\mathrm{m}}{\mathrm{s}^2}$$

$$\tan\varphi_2 = \frac{a_{\mathrm{t}} + a_{\mathrm{Cor}}}{a_{\mathrm{n}} + a_{\mathrm{rel}}} = \frac{0{,}94 + 1{,}13}{1{,}48 + 0{,}8} = 0{,}908 \Rightarrow \varphi_2 = 42{,}24°$$

b) Kräfte auf die Katze
    Seilkräfte

$$S_1 = (m_{\mathrm{K}} + m_{\mathrm{L}}) \cdot (a_{\mathrm{n}} + a_{\mathrm{rel}}) = (200 + 300) \cdot (1{,}48 + 0{,}8) = 1140\,\mathrm{N}$$

Die Seilkraft S_2 liegt in einer Ebene, die vom Vektor $\vec{a}$ und der z-Achse aufgespannt wird. Diese Ebene ist im Bild DL 38c um $90°$ in die Zeichenebene geklappt.

$$S_2 = F_{\mathrm{L}} = m_{\mathrm{L}} \cdot \sqrt{a^2 + g^2} = 300 \cdot \sqrt{3{,}08^2 + 9{,}81^2} = 3085\,\mathrm{N}$$

$$\tan\varphi_3 = \frac{a}{g} = \frac{3{,}08}{9{,}81} = 0{,}314 \Rightarrow \varphi_3 = 17{,}43°$$

Kräfte von den Schienen auf die Räder der Laufkatze

$$R_y = (m_K + m_L) \cdot (a_t + a_{Cor}) = (200 + 300) \cdot (0{,}94 + 1{,}13) = 1035\,\text{N}$$
$$R_z = (m_K + m_L) \cdot g = (200 + 300) \cdot 9{,}81 = 4905\,\text{N}$$

3.9 Schwingungen

In den Schwingungsaufgaben sind teilweise auch Themen aus anderen Gebieten der Dynamik (z. B. Stoß) sowie der Festigkeitslehre (Satz von Castigliano) enthalten.

D 39 Feder-Masse-System im Schwerefeld

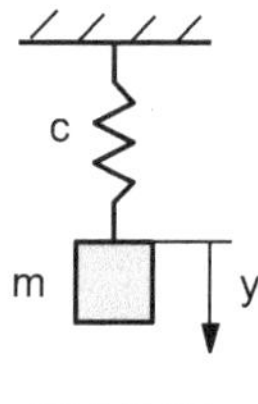

Bild D 39

Eine Masse m hängt im Schwerefeld der Erde an einer Feder mit der Federkonstanten c. Sie wird zur Zeit $t_0 = 0$ um y_0 aus ihrer statischen Ruhelage nach unten ausgelenkt und gleichzeitig mit der Geschwindigkeit v_0 nach unten angestoßen.

Gegeben

$m = 3\,\text{kg};\ c = 5\,\frac{\text{N}}{\text{cm}} = 500\,\frac{\text{N}}{\text{m}};\ y_0 = 4\,\text{cm} = 0{,}04\,\text{m};\ v_0 = 1{,}5\,\frac{\text{m}}{\text{s}}$

Gesucht

a) Statische Gleichgewichtslage
b) Schwingungsgleichung, Eigenkreisfrequenz und Schwingungsdauer
c) Amplitude und Nullphasenwinkel der Schwingung
d) Nach welcher Zeit t_1 und an welcher Stelle erreicht die Masse erstmals ihre größte Geschwindigkeit und wie groß ist diese?
e) Nach welcher Zeit t_2 erreicht die Masse erstmals ihre untere Umkehrlage?
f) Auslenkung gegenüber der statischen Gleichgewichtslage, Geschwindigkeit und Beschleunigung nach $t_3 = 2\,\text{s}$

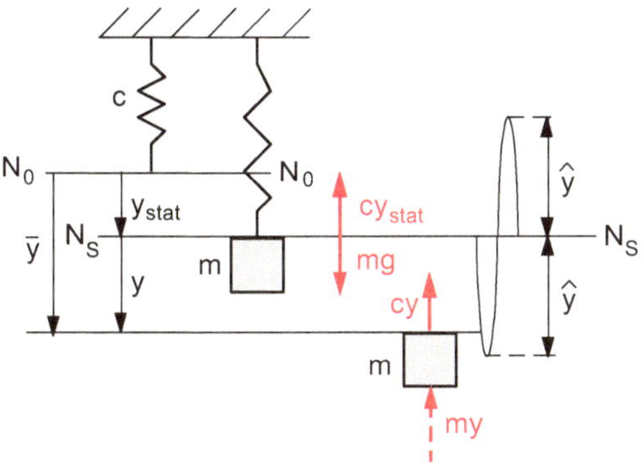

Bild DL 39

g) Eine zweite Feder soll zur ersten hintereinander geschaltet werden (dadurch wird die Gesamtfeder weicher), so dass die Eigenkreisfrequenz sich halbiert. Wie groß ist deren Federkonstante?

In der Lage $N_0 N_0$ nach Bild DL 39 ist die Feder entspannt.

In der statischen Ruhelage $N_S N_S$ wird die Feder durch die Gewichtskraft $m \cdot g$ um y_{stat} vorgespannt.

Bei der Schwingung um die statische Gleichgewichtslage heben sich die Gewichtskraft $m \cdot g$ und die Vorspannkraft $c \cdot y_{\text{stat}}$ gegenseitig auf und treten in den Gleichungen nicht in Erscheinung.

Zählt man dagegen die Koordinaten (hier zum Unterschied mit $\overline{y}$ bezeichnet) von der Lage $N_0 N_0$ der ungespannten Federn aus, so ist in der Federkraft die Vorspannung $c \cdot y_{\text{stat}}$ enthalten. Dann müssen zum Ausgleich in den Gleichungen auch die Gewichtskräfte berücksichtigt werden und wir erhalten eine inhomogene Dgl.

Für die weitere Rechnung wollen wir von der statischen Ruhelage ausgehen. Das ist meist einfacher, da wir dann eine homogene Dgl. erhalten.

Bei einer translatorischen Bewegung der Masse machen alle Massenpunkte die gleiche Bewegung. Wir wollen in den Bildern die Auslenkungen der Massen über den Anfangspunkt (nicht über den Schwerpunkt) der Masse zählen, der gleichzeitig der Federendpunkt ist. Dann sind die Federdehnungen und damit die Federkräfte besser zu verfolgen.

a) Statische Gleichgewichtslage

Die Feder wird von ihrer ungespannten Lage durch das Gewicht der Masse um y_{stat} gedehnt. Um diese statische Gleichgewichtslage schwingt die Masse.

$$c \cdot y_{\text{stat}} = m \cdot g \Rightarrow y_{\text{stat}} = \frac{m \cdot g}{c} = \frac{3 \cdot 9{,}81}{500} = 5{,}89 \cdot 10^{-2}\,\text{m} = 5{,}89\,\text{cm}$$

b) Schwingungsgleichung, Eigenkreisfrequenz und Schwingungsdauer

$$m \cdot \ddot{y} + c \cdot y = 0 \mid : m \Rightarrow \ddot{y} + \underbrace{\frac{c}{m}}_{\omega_0^2} \cdot y = 0$$

$$\omega_0 = \sqrt{\frac{c}{m}} = \sqrt{\frac{500}{3}} = 12{,}91\,\text{s}^{-1}$$

$$\omega_0 \cdot T_0 = 2\pi \Rightarrow T_0 = \frac{2\pi}{\omega_0} = \frac{2\pi}{12{,}91} = 0{,}49\,\text{s}$$

Lösungsansatz

$$y(t) = A \cdot \sin \omega_0 t + B \cdot \cos \omega_0 t$$

$$\dot{y}(t) = A \cdot \omega_0 \cdot \cos \omega_0 t - B \cdot \omega_0 \cdot \sin \omega_0 t$$

$$\ddot{y}(t) = -A \cdot \omega_0^2 \cdot \sin \omega_0 t - B \cdot \omega_0^2 \cdot \cos \omega_0 t = -\omega_0^2 \cdot y$$

Man erkennt: Bei einer harmonischen Schwingung ist die Beschleunigung proportional zum Ausschlag und ist diesem entgegen gerichtet.

Randbedingungen

$$\text{zur Zeit } t_0 = 0 \text{ ist } y_0 = 0{,}04\,\text{m}; \quad v_0 = 1{,}5\,\frac{\text{m}}{\text{s}}$$

I) $B = y_0 = 4\,\text{cm}$

II) $v_0 = A \cdot \omega_0 \Rightarrow A = \frac{v_0}{\omega_0} = \frac{1{,}5}{12{,}91} = 0{,}116\,\text{m} = 11{,}6\,\text{cm}$

c) Schwingungsamplitude und Nullphasenwinkel

Anderer Lösungsansatz

$$y(t) = C \cdot \sin(\omega_0 t + \varphi_0) = \underbrace{C \cdot \cos \varphi_0}_{A} \cdot \sin \omega_0 t + \underbrace{C \cdot \sin \varphi_0}_{B} \cdot \cos \omega_0 t$$

$y(t) = A \cdot \sin \omega_0 t + B \cdot \cos \omega_0 t$ (wie unter b)

I) $A = C \cdot \cos \varphi_0$

II) $B = C \cdot \sin \varphi_0$

$\text{I}^2 + \text{II}^2$: $A^2 + B^2 = C^2 \cdot (\sin^2 \varphi_0 + \cos^2 \varphi_0) = C^2 \Rightarrow$

Amplitude: $C = \sqrt{A^2 + B^2} = \sqrt{11{,}6^2 + 4^2} = 12{,}27\,\text{cm}$

$\dfrac{\text{II}}{\text{I}}$: $\tan \varphi_0 = \dfrac{B}{A} = \dfrac{4}{11{,}6} = 0{,}345 \Rightarrow \varphi_0 = 19{,}03° = 0{,}332\,\text{rad}$

Schwingungsgleichung

$$y(t) = 12{,}27\,\text{cm} \cdot \sin\left(12{,}91\,\frac{\text{rad}}{\text{s}} \cdot t + 0{,}332\,\text{rad}\right)$$

Tipp: Es ist oft zweckmäßig bei der Ausrechnung mit dem Taschenrechner (nach Umschaltung) die Argumente bei den Winkelfunktionen direkt in Radiant-Einheiten einzusetzen und nicht erst in Grad-Einheiten umzurechnen.

Die Einheit Radiant kann in den Formeln auch weggelassen werden.

d) Maximale Geschwindigkeit

Die Masse hat ihre größte Geschwindigkeit erreicht, wenn keine Beschleunigung mehr erfolgt.

$$\ddot{y}(t_1) = 0 = -A \cdot \omega_0^2 \cdot \sin \omega_0 t_1 - B \cdot \omega_0^2 \cdot \cos \omega_0 t_1 = -\omega_0^2 \cdot y \Rightarrow$$

$$\tan \omega_0 t_1 = -\frac{B}{A} = -\frac{4}{11{,}6} = -0{,}345 \Rightarrow \omega_0 t_1 = 160{,}97° = 2{,}809 \, \text{rad} \Rightarrow$$

$$t_1 = \frac{\omega_0 t_1}{\omega_0} = \frac{2{,}809}{12{,}91} = 0{,}22 \, \text{s}$$

$$\dot{y}_{\max} = \omega_0 \cdot (A \cdot \cos \omega_0 t_1 - B \cdot \sin \omega_0 t_1)$$

$$\dot{y}_{\max} = 12{,}91 \cdot (11{,}6 \cdot \cos 160{,}97° - 4 \cdot \sin 160{,}97°) = -158{,}41 \, \frac{\text{cm}}{\text{s}} \approx -1{,}58 \, \frac{\text{m}}{\text{s}}$$

Das Minuszeichen besagt, die Masse schwingt in die negative Richtung, also nach oben.

Andererseits ist wegen

$$-\omega_0^2 \cdot y = 0 \Rightarrow y = 0$$

Die schwingende Masse erreicht ihre größte Geschwindigkeit in der statischen Gleichgewichtslage.

e) Umkehrlage

In der Umkehrlage wechselt die Geschwindigkeit ihr Vorzeichen, d. h. sie ist zur Zeit t_2 gleich Null.

$$\dot{y}(t_2) = 0: A \cdot \omega_0 \cdot \cos \omega_0 t_2 - B \cdot \omega_0 \cdot \sin \omega_0 t_2 = 0 \,|: \omega_0 \Rightarrow$$

$$\tan \omega_0 t_2 = \frac{A}{B} = \frac{11{,}6}{4} = 2{,}9 \Rightarrow \omega_0 t_2 = 70{,}97° = 1{,}239 \, \text{rad}$$

$$t_2 = \frac{\omega_0 t_2}{\omega_0} = \frac{1{,}239}{12{,}91} = 0{,}096 \, \text{s}$$

f) Schwingungsdaten nach der Zeit $t_3 = 2 \, \text{s}$

$$y(t_3) = 11{,}6 \cdot \sin \left(12{,}91 \, \frac{\text{rad}}{\text{s}} \cdot 2 \, \text{s} \right) + 4 \cdot \cos(12{,}91 \cdot 2 \, \text{rad}) = 10{,}45 \, \text{cm}$$

$$\dot{y}(t_3) = 11{,}6 \cdot 12{,}91 \cdot \cos(25{,}82 \, \text{rad}) - 4 \cdot 12{,}91 \cdot \sin(25{,}82 \, \text{rad})$$

$$= 148{,}52 \, \frac{\text{cm}}{\text{s}} \approx 1{,}49 \, \frac{\text{m}}{\text{s}}$$

$$\ddot{y}(t_3) = -11{,}6 \cdot 12{,}91^2 \cdot \sin 25{,}82 \, \text{rad} - 4 \cdot 12{,}91^2 \cdot \cos 25{,}82 \, \text{rad}$$

$$= -1741{,}89 \, \frac{\text{cm}}{\text{s}^2} \approx -17{,}42 \, \frac{\text{m}}{\text{s}^2}$$

g) Reihenschaltung einer zweiten Feder

$$\omega_{02} = \frac{\omega_{01}}{2} = \frac{12{,}91}{2} = 6{,}455\,\frac{1}{\text{s}}; \quad c_1 = 500\,\frac{\text{N}}{\text{m}}; \quad c_2 = ?$$

$$\omega_{02} = \sqrt{\frac{c_{\text{ges}}}{m}} \Rightarrow c_{\text{ges}} = m \cdot \omega_{02}^2 = m \cdot \frac{\omega_{01}^2}{4} = 3 \cdot \frac{12{,}91^2}{4} = 125\,\frac{\text{N}}{\text{m}}$$

Bei der Reihenschaltung zweier Federn gilt

$$\frac{1}{c_{\text{ges}}} = \frac{1}{c_1} + \frac{1}{c_2} \Rightarrow \frac{1}{c_2} = \frac{1}{c_{\text{ges}}} - \frac{1}{c_1} = \frac{c_1 - c_{\text{ges}}}{c_1 \cdot c_{\text{ges}}} \Rightarrow c_2 = \frac{c_1 \cdot c_{\text{ges}}}{c_1 - c_{\text{ges}}}$$

$$c_2 = \frac{500 \cdot 125}{500 - 125} = 166{,}67\,\frac{\text{N}}{\text{m}} \approx 1{,}67\,\frac{\text{N}}{\text{cm}}$$

D 40　Zwei Massen verbunden durch eine Feder

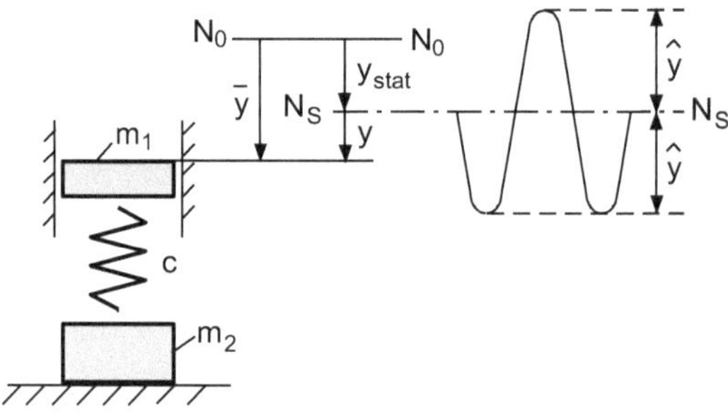

Bild D 40

Der Schwinger nach Bild D 40 besteht aus zwei Massen m_1 und m_2, die durch eine Feder mit der Federsteifigkeit c verbunden sind.

Die obere Masse m_1 wird durch einen Stoß aus der statischen Ruhelage angeregt und hat zur Zeit $t = 0$ die Geschwindigkeit v_0.

Die untere Masse m_2 bleibt ständig mit dem Boden in Berührung.

Gegeben

$m_1 = 20\,\text{kg}; m_2 = 30\,\text{kg}; c = 400\,\frac{\text{N}}{\text{cm}} = 4 \cdot 10^4\,\frac{\text{N}}{\text{m}}$

Gesucht

a) Statische Ruhelage
b) Schwingungsgleichung und deren Lösung

Die Bewegungskoordinate y bzw. $\overline{y} = y_{\text{stat}} + y$ soll dabei einmal von der statischen Gleichgewichtslage $N_S N_S$ und einmal von der Lage der entspannten Feder $N_0 N_0$ aus gezählt werden.

c) Wie groß darf v_0 maximal werden, damit die untere Masse m_2 nicht vom Boden abhebt?

d) Welche Amplitude $\hat{y}$ stellt sich bei der Schwingung bei maximal möglicher Erregung ein?

Lösung

a) Statische Gleichgewichtslage

Die Feder wird durch die Gewichtskraft der oberen Masse um die Strecke y_{stat} vorgespannt

$$m_1 \cdot g = c \cdot y_{\text{stat}} \Rightarrow y_{\text{stat}} = \frac{m_1 \cdot g}{c} = \frac{20 \cdot 9{,}81}{4 \cdot 10^4} = 4{,}91 \cdot 10^{-3}\,\text{m} = 4{,}91\,\text{mm}$$

b) Schwingungsgleichung

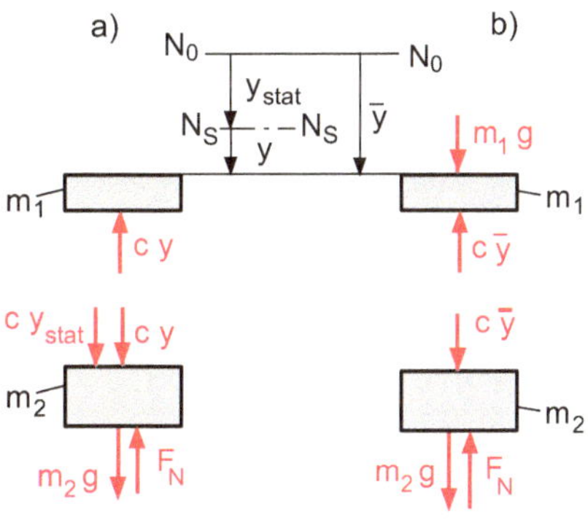

Bild DL 40

Prinzipiell gibt es zwei Möglichkeiten für die Zählung der Schwingungskoordinaten: entweder y von der statischen Gleichgewichtslage $N_S N_S$ aus oder $\overline{y} = y_{\text{stat}} + y$ von der Lage $N_0 N_0$ der entspannten Feder aus.

$$N_S N_S = \text{statische Gleichgewichtslage}$$

Um diese Mittellage schwingt die Masse.
Sie hat dort ihre größte Geschwindigkeit, denn sie wird momentan nicht mehr beschleunigt ($a = 0$), da sich Feder- und Gewichtskraft gegenseitig aufheben.

$$N_0 N_0 = \text{Nulllage bei entspannter Feder}$$

Befindet sich die Masse in dieser Lage, so ist die Feder entspannt. Dann wirkt nur noch die Gewichtskraft, die die Masse abbremst oder beschleunigt bis zur Umkehrlage (Totpunkt).

In der Umkehrlage hat die Masse momentan keine Geschwindigkeit. Sie wird aber dort durch die Federkraft wieder beschleunigt und die Geschwindigkeit ändert ihren Richtungssinn.

1) Statische Ruhelage als Ausgangsposition (Bild DL 40a)

Die Federvorspannkraft und die Gewichtskraft heben sich gegenseitig auf. Diese Kräfte werden in den Gleichungen nicht mehr aufgeführt.

Dynamisches Grundgesetz (Newton)

$$c \cdot y = -m_1 \cdot \ddot{y} \mid : m_1 \Rightarrow \ddot{y} + \underbrace{\frac{c}{m_1}}_{\omega_0^2} \cdot y = 0 \quad \text{homogene Dgl.}$$

Eigenkreisfrequenz

$$\omega_0 = \sqrt{\frac{c}{m_1}} = \sqrt{\frac{4 \cdot 10^4}{20}} = 44{,}72 \, \text{s}^{-1}$$

Lösungsansatz

$$y(t) = A \cdot \sin \omega_0 t + B \cdot \cos \omega_0 t$$

$$\dot{y}(t) = A\omega_0 \cdot \cos \omega_0 t - B\omega_0 \cdot \sin \omega_0 t$$

Anfangsbedingungen

I) $y(t = 0) = 0$: $B = 0$

II) $\dot{y}(t = 0) = v_0$: $v_0 = A \cdot \omega_0 \Rightarrow A = \frac{v_0}{\omega_0}$

Die den Randbedingungen angepasste Lösung lautet damit

$$y = \frac{v_0}{\omega_0} \cdot \sin \omega_0 t$$

2) Entspannte Federlage als Ausgangsposition (Bild DL 40b)

Neben den Federkräften müssen jetzt auch die Gewichtskräfte berücksichtigt werden.

$\overline{y} = y_{\text{stat}} + y$ ist die Auslenkung der Masse von der Lage der entspannten Feder aus betrachtet.

Dynamisches Grundgesetz

$$m_1 \cdot g - c \cdot \overline{y} = m_1 \cdot \ddot{\overline{y}} \mid : m_1 \Rightarrow \ddot{\overline{y}} + \underbrace{\frac{c}{m_1}}_{\omega_0^2} \cdot \overline{y} = g \quad \text{inhomogene Dgl.}$$

Die Lösung einer inhomogenen Dgl. setzt sich zusammen aus der allgemeinen Lösung $\overline{y}_{\text{h}}$ der homogenen Dgl. plus einer partikulären Lösung $\overline{y}_{\text{p}}$ der inhomogenen Dgl.

$$\overline{y}_{\text{h}} = A \cdot \sin \omega_0 t + B \cdot \cos \omega_0 t \quad \text{wie oben}$$

Für die partikuläre Lösung macht man einen Ansatz nach der Art der rechten Seite, die hier eine Konstante k ist.

$$\overline{y}_p = k; \quad \dot{\overline{y}}_p = 0; \quad \ddot{\overline{y}}_p = 0$$

eingesetzt in die allgemeine Dgl.

$$0 + \frac{c}{m_1} \cdot k = g \Rightarrow k = \frac{m_1 \cdot g}{c} = y_{\text{stat}}$$

$$\overline{y} = \overline{y}_h + \overline{y}_p = A \cdot \sin \omega_0 t + B \cdot \cos \omega_0 t + y_{\text{stat}}$$

$$\dot{\overline{y}} = A\omega_0 \cdot \cos \omega_0 t - B\omega_0 \cdot \sin \omega_0 t$$

Die Konstante y_{stat} fällt beim Differenzieren heraus.
Randbedingungen: zur Zeit $t = 0$ ist
I) $\overline{y}(0) = y_{\text{stat}}$: $\quad y_{\text{stat}} = B + y_{\text{stat}} \Rightarrow B = 0$
II) $\dot{\overline{y}}(0) = v_0$: $\quad v_0 = A \cdot \omega_0 \Rightarrow A = \frac{v_0}{\omega_0}$
Damit lautet die Lösung der inhomogenen Dgl.

$$\overline{y} = \frac{v_0}{\omega_0} \cdot \sin \omega_0 t + y_{\text{stat}}$$

Durch Koordinaten-Transformation kommt man wieder auf die Schwingungsgleichung von der statischen Ruhelage aus (Kontrolle):

$$\overline{y} = y_{\text{stat}} + y; \ddot{\overline{y}} = \ddot{y} \text{ beim Ableiten wird die Konstante } y_{\text{stat}} \text{ Null.}$$

Eingesetzt in die inhomogene Dgl.

$$\ddot{y} + \frac{c}{m_1} \cdot (y_{\text{stat}} + y) = g \Rightarrow \ddot{y} + \frac{c}{m_1} \cdot \left(\frac{m_1 \cdot g}{c} + y \right) = g \Rightarrow$$

$$\ddot{y} + \frac{c}{m_1} \cdot y = 0 \quad \text{homogene Dgl.}$$

c) Abheben der unteren Platte vom Boden (Bild DL 40b)
   Die Platte hebt nicht vom Boden ab, solange eine Normalkraft F_N zwischen der Masse m_2 und dem Boden wirksam ist.
   Beachte:
   Im Bild DL 40a ist die Federkraft $c \cdot y$ nur eine relative Kraft. Will man die absolute, wirkliche Kraft auf die untere Platte haben, so muss man noch die Federvorspannkraft $c \cdot y_{\text{stat}}$ und die Gewichtskraft $m_2 \cdot g$ hinzufügen.
   Nach Bild DL 40b erhält man dagegen direkt die absolute Federkraft $c \cdot \overline{y}$ auf die Masse m_2.

In Verbindung mit der Gewichtskraft $m_2 \cdot g$ wird die Normalkraft

$$\sum_{m_2} F_y = 0 \Rightarrow F_N(t) = c \cdot \overline{y} + m_2 \cdot g \geq 0 \text{ wobei}$$

$$\overline{y} = y_{\text{stat}} + y = \frac{m_1 \cdot g}{c} + \frac{v_0}{\omega_0} \cdot \sin \omega_0 t \text{ eingesetzt wird}$$

Die Platte hebt nicht vom Boden ab, wenn gilt

$$F_N(t) = m_1 \cdot g + \frac{v_0 \cdot c}{\omega_0} \cdot \sin \omega_0 t + m_2 \cdot g \geq 0 \Rightarrow$$

$$(m_1 + m_2) \cdot g \geq -\frac{v_0 \cdot c}{\omega_0} \cdot \sin \omega_0 t$$

Der Sinus liegt im Bereich $-1 \leq \sin \omega_0 t \leq +1$

Im Grenzfall des Abhebens vom Boden ist $\sin \omega_0 t = -1$, dann erreicht die Masse m_1 ihren oberen Totpunkt.

$$(m_1 + m_2) \cdot g \geq \frac{v_0 \cdot c}{\omega_0} \Rightarrow$$

$$v_0 \leq (m_1 + m_2) \cdot g \cdot \frac{\omega_0}{c} = (m_1 + m_2) \cdot \frac{g}{c} \cdot \sqrt{\frac{c}{m_1}} = \frac{m_1 + m_2}{\sqrt{m_1 \cdot c}} \cdot g$$

$$v_0 \leq \frac{20 + 30}{\sqrt{20 \cdot 4 \cdot 10^4}} \cdot 9{,}81 = 0{,}55 \, \frac{\text{m}}{\text{s}}$$

d) Amplitude bei maximal möglicher Erregung
    Bezogen auf die statische Gleichgewichtslage ist

$$y = \frac{v_0}{\omega_0} \cdot \sin \omega_0 t$$

Für $\sin \omega_0 t = 1$ wird der Ausschlag maximal (Amplitude)

$$y_{\max} = \hat{y} = \frac{v_0}{\omega_0} = \frac{0{,}55}{44{,}72} = 12{,}3 \cdot 10^{-3} \, \text{m} = 12{,}3 \, \text{mm}$$

D 41   Kombinierte Translations- und Rotations-Schwingung

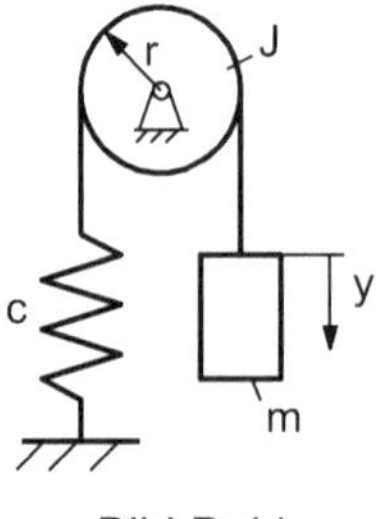

Bild D 41

Über eine Rolle (Radius r, Massenträgheitsmoment J) ist ein Seil gelegt. An einem Ende des Seils hängt eine Masse m, am anderen Ende ist eine Feder (Federsteifigkeit c) angebracht, die fest mit dem Boden verbunden ist.

Das System wird zu Schwingungen angeregt, indem die Masse m aus der statischen Ruhelage um y_0 stoßfrei ($\dot{y} = 0$) ausgelenkt wird.

Gegeben

$m = 4\,\text{kg}; J = 0{,}05\,\text{kg}\,\text{m}^2; r = 20\,\text{cm} = 0{,}2\,\text{m}; c = 15\,\frac{\text{N}}{\text{cm}} = 1500\,\frac{\text{N}}{\text{m}}$

Gesucht

a) Schwingungsgleichung und Eigenkreisfrequenz
b) Die maximal mögliche Auslenkung y_0, damit das Seil immer straff bleibt und die harmonische Schwingung durch Schlaufenbildung nicht unterbrochen wird.

Es sollen dabei zwei Lösungsmöglichkeiten verglichen werden:

1) statische Ruhelage als Ausgangsposition für die Koordinaten
2) entspannte Federlage als Ausgangsposition für die Koordinaten

Lösung

Bei Schwingungsaufgaben bestehen oft Unklarheiten über die Bedeutung der Koordinaten und deren Nulllage sowie über die Berechnungsmethoden mit oder ohne Berücksichtigung der Gewichtskräfte. Daher sollen die Zusammenhänge an diesem Beispiel einmal ausführlich dargestellt werden.

Prinzipiell gibt es zwei Möglichkeiten für die Zählung der Koordinaten (die oft verwechselt werden): entweder von der statischen Ruhelage aus oder von der Lage der entspannten Federn aus.

In beiden Fällen soll hier zur besseren Übersicht das Koordinatensystem so gelegt werden, dass der horizontale Durchmesser der Scheibe gleich der Nulllage für die Winkelzählung entspricht.

1) Statische Ruhelage als Ausgangsposition
Die Federvorspannkraft und die Gewichtskraft heben sich auf und werden in den Gleichungen nicht mehr aufgeführt.

Kinematische Zusammenhänge

$$y = r \cdot \varphi; \quad \dot{y} = r \cdot \dot{\varphi}; \quad \ddot{y} = r \cdot \ddot{\varphi} \Rightarrow \ddot{\varphi} = \frac{\ddot{y}}{r}$$

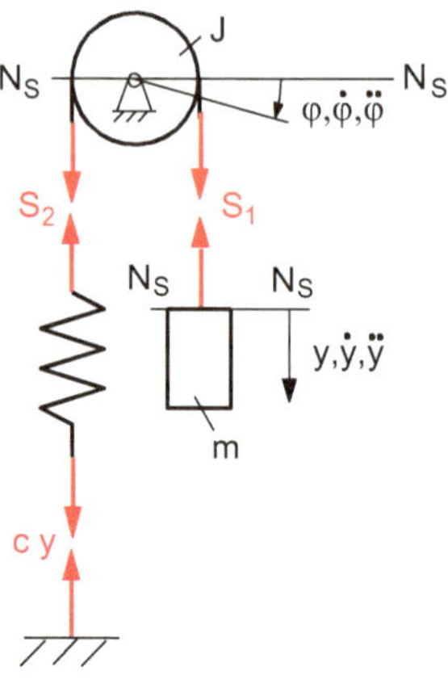

Bild DL 41-1

Dynamisches Grundgesetz (Newton)

$$\text{I) } S_1 = -m \cdot \ddot{y}$$

Das Seil wird als undehnbar angenommen. Dann ist die Verlängerung der Feder gleich dem Ausschlag y der Masse m.

$$\text{II) } S_2 = c \cdot y$$

$$\text{III) } S_1 \cdot r - S_2 \cdot r = J \cdot \ddot{\varphi} = J \cdot \frac{\ddot{y}}{r} \mid : r \Rightarrow$$

$$\frac{J}{r^2} \cdot \ddot{y} + S_2 - S_1 = 0$$

I und II in III: $\dfrac{J}{r^2} \cdot \ddot{y} + c \cdot y + m \cdot \ddot{y} = 0$

$$\left(m + \frac{J}{r^2} \right) \cdot \ddot{y} + c \cdot y = 0; \quad \ddot{y} + \underbrace{\frac{c}{m + \frac{J}{r^2}}}_{\omega_0^2} \cdot y = 0$$

Eigenkreisfrequenz

$$\omega_0 = \sqrt{\frac{c}{m + \frac{J}{r^2}}} = \sqrt{\frac{1500}{4 + \frac{0,05}{0,2^2}}} = 16,9\,\text{s}^{-1}$$

Schwingungsdauer

$$T_0 = \frac{2\pi}{\omega_0} = \frac{2\pi}{16,9} = 0,37\,\text{s}$$

Statische Verschiebung

Die Feder wird durch die Gewichtskraft $m \cdot g$ um y_{stat} vorgespannt, wobei gilt

$$m \cdot g = c \cdot y_{\text{stat}} \Rightarrow y_{\text{stat}} = \frac{m \cdot g}{c} = \frac{4 \cdot 9{,}81}{1500} = 0{,}026 \,\text{m} = 26 \,\text{mm}$$

Lösungsansatz

$$y = A \cdot \sin \omega_0 t + B \cdot \cos \omega_0 t$$
$$\dot{y} = A \cdot \omega_0 \cdot \cos \omega_0 t - B \cdot \omega_0 \cdot \sin \omega_0 t$$
$$\ddot{y} = -A \cdot \omega_0^2 \cdot \sin \omega_0 t - B \cdot \omega_0^2 \cdot \cos \omega_0 t$$

Randbedingungen: zur Zeit $t = 0$ ist

I) $y(0) = y_0$: $B = y_0$
II) $\dot{y}(0) = 0$: $A = 0$

Damit lauten die Bewegungsgleichung und deren Ableitungen

$$y = y_0 \cdot \cos \omega_0 t; \quad \dot{y} = -y_0 \cdot \omega_0 \cdot \sin \omega_0 t; \quad \ddot{y} = -y_0 \cdot \omega_0^2 \cdot \cos \omega_0 t$$

Der größte Ausschlag (Amplitude) ergibt sich für

$$\cos \omega_0 t = 1 \text{ zu } y_{\text{max}} = \hat{y} = y_0$$

b) Kontrolle der Seilspannung

Zu beachten ist, dass die in der Rechnung aufgeführten Seilkräfte hier nur relative Kräfte darstellen. Bei den absoluten, wirklichen Seilkräften kommen noch die Federvorspannungskraft und die Gewichtskraft hinzu.

Die Seile bleiben immer straff, wenn die Seilkräfte positiv sind:

I) $S_{1\text{abs}} = -m \cdot \ddot{y} + m \cdot g > 0; \, m \cdot (g - \ddot{y}) > 0; \, g - \ddot{y} > 0; \, \ddot{y} < g$
II) $S_{2\text{abs}} = c \cdot y + c \cdot y_{\text{stat}} > 0; \, c \cdot (y + y_{\text{stat}}) > 0; \, y + y_{\text{stat}} > 0$

Mit den Werten der Bewegungsgleichung wird

I) $-y_0 \cdot \omega_0^2 \cdot \cos \omega_0 t < g$
II) $y_0 \cdot \cos \omega_0 t + y_{\text{stat}} > 0$

ungünstigster Fall: $\cos \omega_0 t = -1$; $\omega_0 t = \pi$ im oberen Totpunkt der Massenbewegung

I) $y_0 \cdot \omega_0^2 < g; \, y_0 < \dfrac{g}{\omega_0^2} = \dfrac{g}{c} \cdot \left(m + \dfrac{J}{r^2}\right) = y_{\text{stat}} + \dfrac{J}{r^2} \cdot \dfrac{g}{c}$
II) $-y_0 + y_{\text{stat}} > 0; \, y_0 < y_{\text{stat}}$

Die zweite Bedingung ist weitergehend und daher maßgebend.

Das Seil bleibt immer straff, wenn gilt

$$y_0 < y_\text{stat} = \frac{m \cdot g}{c} = 26\,\text{mm}$$

Ist das Seil dagegen bei einer Konstruktionsvariante auf die Rolle aufgewickelt (mit der Masse am freien Ende) und die Feder separat an der Rolle eingehängt, dann entfällt die Seilkraft S_2 und die Anfangsauslenkung kann betragen

$$y_0 < y_\text{stat} + \frac{J}{r^2} \cdot \frac{g}{c} \text{ also um } \frac{J}{r^2} \cdot \frac{g}{c} \text{ größer sein.}$$

2) Entspannte Federlage als Ausgangsposition

a) Bewegungsgleichungen
   Die Gewichtskraft $m \cdot g$ geht jetzt in die Gleichung ein. Da hier alle Kräfte aufgeführt werden, sind die Seilkräfte absolute, wirkliche Kräfte.
   Die Koordinaten werden jetzt zur Unterscheidung mit einem Querstrich über dem Formelzeichen versehen.

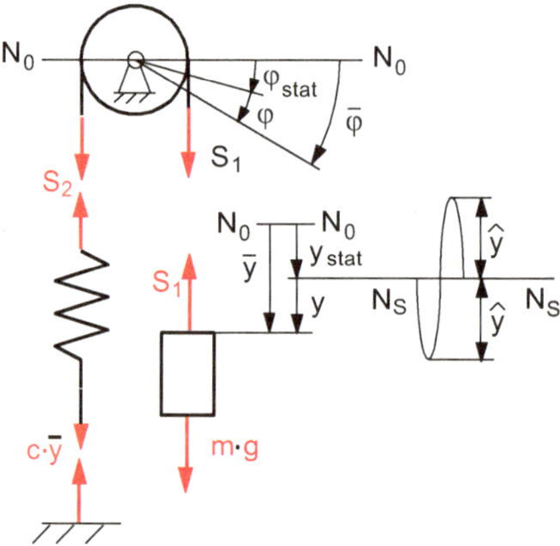

Bild DL 41-2

Kinematik

$$\overline{y} = y_\text{stat} + y$$
$$\overline{\varphi} = \varphi_\text{stat} + \varphi$$
$$\overline{y} = r \cdot \overline{\varphi}; \quad \dot{\overline{y}} = r \cdot \dot{\overline{\varphi}}; \quad \ddot{\overline{y}} = r \cdot \ddot{\overline{\varphi}}$$
$$\ddot{\overline{\varphi}} = \frac{\ddot{\overline{y}}}{r}$$

I) $\quad m \cdot g - S_1 = m \cdot \ddot{\overline{y}} \Rightarrow S_1 = m \cdot g - m \cdot \ddot{\overline{y}}$

II) $\quad S_2 = c \cdot \overline{y}$

III) $\quad S_1 \cdot r - S_2 \cdot r = J \cdot \ddot{\overline{\varphi}} = J \cdot \frac{\ddot{\overline{y}}}{r} \mid : r \Rightarrow \frac{J}{r^2} \cdot \ddot{\overline{y}} - S_1 + S_2 = 0$

$$\text{I und II in III:} \quad \frac{J}{r^2} \cdot \ddot{\overline{y}} + m \cdot \ddot{\overline{y}} + c \cdot \overline{y} = m \cdot g$$

$$\ddot{\overline{y}} + \underbrace{\frac{c}{m + \frac{J}{r^2}}}_{\omega_0^2} \cdot \overline{y} = \frac{m}{m + \frac{J}{r^2}} \cdot g \qquad \omega_0 = \sqrt{\frac{c}{m + \frac{J}{r^2}}}$$

Man erhält jetzt eine inhomogene Dgl.

Die Lösung der homogenen Dgl. ist

$$\overline{y}_h = A \cdot \sin \omega_0 t + B \cdot \cos \omega_0 t$$

Partikuläre Lösung der inhomogenen Dgl. (Ansatz nach der Art der rechten Seite)

$$\overline{y}_p = k = \text{konst.} \quad \dot{\overline{y}}_p = 0; \quad \ddot{\overline{y}}_p = 0$$

eingesetzt in die Dgl.

$$c \cdot k = m \cdot g \Rightarrow k = \frac{m \cdot g}{c} = \overline{y}_p$$

Damit wird

$$\overline{y} = \overline{y}_h + \overline{y}_p = A \cdot \sin \omega_0 t + B \cdot \cos \omega_0 t + \frac{m \cdot g}{c}$$

$$\dot{\overline{y}} = A \cdot \omega_0 \cdot \cos \omega_0 t - B \cdot \omega_0 \cdot \sin \omega_0 t; \quad \ddot{\overline{y}} = -A \cdot \omega_0^2 \cdot \sin \omega_0 t - B \cdot \omega_0^2 \cdot \cos \omega_0 t$$

Statische Auslenkung

keine Bewegung bedeutet: $\dot{\overline{y}} = 0$ und $\ddot{\overline{y}} = 0$, dann wird $\overline{y} = y_{\text{stat}}$
eingesetzt in die Dgl.

$$c \cdot y_{\text{stat}} = m \cdot g \Rightarrow y_{\text{stat}} = \frac{m \cdot g}{c}$$

Anfangsbedingungen

Zur Zeit $t = 0$ wird die Masse um y_0 stoßfrei aus der statischen Gleichgewichtslage ausgelenkt.

I) $\quad \overline{y}(0) = y_{\text{stat}} + y_0 = B + y_{\text{stat}} \Rightarrow B = y_0$

II) $\quad \dot{\overline{y}}(0) = 0 = A \cdot \omega_0 \Rightarrow A = 0$

Damit lautet die Bewegungsgleichung für die Nulllage bei entspannten Federn

$$\overline{y} = y_0 \cdot \cos \omega_0 t + y_{\text{stat}}$$

$$\dot{\overline{y}} = -y_0 \cdot \omega_0 \cdot \sin \omega_0 t; \quad \ddot{\overline{y}} = -y_0 \cdot \omega_0^2 \cdot \cos \omega_0 t$$

Daraus ergibt sich die Bewegungsgleichung aus der statischen Ruhelage

$$y = \overline{y} - y_{\text{stat}} = y_0 \cdot \cos \omega_0 t$$

b) Das Seil bleibt straff, wenn

   I) $S_1 = m \cdot g - m \cdot \ddot{\overline{y}} > 0;\ m(g - \ddot{\overline{y}}) > 0;\ \ddot{\overline{y}} < g;\ -y_0 \cdot \omega_0^2 \cdot \cos \omega_0 t < g$

   II) $S_2 = c \cdot \overline{y} = c \cdot (y_0 \cdot \cos \omega_0 t + y_{\text{stat}}) > 0 \Rightarrow y_{\text{stat}} + y_0 \cdot \cos \omega_0 t > 0$

Ungünstigster Fall für $\cos \omega_0 t = -1 \Rightarrow \omega_0 t = \pi$ (oberer Totpunkt)

   I) $y_0 \cdot \omega_0^2 < g;\ y_0 < \frac{g}{\omega_0^2};\ y_0 < \left(m + \frac{J}{r^2} \right) \cdot \frac{g}{c} = y_{\text{stat}} + \frac{J \cdot g}{c \cdot r^2}$

   II) $y_{\text{stat}} - y_0 > 0;\ y_0 < y_{\text{stat}}$

Die 2. Bedingung ist schärfer, also muss die Auslenkung $y_0 < y_{\text{stat}} = 26\,\text{mm}$ sein, damit das Seil immer straff bleibt und eine harmonische Schwingung möglich ist.

D 42   Erzwungene Schwingung mit harmonischer Krafterregung

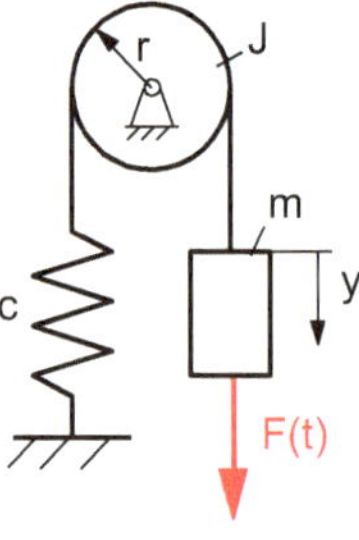

Bild D 42

Beim System der vorhergehenden Aufgabe D 41 soll jetzt an der Masse m eine harmonische Kraft $F(t) = \hat{F} \cdot \sin \Omega t$ angreifen.

Erregerkreisfrequenz $\Omega = 12\,\text{s}^{-1}$
Amplitude der Kraft $\hat{F} = 25\,\text{N}$

Übrige Daten wie bei Aufgabe D 41

Gesucht

a) Schwingungsgleichung
b) Ausschlag nach $t = 2\,\text{s}$ im stationären (eingeschwungenen) Zustand

Lösung

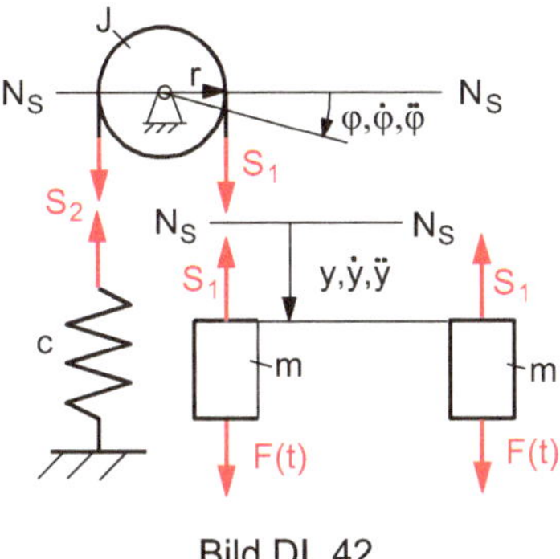

Bild DL 42

Ausgangsbasis für die Zählung der Koordinaten ist die statische Gleichgewichtslage $N_S N_S$

Dynamisches Grundgesetz

I) $F(t) - S_1 = m \cdot \ddot{y} \Rightarrow S_1 = F(t) - m \cdot \ddot{y}$

II) $S_2 = c \cdot y$

III) $S_1 \cdot r - S_2 \cdot r = J \cdot \ddot{\varphi} = J \cdot \dfrac{\ddot{y}}{r} \mid : r \Rightarrow$

$$\dfrac{J}{r^2} \cdot \ddot{y} + S_2 - S_1 = 0$$

I und II in III: $\dfrac{J}{r^2} \cdot \ddot{y} + c \cdot y + m \cdot \ddot{y} = \hat{F} \cdot \sin \Omega t$

$$\ddot{y} + \underbrace{\dfrac{c}{m + \dfrac{J}{r^2}}}_{\omega_0^2} \cdot y = \dfrac{\hat{F}}{m + \dfrac{J}{r^2}} \cdot \sin \Omega t = \omega_0^2 \cdot \underbrace{\dfrac{\hat{F}}{c}}_{y_{\text{konst}}} \cdot \sin \Omega t$$

$$\ddot{y} + \omega_0^2 \cdot y = \omega_0^2 \cdot y_{\text{konst}} \cdot \sin \Omega t$$

Eigenkreisfrequenz $\omega_0 = \sqrt{\dfrac{c}{m + \frac{J}{r^2}}} = 16{,}9\,\text{s}^{-1}$ siehe Aufgabe D 39

$$y_{\text{konst}} = \dfrac{\hat{F}}{c} \text{ ist eine Rechengröße.}$$

Sie entspricht der Verschiebung der Masse m infolge einer konstanten statischen Kraft $\hat{F}$ (Amplitude der Krafterregung).

$$y_{\text{konst}} = \frac{25}{1500} = 16{,}67 \cdot 10^{-3}\,\text{m} = 16{,}67\,\text{mm}$$

Abstimmung (Frequenzverhältnis, auch als bezogene oder relative Erregerfrequenz bezeichnet)

$$\eta = \frac{\Omega}{\omega_0} = \frac{12}{16{,}9} = 0{,}71$$

Ohne Dämpfung ist der Dämpfungsgrad $\vartheta = 0$ und die Vergrößerungsfunktion

$$V = \frac{1}{\sqrt{(1-\eta^2)^2 + (2\vartheta\eta)^2}} = \frac{1}{1-\eta^2} = \frac{1}{1-0{,}71^2} = 2{,}017$$

Um diesen Faktor ist die Schwingungsamplitude $\hat{y}$ größer als y_{konst}

$$V = \frac{\hat{y}}{y_{\text{konst}}} \Rightarrow \hat{y} = y_{\text{konst}} \cdot V = 16{,}67 \cdot 2{,}017 = 33{,}62\,\text{mm}$$

Phasenwinkel $0 \leq \psi \leq \pi$

$$\tan\psi = \frac{2\vartheta\eta}{1-\eta^2} = 0 \Rightarrow \psi = 0, \pi$$

$$\eta = 0{,}71 < 1 \Rightarrow \psi = 0$$

siehe Allgemeine Bemerkung zum Phasenwinkel in Aufgabe D 43

Erregerkraft und Massenbewegung sind gleichsinnig.

Bei hoher Erregerfrequenz (z. B. $\Omega = 24\,\text{s}^{-1}$) wäre $\eta = 1{,}42 > 1$ und damit $\psi = \pi$, d. h. die Richtungen der Erregerkraft und der Massenbewegung wären dann gegensinnig.

Schwingungs-Ausschlag (von der statischen Nulllage aus gezählt)

$$y = \hat{y} \cdot \sin(\Omega t - \psi) = \hat{y} \cdot \sin(\Omega t)$$

Nach $t = 2\,\text{s}$ ist

$$y = 16{,}67\,\text{mm} \cdot \sin(12 \cdot 2\,\text{rad}) = -15{,}1\,\text{mm}$$

Das Minuszeichen bedeutet: Die momentane Auslenkung erfolgt entgegen der positiven y-Richtung, also nach oben.

D 43 Gedämpfte Translationsschwingung

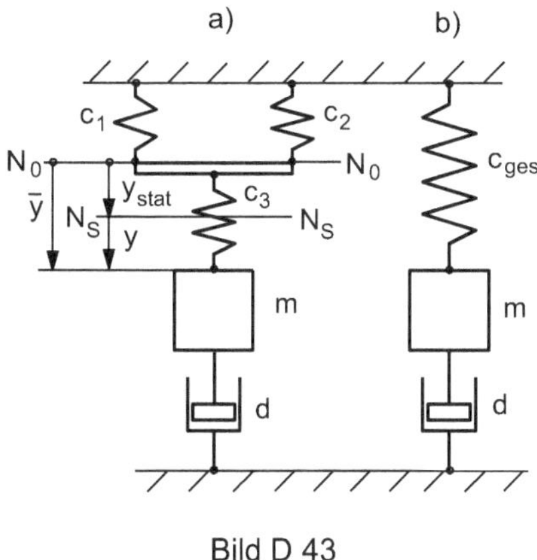

Bild D 43

Ein Schwinger der Masse m hängt an 3 Federn (Federkonstante c_1, c_2, c_3) und ist am Boden durch einen Dämpfer (Dämpfungskonstante d) abgestützt.

Gegeben

$m = 0,8\,\text{kg};\ d = 7,5\,\frac{\text{kg}}{\text{s}},\ c_1 = 1\,\frac{\text{N}}{\text{cm}} = 100\,\frac{\text{N}}{\text{m}};\ c_2 = 200\,\frac{\text{N}}{\text{m}};\ c_3 = 300\,\frac{\text{N}}{\text{m}}$

Gesucht

Für eine gedämpfte freie Schwingung bestimme man

a) Um welche Nulllage schwingt das System (statische Gleichgewichtslage)?
b) Schwingungsgleichung und deren Lösung in den beiden Bezugssystemen, wobei die Koordinaten einmal von der statischen Gleichgewichtslage, zum anderen von der entspannten Federlage aus gezählt werden sollen.

Lösung

- $N_0 N_0 \mathrel{\widehat{=}}$ Nulllage bei entspannten Federn
  Befindet sich die Masse in dieser Lage, so sind die Federn entspannt. Dann wirken nur noch die Gewichtskräfte und eventuelle Dämpfungskräfte.
- $N_S N_S \mathrel{\widehat{=}}$ statische Gleichgewichtslage
  Um diese Nulllage schwingt die Masse. Sie hat dort ihre größte Geschwindigkeit, denn sie wird momentan nicht beschleunigt, da sich Feder- und Gewichtskräfte gegenseitig aufheben.

Die drei Federn werden zu einer gleichwertigen Ersatzfeder zusammengefasst

$$c_{12} = c_1 + c_2 \quad \text{(Parallelschaltung)}$$

$$c_{\text{ges}} = \frac{c_{12} \cdot c_3}{c_{12} + c_3} = \frac{(c_1 + c_2) \cdot c_3}{c_1 + c_2 + c_3} = \frac{(1+2) \cdot 3}{1+2+3} = 1{,}5\,\frac{\text{N}}{\text{cm}} = 150\,\frac{\text{N}}{\text{m}} \quad \text{(Serienschaltung)}$$

Statische Ruhelage: Die Federn werden durch die Gewichtskraft vorgespannt

$$c_{\text{ges}} \cdot y_{\text{stat}} = m \cdot g \Rightarrow y_{\text{stat}} = \frac{m \cdot g}{c_{\text{ges}}} = \frac{0{,}8 \cdot 9{,}81}{150} = 0{,}052\,\text{m} = 52\,\text{mm}$$

1) Koordinaten y werden von der statischen GG-Lage $N_S N_S$ aus gezählt (Bild DL 43-1a)

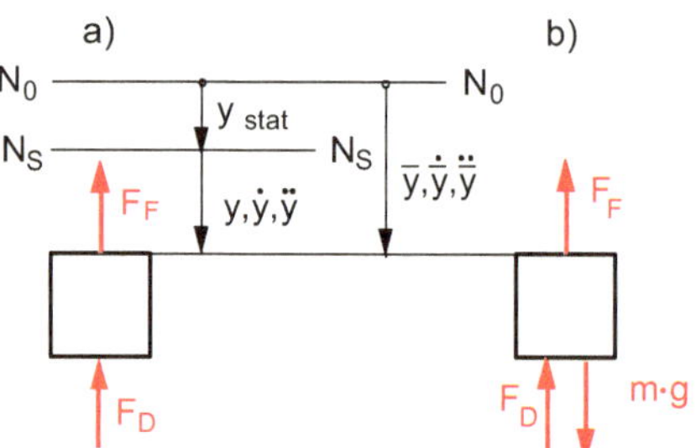

Bild DL 43-1

Federvorspannkräfte und Gewichtskräfte heben sich gegenseitig auf. Es verbleiben Federkraft, Dämpferkraft und Trägheitskraft, die nach dem dynamischen Grundgesetz im folgenden Zusammenhang stehen

$$-F_F - F_D = m \cdot \ddot{y}$$

$$-c_{\text{ges}} \cdot y - d \cdot \dot{y} = m \cdot \ddot{y} \,|\, : m$$

Es ergibt sich eine homogene Dgl.

$$\ddot{y} + \underbrace{\frac{d}{m}}_{2\delta} \cdot \dot{y} + \underbrace{\frac{c_{\text{ges}}}{m}}_{\omega_0^2} \cdot y = 0$$

Ungedämpfte Eigenkreisfrequenz: $\omega_0 = \sqrt{\dfrac{c_{\text{ges}}}{m}} = \sqrt{\dfrac{150}{0{,}8}} = 13{,}69\,\text{s}^{-1}$

Abklingkonstante: $\qquad\qquad\qquad \delta = \dfrac{d}{2m} = \dfrac{7{,}5}{2 \cdot 0{,}8} = 4{,}69\,\text{s}^{-1}$

Gedämpfte Eigenkreisfrequenz: $\quad \omega = \sqrt{\omega_0^2 - \delta^2} = \sqrt{13{,}69^2 - 4{,}69^2} = 12{,}86\,\mathrm{s}^{-1}$

Dämpfungsgrad: $\qquad\qquad\qquad \vartheta = \dfrac{\delta}{\omega_0} = \dfrac{4{,}69}{13{,}69} = 0{,}34 \; < \; 1 \; \Rightarrow \;$ schwache Dämpfung

Für den Schwingungs-Ausschlag bei schwach gedämpfter Eigenschwingung gilt

$$\boxed{\; y = e^{-\delta t} \cdot \left(\frac{y_0 \cdot \delta + v_0}{\omega} \cdot \sin \omega t + y_0 \cdot \cos \omega t \right) \;}$$

wobei y_0 bzw. v_0 die Auslenkung bzw. Anfangsgeschwindigkeit zur Zeit $t = 0$ sind

2) Koordinaten $\overline{y}$ werden von der entspannten Federlage $N_0 N_0$ aus gezählt (Bild DL 41-1b)

Dann geht die Gewichtskraft $m \cdot g$ in die Gleichung ein.

$$m \cdot g - F_\mathrm{F} - F_\mathrm{D} = m \cdot \ddot{\overline{y}}$$
$$m \cdot g - c_\mathrm{ges} \cdot \overline{y} - d \cdot \dot{\overline{y}} = m \cdot \ddot{\overline{y}} \mid : m$$

Es ergibt sich eine inhomogene Dgl.

$$\ddot{\overline{y}} + \underbrace{\frac{d}{m}}_{2\delta} \cdot \dot{\overline{y}} + \underbrace{\frac{c_\mathrm{ges}}{m}}_{\omega_0^2} \cdot \overline{y} = g$$

Lösungsansatz nach der Art der rechten Seite (Konstante k)

$$\overline{y}_\mathrm{p} = k; \quad \dot{\overline{y}}_\mathrm{p} = 0; \quad \ddot{\overline{y}}_\mathrm{p} = 0 \text{ eingesetzt in die Dgl.}$$
$$\frac{c_\mathrm{ges}}{m} \cdot k = g \Rightarrow k = \frac{m \cdot g}{c_\mathrm{ges}} = y_\mathrm{stat} = \overline{y}_\mathrm{p}$$

Die allgemeine Lösung der inhomogenen Dgl. ist $\overline{y} = \overline{y}_\mathrm{h} + \overline{y}_\mathrm{p}$
Die homogene Lösung ist wie oben $\overline{y}_\mathrm{h} = y$
Damit lautet die allgemeine Lösung der inhomogenen Dgl.

$$\overline{y} = e^{-\delta t} \cdot \left(\frac{y_0 \cdot \delta + v_0}{\omega} \cdot \sin \omega t + y_0 \cdot \cos \omega t \right) + \frac{m \cdot g}{c_\mathrm{ges}}$$

Allgemeine Bemerkungen zum Phasenwinkel

Der Phasenwinkel ψ (auch Phasenverschiebung oder Nacheilwinkel genannt) gibt an, um wie viel eine ausgelöste erzwungene Schwingung der Erregung nacheilt.

Der Phasenwinkel wird bestimmt aus der Gleichung

$$\tan\psi = \frac{2\vartheta\eta}{1-\eta^2}$$

wobei der Wertebereich $0 \le \psi \le \pi$ eingeschränkt wird.

Auch ohne eingebauten Dämpfer ist in der Praxis fast immer eine geringfügige Dämpfung vorhanden (z. B. durch Werkstoffdämpfung oder durch Verwirbelung der angrenzenden Luftschichten).

Der Zähler in obiger Gleichung für den Phasenwinkel ist also immer positiv, d. h. $2\vartheta\eta > 0$.

Das Vorzeichen des Bruches hängt also vom Nenner ab, denn dieser kann je nach Größe von η positiv, negativ oder Null sein.

Bei kleiner Dämpfung ist mit $\vartheta \approx 0$ auch $\tan\psi \approx 0$

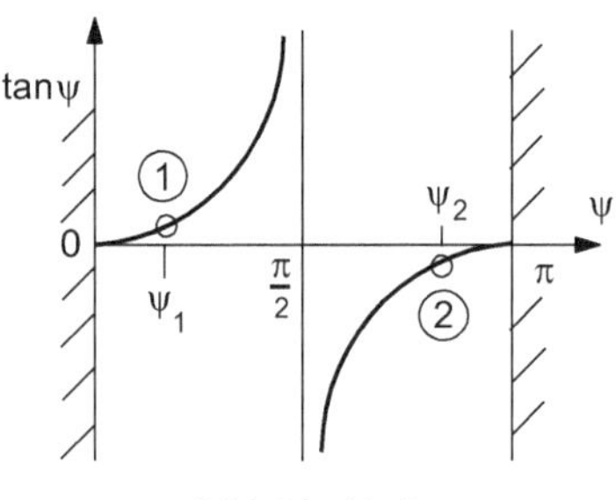

Bild DL 43-2

Nach Bild DL 43-2 gibt es dann zwei Möglichkeiten für den Phasenwinkel nämlich:

Punkt 1 kleiner positiver Wert von $\tan\psi_1$ mit $\psi_1 \approx 0$
Punkt 2 kleiner negativer Wert von $\tan\psi_2$ mit $\psi_2 \approx \pi$

Ohne die Einschränkung $0 \le \psi \le \pi$ wäre für $\tan\psi < 0$ das Ergebnis auch für kleine negative Phasenwinkel als goniometrische Lösung möglich. Diese Lösung ergibt jedoch in der Formel für den Schwingungsausschlag $y = \hat{y} \cdot \sin(\Omega t - \psi)$ keine Umkehr der Schwingungsrichtung entgegen der praktischen Erfahrung.

Bild DL 43-3 zeigt die Phasenverschiebung ψ als Ordinate in Abhängigkeit der Abstimmung η als Abszisse und in Abhängigkeit des Dämpfungsgrades ϑ als Parameter der Kurven.

In obiger Gleichung für den Phasenwinkel ist für

$$\eta < 1 \text{ der Nenner } 1 - \eta^2 > 0 \Rightarrow \tan\psi > 0 \Rightarrow 0 \le \psi \le \frac{\pi}{2}$$

$$\eta > 1 \text{ der Nenner } 1 - \eta^2 < 0 \Rightarrow \tan\psi < 0 \Rightarrow \frac{\pi}{2} \le \psi \le \pi$$

$$\eta = 1 \text{ der Nenner } 1 - \eta^2 = 0 \Rightarrow \tan\psi \to \infty \Rightarrow \psi = \frac{\pi}{2}$$

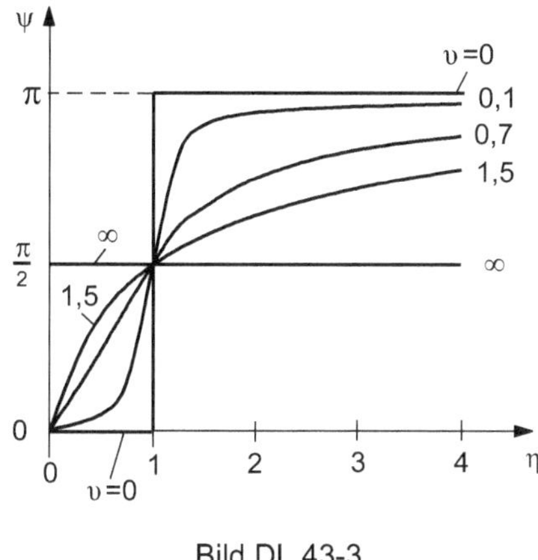

Bild DL 43-3

Im Resonanzfall ($\eta = 1$) ist für alle Dämpfungsgrade der Phasenwinkel gleich $\psi = \frac{\pi}{2}$.

Die Schwingung läuft der Erregung um eine viertel Periode hinterher (eine Periode ist 2π).

Auch in der Nachbarschaft der Resonanzstelle (Resonanzbereich) weicht der Phasenwinkel nur geringfügig von $\frac{\pi}{2}$ ab.

Bei sehr großen Erregerfrequenzen mit $\Omega \to \infty$ bzw. $\eta \to \infty$ ist $\tan \psi = 0 \Rightarrow \psi = \pi$

Die Schwingung läuft der Erregung um eine halbe Periode hinterher und ist der Erregung immer entgegengerichtet.

Nach Bild DL 43-3 ist der Phasenwinkel ψ auch vom Dämpfungsgrad ϑ (als Parameter der Kurven) abhängig.

Im unterkritischen Bereich ($\eta < 1$) wird der Phasenwinkel mit zunehmender Dämpfung größer, im überkritischen Bereich ($\eta > 1$) mit zunehmender Dämpfung kleiner.

Beim Dämpfungsgrad $\vartheta = 0$ und $\eta = 1$ ändert sich der Phasenwinkel sprunghaft von 0 auf π.

Bei sehr kleiner Dämpfung ($\vartheta \approx 0$) gilt nach Bild DL 43-3 und auch nach Bild DL 43-2:

a) Im unterkritischen Bereich ($\eta < 1$) ist der Phasenwinkel ungefähr Null.
    Die Bewegung der Masse erfolgt dann phasengleich und damit gleichsinnig zur Erregung.
b) Im überkritischen Bereich ($\eta > 1$) ist der Phasenwinkel $\psi \approx \pi$.
    Die Bewegung des Schwingers und die Richtung der Erregung sind gegensinnig.

D 44   Pendel mit Feder und Dämpfer

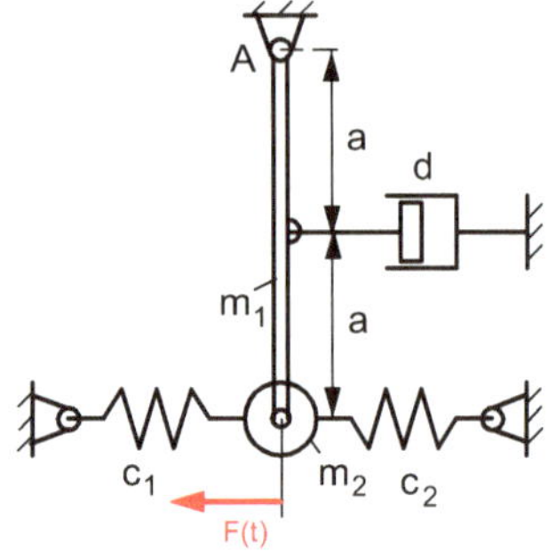

Bild D 44

Ein am Gelenklager A aufgehängtes Stabpendel nach Bild D 45 besteht aus einem Stab mit der Masse m_1 und aus einer punktförmigen Masse m_2.

Das Pendel ist mit zwei Federn (Federsteifigkeit c_1, c_2) und einem Dämpfer (Dämpferkonstante d) verbunden. In der senkrechten Lage des Pendels sind die Federn entspannt.

Ähnlich ist das Kräftespiel bei der Einzelradaufhängung eines PKWs, wenn man das nebenstehende Schwingungssystem um 90° dreht.

Gegeben

$a = 0{,}6\,\text{m}; m_1 = 5\,\text{kg}; m_2 = 8\,\text{kg}; c_1 = 1\,\frac{\text{N}}{\text{cm}} = 100\,\frac{\text{N}}{\text{m}}; c_2 = 120\,\frac{\text{N}}{\text{m}}; d = 150\,\frac{\text{kg}}{\text{s}}$

Gesucht

1) Für eine freie Schwingung (ohne Krafterregung, $F = 0$)
   a) Bewegungsgleichung für kleine Schwingungen
   b) Eigenkreisfrequenz und Schwingungsdauer
   c) Das Pendel wird um $6° = 0{,}105\,\text{rad}$ stoßfrei ($\dot{\varphi}_0 = 0$) ausgelenkt und einer freien Schwingung überlassen. Welchen Ausschlag und welche Winkelgeschwindigkeit erreicht das Pendel nach 0,5 s?
   d) Nach wie vielen Perioden ist die Amplitude auf weniger als $\frac{1}{1000}$ des Anfangswertes abgeklungen?
2) Für eine erzwungene Schwingung (mit harmonischer Krafterregung, $F \neq 0$)
   $F(t) = \hat{F} \cdot \sin \Omega t$ wobei $\hat{F} = 35\,\text{N}; \Omega = 4\,\text{s}^{-1}$
   a) Bewegungsgleichung
   b) Ausschlag, Geschwindigkeit und Beschleunigung nach $t = 2\,\text{s}$ im eingeschwungenen Zustand
   c) Für welche Erregerfrequenz Ω_R (Resonanzfrequenz) wird die Amplitude maximal und wie groß ist diese?

Lösung

In der senkrechten, statischen Ruhelage stützt sich das Pendel nur am Lager A (Aufhängepunkt) ab, ohne die Federn zu belasten. Die Federn sind daher nicht vorgespannt. Die Gewichtskraft des Pendels wird also nicht durch Federvorspannkräfte kompensiert.

Die Gewichtskraft erzeugt in der ausgelenkten Lage des Pendels eine Rückstellmoment. Sie wirkt sich also erst in der Schräglage des Pendels auf den Schwinger aus und muss daher in die Gleichgewichtsbedingungen eingehen.

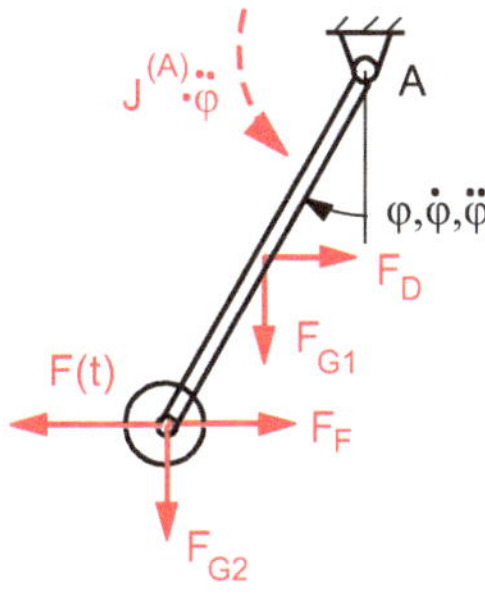

Bild DL 44

Auf das Pendel wirken nach Bild DL 44 folgende Kräfte

$$\text{Gewichtskräfte } F_{G1} = m_1 \cdot g; \quad F_{G2} = m_2 \cdot g$$

Die beiden Federn haben gleiche Längenänderungen, sind also parallel geschaltet, so dass die Ersatzfederkonstante lautet

$$c_{\text{ges}} = c_1 + c_2 = 100 + 120 = 220 \, \frac{\text{N}}{\text{m}}$$

Federkraft $\quad\quad F_{\text{F}} = c_{\text{ges}} \cdot 2a\varphi$
Dämpfungskraft $\quad F_{\text{D}} = d \cdot a\dot{\varphi}$
Erregerkraft $\quad\quad F(t) = \hat{F} \cdot \sin \Omega t$

Massenträgheitsmoment bezogen auf den Drehpunkt A (Steinerscher Satz)

$$J^{(A)} = \frac{1}{12} m_1 \cdot (2a)^2 + m_1 \cdot a^2 + m_2 \cdot (2a)^2 = \frac{4}{3} m_1 a^2 + 4 m_2 a^2$$

$$J^{(A)} = \frac{4}{3} \cdot 5 \cdot 0{,}6^2 + 4 \cdot 8 \cdot 0{,}6^2 = 13{,}92 \, \text{kg m}^2$$

Die Koordinaten (Ausschlag, Geschwindigkeit, Beschleunigung) werden bei einer erzwungenen Schwingung zweckmäßig von der statischen Ruhelage aus in Richtung bzw. im Drehsinn der Störfunktion (wie im Bild DL 42) positiv gezählt.

Nach dem Prinzip von d'Alembert wirkt das Massenträgheitsmoment entgegengesetzt zur Winkelbeschleunigung.

$$J^{(A)}\ddot{\varphi} + F_{\mathrm{D}} \cdot a \cdot \cos\varphi + F_{\mathrm{G1}} \cdot a \cdot \sin\varphi + F_{\mathrm{F}} \cdot 2a \cdot \cos\varphi + F_{\mathrm{G2}} \cdot 2a \cdot \sin\varphi = F(t) \cdot 2a \cdot \cos\varphi$$

Für kleine Schwingungen gilt die Linearisierung: $\sin\varphi \approx \varphi$; $\cos\varphi \approx 1$

$$J^{(A)}\ddot{\varphi} + da^2 \cdot \dot{\varphi} + m_1 ga \cdot \varphi + 4a^2 c_{\mathrm{ges}} \cdot \varphi + 2m_2 ga \cdot \varphi = \hat{F} \cdot 2a \cdot \sin\Omega t \mid : J^{(A)}$$

$$\ddot{\varphi} + \underbrace{\frac{d \cdot a^2}{J^{(A)}}}_{2\delta} \cdot \dot{\varphi} + \underbrace{\frac{4a^2 \cdot c_{\mathrm{ges}} + m_1 g \cdot a + 2m_2 g \cdot a}{J^{(A)}}}_{\omega_0^2} \cdot \varphi = \frac{\hat{F} \cdot 2a}{J^{(A)}} \cdot \sin\Omega t$$

1) Freie Schwingung (ohne Erregerkraft F)

a) Bewegungsgleichung

$$\ddot{\varphi} + 2\delta \cdot \dot{\varphi} + \omega_0^2 \cdot \varphi = 0$$

Eigenkreisfrequenz der ungedämpften Schwingung

$$\omega_0 = \sqrt{\frac{4a^2 \cdot c_{\mathrm{ges}} + (m_1 + 2m_2) \cdot g \cdot a}{J^{(A)}}} = \sqrt{\frac{4 \cdot 0{,}6^2 \cdot 220 + (5 + 2 \cdot 8) \cdot 9{,}81 \cdot 0{,}6}{13{,}92}}$$

$$= 5{,}62\,\mathrm{s}^{-1}$$

Abklingkonstante

$$\delta = \frac{d \cdot a^2}{2J^{(A)}} = \frac{150 \cdot 0{,}6^2}{2 \cdot 13{,}92} = 1{,}94\,\mathrm{s}^{-1}$$

Dämpfungsgrad

$$\vartheta = \frac{\delta}{\omega_0} = \frac{1{,}94}{5{,}62} = 0{,}345 < 1 \Rightarrow \text{schwache Dämpfung}$$

b) Eigenkreisfrequenz der gedämpften Schwingung

$$\omega = \sqrt{\omega_0^2 - \delta^2} = \omega_0 \cdot \sqrt{1 - \vartheta^2} = 5{,}62 \cdot \sqrt{1 - 0{,}345^2} = 5{,}27\,\mathrm{s}^{-1}$$

Schwingungsdauer

$$T = \frac{2\pi}{\omega} = \frac{2\pi}{5{,}27} = 1{,}19\,\mathrm{s}$$

c) Schwingungsausschlag (Lösung der Dgl.) und Winkelgeschwindigkeit
　　Lösungsansatz

$$\varphi = e^{-\delta t} \cdot (A \cdot \sin\omega t + B \cdot \cos\omega t) = e^{-\delta t} \cdot C \cdot \sin(\omega t + \psi)$$

wobei $C = \sqrt{A^2 + B^2}$; $\tan\psi = \frac{B}{A}$

Wir verwenden hier die zweite Beziehung für den Schwingungsausschlag φ (der Leser führe die Rechnung zur Kontrolle mit der ersten Beziehung aus).

$$\varphi = e^{-\delta t} \cdot C \cdot \sin(\omega t + \psi)$$

Differenzieren des Winkelausschlags φ nach der Zeit t ergibt die Winkelgeschwindigkeit $\dot{\varphi}$.
Nach der Produktenregel $(u \cdot v)' = u' \cdot v + u \cdot v'$ ist

$$\dot{\varphi} = -\delta \cdot e^{-\delta t} \cdot C \cdot \sin(\omega t + \psi) + e^{-\delta t} \cdot C \cdot \omega \cdot \cos(\omega t + \psi)$$

Randbedingungen: zur Zeit $t = 0$ ist
I) $\varphi(t = 0) = \varphi_0 = C \cdot \sin \psi \Rightarrow C = \frac{\varphi_0}{\sin \psi}$
II) $\dot{\varphi}(t = 0) = 0 = -\delta \cdot C \cdot \sin \psi + C \cdot \omega \cdot \cos \psi \mid : C \Rightarrow \tan \psi = \frac{\omega}{\delta}$

$$\sin \psi = \frac{\tan \psi}{\sqrt{1 + \tan^2 \psi}} = \frac{\frac{\omega}{\delta}}{\sqrt{1 + \left(\frac{\omega}{\delta}\right)^2}} = \frac{\omega}{\delta \cdot \sqrt{\frac{\delta^2 + \omega^2}{\delta^2}}} = \frac{\omega}{\sqrt{\omega_0^2}} = \frac{\omega}{\omega_0}$$

damit wird

$$C = \varphi_0 \cdot \frac{\omega_0}{\omega} = 0{,}105 \cdot \frac{5{,}62}{5{,}27} = 0{,}112 \, \text{rad}$$

$$\tan \psi = \frac{\omega}{\delta} = \frac{5{,}27}{1{,}94} = 2{,}716 \Rightarrow \psi = 69{,}79° = 1{,}218 \, \text{rad}$$

Der Schwingungsausschlag und die Winkelgeschwindigkeit nach $t = 0{,}5 \, \text{s}$ ist

$$\varphi = e^{-\delta t} \cdot C \cdot \sin(\omega t + \psi) = e^{-1{,}94 \cdot 0{,}5} \cdot 0{,}112 \cdot \sin(5{,}27 \cdot 0{,}5 + 1{,}218)$$

$$= -0{,}0277 \, \text{rad} = -1{,}57°$$

$$\dot{\varphi} = C \cdot e^{-\delta t} \cdot [\omega \cdot \cos(\omega t + \psi) - \delta \cdot \sin(\omega t + \psi)]$$

$$\dot{\varphi} = 0{,}112 \cdot e^{-1{,}94 \cdot 0{,}5} \cdot [5{,}27 \cdot \cos(5{,}27 \cdot 0{,}5 + 1{,}218) - 1{,}94 \cdot \sin(3{,}853)]$$

$$= -0{,}116 \, \frac{\text{rad}}{\text{s}} = -6{,}65 \, \frac{\text{grd}}{\text{s}}$$

d) Logarithmisches Dekrement
Bei einer gedämpften Schwingung nehmen die Amplituden im Verlauf der Zeit immer mehr ab. Um einen Zusammenhang zwischen der Abnahme der Amplituden und der Dämpfung zu finden, bildet man das Verhältnis zweier beliebiger aufeinanderfolgender, gleichgerichteter Ausschläge (z. B. Amplituden) im zeitlichen Abstand der Schwingungsdauer T.

$$\varphi(t) = \varphi_0 \cdot \frac{\omega_0}{\omega} \cdot e^{-\delta t} \cdot \sin(\omega t + \psi)$$

$$\varphi(t + T) = \varphi_0 \cdot \frac{\omega_0}{\omega} \cdot e^{-\delta(t + T)} \cdot \sin[\omega(t + T) + \psi]$$

Die Winkelfunktionen sind periodisch, d. h. sie ändern sich nicht bei der Addition von 2π im Argument, daher ist

$$\sin\left[\omega(t+T)+\psi\right] = \sin\left(\omega t + \underbrace{\omega T}_{2\pi} + \psi\right) = \sin(\omega t + \psi)$$

Nach Kürzen von gleichen Faktoren ergibt sich für das Amplitudenverhältnis ein konstanter Wert

$$\frac{\varphi(t)}{\varphi(t+T)} = \frac{e^{-\delta t}}{e^{-\delta(t+T)}} = e^{\delta T} = \text{konst.}$$

Um an die Abklingkonstante δ im Exponent der Euler'schen Zahl e zu gelangen, bildet man den natürlichen Logarithmus des Amplitudenverhältnisses. Dieses so genannte logarithmische Dekrement (Verminderung) wird mit dem großen griechischen Buchstaben Lambda Λ bezeichnet.

$$\Lambda = \ln\frac{\varphi(t)}{\varphi(t+T)} = \ln e^{\delta T} = \delta T = \delta \cdot \frac{2\pi}{\omega} = \delta \cdot \frac{2\pi}{\omega_0 \cdot \sqrt{1-\vartheta^2}} = \frac{2\pi \cdot \vartheta}{\sqrt{1-\vartheta^2}}$$

$$\Lambda = \frac{2\pi \cdot 0{,}345}{\sqrt{1-0{,}345^2}} = 2{,}31$$

Durch experimentelle Messung zweier aufeinanderfolgender, gleichgerichteter Amplituden lässt sich der Dämpfungsgrad eines Systems bestimmen. Die Umstellung der Formel ergibt

$$\vartheta = \frac{\Lambda}{\sqrt{4\pi^2 + \Lambda^2}}$$

Wegen der größeren Längenunterschiede lassen sich die Messungen genauer durchführen, wenn man die Ausschläge nach mehreren Schwingungen vergleicht.

Mit dem Amplitudenverhältnis nach z Schwingungen wird

$$\frac{\varphi(t)}{\varphi(t+z\cdot T)} = e^{z\delta T}; \quad \ln\frac{\varphi(t)}{\varphi(t+z\cdot T)} = z\cdot\delta\cdot T = z\cdot\Lambda \Rightarrow$$

$$\Lambda = \delta\cdot T = \frac{1}{z}\cdot\ln\frac{\varphi(t)}{\varphi(t+z\cdot T)}$$

Diese Gleichung gilt für momentane aufeinanderfolgende gleichgerichtete Ausschläge oder auch Extremwerte.

In unserem Beispiel fragen wir nach der Anzahl der Schwingungen, die zu einer bestimmten Abnahme der Amplituden führen.

$$z = \frac{1}{\delta\cdot T}\cdot\ln\frac{\varphi(t)}{\varphi(t+z\cdot T)} = \frac{1}{1{,}94\cdot 1{,}19}\cdot\ln\frac{1}{\frac{1}{1000}} = \frac{\ln 1000}{1{,}94\cdot 1{,}19} = 2{,}99$$

Nach 3 Perioden ist die Amplitude kleiner als $\frac{1}{1000}$ ihres ursprünglichen Wertes.

2) Erzwungene Schwingung (mit Erregerkraft F)

a) Bewegungsgleichung
Die entsprechende Dgl. lautet

$$\ddot{\varphi} + 2\delta \cdot \dot{\varphi} + \omega_0^2 \cdot \varphi = \frac{\hat{F} \cdot 2a}{J^{(A)}} \cdot \sin \Omega t = \omega_0^2 \cdot \varphi_{\text{konst}} \cdot \sin \Omega t$$

$$\varphi_{\text{konst}} = \frac{\hat{F} \cdot 2a}{J^{(A)} \cdot \omega_0^2} = \frac{\hat{F} \cdot 2a}{4a^2 \cdot c_{\text{ges}} + (m_1 + 2m_2) \cdot g \cdot a} = \frac{\hat{M}}{c_{\text{D}}}$$

φ_{konst} ist eine rechnerische Abkürzung. Dieser Winkel entspricht einer Auslenkung unter einer gedachten statischen Belastung durch das konstante Moment $\hat{M} = \hat{F} \cdot 2a$. c_{D} ist die gedachte Drehfederkonstante des Systems (vergleiche Aufgabe D 43, bei der die Zusammenhänge für eine Translationsschwingung dargelegt werden).
In unserem Fall ist

$$\varphi_{\text{konst}} = \frac{\hat{F} \cdot 2a}{J^{(A)} \cdot \omega_0^2} = \frac{35 \cdot 2 \cdot 0{,}6}{13{,}92 \cdot 5{,}62^2} = 0{,}096 \, \text{rad} = 5{,}5°$$

Abstimmung (Frequenzverhältnis)

$$\eta = \frac{\Omega}{\omega_0} = \frac{4}{5{,}62} = 0{,}712$$

Vergrößerungsfunktion

$$V = \frac{\hat{\varphi}}{\varphi_{\text{konst}}} = \frac{1}{\sqrt{(1 - \eta^2)^2 + (2\vartheta\eta)^2}} = \frac{1}{\sqrt{(1 - 0{,}712^2)^2 + (2 \cdot 0{,}345 \cdot 0{,}712)^2}}$$
$$= 1{,}44$$

Um diesen Faktor ist die Amplitude der Schwingung größer als die gedachte statische Verdrehung infolge eines Moments, das durch die Amplitude der Erregerkraft gebildet wird.
Schwingungsamplitude

$$\hat{\varphi} = \varphi_{\text{konst}} \cdot V = 0{,}096 \cdot 1{,}44 = 0{,}138 \, \text{rad} = 7{,}91°$$

Phasenwinkel

$$\tan \psi = \frac{2\vartheta\eta}{1 - \eta^2} = \frac{2 \cdot 0{,}345 \cdot 0{,}712}{1 - 0{,}712^2} = 0{,}996 \Rightarrow \psi = 44{,}89° = 0{,}783 \, \text{rad}$$

b) Kinematische Daten nach $t = 2\,\mathrm{s}$

Winkelausschlag

$$\varphi = \hat{\varphi} \cdot \sin(\Omega t - \psi) = 0{,}138 \cdot \sin(4 \cdot 2 - 0{,}783) = 0{,}111\,\mathrm{rad} = 6{,}36°$$

Winkelgeschwindigkeit

$$\dot{\varphi} = \hat{\varphi} \cdot \Omega \cdot \cos(\Omega t - \psi) = 0{,}138 \cdot 4 \cdot \cos(4 \cdot 2 - 0{,}783) = 0{,}328\,\frac{\mathrm{rad}}{\mathrm{s}} = 18{,}79\,\frac{\mathrm{grd}}{\mathrm{s}}$$

Winkelbeschleunigung

$$\ddot{\varphi} = -\hat{\varphi} \cdot \Omega^2 \cdot \sin(\Omega t - \psi) = -0{,}138 \cdot 4^2 \cdot \sin(4 \cdot 2 - 0{,}783) = -1{,}78\,\frac{\mathrm{rad}}{\mathrm{s}^2}$$

$$= -101{,}99\,\frac{\mathrm{grd}}{\mathrm{s}^2}$$

$$\text{bzw. } \ddot{\varphi} = -\Omega^2 \cdot \varphi = -4^2 \cdot 0{,}111 = -1{,}78\,\frac{\mathrm{rad}}{\mathrm{s}^2}$$

c) Maximale Amplitude

Die größte Schwingungsamplitude (bzw. das Maximum der Vergrößerungsfunktion) tritt auf, wenn das System mit der Resonanzfrequenz Ω_R erregt wird.

Die Vergrößerungsfunktion ist maximal, wenn ihr Nenner ein Minimum wird. Differenziert man den Nenner nach η und setzt die erste Ableitung gleich Null, so erhält man die Resonanzabstimmung

$$\eta_R = \frac{\Omega_R}{\omega_0} = \sqrt{1 - 2\vartheta^2} = \sqrt{1 - 2 \cdot 0{,}345^2} = 0{,}873$$

Resonanzfrequenz

$$\Omega_R = \omega_0 \cdot \eta_R = 5{,}62 \cdot 0{,}873 = 4{,}91\,\mathrm{s}^{-1}$$

Bei dieser Erregerfrequenz würde sich eine maximale Schwingungsamplitude ergeben. Setzt man η_R in die Vergrößerungsfunktion ein, so erhält man das Resonanzamplitudenverhältnis

$$V_{max} = \frac{\hat{\varphi}_{max}}{\varphi_{konst}} = \frac{1}{2\vartheta \cdot \sqrt{1 - \vartheta^2}} = \frac{1}{2 \cdot 0{,}345 \cdot \sqrt{1 - 0{,}345^2}} = 1{,}544$$

Resonanzamplitude

$$\hat{\varphi}_{max} = \varphi_{konst} \cdot V_{max} = 0{,}096 \cdot 1{,}544 = 0{,}148\,\mathrm{rad} = 8{,}48°$$

D 45   Schüttelsieb (Wegerregung über den Federendpunkt)

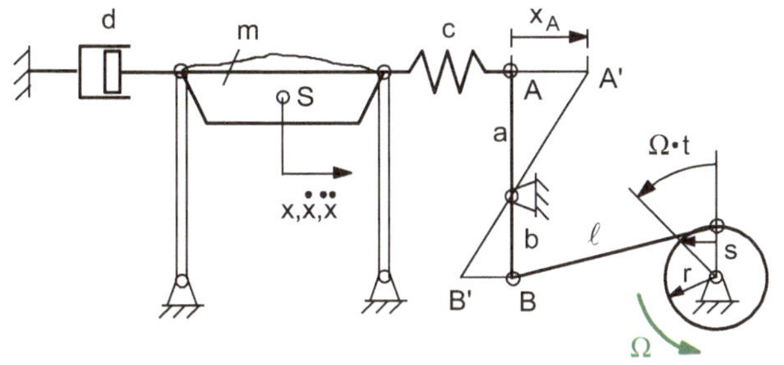

Bild D 45

Gegeben

$m = 60\,\text{kg}$, $c = 9\,\frac{\text{N}}{\text{cm}} = 900\,\frac{\text{N}}{\text{m}}$, $d = 80\,\frac{\text{kg}}{\text{s}}$, $r = 6\,\text{cm}$, $a = 30\,\text{cm}$, $b = 20\,\text{cm}$, $\Omega = 2{,}5\,\text{s}^{-1}$

Ein Schüttelsieb (Masse m einschließlich des Schüttgutes) nach Bild D 45 ist mit einer Feder (Federsteifigkeit c) und einem Dämpfer (Dämpferkonstante d) verbunden.

Die Erregung des Schüttelsiebes erfolgt durch einen Kurbeltrieb (Kurbelradius r, Pleuellänge $\ell \gg r$), dessen Kurbel mit konstanter Winkelgeschwindigkeit Ω umläuft.

Durch stetige Zufuhr von neuem Schüttgut (Kies oder Sand) wird die durchgesiebte Menge ständig ergänzt, so dass der Inhalt des Schüttelsiebes konstant bleibt.

Gesucht

a) Schwingungsgleichung des Siebes

b) Schwingungsausschlag $t = 3\,\text{s}$ nach Abklingen der Eigenschwingungen

c) Welche größte Amplitude ergibt sich bei Resonanzfrequenz?

Lösung

a) Bei einem im Vergleich zum Kurbelradius r langem Pleuel ($\ell \gg r$) kann die Schrägstellung des Pleuels vernachlässigt werden. Die horizontale Verschiebung $r \cdot \sin \Omega t$ des Kurbelzapfens wird dann (fast) unverändert auf das linke Pleuelende B übertragen, so dass es zu einer (angenäherten) harmonischen Sinusschwingung kommt. Die horizontale Verschiebung des linken Pleuelendes ist dann näherungsweise

$$\overline{BB'} \approx r \cdot \sin \Omega t$$

(eine reine Sinusschwingung könnte z. B. mit einer Kurbelschleife erzeugt werden).

Die Auslenkungen werden über den Hebel AB im Verhältnis $\frac{a}{b}$ auf den rechten Feder-endpunkt A übertragen (Federendpunkterregung), so dass dessen Verschiebung beträgt

$$x_A = \underbrace{\frac{a}{b} \cdot r}_{\hat{x}_A} \cdot \sin \Omega t = \hat{x}_A \cdot \sin \Omega t$$

$$\hat{x}_A = \frac{a}{b} \cdot r = \frac{30}{20} \cdot 6 = 9\,\text{cm}$$

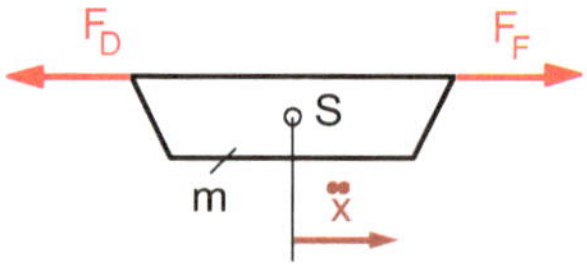

Bild DL 45

Der linke Federendpunkt wandert mit der Masse m um die Strecke x nach rechts. Die Feder wird daher um die Wegdifferenz $x_A - x$ gekürzt. Die Federkraft im Bild DL 45 beträgt dann

$$F_F = c \cdot (x_A - x)$$

Der Bewegung des Schüttelsiebes widersetzt sich die Dämpferkraft

$$F_D = d \cdot \dot{x}$$

Das dynamische Grundgesetz für das Schüttelsieb lautet

$$F_F - F_D = m \cdot \ddot{x}$$

$$c \cdot (x_A - x) - d \cdot \dot{x} = m \cdot \ddot{x} \mid : m$$

$$\ddot{x} + \underbrace{\frac{d}{m}}_{2\delta} \cdot \dot{x} + \underbrace{\frac{c}{m}}_{\omega_0^2} \cdot x = \frac{c}{m} \cdot x_A = \underbrace{\frac{c}{m}}_{\omega_0^2} \cdot \hat{x}_A \cdot \sin \Omega t$$

$$\ddot{x} + 2\delta \cdot \dot{x} + \omega_0^2 \cdot x = \omega_0^2 \cdot \hat{x}_A \cdot \sin \Omega t$$

ungedämpfte Eigenkreisfrequenz $\omega_0 = \sqrt{\frac{c}{m}} = \sqrt{\frac{900}{60}} = 3{,}87\,\text{s}^{-1}$

Abklingkonstante $\delta = \frac{d}{2m} = \frac{80}{2 \cdot 60} = 0{,}67\,\text{s}^{-1}$

gedämpfte Eigenkreisfrequenz $\omega = \sqrt{\omega_0^2 - \delta^2} = \sqrt{3{,}87^2 - 0{,}67^2} = 3{,}81\,\text{s}^{-1}$

Dämpfungsgrad $\vartheta = \frac{\delta}{\omega_0} = \frac{0{,}67}{3{,}87} = 0{,}17 < 1 \Rightarrow$ schwache Dämpfung

Abstimmung $\eta = \frac{\Omega}{\omega_0} = \frac{2{,}5}{3{,}87} = 0{,}65$

Vergrößerungsfunktion bei Federwegerregung

$$V = \frac{\hat{x}}{\hat{x}_A} = \frac{1}{\sqrt{(1 - \eta^2)^2 + (2\vartheta\eta)^2}} = \frac{1}{\sqrt{(1 - 0{,}65^2)^2 + (2 \cdot 0{,}17 \cdot 0{,}65)^2}} = 1{,}62$$

Amplitude der Schwingung

$$\hat{x} = \hat{x}_A \cdot V = 9 \cdot 1{,}62 = 14{,}58\,\text{cm}$$

Phasenwinkel (mit der Einschränkung $0 \le \psi \le \pi$)

$$\tan \psi = \frac{2\vartheta\eta}{1 - \eta^2} = \frac{2 \cdot 0{,}17 \cdot 0{,}65}{1 - 0{,}65^2} = 0{,}383 \Rightarrow \psi = 20{,}96° = 0{,}366\,\text{rad}$$

b) Schwingungsausschlag

Nach einer kurzen Einschwingungszeit klingen die Eigenschwingungen ab und die Masse schwingt stationär in der Form (partikuläre Lösung der inhomogenen Dgl.)

$$x = \hat{x} \cdot \sin(\Omega t - \psi)$$

Nach $t = 3\,\text{s}$ ist (Argumente der Winkelfunktionen in Radiant-Einheiten einsetzen)

$$x = 14{,}58 \cdot \sin(2{,}5 \cdot 3 - 0{,}366) = 10{,}96\,\text{cm}$$

c) Maximale Amplitude

Mit zunehmender Dämpfung verschieben sich die Maxima der Vergrößerungsfunktion zu kleineren Abstimmungen, d. h. nach links im V, η-Schaubild.

Will man eine maximale Amplitude erreichen, so muss man die Eigenfrequenz so ändern, dass Resonanz entsteht.

Die Vergrößerungsfunktion wird maximal bei der Resonanzabstimmung η_R (siehe Aufgabe D 44, bei der die Zusammenhänge für eine Rotationsschwingung dargelegt werden).

$$\eta_R = \frac{\Omega_R}{\omega_0} = \sqrt{1 - 2\vartheta^2} = \sqrt{1 - 2 \cdot 0{,}17^2} = 0{,}97$$

Resonanzfrequenz $\Omega_R = \omega_0 \cdot \eta_R = 3{,}87 \cdot 0{,}97 = 3{,}75\,\text{s}^{-1}$

Setzt man η_R in die Vergrößerungsfunktion ein, so erhält man das Resonanzamplitudenverhältnis

$$V_{\text{max}} = \frac{\hat{x}_{\text{max}}}{\hat{x}_A} = \frac{1}{2\vartheta \cdot \sqrt{1 - \vartheta^2}} = \frac{1}{2 \cdot 0{,}17 \cdot \sqrt{1 - 0{,}17^2}} = 2{,}98$$

Maximal mögliche Schwingungsamplitude

$$\hat{x}_{\text{max}} = \hat{x}_A \cdot V_{\text{max}} = 9 \cdot 2{,}98 = 26{,}82\,\text{cm}$$

D 46   Bodenverdichter (Fliehkrafterregung)

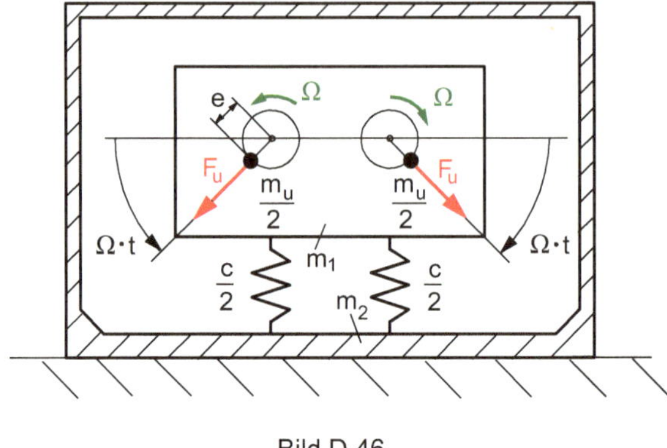

Bild D 46

Gegeben

$m_1 = 30\,\text{kg}$; $m_2 = 100\,\text{kg}$, $m_\text{U} = 2\,\text{kg}$; $e = 5\,\text{cm}$, $c = 400\,\frac{\text{N}}{\text{cm}} = 4 \cdot 10^4\,\frac{\text{N}}{\text{m}}$, $\Omega = 28\,\text{s}^{-1}$

Bodenverdichter (Bodenrüttler) dienen zur Festigung des Bodens im Straßenbau und bei der Stabilisierung von Gebäudefundamenten.

Der Bodenverdichter nach Bild D 46 besteht aus einem Unwuchtmotor mit Gehäuse (Masse m_1 einschließlich der Unwuchtmasse zweier Rotoren) und einer Bodenplatte (Masse m_2), die durch Federn (hier symbolisch durch 2 Federn mit der Federsteifigkeit $\frac{c}{2}$ dargestellt) miteinander verbunden sind.

Das Motorgehäuse wird durch zwei mit konstanter Winkelgeschwindigkeit Ω gegensinnig und achsensymmetrisch umlaufenden Unwuchten (Masse jeweils $\frac{1}{2}m_\text{U}$, Exzentrizität e) zu Schwingungen angeregt, die sich über Federn auf die Bodenplatte übertragen.

Die Bodenplatte soll ständig mit dem Untergrund in Verbindung bleiben, also nicht abheben.

Gesucht

a) Differenzialgleichung für die Schwingung des Motorgehäuses
b) Bewegungsgleichung für die erzwungene Schwingung des Motorgehäuses
c) Welche zeitlich veränderliche Normalkraft $F_\text{n}(t)$ wird auf den Boden ausgeübt und wie groß ist ihr Maximal- und ihr Minimalwert?
d) Bei welcher kritischen Winkelgeschwindigkeit Ω_krit würde die Bodenplatte abheben und welche maximale Bodenkraft entsteht bei dieser Drehzahl?

Lösung

Am oberen Teil (Motorgehäuse nach Bild DL 46a) wird die Schwingungsrechnung mit relativen Federkräften (ohne Berücksichtigung der Gewichtskraft $m_1 \cdot g$) durchgeführt,

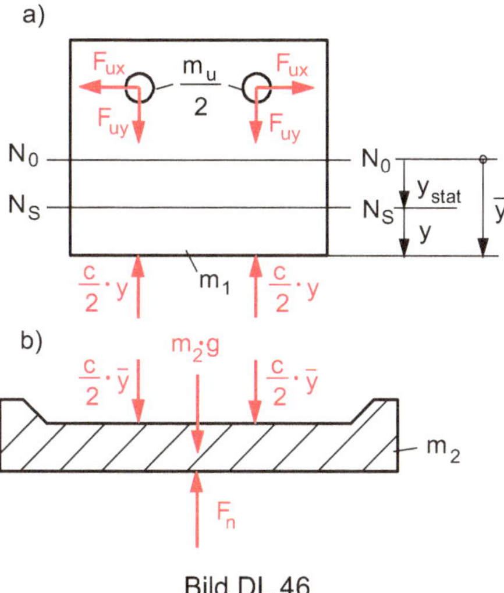

Bild DL 46

wobei die Koordinaten y von der statischen Gleichgewichtslage $N_S N_S$ aus gezählt werden.

Am unteren Teil (Bodenplatte nach Bild DL 46b) wird mit den absoluten Federkräften gerechnet, wobei die Koordinaten $\overline{y}$ von der Lage $N_0 N_0$ der entspannten Federn zu zählen sind.

In der statischen Ruhelage werden die Federn durch das Gewicht $m_1 \cdot g$ um y_{stat} zusammengedrückt, wobei gilt

$$m_1 \cdot g = c \cdot y_{stat} \Rightarrow y_{stat} = \frac{m_1 \cdot g}{c}$$

Zwischen den Koordinaten besteht der Zusammenhang

$$\overline{y} = y_{stat} + y$$

a) Dgl. für die Schwingung des Motorgehäuses
Die mit der Winkelgeschwindigkeit Ω rotierenden Unwuchten erzeugen eine Fliehkraft

$$F_U = \frac{1}{2}m_U \cdot e \cdot \Omega^2$$

Die beiden horizontalen Komponenten $F_{Ux} = F_U \cdot \cos\Omega t$ heben sich gegenseitig auf. Die beiden vertikalen Komponenten $F_{Uy} = F_U \cdot \sin\Omega t$ sind gleichgerichtet und addieren sich.

An dem oberen Teil (Motorgehäuse) gilt nach dem dynamischen Grundgesetz

$$2F_{Uy} - 2 \cdot \frac{1}{2}c \cdot y = m_1 \cdot \ddot{y}$$

$$m_1 \cdot \ddot{y} + c \cdot y = m_U \cdot e \cdot \Omega^2 \cdot \sin \Omega t \,|: m_1$$

$$\ddot{y} + \underbrace{\frac{c}{m_1}}_{\omega_0^2} \cdot y = \underbrace{\frac{m_U}{m_1}}_{s} \cdot e \cdot \Omega^2 \cdot \sin \Omega t = s \cdot \Omega^2 \cdot \sin \Omega t$$

Eigenkreisfrequenz $\omega_0 = \sqrt{\dfrac{c}{m_1}} = \sqrt{\dfrac{4 \cdot 10^4}{30}} = 36{,}51 \, \text{s}^{-1}$

Die Abkürzung $s = \frac{m_U}{m_1} \cdot e$ wird relative Exzentrizität genannt.

$$s = \frac{2}{30} \cdot 5 = 0{,}33 \, \text{cm} = 3{,}3 \, \text{mm}$$

b) Bewegungsgleichung für die erzwungene Schwingung
Lösungsansatz für das partikuläre Integral

$$y = \hat{y} \cdot \sin(\Omega t - \psi)$$

Nach Abklingen der Eigenschwingungen entsteht eine stationäre Bewegung gleicher Frequenz Ω, die jedoch bei Vorhandensein von Dämpfung phasenverschoben ist.
Phasenverschiebung (Einschränkung $0 \leq \psi \leq \pi$)
Ohne Dämpfung ist $\vartheta = 0$ und damit

$$\tan \psi = \frac{2\vartheta\eta}{1 - \eta^2} = 0 \Rightarrow \psi = 0, \pi$$

Abstimmung $\eta = \frac{\Omega}{\omega_0} = \frac{28}{36{,}51} = 0{,}767 < 1 \Rightarrow \psi = 0$ (siehe Aufgabe D 42)
Gehäuse und Unwuchten bewegen sich gleichsinnig.
Die Vergrößerungsfunktion für Unwuchterregung (Massenkrafterregung, Index M) lautet

$$\boxed{V_M = \frac{\hat{y}}{s} = \frac{\eta^2}{\sqrt{(1 - \eta^2)^2 + (2\vartheta\eta)^2}} = \eta^2 \cdot V}$$

Ohne Dämpfung mit $\vartheta = 0$ wird

$$V_M = \frac{\eta^2}{1 - \eta^2} = \frac{\left(\frac{\Omega}{\omega_0}\right)^2}{1 - \left(\frac{\Omega}{\omega_0}\right)^2} = \frac{\Omega^2}{\omega_0^2 - \Omega^2} = \frac{\Omega^2}{\frac{c}{m_1} - \Omega^2}$$

Amplitude der Schwingung $\hat{y} = s \cdot V_{\mathrm{M}}$

Damit wird der Schwingungsausschlag der Masse m_1

$$y = \hat{y} \cdot \sin \Omega t = s \cdot V_{\mathrm{M}} \cdot \sin \Omega t = \frac{m_{\mathrm{U}}}{m_1} \cdot e \cdot \frac{\Omega^2}{\frac{c}{m_1} - \Omega^2} \cdot \sin \Omega t = \frac{m_{\mathrm{U}} \cdot e \cdot \Omega^2}{c - m_1 \cdot \Omega^2} \cdot \sin \Omega t$$

c) Kraft auf den Boden

Für die Bodenplatte gilt nach Bild DL 46b

Die Federn drücken mit der absoluten Federkraft $c \cdot \overline{y}$ auf die Bodenplatte.

(die Koordinate $\overline{y} = y_{\mathrm{stat}} + y$ wird dabei von den entspannten Federn aus gezählt)

Diese Federkraft zusammen mit der Gewichtskraft $m_2 \cdot g$ der Bodenplatte ergeben die Verdichtungskraft F_{n} normal zum Boden.

$$\sum F_y = 0 \Rightarrow F_{\mathrm{n}} = c \cdot \overline{y} + m_2 g = c \cdot (y_{\mathrm{stat}} + y) + m_2 g = \underbrace{c \cdot y_{\mathrm{stat}}}_{m_1 g} + c \cdot y + m_2 g$$

$$F_{\mathrm{n}}(t) = c \cdot \frac{m_{\mathrm{U}} \cdot e \cdot \Omega^2}{c - m_1 \cdot \Omega^2} \cdot \sin \Omega t + (m_1 + m_2) \cdot g$$

d) Kritische Winkelgeschwindigkeit und Bodenkräfte im oberen und unteren Totpunkt

1) Die beiden vertikalen Fliehkraftkomponenten zeigen nach oben für

$$\Omega t = \frac{3}{2}\pi \Rightarrow \sin \Omega t = -1$$

$$F_{\mathrm{n,min}} = (m_1 + m_2) \cdot g - c \cdot \frac{m_{\mathrm{U}} \cdot e \cdot \Omega^2}{c - m_1 \cdot \Omega^2}$$

$$F_{\mathrm{n,min}} = (30 + 100) \cdot 9{,}81 - 4 \cdot 10^4 \cdot \frac{2 \cdot 0{,}05 \cdot 28^2}{4 \cdot 10^4 - 30 \cdot 28^2} = 1275{,}3 - 190{,}3$$

$$= 1085\,\mathrm{N}$$

Die Bodenplatte hebt ab (kritische Drehzahl), wenn

$$F_{\mathrm{n}} = (m_1 + m_2) \cdot g - c \cdot \frac{m_{\mathrm{U}} \cdot e \cdot \Omega_{\mathrm{krit}}^2}{c - m_1 \cdot \Omega_{\mathrm{krit}}^2} = 0 \text{ wird}$$

$$\Omega_{\mathrm{krit}} = \sqrt{\frac{c}{m_1 + \frac{m_{\mathrm{U}}}{m_1 + m_2} \cdot \frac{c \cdot e}{g}}} = \sqrt{\frac{4 \cdot 10^4}{30 + \frac{2}{30 + 100} \cdot \frac{4 \cdot 10^4 \cdot 0{,}05}{9{,}81}}} = 34{,}74\,\mathrm{s}^{-1}$$

2) Die beiden vertikalen Fliehkraftkomponenten zeigen nach unten für

$$\Omega t = \frac{\pi}{2} \Rightarrow \sin \Omega t = 1$$

Dann wird die Bodenkraft maximal

$$F_{\mathrm{n,max}} = (m_1 + m_2) \cdot g + c \cdot \frac{m_{\mathrm{U}} \cdot e \cdot \Omega^2}{c - m_1 \cdot \Omega^2} = 1275{,}3 + 190{,}3 = 1465{,}6\,\mathrm{N}$$

Läuft der Bodenverdichter mit der kritischen Drehzahl, dann wird die Bodenkraft größer.

$$F_{\text{n,max,krit}} = (m_1 + m_2) \cdot g + c \cdot \underbrace{\frac{m_\text{U} \cdot e \cdot \Omega_{\text{krit}}^2}{c - m_1 \cdot \Omega_{\text{krit}}^2}}_{(m_1 + m_2) \cdot g} = 2 \cdot (m_1 + m_2) \cdot g$$

$$F_{\text{n,max,krit}} = 2 \cdot (30 + 100) \cdot 9{,}81 = 2550{,}6\,\text{N}$$

das entspricht der doppelten Gesamtgewichtskraft.

Um Abheben zu vermeiden, müsste die Drehzahl in der Praxis etwas kleiner gewählt werden.

D 47   Rotierende unwuchtige Maschine auf elastischem Träger

Bei allen Maschinen, in denen rotierende oder hin- und hergehende Teile vorkommen, treten periodische Massenkräfte auf, die sich auf die Maschine selbst oder auf die nähere Umgebung auswirken. Selbst statisch und dynamisch ausgewuchtete Maschinen können mit der Zeit durch Verschleiß oder durch Materialablagerungen (z. B. Schlacke an den Schaufeln von Gasturbinen) unwuchtig werden.

Eine wichtige Aufgabe des Ingenieurs ist es daher, die störenden Einflüsse möglichst klein zu halten bzw. zu neutralisieren.

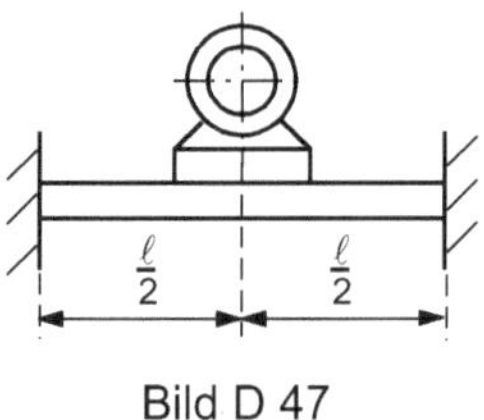

Bild D 47

Auf einem beidseitig eingespannten Träger (Länge ℓ, Elastizitätsmodul E) ist mittig eine Maschine montiert, die im Betrieb eine Drehzahl n hat. Der Rotor (Rotormasse m_R) hat eine Exzentrizität e. Das Gehäuse (Stator) hat die Masse m_S.

Die Amplitude der erzwungenen Balkenschwingung soll den Betrag $\hat{y} = 2\,\text{mm}$ nicht überschreiten.

Gegeben

$m_\text{R} = 250\,\text{kg}$; $m_\text{S} = 400\,\text{kg}$; $n = 1200\,\text{min}^{-1}$; $e = 1\,\text{mm}$; $\ell = 180\,\text{cm}$; $E = 2{,}1 \cdot 10^5\,\text{N\,mm}^{-2}$

Gesucht

Welches Flächenträgheitsmoment muss der Träger haben, wenn die Maschine

a) unterkritisch ($\eta < 1$)
b) überkritisch ($\eta > 1$) laufen soll?

Der Einfluss der Dämpfung und die Masse des Trägers sollen vernachlässigt werden.

Lösung

Die Vergrößerungsfunktion für Massenkrafterregung lautet

$$V_{\mathrm{M}} = \frac{\eta^2}{\sqrt{(1 - \eta^2)^2 + (2\vartheta\eta)^2}}$$

Ohne Dämpfung mit $\vartheta = 0$ wird

$$V_{\mathrm{M}} = \frac{\eta^2}{|1 - \eta^2|}$$

$$\text{wobei } V_{\mathrm{M}} = \frac{\hat{y}}{s}; \quad s = \frac{m_{\mathrm{R}}}{m} \cdot e; \quad m = m_{\mathrm{R}} + m_{\mathrm{S}} = 250 + 400 = 650\,\mathrm{kg}$$

$$V_{\mathrm{M}} = \frac{\hat{y}}{e} \cdot \frac{m}{m_{\mathrm{R}}} = \frac{2}{1} \cdot \frac{650}{250} = 5{,}2$$

Frequenzgang der Vergrößerungsfunktion V_{M} für $\vartheta = 0$

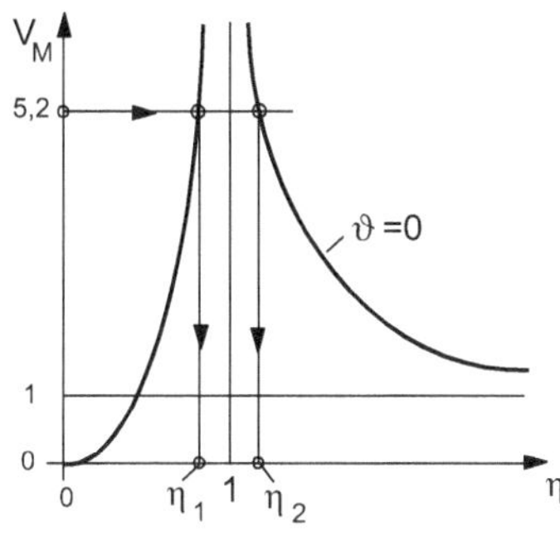

Bild DL 47-1

Nach Bild DL 47-1 gibt es zwei Werte für η bei einer bestimmten Vergrößerungs-funktion V_{M}: einen Wert $\eta_1 < 1$ im unterkritischen Bereich und einen Wert $\eta_2 > 1$ im überkritischen Bereich.

Die Betragsauflösung im Nenner der Vergrößerungsfunktion ergibt zwei Fälle:

$$1) \quad \eta_1 < 1: V_{\mathrm{M}} = \frac{\eta_1^2}{1 - \eta_1^2} \Rightarrow \eta_1^2 = \frac{1}{1 + \frac{1}{V_{\mathrm{M}}}} = \left(\frac{\Omega}{\omega_{01}}\right)^2 \Rightarrow \omega_{01}^2 = \Omega^2 \cdot \left(1 + \frac{1}{V_{\mathrm{M}}}\right)$$

$$2) \quad \eta_2 > 1: V_{\mathrm{M}} = \frac{\eta_2^2}{\eta_2^2 - 1} \Rightarrow \eta_2^2 = \frac{1}{1 - \frac{1}{V_{\mathrm{M}}}} = \left(\frac{\Omega}{\omega_{02}}\right)^2 \Rightarrow \omega_{02}^2 = \Omega^2 \cdot \left(1 - \frac{1}{V_{\mathrm{M}}}\right)$$

Bei gleicher Erregerfrequenz $\Omega = 2\pi n = 2\pi \cdot \frac{1200}{60} = 125{,}66\,\mathrm{s}^{-1}$ existieren zwei verschiedene Eigenkreisfrequenzen ω_{01} und ω_{02} und damit auch zwei Möglichkeiten für die Auswahl der Flächenträgheitsmomente I_1 und I_2.

Die örtliche Federkonstante an der Stelle eines Balkens erhält man, wenn man dort eine Kraft aufbringt und deren Verschiebung in Kraftrichtung bestimmt. Die Ersatzfederkonstante ist dann das Verhältnis von Kraft und Verschiebung.

Für den beidseitig eingespannten Balken mit mittiger Einzellast ist die Verschiebung in Kraftrichtung (aus einer Formelsammlung zu entnehmen oder Berechnung z. B. nach Castigliano am Schluss der Aufgabe, wobei zur Veranschaulichung noch der Schnittgrößenverlauf ergänzt wurde).

$$f = \frac{F \cdot \ell^3}{192 \cdot E I}$$

Wie dieses Beispiel zeigt, lassen sich Festigkeits- und Dynamikprobleme in einer Aufgabe kombinieren z. B. bei einer Gesamtprüfung der Technischen Mechanik.

Damit wird die örtliche Federsteifigkeit an der Maschinenauflagestelle

$$c = \frac{F}{f} = \frac{192 \cdot E I}{\ell^3}$$

Wenn die Masse des Trägers gegenüber der aufgebrachten punktförmigen Belastungsmasse relativ klein ist, dann kann das System näherungsweise als Einmassenschwinger mit der örtlichen Ersatzfeder aufgefasst werden.

Für den Einmassenschwinger gilt hier

$$\omega_0^2 = \frac{c}{m} = \frac{192 \cdot E I}{m \cdot \ell^3} \Rightarrow I = \frac{m \cdot \ell^3 \cdot \omega_0^2}{192 \cdot E}$$

$$I_{1,2} = \frac{m \cdot \ell^3}{192 \cdot E} \cdot \omega_{01,2}^2 = \frac{m \cdot \ell^3 \cdot \Omega^2}{192 \cdot E} \cdot \left(1 \pm \frac{1}{V_{\mathrm{M}}}\right) = \frac{650 \cdot 180^3 \cdot 125{,}66^2}{192 \cdot 2{,}1 \cdot 10^7} \cdot \left(1 \pm \frac{1}{5{,}2}\right)$$

$$I_1 = 17.701\,\mathrm{cm}^4; \quad I_2 = 11.991\,\mathrm{cm}^4; \quad I_2 < I_1$$

Im überkritischen Bereich reichen schon kleinere Träger aus zur Erzielung einer vorgeschriebenen Laufruhe.

In der Profiltabelle findet man genormte Profile mit etwas größerem oder etwas kleinerem Flächenträgheitsmoment. Bei der Auswahl der Profile ist zu beachten:

1) unterkritischer Bereich: $\eta < 1$; $I \geq I_1$
   größeres $I \rightarrow$ größeres $\omega_0 \rightarrow$ kleineres $\eta \rightarrow$ kleineres $V_M \rightarrow$ kleinere Schwingungen
2) überkritischer Bereich $\eta > 1$; $I \leq I_2$
   kleineres $I \rightarrow$ kleineres $\omega_0 \rightarrow$ größeres $\eta \rightarrow$ kleineres $V_M \rightarrow$ kleinere Schwingungen

Im überkritischen Bereich bringt eine Verringerung des Flächenträgheitsmoments zwar eine bessere Laufruhe, hat aber auch eine Erhöhung der Spannungen im Träger zur Folge (Festigkeitsproblem) z. B. an der Einspannung oder in Trägermitte (siehe Schnittgrößenverlauf).

An beiden Stellen ist das Biegemoment $M_b = \frac{F \cdot \ell}{8}$

Bei einer Trägerhöhe h wird dort die Biegespannung

$$\sigma_b = \frac{M_b}{I} \cdot \frac{h}{2} = \frac{F \cdot \ell \cdot h}{16I}$$

Zusatz aus der Festigkeitslehre

Bestimmung der Durchbiegung beim beidseitig eingespannten, mittig belasteten Träger

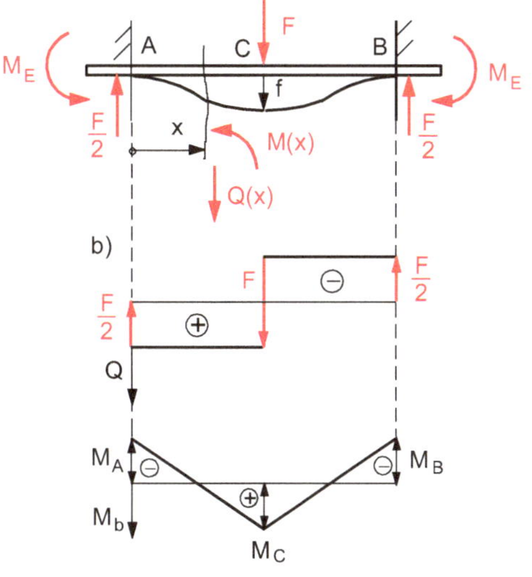

Bild DL 47-2

Satz von Menabrea

Die partielle Ableitung der gesamten Formänderungsenergie in einem statisch unbestimmten, linear-elastischen System nach einer statisch unbestimmten Reaktion ist Null.

Das Einspannmoment M_E ist die statisch Unbestimmte.

Wegen der Symmetrie ergeben sich zwei gleiche Balkenabschnitte.

Die Aufstellung der Biegemomente von der linken Einspannung bis zur Balkenmitte
genügt.

$$M(x) = \frac{F}{2} \cdot x - M_E \text{ für } x \le \frac{\ell}{2}$$

$$\frac{\partial M}{\partial M_E} = -1; \quad \frac{\partial M}{\partial F} = \frac{x}{2}$$

Für die Biegung des Balkens gilt

$$\frac{\partial U}{\partial M_E} = 2 \cdot \frac{1}{EI} \cdot \int\limits_0^{\frac{\ell}{2}} M \cdot \frac{\partial M}{\partial M_E} dx = 0$$

Wegen der Symmetrie wird nur über den halben Bereich integriert und mit 2 multipliziert.

$$\int\limits_0^{\frac{\ell}{2}} M \cdot \frac{\partial M}{\partial M_E} dx = \int\limits_0^{\frac{\ell}{2}} \left(\frac{F}{2}x - M_E \right) \cdot (-1) dx = \left[M_E \cdot x - \frac{F}{2} \cdot \frac{x^2}{2} \right]_0^{\frac{\ell}{2}} = 0$$

$$M_E \cdot \frac{\ell}{2} - \frac{F \cdot \ell^2}{16} = 0 \Rightarrow M_E = \frac{F \cdot \ell}{8}$$

In Trägermitte ist

$$M_C = M\left(\frac{\ell}{2}\right) = \frac{F}{2} \cdot \frac{\ell}{2} - M_E = \frac{1}{4}F \cdot \ell - \frac{1}{8}F \cdot \ell = \frac{1}{8}F \cdot \ell$$

Damit ergibt sich der Schnittgrößenverlauf nach Bild DL 47-2.

Satz von Castigliano

Die partielle Ableitung der gesamten Formänderungsenergie eines linear-elastischen Systems nach einer äußeren Kraft ist gleich der Verschiebung des Angriffspunktes in Richtung dieser Kraft.

Die statisch Unbestimmte M_E braucht zur Differenziation nicht mehr durch F ausgedrückt zu werden.

$$f = \frac{\partial U}{\partial F} = 2 \cdot \frac{1}{EI} \int\limits_0^{\frac{\ell}{2}} M \cdot \frac{\partial M}{\partial F} dx = \frac{2}{EI} \cdot \int\limits_0^{\frac{\ell}{2}} \left(\frac{F}{2} \cdot x - M_E \right) \cdot \frac{x}{2} dx$$

$$f = \frac{2}{EI} \cdot \left[\frac{F}{4} \cdot \frac{x^3}{3} - \frac{M_E}{2} \cdot \frac{x^2}{2} \right]_0^{\frac{\ell}{2}} = \frac{2}{EI} \cdot \left(\frac{F}{12} \cdot \frac{\ell^3}{8} - \frac{1}{4} \underbrace{M_E}_{\frac{1}{8}F\ell} \cdot \frac{\ell^2}{4} \right) = \frac{F \cdot \ell^3}{192 EI}$$

Federsteifigkeit

$$c = \frac{F}{f} = \frac{192\,E\,I}{\ell^3}$$

D 48   Unwuchterreger

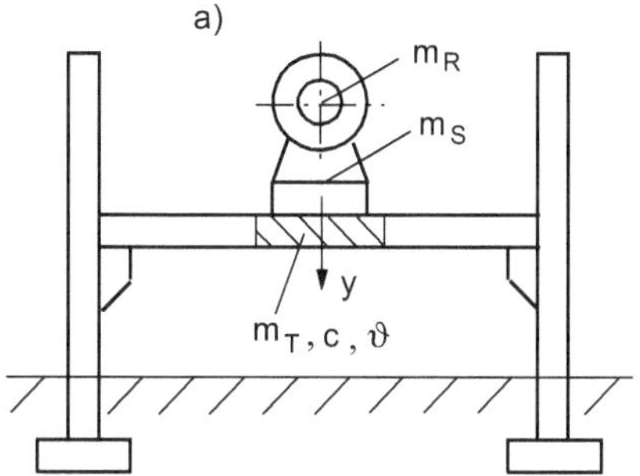

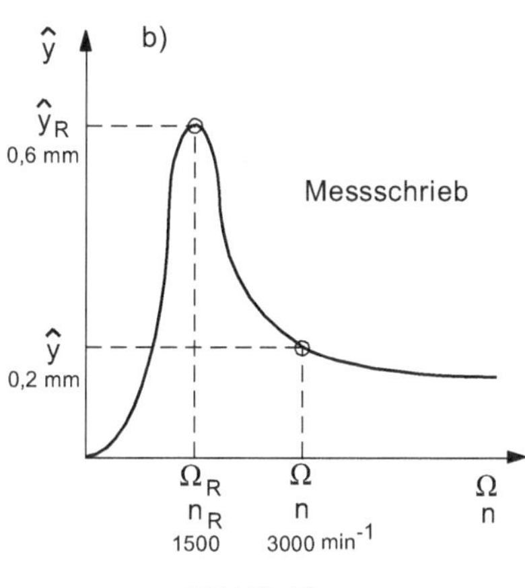

Bild D 48

Um die Möglichkeit der Aufstellung einer rotierenden Maschine in einer Fabrikhalle zu prüfen, wird an der vorgesehenen Montagestelle ein Unwuchterreger angebracht (Bild D 48a).

Gemessen werden die Amplituden in Abhängigkeit der Erregerfrequenz Ω.

Aus dem Messschrieb (Bild D 48b) entnimmt man den größten Ausschlag $\hat{y}_R = 0{,}6$ mm bei einer Resonanzdrehzahl $n_R = 1500\,\text{min}^{-1}$.

Bei einer Drehzahl von $n = 3000\,\text{min}^{-1}$ ist die Schwingungsamplitude auf $\hat{y} = 0{,}2$ mm zurückgegangen.

Der Boden (Träger), auf dem der Unwuchterreger aufliegt, schwingt teilweise (in der näheren Umgebung der Auflagestelle) mit. Dabei ist nicht nur die Federwirkung, sondern auch die zusätzliche Massenträgheit des Bodens zu berücksichtigen.

Gegeben

$m_{\mathrm{R}} = 30\,\mathrm{kg}$ Masse des Rotors
$m_{\mathrm{S}} = 60\,\mathrm{kg}$ Masse des Gehäuses (Stators)
$e = 1{,}2\,\mathrm{mm}$ Exzentrizität des Rotors
$\hat{y}_{\mathrm{R}} = 0{,}6\,\mathrm{mm}$ bei $n_{\mathrm{R}} = 1500\,\mathrm{min}^{-1}$
$\hat{y} = 0{,}2\,\mathrm{mm}$ bei $n = 3000\,\mathrm{min}^{-1}$

Gesucht

Aus den Messdaten bestimme man von dem Stahlträger die mitschwingende Masse m_{T}, die Federsteifigkeit c und den Dämpfungsgrad ϑ.

Lösung

3 Unbekannte: ϑ, ω_0, s erfordern 3 voneinander unabhängige Gleichungen.

I)   Vergrößerungsfunktion bei Unwuchterregung

$$V_{\mathrm{M}} = \frac{\hat{y}}{s} = \frac{\eta^2}{\sqrt{(1-\eta^2)^2 + (2\vartheta\eta)^2}} \text{ wobei } \eta = \frac{\Omega}{\omega_0}$$

$$s = \frac{m_{\mathrm{R}}}{m} \cdot e \text{ ist die reduzierte Exzentrizität}$$

II)   Maximum der Vergrößerungsfunktion (ergibt sich, wenn man die Resonanzabstimmung η_{R} in die Vergrößerungsfunktion V_{M} einsetzt)

$$V_{\mathrm{MR}} = \frac{\hat{y}_{\mathrm{R}}}{s} = \frac{1}{2\vartheta \cdot \sqrt{1 - \vartheta^2}}$$

III) Resonanzstelle der Vergrößerungsfunktion (η_{R} ergibt sich aus $\frac{d V_{\mathrm{M}}}{d\eta} = 0$)

$$\eta_{\mathrm{R}} = \frac{\Omega_{\mathrm{R}}}{\omega_0} = \frac{1}{\sqrt{1 - 2\vartheta^2}} \Rightarrow \omega_0 = \Omega_{\mathrm{R}} \cdot \sqrt{1 - 2\vartheta^2}$$

$$\eta = \frac{\Omega}{\omega_0} = \frac{\Omega}{\Omega_R \cdot \sqrt{1 - 2\vartheta^2}}$$

in unserem Beispiel ist $\frac{\Omega}{\Omega_{\mathrm{R}}} = \frac{3000}{1500} = 2$ und damit $\eta = \frac{2}{\sqrt{1-2\vartheta^2}}$

Um die Unbekannte s zu eliminieren, werden die ersten beiden Gleichungen ins Verhältnis gesetzt

$$\frac{\text{II}}{\text{I}} = \text{I}': \quad \underbrace{\frac{\hat{y}_R}{\hat{y}}}_{3} = \frac{\sqrt{(1-\eta^2)^2 + (2\vartheta\eta)^2}}{2\vartheta\eta^2 \cdot \sqrt{1-\vartheta^2}} \quad \text{wobei} \quad \frac{\hat{y}_R}{\hat{y}} = \frac{0{,}6}{0{,}2} = 3$$

Setzt man die Gleichung III in die Gleichung I' ein, so kann man diese Beziehung nach der Unbekannten ϑ auflösen.

Diese Auflösung nach ϑ ist wegen der 3 verschiedenen Wurzeln aufwendig. Und führt auf die biquadratische Gleichung

$$\vartheta^4 - \vartheta^2 + \frac{9}{548} = 0$$

mit den Lösungen $(\vartheta_1 = 0{,}99)$; $\vartheta_2 = 0{,}129$

Da nur Werkstoffdämpfung auftritt, ist der kleinere Dämpfungsgrad maßgebend.

Um den Rechenaufwand zu umgehen, kann auch eine Näherungslösung zum Ziel führen.

Da die Dämpfung relativ klein ist, können die Glieder mit dem Quadrat des Dämpfungsgrades gegenüber 1 in der Summe vernachlässigt werden.

$$\sqrt{1-\vartheta^2} \approx 1 \quad \text{wobei} \quad \vartheta^2 \ll 1$$
$$\sqrt{1-2\vartheta^2} \approx 1 \quad \text{wobei} \quad \vartheta^2 \ll \frac{1}{2}$$

Mit dieser Vereinfachung wird

$$\text{III)} \qquad \eta = 2$$
$$\text{I')} \qquad \frac{\sqrt{(1-\eta^2)^2 + (2\vartheta\eta)^2}}{2\vartheta\eta^2} = 3$$
$$\text{III in I':} \quad \sqrt{(1-4)^2 + 16\vartheta^2} = 24\vartheta$$

Beide Seiten der Gleichung werden quadriert

$$9 + 16\vartheta^2 = 576\vartheta^2 \Rightarrow \vartheta^2 = \frac{9}{560}; \quad \vartheta = 0{,}127$$

Wir machen die Probe durch Einsetzen des gefundenen Wertes in die beiden letzten, nicht vereinfachten Gleichungen

$$\text{III)}\ \eta = \frac{2}{\sqrt{1 - 2\vartheta^2}} = \frac{2}{\sqrt{1 - 2 \cdot 0,127^2}} = 2,033$$

$$\text{I')}\ \frac{\sqrt{(1 - \eta^2)^2 + (2\vartheta\eta)^2}}{2\vartheta\eta^2 \cdot \sqrt{1 - \vartheta^2}} = \frac{\sqrt{(1 - 2,033^2)^2 + (2 \cdot 0,127 \cdot 2,033)^2}}{2 \cdot 0,127 \cdot 2,033^2 \cdot \sqrt{1 - 0,127^2}} = 3,05 \approx 3$$

Hier kann die Methode „raten und rechnen" angewendet werden. Wenn ein Näherungswert noch unzureichend ist, kann man ihn so oft leicht verändern und die Variationen in die Gleichungen einsetzen, bis die Proben genau genug sind (siehe auch Aufgabe F 16).

Der leicht veränderte Wert $\vartheta = 0,129$ ergibt als Probe $3,005 \approx 3$, ist also genau genug.

Die weitere Rechnung soll wieder mit den ursprünglichen Gleichungen erfolgen.

$$\text{aus II:}\ s = \hat{y} \cdot 2\vartheta \cdot \sqrt{1 - \vartheta^2} = 0,6 \cdot 2 \cdot 0,129 \cdot \sqrt{1 - 0,129^2} = 0,1535\,\text{mm}$$

Daraus ergibt sich die schwingende Masse

$$s = \frac{m_\text{R}}{m} \cdot e \Rightarrow m = m_\text{R} \cdot \frac{e}{s} = 30 \cdot \frac{1,2}{0,1535} = 234,53\,\text{kg}$$

Damit wird der Anteil der mitschwingenden Trägermasse

$$m = m_\text{R} + m_\text{S} + m_\text{T} \Rightarrow m_\text{T} = m - m_\text{R} - m_\text{S} = 234,53 - 30 - 60 = 144,53\,\text{kg}$$

Resonanzfrequenz

$$\Omega_\text{R} = 2\pi \cdot n_\text{R} = 2\pi \cdot \frac{1500}{60} = 157,08\,\text{s}^{-1}$$

Eigenkreisfrequenz

$$\text{aus III:}\ \omega_0 = \Omega_\text{R} \cdot \sqrt{1 - 2\vartheta^2} = 157,08 \cdot \sqrt{1 - 2 \cdot 0,129^2} = 154,44\,\text{s}^{-1}$$

Annahme: Der Balken außerhalb der Auflagezone des Motors bleibt in Ruhe, schwingt also nicht mit.

Dann kann der gesamte Motorbereich als Einmassenschwinger aufgefasst werden (siehe auch Aufgabe D 44), für den gilt

$$\omega_0 = \sqrt{\frac{c}{m}} \Rightarrow c = m \cdot \omega_0^2 = 234,53 \cdot 154,44^2 = 5,594 \cdot 10^6\,\frac{\text{N}}{\text{m}}$$

c ist die Federsteifigkeit des mitschwingenden Balkenteils.

3.10 Aufgaben zur Selbstkontrolle

DA 1-1 Walze und Quader auf schiefer Ebene

(Schwierigkeitsgrad: leicht)

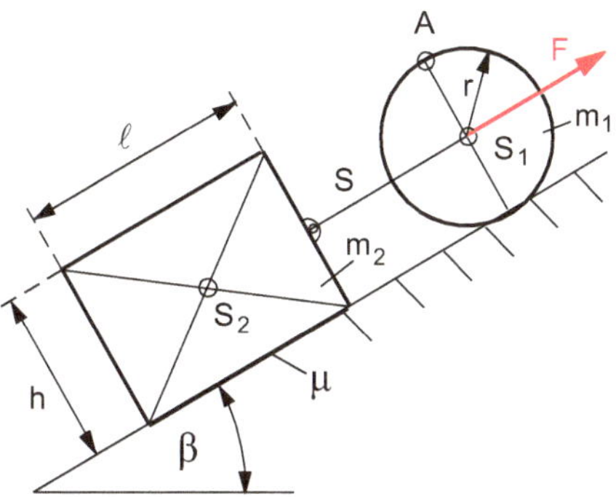

Bild DA 1-1

Eine Walze (homogener Kreiszylinder mit Radius r, Masse m_1) und ein Quader (Länge ℓ, Höhe h, Masse m_2) sind nach Bild DA 1-1 durch eine masselose Stange S verbunden. An der Walze greift mittig eine Kraft F an. Das System bewegt sich auf einer schiefen Ebene (Neigungswinkel β) aus der Ruhelage mit der konstanten Beschleunigung $a = 1{,}5\,\frac{\mathrm{m}}{\mathrm{s}^2}$ aufwärts, wobei die Walze ohne Schlupf rollt und der Quader rutscht.

Gegeben

$\beta = 30°;\ a = 1{,}5\,\frac{\mathrm{m}}{\mathrm{s}^2};\ m_1 = 30\,\mathrm{kg};\ m_2 = 40\,\mathrm{kg};\ r = 0{,}3\,\mathrm{m};\ \ell = 0{,}8\,\mathrm{m};\ h = 0{,}6\,\mathrm{m}$

Annahme: Am Quader sind Haftungs- und Reibungskoeffizient gleich $\mu_0 = \mu = 0{,}2$.

Gesucht

a) Wie groß ist die wirksame Haftungskraft an der Walze und welcher Haftungskoeffizient ist dort für reines Rollen mindestens erforderlich?

b) Stangenkraft F_S

c) Welche Kraft F muss an der Walze aufgebracht werden, um dem System die konstante Beschleunigung a zu erteilen?

d) Resultierende Auflagerkraft am Quader. Wie weit ist der Angriffspunkt der resultierenden Auflagerkraft von der Mitte des Quaderbodens entfernt?

e) Zurückgelegter Weg und die Geschwindigkeit des Systems nach $t = 0,8\,\text{s}$.
Welche örtliche Geschwindigkeit und welche örtliche Beschleunigung hat der obere
Walzenpunkt A zu diesem Zeitpunkt?

f) Nach $t = 0,8\,\text{s}$ verschwindet die Kraft F. Wie weit bewegt sich das System noch
ohne Zugkraft nach oben bis zum Stillstand und wie groß ist der dabei auftretende
Energieverlust?

Tipp: Zerlegung in 2 Teilsysteme durch Schneiden der Stange S.

Ergebnisse

a) $H = 22,5\,\text{N}$; $\mu_{0\text{min}} = 0,09$;
b) $F_S = 324,17\,\text{N}$;
c) $F = 538,82\,\text{N}$
d) $N_2 = 339,83\,\text{N}$; $W = 67,97\,\text{N}$; $R = 346,56\,\text{N}$; $e = 6\,\text{cm}$
e) $s_1 = 48\,\text{cm}$; $v = 1,2\,\frac{\text{m}}{\text{s}}$; $v_A = 2,4\,\frac{\text{m}}{\text{s}}$; $a_A = 5,66\,\frac{\text{m}}{\text{s}^2}$
f) $s_2 = 14,88\,\text{cm}$; $E_V = 10,11\,\text{Joule}$

DA 1-2　Hubwerk

(Schwierigkeitsgrad: leicht)

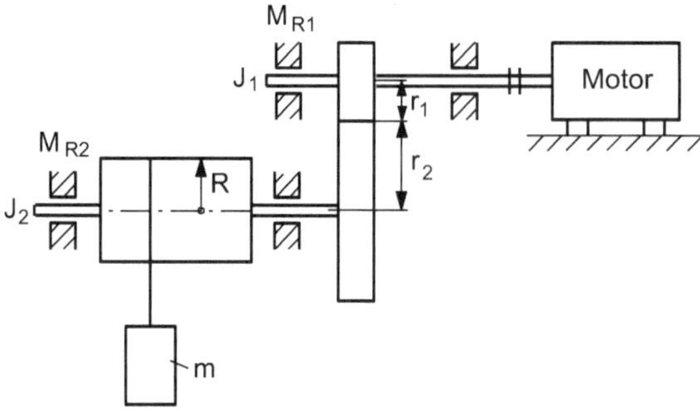

Bild DA 1-2

$m = 500\,\text{kg}$, $J_1 = 0,3\,\text{kgm}^2$; $J_2 = 12\,\text{kgm}^2$, $M_{R1} = 20\,\text{N m}$; $M_{R2} = 30\,\text{N m}$, $r_1 = 20\,\text{mm}$; $r_2 = 80\,\text{mm}$, $i = \frac{n_1}{n_2} = \frac{\omega_1}{\omega_2} = \frac{r_2}{r_1} = 4$, $R = 150\,\text{mm}$; $s = 5\,\text{m}$; $v = 3\,\frac{\text{m}}{\text{s}}$

Ein Hubwerk besteht aus einer Seiltrommel (Radius R), einem Getriebe (Übersetzung i) und einem Elektromotor. Die Massenträgheitsmomente J_1 und J_2 beziehen sich auf die gesamte Motorwelle bzw. Trommelwelle einschließlich der Zahnräder. Die Lagerreibmomente M_{R1} und M_{R2} sind als konstant im ganzen Drehzahlbereich anzunehmen.

Eine Last der Masse m wird auf einer Strecke von 5 m aus dem Stillstand auf eine Geschwindigkeit von $3\,\tfrac{m}{s}$ gleichmäßig beschleunigt und dann gleichförmig (mit konstanter Geschwindigkeit) nach oben bewegt.

Gesucht

a) Aufwärtsbeschleunigung der Masse und die Winkelbeschleunigungen der Wellen sowie die Seilkraft

b) Momente an den Zahnrädern sowie die Zahnumfangskraft in der Beschleunigungsphase

c) Motordrehmoment und Motorleistung am Ende der Beschleunigung. Wie groß ist dann die kinetische Energie des Systems?

d) Drehmoment und Leistung des Motors bei gleichförmiger Aufwärtsfahrt

e) Bei der gleichförmigen Aufwärtsbewegung wird der Motor plötzlich ausgeschaltet. Welche Strecke steigt die Last noch bis zum Stillstand und welche Verzögerung erfährt sie dabei? (Tipp: Energiesatz ansetzen). Welche Reibarbeit wird beim Auslauf verrichtet?

Ergebnisse

a) $a = 0{,}9\,\tfrac{m}{s^2}$; $\alpha_1 = 24\,\tfrac{rad}{s^2}$; $\alpha_2 = 6\,\tfrac{rad}{s^2}$; $F_S = 5355\,\text{N}$

b) $M_{Z1} = 226{,}31\,\text{N m}$; $M_{Z2} = 905{,}25\,\text{N m}$; $F_Z = 11.316\,\text{N}$

c) $M_M = 253{,}51\,\text{N m}$; $P_M = 20{,}28\,\text{kW}$; $T = 5610\,\text{N m}$

d) $M_{Mgl} = 211{,}44\,\text{N m}$; $P_{Mgl} = 16{,}92\,\text{kW}$

e) $s_{aus} = 0{,}995\,\text{m}$; $a_{aus} = 4{,}52\,\tfrac{m}{s^2}$; $E_V = 729{,}67\,\text{Joule}$

DA 1-3 Stab (Tür) prallt gegen einen Stopper

(Schwierigkeitsgrad: mittel)

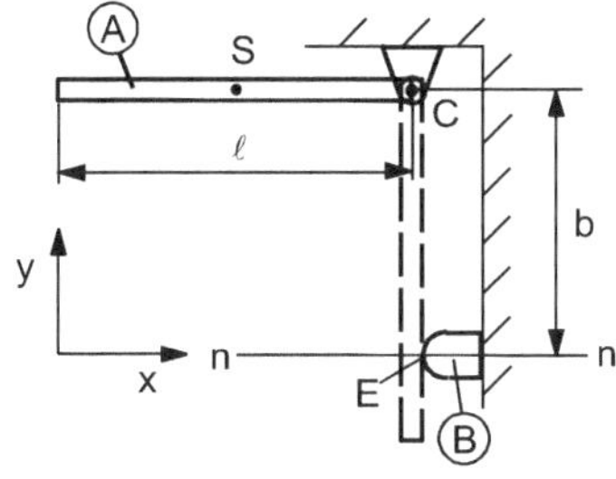

Bild DA 1-3

Ein homogener Stab (Masse m, Länge ℓ) ist nach Bild DA 1-3 an einem Ende im Punkt C gelenkig gelagert. Er wird aus seiner horizontalen Ruhelage losgelassen und prallt in der vertikalen Lage im Stoßpunkt E gegen einen Stopper B mit der Stoßziffer ε.

Gegeben

$m = 6\,\text{kg}$; $\ell = 0{,}8\,\text{m}$; $\varepsilon = 0{,}4$

Gesucht

a) Winkelgeschwindigkeit des Pendels unmittelbar vor und nach dem Stoß
b) Wie groß ist der Kraftstoß bei C und E für $b = \frac{\ell}{2}$ und für $b = \ell$?
c) In welchem Abstand b^* vom Aufhängepunkt muss der Stopper angebracht werden, damit beim Aufprall der Kraftstoß im Gelenk C Null ist und wie groß ist dann der Kraftstoß bei E?
d) Um welchen Winkel wird das Pendel wieder zurückschwingen?

Ergebnisse

a) $\omega_1 = 6{,}07\,\text{s}^{-1}$; $\omega_2 = -2{,}43\,\text{s}^{-1}$
b) für $b = \frac{\ell}{2}$: $\hat{C}_x = 6{,}8\,\text{N s}$; $\hat{C}_y = 0$; $\hat{E} = -27{,}2\,\text{N s}$
   für $b = \ell$: $\hat{C}_x = -6{,}8\,\text{N s}$; $\hat{C}_y = 0$; $\hat{E} = -13{,}6\,\text{N s}$
c) $\hat{C}_x = 0$ für $b^* = \frac{2}{3}\ell = 0{,}53\,\text{m}$; $\hat{E}^* = -20{,}4\,\text{N s}$
d) $\beta = 32{,}91°$

DA 2-1　Beschleunigung eines Kraftfahrzeugs

(Schwierigkeitsgrad: mittel)

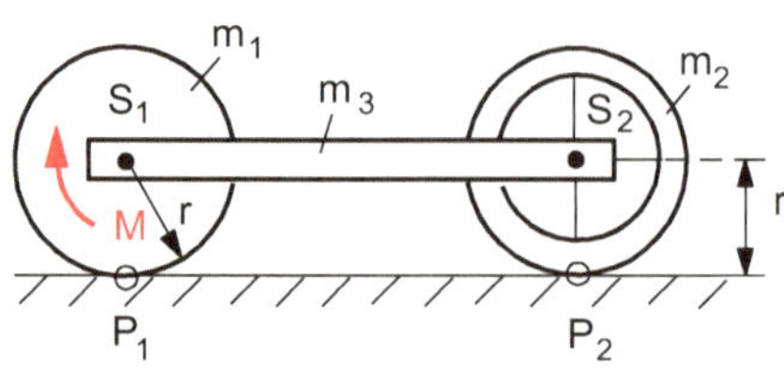

Bild DA 2-1

Gegeben

$m_1 = 30\,\text{kg}$; $m_2 = 12\,\text{kg}$; $m_3 = 6\,\text{kg}$, $r = 0{,}4\,\text{m}$, $M = 50\,\text{N m}$

Ein Kraftfahrzeug wird nach Bild DA 2-1 als Modell durch 2 Räder mit einer Verbindungsstange (Masse m_3) dargestellt.

Das Rad 1 (Masse m_1) ist eine homogene Kreisscheibe, das Rad 2 (Masse m_2) ein homogener Kreisring, bei dem die Masse der Speichen vernachlässigbar sein soll.

Am Rad 1 greift ein konstantes Moment M an. Zur Zeit $t = 0$ befindet sich das Fahrzeug in Ruhe, danach rollen die Räder auf dem Boden ohne zu gleiten.

Gesucht

a) Massenträgheitsmomente der Räder bezogen auf die Momentanpole P_1 und P_2
b) Winkelbeschleunigung der Räder
c) Kräfte von der Stange auf die Räder
d) Aufstandskräfte an den Rädern
e) Wie groß müssen die Haftungskoeffizienten zwischen den Rädern und dem Boden mindestens sein, damit reines Rollen möglich ist?
f) Wie groß ist die kinetische Energie des Fahrzeugs nach $t = 0{,}5\,\text{s}$?
   Man vergleiche die kinetische Energie des Systems mit der Arbeit des Moments.

Beachte: Die Verbindungsstange der Räder hat eine Masse m_3.
  Daher sind die Kräfte S_1 bzw. S_2 an ihren Enden unterschiedlich.

Ergebnisse

a) $J_{\text{P1}} = \frac{3}{2}m_1 r^2$; $J_{\text{P2}} = 2m_2 r^2$;
b) $\alpha = 4{,}17\,\text{s}^{-2}$;
c) $S_1 = 49{,}94\,\text{N}$; $S_2 = 40{,}03\,\text{N}$
d) $N_1 = 323{,}73\,\text{N}$; $H_1 = 100{,}04\,\text{N}$; $N_2 = 147{,}15\,\text{N}$; $H_2 = 19{,}99\,\text{N}$
e) $\mu_{01} \geq 0{,}31$; $\mu_{02} \geq 0{,}14$;
f) $T = 26{,}1\,\text{N\,m}$; $W = M \cdot \varphi = 50 \cdot 0{,}521 = 26{,}1\,\text{N\,m}$

DA 2-2 Schrägaufzug

(Schwierigkeitsgrad: mittel)

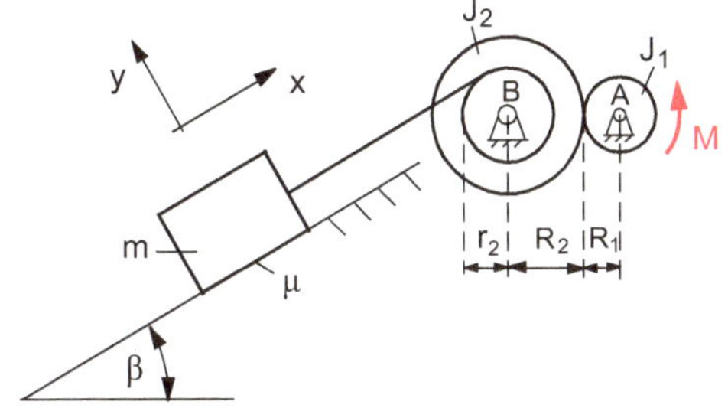

Bild DA 2-2

Gegeben

$m = 300\,\text{kg}$, $J_1 = 1{,}5\,\text{kg}\,\text{m}^2$; $J_2 = 14\,\text{kg}\,\text{m}^2$, $M = 250\,\text{N}\,\text{m}$, $\beta = 30°$; $\mu = 0{,}25$, $R_1 = 12\,\text{cm}$; $R_2 = 54\,\text{cm}$, $r_2 = 40\,\text{cm}$

Bei einem Schrägaufzug wird nach Bild DA 2-2 von einem Elektromotor (Massenträgheitsmoment J_1) über ein Getriebe eine Seiltrommel (Massenträgheitsmoment J_2) angetrieben, die eine Last m auf einer rauen schiefen Ebene (Steigungswinkel β, Reibungskoeffizient μ) hochzieht. Das Motordrehmoment M wird als konstant angenommen. Getriebeverluste werden vernachlässigt.

Gesucht

a) Beschleunigung der Last, die dabei wirksame Seilkraft und die Umfangskomponente der Zahnkraft
b) Wie groß muss das Drehmoment sein, um die Last gleichförmig (mit konstanter Geschwindigkeit, d. h. $a = 0$) nach oben zu bewegen?
c) Nach welcher Zeit wird die Last aus dem Ruhezustand um die Strecke $s = 5\,\text{m}$ nach oben bewegt und welche Geschwindigkeit hat sie dann?
Welche Leistung muss der Motor in diesem Augenblick aufbringen?

Tipp: Motor, Zahnrad mit Trommel und Quader einzeln für sich im dynamischen Gleichgewicht betrachten.

Ergebnisse

a) $a = 1{,}22\,\tfrac{\text{m}}{\text{s}^2}$; $F_\text{S} = 2474{,}68\,\text{N}$; $F_\text{Z} = 1911{,}71\,\text{N}$;
b) $M_\text{gl} = 187{,}44\,\text{N}\,\text{m}$
c) $t = 3{,}49\,\text{s}$; $v = 4{,}26\,\tfrac{\text{m}}{\text{s}}$; $P = 11{,}98\,\text{kW}$

DA 2-3 Stoß einer Kugel gegen eine gelenkig gelagerte Platte

(Schwierigkeitsgrad: schwer)

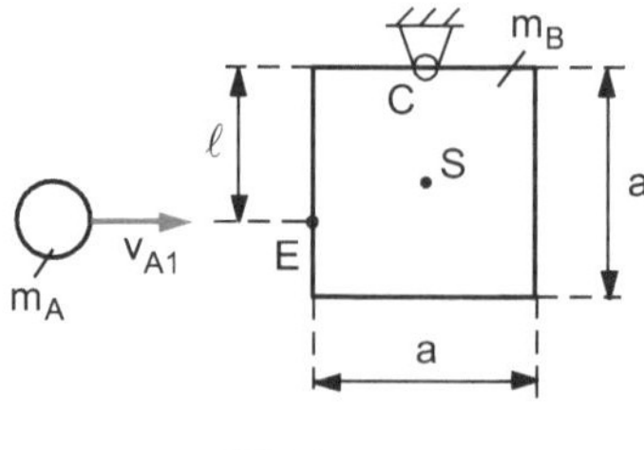

Bild DA 2-3

Eine quadratische Platte der Masse m_B ist nach Bild DA 2-3 bei C drehbar aufgehängt. Im Punkt E im Abstand ℓ von der Aufhängung stößt eine Kugel (punktförmige Masse m_A) mit der Geschwindigkeit v_{A1} gegen die Platte (Stoßziffer ε)

Gegeben

$m_A = 1{,}2\,\text{kg}$; $m_B = 3\,\text{kg}$; $a = 0{,}6\,\text{m}$; $\ell = 0{,}4\,\text{m}$, $v_{A1} = 5\,\frac{\text{m}}{\text{s}}$; $\varepsilon = 0{,}8$

Gesucht

a) Massenträgheitsmoment der Platte bezogen auf den Aufhängepunkt C
   Hinweis: Das Massenträgheitsmoment einer Platte der Masse m mit der Breite b und der Höhe h bezogen auf ihren Schwerpunkt S ist

$$J^{(S)} = \frac{1}{12} m \cdot (b^2 + h^2)$$

b) Winkelgeschwindigkeit der Platte und die Geschwindigkeit der Kugel nach dem Stoß sowie die Kraftstöße bei E und C während des Stoßes
c) Stoßverlust
d) Wie groß müsste die Winkelgeschwindigkeit ω_2^* der Platte nach dem Stoß und die anfängliche Geschwindigkeit v_{A1}^* der Kugel mindestens sein, damit sich die Platte nach dem Stoß überschlägt?

Zusatzfrage

e) Wie ändern sich die Geschwindigkeiten, wenn die Kugel an der gleichen Stelle schräg unter $\alpha = 30°$ zur Horizontalen gegen die Platte stößt und die Auftrefffläche der Platte als glatt angenommen wird?
   Welche Winkelgeschwindigkeit erfährt dann die Platte und mit welcher Geschwindigkeit (Betrag und Richtung) wird dann die Kugel reflektiert?

Ergebnisse

a) $J_B^{(C)} = 0{,}45\,\text{kg}\,\text{m}^2$
b) $\omega_2 = 6{,}73\,\text{s}^{-1}$; $v_{A2} = -1{,}31\,\frac{\text{m}}{\text{s}}$; $\hat{F}_E = 7{,}57\,\text{N}\,\text{s}$; $\hat{F}_C = 1{,}51\,\text{N}\,\text{s}$
c) $E_V = 3{,}78\,\text{N}\,\text{m}$;
d) $\omega_2^* = 8{,}86\,\text{s}^{-1}$; $v_{A1}^* = 6{,}58\,\frac{\text{m}}{\text{s}}$
e) $\omega_2' = 5{,}83\,\text{s}^{-1}$; $v_{A2n}' = -1{,}13\,\frac{\text{m}}{\text{s}}$; $v_{A2t}' = 2{,}5\,\frac{\text{m}}{\text{s}}$; $v_{A2}' = 2{,}74\,\frac{\text{m}}{\text{s}}$; $\beta = 65{,}65°$